U0022646

序

在這個資訊爆炸、AI 盛行的時代，Python 的重要性日益突顯。Python 是一種高階、直譯、通用型的程式語言，具備了簡潔明瞭的語法和強大的函式庫，並且可以應用在多個領域，不論是資料分析、機器學習、人工智慧、網路爬蟲、網頁開發、影音處理等應用，隨處可見 Python 的身影。

我花了大約一年的時間撰寫這本 Python 書籍，在過程中，我不斷思考要如何才能讓大家深入的了解 Python，並且可以從中獲得實用的知識。因此書中不僅會介紹 Python 的基本語法，更會著重在範例應用上 (超過 100 個範例)，藉此讓大家可以更加深入地了解 Python 的應用場景。

書籍的前半部主要介紹 Python 的基礎語法以及近二十個常用的標準函式庫，後半部分則會使用 Python 製作大量的應用，例如影音處理、網頁爬蟲、網頁應用等等，這些範例不僅可以幫助大家學會如何使用 Python，並進一步解決生活中的問題 (不然學了 Python 要做什麼呢)。最後一章更會介紹如何串接一些常用且熱門的 API，包括 ChatGPT、Gmail、Google 試算表、EXCEL、Dialogflow、Firebase 資料庫，只要學會 Python，就能輕鬆將這些 API 運用到自己的實際項目中。

感謝所有在我寫作過程中給予支持和鼓勵的人，包括我的家人、朋友和出版社，我在撰寫這本書的過程中，其實遇到不少挑戰和困難，除了要徹底了解 Python 的各種特性，更需要將這些複雜的概念和知識講解清楚，才能讓大家容易理解和掌握，因此我相信，這本書將會是學習 Python 的絕佳教材，不論是初學者還是有一定基礎的讀者，都能夠從中獲得知識和收穫，希望這本書能夠對大家在未來的學習和工作中，提供一些幫助和啟發。

目錄

01 認識 Python

02 Python 開發環境

03 Python 基礎語法

04 Python 數學運算

05 Python 文字操作

06 Python 串列、元組、字典、集合

07 Python 常用語法

08 Python 函式操作

09 Python 常用標準函式庫

10 Python 基礎範例

15 Python 影片處理

16 Python 網路爬蟲

17 Python 網頁服務與應用

第 01 章

認識 Python

1-1、Python 發展史

1-2、Python 特色

1-3、Python 應用領域

1-4、Python 基本範例

Python 是目前世界上最流行的程式語言之一，也是相當容易入門且功能強大的程式語言，Python 常用於各種不同的領域，包括軟體開發、資料科學、機器學習、網站開發、自動化 ... 等。Python 的編譯器可以在多種平台上運行，並且有大量的第三方函式庫可以使用，這些函式庫包含了各種各樣的功能，讓 Python 變得更加強大。

這個章節將會介紹 Python 的發展史、特色、熱門程度、使用範圍，最後也會列出兩三個基本範例以及台灣熱門的 Python 研討會和社團，讓大家能更深入的瞭解 Python 程式語言。

1-1 Python 的發展史

在 1989 年，一位荷蘭的程式設計師吉多范羅蘇姆 (Guido van Rossum)，在當年的聖誕節期間，花了三個月的時間，創造出一套以 ABC 程式語言為基礎，作為替代 Unix shell 和 C 語言進行系統管理的程式語言：Python (圖片來源：https://gvanrossum.github.io/)。

范羅蘇姆是 BBC 電視劇 Monty Python's Flying Circus (蒙提派森的飛行馬戲團) 的愛好者，於是他就將這套程式語言命名為 Python，由於 Python 是「蟒蛇」的英文，所以在許多教學或文件中，都會使用一藍一黃的蟒蛇圖案作為 Python 的形象代表。

Python 的設計目標是簡潔、易讀、易於學習，以及可用於各種不同的任務。最初 Python 是作為一種作業系統管理工具而開發的，隨著時間的推移，Python 不斷發展，成為了一種廣泛使用的程式語言。在 2000 年代初，Python 2.0 發布，這是一個重要的版本，引入了許多新功能，例如列表推導式、生成器、垃圾回收器等等。

2008 年 Python 3.0 發布，其中包含了許多重要的變更，例如字串和字節串分離、整合了 print() 函數和 print 陳述式、更改了除法運算符行為、改進了 Unicode 支援等等。這些變更使 Python 更加現代化，但也導致了一些和舊版 Python 的不相容性。目前，Python 2 已經停止更新，Python 3.X 成為了主流版本，並且不斷進行更新和改進。

1-2 Python 的特色

近幾年來，Python 已經逐漸變成最最熱門的程式語言之一，也是一直是最流行的程式語言前五名 (根據 TIOBE 程式語言排行榜，在 2022 年 4 月，Python 是排名第 3 的最受歡迎的程式語言)，Python 有下列幾個主要特色：

- 語法簡潔、結構簡單，程式碼可讀性強，學習起來更加簡單 (閱讀好的 Python 程式碼，就好比在看英文文章)。
- 強大的文字處理能力，可以快速地處理各種文字格式，包括 CSV、XML、JSON、HTML 等。
- 免費且開源，擁有非常豐富的開發者社群支援。
- 完善的基礎程式庫，涵蓋網路、文件、資料庫、GUI... 等。
- 非常強大的第三方程式庫，任何電腦可以實現的功能，都能透過 Python 實現。
- 應用範圍廣泛，能和絕大多數的程式語言 (C/C++、C#、Java、JavaScript…等) 共同使用。

1-3 Python 的應用領域

Python 被用於各種領域，包括 Web 開發、資料科學、人工智慧、機器學習、自然語言處理、科學計算、自動化…等，以下是 Python 的一些主要應用領域：

- Web 開發：Python 的 Django 和 Flask 是非常流行的 Web 框架，可用於開發各種 Web 應用程式。
- 資料科學：Python 在資料科學領域非常受歡迎，因為有許多函式庫和工具可用於資料分析、資料可視化和機器學習，例如 NumPy、Pandas、Matplotlib、Scikit-learn、TensorFlow…等。
- 自動化：Python 可以用於自動化各種任務，例如爬蟲、資料處理、檔案管理、郵件傳送…等。
- 科學計算：Python 在科學計算領域也非常受歡迎，因為有許多庫可用於數值計算、最佳化、線性代數、統計學等等，例如 NumPy、SciPy、SymPy…等。
- 遊戲開發：Python 可用於遊戲開發，例如 Pygame、Panda3D 等遊戲引擎。
- 人工智慧和機器學習：Python 在人工智慧和機器學習領域非常受歡迎，因為有許多函式庫和框架可用於建構神經網路、深度學習模型等等，例如 TensorFlow、PyTorch、Keras…等。
- 自然語言處理：Python 被廣泛用於自然語言處理領域，因為有許多函式庫可用於文字處理、情感分析、語音識別等等，例如 NLTK、spaCy、Gensim…等。

1-4 Python 基本範例

以下列出兩個 Python 的基本範例，第一個是 Hello World 程式，Python 只需一行程式碼，就能印出「Hello World」的文字。

```
print("Hello World")
```

第二個範例是「計算兩個數相加的結果」，這是個簡單的 Python 程式碼，用於計算兩個數字相加之後的結果。

```
num1 = 5
num2 = 7
sum = num1 + num2
print(sum)
```

小結

Python 是一個簡潔、易學且功能強大的語言，其擁有龐大的社群支持和豐富的第三方函式庫，能夠輕鬆地完成各種任務和應用。無論是數據分析、機器學習、網站開發、自動化測試、遊戲開發或科學計算，Python 都能夠提供最佳解決方案。

如果想要學習一個簡單又功能強大的程式語言，那麼 Python 是一個不錯的選擇。Python 的語法簡潔易懂，並且擁有豐富的教學資源和社群支援，能夠快速入門，讓學習和成長更加輕鬆。

如果想跨入數據科學家或機器學習的領域，Python 提供了眾多強大的第三方函式庫，如 NumPy、Pandas、Scikit-learn、TensorFlow、PyTorch…等，這些函式庫能夠輕鬆處理大規模的數據和複雜的計算任務，幫助更快的實現想法。

如果要開發網站，Python 的 Django 和 Flask 框架也能夠快速建置 Web 應用，並且具有高度的可擴展性和安全性，讓網站更加穩定可靠。

總之，Python 是一個擁有龐大社群支援和廣泛應用的語言，無論是學生、開發者、數據科學家、機器學習工程師還是網站開發者，都可以從中受益。如果還沒有學習 Python，現在就開始吧！

第 02 章

Python 開發環境

2-1、使用 Google Colab

2-2、使用 Anaconda Jupyter

2-3、使用 Python 虛擬環境

要開始學習 Python，就必須安裝 Python 的開發環境，這個章節會介紹三種 Python 的開發環境，分別是 Google Colab、Anaconda Jupyter 和本機虛擬環境，三種開發環境各有其優缺點，可以因應各種不同的 Python 學習狀況。

2-1 使用 Google Colab

通常在學 Python 時最難入門的，就是編輯環境的安裝，不僅要安裝 Python，還得安裝一個好用的編輯器，幸好 Google 提供了一個強大又免費的線上編輯器 Colaboratory (簡稱 Colab)，讓使用者可以只用瀏覽器，就能撰寫與執行 Python 程式。

關於 Google Colab

Google Colab (Colaboratory) 是一個在雲端運行的編輯環境，由 Google 提供一個雲端虛擬主機，支援 Python 程式及機器學習 TensorFlow 演算法，Colab 目的在提供教育訓練以及教學研究，不用下載或安裝，就可直接編輯 Python，並使用 Python 的資源庫，大幅降低初學者的入門門檻，不用耗費太多時間在環境的安裝與設定。

在 Colab 裡編輯的程式碼，預設直接儲存在開發者的 Google Drive 雲端硬碟中，執行時由虛擬主機提供強大的運算能力，並不會用到本機的資源。但要如果程式閒置一段時間，會被停止並回收運算資源。

開啟 Colab (方法 1)

點擊下方連結，就能夠開啟 Colab，由於會使用 Google 的雲端服務，所以必須要用 Google 帳號「登入」才能正式開始使用。

> Colab 網站連結：https://colab.research.google.com/notebooks/welcome.ipynb?hl=zh_tw

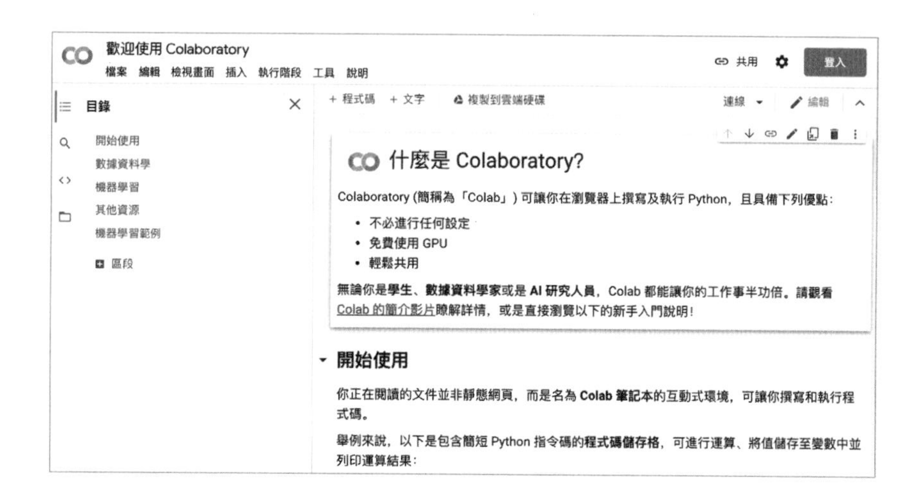

開啟 Colab (方法 2)

使用 Google 帳號登入 Google Drive (Google 雲端硬碟) 之後，從右上角選單裡「連結更多應用程式」。

在搜尋欄位輸入「Colaboratory」，將 Colab 添加到 Google Drive 選單裡。

再次開啟選單，點擊 Google Colaboratory，就能建立 Colab 檔案。

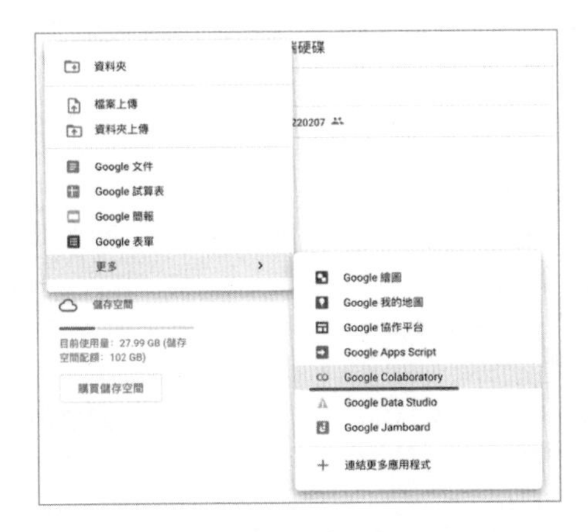

使用 Colab 撰寫第一支 Python 程式

登入並開啟 Colab 之後，點選左上方「檔案 > 新增筆記本」，建立第一支 Python 的開發環境。

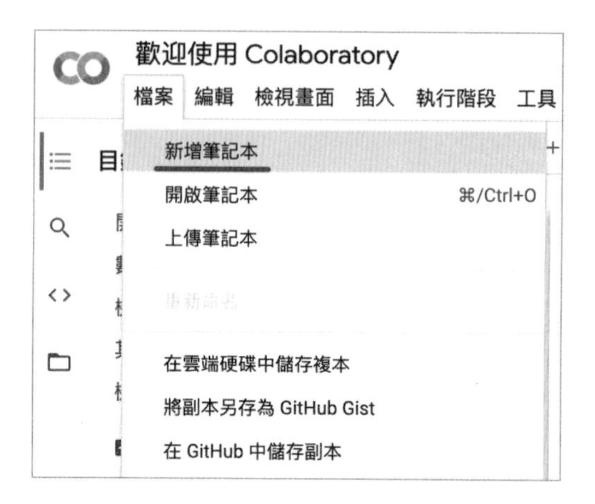

接著就能開始撰寫 Python 程式，撰寫完成後，點擊前方箭頭按鈕，就能夠執行觀看結果。

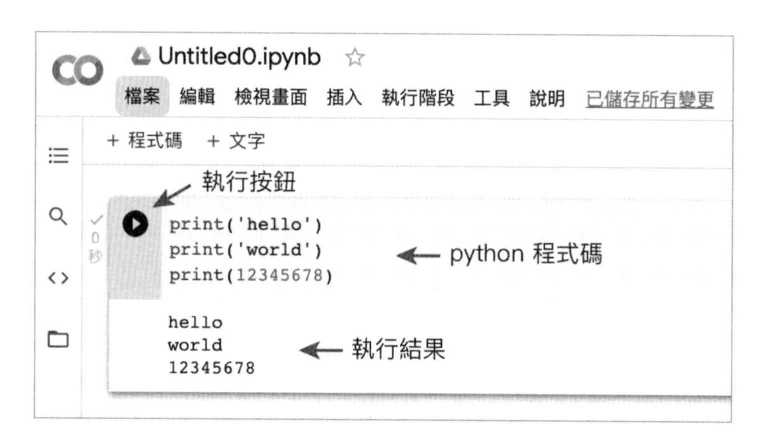

如果執行過程發生錯誤，也會有對應的提示。

```
print(hello)

---------------------------------------------------------------------------
NameError                                 Traceback (most recent call last)
<ipython-input-57-1cd80308eb4c> in <module>()
----> 1 print(hello)

NameError: name 'hello' is not defined

SEARCH STACK OVERFLOW
```

連動 Google Drive

因為 Colab 是 Google 的服務，所以很自然的可以和 Google Drive 雲端硬碟綁定，進一步使用 Google 雲端硬碟 (針對檔案新增、刪除、修改 ... 等)，按照下列步驟，就能將 Colab 與 Google Drive 連動：

> 如果尚無連動雲端硬碟需求，可先略過這個部分。

第一步、掛接雲端硬碟：點擊左側按鈕，連動 Google Drive。

第二步、開啟權限：點擊按鈕後會彈出允許權限的視窗，點擊「連線至 Google 雲端硬碟」。

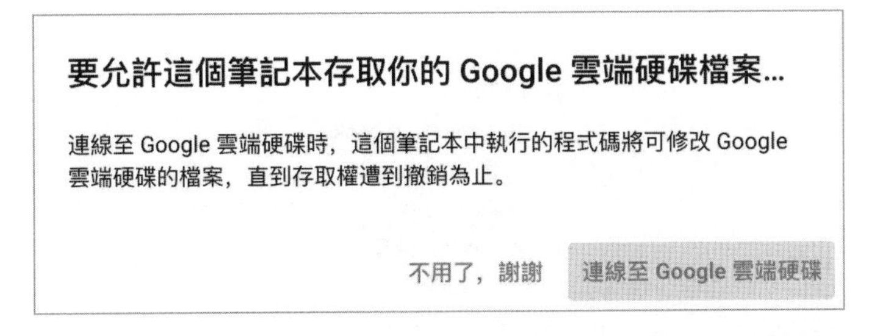

第三步、看到雲端硬碟出現：當左側清單裡看到雲端硬碟的內容，表示這支 Colab 的程式已經可以開始跟自己的 Google Drive 連動。

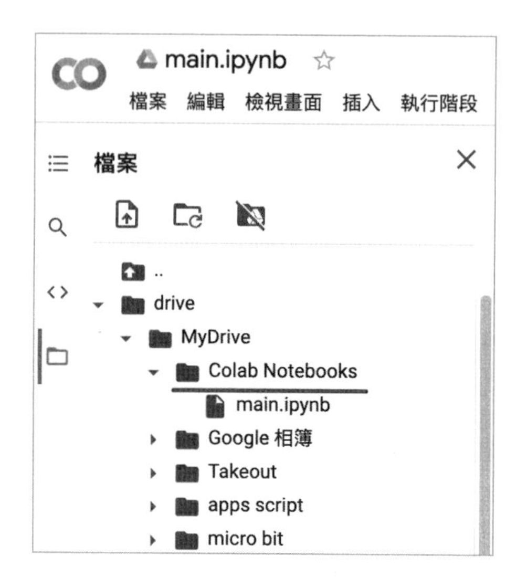

第四步、用簡單的程式測試：將下方的程式碼貼到自己的 Colab 程式裡，執行後就會在 Colab 的資料夾 (預設為 Colab Notebooks) 裡新增一個名為 test.txt 的純文字文件，內容會寫入「Hello Google Drive!」的文字。

```
with open('/content/drive/MyDrive/Colab Notebooks/test.txt', 'w') as f:
  f.write('Hello Google Drive!')
```

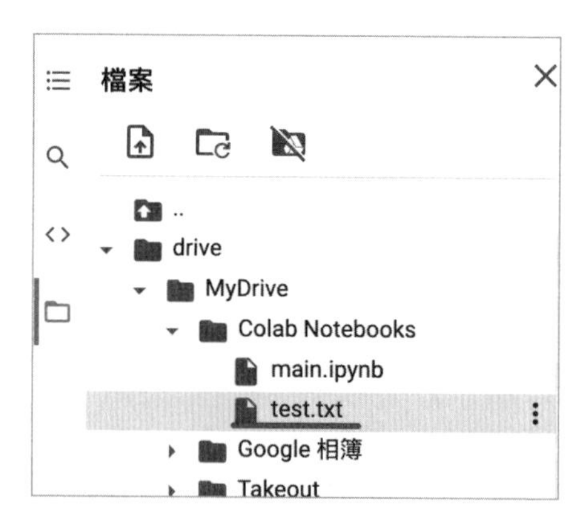

查看 Python 版本

如果要查看 Colab 的 Python 版本，可以在程式碼編輯區域，輸入

「!python --version」，點選前方的執行按鈕，就能查看目前的版本 (注意是 !python，前方有驚嘆號)。

查看與安裝套件

如果要查看 Colab 的 Python 版本，可以在程式碼編輯區域，輸入「!pip list」(注意是 !pip，前方多一個驚嘆號)，點選前方的執行按鈕，就能查看目前運行的環境已經安裝了哪些套件 (基本上應該常用的像是 requests、beautifulsoup4、numpy、pandas 都有安裝了)。

```
!pip list

Package                        Version
------------------------------ ----------------------
absl-py                        0.12.0
alabaster                      0.7.12
albumentations                 0.1.12
altair                         4.1.0
appdirs                        1.4.4
argcomplete                    1.12.3
argon2-cffi                    21.1.0
arviz                          0.11.4
astor                          0.8.1
astropy                        4.3.1
astunparse                     1.6.3
atari-py                       0.2.9
atomicwrites                   1.4.0
attrs                          21.2.0
audioread                      2.1.9
```

如果要在 Colab 安裝套件，可以在程式碼編輯區域，輸入「!pip install 套件名稱」，點選前方的執行按鈕，就能安裝指定的套件 (注意是 !pip，前方多一個驚嘆號)。

```
!pip install selenium

Collecting selenium
  Downloading selenium-4.1.0-py3-none-any.whl (958 kB)
     |████████████████████████████████| 958 kB 6.4 MB/s
Collecting urllib3[secure]~=1.26
  Downloading urllib3-1.26.7-py2.py3-none-any.whl (138 kB)
     |████████████████████████████████| 138 kB 50.4 MB/s
Collecting trio-websocket~=0.9
  Downloading trio_websocket-0.9.2-py3-none-any.whl (16 kB)
Collecting trio~=0.17
  Downloading trio-0.19.0-py3-none-any.whl (356 kB)
     |████████████████████████████████| 356 kB 59.0 MB/s
```

2-2 使用 Anaconda Jupyter

如果不想要用 Colab 雲端環境，又想在本機安裝 Python 環境，常常會遇到安裝版本和執行路徑的問題，如果不熟悉安裝步驟，可以使用 Anaconda 一鍵安裝的版本，安裝後不僅可以使用 Python，更會一併安裝 Python 編輯器以及常用的模組，讓開發或學習 Python 的前置步驟更為順暢。

關於 Anaconda

Anaconda 是相當受歡迎的 Python 數據科學平台，擁有近千萬的使用者，並內建上百個資料科學模組 (Data Science Packages)，可用於各種資料科學計算和機器學習，Anaconda 也支援時下流行的一些人工智慧的工具，例如 Sklearn，TensorFlow，Scipy... 等。

> Anaconda 的 Individual Edition 可以免費下載安裝，也有提供其他不同功能或功能更多的付費工具。
>
> Anaconda 和 Python 的英文都是蟒蛇的意思，不過 Anaconda 是更巨大的蟒蛇 (安裝起來也滿佔空間的)。

下載 Anaconda

前往 Anaconda 的網站，從上方 Products 選單裡選擇 Individual Edition (個人編輯版)。

Anaconda 網站：https://www.anaconda.com/

下載頁面：Individual Edition

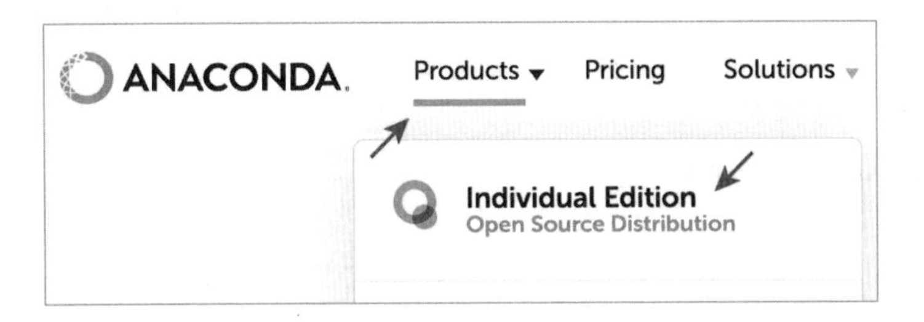

開啟下載網頁後，預設會按照作業系統，提供下載連結，點擊 download 就可以下載。

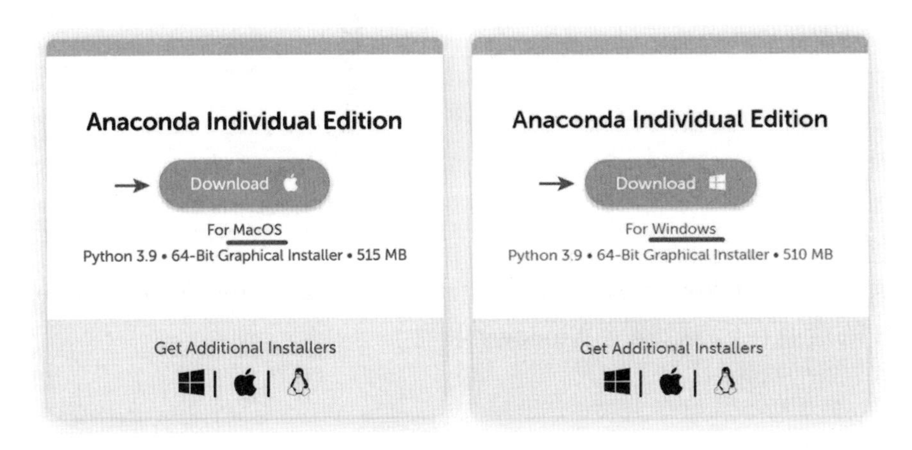

也可以將頁面移動到下方，選擇自己適合的版本下載。

Anaconda Installers

Windows	MacOS	Linux
Python 3.9	Python 3.9	Python 3.9
64-Bit Graphical Installer (510 MB)	64-Bit Graphical Installer (515 MB)	64-Bit (x86) Installer (581 MB)
32-Bit Graphical Installer (404 MB)	64-Bit Command Line Installer (508 MB)	64-Bit (Power8 and Power9) Installer (255 MB)
		64-Bit (AWS Graviton2 / ARM64) Installer (488 M)
		64-bit (Linux on IBM Z & LinuxONE) Installer (242 M)

安裝 Anaconda

下載後，Mac 點擊 pkg，Windows 點擊 exe 檔案進行安裝，

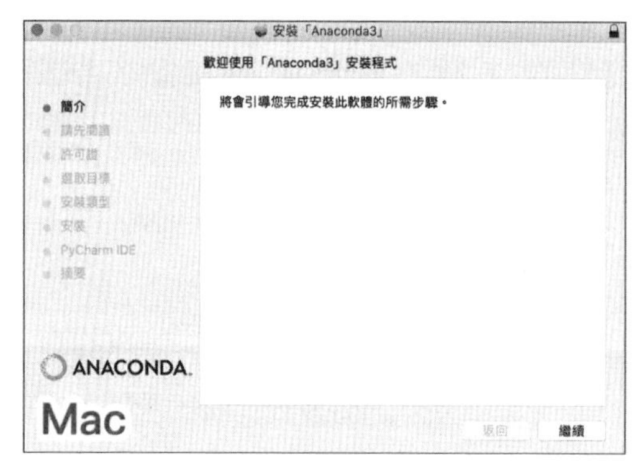

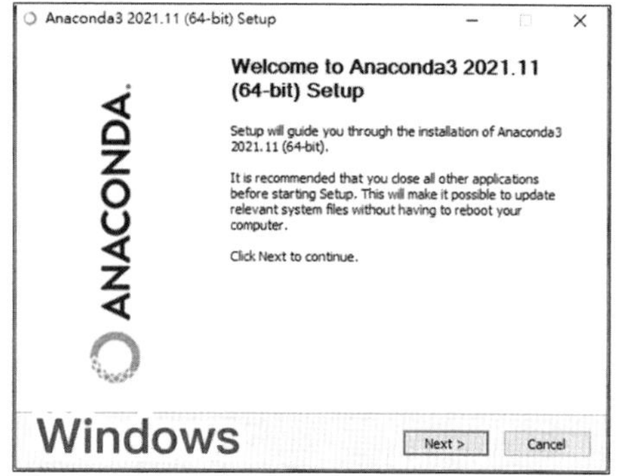

如果是 Windows，安裝過程中「不用勾選」Add Anaconda3 to my PATH 的選項 (下方截圖為 Windows 環境)。

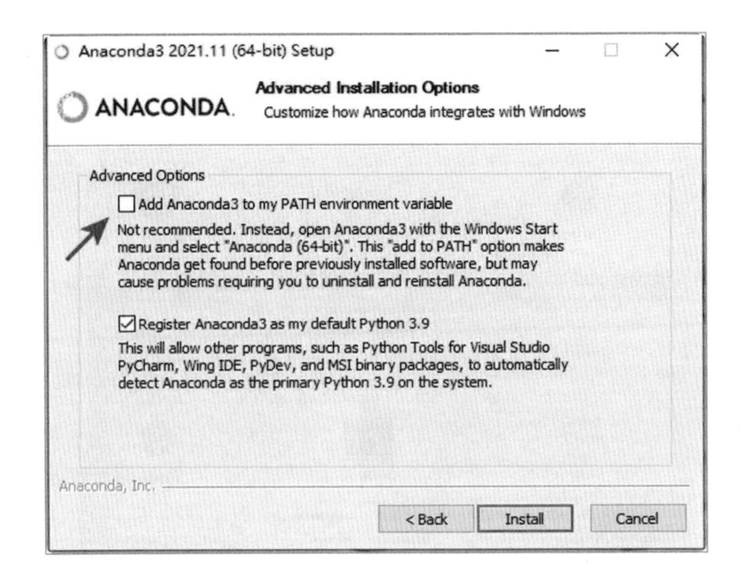

安裝完成後，就可以看見 Anaconda Navigator 的選項。

使用 Jupyter Notebook

點擊 Anaconda Navigator，就能開啟 Anaconda 的導覽頁面。

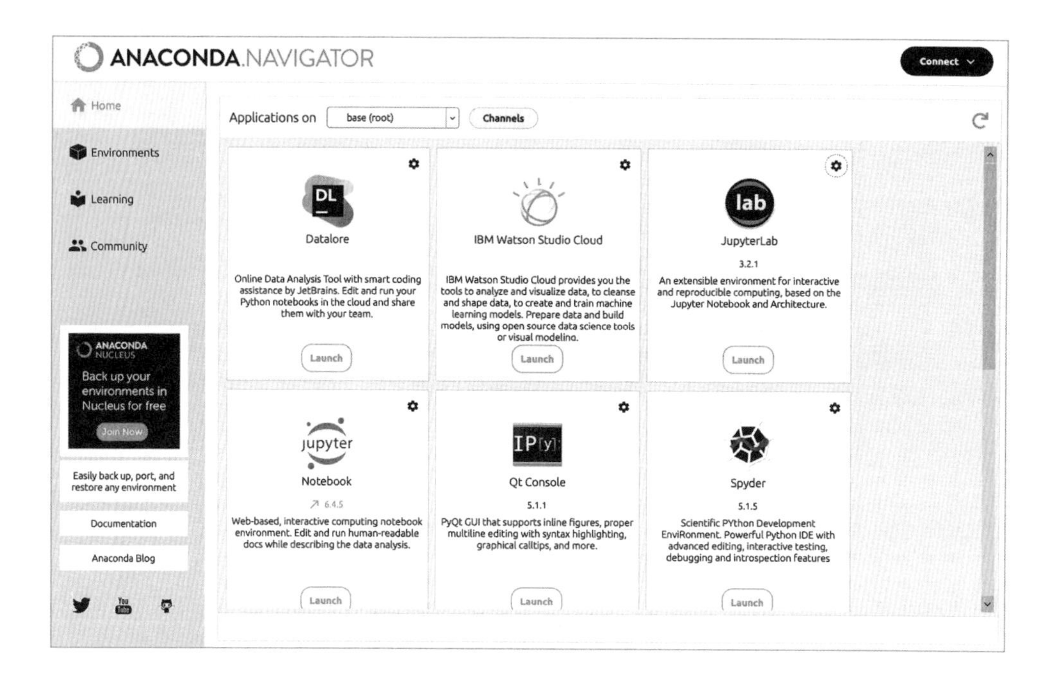

開啟導覽頁面後，點擊 Jupyter Notebook 的 lunch 選項，就可以建立一個「使用瀏覽器作為編輯器」的本機編輯環境。

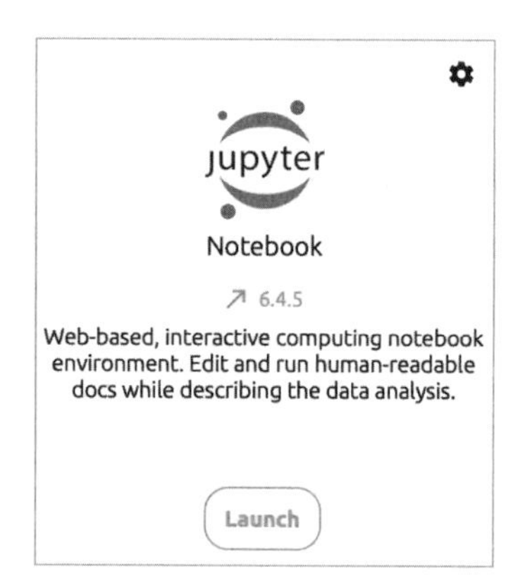

編輯環境通常會以預設瀏覽器為主 (建議使用 chrome)

啟動 Jupyter Notebook 之後，瀏覽器會自動開啟一個本機的編輯環境 (網址為 localhost 開頭)。

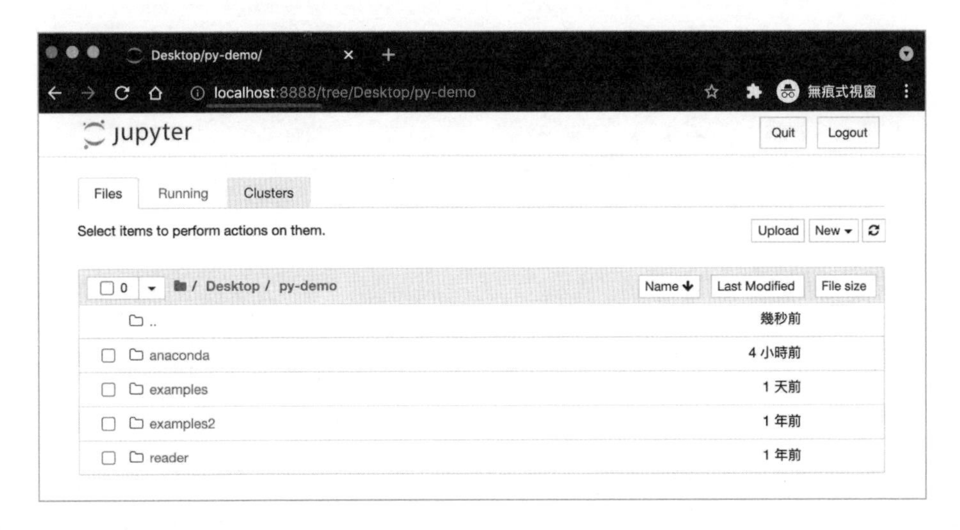

使用 Jupyter Notebook 撰寫第一支程式

開啟編輯網頁後，從左側可以選擇指定的資料夾，從右上方按鈕可以新增一個編輯的檔案，或新增一個資料夾。

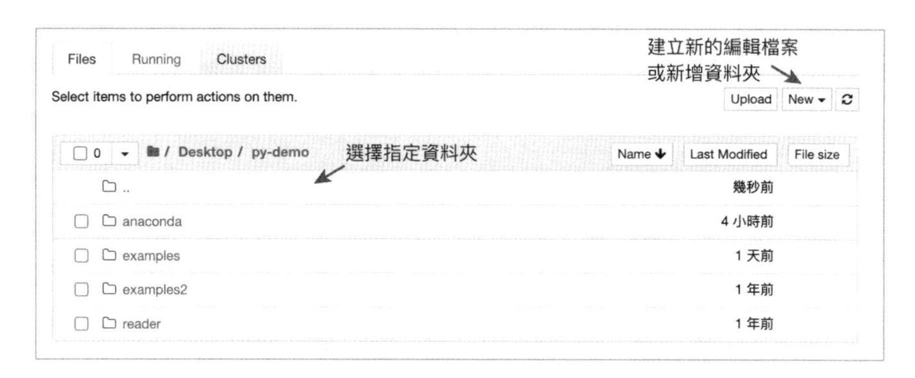

新增編輯檔案 (副檔名為 .ipynb) 後，就可以開始撰寫 Python 的程式，程式完成後點擊上方的 Run 按鈕，就會執行程式並顯示結果，例如下方的例子，就會印出 0 ～ 9 的數字。

```
for i in range(10):
    print(i)
```

查看 Python 版本以及套件

輸入「!python --version」，執行後就能查看安裝的 Python 版本 (注意是 !python，前方有驚嘆號)。

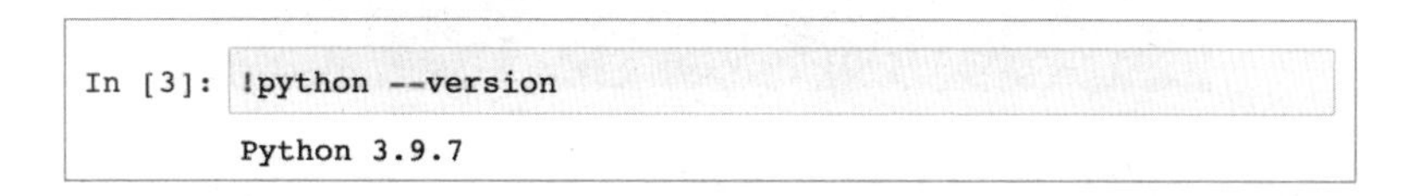
In [3]: !python --version
Python 3.9.7

輸入「!pip list」，執行後就能查看已經安裝的 Python 套件 (注意是 !pip，前方有驚嘆號)。

```
In [1]: !pip list

Package                           Version
--------------------------------- --------------------
alabaster                         0.7.12
anaconda-client                   1.9.0
anaconda-navigator                2.1.1
anaconda-project                  0.10.1
anyio                             2.2.0
appdirs                           1.4.4
applaunchservices                 0.2.1
appnope                           0.1.2
appscript                         1.1.2
argh                              0.26.2
argon2-cffi                       20.1.0
arrow                             0.13.1
asn1crypto                        1.4.0
astroid                           2.6.6
astropy                           4.3.1
async-generator                   1.10
atomicwrites                      1.4.0

In [ ]:
```

使用 Anaconda 建立虛擬環境

Jupyter 本身是一個 Python 的編輯環境，有時會遇到安裝某些套件產生的衝突狀況 (例如直接安裝 mediapipe)，因此需要先安裝虛擬環境，安裝的方式如下：

> 如果還沒有虛擬環境需求，可先略過這個部份。

建立一個資料夾 (範例使用的名稱為 mediapipe)，接著輸入命令前往該資料夾 (如果是 Windows 輸入 cmd 開啟「命令提示字元視窗」，Mac 開啟終端機，通常命令是 cd 資料夾路徑)。

```
(base) →  ~ cd Documents/anaconda/mediapipe
(base) →  mediapipe
```

進入資料夾的路徑後，輸入下列命令建立一個名為 mediapipe 虛擬環境 (下方的 mediapipe 為虛擬環境的名稱，後方 python=3.9 是要使用 python 3.9 版本)。

```
conda create --name mediapipe python=3.9
```

建立環境會需要下載一些對應的套件，按下 y 就可以開始下載安裝，出現 done 就表示虛擬環境安裝完成。

```
Preparing transaction: done
Verifying transaction: done
Executing transaction: done
#
# To activate this environment, use
#
#     $ conda activate mediapipe
#
# To deactivate an active environment, use
#
#     $ conda deactivate

(base) →  mediapipe
```

輸入下列命令，就能開啟並進入 mediapipe 虛擬環境，這時在命令列前方會出現 mediapipe 的提示 (輸入指令 conda deactivate 可以關閉當前虛擬環境)。

```
conda activate mediapipe
```

```
(base) →  mediapipe conda activate mediapipe
(mediapipe) →  mediapipe
```

進入虛擬環境後，輸入下列指令，在虛擬環境中安裝 Jupyter，經過自動安裝一系列套件的過程後，出現 done 表示成功安裝。

```
conda install jupyter notebook
```

```
Downloading and Extracting Packages
beautifulsoup4-4.11. | 189 KB    | ############################## | 100%
nbclient-0.5.13      | 92 KB     | ############################## | 100%
Preparing transaction: done
Verifying transaction: done
Executing transaction: done
(mediapipe) → mediapipe
```

開啟 Anaconda，選擇切換到 mediapipe 的環境 (就是剛剛建立的 mediapipe 虛擬環境)。

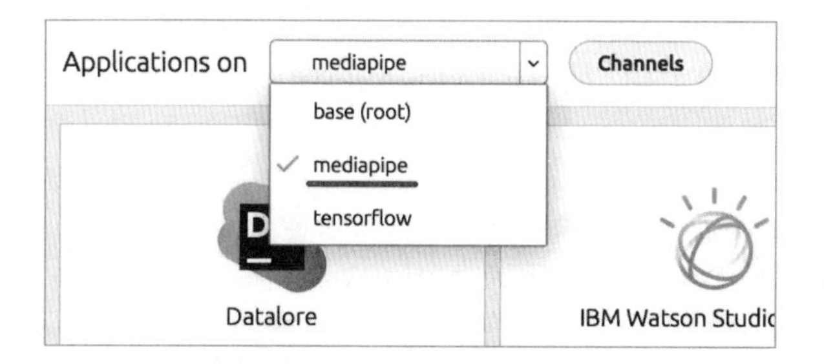

切換環境後，開啟 mediapipe 環境下的 Jupyter，啟動能開發 mediapipe 的環境。

2-3 使用 Python 虛擬環境

在本機安裝 Python 或 Python 套件時，往往會遇到電腦環境中多個版本的 Python 互相干擾的狀況，為了避免這種狀況，可以使用「Python 虛擬環境」，透過虛擬環境建置一個「乾淨」的操作環境，就可以順利的執行程式，或安裝各種函式庫或套件。

> 建議使用 VSCode 編輯器，下載：https://code.visualstudio.com/

安裝 Python

如果已經安裝過 Anaconda，應該就已經順利將 Python 安裝到電腦中，如果沒有安裝過，可以前往 Python 的網站，根據自己的作業系統下載 Python 並安裝。

> Python 下載：https://www.python.org/downloads/

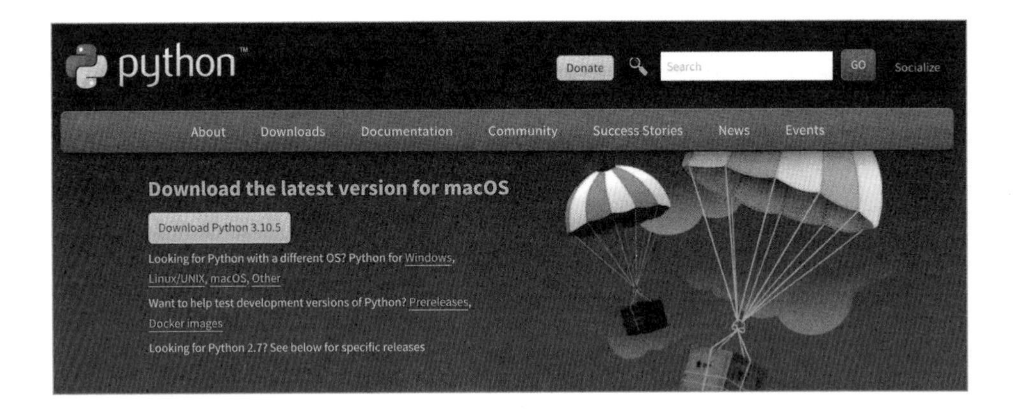

安裝 virtualenv

建立一個資料夾，使用開啟命令提示字元進入該資料夾，輸入下方指令安裝 virtualenv。

```
pip install virtualenv
```

安裝完成後，在同樣的資料夾裡，輸入下方指令，建立虛擬環境的資料夾 (test 為資料夾名稱)。

```
virtualenv test
```

```
(base) → python-new virtualenv test
created virtual environment CPython3.9.7.final.0-64 in 1447ms
  creator CPython3Posix(dest=/Users/oxxo/Desktop/python-new/test, clear=False, n
o_vcs_ignore=False, global=False)
  seeder FromAppData(download=False, pip=bundle, setuptools=bundle, wheel=bundle
, via=copy, app_data_dir=/Users/oxxo/Library/Application Support/virtualenv)
    added seed packages: pip==22.1.2, setuptools==62.6.0, wheel==0.37.1
  activators BashActivator,CShellActivator,FishActivator,NushellActivator,PowerS
hellActivator,PythonActivator
(base) → python-new
```

進入 Python 虛擬環境

接著輸入下方指令，就能進入該資料夾中的虛擬環境 (圖片是以 MacOS 為例)：

Windows：

```
test\Scripts\activate
```

MacOS：

```
source test/bin/activate
```

```
(base) → python-new source test/bin/activate
(test) (base) → python-new
```

使用下方指令，查看虛擬環境中已經安裝的套件或函式庫，可以發現是一個非常「乾淨」的 Python 環境，因此如果需要使用任何函式庫，都要額外進行安裝，也比較不會有重複或衝突的問題。

```
pip list
```

```
(test) (base) → python-new pip list
Package    Version
---------- -------
pip        22.1.2
setuptools 62.6.0
wheel      0.37.1
(test) (base) → python-new
```

部分函式庫需要升級 pip (例如 mediapipe)，使用下列指令可以將虛擬環境的 pip 升級到最新版。

```
python -m pip install --upgrade pip
```

安裝不同 Python 版本的虛擬環境

如果要替不同的虛擬環境，安裝不同版本的 Python，必須要先前往 Python 官方網站下載並安裝不同版本的 Python，如果電腦中已經存在不同版本的 Python，則可透過下列指令查詢各個版本安裝的位置：

```
where python
```

下方指令可以查詢 Python3 的安裝位置：

```
where python3
```

```
(base) → ~ where python
/Users/oxxo/Documents/anaconda/anaconda3/bin/python
/usr/bin/python
(base) → ~ where python3
/Users/oxxo/Documents/anaconda/anaconda3/bin/python3
/usr/local/bin/python3
/usr/bin/python3
(base) → ~
```

取得不同版本的 Python 安裝位置後，輸入下方指令，就能替虛擬環境設定不同版本的 Python。

```
virtualenv test -p "python 資料夾路徑 "
```

使用指令進入虛擬環境後，輸入下方指令就能查詢虛擬環境的 Python 版本：

```
python --version
```

輸出虛擬環境安裝套件清單

如果要備份虛擬環境所安裝的套件，或分享該虛擬環境的套件給別人，可以使用下方指令，產生 requirements.txt，當中會紀錄所安裝的函式庫與套件 (範例圖片中的 requirements.txt 記錄了安裝的 numpy 與 pillow)。

```
pip freeze > requirements.txt
```

```
requirements.txt ×
requirements.txt
1  numpy==1.23.0
2  Pillow==9.1.1
3
```

如果別的虛擬環境要安裝同樣的函式庫或套件，只要輸入下方指令就能安裝。

```
pip install -r requirements.txt
```

離開虛擬環境

輸入下方指令，就可以離開虛擬環境。

```
deactivate
```

小結

工欲善其事必先利其器，要開始學習 Python 程式語言，就必須先有適合的開發工具，這個章節介紹了三個編輯器，Google Colab 除了是一個非常好用的線上 Python 編輯器，也是一個非常適合用來學習 Python 或進行 Python 教學的線上工具，而 Anaconda Jupyter 則是目前很普及的 Python 編輯器，只要安裝後就不用煩惱各種 Python 安裝以及編輯器的問題，如果想要用自己的編輯器，則可以使用 Python 虛擬環境，就不用擔心 Python 不同版本之間的函式庫重複衝突問題，更能讓本機開發更加得心應手。

第 03 章

Python 基礎語法

3-1、變數 variable

3-2、內建函式（print 和 input）

3-3、縮排和註解

3-4、邏輯判斷（if、elif、else）

3-5、邏輯判斷（and 和 or）

3-6、重複迴圈（for、while）

Python 是一種非常流行的程式語言，也是許多初學者和專業開發者的首選程式語言。在學習 Python 的過程中，首先要掌握一些基本的概念，這些也是學習 Python 的必要前提。這個章節將介紹 Python 中的變數、輸入與輸出、縮排和註解、邏輯判斷以及重複迴圈的使用方法。通過學習這些基本的概念，就能夠更好地理解 Python 的運作方式，進而更加靈活地使用 Python 進行開發。

這個章節所有範例均可使用 Google Colab 實作，不用安裝任何軟體。

3-1 變數 variable

「變數」是什麼？簡單來說，就是一個「內容會改變」的數，舉凡文字、數字、布林值 (邏輯)、陣列 ... 等內容格式，都可以是變數所包含的內容，變數常見於數學公式，例如 xyz 座標、width 寬度或 height 高度，都是一種數字型態的變數。

認識 Python 的變數

Python 裡的變數，表示的是「某個物件」的「名稱」，當給予某個變數內容時，其實是將內容放入一個物件「容器」中儲存，然後「給予這個物件一個變數名稱」。

> 可以想像成將內容放到一個杯子 (容器) 裡，接著在這個杯子上貼上標籤 (名稱)，這個貼有標籤的杯子，就是一個「變數」。

舉例來說，下面的程式碼，執行後會印出數字 1。

```
a = 1
print(a) # 得到結果 1
```

程式執行順序為：

- 第一步：將數字 1 放入一個物件容器。
- 第二步：指定這個物件的名稱為 a (變數 a = 1)。
- 第三步：印出變數 a 的物件內容。

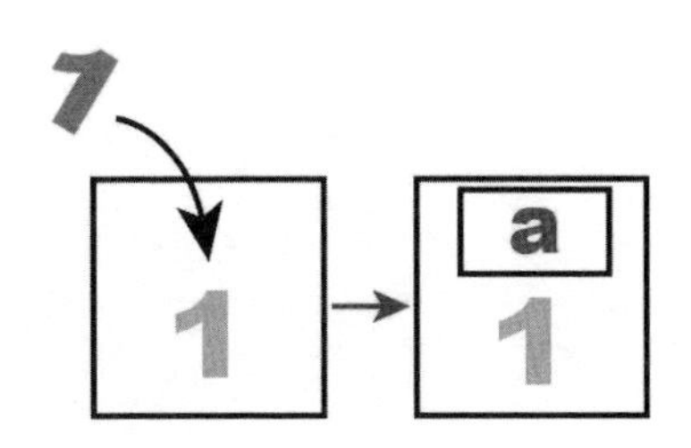

設定多個變數

因為 Python 變數的特性，同樣一個物件可以賦予多個變數名稱，下面的程式碼，執行後，變數 a、b、c 都會是 1。

> 就像一個杯子上面，貼了各種不同標籤。

```
a = 1
b = c = a
print(a) # 得到結果 1
print(b) # 得到結果 1
print(c) # 得到結果 1
```

程式執行順序為：

- 第一步：將數字 1 放入一個物件容器。
- 第二步：指定這個物件的名稱為 a (變數 a = 1)。
- 第三步：讓這個物件名稱也有 b 和 c。
- 第四步：印出變數 a、b、c 的內容。

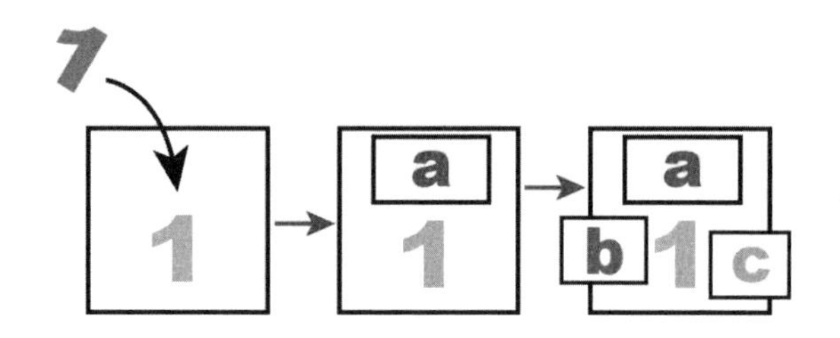

如果要一次設定多個變數的名稱和內容，可以使用逗號分隔名稱和內容(注意變數的數量要和賦值的數量相同)，下面的程式，只用了一行就設定了 a、b、c 三變數。

```
a, b, c = 1, 2, 3
print(a)    # 1
print(b)    # 2
print(c)    # 3
```

設定多個變數的陷阱

如果變數的內容是串列、字典或集合，在處理「多個變數同時賦值」時容易會遇到陷阱，因為變數只是「標籤」，**當多個變數同時指向一個串列、字典或集合時，只要變數內容被修改 (並非使用等號賦值)，不論這個變數是全域還是區域變數，另外一個變數內容也會跟著更動。**

下方例子的變數 a 使用 append 的方式「修改」串列內容，就會造成 a 和 b 的內容同時被修改，但如果 c 是使用等號再次「宣告賦值」，c 和 d 就會指向不同的內容。

```
a = []
b = a
a.append(1)
print(a)     # [1]
print(b)     # [1]     # 被影響

c = []
d = c
c = [1]
print(c)     # [1]
print(d)     # []      # 不受影響
```

同樣的原理也可以應用在會被「全域變數和區域變數」影響的函式，下方的例子執行後，**f1 函式的 a 不受作用域的影響，使用 append 發生「改變」後，不論 a 在何處都會被影響，連帶 b 也被影響，但 c 因為是使用等號「宣告賦值」，就會轉變成「區域變數」，因此在 f1 函式作用域之外的 c 就不會被影響，d 也不會被影響。**

```
a = []
b = a
c = []
d = c

def f1():
    a.append(1)
    c = [1]
```

```
    print(a)  # [1]
    print(b)  # [1]    # 被影響
    print(c)  # [1]
    print(d)  # []     # 不受影響

def f2():
    print(a)  # [1]    # 被影響
    print(b)  # [1]    # 被影響
    print(c)  # []     # 不受影響
    print(d)  # []     # 不受影響

f1()
f2()
```

重新設定變數

在同一層的程式裡，變數名稱都是不會重複的，**如果重複使用了變數名稱，則會將名稱指派給另外一個物件**，下面的程式碼，執行後會印出數字 2 和 1。

> 就像從一個杯子撕下標籤，貼到另外一個杯子上。

```
a = 1
b = a
a = 2
print(a) # 得到結果 2
print(b) # 得到結果 1
```

執行順序為：

- 第一步：將數字 1 放入一個物件容器。
- 第二步：指定這個物件的名稱為 a (變數 a = 1)。
- 第三步:讓指定名稱為 a 的物件也有另外一個名稱 b (變數 b = 變數 a)。
- 第四步：將數字 2 放入一個物件容器，指定這個物件的名稱為 a (將標籤 a 從數字 1 的盒子上撕下來，貼到數字 2 的盒子上)。
- 第五步：印出變數 a 和名稱 b 的物件內容。

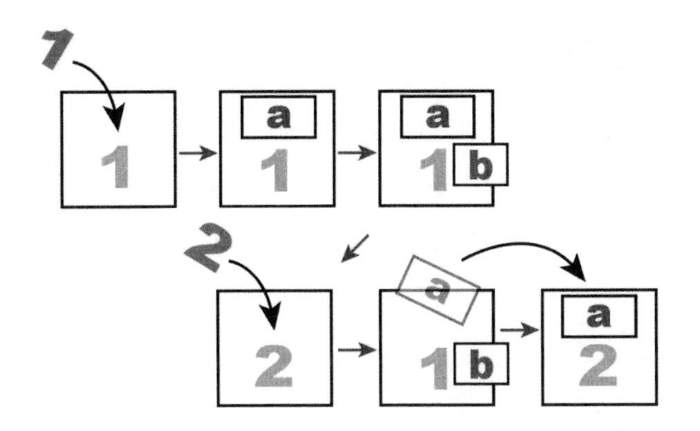

交換變數名稱

在其他程式語言裡，如果想要交換兩個變數的值，通常會用另外一個變數暫存要交換的數值，在 Python 裡可以一次進行多個變數的交換名稱，下方的例子會將 a、b、c 的數值換成 b、c、a。

```
a = 1
b = 2
c = 3
print(a, b, c)      # 1, 2, 3
a, b, c = b, c, a   # 交換內容
print(a, b, c)      # 2, 3, 1
```

同理，如果在變數賦值時，有變數的內容有做運算，同樣會按照交換變數名稱的方法，以當下的變數內容為主，下方的例子雖然看起來很類似，但因為 a 和 b 使用交換變數名稱的方式，因此 a+b 運算時 a 等於 1，而 c 和 d 是按照順序賦值，所以 c+d 時 c 的內容已經改變了。

```
a = 1
b = 2
a, b = b, a+b
print(a, b)     # 2, 3

c = 1
d = 2
c = d
d = c + d
print(c, d)     # 2, 4
```

變數後方的逗號

有時候在瀏覽一些程式時，會遇到宣告變數的後方多了一個「逗號」，在變數後方加上逗號，表示「tuple 的型別轉換」，當 tuple 中「只有一個元素」的時候，變數後方加上逗號，就能將元組型別轉換成文字或數字。

```
a = (1,)
b = ('b',)
c1 = a
c2, = a     # 宣告時加上逗號
d1 = b
d2, = b     # 宣告時加上逗號
print(c1)   # (1,)    # 還是 tuple
print(c2)   # 1       # 變成數字
print(d1)   # ('b',)  # 還是 tuple
print(d2)   # b       # 變成文字
```

好的變數名稱

幫變數命名的時候，需要把握一個重點：「看到變數的名稱，就知道是儲存什麼資料」，因此變數名稱如果取得不好，程式就會難以理解，Python 官方網站提供了以下幾個變數名稱的建議：

- 建議使用小寫英文字母，例如 score。如果需要組合多個英文單字，可以在單字之間加上底線，例如：english_score。
- 如果變數的內容不要被修改（其他程式語言稱為「常數」，也就是內容不會改變的數），變數名稱建議全部用大寫英文字母，例如 MAX_NUMBER。
- 如果變數名稱包含專有名詞，例如 HTTP、APP，就使用原來的大小寫格式，例如 HTTP_port、APP_port。

全域變數、區域變數

一個變數的名稱除了可以代表不同的東西，也表示「哪裡可以使用」這個變數，在 Python 裡的主程式與每個函式，都有各自的名稱空間 (namespace)，簡單的區分規則如下：

- 主程式定義「全域」的名稱空間，**在主程式定義的變數是「全域變數」**。
- 個別函式定義「區域」的名稱空間，**在個別函式裡定義的變數就是「區域變數」**。
- 每個名稱空間裡的變數名稱都是「**唯一的**」。
- **不同名稱空間內的變數名稱可以相同**，例如函式 A 可以定義 a 變數，函式 B 也可以定義 a 變數，兩個 a 變數是完全不同的變數。

例如有個人叫做小華，在一個家庭裡只會有一個小華，而不同的家庭可以有不同的小華 (不同的人，但是都叫做小華)，不過如果這群小華去到學校，就必須要額外命名，才知道哪個小華是小華 (一間學校只會有一個小華，其他的可能是小華一號、小華二號 ... 等)

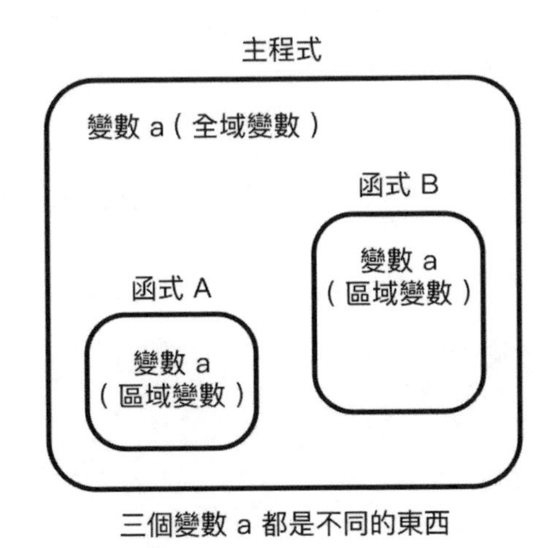

三個變數 a 都是不同的東西

變數的名稱空間

Python 預設提供三個名稱空間，分別是內置預設 Built-in (Python 預設的函數名稱如 abs、char... 等等)、全域 Global 和區域 Local 三種，當使用變數時，會從最內層 (區域命名空間) 開始往外層搜尋，直到找到對應的名稱為止 (如果找不到就會拋出錯誤)。

釐清到底用了哪個變數

下方的程式碼，定義了兩個變數 a，因為兩個變數 a 處在不同的名稱空間裡，所以印出來的結果是不同的。

> 注意，函式名稱也屬於變數名稱，如果將函式定義為 a，則會覆寫全域變數 a 的內容。

```
a = 1              # 定義全域變數 a 等於 1
def hello():       # 定義 hello 函式
  a = 2            # 定義區域變數 a 等於 2
  print(a)

hello()            # 2
print(a)           # 1
```

如果在 hello 函式裡沒有定義變數 a，而是「單純使用變數 a」，**這時程式會先尋找 hello 函式的名稱空間裡是否有變數 a，如果找不到，就會往**

外層尋找，找到之後就會使用該變數的內容，以下方的例子，執行 hello 函式後就會印出 10。

```
a = 1
def hello():
  print(a+9)     # 使用全域變數的 a

hello()          # 10
print(a)         # 1
```

如果移除全域變數 a，執行過程最後就會發生錯誤，因為最後一個 print(a) 是尋找全域變數 a，因為找不到所以就會發生錯誤。

```
def hello():
  a = 1
  print(a)

hello()
print(a)     # 發生錯誤，因為找不到變數 a
```

```
def hello():
  a = 1
  print(a)

hello()
print(a)
```

```
1
---------------------------------------------------------------------------
NameError
<ipython-input-1-39aefa42f6c7> in <module>()
      4
      5 hello()
----> 6 print(a)

NameError: name 'a' is not defined
```

同樣的道理，如果是不同函式，如果要互相呼叫對方的變數，也會發生錯誤。

```
def hello():
  a = 1
  print(a)
```

```
def test():
  print(a)

hello()
test()     # 發生錯誤，因為找不到變數 a
```

```
def hello():
  a = 1
  print(a)

def test():
  print(a)

hello()
test()

1
---------------------------------------------
NameError
<ipython-input-2-c70be5c0a34c> in <module>()
      7
      8 hello()
----> 9 test()

<ipython-input-2-c70be5c0a34c> in test()
      4
      5 def test():
----> 6   print(a)
      7
      8 hello()

NameError: name 'a' is not defined
```

使用 global 修改全域變數

如果要在函式裡修改全域變數，可以使用「**global 全域變數**」的方式。

```
a = 1           # 定義全域變數 a 等於 1
def hello():    # 定義 hello 函式
  global a      # 聲明下方的 a 為全域變數 a
  a = 2         # 修改 a 為 2

print(a)        # 1
hello()         # 執行 hello 函式
print(a)        # 2 ( 全域變數 a 被修改為 2 )
```

全域變數和區域變數容易遇到的陷阱

如果變數的內容是串列、字典或集合，在處理「全域變數和區域變數」時，與處理「多個變數同時賦值」時一樣，很容易會遇到賦值的陷阱，因為變數只是「標籤」，**當多個變數同時指向一個串列、字典或集合時，只要變數內容被修改 (並非使用等號賦值)，不論這個變數是全域還是區域變數，另外一個變數內容也會跟著更動** (延伸閱讀：設定多個變數的陷阱)。

下方的例子執行後，f1 函式的 a 不受作用域的影響，使用 append 發生「改變」後，不論 a 在何處都會被影響，連帶 b 也被影響，但 c 因為是使用等號「宣告賦值」，就會轉變成「區域變數」，因此在 f1 函式作用域之外的 c 就不會被影響，d 也不會被影響，不過如果在 f1 的開頭加上 global c，等同於將 c 從區域變數提升到全域變數，f2 裡的 c 就會被影響。

```
a = []
b = a
c = []
d = c

def f1():
    # global c          # 如果加上這行，f2 裡的 c 就會被影響
    a.append(1)
    c = [1]
    print(a)  # [1]
    print(b)  # [1]    # 被影響
    print(c)  # [1]
    print(d)  # []     # 不受影響

def f2():
    print(a)  # [1]    # 被影響
    print(b)  # [1]    # 被影響
    print(c)  # []     # 不受影響，但如果 f1 加上 global c，此處就會被影響
    print(d)  # []     # 不受影響

f1()
f2()
```

global() 和 local()

global() 和 local() 是兩個可以印出目前變數的方法：

- global()：回傳一個字典，內容是「全域名稱空間」的內容。
- local()：回傳一個字典，內容是「區域名稱空間」的內容。

下方的程式碼，執行 hello 函式後會印出區域名稱空間和全域名稱空間的內容。

```
a = 1
def hello():
  a = 1
  print(locals())
  print(globals())

hello()
print(a)
```

```
a = 1
def hello():
  a = 1
  print(locals())
  print(globals())

hello()
print(a)

{'a': 1}
{'__name__': '__main__', '__doc__': 'Automatically…
1
```

如果將 locals() 放到全域名稱空間裡，則印出來的結果和 global() 相同。

```
a = 1
def hello():
  a = 1
hello()
print(locals())
print(globals())
```

```
a = 1
def hello():
  a = 1
hello()
print(locals())
print(globals())

{'__name__': '__main__', '__doc__': 'Automatically...
{'__name__': '__main__', '__doc__': 'Automatically...
```

3-2 內建函式 (print 和 input)

這個小節會介紹「輸入和輸出」的內建函式，藉由輸入 input 和輸出 print 函式，可以簡單地進行互動，並快速的測試程式執行是否正確。

print(*objects, sep, end, file, flush)

print() 是 Python 負責將結果「輸出」的函式，將輸出的結果顯示在程式執行的命令列中，print 有下列幾個參數：

參數	說明
*objects	要印出的對象，可以用逗號分隔多個對象。
sep	預設為「一個空白」，表示每個分隔的對象，在印出時中間的間隔符號。
end	預設換行符「\n」，表示印出的結尾符號。
file	預設「None」，表示要寫入的文件對象。
flush	預設「False」，設定為 True 可以防止函式對輸出資料進行緩衝，並強行重新整理。

下方的程式可以看到如果有設定 end，則會取代換行符，導致下一個 print 的結果和上一個連在一起。

```
print(1,2,3)              # 1 2 3
print(1,2,3,sep=';')      # 1;2;3
print(1,2,3,sep=';',end='!')
print(1,2,3)              # 1;2;3!1 2 3
```

下面這段程式在「本機環境運作」，會看到「Loading」後方的「.」每隔 0.5 秒出現，若將 flush 移除或改為 False，會發現結果一次出現六個「.」(因為雲端主機緩存的機制，在 Google Colab 看不出效果)

```
import time
print('Loading',end = '')
for i in range(6):
    print('.',end = '',flush = True)
    time.sleep(0.5)
```

如果在 print 的內容前方加上「\r」的命令，就能讓每次印出時的游標位置，移動到該行的開頭，搭配 end 不換行的方式，就能做出類似「畫面更新」的效果，下方的程式碼執行後，會以像是「更新」的方式，每隔一秒顯示文字。

```
import time
n = 10
for i in range(n+1):
    print(f'\r 倒數 {n-i} 秒 ', end='')
    time.sleep(1)
print('\r 時間到 ', end='')
```

input(x)

執行 input(x) 後，命令列會顯示 x 內容，並等待使用者輸入內容，按下 enter 之後再進行下方的動作，按下 enter 之後，可將輸入的內容賦值給變數，進行後續的動作。

下方的程式碼執行後，輸入文字按下 enter，畫面上就會出現輸入的文字。

```
a = input(' 輸入文字：')
print(' 你輸入的是：'+a)
```

透過 input() 可以做出一些滿有趣的互動，例如下方的程式碼執行後，會要求輸入兩個數字，輸入結束就會顯示兩個數字加總的結果。

```
a = int(input('輸入第一個數字：'))
b = int(input('輸入第二個數字：'))
print(f'兩個數字相加結果是：{a+b}')
```

如果是要追求輸入的速度 (例如 ZeroJudge 裡的某些題目為了追求速度)，也可使用標準函式庫 sys 的 stdin.readline() 進行輸入 (但 Colab 與 anaconda jupyter 都不支援)。

```
import sys
a = int(sys.stdin.readline())
b = int(sys.stdin.readline())
print(f'兩個數字相加結果是：{a+b}')
```

3-3 縮排和註解

在撰寫程式的時候，常常會需要使用「縮排」和「註解」，縮排可以表示不同程式碼的區塊，註解可以替程式碼加上說明，這個小節將會介紹 Python 裡縮排與註解的用法。

縮排

許多程式語言 (例如 JavaScript) 是使用大括號讓程式「位於不同的區塊，執行各自的程式」，然而 Python 是使用「縮排」來實現這項功能，**根據 PEP8 (Python 協定) 的規定，使用「四個空白」作為空白的標準**，但其實使用一個 tab 或 2 ～ 6 個空白，都是可以區隔不同程式 (但仍建議使用四個空白)。

現在程式編輯器都有針對縮排做預設的處理，例如 Google Colab 採用兩個空白作為自動縮排的格式，當編輯器自動判斷下一段程式屬於另一個區塊時，就會自動幫你縮排。

注意，**「同一個段落裡，只能使用一種縮排方式」**，因此不論是使用幾個空白或是 tab，只要「不要混用」，程式就不會發生錯誤。

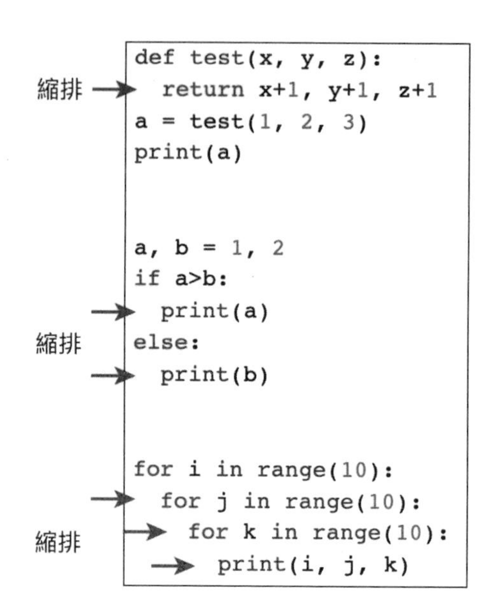
縮排
def test(x, y, z):
  return x+1, y+1, z+1
a = test(1, 2, 3)
print(a)
a, b = 1, 2
if a>b:
  print(a)
縮排
else:
  print(b)
for i in range(10):
  for j in range(10):
縮排
    for k in range(10):
      print(i, j, k)

註解

註解是在程式碼中「**不會被執行的文字**」，主要用來輔助說明程式碼的內容，在 Python 中，用「**一個井字號 #** 」做為單行註解，用「**三個雙引號 """ 或三個單引號 '''**」做多行註解 (通常在程式編輯器裡，註解的顏色會和程式碼的顏色有所區隔)。

```
# 井字號後面可以寫一行的註解
'''
這裡是多行註解，
不影響程式執行的結果。
'''
print('Hello, World!')    # 單行註解也可以寫在程式碼後方
```

3-4 邏輯判斷 (if、elif、else)

在現實世界裡，無時無刻都在進行著邏輯判斷，例如早餐要吃三明治還是麵包？飲料要喝珍奶還是咖啡？然而在 Python 的世界裡，也提供了

if、else、elif 三種語法來處理大量的邏輯判斷運算和流程控制，這個小節將會介紹這些邏輯判斷。

if 判斷

「if」判斷就如同字面的意思:「如果怎樣 ... 就怎樣 ...」,使用方式為「if 條件 :」，對應的程式需使用「**縮排**」，**如果判斷為 True，就會執行對應的程式，反之如果是 False，就會跳過判斷式，繼續執行下方的程式。**

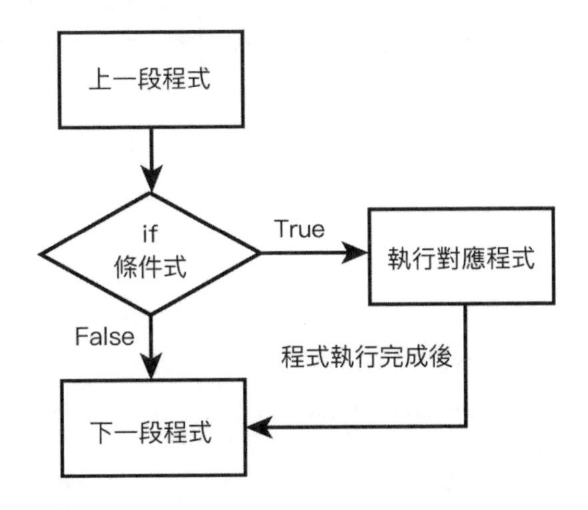

下方的程式，因為 a>b 的結果為 False，所以只會印出 ok。

```
a = 2
b = 3
if a>b:
    print('hello')  # 不會印出，因為結果為 False
print('ok')        # ok
```

if、else

if 可以和 else 搭配使用，**if 對應結果為 True 的程式，else 對應結果為 False 的程式，當對應的程式都執行完成後，繼續執行下方程式。**

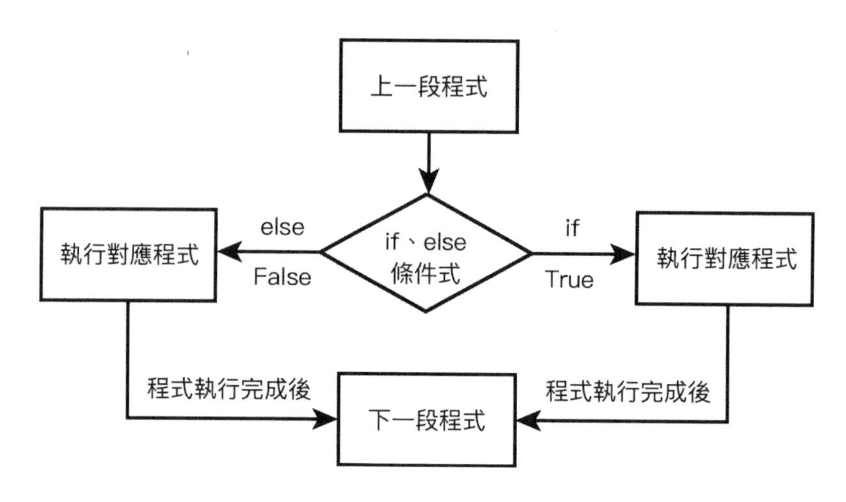

下方的程式，因為 a>b 的結果為 False，所以會先印出 world，然後印出 ok。

```
a = 2
b = 3
if a>b:
    print('hello')     # 不會印出，因為結果為 False
else:
    print('world')     # world
print('ok')            # ok
```

if、elif、else

如果加入 elif 的條件判斷，搭配 if 和 else ，就能判斷多種不同的條件，elif 的使用方式為「elif 條件 :」，**if 和 elif 都能針對各自對應的 True 結果執行對應的程式，而 else 仍然是對應結果為 False 的程式，當對應的程式都執行完成後，繼續執行下方程式**。

- 一個邏輯判斷裡，只會有一個 if 和 else，但可以有多個 elif。
- 不論是 if、elif 還是 else，最後只會有一種結果。

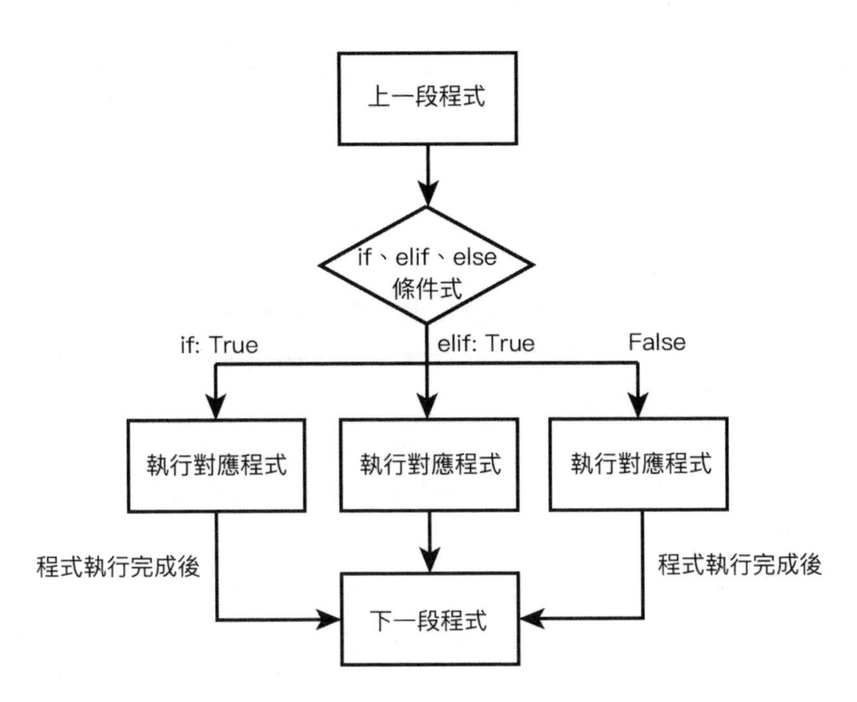

下方的程式，因為 elif 的結果為 True，所以會先印出 a<b，然後印出 ok。

```
a = 2
b = 3
if a>b:
    print('a>b')     # 不會印出
elif a<b:
    print('a<b')     # a<b
else:
    print('a=b')     # 不會印出
print('ok')          # ok
```

如果遇到「不想執行任何動作」的狀況，**可以使用「pass」作為空式子**，藉以保持語法的正確性。

```
a = 2
b = 3
if a>b:
    pass             # 不做任何動作
elif a<b:
```

```
    print('a<b')     # a<b
else:
    print('a=b')     # 不會印出
print('ok')          # ok
```

巢狀判斷

「巢狀判斷」表示「**一個判斷式裡，還有另外 n 個判斷**」，就像鳥巢一般層層判斷下去，下方的程式執行後，會先印出 a>b，接著進行第二層判斷印出 a=2，最後再印出 ok。

```
a = 2
b = 3
if a<b:
    print('a<b')        # a<b
    if a==1:
        print('a=1')    # 不會印出
    elif a==2:
        print('a=2')    # a=2
    elif a==3:
        print('a=3')    # 不會印出
elif a>b:
    print('a>b')        # 不會印出
else:
    print('a=b')        # 會印出
print('ok')             # ok
```

三元運算式 (條件運算式)

如果一個判斷式裡面只有 if 和 else，就能夠使用三元運算式來簡化，三元運算式的語法為：

```
變數 = ( 值 1) if ( 條件式 ) else ( 值 2)
```

舉例來說，下方的程式碼會判斷 a 和 b 的大小，判斷後會賦值給 c，最後印出 C。

```
a = 1
b = 2
c = ''
if a>b:
    c = 'a'
else:
    c = 'b'
print(c)    # b
```

透過三元運算式化簡之後，就得到下面的結果：

```
a = 1
b = 2
c = ''
c = 'a' if a>b else 'b'
print(c)     # b
```

3-5 邏輯判斷 (and 和 or)

在邏輯判斷時，很常使用 and、or 的邏輯運算子，然而 Python 裡的 and 和 or 除了可以回傳 True 和 False，更可以回傳比較後的值，這個小節將會介紹 Python 裡 and 和 or 的用法。

and 和 or 的使用原則

在 Python 裡使用 and 與 or 回傳值時，會遵照下列幾個原則進行：

- 使用 and 運算，如果全部都是 True，回傳最右邊 True 的值，否則回傳第一個 False 的值。
- 使用 or 運算，如果全為 False，回傳最右邊 False 的值，否則回傳第一個 True 的值。
- 元素除了 0、空 (空字串、空列表 ... 等)、None 和 False，其他在判斷式裡，全都是 True。
- **越左方 (越前方) 會越先判斷，逐步往右邊判斷。**

- **除了從左向右判斷，同時使用多個 and、or 或 not，會先判斷 not，再判斷 and，最後再判斷 or。**

在判斷式裡使用 and 和 or

通常 and 和 or 會出現在邏輯判斷裡，下方的例子使用 and 必須前後條件都滿足，使用 or 只需要滿足其中一項。

```
a = 1
b = 2
c = 3
if a<b and a<c:
    print('ok1')     # 顯示 ok1
if a<b or a>c:
    print('ok2')     # 顯示 ok2
```

如果有好幾個 or，**越左方 (越前方) 會越先判斷，逐步往右邊判斷**。

```
a = 2
b = 3
c = 0
if a>b or a<c or a==2:
    print('ok1')        # 印出 ok1
```

如果同時有 and 和 or，則會先判斷 and，然後再接著從左向右判斷：

```
a = 2
b = 3
c = 0
if a>b or a<c or a==2 and b==4:     # 效果等同 (a>b or a<c) or (a==2 and b==4)
    print('ok1')
else:
    print('XXX')        # 印出 XXX
```

下方的例子也會先判斷 and，然後再接著從左向右判斷：

```
a = 2
b = 3
```

```
c = 0
if a>b or a<c and a==2 or b==4:     # 效果等同 (a>b or (a<c and a==2)) or b==4
    print('ok1')
else:
    print('XXX')        # 印出 XXX
```

使用 and 和 or 回傳值

下方的例子可以看出按照原則，分別會回傳不同的值：

```
a = 1 and 2 and 3
print(a)                # 3，全部都 True，所以回傳最右邊的值

b = 1 and 0 and 2
print(b)                # 0，遇到 0 ( False )，回傳第一個 False 的值就是 0

c = 1 or 2 or 3
print(c)                # 1，全部都 True，所以回傳第一個值

d = 1 or 0 or 3
print(d)                # 1，遇到 0 ( False )，回傳第一個 True 的值就是 1

e = 1 and 2 or 3
print(e)                # 2，效果等同 1 and ( 2 or 3 )

f = 1 or 2 and 3
print(f)                # 1，效果等同 1 or ( 2 and 3 )，2 和 3 先取出 3 之後變成 1 or 3

g = 1 and 2 or 3 and 4 or 5
print(g)                # 2，效果等同 1 and ( 2 or ( 3 and ( 4 or 5 )))
```

如果將回傳值應用在判斷式裡，就會直接當作 True 或 False 使用，例如下方的例子，會一次判斷 a、b、c 三個變數的數值。

```
a = 1
b = 2
c = 3
if(a and b and c):    # 回傳 3 --> True
    print('ok')       # 印出 ok
```

改成下方的例子，就會印出 not ok。

```
a = 1
b = 0                # b 等於 0
c = 3
if(a and b and c):   # 回傳 0 --> False
    print('ok')
else:
    rint('not ok')   # 印出 not ok
```

3-6 重複迴圈 (for、while)

在程式執行的過程中，有時候會重複執行一些相同的運算，這時可以使用「迴圈」來處理這些重複且相同的程式碼，大幅增加程式的可閱讀性以及撰寫程式的效率，本個小節會介紹 for 迴圈與 while 迴圈，以及 break 中斷命令與 continue 跳過命令。

for 迴圈

「for 迴圈」的使用的方法為「for 變數 in 可迭代的物件 :」，執行之後，**for 迴圈會依序將可以迭代的物件取出**，賦值給指定的變數 (可迭代的物件像是字串、串列、字典、集合 ... 等)。

> for 迴圈內容執行的程式區塊，採用縮排的方式。

```
for i in 'abc':
    print(i)    # a  b  c ( 字串 )

for i in ['a','b','c']:
    print(i)    # a  b  c ( 串列 )

for i in {'a','b','c'}:
    print(i)    # c  b  a ( 集合 )
```

```
for i in {'a':1,'b':2,'c':3}:
    print(i)     # a  b  c ( 字典 )
```

如果將 for 迴圈放在 for 迴圈裡，就會形成「巢狀迴圈」，巢狀迴圈會先從「最內層」的迴圈開始執行，執行完畢後再執行外層的迴圈，下方的程式碼，會先印出 b 的 1、2、3，印完後印出第一個 a 的 x，接著再次印出 b，依此類推。

```
for a in ['x','y','z']:
    for b in [1,2,3]:
        print(b)
  print(a)

# 1 2 3 x 1 2 3 y 1 2 3 z
```

如果搭配文字的格式化，就能利用巢狀迴圈做出有趣的效果，下方的程式碼，會將 x、y、z 結合 1、2、3。

```
for a in ['x','y','z']:
    for b in [1,2,3]:
        print(f'{a}{b}')

# x1 x2 x3 y1 y2 y3 z1 z2 z3
```

while 迴圈

「while 迴圈」是「根據條件判斷，決定是否重複或停止」的迴圈，用法為「while 條件 :」，**如果條件判斷為 True，就會不斷執行迴圈內容，如果判斷為 False，就會停止迴圈**，下方的程式執行後，會不斷將 a 增加 1，直到 a 等於 6 為止。

> while 迴圈內容執行的程式區塊，採用縮排的方式。

```
a = 1
while a<=5:
    print(a)
    a += 1

# 1 2 3 4 5
```

break 和 continue

在操作迴圈的過程中，**可以使用「break 中斷」和「continue 跳出」兩個方法來「停止迴圈」**，通常 break 和 continue 會搭配邏輯判斷一同使用。(參考：邏輯判斷 (if、elif、else))

break 和 continue 的差別在於 **break 會將整個迴圈停止，而 continue 是將迴圈目前執行的程式停止**，然後再次執行迴圈，下圖為兩者的執行差異。

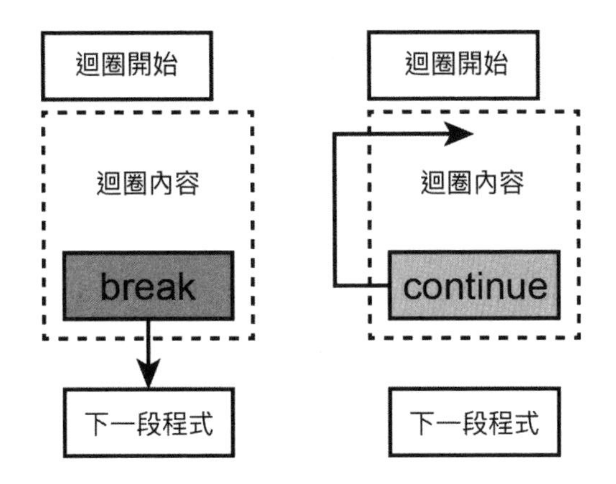

下方的程式可以看出，因為內層迴圈使用了 break，碰到 b 為 1 的時候就會停止，就看不見 2 和 3。

```
for a in ['x','y','z']:
    for b in [1,2,3]:
        if(b==2):
            break
        print(f'{a}{b}')
print('ok')

# x1 y1 z1 ok
```

如果使用 continue，則會略過 b 為 2 的部分，直接跳到 b 為 3 的部分。

```
for a in ['x','y','z']:
    for b in [1,2,3]:
        if(b==2):
            continue
        print(f'{a}{b}')
print('ok')

# x1 x3 y1 y3 z1 z3 ok
```

小結

Python 的基礎概念是學習 Python 的必要前提，這個章節中介紹了 Python 中的各種基本概念，包括變數的使用方法、輸入與輸出的使用方式、縮排和註解的寫法、邏輯判斷的運用以及重複迴圈的使用技巧，透過這些基本概念的學習，就更好地掌握 Python 的運作方式，並進一步深入學習 Python 的進階功能。

第 04 章

Python 數學運算

前言

數學運算是 Python 中的基礎語法之一，因此在學習 Python 時了解數字類型和運算子是非常重要的，在這個章節中，首先會介紹不同的數字類型，包括整數和浮點數，以及布林型別和底數的應用。接下來會探討各種不同的運算子，包括賦值運算子、算術運算子、比較運算子、邏輯運算子、位元運算子和跨列運算子，並且透過範例說明不同運算子的使用方法。

最後，會介紹 Python 中一些內建的數學函式，如 int、float、abs、divmod、max、min、pow、round、sum、complex 和 bool。這些函式可以幫助我們進行各種不同的數學計算，進而更容易去使用 Python。

這個章節所有範例均可使用 Google Colab 實作，不用安裝任何軟體。

4-1 數字 number

「數字」就是我們常見的阿拉伯數字，但在 Python 裡，數字又分成「整數」、「浮點數」(小數) 和「底數」，數字可以進行各種數學式的運算，也可以進行各種邏輯比較、時間表達等以數字為主的運算，這個小節會介紹 Python 中的數字。

整數 int

「整數 integer」，表示沒有分數或小數點的十進位數字，使用 type 查看整數的「型別」，可以得到「int」的型別。

```
type(5)   # int
```

整數可以透過下方數學式進行一般的算數計算，並依循「先乘除後加減」的規則。

> 進行整數的運算時，需要注意數字的「開頭」不能為 0 (除非是「底數」)，如果整數開頭為 0，執行時會出現錯誤。

運算子	說明	範例	結果
+	加法	1+2	3
-	減法	20-12	8
*	乘法	2*3	6
/	除法	9/2	4.5
//	除法取整數 (無條件捨去)	9//2	4
%	餘數	9%2	1
**	次方	2**3	8

```
3 + 2          # 5
3 + 2 * 2      # 7
```

```
( 3 + 2 ) * 2  # 10
```

如果整數的運算會產生小數點，結果就會轉換成浮點數 float。

```
type(3/2)  # float
```

如果要讓一個數值等於「整數」，可以使用「int 函式」來進行型態的轉換，int 函式也會將小數點的部分無條件捨棄、將數字字串轉換成數字，或將布林值轉換成 1 或 0。

```
int(5.1)    # 5
int(9/2)    # 4
int('5')    # 5
int('+2')   # 2
int(True)   # 1
int(False)  # 0
```

int 函式也可以進行二進制、八進制、十六進制的轉換。

> 注意，如果 int 轉換的是「字串」或「有小數點數字的字串」，就會發生錯誤。

- 十進制：0 ~ 9，當 10 的時候會進一位。
- 二進制：只有 1 和 0，當 2 的時候會進一位，變成 10，3 則是 11。
- 八進制：0 ~ 7，當 8 的時候會進一位，變成 10，9 則是 11。
- 十六進制：0 ~ 15 (10 ~ 15 由 A ~ F 表示)，當 16 的時候會進一位，變成 10，11 則是 17。

```
int('101', 2)  # 5   二進制
int('101', 8)  # 65  八進制
int('101', 16) # 257 十六進制
```

浮點數 float

「浮點數 float」，表示包含小數點的十進位數字，使用 type 查看整數的「型別」，可以得到「float」的型別，從下方的程式可以看到，只要數值包含了小數點，就算是 1.0 或 0.0，都會是「浮點數 float」的型別 (注意，由於計算機有位元數限制，有小數點的數字最多只有 15 位有效數字)。

```
type(5.1) # float
type(1.0) # float
type(0.0) # float
```

如果使用浮點數和整數進行運算 (或和布林值運算)，得到的結果會是浮點數。

```
1.0 + 5       # 6.0
1.0 + True    # 2.0
1.0 + False   # 1.0
```

浮點數可以透過「float 函式」將整數、數字文字或布林值，轉換成浮點數的數字。

```
float(5)      # 5.0
float('5')    # 5.0
float('5.1')  # 5.1
float(True)   # 1.0
float(False)  # 0.0
```

底數

「底數」是在數字的前方，加入 0b、0o 或 0x 的底數，來表示二進制、八進制或十六進制的數字，在「位元級」的模式下，往往是使用二進制、八進制或十六進制進行操作。

底數	代表
0b 或 0B	二進制
0o 或 0O	八進制
0x 或 0X	十六進制

```
0b1111 # 15 ( 二進制 )
0o1111 # 585 ( 八進制 )
0x1111 # 4369 ( 十六進制 )
```

布林 Bool

「布林 Bool」只有 True 和 False 兩個值，**通常 True 可以表示為 1，Fasle 可以表示為 0**，透過特殊函示 bool() 可以將任何資料型態轉換成布林，布林主要運用在邏輯判斷中，可以根據得到的布林值，作出對應的動作，在之後的許多範例中，都可以看見布林的應用。

下列「非 0 數字」會轉換為 True：

```
bool(True)   # True
bool(1)      # True
bool('ok')   # True
bool(-1)     # True
```

下列「0 值數字」會轉換為 False：

```
bool(False)   # False
bool(0)       # False
bool(0.0)     # False
```

4-2 運算子 operator

在程式語言裡，如果要進行「運算式」的計算，就必須要使用「運算元 Operand」和「運算子 Operator」相搭配，運算元表示的是需要計算的數值，運算子代表特定運算功能的符號，例如 3+4 裡的 3 和 4 是運算元，+ 號則是運算子，整串算式就是運算式，這個小節會介紹 Python 裡有哪些運算子。

賦值運算子

「賦值運算子」就是「等號 =」，會將等號右邊的結果 (值)，指定 (賦予) 給等號左邊的變數，下方的程式分別賦予 a、b、c 三個變數字串、數字和串列三種內容。

```
a = 'hello'
b = 123
c = [1,2,3]
```

算術運算子

「算術運算子」就是常見的「加減乘除」符號，針對數字進行數學式的運算 (如果要使用更多數學式，則需要 import math 模組)。比較需要注意的是，左邊的變數是右邊運算後的結果，和一般的數學式不太相同。

運算子	說明	範例	結果
+	加法	a = 1+2	a = 3
-	減法	a = 20-12	a = 8
*	乘法	a = 2*3	a = 6
/	除法	a = 9/2	a = 4.5
//	除法取整數 (無條件捨去)	a = 9//2	a = 4
%	餘數	a = 9%2	a = 1
**	次方	a = 2**3	a = 8

使用算術運算子進行計算時，按照「**先乘除後加減**」的規則，並「**優先計算小括號刮起來**」的運算式。

```
a = 3*(3+2)
print(a)   # 15
```

算術運算子和賦值往往搭配一起使用，進行變數的遞增或遞減效果。

```
a = 1        # a 賦值 1
a = a + 1    # a 賦值 1 + 1 ( 此時右邊的 a 等於 1 )
print(a)     # 2

b = 5        # b 賦值 5
b = b - 1    # b 賦值 5 - 1 ( 此時右邊的 b 等於 5 )
print(b)     # 4
```

如果需要「開根號」，可以使用「＊＊ 0.5」來實現。

```
print(4**0.5)   # 2.0
```

除了單純的運算，也可以將算術運算子和賦值運算子組合，變成復合型態的運算子。

運算子	範例	等同於
+=	a += 1	a = a + 1
-=	a -= 1	a = a - 1
*=	a *= 2	a = a * 2
/=	a /= 2	a = a / 2
//=	a //= 3	a = a // 3
%=	a %= 3	a = a % 3
**=	a **= 2	a = a ** 2

比較運算子

「比較運算子」是用來比較「兩個值大小」的運算子，運算的結果只有 True 或是 False 兩種，常用於邏輯判斷使用。

> 注意，因為單一個等號「=」是「賦值運算子」，所以如果要進行相等的比較，必須使用兩個等號「==」。

運算子	說明	範例
>	大於 (a 是否大於 b)	a > b
<	小於 (a 是否小於 b)	a < b
>=	大於等於 (a 是否大於等於 b)	a >= b
<=	小於等於 (a 是否小於等於 b)	a <= b
==	等於 (a 是否等於 b)	a == b
!=	等於 (a 是否不等於 b)	a != b

```
a = 5
b = 3

print(a < b)    # False
print(b <= a)   # True
print(a != b)   # True
print(a == b)   # False
```

邏輯運算子

「比較運算子」可以判斷「and」(且)、「or」(或) 和「not」(非) 三種邏輯狀態，運算的結果只有 True 或是 False 兩種。

> 比較運算子可以使用 & 代替 and，| 代替 or。

- **and**

當 a 是 True，b 也是 True，結果是 True，但只要 a、b 其中一個是 False，結果就是 False。

a and b	a = True	a = False
b = True	True	False
b = False	False	False

```
a = True
b = False
c = True

print(a & b)      # False
print(a and b)    # False
print(a & c)      # True
print(a and c)    # True
```

- **or**

只要 a、b 其中一個是 True，結果就是 True。

a or b	a = True	a = False
b = True	True	True
b = False	True	False

```
a = True
b = False
c = True

print(a | b)      # True
print(a or b)     # True
print(a | c)      # True
print(a or c)     # True
```

- **not**

如果 a 為 True，not a 的結果 False，如果 a 為 False，not a 的結果 True。

	not a
a = True	**False**
a = False	**True**

```
a = True
b = False

print(not a)    # False
print(not b)    # True
```

邏輯運算子可以結合比較運算子，做出更複雜的邏輯判斷。

```
a = 1
b = 2
c = 3

print((a>b)&(c>b))          # False
print((a>b)|(c>b))          # True
print(not ((a>b)&(c>b)))    # True ( 因為 (a>b)&(c>b) 為 True )
```

in 與 is 運算子

如果有 a 和 b 兩個變數，使用「in 運算子」可以判斷 b 是否包含 a，使用「is 運算子」可以判斷 a 和 b 是否為相同物件，如果判斷包含或相同，回傳 True，否則回傳 False。

```
a = 2
```

```
b = 4
c = [1,2,3]
print(a in c)     # True
print(b in c)     # False

x = [1,2,3]
y = [1,2,3]
z = x
print(x is y)     # False
print(x is z)     # True
```

位元運算子

在程式語言的底層，所有數值都是以二進位表現 (0 和 1)，「位元運算子」會針對每個數值的「二進位」字元進行位元運算，下面的表格使用 4 (二進位 0100) 和 5 (二進位 0101) 為例子。

運算子	說明	範例	結果
&	位元 且，二進位數字「完全相同」的部分，不同的部分以 0 取代。	4&5，使用 0100 和 0101 比較後，回傳 0100	4
|	位元 或，二進位數字「只要有一個為 1 」的部分都為 1。	4&5，使用 0100 和 0101 比較後，回傳 0101	5
^	位元 互斥，二進位數字「完全相同」的部分都為 0，不同的部分以 1 取代。	4^5，使用 0100 和 0101 比較後，回傳 0001	1
~	位元 相反，二進位數字 0 變成 1，1 變成 0	~4，0100 相反為 1011	-5
>>	位元 右移，將二進位數字往右移動指定位數，左側補 0	4>>2，0100 往右移動兩位 0001	1
<<	位元 左移，將二進位數字往左移動指定位數，右側補 0	5<<2，0101 往左移動兩位 10100	20

```
print(4&5)     # 4
print(4|5)     # 5
print(4^5)     # 1
print(~4)      # -5
print(4>>2)    # 1
print(5<<2)    # 20
```

跨列運算子

如果有遇到「算式過長，需要換行」的程式碼或運算式，除了使用小括號包覆使其換行計算，也能使用「反斜線 \」放在一列的最後方，就可以將程式碼進行換列，注意，使用跨列運算子後不得加上空格或其它字元，下方的例子執行後，a 和 b 的結果會是相同的。

```
a = ( 1 + 2 + 3 +
      4 + 5 + 6 +
      7 + 8 + 9 )

b = 1 + 2 + 3 + \
    4 + 5 + 6 + \
    7 + 8 + 9
```

4-3 內建函式 (數學計算)

這個小節會介紹「數學計算」的內建函式，許多需要數學運算的程式都會需要使用這些函式，是常見的內建函式。

常用操作方法

方法	參數	說明
int()	x	將 x 轉換成整數。
float()	x	將 x 轉換成浮點數。
abs()	x	回傳 x 的絕對值。
divmod()	x, y	回傳 x 除以 y 的商和餘數。
max()	iter	回傳可迭代物件 iter 裡的最大值。
min()	iter	回傳可迭代物件 iter 裡的最小值。
pow()	x, y, z	回傳「x 的 y 次方」或「x 的 y 次方除以 z 的餘數」。
round()	x, y	回傳四捨五入後的 x，y 表示四捨五入的小數點位數。
sum()	iter, y	回傳串列或 tuple 的數值與 y 的加總。

方法	參數	說明
complex	x, y	回傳「x + yj」的複數形式。
bool()	x	將參數 x 轉變成布林值 False 或 True。

int(x, base)

int(x) 可以將數字或者是字串的參數，轉換為「整數」的型別，如果數字有小數點，會無條件捨去小數點的數字，如果 x 為空，則返回 0，如果是 True 和 False 則會轉換為 1 和 0。

```
a = int('123')
b = int(123.999)
c = int()
d = int(True)
e = int(False)
print(a)     # 123
print(b)     # 123
print(c)     # 0
print(d)     # 1
print(e)     # 0
```

int(x, base) 後方 base 預設為 10 進位，設定為 base=8 為八進位整數，base=2 為二進位整數，base=16 則是十六進位整數。

```
a = int('123')
b = int('123', base=8)
c = int('123', base=16)
print(a)     # 123
print(b)     # 83    123 等於 83 的八進位
print(c)     # 291   123 等於 291 的十六進位
```

float(x)

float(x) 可以將整數或者是字串的參數，轉換為「浮點數」的型別 (帶有小數點的數字)，如果數字為整數，會自動在後方加上「.0」，如果 x 為空，則返回 0.0，如果是 True 和 False 則會轉換為 1.0 和 0.0。

```
a = float('123')
b = float(123)
c = float()
d = int(True)
e = int(False)
print(a)     # 123.0
print(b)     # 123.0
print(c)     # 0.0
print(d)     # 1.0
print(e)     # 0.0
```

如果要在 Python 裡表現「無窮大」或「NaN (非數字)」的數值，可以使用「float(inf)」或「float(nan)」的做法。

```
a = float('inf')
b = float('-inf')
c = float('nan')
print(a)    # inf 正無窮大
print(b)    # -inf 負無窮大
print(c)    # nan 正無窮大
```

abs(x)

abs(x) 可以回傳 x 的「絕對值」。

```
a = abs(-123)
print(a)    # 123
```

divmod(x, y)

divmod(x, y) 會回傳一個內容為「(x//y, x%y) 的 tuple」(x 除以 y 的商和餘數)。

```
a = divmod(5,3)
b = divmod(9,2)
print(a)    # (1, 2)
print(b)    # (4, 1)
```

max(iter)

max(iter) 會回傳一個可迭代物件 (字串、tuple、串列) 中的「最大值」。

```
a = max('100200300')
b = max([100,200,300])
c = max((100,200,300))
print(a)    # 3 ( 因為字串拆開後只有 0 1 2 3 )
print(b)    # 300
print(c)    # 300
```

min(iter)

min(iter) 會回傳一個可迭代物件 (字串、tuple、串列) 中的「最小值」。

```
a = min('100200300')
b = min([100,200,300])
c = min((100,200,300))
print(a)    # 0 ( 因為字串拆開後只有 0 1 2 3 )
print(b)    # 100
print(c)    # 100
```

pow(x, y, z)

使用 pow(x, y) 會回傳「x 的 y 次方」，使用 pow(x, y, z) 會回傳「x 的 y 次方除以 z 的餘數」。

```
a = pow(2, 3)
b = pow(2, 3, 3)
print(a)     # 8 ( 2 的 3 次方 )
print(b)     # 2 ( 8 除以 3 的餘數 )
```

round(x, y)

round(x, y) 會回傳「四捨五入後的 x，y 表示四捨五入的小數點位數」，如果不指定 y 則表示四捨五入後的結果為整數。

```
a = round(3.14159)
```

```
b = round(3.14159, 3)
print(a)     # 3
print(b)     # 3.142
```

不過需要特別注意的是，當遇到 .5 的數值時容易出現問題，因為 .5 的數字其實是 .44444444X 或 .5000000X 之類的數字，這時使用 round() 會發生預期外的狀況。

```
print(round(1.5))    # 2
print(round(2.5))    # 2 ( 因為 2.5 不是真正的 2.5 )
print(round(3.5))    # 4
print(round(4.5))    # 4 ( 因為 4.5 不是真正的 4.5 )
print(round(5.5))    # 6
```

sum(iter, y)

sum(iter, y) 會回傳「串列或 tuple 的數值與 y 的加總」，如果不指定 y 則 y 為 0。

```
a = sum([1,2,3,4])
b = sum((1,2,3,4))
c = sum((1,2,3,4), 5)
print(a)     # 10
print(b)     # 10
print(c)     # 15  ( 最後再加上 5 )
```

complex(x, y)

complex(x, y) 會回傳「x + yj」的複數形式，如果 x 是數字，需要加上數字 y，如果 x 是字串，則不需要 y (參考：複數)。

```
a = complex(1, 2)
print(a)    # (1+2j)
```

bool(x)

bool(x) 可以將參數 x 轉變成布林值 False 或 True，如果內容是 0 或空值就會是 False，反之其他內容就會是 True。

```
a = bool(1)
b = bool(0)
c = bool()
d = bool(999)
e = bool('hello')
f = bool([0])
g = bool([])
print(a)    # True
print(b)    # False
print(c)    # False
print(d)    # True
print(e)    # True
print(f)    # True  ( 因為串列有值 )
print(g)    # False  ( 因為串列也為空 )
```

小結

Python 的數學運算功能非常強大，在學習這個章節的過程中，應該會發現 Python 是一個非常靈活的程式語言，可以處理各種不同的數學問題以及各種複雜的數學運算。

總結來說，數學運算是 Python 程式設計的基礎之一，對於學習 Python 的讀者來說是非常重要的，通過這個章節的學習，可以了解 Python 的數字型態、運算子和內建函式，並且掌握使用它們的技巧。

第 05 章

Python 文字操作

5-1、文字與字串 string

5-2、文字與字串（常用方法）

5-3、文字與字串（格式化）

5-4、內建函式（字串操作與轉換）

在程式語言中，尤其是對於資料處理而言，字串操作是很重要的一環。Python 作為一個被廣泛應用的程式語言，也有許多字串操作方法。本章節將介紹 Python 中的文字與字串操作方法，從文字與字串的基本概念、常用的字串操作方法與判斷方法、格式化的方法以及常用的內建函式，透過一系列的範例，就能使用 Python 輕鬆操作文字與字串。

這個章節所有範例均可使用 Google Colab 實作，不用安裝任何軟體。

5-1 文字與字串 string

字串是 Python 裡最常使用的物件，可以包含字母、數字、符號、標點甚至空格、換行，這篇教學會介紹文字與字串基本的用法。

建立字串

使用將字元 (字母、符號或數字) 放在一對「單引號」或「雙引號」裡，就可製作為一個 Python 字串。

```
print("hello")  # hello
print('hello')  # hello
```

單引號和雙引號可以互相搭配使用，當單引號被雙引號包覆時，單引號為字串，當雙引號被單引號包覆時，雙引號為字串。

```
print("'oxxo' is my name")  # 'oxxo' is my name
print('"oxxo" is my name')  # "oxxo" is my name
```

如果是「多行字串」(文字很多且會換行)，則可將多行字串，放在「連續三個」單引號或雙引號裡，就會原封不動的印出結果。

```
a = """Millions of developers and companies build,
ship, and maintain their software on GitHub—the
largest and most advanced development platform
in the world."""
print(a)
```

此外，也可以使用「str()」，將資料轉換成字串，下方的程式將數字 123 轉換為字串 123。

```
a = str(123)
print(a)   # '123'
```

轉義

「轉義」表示「轉換字串內一些字元的含義」，只要在需要轉換的字元前方，加上「反斜線 \」，就能賦予其特殊意義，常用的轉義字元有下面幾種：

轉義字元	說明
\ (放在一行結尾)	接續下一行。
\\	顯示反斜線。
\\'	顯示單引號。
\\"	顯示雙引號。
\b	刪除前一個字元。
\n	換行。
\t	tab 鍵。

下方的例子，在一行字串裡，使用轉義字元，讓結果同時顯示單引號、雙引號和反斜線。

```
a = 'hello "World", my name is \'oxxo\', \\_\\'
print(a)

# hello "World", my name is 'oxxo', \_\
```

下方的例子，將一行文字根據「\n」進行換行。

```
a = 'hello World,\nmy name is oxxo,\nhow are you?'
print(a)

# hello World,
# my name is oxxo,
# how are you?
```

前方加上 r

如果在字串的前方加上「r」，表示這個字串為「raw string」，不要進行轉義，下方的程式碼執行後，a 會印出「\n」(因為不進行轉義)，b 則會

將 \n 轉義為換行，就會印出換行的結果。

```
a = r'123\n456'
b = '123\n456'
print(a)      # 123\n456
print(b)
# 123
# 456
```

結合字串

結合字串有三種方式：「+ 號、字串後方放置、括號」，結合的字串「不會加上空格」，所以空格要自己補上。

使用「+ 號」可以針對「變數」與「字串」進行結合。

```
a = 'hello'
b = ' world'  # 前方補上空格
c = a + b + '!!!'
print(c)
# hello world!!!
```

使用「字串後方放置」只能針對「字串」(不是變數) 進行結合。

```
a = 'hello' ' world' '!!!'
print(a)
# hello world!!!
```

如果有很多字串，可以將其放在「括號」裡進行結合。

```
a = ('a' "b" 'c' "'" 'ok' "'")
print(a)
# abc'ok'
```

重複字串

在字串後方使用「*」加上數字，可以指定該字串要重複幾次，下方的例子，會將 ok 重複 10 次。

```
a = 'ok'*10
print(a)
# okokokokokokokokokok
```

如果變數是字串，也可以使用 * 進行重複，下圖的例子，會出現 20 個 ok。

```
a = 'ok'*5
b = a * 4
print(b)
# okokokokokokokokokokokokokokokokokokokok
```

取得字元與字串

使用「 [ ] 」可以取得某個字元，因為每個字元在字串中都有各自的「順序 offset」，從左邊數來第一個順序為 0，接下來是 1，如果指定 -1 則會選擇最右邊的字元，-2 則是右邊數來的第二個，依此類推。

```
a = 'hello world'
print(a[0])     # h （ 第一個字元 ）
print(a[3])     # l （ 第四個字元 ）
print(a[-1])    # d （ 最後一個字元 ）
```

如果要取得某一串文字，可以使用「slice」的方式，定義 slice 的方式為一組方括號、一個 start (開始順序)、一個 end (結尾順序) 和一個中間的 step (間隔)，常見的規則如下：

定義	說明
[:]	取出全部字元，從開始到結束。
[start:]	取出從 start 的位置一直到結束的字元。
[:end]	取出從開始一直到 end 的「前一個位置」字元。
[start:end]	取出從 start 位置到 end 的「前一個位置」字元。
[start:end:step]	取出從 start 位置到 end 的「前一個位置」字元，並跳過 step 個字元。

```
a = '0123456789abcdef'
print(a[:])        # 0123456789abcdef ( 取出全部字元 )
print(a[5:])       # 56789abcdef ( 從 5 開始到結束 )
print(a[:5])       # 01234 ( 從 0 開始到第 4 個 ( 5-1 ) )
print(a[5:10])     # 56789 ( 從 5 開始到第 9 個 ( 10-1 ) )
print(a[5:-3])     # 56789abc ( 從 5 開始到倒數第 4 個 ( -3-1 ) )
print(a[5:10:2])   # 579 ( 從 5 開始到第 9 個，中間略過 2 個 )
```

len() 取得字串長度

len() 函式可以取得一串字串的長度 (總共幾個字元)，取得的長度不包含轉義字元，下方的例子會顯示變數 a 的字串長度。

```
a = '0123456789_-\\\"\''
print(len(a)) # 15，不包含三個反斜線 \
```

split() 拆分

split() 函式可以將一個字串，根據指定的「分隔符號」，拆分成「串列」(串列就是許多值組成的序列，將許多值包覆在方括號裡，並使用逗號分隔)。

```
a = 'hello world, I am oxxo, how are you?'
b = a.split(',') # 以逗號「,」進行拆分
c = a.split(' ') # 以空白字元「 」進行拆分
d = a.split()    # 如果不指定分隔符號，自動以空白字元進行拆分
print(b)         # ['hello world', ' I am oxxo', ' how are you?']
print(c)         # ['hello', 'world,', 'I', 'am', 'oxxo,', 'how', 'are', 'you?']
print(d)         # ['hello', 'world,', 'I', 'am', 'oxxo,', 'how', 'are', 'you?']
```

replace() 替換

replace() 函式可以進行簡單的字串替換，replace() 函式有三個參數「舊的字串，新的字串，替換的數量」，如果沒有指定數量，就會將內容所有指定的字串替換成新的字串 (如果要進行更複雜規則的取代，就必須要使用「正規表達式」)。

```
a = 'hello world, lol'
b = a.replace('l','XXX')
c = a.replace('l','XXX',2)
print(b)  # heXXXXXXo worXXXd, XXXoXXX ( 所有的 l 都被換成 XXX )
print(c)  # heXXXXXXo world, lol ( 前兩個 l 被換成 XXX )
```

strip() 剝除

strip() 函式可以去除一段字串開頭或結尾的某些字元，使用 rstrip() 函式可以只去除右邊，使用 lstrip() 函式可以只去除左邊，括號內可以填入指定的字元，就會將開頭或結尾指定的字元剝除。

```
a = '  hello!!'
b = a.strip()
e = a.strip('!')
c = a.lstrip()
d = a.rstrip()
print(b) # hello!!
print(c) # hello!!
print(d) #   hello!!
print(e) #   hello
```

搜尋和選擇

如果要搜尋字串中的某個字，可以使用「find()」或「index()」兩個函式，函式預設從左側開始找起，找到指定的字串或字元時，會回傳第一次出現的位置 (offset)，如果改成「rfind()」或「rindex()」就會從右側找起，找到指定的字串或字元時，會回傳最後一次出現的位置 (offset)，如果沒有找到結果，find() 會回報 -1 的數值，index() 會直接顯示錯誤訊息。

```
a = 'hello world, I am oxxo, I am a designer!'
b = a.find('am')
c = a.rfind('am')
print(b)  # 15 ( 第一個 am 在 15 的位置 )
print(c)  # 26 ( 最後一個 am 在 26 的位置 )
```

下方列出一些好用的搜尋與選擇函式：

函式	說明
startswith()	判斷開頭字串，符合 True，不符合 False
endswith()	判斷結尾字串，符合 True，不符合 False
isalnum()	判斷是否只有字母和數字，符合 True，不符合 False
count()	計算字串出現了幾次

```
a = 'hello world, I am oxxo, I am a designer!'
b = a.startswith('hello')
c = a.endswith('hello')
d = a.isalnum()
e = a.count('am')
print(b)    # True  ( 開頭是 hello )
print(c)    # False ( 結尾不是 hello )
print(d)    # False ( 裡面有逗號和驚嘆號 )
print(e)    # 2 ( 出現兩次 am )
```

大小寫

Python 針對字串的大小寫，有四種內建的轉換函式可以使用：

函式	說明
title()	單字字首字母變大寫。
upper()	所有字母變大寫。
lower()	所有字母變小寫。
swapcase()	單字字母的大小寫對調。

```
a = 'Hello world, I am OXXO'
b = a.title()
c = a.upper()
d = a.lower()
e = a.swapcase()
print(b) # Hello World, I Am Oxxo
print(c) # HELLO WORLD, I AM OXXO
print(d) # hello world, i am oxxo
print(e) # hELLO WORLD, i AM oxxo
```

5-2 文字與字串 (常用方法)

在前一小節中已經認識了字串 String 的基本用法，這個小節會整理出文字與字串相關的語法。

常用操作方法

下面整理了文字與字串常用的操作方法：

方法	說明
str(x)	轉換與建立字串。
+	結合字串。
*	重複字串。
str[]	取出字元。
len(str)	取得字串長度。
str.split(x)	根據 x 拆分字串。
str.join(iter)	將序列結合成字串。
str.replace(x, y, n)	將字串中的 x 替換為 y，n 為要替換的數量，可不填 (表示全部替換)。
str.strip()	去除字串開頭或結尾的某些字元。
str.capitalize()	將字串字首變成大寫。
str.casefold()、str.lower()	將字串全部轉成小寫。
str.upper()	將字串全部轉成大寫。
str.title()	將字串全部轉成標題 (每個單字字首大寫)。
str.swapcase()	將字串的大小寫對調。
str.count(sub, start, end)	計算某段文字在字串中出現的次數 (start、end 為範圍，可不填)。
str.index(sub, start, end)	尋找某段文字在字串中出現的位置 (start、end 為範圍，可不填)。
str.format	格式化字串，參考「.format」。
str.encode(encoding='utf-8', errors='strict')	字串編碼。

常用判斷方法

下面整理了文字與字串常用的判斷方法，這些方法使用後會回傳 True 和 False。

方法	說明
sub in str	判斷字串中是否出存在某段文字，回傳 True 或 False。
str.isalnum()	判斷字串中是否都是英文字母或數字（不能包含空白或符號），回傳 True 或 False。
str.isalpha()	判斷字串中是否都是英文字母（不能包含數字、空白或符號），回傳 True 或 False。
str.isdigit()	判斷字串中是否都是數字（不能包含英文、空白或符號），回傳 True 或 False。
str.islower()	判斷字串中是否都是小寫英文字母，回傳 True 或 False。
str.isupper()	判斷字串中是否都是大寫英文字母，回傳 True 或 False。
str.istitle()	判斷字串中是否為標題（每個單字字首大寫），回傳 True 或 False。

str(x)

使用「str(x)」可以將 x 轉換成字串的型態。

```
a = str(123)
print(a)    # 123 （ 字串型態，不是數字 ）
```

+ 結合字串

使用「+」可以將不同的字串結合在一起。

```
a = 'abc'
b = '123'
print(a + b)    # abc123
```

* 重複字串

使用「* 」可以將同一個字串重複指定的次數。

```
a = 'abc'
print(a*3)
```

str[]

使用「str[]」可以取出字串中的某些字元 (更多可參考：取得字元與字串)。

```
a = '0123456789abcdef'
print(a[0])       # 0 ( 第一個字元 )
print(a[3])       # 3 ( 第四個字元 )
print(a[-1])      # f ( 最後一個字元 )
print(a[:])       # 0123456789abcdef ( 取出全部字元 )
print(a[5:])      # 56789abcdef ( 從 5 開始到結束 )
print(a[:5])      # 01234 ( 從 0 開始到第 4 個 ( 5-1 ) )
print(a[5:10])    # 56789 ( 從 5 開始到第 9 個 ( 10-1 ) )
print(a[5:-3])    # 56789abc ( 從 5 開始到倒數第 4 個 ( -3-1 ) )
print(a[5:10:2])  # 579 ( 從 5 開始到第 9 個，中間略過 2 個 )
```

len(str)

使用「len(str)」可以取得字串長度 (有幾個字元)。

```
a = 'hello world'
print(len(a))    # 11
```

str.split(x)

使用「str.split(x)」可以根據 x 字元拆分字串，使字串變成串列形式。

```
a = 'hello world, I am oxxo, how are you?'
b = a.split(',') # 以逗號「,」進行拆分
c = a.split(' ') # 以空白字元「 」進行拆分
d = a.split()    # 如果不指定分隔符號，自動以空白字元進行拆分
print(b)         # ['hello world', ' I am oxxo', ' how are you?']
print(c)         # ['hello', 'world,', 'I', 'am', 'oxxo,', 'how', 'are', 'you?']
print(d)         # ['hello', 'world,', 'I', 'am', 'oxxo,', 'how', 'are', 'you?']
```

str.join(iter)

使用「str.join(iter)」可以將原本的字串，結合指定的序列，變成新的字串。

```
a = ['hello world', 'I am oxxo', 'how are you?']
b = ', '.join(a)  # 使用逗號「,」進行結合
print(b)  # hello world, I am oxxo, how are you?
```

str.replace(x, y, n)

使用「str.replace(x, y, n)」可以將字串中的 x 替換為 y，n 為要替換的數量，可不填 (表示全部替換)。

```
a = 'hello world, lol'
b = a.replace('l','XXX')
c = a.replace('l','XXX',2)
print(b)  # heXXXXXXo worXXXd, XXXoXXX ( 所有的 l 都被換成 XXX )
print(c)  # heXXXXXXo world, lol ( 前兩個 l 被換成 XXX )
```

str.strip()

使用「str.strip()」可以去除字串開頭或結尾的某些字元。

```
a = '  hello!!'
b = a.strip()
c = a.strip('!')
d = a.lstrip()
e = a.rstrip()
print(b) # hello!!
print(c) #   hello
print(d) # hello!!    使用 lstrip() 函式可以只去除左邊
print(e) #   hello!!  使用 rstrip() 函式可以只去除右邊
```

下面的例子，會去除開頭與結尾指定的字元

```
s = '@!$##$#ABCDE%#$#%#$'
a = s.strip('!@#$%^&*(')
print(a)  # ABCDE
```

str.capitalize()

使用「str.capitalize()」將字串的字首變成大寫。

```
a = 'hello world, i am oxxo!'
b = a.capitalize()
print(b)     # Hello world, i am oxxo!
```

str.casefold()、str.lower()

使用「str.casefold()」和「str.lower()」可以將字串全部轉成小寫，str.casefold() 更會將一些其他語系的小寫字母作轉換。

```
a = 'Hello World, I am OXXO!'
b = a.casefold()
c = a.lower()
print(b)     # hello world, i am oxxo!
print(c)     # hello world, i am oxxo!
```

str.upper()

使用「str.upper()」可以將字串全部轉成大寫。

```
a = 'Hello World, I am OXXO!'
b = a.upper()
print(b)     # HELLO WORLD, I AM OXXO!
```

str.title()

使用「str.title()」可以將字串全部轉成標題 (每個單字字首大寫)

```
a = 'Hello world, I am OXXO! How are you?'
b = a.title()
print(b)     # Hello World, I Am Oxxo! How Are You?
```

str.swapcase()

使用「str.swapcase()」可以將字串的大小寫對調。

```
a = 'Hello world, I am OXXO!'
b = a.swapcase()
print(b)    # hELLO WORLD, i AM oxxo!
```

str.count(sub, start, end)

使用「str.count(sub, start, end)」可以計算某段文字在字串中出現的次數（start、end 為範圍，可不填）。

```
a = 'Hello world, I am OXXO!'
b = a.count('o')
c = a.count('o', 1, 5)
print(b)      # 2
print(c)      # 1
```

str.index(sub, start, end)

使用「str.index(sub, start, end)」可以尋找某段文字在字串中出現的位置（start、end 為範圍，可不填）。

```
a = 'Hello world, I am OXXO!'
b = a.index('w')
print(b)      # 6
```

str.encode(encoding='utf-8', errors='strict')

使用「str.encode(encoding='utf-8', errors='strict')」可以針對字串進行編碼。

```
a = 'Hello world, 喔哈！'
b = a.encode(encoding='utf-8', errors='strict')
c = a.encode(encoding='BIG5', errors='strict')
print(b)     # b'Hello world, \xe5\x96\x94\xe5\x93\x88\xef\xbc\x81'
print(c)     # b'Hello world, \xb3\xe1\xab\xa2\xa1I'
```

sub in str

使用「sub in str」可以判斷字串中是否存在某段文字，回傳 True 或

False (也可使用 not in 判斷是否不存在)。

```
a = 'Hello world!'
print('wo' in a)       # True
print('ok' not in a)   # True
```

str.isalnum()

使用「str.isalnum()」可以判斷字串中是否都是英文字母或數字 (不能包含空白或符號)，回傳 True 或 False。

```
a = 'Helloworld123'
b = 'Helloworld123!!'
c = 'Hello world'
print(a.isalnum())    # True
print(b.isalnum())    # False ( 包含驚嘆號 )
print(c.isalnum())    # False ( 包含空白 )
```

str.isalpha()

使用「str.isalpha()」可以判斷字串中是否都是英文字母 (不能包含數字、空白或符號)，回傳 True 或 False。

```
a = 'Helloworld'
b = 'Helloworld123'
c = 'Hello world'
print(a.isalpha())    # True
print(b.isalpha())    # False ( 包含數字 )
print(c.isalpha())    # Fasle ( 包含空白 )
```

str.isdigit()

使用「str.isdigit()」可以判斷字串中是否都是數字 (不能包含英文、空白或符號)，回傳 True 或 False。

```
a = '12345'
b = 'Hello123'
c = '1 2 3'
```

```
print(a.isdigit())    # True
print(b.isdigit())    # False  ( 包含英文 )
print(c.isdigit())    # Fasle  ( 包含空白 )
```

str.islower()

使用「str.islower()」可以判斷字串中是否都是小寫英文字母 (忽略數字和符號)，回傳 True 或 False。

```
a = 'hello world 123'
b = 'Hello World 123'
print(a.islower())    # True
print(b.islower())    # False ( H 和 W 是大寫 )
```

str.isupper()

使用「str.isupper()」可以判斷字串中是否都是大寫英文字母 (忽略數字和符號)，回傳 True 或 False。

```
a = 'HELLO 123'
b = 'Hello 123'
print(a.isupper())    # True
print(b.isupper())    # False
```

str.istitle()

使用「str.istitle()」可以判斷字串中是否為標題 (每個單字字首大寫)，回傳 True 或 False。

```
a = 'Hello World I Am Oxxo 123!!'
b = 'Hello World I Am OXXO 123!!'
c = 'Hello world, I am OXXO 123!!'
print(a.istitle())    # True
print(b.istitle())    # False ( OXXO 全都大寫 )
print(c.istitle())    # False ( world 和 am 字首沒有大寫 )
```

5-3 文字與字串 (格式化)

在 Python 裡，除了可以使用基本功能串接字串，也可以針對不同的格式，將資料插入字串當中，由於 Python 版本的不同，這個章節會介紹三種格式化字串的方法，透過字串的格式化，也可以輕鬆做出數字「補零」的效果。

%

「%」的字串格式化是「舊式」的格式化方法，適用於 Python 2 和 3 的版本，操作方式為「格式化字串 % 資料」，輸出結果會將資料插入格式化字串的位置。

格式化字串	轉換型態
%s	字串。
%d	十進制整數。
%x	十六進制整數。
%o	八進制整數。
%b	二進制整數。
%f	十進制浮點數。
%e	指數浮點數。
%g	十進制或指數浮點數。
%%	常值 %。

下面的例子，印出 a 的內容時，會將內容的 %s 替換成 % 後方的字串，%d 會將浮點數的小數點無條件捨去，%f 則會將整數轉換成浮點數。(如果用 %s 顯示數字，數字的型態會被轉換成文字)

```
a = 'Hello world, I am %s!!'
b = 'there are %d dollars'
c = 'there are %f dollars'
```

```
print(a % 'oxxo')  # Hello world, I am oxxo!!
print(a % 'xoox')  # Hello world, I am xoox!!
print(b % 2.5)     # there are 2 dollars ( 小數點被無條件捨去 )
print(c % 2)       # there are 2.000000 dollars ( 整數轉換成浮點數 )
```

格式化字串的 % 和形態代號間，可以加入其他數值，來指定最小寬度、最大字元、對齊與精確度：

格式化數值	說明
不加東西、+	靠右對齊。
-	靠左對齊。
數字	最小寬度 (如果字串超過最小寬度，以字串的寬度為主)。
數字 . 數字	最小寬度 . 最大字元數，如果後方是 f (%f)，第二個數字表示小數點位數。

下面的例子可以看到 %12s 會在 hello 前方加上七個空格 (7 + hello 總共 12 個字元)，%.3s 會讓 hello 只剩下 hel (3 個字元)，%.3f 會讓 123.456789 只留下小數點三位。

```
print('%s world' % 'hello')       # hello world
print('%12s world' % 'hello')     #        hello world
print('%+12s world' % 'hello')    #        hello world
print('%-12s world' % 'hello')    # hello        world
print('%.3s world' % 'hello')     # hel world
print('%12.3s world' % 'hello')   #          hel world

print('%.3f world' % 123.456789) # 123.457 world
```

如果有多個數值需要格式化，可以在 % 後方用「小括號」包住對應的參數，參數的數量和順序必須和前方的格式化字元相同。

```
a = '%s world, ther are %f dollars!'
b = a % ('hello', 2.5)
print(b)   # hello world, ther are 2.500000 dollars!
```

.format

「{}」和「foramt()」是 Python 3 所使用的「新式」格式化，操作方式為「格式化字串 .format(資料)」，輸出結果會將資料插入格式化字串的位置，下面的例子，會將 world 和 oxxo 兩個字串，分別插入字串中的兩個 {}。

```
a = 'hello {}, I am {}'
b = a.format('world', 'oxxo')
print(b)    # hello world, I am oxxo
```

{} 裡可以填入數字，數字表示「填入資料的順序」，如果將上面程式裡的 {} 加入數字，就會呈現不同的結果。

```
a = 'hello {1}, I am {0}'
b = a.format('world', 'oxxo')
print(b)    # hello oxxo, I am world ( world 和 oxxo 互換了 )
```

{} 裡可以填入具名引數，如果將上面程式裡的 {} 加入名稱，就會放入指定名稱的內容。

```
a = 'hello {m}, I am {n}'
b = a.format(m='world', n='oxxo')
print(b)    # hello world, I am oxxo
```

{} 裡可以填入字典的引數，如果將上面程式裡的 {} 加入對應的引數，就會放入指定的字典內容。

```
a = 'hello {0[x][m]}, I am {0[y][m]}'
b = {'x': {'m':'world', 'n':'oxxo'}, 'y':{'m':'QQ', 'n':'YY'}}
c = a.format(b)
print(c)     # hello world, I am QQ
```

新式的格式化字串和 % 定義略有不同，可以加入其他數值，來指定最小寬度、最大字元、對齊與精確度：

格式化數值	說明
:	開始需要加上冒號。
不加東西、>	靠右對齊。
<	靠左對齊。
^	置中對齊。
填補字元	將不足最小寬度的空白，填滿指定字元。
數字 . 數字	最小寬度 . 最大字元數，如果後方是 f (%f)，第二個數字表示小數點位數。

資料的型態也由 % 改為「:」表示：

格式化字串	轉換型態
:s	字串。
:d	十進制整數。
:x	十六進制整數。
:o	八進制整數。
:b	二進制整數。
:f	十進制浮點數。
:e	指數浮點數。
:g	十進制或指數浮點數。

下面的例子可以看到 {:-^10s} 會將 world 置中對齊，並將不足最小寬度的部分補上 - 的符號，{:^10.3f} 會讓 123.456789 只留下小數點三位。

```
a = 'hello {}, I am {}'.format('world','oxxo')
b = 'hello {:10s}, I am {:10s}'.format('world','oxxo')
c = 'hello {:>10s}, I am {:>10s}'.format('world','oxxo')
d = 'hello {:-^10s}, I am {:+^10s}'.format('world','oxxo')
e = 'hello {:-^10.3s}, I am {:-^10s}'.format('world','oxxo')
f = 'hello {:-^10.3s}, I am {:^10.3f}'.format('world',123.456789)
print(a)  # hello world, I am oxxo
print(b)  # hello world     , I am oxxo
print(c)  # hello      world, I am       oxxo
print(d)  # hello --world---, I am +++oxxo+++
print(e)  # hello ---wor----, I am ---oxxo---
print(f)  # hello ---wor----, I am  123.457
```

f-string

f-string 是 Python 3.6 加入的字串格式化功能，也是現在比較推薦的格式化方法，操作方式為「**f{ 變數名稱或運算式 }**」(開頭可以使用 f 或 F)，輸出結果會將變數或運算式的內容，放入指定的位置，下方的程式執行後，會將變數 a 和 b 的內容，放入 c 的字串裡。

```
a = 'world'
b = 'oxxo'
c = f'hello {a}, I am {b}'
print(c)    # hello world, I am oxxo
```

f-string 的格式化字串的定義和 .format 類似，可以加入其他數值，來指定最小寬度、最大字元、對齊與精確度。下面的例子可以看到 {b:+^10} 會將 oxxo 置中對齊，並將不足最小寬度的部分補上 + 的符號，{a:-<10.3} 會將 world 靠左對齊，並指取出 wor 三個字元，空白的部分補上 - 的符號。

```
a = 'world'
b = 'oxxo'
c = f'hello {a:<10s}, I am {b:>10s}'
d = f'hello {a:-<10s}, I am {b:+^10s}'
e = f'hello {a:-<10.3s}, I am {b:+^10.2s}'
f = f'hello {a.upper()}, I am {b.title()}'
print(c)    # hello world     , I am       oxxo
print(d)    # hello world-----, I am +++oxxo+++
print(e)    # hello wor-------, I am ++++ox++++
print(f)    # hello WORLD, I am Oxxo
```

了解原理後，就可以透過字串格式化的方式，實作「補零」的效果。

```
for i in range(1,101):
  print(f'{i:03d}',end=' , ')

'''
001 , 002 , 003 , 004 , 005 , 006 , 007 , 008 , 009 , 010 ,
011 , 012 , 013 , 014 , 015 , 016 , 017 , 018 , 019 , 020 ,
021 , 022 , 023 , 024 , 025 , 026 , 027 , 028 , 029 , 030 ,
031 , 032 , 033 , 034 , 035 , 036 , 037 , 038 , 039 , 040 ,
```

```
041 , 042 , 043 , 044 , 045 , 046 , 047 , 048 , 049 , 050 ,
051 , 052 , 053 , 054 , 055 , 056 , 057 , 058 , 059 , 060 ,
061 , 062 , 063 , 064 , 065 , 066 , 067 , 068 , 069 , 070 ,
071 , 072 , 073 , 074 , 075 , 076 , 077 , 078 , 079 , 080 ,
081 , 082 , 083 , 084 , 085 , 086 , 087 , 088 , 089 , 090 ,
091 , 092 , 093 , 094 , 095 , 096 , 097 , 098 , 099 , 100 ,
'''
```

5-4 內建函式 (字串操作與轉換)

這個小節會介紹「字串操作與轉換」的內建函式，透過字串操作的函式，能進行數字轉換成字串或格式化字串等相關操作。

常用操作方法

方法	參數	說明
str()	x	將 x 轉換成文字型別。
ascii()	x	將 x 轉換成 ASCII 碼。
bin()	x	將 x 的數字，轉換成二進位的字串。
oct()	x	將 x 的數字，轉換成八進位的字串。
hex()	x	將 x 的數字，轉換成十六進位的字串。
chr()	x	將 x 轉換為所代表的 Unicode 字元。
ord()	x	將 x 所代表的 Unicode 字元，轉換為對應編碼數字。

str(x)

str(x) 可以將參數 x 轉換成文字型別，不論是數字、串列、tuple、布林，都會變成純文字，例如「[1,2,3]」變成文字後，第一個字就是「[」，如果是布林值「True」，轉換成文字就是純粹的 True，而不是 1。

```
a = str(123)
b = str([1,2,3])
c = str(True)
d = str(False)
```

```
print(a)       # 123
print(b)       # [1,2,3]
print(b[0])    # [ ( 因為是純文字，第一個字母就是 [ )
print(c)       # True
print(d)       # False
print(c+d)     # TrueFalse ( 因為是純文字，變成字串的相加 )
```

ascii(x)

ascii(x) 可以將參數 x 轉換成 ASCII 碼。

```
a = ascii('你好')
print(a)      # '\u4f60\u597d'
```

bin(x)

bin(x) 可以將參數 x 的數字，轉換成二進位的字串。

```
a = bin(1234)
print(a)      # 0b10011010010
```

oct(x)

oct(x) 可以將參數 x 的數字，轉換成八進位的字串。

```
a = oct(1234)
print(a)      # 0o2322
```

hex(x)

hex(x) 可以將參數 x 的數字，轉換成十六進位的字串。

```
a = hex(1234)
print(a)      # 0x4d2
```

chr(x)

chr(x) 可以將參數 x 轉換為所代表的 Unicode 字元（許多特殊符號都是使用 Unicode 字元，參考：特殊符號）

```
a = chr(101)
b = chr(202)
c = chr(9999)
print(a)     # e
print(b)     # Ê
print(c)     # ✏
```

ord(x)

ord(x) 和 chr(x) 相反，可以將參數 x 所代表的 Unicode 字元，轉換為對應編碼數字（許多特殊符號都是使用 Unicode 字元，轉換後也就這個字元的 ASCII code，參考：特殊符號）

```
a = ord('e')
b = ord('Ê')
c = ord('✏')
print(a)     # 101
print(b)     # 202
print(c)     # 9999
```

小結

這個章節介紹了 Python 中的文字與字串操作方法，這些方法對於資料處理和文字處理都非常重要，這些操作方法豐富多樣，從建立字串到字串操作，再到格式化，每一個操作都能夠讓開發者更輕鬆地處理文本資料，對於想要學習 Python 的讀者來說，掌握這些方法將有助於提高程式效率，讓程式開發更加順暢。

第 06 章

Python 串列、元組、字典、集合

6-1、串列 list（基本）

6-2、串列（常用方法）

6-3、元組（數組）tuple

6-4、字典 dictionary

6-5、集合 set

6-6、內建函式（迭代物件轉換）

6-7、內建函式（迭代物件操作）

6-8、生成式（串列、字典、集合、元組）

這個章節將介紹 Python 中的四種常用資料型別：串列、元組、字典和集合，以及這些型別所提供的基本操作方法和相關函式，章節的前半段會介紹 Python 中的串列 list、元組 tuple、字典 dictionary 以及集合 set，後半段會介紹 Python 中負責操作迭代物件的內建函式，這些函式可以幫助我們更加方便地處理串列、元組、字典和集合，最後則學習如何使用生成式來創建串列、字典、集合和元組。

透過這個章節，將可以深入瞭解這些資料型別在 Python 中的使用方式，以及如何運用內建函式和生成式等特性更加高效地操作這些型別。

這個章節所有範例均可使用 Google Colab 實作，不用安裝任何軟體。

6-1 串列 list (基本)

串列 (list) 又稱為列表、清單或陣列，串列和元組 (tuple) 類似，都可以將任何一種物件作為它們的元素，串列的應用非常廣泛，在大部分的程式裡都能看到串列的身影，這個小節將會介紹建立、讀取、添加、修改和刪除的方法。

建立串列

串列是將一連串的元素放在一個序列中，使其都有各自的編號，放入的元素可以是字串、數字、布林、串列、字典 ... 等基本元素，在 Python 裡，有三種方法可以建立串列：「中括號 (方括號)」、「list()」和「split() + 字串」。

★ 中括號 (方括號)

將要建立為串列的元素，放入中括號裡，並使用逗號分隔，就會成為一個串列，通常會將串列賦值給一個變數，下方的例子 a 是字串的串列，b 是數字串列，c 則是文字、數字和串列所組成的串列。

```
a = ['apple','banana','orange']
b = [1,2,3,4,5]
c = ['apple',1,2,3,['dog','cat']]
print(type(a))    # <class 'list'>
print(type(b))    # <class 'list'>
print(type(c))    # <class 'list'>
```

★ list()

list() 函式可以建立一個「空的」串列，也能將「可迭代」(有順序) 的資料轉換成串列，例如 tuple、字串、集合或字典，下方的例子 b 會將 tuple 轉換成串列，c 是空的串列，d 則是將 apple 字串變成五個獨立字母的串列。

```
a = ('apple','banana','orange')
b = list(a)
c = list()
```

```
d = list('apple')
print(b)    # ['apple', 'banana', 'orange']
print(c)    # []
print(d)    # ['a', 'p', 'p', 'l', 'e']
```

★ split() + 字串

split() 函式可以將一個字串，根據指定的分隔符號，拆分成串列，下圖的例子，會根據「.」符號，將字串拆成串列，由於有多個「.」在一起，拆分時會出現「空」的字串元素。

```
a = 'apple...banana...orange'
b = a.split('.')
print(b)    # ['apple', '', '', 'banana', '', '', 'orange']
```

合併串列

合併串列有兩種方法：「使用 + 號」和「extend()」。

★ 使用 + 號

使用「+」號可以讓兩個串列，像字串一樣的相加，在 + 號右方的串列，會加在左方串列的後方。

```
a = ['a1','a2','a3']
b = ['b1','b2','b3']
c = a + b
print(c)    # ['a1', 'a2', 'a3', 'b1', 'b2', 'b3']
```

★ extend()

extend() 函式能讓一個串列的後方，合併另外一個串列的內容。

```
a = ['a1','a2','a3']
b = ['b1','b2','b3']
a.extend(b)
print(a)    # ['a1', 'a2', 'a3', 'b1', 'b2', 'b3']
```

注意，extend() 函式會改變串列，但不會回傳串列的值，所以如果寫成下面的程式，會得到 none 的結果。

```
a = ['a1','a2','a3']
b = ['b1','b2','b3']
c = a.extend(b)
print(c)    # none
```

讀取串列項目

要使用串列，就必須要讀取串列的內容，Python 提供了兩種讀取串列項目的方法：「offset」和「slice()」。

★ offset

序列中每個元素都有各自的序列編號 (offset)，只要透過「[offset]」，就能讀取對應的內容，串列中第一個項目的 offset 為 0，第二個 offset 為 1，依此類推，下面的例子，會依序讀取並印出串列中的元素。

```
a = ['apple','banana','orange']
print(a[0])    # apple
print(a[1])    # banana
print(a[2])    # orange
```

offset 預設從左側開始，第一個項目為 0，如果從右側開始，第一個項目為 -1，第二個項目為 -2，依此類推。

```
a = ['apple','banana','orange']
print(a[-1])    # orange
print(a[-2])    # banana
print(a[-3])    # apple
```

如果串列中有串列，就構成了「多維串列」，讀取元素時如果有第二層，就多一個中括號加上 offset，就能讀取第二層的元素。

```
a = ['apple','banana','orange',['dog','cat']]
print(a[3][0])    # dog
print(a[3][1])    # cat
```

★ slice()

slice() 函式可以取出串列中「某個範圍」的元素，使用方式在中括號裡加上冒號「:」，在冒號的前後放入指定的 offset，就能取出指定範圍的資料 (第一個 offset : 第二個 offset - 1)，如果不指定數值，冒號前方預設為 0，冒號後方預設為 -1。

範圍也可以使用「負數」，表示從右側數來，但要注意第一個值的順序 (不論正負) 都必須要在第二個值的前面，不然就讀取不到項目 (會回傳空的結果)。

```
a = [0,1,2,3,4,5,6,7,8,9]
b = a[:3]
c = a[3:]
d = a[1:3]
e = a[-5:-2]
print(b)    # [0, 1, 2]  取得 0～(3-1) 項
print(c)    # [3, 4, 5, 6, 7, 8, 9]  取得 3～最後一項
print(d)    # [1, 2]  取得 1～(3-1) 項
print(e)    # [5, 6, 7]  取得倒數第 5 項～(倒數第二項 -1)
```

如果使用兩個冒號「::」，表示要「間隔幾個項目」取值，例如「::2」就是間隔兩個項目，「::3」就是間隔三個項目，如果是負數，就是從右側取值，因此「::-1」就可以讓反轉整個串列。

```
a = [0,1,2,3,4,5,6,7,8,9]
b = a[::3]
c = a[3::2]
d = a[::-1]
e = a[::-2]
print(b)    # [0, 3, 6, 9]  每隔三項目取值
print(c)    # [3, 5, 7, 9]  從第三個項目開始，每隔兩項目取值
print(d)    # [9, 8, 7, 6, 5, 4, 3, 2, 1, 0]  反轉串列
print(e)    # [9, 7, 5, 3, 1]  反轉串列，每隔兩個項目取值
```

複製串列

延續上方 slice() 的做法，如果使用「串列 [:]」，效果等同於複製完整的串列，下方的程式碼展示兩種複製串列的方式，如果使用「b=a」的做法，雖然看起來像是複製了，但實際上 a 和 b 指向了同一個串列，所以當 a 刪除了一個項目時，b 也會跟著改變，然而如果使用「d=c[:]」的做法，會建立一個「全新」的串列，當 c 發生改變時，不會影響 d。

```
a = [1, 2, 3]
b = a
del(a[1])     # 刪除 a 的第二個項目
print(a)      # [1, 3]
print(b)      # [1, 3]

c = [1, 2, 3]
d = c[:]      # 複製 c 的所有項目變成一個新串列
del(c[1])     # 刪除 c 的第二個項目
print(c)      # [1, 3]
print(d)      # [1, 2, 3]
```

修改串列項目

串列有別於 tuple，串列的內容項目都是「可以修改」的，修改的方法有下列兩種：「offset」和「slice()」。

★ offset

只要透過每個項目的 offset，就能夠修改指定項目的內容。

```
a = ['apple','banana','orange']
a[0] = 'grap'
print(a)   # ['grap', 'banana', 'orange']
```

★ slice()

使用 slice() 可以快速更換某一個範圍的串列內容，下方的程式會將第 2、3、4 這三個項目更換為 100、200、300。

```
a = ['a','b','c','d','e']
a[1:4] = [100,200,300]
print(a)     # ['a', 100, 200, 300, 'e']
```

指定更換的項目的數量，不一定要和原本的一樣多 (可以比較少，也可以比較多)，更換後會將範圍的內容，完全換成新的內容。

```
a = ['a','b','c','d','e']
a[1:4] = [1,2,3,4,5,6,7,8,9]
print(a)    # ['a', 1, 2, 3, 4, 5, 6, 7, 8, 9, 'e']
```

更換的內容不一定要是串列，只要是可以「迭代」的內容，例如字串、tuple，都可以將其替換進入串列中，下方的程式將 1 ～ 4 的位置換成 hello 文字，替換後 hello 文字會被拆分成一個個的字母。

```
a = ['a','b','c','d','e']
a[1:4] = 'hello'
print(a)     # ['a', 'h', 'e', 'l', 'l', 'o', 'e']
```

添加串列項目

Python 提供兩種串列添加項目的方法：「append()」和「insert()」

★ append()

append() 函式可以將項目添加在一個串列的尾端，如果添加的是一個序列 tuple，會原封不動的變成一個新元素 (只佔有一個 offset，變成第二層序列或 tuple)。

```
a = ['a','b','c','d','e']
a.append(100)
b = ['a','b','c','d','e']
b.append([100,200,300])
print(a)    # ['a', 'b', 'c', 'd', 'e', 100]
print(b)    # ['a', 'b', 'c', 'd', 'e', [100, 200, 300]]
```

★ insert()

如果已經知道要添加的位置 offset，使用 insert() 函式，就可以將指定的內容，從指定的位置加入，如果插入的位置設定為 0，會將內容插入在串列的開頭，如果設定的位置大於串列長度，就會插入在尾端 (如果設定 -1，會插入在倒數第二個)。

```
a = ['a','b','c','d','e']
a.insert(3,100)
b = ['a','b','c','d','e']
b.insert(0,100)
c = ['a','b','c','d','e']
c.insert(100,100)
d = ['a','b','c','d','e']
d.insert(-1,100)
print(a)    # ['a', 'b', 'c', 100, 'd', 'e']
print(b)    # [100, 'a', 'b', 'c', 'd', 'e']
print(c)    # ['a', 'b', 'c', 'd', 'e', 100]
print(d)    # ['a', 'b', 'c', 'd', 100, 'e']
```

刪除串列項目

Python 提供了四種方法，來刪除串列的資料：「del」、「remove()」、「pop()」和「clear()」。

★ del

如果已經知道欲刪除項目的「位置 offset」，就能夠使用「del list(offset)」來刪除指定的項目，項目支援中括號的語法 (參考上方 slice() 的做法)，可以刪除某個範圍的項目，當項目被刪除時，後方的項目會往前遞補，取代原本的位置。

```
a = [0,1,2,3,4,5,6,7,8,9]
del a[2]
b = [0,1,2,3,4,5,6,7,8,9]
del b[2:6]
print(a)    # [0, 1, 3, 4, 5, 6, 7, 8, 9]
print(b)    # [0, 1, 6, 7, 8, 9]
```

★ remove()

如果不知道欲刪除項目的「位置 offset」，可以使用 remove(項目內容) 刪除該項目，如果有多個同樣內容的項目，remove() 只會刪除第一個找到的項目。

```
a = ['apple','apple','banana','orange']
a.remove('apple')
print(a)    # ['apple', 'banana', 'orange']
```

★ pop()

pop() 函式可以「取出並移除」串列裡的「一個項目」，使用的方式為「pop(offset)」，如果不指定數值或數值為 -1，則會取出最後一個項目，取出的項目如果沒有賦值給變數，這些項目就會消失。

```
a = [0,1,2,3,4,5]
b = a.pop(2)
print(a)    # [0, 1, 3, 4, 5]
print(b)    # 2
```

★ clear()

clear() 函式會清空整個串列的內容，使其變成一個空的串列。

```
a = [0,1,2,3,4,5]
a.clear()
print(a)    # []
```

6-2 串列 (常用方法)

在前一個小節裡已經介紹了串列的建立、新增、修改 ... 等功能，這篇教學會介紹串列的查詢、排序、複製 ... 等其他相關的操作方法。

常用操作方法

方法	說明
sort()、 sorted()	排序。
slice()、reverse()	反轉。
slice、copy()、list()、deepcopy()	複製。
index()	取得項目 offset。
len()	取得串列長度。
count()	計算內容出現次數。
join()	結合串列內容。
in	檢查內容是否存在。
=、!=、>、<	比較串列。
*	重複項目。

sort()、 sorted()

Python 提供 sort() 和 sorted() 兩種串列的函式，函式內包含 key 和 reverse 參數 (可都不填)，key 則表示進行比較的元素，reverse 不填則使用預設 False，進行升序排序 (小到大)，如果參數為 True 進行降序排序 (大到小)，如果排序的是字串，以字母的順序進行排序。

★ sort()

sort() 函式使用後，會直接將原本的串列項目進行排序，因此「會改變」原始的串列。

```
a = [0,3,2,1,4,9,6,8,7,5]
a.sort()
print(a)    # [0, 1, 2, 3, 4, 5, 6, 7, 8, 9]
a.sort(reverse=True)
print(a)    # [9, 8, 7, 6, 5, 4, 3, 2, 1, 0]
```

★ sorted()

sorted() 函式使用後，會產生一個排序過後的新串列，因此「不會改變」原始的串列。

```
a = [0,3,2,1,4,9,6,8,7,5]
b = sorted(a)
c = sorted(a, reverse=True)
print(a)    # [0, 3, 2, 1, 4, 9, 6, 8, 7, 5]
print(b)    # [0, 1, 2, 3, 4, 5, 6, 7, 8, 9]
print(c)    # [9, 8, 7, 6, 5, 4, 3, 2, 1, 0]
```

如果序列的內容也是序列，排序時可以透過 key 參數，指定對應的項目進行排序，下面的範例使用匿名函式 lambda (參考 匿名函式 lambda)，針對每個項目的第二個子項目進行排序 (如果沒有設定 key 參數，預設都以第一個項目進行排序)。

```
a = [[1,2,3],[9,8,7],[2,4,6],[3,1,9]]
b = sorted(a)
c = sorted(a, key = lambda s: s[1])
print(a)   # [[1, 2, 3], [9, 8, 7], [2, 4, 6], [3, 1, 9]]
print(b)   # [[1, 2, 3], [2, 4, 6], [3, 1, 9], [9, 8, 7]] 使用第一個項目 1,2,3,9 排序
print(c)   # [[3, 1, 9], [1, 2, 3], [2, 4, 6], [9, 8, 7]] 使用第二個項目 1,2,4,8 排序
```

反轉串列

Python 提供了兩種反轉串列的方法：

★ slice

使用 slice 反轉串列方法不會改變原始串列，會產生一個新的串列，在產生新串列時使用「[::-1]」，就能反轉串列內容。

```
a = [0,1,2,3,4,5]
b = a[::-1]
print(a)    # [0, 1, 2, 3, 4, 5]
print(b)    # [5, 4, 3, 2, 1, 0]
```

★ reverse()

使用 reverse() 函式可以反轉串列，但反轉之後，會改變原始串列。

```
a = [0,1,2,3,4,5]
a.reverse()
print(a)    # [5, 4, 3, 2, 1, 0]
```

複製串列

Python 提供四種複製串列的方法：

★ slice、copy()、list()

slice、copy()、list() 三種方式都可以快速複製一個新的串列。

```
a = [0,1,2,3,4,5]
b = a[:]
c = a.copy()
d = list(a)
print(a)    # [0, 1, 2, 3, 4, 5]
print(b)    # [0, 1, 2, 3, 4, 5]
print(c)    # [0, 1, 2, 3, 4, 5]
print(d)    # [0, 1, 2, 3, 4, 5]
```

★ deepcopy()

上述的三種方式只能針對「項目內容不會發生變化」的串列，如果項目的「深層內容」會發生變化，就會出現奇怪的現象，舉例來說，下方的程式碼執行後，當 a 改變時理應不該影響到 b、c、d 這三個新串列，但執行結果卻發現 b、c、d 的內容也跟著改變了。

```
a = [0,1,2,3,4,[100,200]]
b = a[:]
c = a.copy()
d = list(a)
a[-1][0]=999
print(a)    # [0, 1, 2, 3, 4, [999, 200]]
print(b)    # [0, 1, 2, 3, 4, [999, 200]]
print(c)    # [0, 1, 2, 3, 4, [999, 200]]
print(d)    # [0, 1, 2, 3, 4, [999, 200]]
```

如果要解決這個問題，就必須要 import copy() 模組，使用 deepcopy() 進行深度複製，就能產生一個完全獨立的新串列。

```
import copy
a = [0,1,2,3,4,[100,200]]
b = a[:]
c = a.copy()
d = list(a)
e = copy.deepcopy(a)
a[-1][0]=999
print(a)    # [0, 1, 2, 3, 4, [999, 200]]
print(b)    # [0, 1, 2, 3, 4, [999, 200]]
print(c)    # [0, 1, 2, 3, 4, [999, 200]]
print(d)    # [0, 1, 2, 3, 4, [999, 200]]
print(e)    # [0, 1, 2, 3, 4, [100, 200]]  使用 deepcopy 的沒有被改變
```

index() 取得項目 offset

index() 函式可以取得串列中某個內容的 offset，如果有多個同樣內容的項目，以第一個找到的為主。

```
a = ['apple','banana','banana','orange']
print(a.index('banana'))    # 1
```

len() 取得串列長度

len() 函式可以取得串列的長度 (裡面有幾個項目)。

```
a = ['apple','banana','banana','orange']
print(len(a))    # 4
```

count() 計算內容出現次數

count() 函式可以計算串列中，某些內容出現的次數。

```
a = ['apple','banana','banana','orange']
print(a.count('banana'))    # 2
print(a.count('grap'))      # 0
```

join() 結合串列內容

join() 函式可以將一個串列裡面所有的項目，串連起來變成一個字串，使用時用一個要接起來的字串，連結要結合的每個項目。

```
a = ['hello world', 'I am oxxo', 'how are you?']
b = ', '.join(a)  # 使用逗號「,」進行結合
print(b)  # hello world, I am oxxo, how are you?
```

in 檢查內容是否存在

透過「元素 in 串列」的方法，可以檢查串列中是否存在某些內容，如果存在則回傳 True，不存在則回傳 False (使用「元素 not in 集合」可以判斷不存在)。

```
a = ['apple','banana','banana','orange']
print('orange' in a)     # True
print('melon' in a)      # False
```

比較串列

使用等號「==」、「!=」，可以比較兩個串列是否相等，使用大於小於符號「<」、「<=」、「>=」、「>」，可以比較串列的長度，注意，串列的比較只能針對「同樣型別」的資料，如果比較數值和字串的內容，就會發生錯誤。

```
a = [1,2,3,4]
b = [1,2,3,4,5]
print(a==b)      # False
print(a>=b)      # False
print(a<b)       # True
print(a!=b)      # True
```

使用 * 號重複項目

使用星號「*」可以重複串列的內容，使其變成一個新的串列。

```
a = ['apple','banana']
b = a*3
print(a)    # ['apple', 'banana']
print(b)    # ['apple', 'banana', 'apple', 'banana', 'apple', 'banana']
```

6-3 元組 (數組) tuple

Python 有兩種序列結構，分別是元組 (tuple) 和串列 (list)，兩種序列都可以將任何一種物件作為它們的元素，這篇教學將會介紹 tuple 的用法與限制 (tuple 的發音可以唸成 too-pull 也可唸成 tub-pull，中文稱為元組或數組)。

tuple 與串列 list 的差異

tuple 和串列非常的類似，都是一個儲存資料的「容器」，可以將物件存入，變成有順序的序列結構，不過 tuple 和串列有以下幾點不同：

- tuple「只要建立了，就不能修改內容」。
- tuple 使用「小括號」，串列 list 使用「方括號」。
- 如果 tuple 裡只有一個元素，後方必須加上「逗號」(多個元素就不用)。

使用 tuple 的好處

雖然 tuple 在使用上有不少限制，但 tuple 也是有一些好處：

- 讀取速度比串列快。
- 佔用的空間比較少。
- 資料更安全 (因為無法修改)。

建立 tuple

建立 tuple 有兩種方法：「使用小括號和逗號」和「使用 tuple()」。

★ 使用小括號和逗號

透過小括號包覆內容，用逗號將內容隔開，就可以建立一個基本的 tuple，下方的例子，可以看到 a 和 b 的型別都是 tuple (注意，因為 b 只有一個元素，所以元素後方要加上逗號)。

```
a = ('apple','banana','orange','grap')
b = ('apple',)
type(a)  # tuple
type(b)  # tuple
```

★ 使用 tuple()

使用「tuple(串列)」可以將串列轉換成 tuple。

```
a = ['apple','banana','orange','grap']
b = tuple(a)
type(b)  # tuple
```

讀取 tuple 的內容

讀取 tuple 的內容有兩種方法：「使用變數」、「索引值 offset」。

★ 使用變數

因為 tuple 可以一次賦予多個變數內容，透過這個方法可以一次將項目丟給不同的變數，接著只要讀取變數，就能讀取對應內容 (注意，使用這個方法時，變數的數量要等於 tuple 的內容數量)。

```
t = ('apple','banana','orange','grap')
a, b, c, d = t
print(a)   # apple
print(b)   # banana
print(c)   # orange
print(d)   # grap
```

★ 索引值 offset

在 tuple 裡每個項目都有自己的索引值 offset，指定 offset 就能讀取該資料的內容。

```
t = ('apple','banana','orange','grap')
print(t[0])    # apple
print(t[1])    # banana
print(t[2])    # orange
print(t[3])    # grap
```

使用 + 號結合 tuple

類似字串的結合方式，使用 + 號，可以將不同的 tuple 合併。

```
t1 = ('apple','banana','orange')
t2 = ('grap','pineapple')
t = t1 + t2
print(t)   # ('apple', 'banana', 'orange', 'grap', 'pineapple')
```

使用 * 號重複項目

使用 * 號，可以將重複一個 tuple 內的所有項目，並產生一個新的 tuple。

```
a = ('apple','banana','orange')
b = a*3
print(b)   # ('apple', 'banana', 'orange', 'apple', 'banana', 'orange',
              'apple','banana', 'orange')
```

強制修改 tuple

使用串列 list 存取 tuple 資料，修改資料後，再轉換為新的 tuple (注意，雖然變數名稱相同，但兩個 tuple 是完全不同的)。

```
a = ('apple','banana','orange')
b = list(a)
b.append('grap')
```

```
a = tuple(b)
print(a)   # ('apple', 'banana', 'orange', 'grap')
```

6-4 字典 dictionary

字典 (dictionary) 跟串列類似，都能作為儲存資料的容器，可以放入字串、整數、布林、串列或字典，顧名思義就像「查詢用的字典」一樣，透過要查詢的「鍵 key」(關鍵字)，就能夠查詢到對應的「值 value」(解釋說明)，也是使用頻率相當高的資料型態。

建立字典

建立字典有兩種方法，建立時必須要包含「鍵 key」和「值 value」兩個項目，鍵在左側，值在右側。

> 字典和串列的差別在於串列有「順序性」，串列中的項目都有各自的索引值 offset，但字典中的項目沒有順序性，是按照鍵 key 的位置來做紀錄。

★ 大括號 {}

使用大括號建立字典是最常見的建立字典方式，使用方式為「{' 鍵 ': 值 }」，鍵必須是「字串」，前後必須加上「引號」，值則可以是任意的 Python 物件 (字串、數字、串列、字典 ... 等)，不同鍵值中間使用逗號「,」分隔。

下方的程式碼，第一個鍵為 name 值為字串 oxxo，第二個鍵為 age 值為數字 18，第三個鍵為 eat 值為串列，最後印出 a 的 type 型別是 dict 字典。

```
a = {'name':'oxxo','age':18,'eat':['apple','banana']}
print(type(a));     # <class 'dict'>
單純只要使用大括號，可以建立一個空的字典。

a = {}
print(type(a));   # <class 'dict'>
```

★ dict()

使用 dict() 建立字典使用「dict(鍵 = 值)」，注意鍵的前後「不需要加上引號」。

```
a = dict(name='oxxo', age=18, eat=['apple','banana'])
print(a)           # {'name': 'oxxo', 'age': 18, 'eat': ['apple', 'banana']}
print(type(a));    # <class 'dict'>
```

dict() 函式除了可以建立字典，也可以將有「兩個值的二維串列或 tuple」轉換成字典，轉換時會將第一個值當作鍵，第二個當成值。

```
a = [['x','100'],['y','200'],['z','300']]
b = dict(a)
print(b)    # {'x': '100', 'y': '200', 'z': '300'}
```

如果是「雙字元」的字串串列或 tuple，也可以使用 dict() 轉換成字典。

```
a = ['ab','cd','ef']
b = dict(a)
print(b)    # {'a': 'b', 'c': 'd', 'e': 'f'}
```

讀取字典

讀取字典的項目時，有別於串列或 tuple 使用索引值 offset，只要知道字典的鍵，就能讀取對應的值。

★ 中括號 []

使用「字典 [' 鍵 ']」的方式，就能讀取對應的值，如果讀取到的是串列或 tuple，就可以使用讀取串列或 tuple 的方式取出對應的項目，例如下方程式的變數 c，先取出串列，接著再取出串列的第一個項目。

```
a = {'name':'oxxo', 'age':18, 'eat':['apple','banana']}
b = a['name']
c = a['eat'][0]
print(b)    # oxxo
print(c)    # apple
```

★ get()

使用中括號取值時，如果沒有對應的鍵，就會發生錯誤，如果要避免這種情況，就可以使用 get() 函式來取值，使用方法為「get(' 鍵 ')」，如果有鍵就會回傳值，如果找不到鍵，就會回傳 None。

```
a = {'name':'oxxo', 'age':18, 'eat':['apple','banana']}
b = a.get('name')
c = a.get('school')
print(b)    # oxxo
print(c)    # None
```

修改字典

字典內的所有元素都是可以修改的，修改的方法有兩種：

★ 中括號 []

透過「字典 [' 鍵 ']= 新值」的方式，就能夠將字典中某個鍵對應的值，修改為新的值，下方程式碼將 name 換成 XXXX，age 換成 100。

```
a = {'name':'oxxo', 'age':18}
a['name'] = 'XXXX'
a['age'] = 100
print(a)    # {'name': 'XXXX', 'age': 100}
```

如果修改字典時，鍵不存在於字典中，會直接加入一個新的鍵和值，例如下方程式碼，原本的字典中沒有 ok 這個鍵，所以執行後就會將鍵為 ok 值為 True 的項目加入字典中。

```
a = {'name':'oxxo', 'age':18}
a['name'] = 'XXXX'
a['age'] = 100
a['ok'] = True
print(a) # {'name': 'XXXX', 'age': 100, 'ok': True}
```

★ setdefault()

setdefault() 函式用法和 get() 類似，都是可以取出某個鍵的值，但如果字典中沒有對應的鍵，執行 setdefault() 就會將新的鍵和值加入字典中，使用的方式為「setdefault(' 鍵 ', 值)」，第二個值只針對「新的鍵」才有作用，下方的程式碼，變數 b 取得的值仍然是 18 (因為 a 原本的 age 就是 18)，但 c 取到 True 之後，字典 a 裡就會加入 ok 為 True 的項目。

```
a = {'name':'oxxo', 'age':18}
b = a.setdefault('age', 100)
c = a.setdefault('ok', True)
print(a)    # {'name': 'oxxo', 'age': 18, 'ok': True}
print(b)    # 18
print(c)    # True
```

刪除字典

刪除字典有三種做法，包含了刪除個別的鍵值，清空個字典或將整個字典移除：

★ del

使用「del 字典 [' 鍵 ']」可以刪除字典中個別的鍵值，如果使用「del 字典」，則會將整個字典刪除 (從記憶體中消失)，下方程式碼可以看出，刪除了鍵為 name 的字典 a，只剩下 age 一個鍵，不過如果刪除了整個字典 b，讀取 b 時就會發生錯誤。

```
a = {'name':'oxxo', 'age':18}
del a['name']
print(a)    # {'age': 18}

b = {'name':'oxxo', 'age':18}
del b
print(b)    # name 'b' is not defined
```

★ pop()

使用「pop(' 鍵 ')」可以將字典中某個鍵「取得並移出」，如果沒有賦值給任何變數，這個鍵值就會刪除，下方程式碼會將 name 從字典 a 中取出並移除，並將 name 賦值給 b (注意，有別於串列的 pop() 可為空，字典的 pop(' 鍵 ') 操作一定要有鍵，不然會發生錯誤)。

```
a = {'name':'oxxo', 'age':18}
b = a.pop('name')
print(a)    # {'age': 18}
print(b)    # oxxo
```

★ clear()

使用「字典 .clear()」可以將字典中所有項目刪除，變成一個空的字典。

```
a = {'name':'oxxo', 'age':18}
a.clear()
print(a)    # {}
```

結合字典

如果要將多個字典結合成一個字典，Python 提供兩種方法：

★ 兩個星號 **

使用兩個星號「** 字典」，會將字典拆解為 keyword arguments 列表，再透過大括號組合，就可以將不同的字典結合為新的字典，下面的程式碼，a、b、c 就會結合成 d。

```
a = {'name':'oxxo', 'age':18}
b = {'weight':60, 'height':170}
c = {'ok':True}
d = {**a, **b, **c}
print(d)    # {'name': 'oxxo', 'age': 18, 'weight': 60, 'height': 170, 'ok': True}
```

★ update()

使用「字典 1.update(字典 2)」，會將字典 2 的內容與字典 1 結合，下面的程式碼，會將 b 和 c 依序和 a 結合。

```
a = {'name':'oxxo', 'age':18}
b = {'weight':60, 'height':170}
c = {'ok':True}
a.update(b)
a.update(c)
print(a)    # {'name': 'oxxo', 'age': 18, 'weight': 60, 'height': 170, 'ok': True}
```

取得所有鍵和值

字典由鍵和值組成，透過「字典 .keys()」能夠將所有的鍵取出變成「dict_keys()」，透過「字典 .values()」能夠將所有的值取出變成「dict_values()」，兩者都可以透過串列或 tuple 的方法，轉換成串列或 tuple。

```
a = {'name':'oxxo', 'age':18, 'weight':60, 'height':170}
b = a.keys()
c = a.values()
print(b)          # dict_keys(['name', 'age', 'weight', 'height'])
print(c)          # dict_values(['oxxo', 18, 60, 170])
print(list(b))    # ['name', 'age', 'weight', 'height']
print(list(c))    # ['oxxo', 18, 60, 170]
```

使用 in 檢查鍵

in 可以判斷某個鍵是否存在於字典中，使用方法為「鍵 in 字典」，如果字典中存在這個鍵，就會回傳 True，如果不存在，就回傳 Fasle。

```
a = {'apple':10, 'banana':20, 'orange':30}
print('apple' in a)    # True
print('grap' in a)     # False
```

複製字典

Python 提供兩種複製字典的方法：

★ copy()

copy() 可以快速複製一個新的字典，使用方式為「字典 .copy()」。

```
a = {'x':10, 'y':20, 'z':30}
b = a.copy()
print(b)    # {'x': 10, 'y': 20, 'z': 30}
```

★ deepcopy()

copy() 的方法只能針對「項目內容不會發生變化」的字典，如果字典的「深層內容」會發生變化，就會出現奇怪的現象，舉例來說，下方的程式碼執行後，當 a 改變時理應不該影響到 b，但執行結果卻發現 b 的內容也跟著改變了。

```
a = {'x':10, 'y':20, 'z':[100,200,300]}
b = a.copy()
a['z'][0] = 999
print(a)    # {'x': 10, 'y': 20, 'z': [999, 200, 300]}
print(b)    # {'x': 10, 'y': 20, 'z': [999, 200, 300]}
```

如果要解決這個問題，就必須要 import copy() 模組，使用 deepcopy() 進行深度複製，就能產生一個完全獨立的新串列。

```
import copy
a = {'x':10, 'y':20, 'z':[100,200,300]}
b = copy.deepcopy(a)
a['z'][0] = 999
print(a)    # {'x': 10, 'y': 20, 'z': [999, 200, 300]}
print(b)    # {'x': 10, 'y': 20, 'z': [100, 200, 300]} 使用 deepcopy 的沒有被改變
```

6-5 集合 set

集合 (set) 就像是「只有鍵，沒有值」的字典，一個集合裡所有的鍵都不會重複，因為集合不會包含重複的資料的特性，常用來進行去除重複的字元、或判斷元素間是否有交集、聯集或差集之類的關聯性。

建立集合

集合由「數字、字串或布林」所組成，同一個集合裡的項目，可以是不同的型別，建立集合有兩種方式：

★ set()

使用 set() 可以建立空集合，或將串列、tuple、字串或字典轉換為集合，使用的方法為「set(要變成集合的元素)」。如果建立時出現重複的項目，只會保留一個，如果是字典，只會保留鍵，如果是布林，True 等同 1，False 等同 0。

```
a = set()
b = set([1,2,3,4,5,1,2,3,4,5])
c = set({'x':1,'y':2,'z':3})
d = set('hello')
print(a)    # set()
print(b)    # {1, 2, 3, 4, 5}  只留下不重複的部分
print(c)    # {'x', 'y', 'z'}  如果是字典，只保留鍵
print(d)    # {'l', 'o', 'h', 'e'}  只留下不重複的部分
```

★ 大括號 {}

如果不是空集合，可以使用「{ 項目 }」建立集合 (單純寫大括號，會變成「空字典」)。

```
a = {0,1,2,3,'a','b',False}
print(a)  # {0, 1, 2, 3, 'a', 'b'}  False 等同於 0，所以只保留 0
```

add() 加入項目

使用「集合 .add(項目)」可以將某個項目加入集合中，下面的程式會將 x 和 y 兩個文字加入 a 集合。

```
a = {0,1,2,3,4,5}
a.add('x')
a.add('y')
print(a)    # {0, 1, 2, 3, 4, 5, 'x', 'y'}
```

移除項目

有兩種方法可以移除集合裡的某個項目：

★ remove()

使用「集合 .remove(項目)」，可以將指定的項目移除，不過如果該項目不存在，就會執行錯誤。

```
a = {0,1,2,3,'x','y','z'}
a.remove('x')
print(a)   # {0, 1, 2, 3, 'y', 'z'}
```

★ discard()

如果不希望在移除項目時發生執行錯誤的狀況，可以使用「集合 .discard(項目)」，將指定項目移除

```
a = {0,1,2,3,'x','y','z'}
a.discard('x')
a.discard('a')    # 不會發生錯誤
print(a)          # {0, 1, 2, 3, 'y', 'z'}
```

交集、聯集、差集、對稱差集

集合有四種運算型態，分別是「交集、聯集、差集、對稱差集」，透過下圖可以了解四種運算型態。

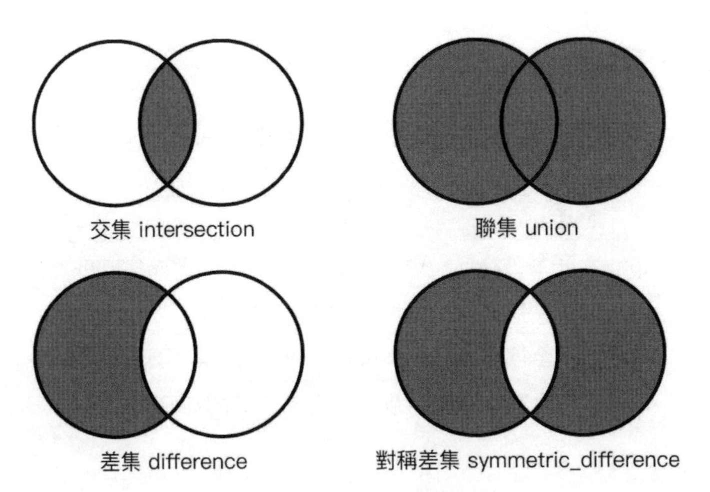

使用集合運算有兩種方法，一種是使用特定的方法，另外一種則是使用「符號」(集合運算子)

集合	方法	運算子
交集	a.intersection(b)	a&b
聯集	a.union(b)	a | b
差集	a.difference(b)	a-b
對稱差集	a.symmetric_difference(b)	a^b

下方的程式，會呈現進行 a 對 b 進行集合運算後的結果。

```
a = {1,2,3,4,5}
b = {3,4,5,6,7}

# 交集
print(a.intersection(b))    # {3, 4, 5}
print(a&b)                  # {3, 4, 5}
# 聯集
print(a.union(b))           # {1, 2, 3, 4, 5, 6, 7}
print(a|b)                  # {1, 2, 3, 4, 5, 6, 7}
# 差集
print(a.difference(b))      # {1, 2}
print(a-b)                  # {1, 2}
# 對稱差集
print(a.symmetric_difference(b))  # {1, 2, 6, 7}
print(a^b)                        # {1, 2, 6, 7}
```

子集合、超集合

假設有 A、B 兩個集合，超集合和子集合的關係可以參考下圖：

集合	說明
超集合	A 完全包含 B，A 和 B 所包含的元素可能完全相同
真超集合	A 完全包含 B，且具有 B 沒有的的元素
子集合	B 完全被 A 包含，A 和 B 所包含的元素可能完全相同
真子集合	B 完全被 A 包含，且 A 具有 B 沒有的的元素

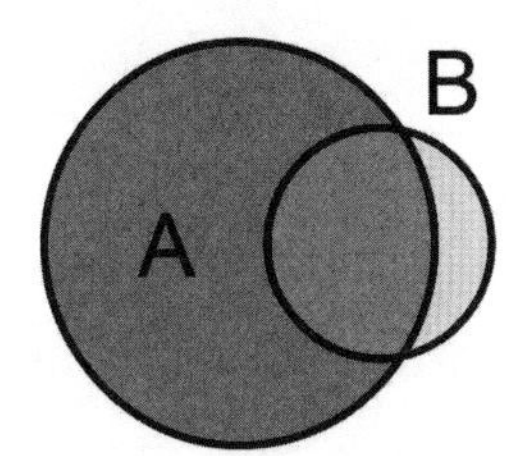

AB 彼此有交集和聯集
不是子集合
也不是超集合

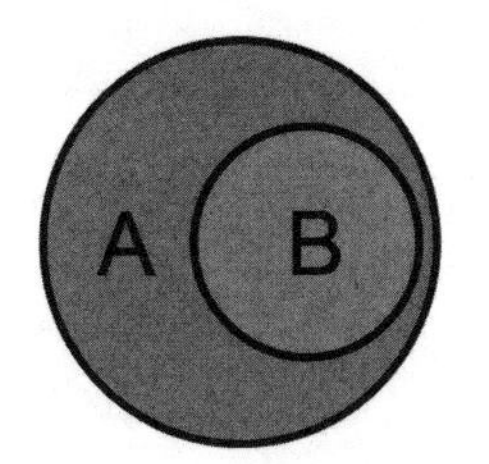

A 是 B 的超集合
A 也是 B 的真超集合
B 是 A 的子集合
B 也是 A 的真子集合

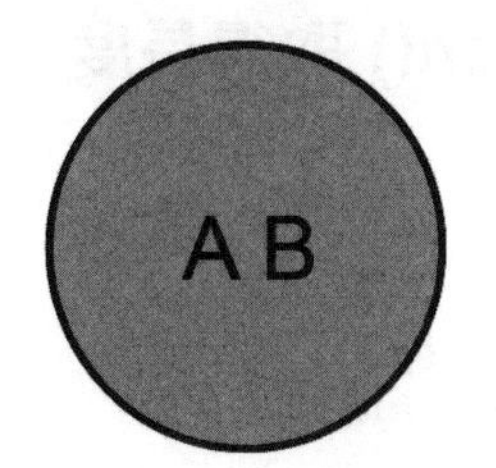

A 是 B 的超集合
A 也是 B 的子集合
B 是 A 的子集合
B 也是 A 的子集合

下面的程式列出四個集合，使用「大於、小於、等於」可以呈現彼此的關係，從印出的結果可以看到各個集合之間的關係。

```
a = {1,2,3,4,5,6,7}
b = {3,4,5,6,7}
c = {1,2,3,4,5,6,7}
d = {6,7,8,9}

print(a<=a)    # True 自己是自己的子集合
print(b<=a)    # True b 是 a 的子集合
print(b<a)     # True b 也是 a 的真子集合 ( 因 沒有等於，完全包含 )
print(c<=a)    # True c 是 a 的子集合
print(a<=c)    # True a 也是 c 的子集合
print(d<a)     # False d 和 a 沒有子集合或超集合關係
```

此外，使用「b.issubset(a)」方法可以檢測 b 是否為 a 的子集合、「a.issuperset(b)」方法可以檢測 a 是否為 b 的超集合。

```
a = {1,2,3,4,5,6,7}
b = {3,4,5,6,7}
c = {1,2,3,4,5,6,7}
d = {6,7,8,9}

print(b.issubset(a))      # True b 是 a 的子集合
print(a.issuperset(b))    # True a 是 b 的超集合
print(c.issubset(a))      # True c 是 a 的子集合
print(d.issubset(a))      # Fasle d 不是 a 的子集合
```

len() 取得長度

使用「len(集合)」可以回傳某個集合的長度 (有幾個元素)。

```
a = {1,2,3,4,5,6,7}
print(len(a))    # 7
```

in 檢查是否存在

使用「元素 in 集合」可以檢查集合中是否存在某個元素，如果存在就是 True，不存在就是 False (使用「元素 not in 集合」可以判斷不存在)。

```
a = {'a','b','c','d',1,2,3}
print('b' in a)      # True
print(2 in a)        # True
print(99 in a)       # False
```

6-6 內建函式 (迭代物件轉換)

本個小節會介紹「迭代物件轉換」的內建函式，熟悉這些函式後，就能夠輕鬆自在的遊走在各個迭代物件 (串列、數組、字典、集合) 之間。

常用操作方法

方法	說明
list()	建立串列。
dict()	建立字典。
set()	建立集合。
frozenset()	建立「不可改變」的集合。
tuple()	建立 tuple。
enumerate()	將「串列、集合、tuple、字典」建立為可迭代並附加索引值的 enumerate 物件。
iter()	將「串列、集合、tuple、字典」建立為可迭代的 iter 物件。
next()	將 enumerate 和 iter 物件的內容「依序取出並移除」。

list(x)

list(x) 可以建立空串列，或將「字串、tuple、字典或集合」轉變成串列 (參考：串列 list (基本))。

```
a = '12345'
b = (1,2,3,4,5)
c = {1,2,3,4,5,'x','y','z'}
d = {'x':'1','y':'2','z':'3'}
print(list(a))     # ['1', '2', '3', '4', '5']
print(list(b))     # [1, 2, 3, 4, 5]
print(list(c))     # [1, 2, 3, 4, 5, 'z', 'y', 'x']
print(list(d))     # ['x', 'y', 'z']
```

dict(x)

dict(x) 可以建立空字典，或將「帶有鍵與值、兩個值的二維串列或 tuple、雙字元的字串串列或 tuple」轉變成字典 (參考：字典 dictionary)。

```
a = dict(name='oxxo', age=18, eat=['apple','banana'])
b = dict([['x','100'],['y','200'],['z','300']])
c = dict(['ab','cd','ef'])
print(a)     # {'name': 'oxxo', 'age': 18, 'eat': ['apple', 'banana']}
print(b)     # {'x': '100', 'y': '200', 'z': '300'}
print(c)     # {'a': 'b', 'c': 'd', 'e': 'f'}
```

set(x)

set(x) 可以建立空集合，或將「串列、tuple、字串或字典」轉換為集合 * (參考：集合 set)。

```
a = set()
b = set([1,2,3,4,5,1,2,3,4,5])
c = set({'x':1,'y':2,'z':3})
d = set('hello')
print(a)    # set()
print(b)    # {1, 2, 3, 4, 5}  只留下不重複的部分
print(c)    # {'x', 'y', 'z'}  如果是字典，只保留鍵
print(d)    # {'l', 'o', 'h', 'e'}  只留下不重複的部分
```

frozenset(x)

frozenset(x) 可以建立一個「不可改變」的集合，建立方式和 set() 完全相同 (frozenset 字面意思就是冰凍的 set)。

```
a = frozenset()
b = frozenset([1,2,3,4,5,1,2,3,4,5])
c = frozenset({'x':1,'y':2,'z':3})
d = frozenset('hello')
print(a)   # frozenset()
print(b)   # frozenset({1, 2, 3, 4, 5})
print(c)   # frozenset({'x', 'z', 'y'})
print(d)   # frozenset({'e', 'h', 'l', 'o'})
```

tuple(x)

tuple(x) 可以建立空 tuple，或將「串列、集合、字串或字典」轉換為集合 (參考：元組 tuple)。

```
a = tuple([1,2,3,4,5])
b = tuple('12345')
c = tuple({'1','2','3','4','5'})
d = tuple({'x':'1','y':'2','z':'3'})
print(a)    # (1, 2, 3, 4, 5)
print(b)    # ('1', '2', '3', '4', '5')
print(c)    # ('4', '2', '3', '1', '5')
print(d)    # ('x', 'y', 'z')
```

enumerate(x, start=y)

enumerate() 可以將「串列、集合、tuple、字典」建立為可迭代並附加索引值的 enumerate 物件，start 的數值代表索引值開始的數字，預設從 0 開始 (不填入預設 0)。

```
a = enumerate(['a','b','c'])
b = enumerate(('a','b','c'))
c = enumerate({'a','b','c'})
d = enumerate({'a':1,'b':2,'c':3}, start=2)
```

```
print(a)           # <enumerate object at 0x7f8de8677050>
print(list(a))     # [(0, 'a'), (1, 'b'), (2, 'c')]
print(list(b))     # [(0, 'a'), (1, 'b'), (2, 'c')]
print(list(c))     # [(0, 'a'), (1, 'b'), (2, 'c')]
print(list(d))    # [(2, 'a'), (3, 'b'), (4, 'c')] 設定 start=2，第一項的索引值變成 2
```

iter(x)

iter() 可以將「串列、集合、tuple、字典」建立為可迭代的 iter 物件，下方程式可以看到不同型態的 iter 物件。

```
a = iter([1,2,3])
b = iter((1,2,3))
c = iter({'a','b','c'})
d = iter({'a':1,'b':2,'c':3})
print(a)    # <list_iterator object at 0x7f8de866e450>
print(b)    # <tuple_iterator object at 0x7f8de866ec90>
print(c)    # <set_iterator object at 0x7f8de86c0910>
print(d)    # <dict_keyiterator object at 0x7f8de86ec7d0>
```

next(x)

next() 通常和 iter() 與 enumerate() 搭配，可以將 enumerate 和 iter 物件的內容「依序取出並移除」，每執行一次就取出一個，直到完全取出為止。

```
a = enumerate(['a','b','c'])
print(next(a))     # (0, 'a')
print(next(a))     # (1, 'b')
print(next(a))     # (2, 'c')
print(list(a))     # []     # 全部取出後只剩下空串列

b = iter(['a','b','c'])
print(next(b))     # a
print(next(b))     # b
print(next(b))     # c
print(list(b))     # []     # 全部取出後只剩下空串列
```

6-7 內建函式 (迭代物件操作)

這個小節會介紹「迭代物件操作」的內建函式，學會這些用法之後，對於串列、字典、tuple 或集合的操作，就能更加得心應手。

常用操作方法

方法	參數	說明
range()	start, stop, step	產生一個「整數序列」。
len()	iter	取得串列、字典、集合、tuple 的長度。
map()	func, iter	使用指定的函式，依序處理可迭代物件的每個項目，處理後產生一個全新的物件。
filter()	func, iter	使用指定的函式，依序判斷可迭代物件的每個項目，將判斷結果為 Ture 的物件集合成為一個全新的物件。
sorted()	x	將可迭代物件進行排序。
reversed()	x	將有順序性的物件 (字串、串列和 tuple) 內容反轉。
all()	x	判斷一個可迭代物件裡，是否包含了 False 相關的元素。
any()	x	判斷一個可迭代物件裡，是否包含了 True 相關的元素。
slice()	start, stop, step	根據切片範圍，取出範圍內的項目，變成新的物件。
zip()		將指定的可迭代物件，打包變成一個新的物件。

range(start, stop, step)

range(start, stop, step) 可以產生一個「整數序列」，產生後可透過 list()、tuple() 之類的方法轉換成對應的類別。

參數	說明
start	起始數字
stop	結束數字 - 1
step	可不填，數字間隔，預設 1

```
a = range(1,5)
b = range(1,100,10)
c = range(5,-5,-1)
print(list(a))    # [1, 2, 3, 4]
print(list(b))    # [1, 11, 21, 31, 41, 51, 61, 71, 81, 91]
print(list(c))    # [5, 4, 3, 2, 1, 0, -1, -2, -3, -4]
range() 很常出現在一些迴圈的範例中，下方的例子，會印出 10 以內的奇數。

for i in range(1,10,2):
  print(i)    # 1 3 5 7 9
```

len(iter)

len(x) 可以取得串列、字典、集合、tuple 的長度 (有幾個項目)，也可以取得字串的長度 (有幾個字母或數字)

```
a = [1,2,3,4,5]
b = (1,2,3,4,5)
c = {'x','y','z'}
d = {'a':1,'b':2,'c':3,'d':4}
e = 'apple'
print(len(a))     # 5
print(len(b))     # 5
print(len(c))     # 3
print(len(d))     # 4
print(len(e))     # 5
```

map(function, iter)

map() 可以使用指定的函式，依序處理可迭代物件的每個項目，處理後產生一個全新的物件，下方的程式使用了同樣效果的具名函式 a 和匿名函式 lambda，將原本 [1,2,3,4,5] 串列裡每個項目都增加 1，最後轉換成串列和 tuple。

> map() 會將第二個參數的可迭代物件，提供給第一個參數的函式作為引數使用。

```
def a(x):
    return x+1
b = map(a, [1,2,3,4,5])
c = map(lambda x: x+1, [1,2,3,4,5])

print(list(b))     # [2, 3, 4, 5, 6]
print(tuple(c))    # (2, 3, 4, 5, 6)
```

下方的例子，a 為一個文字串列，透過 map() 的方式可以快速的將 a 轉換為數字串列。

```
a = ['1', '2', '3' ,'4', '5']
print(a)                  # ['1', '2', '3' ,'4', '5']

b = list(map(int, a))     # 取出 a 的每個項目，套用 int(項目)，組成新物件
print(b)                  # [1, 2, 3, 4, 5]
```

因為 map 回傳的是一個可迭代物件，所以也可以將其賦值給變數，下方的例子，使用 map 將一個字串的串列內容，分別賦值給 a 和 b 兩個變數。

```
t = ['12', '34']
a, b = map(int, t)
print(a)     # 12
print(b)     # 34
```

filter(function, iter)

filter() 可以使用指定的函式，依序判斷可迭代物件的每個項目，將判斷結果為 Ture 的物件集合成為一個全新的物件，下方的程式使用了同樣效果的具名函式 a 和匿名函式 lambda，判斷 [1,2,3,4,5] 串列裡的每個項目，如果數值大於 2 就取出成為新物件，最後轉換成串列和 tuple。

```
def a(x):
  return x>2
b = filter(a, [1,2,3,4,5])
c = filter(lambda x: x>2, [1,2,3,4,5])

print(list(b))     # [3, 4, 5]
print(tuple(c))    # (3, 4, 5)
```

sorted(x, key=None, reverse=False)

sorted 可以將可迭代物件進行排序，並產生一個全新的物件。

參數	說明
x	可迭代的物件，例如串列、字串、tuple、字典、集合
key	可不填，預設由第一個項目判斷 (如果有多層內容)，也可指定判斷的項目
reverse	可不填，預設 False 由小到大，設定 True 表示由大到小

```
a = [1,5,3,4,2]
b = sorted(a)
c = sorted(a, reverse=True)

print(list(b))    # [1, 2, 3, 4, 5]
print(list(c))    # [5, 4, 3, 2, 1]
```

下方程式的 a 是一個二維的串列，使用 key 來讓排序以第二個項目做為依據，範例中使用具名函式 test 和 lambda 函式，都是一樣的效果。

```
a = [[1,8],[2,1],[5,2],[3,5],[9,3]]
b = sorted(a, key=lambda x: x[1])

def test(x):
  return x[1]

c = sorted(a, key=test)

print(list(b))    # [[2, 1], [5, 2], [9, 3], [3, 5], [1, 8]]
print(list(c))    # [[2, 1], [5, 2], [9, 3], [3, 5], [1, 8]]
```

reversed(x)

reversed() 可以將有順序性的物件 (字串、串列和 tuple) 內容反轉，產生一個全新的物件。

```
a = [1,2,3,4,5]
b = (1,2,3,4,5)
c = '12345'
```

```
print(list(reversed(a)))    # [5, 4, 3, 2, 1]
print(list(reversed(b)))    # [5, 4, 3, 2, 1]
print(list(reversed(c)))    # ['5', '4', '3', '2', '1']
```

all(x)

all() 可以判斷一個可迭代物件裡，是否包含了 False 相關的元素 (只要是 0、空白、False 都屬於 False 元素)，如果包含就會回傳 False，反之不包含就會回傳 True，此外，如果是「空」的物件，會回傳 True。

```
a = [1,2,3,4,5]
b = [0,1,2,3,4,5]
c = ['x','y','z','']
d = []

print(all(a))     # True
print(all(b))     # False
print(all(c))     # False
print(all(d))     # True
```

any(x)

any() 可以判斷一個可迭代物件裡，是否包含了 True 相關的元素 (只要不是 0、空白、False 都屬於 True 元素)，如果包含就會回傳 True，反之不包含就會回傳 False，此外，如果是「空」的物件，會回傳 False。

```
a = [1,2,3,4,5]
b = [0,1,2,3,4,5]
c = ['x','y','z','']
d = []

print(any(a))     # True
print(any(b))     # True
print(any(c))     # True
print(any(d))     # False
```

slice(start, stop, step)

slice(start, stop, step) 可以「定義切片範圍」，當指定的可迭代物件套用範圍後，就會取出範圍內的項目，變成新的物件。

參數	說明
start	起始數字
stop	結束數字 - 1
step	可不填，數字間隔，預設 1

```
a = slice(2,6)
b = slice(2,6,2)
c = [1,2,3,4,5,6,7,8,9]

d = c[a]
e = c[b]
print(d)       # [3, 4, 5, 6]
print(e)       # [3, 5]
```

zip()

zip() 可以將指定的可迭代物件，打包變成一個新的物件，新物件的長度與「最短」的一致，下方的例子將 a、b、c 三個列表打包，最後使用 list() 轉換成串列。

```
a = [1,2,3,4]
b = [5,6,7]
c = [8,9]
d = zip(a, b, c)
print(list(d))     # [(1, 5, 8), (2, 6, 9)]
```

6-8 生成式 (串列、字典、集合、元組)

生成式 (Comprehension) 是 Python 的語法之一，可以運用在可迭代的物件上，只要撰寫一行程式碼就能完成多行的任務，大幅增加程式碼的簡潔性與可讀性，這個小節將會介紹串列生成式、字典生成式和集合生成式（元組 tuple 並沒有生成式，而是用類似生成式的方式產生 tuple）。

list 串列生成式

串列生成式只要撰寫一行程式碼，就能快速產生一個串列，其語法為：

```
result = [expression for item in iterable]
# result：生成的新串列。
# expression：生成的項目。
# item：從迭代物件裡取出的項目。
# iterable：可迭代的物件。
```

下方的程式碼裡，如果要產生一個 1 ～ 9 數字平方的串列，除了可以單純透過 for 迴圈搭配串列，也可以使用串列生成式來實現，串列生成式裡「[j*j for j in range(1,10)]」，會依序取出 1 ～ 9 的數字，然後提供給最前方的 j，最後生成 jxj 的結果。

```
# 單純寫法
a = []
for i in range(1, 10):
    a.append(i*i)
print(a)        # [1, 4, 9, 16, 25, 36, 49, 64, 81]

# 使用串列生成式
b = [j*j for j in range(1,10)]
print(b)        # [1, 4, 9, 16, 25, 36, 49, 64, 81]
```

再看一個例子：「有一個 a 串列，接著要建立一個 b 串列，b 串列每個內容項目是 a 串列的最大值減去其他項目的值」，這時使用串列生成式，整個程式碼就會變得非常簡潔。

```
# 單純寫法
a = [10,20,30,40,50,60,70,80,90]
b = []
for i in a:
    b.append(max(a) - i)      # 用 a 的最大值減去每個項目
```

```
print(b)                    # [80, 70, 60, 50, 40, 30, 20, 10, 0]

# 使用串列生成式
a = [10,20,30,40,50,60,70,80,90]
b = [max(a)-i for i in a]
print(b)                    # [80, 70, 60, 50, 40, 30, 20, 10, 0]
```

如果需要兩層 for 迴圈才能生成的串列，同樣也能使用串列生成式來產生。

```
# 單純寫法
# 將兩層 for 迴圈的 i 和 j 加在一起，變成新串列的項目
a = []
for i in 'abc':
    for j in range(1,4):
        a.append(i + str(j))
print(a)        # ['a1', 'a2', 'a3', 'b1', 'b2', 'b3', 'c1', 'c2', 'c3']

# 使用串列生成式
# 兩個 for 迴圈分別產生 i 和 j
a = [i + str(j) for i in 'abc' for j in range(1, 4)]
print(a)        # ['a1', 'a2', 'a3', 'b1', 'b2', 'b3', 'c1', 'c2', 'c3']
```

此外，串列生成式也可以加入 Python 的內建函式，針對產生的項目做處理，下面的程式，只要透過一行串列產生式，就能取出二維陣列裡的最小值。

```
# 單純寫法
a = [[100, 200, 300, 400, 500], [100, 200, 500, 2, 1]]
b = []
for i in a:
    b.append(min(i))  # 將二維串列中每個串列裡的最小值取出，變成新的串列
print(min(b))         # 1，印出新的串列裡的最小值

# 使用串列生成式
a = [[100, 200, 300, 400, 500], [100, 200, 500, 2, 1]]
print(min([min(i) for i in a]))   # 1
```

串列生成式搭配 if

串列生成式不僅能使用 for 迴圈快速產生串列，也可以搭配 if 判斷式，快速篩選並產生對應的內容，下方的程式碼，透過串列生成式，將 if 放在後方，就能直接產生一個偶數的串列。

```
# 單純寫法
a = []
for i in range(1,10):
    if i%2 == 0:
        a.append(i)    # 取出偶數放入變數 a
print(a)               # [2, 4, 6, 8]

# 使用串列生成式
a = [i for i in range(1, 10) if i%2 == 0]
print(a)            # [2, 4, 6, 8]
```

如果將 if 放在 for 的前方，就必須加上 else (三元運算式 (條件運算式))，下方的例子，會將偶數的項目保留，奇數項目替換成 100。

```
a = []
for i in range(1,10):
    if i%2 == 0:
        a.append(i)    # 取出偶數放入變數 a
    else:
        a.append(100) # 如果是奇數，將 100 放入變數 a
print(a)           # [100, 2, 100, 4, 100, 6, 100, 8, 100]

a = [i if i%2==0 else 100 for i in range(1, 10)]
print(a)           # [100, 2, 100, 4, 100, 6, 100, 8, 100]
```

dict 字典生成式

字典生成式只要撰寫一行程式碼，就能快速產生一個字典，其語法為：

```
result = {key: value for item in iterable}
# result：生成的新字典。
# key：生成的鍵。
# value：生成的值。
```

```
# item:從迭代物件裡取出的項目。
# iterable:可迭代的物件。
```

下方的例子,會建立一個項目數值平方的字典。

```
# 單純寫法
a = {}
for i in range(1,10):
    a[i] = i*i    # 將 i*i 對應指定的鍵
print(a)          # {1: 1, 2: 4, 3: 9, 4: 16, 5: 25, 6: 36, 7: 49, 8: 64, 9: 81}

# 使用字典生成式
a = {i:i*i for i in range(1,10)}
print(a)        # {1: 1, 2: 4, 3: 9, 4: 16, 5: 25, 6: 36, 7: 49, 8: 64, 9: 81}
```

set 集合生成式

set 集合生成式只要撰寫一行程式碼,就能快速產生一個集合,其語法為:

```
result = {value for item in iterable}
# result:生成的新集合。
# value:生成的值。
# item:從迭代物件裡取出的項目。
# iterable:可迭代的物件。
```

下方的例子,會建立一個項目數值平方的集合。

```
a = set()
for i in range(1,10):
    a.add(i*i)    # 將 i*i 新增到集合裡
print(a)          # {64, 1, 4, 36, 9, 16, 49, 81, 25}

a = {i*i for i in range(1,10)}
print(a)        # {64, 1, 4, 36, 9, 16, 49, 81, 25}
```

tuple(元組、數組)生成式

tuple 沒有生成式的語法,但是有類似的方式可以生成元組,其語法為:

```
variable = tuple(value for item in iterable)
# variable：型別為 tuple 的變數。
# value：生成的值。
# item：從迭代物件裡取出的項目。
# iterable：可迭代的物件。
```

下方的例子可以快速產生一個 tuple。

```
a = tuple(i for i in range(10))
print(a)    # (0, 1, 2, 3, 4, 5, 6, 7, 8, 9)
```

也可以使用運算式以及 if 判斷式產生 tuple。

```
a = tuple(i*i for i in range(10) if i>5)
print(a)    # (36, 49, 64, 81)
```

小結

在這個章節中，可以認識 Python 中的四種常用資料型別 (串列、元組、字典和集合)，以及如何操作這些型別的常用方法、內建函式和生成式，透過學習這些操作技巧，就可以更加深入地瞭解 Python 中的資料結構，並能夠更加靈活地運用這些型別來處理各種問題，根據自己的需要和情況來選擇適合的資料型別。

第 07 章

Python 常用語法

7-1、例外處理（try、except）

7-2、類別 class

7-3、繼承 inheritance

7-4、eval 和 exec

7-5、檔案讀寫 open

7-6、匯入模組 import

如果已經閱讀到這個章節，表示很多人可能已經掌握了 Python 的基礎語法，但要成為使用 Python 的開發者，還需要學習一些 Python 常用的語法和技巧。這個章節將介紹 Python 常用的語法，包括例外處理、類別、繼承、eval 和 exec、檔案讀寫和匯入模組，以幫助讀者更深入地了解 Python 的進階知識。

這個章節所有範例均可使用 Google Colab 實作，不用安裝任何軟體。

7-1 例外處理 (try、except)

執行 Python 程式的時候，往往會遇到「錯誤」的狀況，如果沒有好好處理錯誤狀況，就會造成整個程式壞掉而停止不動，因此，透過「例外處理」的機制，能夠在發生錯誤時進行對應的動作，不僅能保護整個程式的流程，也能夠掌握問題出現的位置，馬上進行修正。

使用 try 和 except

下方的例子執行後，會發生「TypeError」的錯誤 (因為輸入的是文字，文字無法和數字相加)，也因為發生錯誤，進而造成程式停止，後方程式無法正常執行。

```
a = input('輸入數字：')
print(a + 1)           # 發生錯誤
print('hello')         # 因為發生錯誤，造成程式停止，所以後方程式無法執行
```

```
a = input('輸入數字: ')
print(a + 1)
print('hello')

輸入數字：1
---------------------------------------------------------------------------
TypeError                                 Traceback (most recent call last)
<ipython-input-16-980b719ea7a7> in <module>()
      1 a = input('輸入數字：')
----> 2 print(a + 1)
      3 print('hello')

TypeError: can only concatenate str (not "int") to str
```

如果要避免程式因錯誤而停止，可使用 try 和 except 進行保護 (或測試)，當 try 區段內的程式發生錯誤時，就會執行 except 裡的內容，如果 try 的程式沒有錯誤，就不會執行 except 的內容，當程式修改成下面的樣子，就會順利印出後方的 hello。

```
try:                           # 使用 try，測試內容是否正確
    a = input('輸入數字：')
```

```
    print(a + 1)
except:                        # 如果 try 的內容發生錯誤，就執行 except 裡的內容
    print('發生錯誤')
print('hello')
```

```
try:
  a = input('輸入數字: ')
  print(a + 1)
except:
  print('發生錯誤')
print('hello')

輸入數字: 1
發生錯誤
hello
```

加入 pass 略過

在撰寫 try... except 有時候會遇到「不想做任何動作」的狀況 (連 print 都不想使用)，這時可以使用 pass 語法來略過 (什麼事情都不做)，以下方的程式而言，當發生錯誤時，進入 excpet 後就會直接忽略並跳過。

```
try:                           # 使用 try，測試內容是否正確
    a = input('輸入數字：')
    print(a + 1)
except:                        # 如果 try 的內容發生錯誤，就執行 except 裡的內容
    pass                       # 略過
print('hello')
```

except 的錯誤資訊

只要程式發生錯誤，控制台中都會出現對應的錯誤資訊，下方列出常見的幾種錯誤資訊：

錯誤資訊	說明
NameError	使用沒有被定義的對象
IndexError	索引值超過了序列的大小
TypeError	數據類型 (type) 錯誤

錯誤資訊	說明
SyntaxError	Python 語法規則錯誤
ValueError	傳入值錯誤
KeyboardInterrupt	當程式被手動強制中止
AssertionError	程式 asset 後面的條件不成立
KeyError	鍵發生錯誤
ZeroDivisionError	除以 0
AttributeError	使用不存在的屬性
IndentationError	Python 語法錯誤 (沒有對齊)
IOError	Input/output 異常
UnboundLocalError	區域變數和全域變數發生重複或錯誤

下面的程式執行時，因為變數 a 還沒被定義，所以會進入 except NameError 的區段，印出「使用沒有被定義的對象」。

```
try:
    print(a)
except TypeError:
    print('型別發生錯誤')
except NameError:
    print('使用沒有被定義的對象')
print('hello')
```

```
try:
  print(a)
except TypeError:
  print('型別發生錯誤')
except NameError:
  print('使用沒有被定義的對象')
print('hello')

1
hello
```

如果不知道錯誤的型別，只想印出錯誤資訊，除了單純用 except，也可以使用「except Exception」，將例外的資訊全部放在裡面。

```
try:
    print(1/0)
except TypeError:
    print('型別發生錯誤')
except NameError:
    print('使用沒有被定義的對象')
except Exception:
    print('不知道怎麼了，反正發生錯誤惹')
print('hello')
```

```
try:
  print(1/0)
except TypeError:
  print('型別發生錯誤')
except NameError:
  print('使用沒有被定義的對象')
except Exception:
  print('不知道怎麼了，反正發生錯誤惹')
print('hello')

不知道怎麼了，反正發生錯誤惹
hello
```

如果單純使用 except Exception as e，也能將所有的錯誤資訊全部印出。

```
try:
    a = 1
    b = '1'
    print(a+b)
except Exception as e:
    print(e)
```

```
try:
    a = 1
    b = '1'
    print(a+b)
except Exception as e:
    print(e)

unsupported operand type(s) for +: 'int' and 'str'
```

raise 和 assert

在執行 try 的過程中，如果遇到需要「強制中斷」的情形，可使用 raise 強制中斷。

```
try:
    a = int(input('輸入 0～9：'))
    if a>9:          # 如果輸入的 a 大於 9
        raise         # 強制中斷，抛出錯誤資訊席
    print(a)
except :
    print('有錯誤喔～')    # 收到錯誤訊息，顯示錯誤
```

```
try:
  a = int(input('輸入 0～9：'))
  if a>10:
    raise
  print(a)
except :
  print('有錯誤喔～')
```

```
輸入 0～9：13
有錯誤喔～
```

raise 後方可以加上錯誤資訊，錯誤資訊可以包含要呈現的訊息，以下方的例子而言，強制停止時回報 ValueError 資訊，接著使用 except 區隔錯誤資訊，就能呈現真實的錯誤狀況。

```
try:
    a = int(input('輸入 0～9：'))
    if a>10:
        raise ValueError('數字不在範圍內')
    print(a)
except ValueError as msg:      # 如果輸入範圍外的數字，執行這邊的程式
    print(msg)
except :                       # 如果輸入的不是數字，執行這邊的程式
    print('有錯誤喔～')
print('繼續執行')
```

```
try:
  a = int(input('輸入 0~9: '))
  if a>10:
    raise ValueError('數字不在範圍內')
  print(a)
except ValueError as msg:
  print(msg)
except :
  print('有錯誤喔~')
print('繼續執行')
```

```
輸入 0~9: 123
數字不在範圍內
繼續執行
```

使用 assert 中斷的方法為「assert False, '錯誤訊息'」，用法和 raise 類似，執行後就會中斷程式，並將錯誤資訊提供給 except 顯示，下方的程式如果輸入 123，會執行 AssertionError 裡的程市，如果輸入 abc 則會執行 except 裡的程式。

```
try:
    a = int(input('輸入 0～9：'))
    if a>10:
        assert False, '數字不在範圍內'
    print(a)
except AssertionError as msg:
    print(msg)
except :
    print('有錯誤喔～')
print('繼續執行')
```

```
try:
  a = int(input('輸入 0~9: '))
  if a>10:
    assert False, '數字不在範圍內'
  print(a)
except AssertionError as msg:
  print(msg)
except :
  print('有錯誤喔~')
print('繼續執行')
```

```
輸入 0~9: 123
數字不在範圍內
繼續執行
```

```
try:
  a = int(input('輸入 0~9: '))
  if a>10:
    assert False, '數字不在範圍內'
  print(a)
except AssertionError as msg:
  print(msg)
except :
  print('有錯誤喔~')
print('繼續執行')
```

```
輸入 0~9: abc
有錯誤喔~
繼續執行
```

加入 else 和 finally

在 except 結束後，可以加入 else 或 finally 兩個額外的判斷，else 表示完全沒有錯誤，就會執行該區塊的程式，finally 則不論程式對錯，都會執行該區塊的程式。

```
try:
    a = int(input('輸入 0～9：'))
    if a>10:
        raise
    print(a)
except :
    print('有錯誤喔～')
else:
    print('沒有錯！繼續執行！')          # 完全沒錯才會執行這行
finally:
    print('管他有沒有錯，繼續啦！')      # 不論有沒有錯都會執行這行
```

```
try:
  a = int(input('輸入 0~9: '))
  if a>10:
    raise
  print(a)
except :
  print('有錯誤喔~')
else:
  print('沒有錯! 繼續執行! ')
finally:
  print('管他有沒有錯, 繼續啦! ')
```

```
輸入 0~9: 6
6
沒有錯! 繼續執行!
管他有沒有錯, 繼續啦!
```

```
try:
  a = int(input('輸入 0~9: '))
  if a>10:
    raise
  print(a)
except :
  print('有錯誤喔~')
else:
  print('沒有錯! 繼續執行! ')
finally:
  print('管他有沒有錯, 繼續啦! ')
```

```
輸入 0~9: 123
有錯誤喔~
管他有沒有錯, 繼續啦!
```

7-2 類別 class

學習 Python 到某種程度後，就會開始進入物件導向的領域，而「類別」就是學習物件導向的基礎，這個章節將會介紹 Python 裡的類別 class，並進一步說明類別和物件的關係。

什麼是類別 class ？

類別，可以比喻成一張「藍圖」，**不同的藍圖會有不同的「屬性」，根據不同的屬性，就會建構出不同的物體**。或者也可將類別想像成一個「人」，不同的人會有不同的「特徵」(屬性)，根據不同的特徵，就會產生不同樣的人。

舉例來說，下方的程式碼建立了一個名為 human (人) 的類別，類別預設有四個屬性，分別是兩個眼睛 eye、兩個耳朵 ear、一個鼻子 nose 和一張嘴巴 mouth，接著透過這個類別誕生了一個特定的人 oxxo，這個人就會具有對應的屬性 (後面會介紹如何建立類別)。

```
class human():
  def __init__(self):   # 建立預設屬性的寫法
    self.eye = 2        # 兩個眼睛
    self.ear = 2        # 兩個耳朵
    self.nose = 1       # 一個鼻子
    self.mouth = 1      # 一張嘴巴

oxxo = human()          # 製作一個名為 oxxo 的物件
print(oxxo.eye)         # 得到 2 ( 印出 oxxo 的 eye 屬性 )。
```

什麼是物件 object ？

在 Python 裡的任何東西 (數字、文字、函式 ... 等) 都是物件，只是 Python 預設會將大部份物件的機制隱藏，只顯示最常使用的方法，除非有特殊需求，不然不需要更動到預設物件的行為。

什麼是物件呢？**物件是一種自訂的資料結構，裡面可能包含了各種變數、屬性、函式或方法**，一個物件可以透過他的屬性或方法，定義他和別的物件進行互動。

建立類別

建立類別的方式類似建立一個函式，差別在於函式使用 def 開頭，而類別使用 class 開頭，下方的程式碼會建立一個「空」的類別 human (很像

一個人在最開始只是一個細胞，身上什麼器官都還沒長出來)

```
class human():
    pass          # 使用 pass 可以建立一個空類別
```

接著使用建立類別的預設方法「__init__」(注意前後是兩條底線)，將預設的屬性加入類別裡。

- def __init__(self) 預設帶有一個 self 參數，代表透過類別建立的物件本體，內容使用「. 屬性」就能將指定的屬性加入類別中。
- __init__ 可以不用定義，但如果需要有一些預設的屬性，就可以定義在裡面。

```
class human():
    def __init__(self):  # 建立預設屬性的寫法
        self.eye = 2         # 兩個眼睛
        self.ear = 2         # 兩個耳朵
        self.nose = 1        # 一個鼻子
        self.mouth = 1       # 一張嘴巴
```

除了預設的屬性，也可以自訂屬性，下方的例子定義了 say 和 play 兩個函式作為 human 的屬性，執行後，就等同於一個名為 oxxo 的人說話和玩棒球 (注意，字定義屬性的第一個參數也都必須是 self)。

```
class human():
    def __init__(self):
        self.eye = 2
        self.ear = 2
        self.nose = 1
        self.mouth = 1
    def say(self, msg):       # 定義 say
        print(msg)
    def play(self, thing):    # 定義 play
        print(thing)

oxxo = human()
```

```
oxxo.say('hello')            # hello
oxxo.play('baseball')        # baseball
```

屬性除了可以定義在類別裡，也可以從外部定義，下面的程式碼額外定義了手 hand 和腳 leg 兩個屬性。

```
class human():
    def __init__(self):
        self.eye = 2
        self.ear = 2
        self.nose = 1
        self.mouth = 1
    def say(self, msg):
        print(msg)
    def play(self, thing):
        print(thing)

human.hand = 2     # 定義 hand 屬性
human.leg = 2      # 定義 leg 屬性

oxxo = human()
print(oxxo.hand)   # 2
print(oxxo.leg)    # 2
```

剛剛有提到 self 這個參數，這個參數代表「透過類別建立的物件本體」，**使用 self 可以讀取到這個物件的所有屬性**，下方的例子從外部定義了 oxxo.name 的屬性，在 human 裡就能使用 self.name 取得這個屬性。

```
class human():
    def __init__(self):
        self.eye = 2
        self.ear = 2
        self.nose = 1
        self.mouth = 1
    def say(self, msg):
        print(f'{self.name} say: {msg}')    # 使用 self.name 取得 name 屬性的值
    def play(self, thing):
        print(thing)

oxxo = human()
```

```
oxxo.name = 'oxxo'    # 設定 name 屬性
oxxo.say('hello')     # oxxo say: hello
```

多個物件同一個類別

一個類別可以產生多個物件 (人 human 的類別可以產生無數不同的人)，每個物件產生後，也可以定義自己特殊的屬性，就如同人誕生後，雖然都有眼睛鼻子嘴巴，但某些人會去學畫畫，某些人會去學鋼琴，下方的程式碼會產生 oxxo 和 gkpen 兩個不同的人，oxxo 會自定義 age 屬性，gkpen 會自定義 weight 屬性。

```
class human():
    def __init__(self):
        self.eye = 2
        self.ear = 2
        self.nose = 1
        self.mouth = 1
    def say(self, msg):
        print(f'{self.name} say: {msg}')
    def play(self, thing):
        print(thing)

oxxo = human()          # 定義 oxxo
gkpen = human()         # 定義 gkpen
oxxo.name = 'oxxo'      # oxxo 的名字叫做 oxxo
oxxo.age = 18           # oxxo 的 age 為 18

gkpen.name = 'gkpen'    # gkpen 的名字叫做 gkpen
gkpen.weight = 70       # gkpen 的 weight 為 70

oxxo.say('hello')     # oxxo say: hello
print(oxxo.age)       # 18
gkpen.say('song')     # gkpen say: song
print(gkpen.weight)   # 70
```

如果覺得這樣子定義比較麻煩，也可以在建立類別時，預先設定好一些參數，接著透過類別建立物件時，在做動態的調整，例如下方的例子，在 init 裡建立 age、weight 的參數，建立物件時就能動態傳入。

```
class human():
    def __init__(self, age, weight):    # 新增 age 和 weight 參數
        self.eye = 2
        self.ear = 2
        self.nose = 1
        self.mouth = 1
        self.age = age              # 讀取參數，變成屬性
        self.weight = weight        # 讀取參數，變成屬性
    def say(self, msg):
        print(f'{self.name} say: {msg}')
    def play(self, thing):
        print(thing)

oxxo = human(18, 68)            # 建立物件時，設定參數數值
gkpen = human(15, 70)           # 建立物件時，設定參數數值
print(oxxo.age, oxxo.weight)    # 18, 68
print(gkpen.age, gkpen.weight)  # 15, 70
```

覆寫屬性

如果從外部定義了和類別屬性名稱相同的屬性，就會覆寫內部屬性，下方的例子，從外部定義了 oxxo.play 的屬性，就覆寫原本的 play 屬性。

```
class human():
    def __init__(self):
        self.eye = 2
        self.ear = 2
        self.nose = 1
        self.mouth = 1
    def say(self, msg):
        print(f'{self.name} say: {msg}')
    def play(self, thing):
        print(thing)

oxxo = human()
oxxo.play = '???'  # 覆寫 play 屬性
print(oxxo.play)   # ???
```

@property 唯讀屬性

如果在類別裡有些屬性不希望被外部更動，就能夠使用 @property 的裝飾器，將該屬性設為唯讀屬性，下方的例子，oxxo.a 可以將原本的 a 屬性換成 12345，但 oxxo.b 就無法更動 b 屬性，因為 b 屬性已經變成唯讀屬性。

```
class a:
    def a(self):
        return 'aaaaa'
    @property
    def b(self):
        return 'bbbbb'

oxxo = a()
oxxo.a = '12345'
print(oxxo.a)    # 12345
oxxo.b = '12345'
print(oxxo.b)    # 發生錯誤  can't set attribute
```

7-3 繼承 inheritance

開始使用 Python 的類別 class 去解決問題時，通常會遇到需要修改類別的狀況，這往往會造成原始類別的複雜化或破壞原本的功能，這時就需要使用類別裡「繼承」的方式來進行處理，這個小節會介紹 Python 中的「繼承」。

什麼是繼承 inheritance ?

繼承，就如同字面上的意思：父親繼承了爺爺的東西，兒子繼承父親的東西 ... 不斷繼承下去，**繼承表示可以用既有的類別去建立一個新的類別，並加入一些新的東西或修改新的類別，當使用繼承時，新的類別會自動使用舊的類別內所有的程式碼**。

下方的程式碼，名為 son 的類別使用「class son(father)」的語法，繼承了 fatehr 的程式碼，當 oxxo 為 son 時，就能夠呼叫出 fatehr 的所有屬性。

```
class father():             # fatehr 類別
    def __init__(self):
        self.eye = 2
        self.ear = 2
        self.nose = 1
        self.mouth = 1

class son(father):              # son 類別繼承了 fatehr 類別裡所有的方法
    def language(self):         # son 類別具有 language 的方法
        print('chinese')        # 從 father 繼承了五官，然後自己學會講中文

oxxo = son()                    # 設定 oxxo 為 son()
print(oxxo.eye)                 # 印出 2
oxxo.language()                 # 印出 chinese
```

繼承時會覆寫方法

在繼承時，**如果子類類別裡某個方法的名稱和父類別相同，則會完全複寫父類別的方法**，下面的程式碼，son 類別使用了 init 的方法，就覆寫了原本 fatehr 的 init 方法，導致讀取 oxxo.ear 時發生錯誤 (因為 son 的方法裡不存在 ear 的屬性)

```
class father():
    def __init__(self):
        self.eye = 2
        self.ear = 2
        self.nose = 1
        self.mouth = 1

class son(father):
    def __init__(self):    # 使用了 __init 的方法
        self.eye = 100

oxxo = son()
print(oxxo.eye)     # 100
print(oxxo.ear)     # 發生錯誤  'son' object has no attribute 'ear'
```

使用 super()

如果不想要覆寫父類別的方法，又想要使用父類別的方法，就可以使

用「super()」來實現，下方的程式碼，使用 super() 繼承了 father init 裡所有的屬性，然後再將 eye 的屬性覆寫為 100。

```
class father():
    def __init__(self):
        self.eye = 2
        self.ear = 2
        self.nose = 1
        self.mouth = 1

class son(father):
    def __init__(self):
        super().__init__()    # 使用 super() 繼承 father __init__ 裡所有屬性
        self.eye = 100        # 如果屬性相同，則覆寫屬性

oxxo = son()
print(oxxo.eye)               # 100
print(oxxo.ear)               # 2
```

多重繼承

繼承不僅能進行單一繼承，也可以進行多重繼承，例如可以從爸爸身上繼承基因，同時也可以從媽媽身上繼承基因一般，下方的例子，son 從 father 繼承了五官，從 mother 繼承了 language 和 skill。

```
class father():             # father 類別
    def __init__(self):     # father 的方法
        self.eye = 2
        self.ear = 2
        self.nose = 1
        self.mouth = 1

class mother():             # mother 類別
    def language(self):     # mother 的方法
        print('english')
    def skill(self):
        print('painting')

class son(father, mother):      # 繼承 father 和 mother
    def play(self):             # son 自己的方法
```

```
        print('ball')

oxxo = son()
print(oxxo.eye)           # 2
oxxo.skill()              # painting
oxxo.play()               # ball
```

進行多重繼承時，同樣會有「覆寫方法」的狀況出現，而**覆寫方法的順序是從「讀取類別的順序」決定**，舉例來說，下方的 c 和 d 兩個類別，雖然都多重繼承了 a 和 b，但因為讀取的順序不同，所以呈現的結果也會不同。

```
class a():
    def says(self):
        print('a')

class b():
    def says(self):
        print('b')

class c(a, b):     # 先讀取 a 再 b，就會將 a 裡的方法，覆寫 b 裡同名的方法
    pass

class d(b, a):     # 先讀取 b 再 a，就會將 b 裡的方法，覆寫 a 裡同名的方法
    pass

ccc = c()
ddd = d()
ccc.says()     # a
ddd.says()     # b
```

多層繼承

繼承裡除了多重繼承，也有「多層繼承」的概念，就如同父親繼承了爺爺的東西，兒子繼承父親的東西，多層繼承同樣存在覆寫方法的原則，如果遇到同名的方法就會覆寫，除非使用 super() 的方法處理，下方的例子裡， father 繼承了 grandpa 的五官，son 又繼承了 father 的方法，最後 son 就擁有 father 和 grandpa 所有的方法。

```
class grandpa():
    def __init__(self):
        self.eye = 2
        self.ear = 2
        self.nose = 1
        self.mouth = 1

class father(grandpa):
    def language(self):
        print('english')
    def skill(self):
        print('painting')

class son(father):
    def play(self):
        print('ball')

oxxo = son()
print(oxxo.eye)      # 2
oxxo.skill()         # painting
oxxo.play()          # ball
```

私有方法 (雙底線)

在實作一個類別的過程裡，可能會遇到有些方法是該類別內部使用，不想讓繼承該類別的子類別可以用的，這時就需要建立「私有方法」，**私有方法可以使用「雙底線 + 名稱」來建立，私有方法建立後，不論是從外部讀取或是子類別的繼承，都無法使用該方法，只有在該類別裡的其他方法才能調用**。

下方的程式碼 grandpa 有一個 __money 的方法，但是除非知道 getMoney 的方法，不然都無法直接讀取 (爺爺有一筆錢，除非你知道方法，不然無法繼承成功)。

```
class grandpa():
    def __init__(self):
        self.mouth = 1
    def __money(self):       # 建立一個私有方法 __money
        print('$1000')
```

```
    def getMoney(self):     # 建立一個 getMoney 的方法，執行私有方法 __money
        self.__money()

class father(grandpa):
    def skill(self):
        print('painting')

class son(father):
    def play(self):
        print('ball')

oxxo = son()
oxxo.getMoney()          # $1000
oxxo.__money()           # 發生錯誤 'son' object has no attribute '_money'
```

7-4 eval 和 exec

這個小節會介紹 Python 兩個特別的內建函式： eval() 和 exec()，透過這兩個函式，能夠將字串轉換成可以運作的程式碼，近一步搭配其他的程式碼做運用。

eval()

eval() 可以放入「一行字串」，並把輸入的字串，轉換成可執行的程式碼後並執行，eval() 不能進行復雜的邏輯運算，例如賦值操作、迴圈 ... 等。eval() 有三個參數：

參數	說明
expression	輸入的字串
globals	輸入字串裡使用的全域變數，使用字典型態，預設 None
locals	輸入字串裡使用的區域變數，使用字典型態，預設 None

下方的例子執行後，效果等同於 print("hello")

```
eval('print("hello")')     # hello ( 等同 print("hello") )
```

下方的例子額外設定了 globals 和 locals 參數，會依序覆蓋掉 a、b、c 的內容，globals 和 locals 參數不代表真正的變數，只有在 eval() 運算時才有作用，運算之後就會失效。

```
a, b, c = 1, 2, 3
eval('print(a, b, c)')                                    # 1, 2, 3
eval('print(a, b, c)', {'a':4, 'b':5, 'c':6})      # 4, 5, 6
eval('print(a, b, c)', {'a':4, 'b':5, 'c':6}, {'a':7, 'b':8, 'c':9})   # 7, 8, 9
eval('print(a, b, c)')   # 1, 2, 3
```

此外，使用 eval() 可以回傳計算的結果 (有點類似 lambda 匿名函式)，下方的例子，會以 x 等於 1、y 等於 2 做計算，回傳 x+y 的結果。

```
a = eval('x+y',{'x':1,'y':2})
print(a)        # 3
```

雖然 eval() 很方便好用，但相對有使用上的風險，因為 eval() 會將字串轉換成程式碼執行，如果套用在 input，就可以輸入類似「系統指令」的方法，操控系統的檔案，例如下方的程式碼執行後，會執行使用者輸入的程式碼，這時如果輸入了類似「__import__('os').system('rm 123.txt')」的程式碼，就會刪除電腦中某個檔案。

```
eval(input())
```

exec()

exec() 可以放入「多行字串」，並把輸入的字串，轉換成可執行的程式碼後並執行，exec() 可以進行較為復雜的邏輯運算，例如賦值操作、迴圈 ... 等。exec() 有三個參數：

參數	說明
object	輸入的字串
globals	輸入字串裡使用的全域變數，使用字典型態，預設 None
locals	輸入字串裡使用的區域變數，使用字典型態，預設 None

下方的例子執行後，效果等同於執行一個 for 迴圈，印出 0 ～ 9。

```
exec('''
for i in range(10):
    print(i)
''')

exec() 無法像 eval() 會回傳結果，如果使用回傳的方式，只會回傳 None。
a = exec('x+y',{'x':1,'y':2})
print(a)      # None
```

7-5 檔案讀寫 open

這個小節會介紹「檔案讀寫」的內建函式 open，透過 Pythen 的 open 函式，就能針對電腦中的文件，進行新增、開啟、編輯等動作，如果是使用 Google Colab，更可以和 Google 雲端硬碟連動，編輯雲端硬碟的檔案。

使用 open()

Python 內建的 open() 使用的語法如下所示，檔案表示檔案的路徑和檔名，模式則代表開啟檔案後，能對這個檔案編輯的權限模式，預設為 r。

```
f = open('檔案', 模式)
```

open() 還有幾個可以不需要填入的參數，不填入則會使用預設值：

參數	說明
newline	換行模式，預設 None (使用通用換行符號，等同 '')，可以是 ''、'\n'、'\r' 或 '\r\n'。
encoding	解碼或編碼文件名稱，預設 None。
errors	處理解碼或編碼時的錯誤，預設 None。
buffering	記憶體緩衝區大小，預設 -1。
closefd	判斷文件名稱或文件描述，預設 True。
opener	文件描述，預設 None。

檔案路徑

檔案的路徑使用「相對路徑」，相對於「執行這個 Python 程式的位置」，例如 Python 的程式位在 file 資料夾下，要存取 file/demo 資料夾內的 test.txt 檔案時，路徑就是「demo/test.txt」。

> 注意，Windows 電腦作業系統的檔案路徑可能是「\」，而不是本書範例的「/」。
>
> 如果是使用 Colab，請先參考「2-1、使用 Colab」，連動 Google Drive。

```
f = open('demo/test.txt','r')
a = f.read()
print(a)
f.close()
```

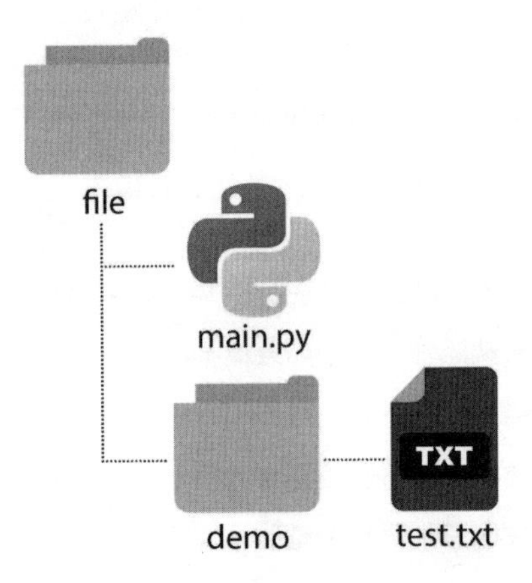

如果是使用 Google Colab，預設執行的路徑放在「/content/drive/MyDrive/」裡。

```
f = open('/content/drive/MyDrive/Colab Notebooks/test.txt','r')
a = f.read()
print(a)
f.close()
```

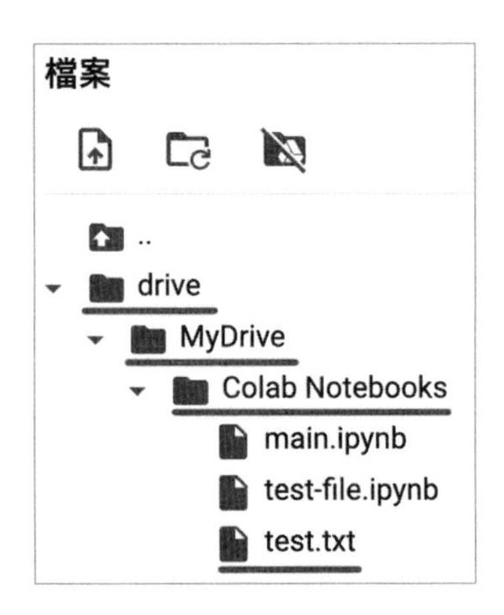

存取模式

使用 open() 開啟檔案時，可指定開啟後檔案的存取模式，預設是文字模式開啟，後方如果有「+」號，表示在功能上不僅可以讀取，也可以寫入：

模式	說明
r、rt	讀取檔案 (預設值，檔案必需存在)。
w、wt	寫入檔案 (如果檔案不存在，就建立新檔案，如果檔案存在，則清空內容並將其覆寫)。
x、xt	建立新的檔案 (只針對不存在的檔案，如果檔案已經存在，則操作失敗)。
a、at	從檔案的最末端添加內容 (如果檔案不存在，就建立新檔案)。
r+、rt+	讀取並更新檔案 (更新方式從最前端寫入內容)。
w+、wt+	寫入並讀取檔案 (會清空並覆寫內容)。
a+、at+	從檔案的最末端添加內容並讀取檔案。

如果後方加上 b，則會以二進制模式開啟：

模式	說明
rb	以二進制模式讀取檔案。
wb	以二進制模式寫入檔案。
xb	以二進制模式建立一個新的檔案。

模式	說明
ab	以二進制模式從檔案的最末端添加內容。
rb+	以二進制模式讀取並更新檔案。
wb+	以二進制模式寫入並讀取檔案。
ab+	以二進制模式從檔案的最末端添加內容並讀取檔案。

舉例來說，如果開啟檔案時模式設定為 w，就無法使用讀取的方法讀取檔案內容。

```
f = open('/content/drive/MyDrive/Colab Notebooks/test.txt','w')    # 使用 w 模式
a = f.read()    # 發生錯誤  not readable
print(a)
```

如果開啟檔案時設定 r+，則可以讀取內容也可以從開頭的地方加入內容 (使用 r 或 r+ 時，檔案必需存在，不然會發生錯誤)。

```
f = open('/content/drive/MyDrive/Colab Notebooks/test.txt','r+')
a = f.read()
f.write('hello')
print(a)
f.close()
```

常用操作方法

開啟檔案後，可以透過下列常用的方法操作檔案：

方法	說明
read(size)	讀取檔案內容，預設不設定 size，不設定 size 會讀取整個檔案，如果設定 size 則會讀取指定的字元數量。
readline(size)	讀取檔案的第一行內容，預設不設定 size，沒有設定 size 就會讀取一整行，如果設定 size 則會讀取指定的字元數量。
readlines(size)	讀取檔案內容並以串列方式回傳，預設不設定 size，如果沒有設定 size 會讀取全部內容，如果設定 size 則會回傳包含 size 大小的那幾行。

方法	說明
readable()	檔案是否可讀取，回傳 True 或 False。
write(文字內容)	寫入內容。
writelines(文字內容串列)	以串列方式寫入內容，如果需要換行必須自行加入換行符號 \n。
writable()	檔案是否可寫入，回傳 True 或 False。
tell()	回傳目前讀取檔案指針的位置 (檔案從頭算起的字元數)。
seek(偏移量 , 起始位置)	移動檔案指針 (起始位置預設 0 表示檔案開頭，1 為當前位置，2 為檔案結尾)。
close()	關閉檔案，並釋出記憶體。

read(size)

範例的程式碼使用兩種方式讀取內容為 hello world 的 txt 檔案 (如果只設定一個 f1，使用 read() 之後就會讀取整份檔案，read(2) 就會失效，所以使用 f1 和 f2)，如果沒有設定 size，則完整讀取整份檔案，如果有設定 size，則讀取到 size 的字元數，讀取的檔案如果超過電腦的記憶體大小，則會發生問題 (讀取 1GB 的檔案就會消耗 1GB 的記憶體)

```
f1 = open('/content/drive/MyDrive/Colab Notebooks/test.txt','r')
f2 = open('/content/drive/MyDrive/Colab Notebooks/test.txt','r')
a = f1.read()
b = f2.read(2)
print(a)       # hello world
print(b)       # he ( 只讀取前兩個字元 )
f1.close()
f2.close()
```

readline(size)

範例的程式碼使用兩種方式讀取內容為第一行 hello world 的 txt 檔案，如果沒有設定 size，則完整讀取第一行，如果有設定 size 則讀取第一行的 size 字元數，若 size 超過第一行的數量，就會完整讀取第一行 (就算檔案有很多行，還是只會讀取第一行)。

```
f1 = open('/content/drive/MyDrive/Colab Notebooks/test.txt','r')
f2 = open('/content/drive/MyDrive/Colab Notebooks/test.txt','r')
a = f1.readline()
b = f2.readline(2)
print(a)       # hello world
print(b)       # he ( 只讀取單一行的前兩個字元 )
f1.close()
f2.close()
```

readlines(size)

範例的程式碼使用兩種方式讀取內容為三行 hello world、good morning 和 12345 的 txt 檔案，如果沒有設定 size 則讀取全部的檔案內容，以「行」為單位回傳為串列，如果有設定 size，則會以 size 抵達的字元位置行數為最大行數，回傳為串列。

```
f1 = open('/content/drive/MyDrive/Colab Notebooks/test.txt','r')
f2 = open('/content/drive/MyDrive/Colab Notebooks/test.txt','r')
a = f1.readlines()       # 讀取全部的行，變成串列形式
b = f2.readlines(20)     # 讀取包含 20 個字元的行，變成串列形式
print(a)       # ['hello world\n', 'good morning\n', '12345']
print(b)       # ['hello world\n', 'good morning\n']
f1.close()
f2.close()
```

readable()

範例的程式碼執行後，會顯示這個檔案是否能讀取，或是否能寫入，回傳 True 或 False。

```
f1 = open('/content/drive/MyDrive/Colab Notebooks/test.txt','w')
f2 = open('/content/drive/MyDrive/Colab Notebooks/test.txt','r')
print(f1.readable())     # Fasle   因為設定 w
print(f2.readable())     # True    因為設定 r
f1.close()
f2.close()
```

f.write(文字內容)

範例的程式碼執行後，會清空原本 test.txt 的內容，寫入新的內容。

```
f1 = open('/content/drive/MyDrive/Colab Notebooks/test.txt','w')
f1.write('good morning')      # 寫入 good morning
f1.close()
```

f.writelines(文字內容串列)

範例的程式碼執行後，會清空原本 test.txt 的內容，並以串列方式寫入內容，如果需要換行必須自行加入換行符號 \n。

```
f1 = open('/content/drive/MyDrive/Colab Notebooks/test.txt','w')
f1.writelines(['123\n','456\n','789\n'])    # 寫入三行內容
f1.close()
```

writeable()

範例的程式碼執行後，會顯示這個檔案是否能讀取，或是否能寫入，回傳 True 或 False。

```
f1 = open('/content/drive/MyDrive/Colab Notebooks/test.txt','w')
f2 = open('/content/drive/MyDrive/Colab Notebooks/test.txt','r')
print(f1.writeable())     # True    因為設定 w
print(f2.writeable())     # False   因為設定 r
f1.close()
f2.close()
```

tell()

範例的程式碼執行後，會回傳目前讀取檔案指針的位置 (檔案從頭算起的字元數)。

```
f1 = open('/content/drive/MyDrive/Colab Notebooks/test.txt','r')
a = f1.read(5)       # 讀取前五個字元，讀去完畢後指針位在 5
t = f1.tell()        # 讀取指針位置
print(a)             # hello
```

```
print(t)            # 5
f1.close()
```

seek(偏移量 , 起始位置)

範例的程式碼執行後，會將指針從開頭位置移動 5 個字元，然後再讀取 5 個字元 (起始位置預設 0 表示檔案開頭，1 為當前位置，2 為檔案結尾)。

```
f1 = open('/content/drive/MyDrive/Colab Notebooks/test.txt','r')    # 內容為 123456789
f1.seek(2,0)      # 將指針移動到 2 和 3 中間
a = f1.read(5)    # 讀取後方五個字元
print(a)          # 34567
f1.close()
```

close()

關閉檔案，並釋出記憶體。

使用 with

使用 with 可以讓開啟檔案，執行相關內容後自動關閉並釋出記憶體，使用的語法如下：

```
with open('demo/test.txt','w') as f1:
    f1.write('good morning')      # 寫入 good morning
    # 完成後如果沒有後續動作，就會自動關閉檔案
```

7-6 匯入模組 import

在 Python 裡，「模組」是一個存在於任意程式碼中的檔案，任何 Python 的程式碼也都可以當作模組使用，透過 import 陳述式，可以引用其他模組的程式碼，進一步使用其他模組的程式和變數，讓程式更精簡更好維護。

import

import 陳述式最簡單的用法就是「import 模組名稱」，模組名稱是不包含 .py 的名稱，舉例來說，下方的程式碼匯入 datetime 模組，就能使用裡面 datetime 和 date 的方法，顯示目前的時間與日期 (其他頁面有更多標準函式庫的介紹)。

```
import datetime
print(datetime.datetime.now())    # 2021-10-18 06:39:48.998396
print(datetime.date.today())      # 2021-10-18
```

此外，也可以使用「from 模組名稱 import 方法」，單純匯入模組中的某一段程式，舉例來說，下方的程式碼只匯入了 date 方法。

```
from datetime import date
print(date.today())      # 2021-10-18
```

as 替模組新增別名

如果匯入的模組名稱和原本程式碼裡使用的相同，就必須修改其中一個的名稱 (修改模組或自己的程式)，這時可以將模組使用「別名」的方式匯入，就不會更動到自己的程式，使用的方法為「import 模組 as 別名」，舉例來說，下方的程式碼將匯入 datetime 模組使用「as」賦予 datetime 一個別名 dd，使用時只要呼叫 dd，就等同呼叫 datetime。

```
import datetime as dd
print(dd.datetime.now())    # 2021-10-18 06:39:48.998396
print(dd.date.today())      # 2021-10-18
```

建立自己的模組

每一支 Python 程式都可以作為模組，所以可以將共用的程式打包變成模組，再透過其他程式引用，舉例來說，下方有兩支 Python 程式，透過 main.py 匯入 ok.py，執行 ok.py 裡的 talk 函式。

ok.py

```
def talk(msg):
  print(msg)
```

main.py

```
import ok
ok.talk('hi')    # hi
```

如果自己的程式裡有多個函式或變數，也可以透過「from 模組名稱 import 方法」單獨匯入，下方的程式只匯入了 count 函式和 name 變數。

ok.py

```
def talk(msg):
    print(msg)

def count(x, y):
    print(int(x)+int(y))

name = 'oxxo'
age = 18
```

main.py

```
from ok import count
from ok import name
count(1,2)       # 3
print(name)      # oxxo
```

模組的路徑

Python 匯入模組的路徑，支援「絕對路徑」和「相對路徑」兩種，主要的寫法如下：

絕對路徑：以「目前檔案所在的資料夾」為根目錄

```
import a
from a import b
```

舉例來說，將 ok.py 放在與 main.py 同層的 module 的 test 資料夾裡，匯入時就必須要加上路徑「module.test」。

```
from module.test import ok
ok.count(1,2)       # 3
print(ok.name)      # oxxo
```

相對路徑：相對於「目前檔案所在的資料夾」的路徑，使用「.」作為區隔。

> 使用相對路徑比較容易發生問題，常遇見的就是「attempted relative import with no known parent package」，原因出在執行時將執行的 .py 當作最底層，因此就發生找不到父元素（parent package）的狀況，參考 stackoverflow 的解法（解法 1、解法 2），執行採用輸入指令的方式，輸入 python -m 目錄 . 檔名，就可以正常執行。
>
> - 解法 1：https://stackoverflow.com/questions/65426515/how-to-resolve-attempted-relative-import-with-no-known-parent-package
> - 解法 2：https://stackoverflow.com/questions/68804207/relative-import-doesnt-work-importerror-attempted-relative-import-with-no-kn

```
from . import a      # 同一層目錄
from .. import a     # 上一層目錄
from ... import a    # 上上層目錄
from .a import b
```

小結

Python 常用的語法和技巧是 Python 開發者必須掌握的知識之一，透過這個章節的介紹，可以深入了解 Python 的進階語法，並學習如何使用這些技巧來寫出更加有效率、可靠和易於維護的程式。希望可以通過這個章節的學習，提高自己的 Python 技能水平，在實際應用中獲得更好的效果。

第 08 章

Python 函式操作

8-1、函式 function

8-2、匿名函式 lambda

8-3、遞迴 recursion

8-4、產生器 generator

8-5、裝飾器 decorator

8-6、閉包 (Closure)

前言

Python 的函式 (function) 是一個重要的概念，它使得代碼更加簡潔、可讀性更強、且易於維護。在這個章節將深入探討 Python 函式的各種操作，包括函式的定義、參數的設置、回傳值的處理、匿名函式的使用、遞迴、產生器、裝飾器以及閉包 ... 等，接著會透過操作函式來編寫高效、易於維護並可重複使用的程式碼，函式是 Python 程式語言的核心知識，也是成為一個優秀 Python 開發者所必須掌握的技能。

這個章節所有範例均可使用 Google Colab 實作，不用安裝任何軟體。

8-1 函式 function

當程式越來越複雜的時候，就必須將一些重複或有特別定義的程式，拆分成容易管理的小程式，這些小程式就稱為「函式」，函式是一種有名稱且獨立的程式片段，可以接收任何型態的參數，處理完成後也可以輸出任何型態的結果。

定義函式

在 Python 裡，使用「def」定義一個函式，函式的命名規則和變數相同 (只能以字母或底線開頭，內容只能使用字母、數字或底線)，下方程式碼是一個名為 hello 函式的基本架構：

> def 後方通常會放上函式名稱 (名稱不能和變數名稱重複)、輸入參數的小括號，後方再加上一個冒號，函式的程式採用「縮排」的方式表現

```
def hello():
    print('hello')
hello()     # 執行函式，印出 hello
```

注意，一定要「**先定義函式，再執行函式**」，不然執行時會發生錯誤，下方的程式將執行函式放在定義函式之前，執行時就會發生錯誤。

```
hello()
def hello():
    print('hello')    # 發生錯誤 name 'hello' is not defined
```

函式參數

函式可以加入「參數」，執行函式時給予這些參數指定的數值 (引數)，就能讓函式根據不同參數的內容，計算出不同的結果。下方的 hello 函式有一個 msg 參數，執行函式時如果給予的內容不同，就會呈現不同的結果。

```
def hello(msg):
    print(msg)

hello('hello')          # hello
hello('good morning') # good morning
```

一個函式可以放入「多個」參數，下方的 hello 函式具有 x 和 y 兩個參數，根據不同的參數數值進行計算，最後呈現不同數值的加總結果 (注意，執行函式時，會按照「順序」處理多個參數，例如函式參數順序如果是 (x,y)，執行時填入 (1,2)，x 就會是 1，y 就會是 2)。

```
def hello(x,y):
    z = x + y
    print(z)

hello(1,2)      # 3
hello(5,6)      # 11
```

參數預設值

函式的參數可以「指定預設值」，如果執行函式時沒有提供參數數值，參數就會自動帶入預設值執行，下方的程式設定參數 y 的預設值為 10，如果執行時沒有提供參數 y 數值，y 就會使用 10 帶入計算。

```
def hello(x,y=10):
    z = x + y
    print(z)

hello(1,2)      # 3
hello(5)        # 15
```

關鍵字引數

函式除了透過「順序」(位置) 指定參數外，也可以使用「關鍵字引數」(指定的名稱) 來設定特定的參數內容 (引數表示提供給參數的數值)。

下方的程式裡，hello 函式有 name 和 age 兩個參數，如果執行函式時提供的數值順序不同，產生的結果就會不同，如果額外使用關鍵字引數，就算提供的內容順序不同，仍然會是正確的結果。

```
def hello(name, age):
    msg = f'{name} is {age} years old'
    print(msg)

hello('oxxo',18)    # oxxo is 18 years old
hello(18,'oxxo')    # 18 is oxxo years old ( 因為 18 和 oxxo 對調，所以結果就會對調 )
hello(age=18,name='oxxo')    # oxxo is 18 years old ( 使用關鍵字引數，結果就會是正確
                               的 )
```

此外，在定義函式時也可以賦予關鍵字引數內容，執行後就算沒有提供該引數的數值，仍然會套用預設值，以下方的程式為例，如果不指定 start 和 end，就會預設使用 0 和 3。

```
def test(a, start=0, end=3):
    for i in a[start:end]:
        print(i)

b = [1,2,3,4,5]
test(b, start=2, end=len(b))  # 3 4 5
test(b)                # 1 2 3
```

函式回傳值

函式除了可以傳入參數，也可以使用「return」回傳程式運算後的結果，回傳的結果不限型態，可以是數字、字串、串列、tuple... 等，下方的程式碼，執行函式 a 之後，函式會計算並回傳 x + y*2 的結果，最後將結果賦值給變數 b 和 c。

```
def a(x, y):
    result = x + y*2
    return result

b = a(1,2)
c = a(2,3)
print(b)   # 5
print(c)   # 8
```

當函式執行的過程中遇到 return 時，就會「中止函式」並將結果回傳，以下方的程式為例，當 x=1 (每次 result 增加 1) 的時候，會觸發 result==5 的邏輯判斷，就會中止函式 (函式內的 while 迴圈也就跟著停止)，並回傳 5 的結果，當 x=2 (每次 result 增加 2) 的時候，不會處發 result==5 的邏輯判斷，就會執行完 while 迴圈，最後回傳 10 的結果。

```
def a(x):
    result = 0
    while result < 10:
        result = result + x
        if result==5:
            return result
    return result

b = a(1)
c = a(2)
print(b)    # 5
print(c)    # 10
```

函式也可以回傳多個結果，如果回傳多個結果，可以賦值給「同樣數量」的變數 (不同數量會發生錯誤)。

```
def test(x, y, z):
    return x+1, y+1, z+1

a, b, c = test(1, 2, 3)    # 賦值給「同樣數量」的變數
print(a)    # 2
print(b)    # 3
print(c)    # 4
```

函式回傳的多個結果也可以只賦值給一個變數，這時就會將多個結果變成一個 tuple。

```
def test(x, y, z):
    return x+1, y+1, z+1

a = test(1, 2, 3)
print(a)    # (2, 3, 4)
```

函式內的函式

在一個函式裡也可以放入另外的函式，形成函式內的函式 (某些情況下會成為「閉包」)，但函式內的函式只能在函式裡使用，下方的程式碼，在 hello 函式裡，建立了 h1 和 h2 的內部函式，根據不同的參數執行不同的函式，如果在外部執行內部函式，就會發生錯誤。

```
def hello(n, msg):
    def h1():         # 內部函式
        return msg
    def h2():         # 內部函式
        return msg*2
    if n == 1:
        print(h1())
    if n == 2:
        print(h2())
hello(1, 'ok')    # ok
hello(2, 'ok')    # okok
print(h2())       # 發生錯誤 name 'h2' is not defined
```

函式內的變數

如果放在函式裡的變數，沒有經過 global 的宣告，就會成為「區域變數」(參考 3-1 變數)。

```
a = 123           # 全域變數 a
b = 123           # 全域變數 b
def hello(msg):
    a = msg       # 區域變數 a，更動區域變數不影響全域變數
    print(a)
    global b      # 宣告變數 b 是使用全域變數 b，更動變等同更動全域變數
    b = msg
hello(456)        # 456
print(a)          # 123
print(b)          # 456 被更改為 456
```

如果函式裡又有其他函式，需要使用區域變數，可以將變數宣告為 nonlocal 的自由變數，就能自由地在函式裡使用，下方的程式碼有宣告 a 為

自由變數，所以執行後會正常運作，但因為 b 沒有宣告為自由變數，所以使用時就會發生錯誤。

```
def hello(msg):
    a = 123
    b = 123
    def h1():
        nonlocal a     # 宣告 a 為自由變數
        a = a + msg
        print(a)
    def h2():
        b = b + msg
        print(b)
    h1()             # 579
    h2()             # 發生錯誤  local variable 'b' referenced before assignment
hello(456)
```

*args、**kwargs 運算子

如果把函式的參數設定帶有 args (一個星號 *) 運算子的參數，則傳入的所有參數，都會被組合成 tuple 的型態，下方的函式使用了「*args」的參數，執行函式時不論給予多少引數，最後都會組合成 tuple。

> args 和 kwargs 的英文名稱只是「變數名稱」，可以自由更換，重點在於前方的一個星號與兩個星號。

```
def test(*args):
    print(args)

test(1,2,3,'a','b','c')

# (1,2,3,'a','b','c')
```

如果把函式的參數設定帶有 kwargs (兩個星號 **) 運算子的參數，則傳入的所有「帶有關鍵字引數」的參數，都會被組合成字典的型態，下方的函式使用了「**kwargs」的參數，執行函式時不論給予多少引數，最後都會

組合成字典。

```
def test(**kwargs):
    print(kwargs)

test(name='oxxo',age=18,like='book')

 # {'name': 'oxxo', 'age': 18, 'like': 'book'}
```

如果 *args、**kwargs 同時出現，則會根據輸入的內容，分別套用 *args 或 *kwargs，下方的 a 函式在執行時，傳入不同的參數，最後呈現的結果就會按照參數型態的不同而有所區隔。

```
def a(*args, **kwargs):
    print(args)
    print(kwargs)

a([123, 456], x=1, y=2, z=3)

# ([123, 456],)
# {'x': 1, 'y': 2, 'z': 3}
```

同理，如果將一個星號套用在 print() 裡 (print() 算是一個內建函式)，就會將可迭代的物件打散後印出。

```
a = [1,2,3,4,5]
b = (1,2,3,4,5)
c = {'x':1,'y':2,'z':3}
d = {'x','y','z'}

print(*a)    # 1 2 3 4 5
print(*b)    # 1 2 3 4 5
print(*c)    # x y z
print(*d)    # x y z
```

使用 pass

如果想定義一個什麼事都不做的空函式，可以使用 pass 語句：

```
def test():
    pass
```

pass 除了可以應用在函式，也可以使用在判斷式裡，作為一個佔位符使用 (不會執行任何事情，但必須出現的程式碼)。

```
a = int(input('>'))
if a>10:
    pass        # 如果輸入的數字大於 10，不做任何事情
else:
    print(a)
```

8-2 匿名函式 lambda

lambda 函式是「只有一行」的函式，可以用來處理一些小型函式，如此一來就可以不用為了一小段程式碼，額外新增一個有名稱的函式，這個小節將會介紹 Python 的匿名函式。

匿名函式的特性

lambda 匿名函式具有下列幾種特性：

- 匿名函式不需要定義名稱，一般函式需定義名稱。
- 匿名函式只能有一行運算式，一般函式可以有多行運算式。
- 匿名函式執行完成後自動回傳結果，一般函式加上 return 關鍵字才能回傳結果。
- 使用匿名函式 lambda
- lambda 函式的使用方法為「lambda 名稱 : 內容」，下方的程式裡，lambda 函式執行的結果等同於 hello 函式。

```
def hello(title):
    print(title)

hello('oxxo')        # oxxo
(lambda title: print(title))('oxxo')    # oxxo
```

使用多個參數

lambda 函式可以支援參數，使用時「不需要用小括號」包住參數，如果有多個參數時，使用「逗號」分隔每個參數，此外，如果函式裡會有回傳值，在 lambda 函式裡不需要撰寫 return 語法，計算完畢就會將值回傳。

下方的程式裡，lambda 函式執行的結果等同於 hello 函式，會計算出 x+y 的數值。

```
def hello(x, y):
    return x+y

a = hello(1,2)
b = (lambda x, y: x+y)(1,2)
print(a)     # 3
print(b)     # 3
```

lambda 函式可以給予一個變數作為名稱 (function name)，使用時就像是呼叫函式的用法，但仍然要注意 lambda 函式只能撰寫「一行程式」，所以只適用於比較小型的程式。

下方的程式裡，lambda 函式 b 執行的結果等同於 a 函式，會計算出 x+y 的數值。

```
def a(x, y):
    return x+y
b = lambda x, y: x+y
print(a(1,2))    # 3
print(b(1,2))    # 3
```

搭配 for 迴圈

下方的程式將 lambda 函式 y 與 for 迴圈搭配 (參考 for 迴圈)，效果等同於 x 函式。

```
def x(n):
    a = list(range(n))
```

```
    return a
y = lambda n: [i for i in range(n)]    # 計算後回傳串列結果
print(x(5))     # [0, 1, 2, 3, 4]
print(y(5))     # [0, 1, 2, 3, 4]
```

搭配 if 判斷式

下方的程式將 lambda 函式 y 與 if 判斷式搭配 (參考 邏輯判斷 (if、elif、else))，效果等同於 x 函式。

```
def y(n):
    if n<10:
        return True
    else:
        return False
x = lambda n: True if n<10 else False    # 判斷是否小於 10，回傳 True 或 False
print(x(5))    # True
print(y(5))    # True
```

搭配 map 方法

下方的程式將 lambda 函式 map 方法搭配，產生一個新的 b 串列，b 串列的項目是 a 串列項目的平方。(參考：map)

```
a = [1,2,3,4,5,6,7,8,9]
b = map(lambda x: x*x, a)
print(list(b))    # [1, 4, 9, 16, 25, 36, 49, 64, 81]
```

搭配 filter 方法

下方的程式將 lambda 函式 filter 方法搭配，filter 方法會將 True 的項目留下，所以新串列的項目都會是大於 5 的數字。(參考：filter)

```
a = [1,2,3,4,5,6,7,8,9]
b = filter(lambda x: x>5, a)
print(list(b))    # [6, 7, 8, 9]
```

搭配 sorted 方法

下方的程式將 lambda 函式 sorted 方法搭配，當 sorted 方法設定 key 參數時，會根據 key 進行排序，所以會根據陣列中第二個項目的大小進行排序。(參考：sorted)

```
a = [[1,2],[4,3],[5,1],[9,2],[3,7]]
b = sorted(a, key = lambda x: x[1])
print(list(b))     # [[5, 1], [1, 2], [9, 2], [4, 3], [3, 7]]
```

8-3 遞迴 recursion

在寫程式時，有時會遇到無法單純使用迴圈解決的問題，這時候就會需要使用函式的「遞迴」功能，透過遞迴的方式，就能處理每次重複需要改變的參數或輸出結果，這個小節將會介紹 Python 函式裡的遞迴。

什麼是遞迴？

當「一個函式會在執行當中，不斷地自己呼叫自己」，這個函式便具有「遞迴」的特性，遞迴的本質很像迴圈，但卻可以處理許多迴圈不容易處理的參數或回傳值，要撰寫一個有遞迴特性的函式，需要滿足下列兩個特徵：

- 函式會自己呼叫自己。
- 具備函式停止條件 (避免無窮盡的呼叫自己)。

下方的程式碼表現了一個最基本的遞迴函式：

```
def a(n):                   # 建立函式 a，帶有參數 n
    if n == 0 or n == 1:    # 如果 n 等於 0 或 1
        return 1            # 回傳結果 1
    else:
        return n + a(n-1)   # 使用遞迴

print(a(3))                 # 執行結果為 6 ( 3+2+1 )
```

下圖表現上述遞迴程式碼的執行的順序：

a(0) → 1

a(1) → 1

a(2) → 2 + a(1) → 2 + 1 = 3

a(3) → 3 + a(2) → 3 + 3 = 6

使用遞迴函式的注意事項

遞迴雖然很方便，但在使用上仍有下列幾點需要注意：

- 遞迴雖然有時可以減少複雜度，但相對會使用更多的記憶體。
- Python 將遞迴呼叫次數限制設定為 3000 次，超過就會發生錯誤，被強制停止。

使用遞迴 vs 使用迭代操作

	遞迴	迭代操作（迴圈）
程式碼長度	精簡	冗長
可能需要的區域變數	少	多
是否需要額外的 Stack 支持	需要	不需要
佔用的儲存空間	少	多
程式執行時間	長（較無效率）	短（不用額外處理 push/pop）

n 階層

數字 n 階層 (n!) 的定義為：(n) x (n-1) x (n-2)....x2 x1，可以使用下方遞迴方式處理：

```
def a(n):                        # 建立函式 a，帶有參數 n
    if n == 0 or n == 1:         # 如果 n 等於 0 或 1
        return 1                 # 回傳結果 1
    else:
        return n * a(n-1)        # 使用遞迴
print(a(4))                      # 執行結果為 24 ( 4x3x2x1 )
```

下圖為遞迴程式碼的執行的順序：

a(0) → 1

a(1) → 1

a(2) → 2 x a(1) → 2 x 1 = 2

a(3) → 3 x a(2) → 3 x 2 = 6

a(4) → 4 x a(3) → 4 x 6 = 24

費波那契數列

下方的程式碼，使用遞迴的方式來建立費波那契數列。

```
def fib(n):                              # 建立函式 fib，帶有參數 n
    if n > 1:                            # 如果 n 大於 1
        return fib(n-1) + fib(n-2)       # 使用遞迴
    return n
for i in range(20):                      # 產生 20 個數字
    print(fib(i), end = ',')             # 0,1,1,2,3,5,8,13,21,34,55,89,144,233,377,
                                           610,987,1597,2584,4181
```

下圖為遞迴程式碼的執行的順序：

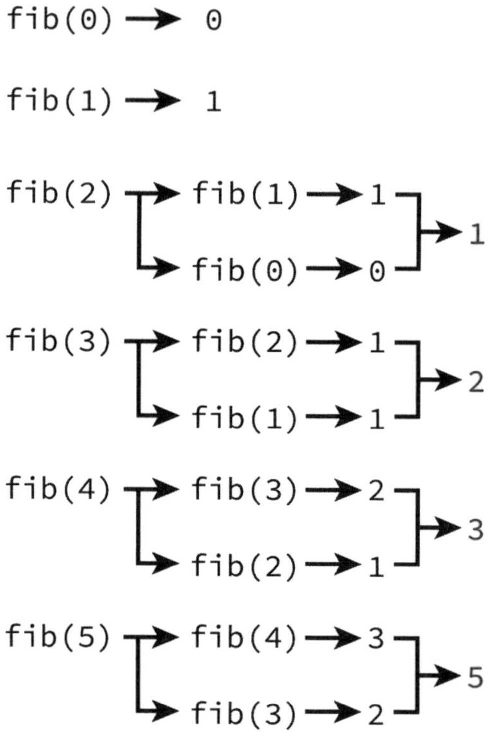

```
fib(0) → 0

fib(1) → 1

fib(2) → fib(1) → 1
       → fib(0) → 0   → 1

fib(3) → fib(2) → 1
       → fib(1) → 1   → 2

fib(4) → fib(3) → 2
       → fib(2) → 1   → 3

fib(5) → fib(4) → 3
       → fib(3) → 2   → 5
```

最大公因數

下方的程式碼，使用遞迴的方式，搭配「輾轉相除法」來找出兩個數字的最大公因數。

```
def f(a, b):                # 建立函式 f，帶有參數 a 和 b
    if a%b == 0:            # 如果相除餘數為 0，回傳結果
        return b
    else:                   # 如果相除不為 0，表示還沒找到最大公因數
        return f(b, a%b)    # 使用遞迴，參數 a 使用 b，b 使用 a 除以 b 的餘數
print(f(456, 48))           # 得到結果 24
```

下圖為遞迴程式碼的執行的順序：

f(456, 96) → 456%96=72

f(96, 72) → 96%72=24

f(72, 24) → 72%24=0 → 24

8-4 產生器 generator

當 Python 的程式需要迭代內容非常大的串列時，往往會消耗不少電腦的記憶體，這時如果改用「產生器」的方式，就能產生更好的效能，這個小節將會介紹 Python 的產生器 (generator)。

什麼是產生器 generator ？

產生器是一個 Python 序列製作物件，可以用它來迭代一個可能很大的序列，在迭代的過程中所產生的值都是動態的，不需要將整個序列儲存在記憶體中。

產生器的特性

- 產生器是記錄「產生值的方法」，而不是記錄值。
- 使用產生器中「產生的值只能取用一次」，無法重新啟動或重新取得 (因為不會紀錄)。

產生器表示式

在「6-8、生成式」裡有介紹過串列的生成式，而產生器表示式跟生成式的格式很像，差別在於將中括號「[]」改成小括號「()」，執行後可以看到產生器會回傳一個產生器物件 object，而不是串列。

```
a = [i for i in range(10)]   # 串列生成式
```

```
b = (i for i in range(10))  # 產生器表示式
print(a)   # [0, 1, 2, 3, 4, 5, 6, 7, 8, 9]
print(b)   # <generator object <genexpr> at 0x7fbb6facba50>
```

和串列相同，也可以使用類似 for 迴圈的方式取出產生器的值，但所有的值都只能取出一次，以下方的程式為例，如果是串列生成式，因為記憶體中保留了整份串列，所以再次取值時還是能得到數值，如果是使用產生器表示式，再次取值時，就完全取不到值。

```
a = [i**2 for i in range(10)]
for i in a:
    print(i, end=' ')    # 0 1 4 9 16 25 36 49 64 81
for i in a:
    print(i, end=' ')    # 0 1 4 9 16 25 36 49 64 81
print()
b = (i**2 for i in range(10))
for i in b:
    print(i, end=' ')    # 0 1 4 9 16 25 36 49 64 81
for i in b:
    print(i, end=' ')    # 取不到值
```

此外，也可使用「next」的方法依序取值，但如果最後取不到值就會發生錯誤。

```
a = (i**2 for i in range(10))  # 串列生成式
print(next(a))  # 0
print(next(a))  # 1
print(next(a))  # 4
print(next(a))  # 9
print(next(a))  # 16
print(next(a))  # 25
print(next(a))  # 36
print(next(a))  # 49
print(next(a))  # 64
print(next(a))  # 81
print(next(a))  # 發生錯誤，因為取不到值
```

yield 陳述式

如果一個函式裡，包含 yield 陳述式，那麼這個函式就會變成一個產生器 (generator 函式)，舉例來說，下方的程式是一個基本的函式，執行後會依序印出對應的數字。

```
def f(max):
    n = 0
    a = 2
    while n<max:
        print(a)
        a = a ** 2
        n = n + 1
f(5)
```

```
def f(max):
    n = 0
    a = 2
    while n<max:
        print(a)
        a = a ** 2
        n = n + 1

f(5)

2
4
16
256
65536
```

如果將 print 的部分換成 yield，印出結果就會看見已經變成 generator。

```
def f(max):
    n = 0
    a = 2
    while n<max:
        yield(a)      # 換成 yield
        a = a ** 2
        n = n + 1
f(5)
```

```
def f(max):
  n = 0
  a = 2
  while n<max:
    yield(a)
    a = a ** 2
    n = n + 1

f(5)
```

```
<generator object f at 0x7fbb6fa61d50>
```

generator 函式和普通函式的執行流程不同。普通函式是順序執行，遇到 return 語句就會返回。而 generator 函式會在每次調用 next() 的時候執行，遇到 yield 語句返回，再次執行時從上次返回的 yield 語句處繼續執行。

舉例來說，下方程式碼是一個普通函式，呼叫函式執行後，會一次印出 1、2、3。

```
def f():
    print(1)
    print(2)
    print(3)
f()    # 一次印出 1、2、3
```

如果使用 yield 將其變成產生式，就需要使用 next 或是迴圈方式調用，每次呼叫時才會逐步印出 1、2、3。

```
def f():
    yield(1)       # 使用 yield
    yield(2)
    yield(3)
g = f()            # 賦值給變數 g
print(next(g))     # 1
print(next(g))     # 2
print(next(g))     # 3
```

為什麼上方的程式碼要使用「g = f()」呢？因為調用 generator 函式會建立一個 generator 物件，多次調用 generator 函式會創建多個「相互獨立」

的 generator，如果將程式碼改成下面的模樣，因為 generator 函式互相獨立，結果就只會印出 1。

```
def f():
    yield(1)
    yield(2)
    yield(3)
print(next(f()))    # 1
print(next(f()))    # 1
print(next(f()))    # 1
```

下方的程式碼，使用 for 迴圈依序取出 generator 函式所運算的數值，並將數值分別放入兩個串列當中。

```
def f(max):
    n = 0
    while n<max:
        yield(n)
        n = n + 1
g = f(10)
a = []
b = []
for i in range(5):
    a.append(next(g))
for i in range(5):
    b.append(next(g))
print(a)     # [0, 1, 2, 3, 4]
print(b)     # [5, 6, 7, 8, 9]
```

使用產生器找質數

如果要快速找出一群數字裡的質數，可以使用「埃拉托斯特尼篩法」來尋找，埃拉托斯特尼篩法的原理就是「依序將找到的質數的倍數剔除」，因此每次找到質數之後，要尋找的數字就會變少，所以可以快速找出質數。

根據這個法則，可以簡單撰寫出下方的程式碼，在尚未使用 generator 函式的時候，必須要一個一個依序撰寫，在數字量大的時候相當沒有效率。

```
a = range(2,100)                               # 產生 2～100 的串列
print(*a)
b = [i for i in a if i==a[0] or i%a[0]>0]      # 找出第一個質數，並將串列裡該質數的倍數剔除
print(*b)
c = [i for i in b if i==b[1] or i%b[1]>0]      # 找出第二個質數，並將串列裡該質數的倍數剔除
print(*c)
d = [i for i in c if i==c[2] or i%c[2]>0]      # 找出第三個質數，並將串列裡該質數的倍數剔除
print(*d)
```

```
a = range(2,100)
print(*a)
b = [i for i in a if i==a[0] or i%a[0]>0]
print(*b)
c = [i for i in b if i==b[1] or i%b[1]>0]
print(*c)
d = [i for i in c if i==c[2] or i%c[2]>0]
print(*d)

2 3 4 5 6 7 8 9 10 11 12 13 14 15 16 17 18 19 20 21 22 23 24 25 26 27 28 29 30 31 32 …
2 3 5 7 9 11 13 15 17 19 21 23 25 27 29 31 33 35 37 39 41 43 45 47 49 51 53 55 57 59 …
2 3 5 7 11 13 17 19 23 25 29 31 35 37 41 43 47 49 53 55 59 61 65 67 71 73 77 79 83 85 …
2 3 5 7 11 13 17 19 23 29 31 37 41 43 47 49 53 59 61 67 71 73 77 79 83 89 91 97
```

如果改成 generator 函式，就可以比較輕鬆的找出全部的質數。

```
def gg(max):                       # 定義一個 gg 函式
    s = set()                      # 設定一個空集合
    for n in range(2,max):         # 從 range(2, max) 當中開始依序找質數
        if all(n%i>0 for i in s):  # 判斷如果 i 已經存在於集合，且除以集合中的值會有餘
                                     數 ( 整除表示非質數 )
            s.add(n)               # 將該數字加入集合 ( 表示質數 )
            yield n                # 使用 yield 記錄狀態
print(*gg(100))                    # 印出結果
```

```
def gg(max):
  s = set()
  for n in range(2,max):
    if all(n%i>0 for i in s):
      s.add(n)
      yield n
print(*gg(100))

2 3 5 7 11 13 17 19 23 29 31 37 41 43 47 53 59 61 67 71 73 79 83 89 97
```

8-5 裝飾器 decorator

Python 的裝飾器 (decorator) 是一個可以讓程式碼達到精簡又漂亮的寫法，用起來不但輕鬆簡單，又可以提升程式碼的可讀性，個小節將會介紹 Python 的裝飾器。

什麼是裝飾器 decorator ?

裝飾器 decorator 是 Python 的一種程式設計模式，裝飾器本質上是一個 Python 函式或類 (class)，它可以讓其他函式或類，在不需要做任何代碼修改的前提下增加額外功能，裝飾器的返回值也是一個函式或類對象，有了裝飾器，就可以抽離與函式功能本身無關的程式碼，放到裝飾器中並繼續重複使用。

> 在 Python 中，使用「@」當做裝飾器使用的語法糖符號 (語法糖指的是將複雜的程式碼包裝起來的糖衣，也就是簡化寫法)。

製作第一個裝飾器

下方的程式碼，定義了一個裝飾器函式 a 和一個被裝飾的函式 b，當 b 函式執行後，會看見 a 運算後的結果，套用在 b 函式上。

簡單來說，當某個函式加上裝飾器後，執行該函式之前會先執行「裝飾」的內容，就如同要從家裡出門，必須先裝飾身體 (化妝、衣服、褲子、鞋子 ... 等)，完成後就執行出門的動作。

```
def a(func):
    print('makeup...')
    return func

def b():
    print('go!!!!')
```

```
b = a(b)
b()

# makeup...
# go!!!!
```

在 Python 裡，函式 function 可以當成參數傳遞並執行，所以上面的程式碼將 b 傳入 a 作為參數，所以執行 b 時效果等同於執行 a 裡的 func，執行流程如下圖所示。

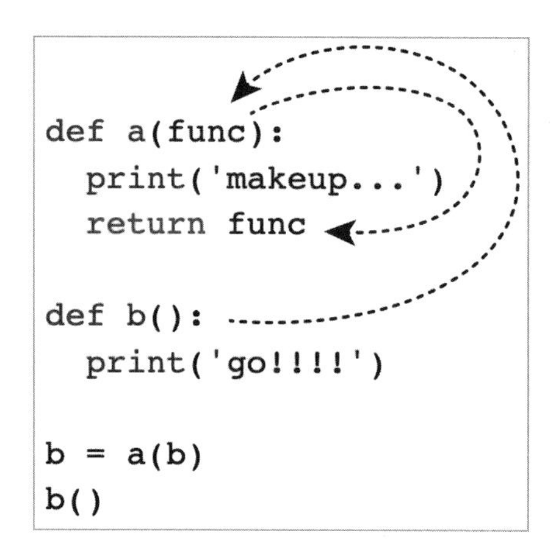

接著使用語法糖「@」包裝，就能達到簡化的效果。

```
def a(func):
    print('makeup...')
    return func

# 裝飾器寫在 b 的前面，表示裝飾 b
@a
def b():
    print('go!!!!')

b()
# makeup...
# go!!!!
```

多個裝飾器

如果有多個裝飾器，執行的順序將會「由下而上」觸發 (函式一層層往上)，下方的程式碼，會先裝飾 a3，接著裝飾 a2，最後裝飾 a1。

```
def a1(func):
    print('1')
    return func

def a2(func):
    print('2')
    return func

def a3(func):
    print('3')
    return func

@a1
@a2
@a3
def b():
    print('go!!!!')

b()
# 3
# 2
# 1
# go!!!!
```

單一參數處理

如果裝飾器遇到帶有參數的函式，同樣能將參數一併帶入處理，實作的方式如下方程式碼，在裝飾器函式 a 裡，新增一個函式內的函式 c，並透過函式 c 來獲取被裝飾函式 b 的參數 msg。

```
def a(func):
    def c(m):                 # 新增一個內部函式，待有一個參數
        print('makeup...')
        return func(m)        # 回傳 func(m)
    return c
```

```
@a
def b(msg):
    print(msg)

b('go!!!!')
# makeup...
# go!!!!
```

```
def a(func):
  def c(m):
    print('makeup...')
    return func(m)
  return c
@a
def b(msg):
    print(msg)

b('go!!!!')
```

多個參數處理

如果遇到被裝飾的函式有多個參數，可以使用 *args 和 **kwargs 運算子來取得所有的參數，下方的例子，b 函式傳入的參數有串列以及帶有關鍵字引數的參數，就能將這些參數傳遞給裝飾器函式 a。

```
def a(func):
    def c(*args, **kwargs):
        print(args)
        print(kwargs)
        print('ok...')
        return func(*args, **kwargs)
    return c

@a
def b(*args, **kwargs):
```

```
    print('go!!!!')

b([123, 456], x=1, y=2, z=3)

# ([123, 456],)
# {'x': 1, 'y': 2, 'z': 3}
# ok...
# go!!!!
```

8-6 閉包 (Closure)

這個小節會介紹 Python 裡的「閉包 Closure」，進一步理解作用域 (scope) 和自由變數的概念。

什麼是閉包 closure ？

閉包，從字面的意思翻譯就是一個「封閉的包裹」，在包裹外的人，無法拿到包裹裡的東西，如果你在包裹裡，就能盡情取用包裹內的東西，閉包可以保存在函式作用範圍內的狀態，不會受到其他函式的影響，且無法從其他函式取得閉包內的資料，也可避免建立許多全域變數互相干擾。

閉包的定義：

- A 函式中定義了 B 函式。
- B 函式使用了 A 函式的變數。
- A 函式回傳了 B 函式。

下方的程式碼，就是一個簡單閉包的例子。

```
def a(msg):
    i = '!!!'           # ------------------------- 閉包開始
    def b():            # A 函式內定義了 B 函式
        print(msg + i) # B 函式使用了 A 函式的變數
    return b            # 將 B 函式當作回傳值 ------- 閉包結束
s = a('hello')
s()                     # hello
```

什麼是作用域 scope ？

作用域 Scope 指的是變數、常數、函式或其他定義語句可以「被存取得到」的範圍，Python 總共定義了四種作用域，從內而外分別是 Local (區域)、Enclosing (閉包外函式)、Global (全域) 和 Built-in (內置預設)，內部的作用域無法影響到外部作用域。

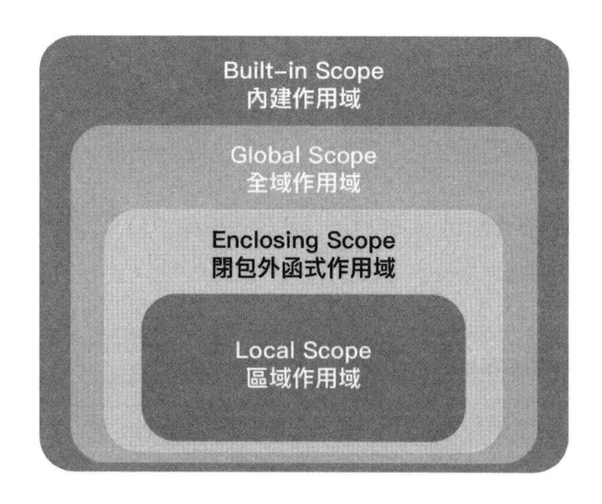

閉包的範例應用

下方的程式碼，會建立一個 avg 函式的閉包，執行後雖然 test() 執行了三次，但因為每次執行時保留下一個作用域的繫結關係，所以會不斷將傳入的數值進行計算，最後就會得到 11 的結果。

```
def count():                        # 建立一個 count 函式
    a = []                          # 函式內有區域變數 a 是串列
    def avg(val):                   # 建立內置函式 avg ( 閉包 )
        a.append(val)               # 將參數數值加入變數 a
        print(a)                    # 印出 a
        return sum(a)/len(a)        # 回傳 a 串列所有數值的平均
    return avg                      # 回傳 avg

test = count()
test(10)       # 將 10 存入 a
test(11)       # 將 11 存入 a
test(12)       # 印出 11
```

```
[10]
[10, 11]
[10, 11, 12]
11.0
```

自由變數 nonlocal

不過如果將上方的例子，改成變數的做法，可能就會發生錯誤，因為在 cal 函式裡的變數 a 後方使用了「等號」，意義等同於變數的「賦值」，換句話說是新建了一個區域變數 a，就造成了名稱空間裡名稱重疊的問題。

```
def count():              # 建立一個 count 函式
    a = 1                 # 新增變數 a 等於 1
    def cal(val):         # 建立內置函式 cal ( 閉包 )
        a = a + val       # 設定變數 a 等於 a + val
        return a          # 回傳 a
    return cal            # 回傳 cal

test = count()
test(10)
test(11)
test(12)
```

```
def count():
  a = 1
  def cal(val):
    a = a + val
    return a
  return cal

test = count()
test(10)
test(11)
test(12)
```

```
---------------------------------------------------------------------------
UnboundLocalError                         Traceback (most recent call last)
<ipython-input-14-382b414e583f> in <module>()
      7
      8 test = count()
----> 9 test(10)
     10 test(11)
     11 test(12)

<ipython-input-14-382b414e583f> in cal(val)
      2   a = 1
      3   def cal(val):
----> 4     a = a + val
      5     return a
      6   return cal

UnboundLocalError: local variable 'a' referenced before assignment
```

如果必須這麼做，可以使用 nonlocal 的方式，宣告這個變數是「自由變數」(不是這個區域裡的變數)，就能正常使用這個變數。

```
def count():
    a = 1
    def cal(val):
        nonlocal a     # 宣告 a 為自由變數
        a = a + val
        return a
    return cal

test = count()
test(10)
test(11)
test(12)    # 34 ( 1 + 10 + 11 + 12 )
```

小結

在這個章節中，學習了 Python 函式的各種操作，包括函式的定義、參數的設置、回傳值的處理、匿名函式的使用、遞迴、產生器、裝飾器以及閉包，透過這些操作，可以更加靈活地設計和開發 Python 程式，提高程式碼的可讀性和可維護性，並且可以加速程式碼的執行效率。

Python 常用標準函式庫

9-1、隨機數 random

9-2、數學 math

9-3、數學統計函式 statistics

9-4、日期和時間 datetime

9-5、時間處理 time

9-6、日曆 calendar

9-7、CSV 檔案操作

9-8、JSON 檔案操作

9-9、使用正規表達式 re

9-10、檔案操作 os

9-11、查找匹配檔案 glob

9-12、壓縮檔案 zipfile

9-13、高階檔案操作 shutil

9-14、高效迭代器 itertools

9-15、容器資料型態 collections

9-16、threading 多執行緒處理

9-17、concurrent.futures 平行任務處理

Python 是一個功能豐富的程式語言，其中最大的優勢之一就是它的標準函式庫。Python 標準函式庫包含許多有用的模組，可以讓開發人員快速且輕鬆地執行各種任務，而且不需要額外安裝第三方模組。

這個章節將介紹 Python 常用的標準函式庫，包括隨機數生成、數學運算、日期和時間處理、檔案操作、迭代器、容器資料型態等等。透過這個章節的學習，可以更深入地了解 Python 標準函式庫的使用方式及其強大的功能。

- 這個章節所有範例均使用 Google Colab 實作，不用安裝任何軟體。
- 本章節部分範例程式碼：
  https://github.com/oxxostudio/book-code/tree/master/python/ch09

9-1 隨機數 random

Python 的標準函式「random」提供了產生隨機數的方法，不論是隨機整數、隨機浮點數，或要從串列中隨機取值，都能透過 random 標準函式來實現。

random 常用方法

下方列出幾種 random 常用的方法：

方法	參數	說明
seed()	x	設定隨機數的種子。
random()		產生一個 0.0 ～ 1.0 之間的隨機浮點數。
uniform()	x, y	產生一個 x ～ y 之間的隨機浮點數。
randint()	x, y	產生一個 x ～ y 之間的隨機整數。
randrange()	x, y, step	產生一個間隔為 step，x ～ y 之間的隨機整數。
choice()	seq	從字串、串列或 tuple 中，隨機取出一個項目。
choices()	seq, k	從字串、串列或 tuple 中，隨機取出 k 個項目 (可能重複)。
sample()	seq, k	從字串、串列或 tuple 中，隨機取出 k 個項目 (不會重複)。
shuffle()	seq	將原本的串列順序打亂。

import random

要使用 random 必須先 import random 模組，或使用 from 的方式，單獨 import 特定的類型。

```
import random
from random import sample
```

seed(x)

Python random 模組所產生的隨機數並不是真正的「隨機」，而是演算法根據「種子 seed」產生的一組數字，預設這個 seed 以電腦系統的時間為主，因此如果種子相同，就會產生相同的隨機數，以下方的程式為例，種子如果都是 1，產生的隨機數就一模一樣。

```
import random
random.seed(1)
print(random.random())    # 0.13436424411240122
random.seed(1)
print(random.random())    # 0.13436424411240122
random.seed(1)
print(random.random())    # 0.13436424411240122
```

random()

random.random() 使用後會產生一個 0.0 ～ 1.0 之間的隨機浮點數。

```
import random
print(random.random())    # 0.6958328667684435
```

uniform(x, y)

random.uniform(x, y) 使用後會產生一個 x ～ y 之間的隨機浮點數。

```
import random
print(random.uniform(3,5))    # 3.691400829417505
```

randint(x, y)

random.randint(x, y) 使用後會產生一個 x ～ y 之間的隨機整數。

```
import random
print(random.randint(2,10))     # 7
```

randrange(x, y, step)

random.randrange(x, y, step) 使用後會產生一個 x～y 之間的隨機整數，step 預設為 1，表示要間隔多少數字，例如下方的程式將 step 設定為 2，取出的隨機數就都會是偶數。

```
import random
print(random.randrange(2,10,2))    # 6
```

random.randrange 也可以只設定一個數字，表示 0 ～這個數字之間的隨機整數。

```
import random
print(random.randrange(10))     # 9
```

choice(seq)

random.choice(seq) 可以從一個字串、串列或 tuple 中 (有順序的物件)，隨機取出一個項目。

```
import random
print(random.choice([1,2,3,4,5]))  # 2  串列
print(random.choice((1,2,3,4,5)))  # 5  tuple
print(random.choice('12345'))      # 1  字串
```

choices(seq, k)

random.choices(seq, k) 可以從一個字串、串列或 tuple 中 (有順序的物件)，隨機取出 k 個項目，取出的項目可能會重複，並將這 k 個項目組成一個新的串列。

```
import random
print(random.choices([1,2,3,4,5],k=2))  # [2, 1]
print(random.choices((1,2,3,4,5),k=3))  # [3, 1, 1]
print(random.choices('12345',k=4))      # ['2', '5', '4', '4']
```

sample(seq, k)

random.sample(seq, k) 可以從一個字串、串列或 tuple 中 (有順序的物件)，隨機取出 k 個項目，每個項目不會重複，並將這 k 個項目組成一個新的串列，k 一定要填入數字，且不能大於物件的長度 (例如串列的長度是 4，k 就不能大於 4)。

```
import random
print(random.sample([1,2,3,4,5], k=4))    # [2, 5, 3, 4]
print(random.sample((1,2,3,4,5), k=4))    # [2, 1, 5, 4]
print(random.sample('12345', k=4))        # ['2', '5', '3', '1']
```

shuffle(list)

random.shuffle(seq) 使用後，會將原本的「串列」順序打亂 (不支援 tuple，因為 tuple 不能被修改)。

```
a = [1,2,3,4,5]
print(a)            # [1,2,3,4,5]
random.shuffle(a)
print(a)            # [3, 2, 5, 4, 1]
```

9-2 數學 math

Python 的標準函式「math」提供了許多常用的數學函式，例如三角函數、四捨五入、指數、對數、平方根、總和 ... 等，都能夠透過 math 標準函式來進行運算。

math 常用方法

下方列出幾種 math 模組常用的方法：

方法	參數	說明
pi、math.e		圓周率與指數 (數學常數)。
ceil()	x	無條件進位到整數。
floor()	x	無條件捨去到整數。
copysign()	x, y	根據 y 的正負符號，改變 x 絕對值後的正負值。
fabs()	x	回傳 x 的絕對值 (浮點數)。
fmod()	x, y	回傳 x 除以 y 的餘數 (浮點數)。
fsum()	iter	回傳可迭代數值的加總 (浮點數)。

方法	參數	說明
gcd()	x, y	回傳 x 和 y 的最大公約數。
pow()	x, y	回傳 x 的 y 次方。
sqrt()	x	回傳 x 的平方根。
factorial()	x	回傳 x 的階乘 (x!，僅限正整數)。
degrees()、math.radians()	x	將角度轉為弧度，或將弧度轉為角度。
sin()、math.cos()、math.tan()	x	回傳 x 弧度的正弦值、餘弦值、正切值。
asin()、math.acos()、math.atan()	x	回傳 x 弧度的反正弦值、反餘弦值、反正切值。
exp()	x	回傳 e 常數的 x 次方。
log()、math.log1p()、math.log2()、math.log10()	x	回傳自然對數。
isclose()	x, y, *, rel_tol, abs_tol	判斷 x 和 y 是否夠接近，回傳 True 或 False。
isfinite()、math.isinf()	x	判斷 x 是否為無限大的數字，回傳 True 或 False。
isnan()	x	判斷 x 是否為 NaN，回傳 True 或 False。

import math

要使用 math 必須先 import math 模組，或使用 from 的方式，單獨 import 特定的類型。

```
import math
from math import sin
```

pi、math.e

math.pi 使用後會回傳圓周率的數學常數，math.e 使用後會回傳指數的數學常數 (常數表示固定不變的數字)。

```
import math
print(math.pi)     # 3.141592653589793
print(math.e)      # 2.718281828459045
```

ceil(x)

math.ceil(x) 使用後會將小數點後方的數字，無條件進位到整數，以下方的程式為例，圓周率 3.14159 無條件進位後就等於 4 (單純四捨五入可使用內建函式 round)。

```
import math
pi = math.pi
print(math.ceil(pi))    # 4
```

floor(x)

math.floor(x) 使用後會將小數點後方的數字，無條件捨去到整數，以下方的程式為例，圓周率 3.14159 無條件捨去後就等於 3 (單純四捨五入可使用內建函式 round)。

```
import math
pi = math.pi
print(math.floor(pi))    # 3
```

copysign(x, y)

math.copysign(x, y) 使用後，會根據 y 的正負符號，改變「x 絕對值」之後的正負值。

```
import math
print(math.copysign(10, -5))     # -10
print(math.copysign(-10, 9))     # 10
print(math.copysign(-10, -3))    # -10
```

fabs(x)

math.fabs(x) 使用後會回傳 x 的絕對值，計算結果以浮點數 float 格式呈現。

```
import math
print(math.fabs(-10))    # 10.0
```

fmod(x, y)

math.fabs(x) 使用後會回傳 x 除以 y 的餘數，計算結果以浮點數 float 格式呈現，如果要回傳整數，可使用 Python 數學計算 x % y 的語法。

```
import math
print(math.fmod(7,3))     # 1.0
```

fsum(iter)

math.fsum(iter) 使用後會回傳串列或 tuple 裡的數值加總，計算結果以浮點數 float 格式呈現。

```
import math
print(math.fsum([1,2,3,4,5]))    # 15.0
print(math.fsum((1,2,3,4,5)))    # 15.0
```

gcd(x, y)

math.gcd(x, y) 使用後會回傳 x 和 y 的最大公約數 (同時可以整除 x 和 y 的最大整數)。

```
import math
print(math.gcd(18,12))     # 6
```

pow(x, y)

math.pow(x, y) 會回傳 x 的 y 次方，計算結果以浮點數 float 格式呈現 (如果需要整數，可參考內建函式 pow(x, y, z))。

```
import math
print(math.pow(2, 5))     # 32.0
```

sqrt(x)

math.sqrt(x) 會回傳 x 的平方根，計算結果以浮點數 float 格式呈現。

```
import math
print(math.sqrt(16))     # 4.0
```

factorial(x)

math.factorial(x) 會回傳 x 的階乘 (x!)，x 只能使用正整數。

```
import math
print(math.factorial(5))    # 120 ( 5x4x3x2x1=120 )
```

degrees(x)、math.radians(x)

math.degrees(x) 將 x 弧度轉換為角度，math.radians(x) 將 x 角度轉換為弧度。

```
import math
print(math.radians(30))       # 0.5235987755982988
print(math.degrees(0.5236))   # 30.0000701530499
```

sin(x)、math.cos(x)、math.tan(x)

math.sin(x) 回傳 x 弧度的正弦值，math.cos(x) 回傳 x 弧度的餘弦值，math.tan(x) 回傳 x 弧度的正切值 (1 弧度等於 180 度 / π)。

```
import math
r = math.radians(30)    # 將 30 度轉換為弧度
print(math.sin(r))      # 0.49999999999999994
print(math.cos(r))      # 0.8660254037844387
print(math.tan(r))      # 0.5773502691896257
```

asin(x)、math.acos(x)、math.atan(x)

math.asin(x) 回傳 x 弧度的反正弦值，math.acos(x) 回傳 x 弧度的餘弦值，math.atan(x) 回傳 x 弧度的正切值 (1 弧度等於 180 度 / π)。

```
import math
r = math.radians(30)    # 將 30 度轉換為弧度
print(math.asin(r))     # 0.5510695830994463
print(math.acos(r))     # 1.0197267436954502
print(math.atan(r))     # 0.48234790710102493
```

exp(x)

math.exp(x) 會回傳 e 常數的 x 次方。

```
import math
print(math.exp(2))     # 7.38905609893065
```

log(x)、math.log1p(x)、math.log2(x)、math.log10(x)

math.log 相關的模組，可以回傳對應的自然對數。

自然對數模組	說明
math.log(x)	回傳 x 的自然對數 (底為 e)
math.log(x, base)	回傳 log(x)/log(base)
math.log1p(x)	回傳 1+x 的自然對數 (底為 e)
math.log2(x)	回傳 x 以 2 為底的自然對數
math.log10(x)	回傳 x 以 10 為底的自然對數

```
import math
print(math.log(10))       # 2.302585092994046
print(math.log(10,3))     # 2.095903274289385
print(math.log1p(10))     # 2.3978952727983707
print(math.log2(10))      # 3.321928094887362
print(math.log10(10))     # 1.0
```

isclose(x, y, rel_tol, abs_tol)

math.isclose 可以根據判斷 x 和 y 是否夠接近，「夠接近」的定義在於 x 和 y 的差異是否大於某個數值，如果夠接近就回傳 True，否則回傳 False。

下面的例子，在沒有設定 rel_tol 和 abs_tol 參數的狀況下，除非 x 和 y 相等，否則都是「不夠接近」。

```
import math
print(math.isclose(3.14, 3.14))         # True
print(math.isclose(3.14000, 3.14001))   # True
```

rel_tol 參數定義「相對的接近範圍」，公式為「x 和 y 的最大值乘以 rel_tol」，下方的例子，10 和 5 的接近範圍最大是 10x0.5=5，因此如果 10-4 比 5 大，就會回傳 False (不接近)，同理，10 和 20 的接近範圍最大會是 20x0.5=10，如果 20-9 比 10 大，就會回傳 False。

```
import math
print(math.isclose(10, 5, rel_tol=0.5))     # True
print(math.isclose(10, 4, rel_tol=0.5))     # False
print(math.isclose(20, 10, rel_tol=0.5))    # True
print(math.isclose(20, 9, rel_tol=0.5))     # False
```

abs_tol 參數定義「絕對的接近範圍」，公式為「x-y 的絕對值」，下方的例子，10.4-10=0.4，0.4 小於 abs_tol 定義的 0.5，表示接近，回傳 True。

```
import math
print(math.isclose(10, 10.4, abs_tol=0.5))   # True  0.4<0.5
print(math.isclose(10, 10.6, abs_tol=0.5))   # False 0.6>0.5
```

isfinite(x)、math.isinf(x)

math.isfinite(x) 和 math.isinf(x) 能判斷 x 是否為無限大的數字，回傳 True 或 False。

```
import math
a = float('inf')
print(math.isfinite(a))    # False  a 是無限大，回傳 False
print(math.isinf(a))       # True   a 是無限大，回傳 true
```

isnan(x)

math.isnan(x) 能判斷 x 是否為 NaN (非數字)，回傳 True 或 False。

```
import math
a = float('nan')
print(math.isnan(a))       # True
print(math.isnan(123))     # False
```

9-3 數學統計函式 statistics

Python 的標準函式「statistics」提供了一些基本的數學統計函式，可以快速求出平均數、中位數、標準差、眾數 ... 等數字統計，但如果需要更專業的統計函式，則需要參考 NumPy 或 SciPy 等第三方函式庫。

statistics 常用方法

下方列出幾種 statistics 模組常用的方法：

方法	說明
mean()	計算平均值。
median()	計算中位數。
median_low()、median_high()	計算偶數個數據中，較高或較低的中位數。
median_grouped()	計算數據分組 (同樣數值的分成同一組) 的中位數。
mode()	計算眾數 (數據中出現最多次的數值)。
pstdev()、pvariance()	計算數據的母體標準差和變異數。
stdev()、ariance()	計算數據的樣本標準差和變異數。

import statistics

要使用 statistics 必須先 import statistics 模組，或使用 from 的方式，單獨 import 特定的類型。

```
import statistics
from statistics import mean
```

mean()

mean() 可以計算多個數字的平均值，計算結果以小數點兩位顯示。

```
import statistics

arr = [1, 2, 3, 4, 5, 6, 7, 8]
```

```
a = statistics.mean(arr)    # 計算平均值
print(a)                    # 4.5
```

median()

mean() 可以計算多個數字的中位數，如果數字的數量為奇數，則回傳中間的數字，如果是偶數，則回傳中間數字的平均值。

```
import statistics

arr = [1, 2, 3, 4, 5, 6, 7, 8]
arr2 = [1, 2, 3, 4, 5, 6, 7]
a = statistics.median(arr)     # 計算中位數
b = statistics.median(arr2)    # 計算中位數
print(a)    # 4.5
print(b)    # 4
```

median_low()、median_high()

median_low() 和 median_high() 可以計算「偶數個」數據中，較高或較低的中位數，如果是數字的數量為奇數，則回傳中間的數字 (等同 median())。

```
import statistics

arr = [1, 2, 3, 4, 5, 6, 7, 8]
a = statistics.median_low(arr)     # 計算較低的中位數
b = statistics.median_high(arr)    # 計算較高的中位數
print(a)    # 4
print(b)    # 5
```

median_grouped()

median_grouped() 可以計算數據分組 (同樣數值的分成同一組) 的中位數。

```
import statistics

arr = [1, 2, 2, 3, 4, 4, 4, 4, 4, 4, 5, 5]    # 數據中有重複的數值
```

```
a = statistics.median_grouped(arr)    # 計算分組的中位數
print(a)    # 3.8333333333333335
```

mode

mode() 可以計算眾數 (數據中出現最多次的數值)。

```
import statistics

arr = [1, 2, 2, 3, 4, 4, 4, 4, 4, 4, 5, 5]
a = statistics.mode(arr)    # 計算出現最多次的數值
print(a)    # 4
```

只要是可迭代的物件，就可以使用 mode 計算，下方的例子會計算一個字串中，出現最多次的字母 (注意，在 Python 3.8 版以前，如果最多次的字母不只一個，會發生錯誤)。

```
import statistics

text = 'hello world'
a = statistics.mode(text)    # 計算出現最多次的字母
print(a)    # l
```

pstdev()、pvariance()

pstdev() 和 pvariance() 可以計算數據的母體標準差和變異數。

```
import statistics

arr = [1, 2, 3, 4, 5, 6, 7, 8, 9]
a = statistics.pstdev(arr)
b = statistics.pvariance(arr)
print(a)    # 2.581988897471611
print(b)    # 6.666666666666667
```

stdev()、variance()

stdev() 和 variance() 可以計算數據的樣本標準差和變異數。

```
import statistics

arr = [1, 2, 3, 4, 5, 6, 7, 8, 9]
a = statistics.stdev(arr)
b = statistics.variance(arr)
print(a)    # 2.7386127875258306
print(b)    # 7.5
```

9-4 日期和時間 datetime

Python 的標準函式「datetime」提供不少處理日期和時間的方法，可以取得目前的日期或時間，並進一步進行相關的運算。

> 這個小節所有範例均使用 Google Colab 實作，不用安裝任何軟體。

datatime 常用方法

datatime 有下列幾種處理日期和時間的方法：

方法	說明
date	處理日期。
time	處理時間。
datetime	處理 date 和 time 混合的物件。
timedelta	處理時間差。
timezone	處理時區資訊。

import datatime

要使用 datatime 必須先 import datatime 模組，或使用 from 的方式，單獨 import 特定的類型。

```
import datatime
from datatime import date
```

date

datetime.date 可以處理日期相關的操作，本身包含三個屬性：year、month 和 day，分別用逗號區隔，下方的程式會印出指定的日期。

```
import datetime
d = datetime.date(2020,1,1)    # 2020-01-01
```

datetime.date 有一個主要的方法可以使用，下方的程式執行了 today() 的方法，印出今天的日期 (使用 ISO 格式的日期字串)。

方法	說明
today()	回傳目前的西元年、月、日

```
import datetime
today = datetime.date.today()
print(today)      # 2021-10-19
```

取得日期後，可以使用下面幾種常用的方法，進一步取出日期的資訊進行操作。

方法	說明
year	取得西元年。
month	取得月份。
day	取得日期。
replace()	取代日期，產生新的物件。
weekday()	回傳一星期中的第幾天，星期一為 0。
isoweekday()	回傳一星期中的第幾天，星期一為 1。
isocalendar()	回傳一個 tuple，內容分別是 (年、第幾週、isoweekday)。
isoformat()	回傳 ISO 格式的日期字串。
ctime()	回傳日期和時間的字串。
strftime()	回傳特定格式字串所表示的時間 (詳細可參考 strftime() 和 strptime())。

```
import datetime
today = datetime.date.today()
print(today)                    # 2021-10-19
print(today.year)               # 2021
print(today.month)              # 10
print(today.day)                # 19
print(today.weekday())          # 1    ( 因為是星期二，所以是 1 )
print(today.isoweekday())       # 2    ( 因為是星期二，所以是 2 )
print(today.isocalendar())      # (2021, 42, 2)  ( 第三個數字是星期二，所以是 2 )
print(today.isoformat())        # 2021-10-19
print(today.ctime())            # Tue Oct 19 00:00:00 2021
print(today.strftime('%Y.%m.%d'))    # 2021.10.19

newDay = today.replace(year=2020)
print(newDay)                   # 2020-10-19
```

下方的程式執行後，會利用「.days」的屬性，計算出兩個日期差了幾天。

```
import datetime
d1 = datetime.date(2020, 6, 24)
d2 = datetime.date(2021, 11, 24)
print(abs(d1-d2).days)          # 518
```

time

datetime.time 可以處理時間相關的操作，本身包含下列幾個屬性：hour、minute、second、microsecond 和 tzinfo，分別用逗號區隔，下方的程式會印出指定的時間。

```
import datetime
thisTime = datetime.time(12,0,0,1)
print(thisTime)    # 12:00:00.000001
```

tzinfo 是時區的選項，預設 None 採用 UTC 時區，如果要轉換成台灣 UTC+8 的時區可採用下方的寫法：

```
import datetime
thisTime = datetime.time(14,0,0,1,tzinfo=datetime.timezone(datetime.
```

```
timedelta(hours=8)))
print(thisTime)     # 14:00:00.000001+08:00
```

使用 datetime.time 將字串轉換為時間物件後，就能透過下面幾種常用的方法，取出時間的資訊進行下一步操作。

方法	說明
hour	取得小時。
minute	取得分鐘。
second	取得秒數。
microsecond	取得微秒數 (1/1000000 秒)。
replace()	取代時間，產生新的物件。
isoformat()	回傳 ISO 格式的時間字串。
tzname()	回傳目前時區資訊。
strftime()	回傳特定格式字串所表示的時間 (詳細可參考 strftime() 和 strptime())。

```
import datetime
thisTime = datetime.time(14,0,0,1,tzinfo=datetime.timezone(datetime.
timedelta(hours=8)))
print(thisTime)                 # 14:00:00.000001+08:00
print(thisTime.isoformat())     # 14:00:00.000001+08:00
print(thisTime.tzname())        # UTC+08:00
print( thisTime.strftime('%H:%M:%S'))    # 14:00:00

newTime = today.replace(hour=20)
print(newTime)                  # 20:00:00.000001+08:00
```

datetime

datetime.datetime 可以處理日期與時間相關的操作，本身包含下列幾個屬性：year、month、dayhour、minute、second、microsecond 和 tzinfo，分別用逗號區隔，下方的程式會印出指定的日期和時間。

```
import datetime
```

```
thisTime = datetime.datetime(2020,1,1,20,20,20,20)
print(thisTime)     # 2020-01-01 20:20:20.000020
```

datetime.datetime 有下面幾個主要的方法可以使用：

方法	說明
today()	回傳目前的日期與時間。
now()	回傳目前的日期與時間，可加入 tz 參數設定時區。
utcnow()	回傳目前的日期與時間。

```
import datetime
print(datetime.datetime.today())     # 2021-10-19 06:15:46.022925
print(datetime.datetime.now(tz=datetime.timezone(datetime.timedelta(hours=8))))
# 2021-10-19 14:15:46.027982+08:00
print(datetime.datetime.utcnow())    # 2021-10-19 06:15:46.028630
```

使用 datetime.datetime 將字串轉換為日期時間物件後，就能透過下面幾種常用的方法，將取出的日期時間資訊進行下一步操作。

方法	說明
year	取得西元年。
month	取得月份。
day	取得日期。
hour	取得小時。
minute	取得分鐘。
second	取得秒數。
microsecond	取得微秒數 (1/1000000 秒)。
weekday()	回傳一星期中的第幾天，星期一為 0。
isoweekday()	回傳一星期中的第幾天，星期一為 1。
isocalendar()	回傳一個 tuple，內容分別是 (年、第幾週、isoweekday)。
isoformat()	回傳 ISO 格式的日期字串。
ctime()	回傳日期和時間的字串。

方法	說明
timetuple()	回傳日期與時間所組成的 time.struct_time 物件。
strftime()	回傳特定格式字串所表示的時間 (詳細可參考 strftime() 和 strptime())。

```
import datetime
now = datetime.datetime.now(tz=datetime.timezone(datetime.timedelta(hours=8)))
print(now)                  # 2021-10-19 14:25:46.962975+08:00
print(now.date())           # 2021-10-19
print(now.time())           # 14:25:46.962975
print(now.tzname())         # UTC+08:00
print(now.weekday())        # 1
print(now.isoweekday())     # 2
print(now.isocalendar())    # (2021, 42, 2)
print(now.isoformat())      # 2021-10-19 14:25:46.962975+08:00
print(now.ctime())          # Tue Oct 19 14:48:38 2021
print(now.strftime('%Y/%m/%d %H:%M:%S'))  # 2021/10/19 14:48:38
print(now.timetuple())      # time.struct_time(tm_year=2021, tm_mon=10, tm_
mday=19, tm_hour=16, tm_min=8, tm_sec=6, tm_wday=1, tm_yday=292, tm_isdst=-1)
```

timedelta

如果要進行日期或時間的計算，可以透過 datetime.timedelta 增加或減少日期或時間，本身包含 days、seconds、microseconds、milliseconds、minutes、hours、weeks 的屬性，屬性的預設值都是 0。

使用 datetime.timedelta 只需要將其放在日期或時間物件後方，就回傳計算後的時間，下方的程式會計算出昨天、明天、下星期同一天的日期。

```
import datetime
today = datetime.datetime.now()
yesterday = today - datetime.timedelta(days=1)
tomorrow = today + datetime.timedelta(days=1)
nextweek = today + datetime.timedelta(weeks=1)
print(today)        # 2021-10-19 07:01:22.669886
print(yesterday)    # 2021-10-18 07:01:22.669886
print(tomorrow)     # 2021-10-20 07:01:22.669886
print(nextweek)     # 2021-10-26 07:01:22.669886
```

timezone

datetime.timezone 負責時區的轉換，主要和 datetime.datetime、datetime.time 互相搭配使用。

datetime.timedelta 裡 hours 的數值，台灣處在 GMT+8 的時區，所以 hours 等於 8，如果是日本，因為是 GTM+9，hours 就要設定為 9。

```
import datetime
tzone = datetime.timezone(datetime.timedelta(hours=8))
now = datetime.datetime.now(tz=tzone)
print(now)     # 2021-10-19 15:07:51.128092+08:00
```

9-5 時間處理 time

Python 的標準函式「time」提供不少處理時間的方法，除了可以取得目前的時間或轉換時間，也能夠透過像是 sleep() 的方法將程式暫停，進一步做出許多跟時間有關的應用。

time 常用方法

下方列出幾種 time 模組常用的方法：

方法	參數	說明
time()		回傳到目前為止的秒數。
sleep()	sec	將程式暫停指定的秒數。
ctime()	t	轉換為本地時間。
localtime()、time.gmtime()	t	轉換為 struct_time 格式的時間。
mktime()	t	轉換 struct_time 格式的時間為秒數。
asctime()	t	轉換 struct_time 格式的時間為文字。
strftime()、time.strptime()	t	回傳特定格式字串所表示的時間。

import time

要使用 time 必須先 import time 模組，或使用 from 的方式，單獨 import 特定的類型。

```
import time
from time import sleep
```

time()

time.time() 執行後會回傳 1970 年 1 月 1 日 00:00:00 到現在的秒數 (精確度到 1/1000000 秒)，秒數使用浮點數 float 的格式，如果改成 time.time_ns() 會回傳 ns 數 (1/1000000000 秒)。

```
import time
print(time.time())      # 1634629287.537577
print(time.time_ns())  # 1634629287537744648
```

sleep(sec)

time.sleep(sec) 能將程式暫停指定的秒數，停止結束後，在繼續後面的程式。

```
import time
print(time.ctime(time.time()))    # Tue Oct 19 07:59:19 2021
time.sleep(2)                     # 暫停兩秒
print(time.ctime(time.time()))    # Tue Oct 19 07:59:21 2021
```

ctime(t)

time.ctime(t) 能將 time.time(t) 得到的時間，轉換為本地時間。

```
import time
t = time.time()
print(time.ctime(t))    # Tue Oct 19 07:47:58 2021
```

localtime(t)、time.gmtime(t)

time.localtime(t) 和 time.gmtime(t) 能將 time.time() 得到的時間，轉換為 struct_time 格式的本地時間 (差別在於 time.gmtime(t) 是回傳 UTC 時間)。

```
import time
t = time.time()
print(time.localtime(t))
# time.struct_time(tm_year=2021, tm_mon=10, tm_mday=19, tm_hour=8, tm_min=8,
tm_sec=28, tm_wday=1, tm_yday=292, tm_isdst=0)
```

按照下方的做法，就能使用 struct_time 格式的時間。

```
import time
t = time.time()
tt = time.localtime(t)
print(tt.tm_year)      # 2021
print(tt.tm_mon)       # 10
```

mktime(t)

time.mktime(t) 可以將 struct_time 格式的時間轉換回秒數。

```
import time
t = time.time()
t1 = time.localtime(t)
t2 = time.mktime(t1)
print(t)      # 1634631418.445556
print(t1)     # time.struct_time(tm_year=2021, tm_mon=10, tm_mday=19, tm_hour=8,
tm_min=16, tm_sec=58, tm_wday=1, tm_yday=292, tm_isdst=0)
print(t2)     # 1634631418.0
```

asctime()

time.asctime(t) 可以將 struct_time 格式的時間轉換為文字顯示。

```
import time
t = time.time()
t1 = time.localtime(t)
t2 = time.asctime(t1)
```

```
print(t)        # 1634631577.3905456
print(t1)       # time.struct_time(tm_year=2021, tm_mon=10, tm_mday=19, tm_
hour=8, tm_min=19, tm_sec=37, tm_wday=1, tm_yday=292, tm_isdst=0)
print(t2)       # Tue Oct 19 08:19:37 2021
```

strftime(t)、time.strptime(t)

time.strftime(t) 可以將時間轉換為特定格式字串，time.strptime(t) 則會將特定格式的字串，轉換為 struct_time 格式的時間。

```
import time
t = time.time()
t1 = time.localtime(t)
t2 = time.strftime('%Y/%m/%d %H:%M:%S',t1)
t3 = time.strptime(t2, '%Y/%m/%d %H:%M:%S')
print(t)        # 1634632136.9454331
print(t1)       # time.struct_time(tm_year=2021, tm_mon=10, tm_mday=19, tm_hour=8,
tm_min=28, tm_sec=56, tm_wday=1, tm_yday=292, tm_isdst=0)
print(t2)       # 2021/10/19 08:28:56
print(t3)       # time.struct_time(tm_year=2021, tm_mon=10, tm_mday=19, tm_hour=8,
tm_min=28, tm_sec=56, tm_wday=1, tm_yday=292, tm_isdst=-1)
```

9-6 日曆 calendar

Python 的標準函式「calendar」提供處理日期相關的實用方法，同時也可以將日曆輸出成為常見的日曆格式。

calendar 常用方法

下方列出幾種 calendar 模組常用的方法：

方法	參數	說明
Calendar()		建立一個 calendar 對象。
TextCalendar()		建立一個可以印出與使用的日曆。
HTMLCalendar()		建立一個包含 HTML 格式的日曆。

方法	參數	說明
setfirstweekday()	n	設定日曆裡，每個星期的第一天是星期幾 (星期一為 0，星期天為 6)。
firstweekday()		回傳每個星期第一天的數值。
isleap()	year	判斷 year 年份是否為閏年，回傳 True 或 False。
leapdays()	y1, y2	計算 y1 年到 y2 年之間共包含幾個閏年。
weekday()	year, month, day	回傳某年某月的某一天是星期幾 (星期一是 0)。
weekheader()	n	回傳星期幾的開頭縮寫，n 的範圍是 1 ～ 3。
monthrange()	year, month	回傳某年某月的第一天是星期幾 (星期一為 0)，以及這個月的天數。
monthcalendar()	year, month	回傳一個日曆的二維串列。
month()	year, month, w=0, l=0	回傳一個格式化的月份字串。
prmonth()	year, month, w=0, l=0	等同 print(calendar.month())。
calendar()	year, w=0, l=0, c=6, m=3	回傳一個格式化後一整年的月曆字串。
prcal()	year, w=2, l=1, c=6, m=3	等同 print(calendar.calendar())。
day_name、calendar.day_abbr		回傳星期一到星期天的名稱或縮寫。
month_name、calendar.month_abbr		回傳 1 ～ 12 月的名稱或縮寫。

import calendar

要使用 calendar 必須先 import calendar 模組，或使用 from 的方式，單獨 import 特定的類型。

```
import calendar
from calendar import prmonth
```

Calendar()

calendar.Calendar() 可以建立一個 calendar 對象，calendar 對象可以使用下列幾種方法：

方法	說明
iterweekdays()	產生一星期 0 ～ 6 的迭代物件。
itermonthdates(year, month)	產生某年某月的迭代物件，如果該月份不是從星期一開始，會自動上前一個月的後幾天，datetime.date。
itermonthdays(year, month)	產生一個月份的迭代物件，格式為 0 ～ 6，如果該月份不是從星期一開始，會自動補 0。
itermonthdays2(year, month)	產生一個月份的迭代物件，格式為 (0,0) ～ (31,6)，如果該月份不是從星期一開始，會自動補 0。
monthdatescalendar(year, month)	產生一個月份的二維串列，每個子串列由一週的七天組成，格式為 datetime.date。
monthdayscalendar(year, month)	產生一個月份的二維串列，每個子串列由一週的七天組成，格式為 0 ～ 6。
monthdays2calendar(year, month)	產生一個月份的二維串列，每個子串列由一週的七天組成，格式為 (0,0) ～ (31,6)。
yeardatescalendar(year)	產生一整年的多維串列，每個子串列由一週的七天組成，格式為 datetime.date。
yeardays2calendar(year)	產生一整年的多維串列，每個子串列由一週的七天組成，格式為 0 ～ 6。
yeardayscalendar(year)	產生一整年的多維串列，每個子串列由一週的七天組成，格式為 (0,0) ～ (31,6)。

```
import calendar
c = calendar.Calendar()

print(list(c.iterweekdays()))
#[0, 1, 2, 3, 4, 5, 6]
print(list(c.itermonthdates(2021,10)))
# [datetime.date(2021, 9, 27), datetime.date(2021, 9, 28)....
print(list(c.itermonthdays(2021,10)))
# [0, 0, 0, 0, 1, 2, 3, 4, 5, 6, 7, 8, 9, 10, 11, 12, 13, 14, 15, 16, 17, 18,
```

```
19, 20, 21, 22, 23, 24, 25, 26, 27, 28, 29, 30, 31]
print(list(c.itermonthdays2(2021,10)))
# [(0, 0), (0, 1), (0, 2), (0, 3), (1, 4), (2, 5).....
print(c.monthdatescalendar(2021,10))
# [[datetime.date(2021, 9, 27), datetime.date(2021, 9, 28).....
print(c.monthdayscalendar(2021,10))
# [[0, 0, 0, 0, 1, 2, 3], [4, 5, 6, 7, 8, 9, 10]......
print(c.monthdays2calendar(2021,10))
# [[(0, 0), (0, 1), (0, 2), (0, 3), (1, 4), (2, 5).....
print(c.yeardatescalendar(2021))
# [[[[datetime.date(2020, 12, 28), datetime.date(2020, 12, 29)....
print(c.yeardayscalendar(2021))
# [[[[0, 0, 0, 0, 1, 2, 3], [4, 5, 6, 7, 8, 9, 10]....
print(c.yeardays2calendar(2021))
# [[[[(0, 0), (0, 1), (0, 2), (0, 3), (1, 4), (2, 5)....
```

TextCalendar()

calendar.TextCalendar() 可以建立一個可以印出與使用的日曆，有下列幾種方法：

方法	說明
formatmonth(year, month, w=0, l=0)	產生格式化後一個月份的日曆，w 和 l 是顯示的寬高 (可不填)。
prmonth(year, month, w=0, l=0)	等同 print(formatmonth)。
formatyear(year, month, w=0, l=0, c=6, m=3)	產生格式化後一個年份的月曆，w 和 l 是顯示的寬高 (可不填)，c 和 m 表示是垂直和水平顯示的列與欄 (可不填)。
pryear(year, month, w=0, l=0, c=6, m=3)	等同 print(formatyear)。

```
import calendar
tc = calendar.TextCalendar()

print(tc.formatmonth(2021,10))
tc.prmonth(2021,10)
'''
    October 2021
Mo Tu We Th Fr Sa Su
             1  2  3
```

```
 4  5  6  7  8  9 10
11 12 13 14 15 16 17
18 19 20 21 22 23 24
25 26 27 28 29 30 31
'''
print(tc.formatyear(2021, c=3, m=4))
tc.pryear(2021, c=3, m=4)
'''
                                          2021

      January               February                March                 April
Mo Tu We Th Fr Sa Su   Mo Tu We Th Fr Sa Su   Mo Tu We Th Fr Sa Su   Mo Tu We Th Fr Sa Su
             1  2  3    1  2  3  4  5  6  7    1  2  3  4  5  6  7             1  2  3  4
 4  5  6  7  8  9 10    8  9 10 11 12 13 14    8  9 10 11 12 13 14    5  6  7  8  9 10 11
11 12 13 14 15 16 17   15 16 17 18 19 20 21   15 16 17 18 19 20 21   12 13 14 15 16 17 18
18 19 20 21 22 23 24   22 23 24 25 26 27 28   22 23 24 25 26 27 28   19 20 21 22 23 24 25
25 26 27 28 29 30 31                          29 30 31               26 27 28 29 30

        May                   June                   July                 August
Mo Tu We Th Fr Sa Su   Mo Tu We Th Fr Sa Su   Mo Tu We Th Fr Sa Su   Mo Tu We Th Fr Sa Su
                1  2       1  2  3  4  5  6             1  2  3  4                      1
 3  4  5  6  7  8  9    7  8  9 10 11 12 13    5  6  7  8  9 10 11    2  3  4  5  6  7  8
10 11 12 13 14 15 16   14 15 16 17 18 19 20   12 13 14 15 16 17 18    9 10 11 12 13 14 15
17 18 19 20 21 22 23   21 22 23 24 25 26 27   19 20 21 22 23 24 25   16 17 18 19 20 21 22
24 25 26 27 28 29 30   28 29 30               26 27 28 29 30 31      23 24 25 26 27 28 29
31                                                                   30 31

     September               October               November              December
Mo Tu We Th Fr Sa Su   Mo Tu We Th Fr Sa Su   Mo Tu We Th Fr Sa Su   Mo Tu We Th Fr Sa Su
       1  2  3  4  5                1  2  3    1  2  3  4  5  6  7          1  2  3  4  5
 6  7  8  9 10 11 12    4  5  6  7  8  9 10    8  9 10 11 12 13 14    6  7  8  9 10 11 12
13 14 15 16 17 18 19   11 12 13 14 15 16 17   15 16 17 18 19 20 21   13 14 15 16 17 18 19
20 21 22 23 24 25 26   18 19 20 21 22 23 24   22 23 24 25 26 27 28   20 21 22 23 24 25 26
27 28 29 30            25 26 27 28 29 30 31   29 30                  27 28 29 30 31
'''
```

HTMLCalendar()

calendar.HTMLCalendar() 可以建立一個包含 HTML 格式的日曆，有下列幾種方法：

方法	說明
formatmonth(year, month, withyear=True)	輸出某年裡某個月份的日曆 HTML 表格，withyear 預設 True 表示顯示年份 (可不填)。
formatmonth(year, width=3)	輸出某年的月曆 HTML 表格，width 表示一行裡有幾個月，預設 3 (可不填)。
formatyearpage(year, width=3, css='xxx.css', encoding=None)	輸出某年的月曆 HTML 網頁程式碼，width 表示一行裡有幾個月，預設 3 (width、css、encoding 都可不填)。

```
import calendar
html = calendar.HTMLCalendar()
print(html.formatmonth(2021,10))
# 範例網頁：https://jsbin.com/jilexovube/1/edit?html,css,output
```

October 2021

Mon	Tue	Wed	Thu	Fri	Sat	Sun
				1	2	3
4	5	6	7	8	9	10
11	12	13	14	15	16	17
18	19	20	21	22	23	24
25	26	27	28	29	30	31

```
import calendar
html = calendar.HTMLCalendar()
print(html.formatyear(2021, width=4))
print(html.formatyearpage(2021, width=4))
# 範例網址：https://jsbin.com/nawepogoti/1/edit?html,css,output
```

2021

January						
Mon	Tue	Wed	Thu	Fri	Sat	Sun
				1	2	3
4	5	6	7	8	9	10
11	12	13	14	15	16	17
18	19	20	21	22	23	24
25	26	27	28	29	30	31

February						
Mon	Tue	Wed	Thu	Fri	Sat	Sun
1	2	3	4	5	6	7
8	9	10	11	12	13	14
15	16	17	18	19	20	21
22	23	24	25	26	27	28

March						
Mon	Tue	Wed	Thu	Fri	Sat	Sun
1	2	3	4	5	6	7
8	9	10	11	12	13	14
15	16	17	18	19	20	21
22	23	24	25	26	27	28
29	30	31				

April						
Mon	Tue	Wed	Thu	Fri	Sat	Sun
			1	2	3	4
5	6	7	8	9	10	11
12	13	14	15	16	17	18
19	20	21	22	23	24	25
26	27	28	29	30		

May						
Mon	Tue	Wed	Thu	Fri	Sat	Sun
					1	2
3	4	5	6	7	8	9
10	11	12	13	14	15	16
17	18	19	20	21	22	23
24	25	26	27	28	29	30
31						

June						
Mon	Tue	Wed	Thu	Fri	Sat	Sun
	1	2	3	4	5	6
7	8	9	10	11	12	13
14	15	16	17	18	19	20
21	22	23	24	25	26	27
28	29	30				

July						
Mon	Tue	Wed	Thu	Fri	Sat	Sun
			1	2	3	4
5	6	7	8	9	10	11
12	13	14	15	16	17	18
19	20	21	22	23	24	25
26	27	28	29	30	31	

August						
Mon	Tue	Wed	Thu	Fri	Sat	Sun
						1
2	3	4	5	6	7	8
9	10	11	12	13	14	15
16	17	18	19	20	21	22
23	24	25	26	27	28	29
30	31					

September						
Mon	Tue	Wed	Thu	Fri	Sat	Sun
		1	2	3	4	5
6	7	8	9	10	11	12
13	14	15	16	17	18	19
20	21	22	23	24	25	26
27	28	29	30			

October						
Mon	Tue	Wed	Thu	Fri	Sat	Sun
				1	2	3
4	5	6	7	8	9	10
11	12	13	14	15	16	17
18	19	20	21	22	23	24
25	26	27	28	29	30	31

November						
Mon	Tue	Wed	Thu	Fri	Sat	Sun
1	2	3	4	5	6	7
8	9	10	11	12	13	14
15	16	17	18	19	20	21
22	23	24	25	26	27	28
29	30					

December						
Mon	Tue	Wed	Thu	Fri	Sat	Sun
		1	2	3	4	5
6	7	8	9	10	11	12
13	14	15	16	17	18	19
20	21	22	23	24	25	26
27	28	29	30	31		

setfirstweekday(n)

calendar.setfirstweekday(n) 可以設定日曆裡，每個星期的第一天是星期幾 (星期一為 0，星期天為 6)，只要是日期物件都可以使用 setfirstweekday 方法設定，例如下方的程式，執行後會將星期五變成日曆的第一天。

```
import calendar
tc = calendar.TextCalendar()
tc.setfirstweekday(4)     # 設定星期五為第一天
tc.prmonth(2021,10)
'''
    October 2021
Fr Sa Su Mo Tu We Th
 1  2  3  4  5  6  7
 8  9 10 11 12 13 14
15 16 17 18 19 20 21
22 23 24 25 26 27 28
29 30 31
'''
```

firstweekday()

calendar.firstweekday() 使用後會回傳每個星期第一天的數值，如果設定為 0，就會回傳 0。

```
import calendar
calendar.setfirstweekday(0)
print(calendar.firstweekday())    # 0
```

isleap(year)

calendar.isleap(year) 可以判斷某一年是否為閏年，回傳 True 或 False。

```
import calendar
print(calendar.isleap(2020))    # True
print(calendar.isleap(2021))    # False
print(calendar.isleap(2022))    # False
```

leapdays(y1, y2)

calendar.leapdays(y1, y2) 可以計算 y1 年到 y2 年之間共包含幾個閏年。

```
import calendar
print(calendar.leapdays(1920, 2020))    # 25 ( 1920～2020 年間，有 25 個閏年 )
```

weekday(year, month, day)

calendar.weekday(year, month, day) 可以回傳某年某月的某一天是星期幾 (星期一從 0 開始)。

```
import calendar
print(calendar.weekday(2021,10,1))    # 4 ( 2021/10/1 是星期五 )
```

weekheader(n)

calendar.weekheader(n) 可以回傳星期幾的開頭縮寫，n 的範圍是 1～3。

```
import calendar
print(calendar.weekheader(1))    # M T W T F S S
```

```
print(calendar.weekheader(2))    # Mo Tu We Th Fr Sa Su
print(calendar.weekheader(3))    # Mon Tue Wed Thu Fri Sat Sun
```

monthrange(year, month)

calendar.monthrange(year, month) 可以回傳某年某月的第一天是星期幾 (星期一為 0)，以及這個月的天數。

```
import calendar
print(calendar.monthrange(2021,10))
# (4, 31)  2021 的 10 月有 31 天，10 月第一天是星期五

print(calendar.monthrange(2021,11))    # (0, 30)
# (0, 30)  2021 的 11 月有 30 天，11 月第一天是星期一
```

monthcalendar(year, month)

calendar.monthcalendar(year, month) 可以回傳一個日曆的二維串列。

```
import calendar
print(calendar.monthcalendar(2021,10))
# [[0, 0, 0, 0, 1, 2, 3], [4, 5, 6, 7, 8, 9, 10], [11, 12, 13, 14, 15, 16, 17]...
```

month(year, month, w=0, l=0)

calendar.month(year, month, w=0, l=0) 可以回傳一個格式化的月份字串，效果和 formatmonth 相同。

```
import calendar
calendar.setfirstweekday(6)     # 設定第一天是星期天
print(calendar.month(2021, 10))
'''
    October 2021
Su Mo Tu We Th Fr Sa
                1  2
 3  4  5  6  7  8  9
10 11 12 13 14 15 16
17 18 19 20 21 22 23
24 25 26 27 28 29 30
```

```
31
'''
```

prmonth(year, month, w=0, l=0)

效果等同「print(calendar.month(year, month, w=0, l=0))」。

calendar(year, w=0, l=0, c=6, m=3)

效果等同「formatyear(year, month, w=0, l=0, c=6, m=3)」。

prcal(year, w=2, l=1, c=6, m=3)

效果等同「print(calendar.calendar(year, w=0, l=0, c=6, m=3))」。

day_name、calendar.day_abbr

calendar.day_name、calendar.day_abbr 使用後會回傳星期一到星期天的名稱或縮寫。

```
import calendar
print(list(calendar.day_name))
# ['Monday', 'Tuesday', 'Wednesday', 'Thursday', 'Friday', 'Saturday', 'Sunday']
print(list(calendar.day_abbr))
# ['Mon', 'Tue', 'Wed', 'Thu', 'Fri', 'Sat', 'Sun']
```

month_name、calendar.month_abbr

calendar.month_name、calendar.month_abbr 使用後會回傳 1 ～ 12 月的名稱或縮寫 (產生後的第一個值會是空值)。

```
import calendar
print(list(calendar.month_name))
# ['', 'January', 'February', 'March', 'April', 'May', 'June', 'July',
'August', 'September', 'October', 'November', 'December']
print(list(calendar.month_abbr))
# ['', 'Jan', 'Feb', 'Mar', 'Apr', 'May', 'Jun', 'Jul', 'Aug', 'Sep', 'Oct',
'Nov', 'Dec']
```

9-7 CSV 檔案操作

Python 的標準函式「csv」提供了操作 CSV 檔案的方法，可以針對 CSV 檔案進行讀取、寫入或修改，這個小節將會介紹 csv 常用的方法。

CSV 範例檔：https://steam.oxxostudio.tw/download/python/csv-demo.csv

CSV 是什麼？

CSV 是一種以「逗號分隔值」的檔案格式，並以「純文字形式」儲存資料 (數字和文字)，CSV 是一種通用並相對簡單的檔案格式，廣泛應用於使用者、商業和科學領域，因此幾乎所有的分析軟體和應用程式，都支援 CSV 格式。

下方所呈現的是一個簡單的 CSV 檔案內容，第一行可以作為普通的內容，也可以是表格的開頭：

```
name,id,color,price
apple,1,red,10
orange,2,orange,15
grap,3,purple,20
watermelon,4,green,30
```

CSV 常用方法

下方列出幾種 csv 模組常用的方法

方法	參數	說明
reader()	csvfile	讀取 CSV 檔案 (串列形式)。
writer()	csvfile	寫入 CSV 檔案 (串列形式)。
DictReader()	csvfile	讀取 CSV 檔案 (字典形式)。
DictWriter()	csvfile, fieldnames	寫入 CSV 檔案 (字典形式)。

import csv

要使用 csv 必須先 import csv 模組，或使用 from 的方式，單獨 import 特定的類型。

```
import csv
from csv import reader
```

reader(csvfile)

csv.reader(csvfile) 可以用「串列」的型態，讀取 CSV 檔案，讀取後可以使用串列的操作方式，將每一行 (row) 印出， 此外，還可以設定 delimiter 參數，針對「變種 CSV 格式做設定」(參考 https://docs.python.org/zh-tw/3/library/csv.html#csv-fmt-params)。

```
import os
import csv
os.chdir('/content/drive/MyDrive/Colab Notebooks')  # 針對 Colab 改變路徑，本機環
                                                      境可不用
csvfile = open('csv-demo.csv')
r = csv.reader(csvfile)       # 讀取 csv 檔案
for row in list(r):            # 將讀取的檔案，轉換成串列的方式，印出每個項目
    print(row)
# ['name', 'id', 'color', 'price']
# ['apple', '1', 'red', '10']
# ['orange', '2', 'orange', '15']
# ['grap', '3', 'purple', '20']
# ['watermelon', '4', 'green', '30']
```

writer(csvfile)

csv.writer(csvfile) 可以用「串列」的型態，將資料寫入 CSV 檔案，寫入的方法分成 writerow 單行寫入以及 writerows 多行寫入兩種，下方的例子使用 writerow 寫入單行資料。

> 注意，open 模式使用 a+ 表示可以讀取檔案以及寫入資料在原本資料的最後方，因此如果 CSV 最後一行不為空，資料會加在最後一筆資料後方 (在同一行)，為了避免這個問題，可以將 CSV 檔案增加最後一行，或使用 writerow('') 加入一個空行。

```
import os
import csv
os.chdir('/content/drive/MyDrive/Colab Notebooks')    # 針對 Colab 改變路徑，本機
                                                        環境可不用
csvfile = open('csv-demo.csv', 'a+')    # 使用 a+ 模式開啟檔案
r = csv.writer(csvfile)                 # 設定 r 為寫入
r.writerow('')                          # 如果原本的 csv 最後一行 row 不為空，加入換行
                                        # 如果最後一行為空則不用
r.writerow(['banana',5,'yellow',20])    # 寫入單行資料
```

```
name,id,color,price
apple,1,red,10
orange,2,orange,15
grap,3,purple,20
watermelon,4,green,30
```

→

```
name,id,color,price
apple,1,red,10
orange,2,orange,15
grap,3,purple,20
watermelon,4,green,30
banana,5,yellow,20
```

下方的例子使用 writerows 寫入多行資料。

```
import os
import csv
os.chdir('/content/drive/MyDrive/Colab Notebooks')    # 針對 Colab 改變路徑，本機
                                                        環境可不用
csvfile = open('csv-demo.csv', 'a+')
write = csv.writer(csvfile)
data = [                          # 建立要寫入的資料串列
    ['banana',5,'yellow',20],
    ['papaya',6,'orange',30]
]
write.writerows(data)             # 寫入多行資料
```

```
name,id,color,price
apple,1,red,10
orange,2,orange,15
grap,3,purple,20
watermelon,4,green,30
```

→

```
name,id,color,price
apple,1,red,10
orange,2,orange,15
grap,3,purple,20
watermelon,4,green,30
banana,5,yellow,20
papaya,6,orange,30
```

DictReader(csvfile)

csv.DictReader(csvfile) 可以用「字典」的型態，讀取 CSV 檔案，讀取後可以使用字典的操作方式，將每一行 (row) 印出，除了 csvfile 為必須填入的參數，還有下列幾個非預設的參數 (不填入則使用預設值)。

參數	說明
fieldnames	預設 None，會使用 CSV 的第一行作為字典的鍵，如果有設定則會以 fieldnames 的內容作為鍵。
restkey	預設 None，如果有設定，某一行多出來的資料會以 restkey 設定值作為鍵。
restval	預設 None，如果有設定，某一行缺少的資料會以 restval 作為值。

下方的程式碼執行後，會讀取 CSV 並單獨印出 name、id、color 和 price。

```
import os
import csv
os.chdir('/content/drive/MyDrive/Colab Notebooks')  # 針對 Colab 改變路徑，本機
                                                     環境可不用
csvfile = open('csv-demo.csv', 'r')    # 開啟 CSV 檔案模式為 r
data = csv.DictReader(csvfile)         # 以字典方式讀取資料
for i in data:
    print(i['name'],i['id'],i['color'],i['price'])    # 分別印出不同鍵的值

# apple 1 red 10
# orange 2 orange 15
# grap 3 purple 20
# watermelon 4 green 30
# banana 5 yellow 20
```

如果 CSV 的第一行不是標題 (直接就是資料)，可透過下方的程式碼，使用 fieldnames 加入鍵 (為了明顯區隔，範例裡使用 a、b、c、d)，輸出結果可以看到，字典裡所有資料的鍵，都變成 a、b、c、d。

```
import os
import csv
```

```
os.chdir('/content/drive/MyDrive/Colab Notebooks')
csvfile = open('csv-demo.csv', 'r')
keys = ['a','b','c','d']                          # 手動設定字典的鍵
data = csv.DictReader(csvfile, fieldnames=keys)    # 設定 fieldnames 為 keys
for i in data:
    print(i)

# OrderedDict([('a', 'name'), ('b', 'id'), ('c', 'color'), ('d', 'price')])
# OrderedDict([('a', 'apple'), ('b', '1'), ('c', 'red'), ('d', '10')])
# OrderedDict([('a', 'orange'), ('b', '2'), ('c', 'orange'), ('d', '15')])
# OrderedDict([('a', 'grap'), ('b', '3'), ('c', 'purple'), ('d', '20')])
# OrderedDict([('a', 'watermelon'), ('b', '4'), ('c', 'green'), ('d', '30')])
# OrderedDict([('a', 'banana'), ('b', '5'), ('c', 'yellow'), ('d', '20')])
```

如果 CSV 的資料有多出來，或有缺漏，可以透過下方的程式碼，使用 restkey 或 restval 來補齊 (圖片是有多出來以及有缺漏的 CSV 檔案)，執行後可以看到第四筆資料多了一個 more 的鍵，最後一筆資料缺漏的值都變成 0。

```
import os
import csv
os.chdir('/content/drive/MyDrive/Colab Notebooks')
csvfile = open('csv-demo.csv', 'r')
data = csv.DictReader(csvfile, restkey='more', restval='0')
for i in data:
    print(i)

# OrderedDict([('name', 'apple'), ('id', '1'), ('color', 'red'), ('price', '10')])
# OrderedDict([('name', 'orange'), ('id', '2'), ('color', 'orange'), ('price',
'15')])
# OrderedDict([('name', 'grap'), ('id', '3'), ('color', 'purple'), ('price',
'20')])
# OrderedDict([('name', 'watermelon'), ('id', '4'), ('color', 'green'), ('price',
'30'), ('more', ['1234567'])])
# OrderedDict([('name', 'test'), ('id', '0'), ('color', '0'), ('price', '0')])
```

```
name,id,color,price
apple,1,red,10
orange,2,orange,15
grap,3,purple,20
watermelon,4,green,30,1234567
test
```

DictWriter(csvfile, fieldnames)

DictWriter(csvfile, fieldnames) 可以用「字典」的型態，將資料寫入 CSV 檔案，寫入的方法分成 writerow 單行寫入以及 writerows 多行寫入兩種，下方的例子使用 writerow 寫入單筆資料。

> 注意，open 模式使用 a+ 表示可以讀取檔案以及寫入資料在原本資料的最後方，因此如果 CSV 最後一行不為空，資料會加在最後一筆資料後方 (在同一行)，為了避免這個問題，可以將 CSV 檔案增加最後一行，或使用 writerow('') 加入一個空行。

```
import os
import csv
os.chdir('/content/drive/MyDrive/Colab Notebooks')
fieldnames = ['name','id','color','price']     # 定義要寫入資料的鍵
data = csv.DictWriter(csvfile, fieldnames=fieldnames)   # 設定 data 為寫入資料
data.writerow({'name':'papaya','id':5,'color':'orange','price':30})   # 寫入資料
```

```
name,id,color,price
apple,1,red,10
orange,2,orange,15
grap,3,purple,20
watermelon,4,green,30
papaya,5,orange,30
```

下方例子使用 writerows 寫入多筆資料，多筆資料使用「串列 + 字典」的形式表現。

```
import os
import csv
os.chdir('/content/drive/MyDrive/Colab Notebooks')
fieldnames = ['name','id','color','price']     # 定義要寫入資料的鍵
data = csv.DictWriter(csvfile, fieldnames=fieldnames)   # 設定 data 為寫入資料
w = [
    {'name':'papaya','id':5,'color':'orange','price':30},
    {'name':'banana','id':6,'color':'yellow','price':20}
]
data.writerows(w)
```

```
name,id,color,price
apple,1,red,10
orange,2,orange,15
grap,3,purple,20
watermelon,4,green,30
papaya,5,orange,30
banana,6,yellow,20
```

9-8 JSON 檔案操作

Python 的標準函式「json」提供了操作 JSON 檔案的方法，可以針對 JSON 檔案進行讀取、寫入或修改，這個小節將會介紹 json 常用的方法。

> JSON 範例檔：https://steam.oxxostudio.tw/download/python/json-demo.json

JSON 是什麼？

JSON (JavaScript Object Notation) 是一種使用結構化資料呈現 JavaScript 物件的標準格式，也是相當普及的輕量級資料交換格式 (JSON 本質只是純文字格式)，幾乎所有與網路開發相關的語言都有處理 JSON 的函式庫。

JSON 由「鍵」和「值」組成，可以在 JSON 裡加入各種資料類型 (字串、數字、陣列、布林值、物件、空值 ... 等)，下方是一個簡單的 JSON 檔案：

> 注意！標准 JSON 必須使用雙引號 (") 而不能使用單引號 (')，否則在轉換成 dict 型別時會發生錯誤。

```
{
  "name": "oxxo",
```

```
  "sex": "male",
  "age": 18,
  "phone": [
    {
      "type": "home",
      "number": "07 1234567"
    },
    {
      "type": "office",
      "number": "07 7654321"
    }
  ]
}
```

json 常用方法

下方列出幾種 json 模組常用的方法：

方法	參數	說明
load()	fp	讀取本機 JSON 檔案，並轉換為 Python 的字典 dict 型別。
loads()	s	將 JSON 格式的資料，轉換為 Python 的字典 dict 型別。
dump()	obj, fp	將字典 dict 型別的資料，寫入本機 JSON 檔案。
dumps()	obj	將字典 dict 型別的資料轉換為 JSON 格式的資料。
JSONDecoder()		將 JSON 格式的資料，轉換為 Python 的字典 dict 型別。
JSONEncoder()		將字典 dict 型別的資料轉換為 JSON 格式的資料。

import json

要使用 json 必須先 import json 模組，或使用 from 的方式，單獨 import 特定的類型。

```
import json
from json import load
```

load(fp)

json.load(fp) 會讀取本機 JSON 檔案，並轉換為 Python 的字典 dict 型別，JSON 在轉換時，會按照下列表格的規則，轉換為 Python 資料格式：

JSON	Python
object 物件	dict 字典
array 陣列	list 串列
string 文字 / 字串	str 文字 / 字串
number(int) 整數數字	int 整數
number(real) 浮點數字	float 浮點數
true	True
false	False
null	None

下方的程式碼，會先 open 範例的 json 檔案 (模式使用 r，路徑換成自己的檔案相對路徑)，接著使用 json.load 讀取該檔案轉換為 dict 型別，最後使用 for 迴圈將內容印出。

```
import json
jsonFile = open('/content/drive/MyDrive/Colab Notebooks/json-demo.json','r')
a = json.load(jsonFile)
for i in a:
    print(i, a[i])
'''
name oxxo
sex male
age 18
phone [{'type': 'home', 'number': '07 1234567'}, {'type': 'office', 'number':
'07 7654321'}]
'''
```

loads(s)

json.loads(s) 能將 JSON 格式的資料，轉換為 Python 的字典 dict 型別，下方的例子，同樣會先 open 範例的 json 檔案 (模式使用 r)，接著使用 json.load 讀取該檔案轉換為 dict 型別，最後使用 for 迴圈將內容印出 (用法上與 load 不太相同，load 讀取的是檔案，loads 是讀取的是資料)。

```
import json
jsonFile = open('/content/drive/MyDrive/Colab Notebooks/json-demo.json','r')
f =  jsonFile.read()    # 要先使用 read 讀取檔案
a = json.loads(f)       # 再使用 loads
for i in a:
    print(i, a[i])
'''
name oxxo
sex male
age 18
phone [{'type': 'home', 'number': '07 1234567'}, {'type': 'office', 'number':
'07 7654321'}]
'''
```

dump(obj, fp)

json.dump(obj, fp) 能將字典 dict 型別的資料轉換成 JSON 格式，寫入本機 JSON 檔案，資料在轉換時，會按照下列表格的規則，轉換為 JSON 資料格式。

Python	JSON
dict 字典	object 物件
list 陣列、tuple 元組 / 數組	array 陣列
str 文字 / 字串	string 文字 / 字串
int, float 各種數字	number 數字
True	true
False	false
None	null

下方的程式碼，會先 open 範例的 json 檔案 (模式使用 w)，接著編輯一個 data 的字典資料，完成後使用 dump 的方式將資料寫入 json 檔案中。

```
import json
jsonFile = open('/content/drive/MyDrive/Colab Notebooks/json-demo.json','w')
data = {}
data['name'] = 'oxxo'
```

```
data['age'] = 18
data['eat'] = ['apple','orange']
json.dump(data, jsonFile)
```

寫入之後 JSON 檔案的內容：

```
{"name": "oxxo", "age": 18, "eat": ["apple", "orange"]}
```

如果設定「indent」可以將寫入的資料進行縮排的排版。

```
import json
jsonFile = open('/content/drive/MyDrive/Colab Notebooks/json-demo.json','w')
data = {}
data['name'] = 'oxxo'
data['age'] = 18
data['eat'] = ['apple','orange']
json.dump(data, jsonFile, indent=2)
```

寫入之後 JSON 檔案的內容：

```
{
  "name": "oxxo",
  "age": 18,
  "eat": [
    "apple",
    "orange"
  ]
}
```

dumps(obj)

json.dumps(obj) 能將字典 dict 型別的資料轉換為 JSON 格式的資料，下方的例子，同樣會先 open 範例的 json 檔案 (模式使用 w)，接著使用 json.dumps 將 dict 字典的資料轉換為 JSON 格式，最後使用 write 將資料寫入 (用法上與 dump 不太相同，dump 轉換資料並寫入檔案，dumps 只是轉換資料)。

```
import json
```

```
jsonFile = open('/content/drive/MyDrive/Colab Notebooks/json-demo.json','w')
data = {}
data['name'] = 'oxxo'
data['age'] = 18
data['eat'] = ['apple','orange']
w = json.dumps(data)      # 產生要寫入的資料
jsonFile.write(w)         # 寫入資料
jsonFile.close()
```

寫入之後 JSON 檔案的內容：

```
{"name": "oxxo", "age": 18, "eat": ["apple", "orange"]}
```

然而 dumps 也可以單純作為轉換格式使用。

```
import json

jsonFile = open('/content/drive/MyDrive/Colab Notebooks/json-demo.json','r')

data = {}
data['name'] = 'oxxo'
data['age'] = 18
data['eat'] = ['apple','orange']
w = json.dumps(data)
print(w)
# {"name": "oxxo", "age": 18, "eat": ["apple", "orange"]}
```

JSONDecoder()

json.JSONDecoder() 會將 JSON 格式的資料，轉換為 Python 的字典 dict 型別 (json.load 和 json.loads 預設會使用 json.JSONDecoder())。

```
import json

jsonFile = open('/content/drive/MyDrive/Colab Notebooks/json-demo.json','r')
data = jsonFile.read()
r = json.JSONDecoder().decode(data)
print(r)
# {'name': 'oxxo', 'age': 18, 'eat': ['apple', 'orange']}
```

JSONEncoder()

json.JSONEncoder() 會將字典 dict 型別的資料轉換為 JSON 格式的資料 (json.dump 和 json.dumps 預設會使用 json.JSONEncoder())。

```
import json
data = {}
data['name'] = 'oxxo'
data['age'] = 18
data['eat'] = ['apple','orange']
w = json.JSONEncoder().encode(data)     # 使用 JSONEncoder() 的 encode 方法
print(w)
# {"name": "oxxo", "age": 18, "eat": ["apple", "orange"]}
```

9-9 使用正規表達式 re

正規表達式 (Regualr expression) 也可稱為正則表達式或正規表示式，是一個非常強大且實用的字串處理方法，透過正規表達式，就能定義文字規則，接著就能從一段文字裡，找出符合規則的字元，幾乎常見的程式語言，都有支援正規表達式的操作，這個小節將會介紹 Python 裡，專門操作正規表達式的標準函式庫 re。

正規表達式語法參考

正則表達式是一種輕量型的程式語言，不只是 Python 的一個套件，正規表達式使用的語法規則大同小異，可以參考下列幾個網站：

- https://developer.mozilla.org/zh-TW/docs/Web/JavaScript/Guide/Regular_Expressions
- http://ccckmit.wikidot.com/regularexpression

re 常用方法

下方列出幾種 re 模組常用的方法：

方法	參數	說明
compile()	pattern	建立一個正規表達式的規則。
search()	pattern, string	尋找第一個匹配的字元，如果沒有匹配，回傳 None。(還可額外設定 pos 和 endpos，預設 0，可指定從第幾個開始。
match()	pattern, string	從開頭開始，尋找第一個匹配的字元。
fullmatch()	pattern, string	回傳整個字串都匹配的結果。
split()	pattern, string	使用匹配的字串，將原始字串分割為串列。
findall()	pattern, string	找出全部匹配的字串，回傳為一個串列。
finditer()	pattern, string	找出全部匹配的字串，回傳為一個迭代器物件。
sub()	pattern, repl, string, count	從 string 找出全部匹配的字串，並使用 repl 的字串取代，count 預設 0 表示全部取代，設定次數可指定取代的個數。

import re

要使用 re 必須先 import re 模組，或使用 from 的方式，單獨 import 特定的類型。

```
import re
from re import sample
```

compile(pattern)

random.compile(pattern) 可以建立一個正規表達式的規則，規則建立後，就能使用 re 的其他方法執行套用這個規則的對象，舉例來說，下方的程式碼執行後，會建立找尋「連續三個數字」的規則，接著使用 search 的方法，就能找到 123 這三個字串 (下方會介紹跟 search 相關的方法)。

配對的規則通常會用「r」進行標示，例如 r'str'。

```
import re
role = re.compile(r'\d\d\d')           # 連續三個數字
result = role.search('abc123xyz')  # 使用 search 方法，使用建立的規則，搜尋 abc123xyz
print(result.group())               # 123
```

random.compile(pattern) 還有第二個參數 flags，預設不需要填寫，可以額外設定一些正規表達式的匹配方式，flags 有下列幾種參數可供設定：

參數	說明
re.I	忽略字母大小寫。
re.M	匹配「^」和「$」在開頭和結尾時，會增加換行符之前和之後的位置。
re.S	使「.」完全匹配包括換行的任何字元，如果沒有這個標籤，「.」會匹配除了換行符外的任何字元。
re.X	當設定這個標籤時，空白字元被忽略，除非該空白字元在字符類中或在反斜線之後，當一個行內有 # 不在字符集和轉義序列，那麼它之後的所有字元都是注釋。
re.L	由當前語言區域決定 \w, \W, \b, \B 和大小寫的匹配 (官方不建議使用，因為語言機制在不同作業系統可能會有不同)。

下方的程式碼執行後，會找出 HeLlo 這個字 (不論字母大小寫)。

```
import re
role = re.compile(r'hello', flags=re.I)   # 匹配 hello，不論大小寫
result = role.search('HeLlo World')
print(result.group())                      # HeLlo
```

使用 re.compile 後，包含 search，還有下列幾種常用方法可以使用 (用法等同 re 的其他相關方法)：

方法	參數	說明
search()	string	尋找第一個匹配的字元，如果沒有匹配，回傳 None。(還可額外設定 pos 和 endpos，預設 0，可指定從第幾個開始。
match()	string	從開頭開始，尋找第一個匹配的字元。
fullmatch()	string	回傳整個字串都匹配的結果。
split()	string	使用匹配的字串，將原始字串分割為串列。
findall()	string	找出全部匹配的字串，回傳為一個串列。

方法	參數	說明
finditer()	string	找出全部匹配的字串，回傳為一個迭代器物件。
sub()	repl, string, count	從 string 找出全部匹配的字串，並使用 repl 的字串取代，count 預設 0 表示全部取代，設定次數可指定取代的個數。

下方的程式碼執行後，會印出搜尋後匹配的結果。

```
import re
role = re.compile(r'hello', flags=re.I)
result_search = role.search('HeLlo World, Hello oxxo')
result_match = role.match('HeLlo World, Hello oxxo')
result_fullmatch1 = role.fullmatch('HeLlo World, Hello oxxo')
result_fullmatch2 = role.fullmatch('HeLlo')
result_split = role.split('HeLlo World, Hello oxxo')
result_findall = role.findall('HeLlo World, Hello oxxo')
result_finditer = role.finditer('HeLlo World, Hello oxxo')
result_sub = role.sub('oxxo','HeLlo World, Hello oxxo')

print(result_search)           # <re.Match object; span=(0, 5), match='HeLlo'>
print(result_match)            # <re.Match object; span=(0, 5), match='HeLlo'>
print(result_fullmatch1)       # None
print(result_fullmatch2)       # <re.Match object; span=(0, 5), match='HeLlo'>
print(result_split)            # ['', ' World, ', ' oxxo']
print(result_findall)          # ['HeLlo', 'Hello']
print(list(result_finditer))   # [<re.Match object; span=(0, 5), match='HeLlo'>,
<re.Match object; span=(13, 18), match='Hello'>]
print(result_sub)              # oxxo World, oxxo oxxo
```

進行正規表達式搜尋字串內容後，預設將匹配的資料分成同一組，也可在搜尋時使用「小括號」進行搜尋資料的「分組」，接著使用「group」或「groups」，將匹配到的資料內容取出。

下方的程式碼會分別呈現有分組和沒分組搜尋字串的結果：

```
import re
role1 = re.compile(r'(hello) (world)', flags=re.I)
result_match1 = role1.match('HeLlo World, Hello oxxo')
print(result_match1)      # <re.Match object; span=(0, 11), match='HeLlo World'>
print(result_match1.span())      # (0, 11)
print(result_match1.groups())    # ('HeLlo', 'World')
```

```
print(result_match1.group(1))    # HeLlo
print(result_match1.group(2))    # World

role2 = re.compile(r'hello', flags=re.I)
result_match2 = role2.match('HeLlo World, Hello oxxo')
print(result_match2.groups())    # ()
print(result_match2.group())     # HeLlo
print(result_match2.group(1))    # 發生錯誤  no such group
```

由於使用 group 或 groups 時，如果找不到 group 會發生錯誤 (沒有匹配就沒有 group)，所以可以先使用 if 判斷式先行篩選，避免錯誤狀況發生，下方的程式碼執行後，會判斷 result 是否為 None，如果是 None 就直接印出找不到資料的文字。

```
import re
role = re.compile(r'hello', flags=re.I)
result = role.fullmatch('HeLlo World, Hello oxxo')
if result == None:
    print('找不到資料')        # 沒有匹配就印出找不到資料
else:
    print(result.group())     # 有匹配就印出結果
```

search(pattern, string)

re.search(pattern, string) 使用後，會尋找第一個匹配的字元，如果沒有匹配，回傳 None。(還可額外設定 pos 和 endpos，預設 0，可指定從第幾個開始，相關的操作等同於前一段 compile() 裡介紹 的 search() 方法。下方程式碼會使用「忽略大小寫」的匹配方式，搜尋並印出 hello 字串。

```
import re
text = 'HeLlo world, hello oxxo'
result = re.search(r'hello', text, flags=re.I)
print(result)              # <re.Match object; span=(0, 5), match='HeLlo'>
print(result.group())      # HeLlo
```

match(pattern, string)

re.match(pattern, string) 使用後，會從開頭開始，尋找第一個匹配的字元，相關的操作等同於前一段 compile() 裡介紹 的 match() 方法。下方程式碼會使用「忽略大小寫」的匹配方式，搜尋並印出 hello 字串。

```
import re
text = 'HeLlo world, hello oxxo'
result = re.match(r'hello', text, flags=re.I)
print(result)              # <re.Match object; span=(0, 5), match='HeLlo'>
print(result.group())      # HeLlo
```

fullmatch(pattern, string)

re.fullmatch(pattern, string) 使用後，會回傳整個字串都匹配的結果，相關的操作等同於前一段 compile() 裡介紹 的 fullmatch() 方法。下方程式碼會使用「忽略大小寫」的匹配方式，搜尋並印出 hello 字串。

```
import re
text = 'HeLlo world, hello oxxo'
result = re.fullmatch(r'hello', text, flags=re.I)
print(result)              # None，因為沒有全部都匹配

text2 = 'HeLlo'
result2 = re.fullmatch(r'hello', text2, flags=re.I)
print(result2)             # <re.Match object; span=(0, 5), match='HeLlo'>
print(result2.group())     # HeLlo
```

split(pattern, string)

re.split(pattern, string) 使用後，會使用匹配的字串，將原始字串分割為串列，相關的操作等同於前一段 compile() 裡介紹 的 split() 方法。下方程式碼會使用「忽略大小寫」的匹配方式，將字串用 hello 拆分成串列。

```
import re
text = 'HeLlo world, hello oxxo'
result = re.split(r'hello', text, flags=re.I)
print(result)      # ['', ' world, ', ' oxxo']
```

findall(pattern, string)

re.findall(pattern, string) 使用後，會找出全部匹配的字串，回傳為一個

串列，相關的操作等同於前一段 compile() 裡介紹 的 findall() 方法。下方程式碼會使用「忽略大小寫」的匹配方式，將搜尋到的 hello 全部取出變成串列。

```
import re
text = 'HeLlo world, hello oxxo'
result = re.findall(r'hello', text, flags=re.I)
print(result)      # ['HeLlo', 'hello']
```

finditer(pattern, string)

re.finditer(pattern, string) 使用後，會找出全部匹配的字串，回傳為一個迭代器物件，相關的操作等同於前一段 compile() 裡介紹 的 finditer() 方法。下方程式碼會使用「忽略大小寫」的匹配方式，將搜尋到的 hello 全部取出變成迭代器物件。

```
import re
text = 'HeLlo world, hello oxxo'
result = re.finditer(r'hello', text, flags=re.I)
for i in result:
    print(i)
    print(i.group())

# <re.Match object; span=(0, 5), match='HeLlo'>
# HeLlo
# <re.Match object; span=(13, 18), match='hello'>
# hello
```

sub(pattern, repl, string, count)

re.sub(pattern, repl, string, count) 使用後，會找從 string 找出全部匹配的字串，並使用 repl 的字串取代，count 預設 0 表示全部取代，設定次數可指定取代的個數，相關的操作等同於前一段 compile() 裡介紹 的 sub() 方法。下方程式碼會使用「忽略大小寫」的匹配方式，將搜尋到的 hello 全部置換成 oxxo。

```
import re
text = 'HeLlo world, hello oxxo'
result1 = re.sub(r'hello', 'oxxo', text, flags=re.I)
result2 = re.sub(r'hello', 'oxxo', text, count=1, flags=re.I)
print(result1)      # oxxo world, oxxo oxxo
print(result2)      # oxxo world, hello oxxo  ( count 設定 1 所以只換了一個 )
```

9-10 檔案操作 os

Python 的標準函式「os」提供了操作系統中檔案的方法，可以針對檔案進行重新命名、編輯、刪除等相關操作，這個小節將會介紹 os 常用的方法。

os 常用方法

下方列出幾種 os 模組常用的方法：

方法	參數	說明
getcwd()		取得目前程式的工作資料夾路徑
chdir()	path	改變程式的工作資料夾路徑
mkdir()	folder	建立資料夾
rmdir()	folder	刪除空資料夾
listdir()	folder	列出資料夾裡的內容
open()	file, mode	開啟檔案
write()	string	寫入內容到檔案
rename()	old, new	重新命名檔案
remove()	file	刪除檔案
stat()	file	取得檔案的屬性
close()	file	關閉檔案
path		取得檔案的各種屬性
system		執行系統命令 (等同使用 cmd 或終端機輸入指令)

import os

要使用 os 必須先 import os 模組，或使用 from 的方式，單獨 import 特定的類型。

```
import os
from os import chdir
```

getcwd()

os.getcwd() 可以取得 .py 程式運作的工作資料夾路徑，下面的程式是 Colab 預設的工作資料夾。

```
import os
print(os.getcwd())    # /content
```

chdir(path)

os.chdir(path) 可以修改 .py 程式運作的工作資料夾為指定的路徑 path，下面的程式會修改 Colab 預設的工作目錄。

```
import os
os.chdir('/content/drive/MyDrive/Colab Notebooks')
# 原本在 /content，改到 /content/drive/MyDrive/Colab Notebooks
f = open('test.txt','r')
print(f.read())     # hello world
f.close()
```

mkdir(folder)

os.mkdir(folder) 可以在指定的目錄下，建立一個新的資料夾。

```
import os
os.chdir('/content/drive/MyDrive/Colab Notebooks')
os.mkdir('demo')            # 建立一個名為 demo 的資料夾
os.mkdir('demo/hello')    # 建立一個在 demo 資料夾裡的 hello 資料夾
```

rmdir(folder)

os.rmdir(folder) 會刪除一個「空」的資料夾 (裡面不能有其他檔案或資料夾)。

```
import os
os.chdir('/content/drive/MyDrive/Colab Notebooks')
os.rmdir('demo')    # 如果 demo 資料夾是空的，就會被刪除

listdir(folder)
os.listdir(folder) 會以串列的形式，列出資料夾中所有的內容。
import os
os.chdir('/content/drive/MyDrive/Colab Notebooks')
os.listdir('demo')      # ['demo.txt', '.ipynb_checkpoints']
```

open(file, mode)

os.open(file, mode) 可以開啟指定的檔案，開啟檔案時需要設定模式 mode，如果需要多種模式可使用「|」區隔，常用的模式如下表所示：

模式	說明
os.O_RDONLY	以只讀的方式打開
os.O_WRONLY	以只寫的方式打開
os.O_RDWR	以讀寫的方式打開
os.O_APPEND	以追加的方式打開
os.O_CREAT	建立並打開一個新檔案

```
import os
os.chdir('/content/drive/MyDrive/Colab Notebooks')
f = os.open('demo/demo.txt', os.O_RDWR|os.O_CREAT)    # 建立一個可讀寫的 demo.txt
```

write(file, str)

os.write(file, str) 可以將指定的文字寫入檔案裡，如果執行過程中出現「TypeError: a bytes-like object is required, not 'str'」的問題，表示寫入的編碼需要轉換，只需要在後方加入「.encode」就能順利完成。

```
import os
os.chdir('/content/drive/MyDrive/Colab Notebooks')
f = os.open('demo/demo.txt', os.O_RDWR)      # 開啟 demo.txt 檔案
str = 'good morning!!!'                      # 設定寫入的文字
os.write(f, str.encode())                    # 將文字寫入檔案
```

rename(old, new)

os.rename(old, new) 可以將指定的檔案更換名稱，如果有副檔名表示檔案，如果沒有副檔名表示資料夾。

```
import os
os.chdir('/content/drive/MyDrive/Colab Notebooks')
os.rename('test.txt', 'demo.txt')     # 將 test.txt 更名為 demo.txt
os.rename('demo', 'demo2')            # 將 demo 資料夾更名為 demo2
```

remove(file)

os.remove(file) 可以刪除指定的檔案。

```
import os
os.chdir('/content/drive/MyDrive/Colab Notebooks')
os.remove('demo/demo.txt')       # 刪除 demo.txt
```

stat(file)

os.stat(file) 可以取得指定檔案的屬性。

```
import os
os.chdir('/content/drive/MyDrive/Colab Notebooks')
print(os.stat('demo/demo.txt'))
# os.stat_result(st_mode=33152, st_ino=54, st_dev=36, st_nlink=1,
st_uid=0, st_gid=0, st_size=30, st_atime=1637132386, st_mtime=1637132381,
st_ctime=1637132386)
```

close(file)

os.close(file) 可以將開啟的檔案關閉，釋放記憶體。

path

使用 os.path 可以取得檔案的各種屬性，os.path 具有下列幾種常用的使用方法：

方法	說明
abspath(path)	回傳絕對路徑。
basename(path)	回傳檔案名稱。
dirname(path)	回傳檔案路徑。
exists(path)	判斷檔案路徑是否存在，回傳 True 或 False。
getatime(path)	回傳最近訪問時間（浮點型秒數）
getmtime(path)	回傳最近修改檔案的時間（1970 年 1 月 1 日 00:00:00 開始到修改檔案的秒數）
getctime(path)	回傳建立檔案時間。
getsize(path)	回傳檔案大小。
isabs(path)	判斷是否為絕對路徑，回傳 True 或 False。
isfile(path)	判斷路徑是否為文件，回傳 True 或 False。
isdir(path)	判斷路徑是否為目錄，回傳 True 或 False。
join(path1, path2....)	把目錄和檔案名合成一個路徑
realpath(path)	回傳 path 的真實路徑
relpath(path, start)	從 start 計算相對路徑
samefile(path1, path2)	判斷兩個檔案或目錄是否相同
sameopenfile(fp1, fp2)	判斷 fp1 和 fp2 是否指向同一檔案
samestat(stat1, stat2)	判斷 stat tuple stat1 和 stat2 是否指向同一個文件
split(path)	把路徑分割成 dirname 和 basename，返回一個元組
splitext(path)	分割路徑，返回路徑名和文件副檔名的檔案

下方的程式碼，會使用 os.path 取得檔案相關資訊。

```
import os
path = os.getcwd() + '/drive/MyDrive/Colab Notebooks/test.txt'
print(os.path.basename(path))    # test.txt
print(os.path.dirname(path))     # /content/drive/MyDrive/Colab Notebooks
```

```
print(os.path.exists(path))       # True
print(os.path.getatime(path))     # 1637052462.0
print(os.path.getmtime(path))     # 1637052462.0
print(os.path.getctime(path))     # 1637052462.0
print(os.path.getsize(path))      # 30
print(os.path.isabs(path))        # True
print(os.path.isfile(path))       # True
print(os.path.isdir(path))        # False
print(os.path.realpath(path))     # /content/drive/MyDrive/Colab Notebooks/test.
                                    txt
print(os.path.samefile(path, path))  # True
print(os.path.split(path))        # ('/content/drive/MyDrive/Colab Notebooks',
                                    'test.txt')
print(os.path.splitdrive(path)) # ('', '/content/drive/MyDrive/Colab Notebooks/
                                    test.txt')
print(os.path.splitext(path))     # ('/content/drive/MyDrive/Colab Notebooks/
                                    test', '.txt')
print(os.path.join('content','drive','test.txt'))    # content/drive/test.txt
```

system

os.system(命令) 的效果等同於在電腦的終端機或 cmd 裡，輸入並執行系統命令，但由於作業系統的不同，命令也會有所不同，下方列出一些 Windows 和 Linux 裡常用的指令：

Windows：

指令	說明
cd	切換資料夾位置
cls	清除螢幕
md/mkdir	建立資料夾
rd/rmdir	刪除資料夾
ren/rename	重新命名
dir	列出目錄與子目錄
del/erase	刪除一個或多個檔案
move	移動檔案
copy	複製檔案
xcopy	複製檔案與樹狀目錄

Linux：

指令	說明
cd	切換資料夾位置
pwd	顯示所在目錄
ls	列出檔案清單
clear	清除螢幕
mkdir	建立資料夾
rm	刪除檔案或資料夾
mv	移動 / 重新命名檔案
cp	複製檔案

下方的例子，效果等同於直接在終端機使用指令，建立資料夾、列出目錄、開啟檔案與刪除檔案。

```
import os
os.system("mkdir test")            # 建立資料夾
os.system("cp test.txt ./demo")    # 複製至 demo 資料夾裡 ( Windows 使用 copy )
os.system("rm test.txt/")          # 刪除檔案 ( Windows 使用 del )
os.system("open test.txt")         # 使用預設轉體開啟 test.txt
```

9-11 查找匹配檔案 glob

Python 的標準函式「glob」可以使用名稱與路徑的方式，查找出匹配條件的檔案或資料夾，查找出檔案後，搭配其他函式庫 (例如 os 標準函式庫)，就能做到像是批次重新命名、批次刪除 ... 等的動作。

glob 的方法

下方列出 glob 模組常用的兩個方法：

方法	參數	說明
glob()	pathname	以串列方式，回傳所有匹配的檔案或資料夾名稱。
iglob()	pathname	以 generator 方式，回傳所有匹配的檔案或資料夾名稱。

import glob

要使用 glob 必須先 import glob 模組，或使用 from 的方式，單獨 import 特定的類型。

```
import glob
from glob import glob
```

glob(pathname)

glob(pathname) 執行後會根據 pathname 查找符合的檔案或資料夾，下方的例子執行後，會以「相對路徑」的方式尋找同一層的 test 資料夾裡所有的檔案 (pathname 也可以使用「絕對路徑」進行查找)。

```
import glob
a = glob.glob(r'./test/*')
print(a)
```

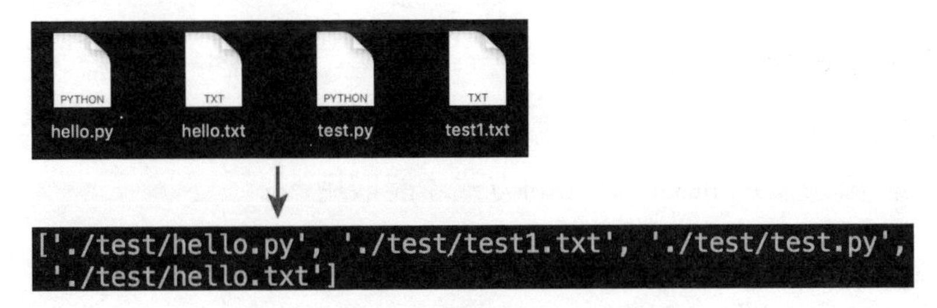

pathname 支援下方萬用字元 (通配符) 的寫法：

字元	說明	範例
*	匹配任意數量字元。	「wh*」會找到 what、white 和 why，但找不到 awhile 或 watch。
?	匹配單一字元。	「b?ll」會找到 ball、bell 和 bill。
[]	匹配方括號中的字元。	「b[ae]ll」會找到 ball 和 bell，但找不到 bill。
-	匹配一個範圍內的字元。	「b[a-c]d」將找到 bad、bbd 和 bcd。

```
import glob
print(glob.glob(r'./test/*'))          # 找出所有檔案
```

```
print(glob.glob(r'./test/*.txt'))       # 找出所有副檔名為 .txt 的檔案，例如 1.txt、
                                          hello.txt
print(glob.glob(r'./test/[0-9].txt'))   # 找出所以名稱為一個數字，副檔名為 .txt 的檔案，
                                          例如 1.txt、2.txt
print(glob.glob(r'./test/????.*'))      # 找出所有檔名有四個字元的檔案，例如 test.
                                          txt、demo.py
print(glob.glob(r'./test/t*.*'))        # 找出所有 t 開頭的檔案，例如 test.txt、
                                          test.py
print(glob.glob(r'./test/*e*.*'))       # 找出所有檔名裡有 e 的檔案，例如 test.txt、
                                          hello.py
```

glob 也可額外設定 recursive=True 參數 (預設 False)，設定後可使用「_*_」的方式，搜尋資料夾內所有資料夾的內容 *，例如下方的程式執行後，會搜尋所有資料夾裡，檔名有四個字元的所有檔案。

```
import glob
a = glob.glob('./**/????.*', recursive=True)
print(a)    # ['./test.png', './main.py', './test/test.py']
```

iglob(pathname)

iglob(pathname) 的使用方式和 glob() 相同，差別在於得到的結果為 generator，必須使用 next() 之類的方式才能取用。

```
import glob
a = glob.glob('./**/????.*', recursive=True)
b = glob.iglob('./**/????.*', recursive=True)
print(a)    # ['./test.png', './main.py', './test/test.py']
print(b)    # <generator object _iglob at 0x1085449d0>
```

9-12 壓縮檔案 zipfile

Python 的標準函式「zipfile」提供可以將檔案或資料夾壓縮為 zip 壓縮檔、或將壓縮檔解壓縮的方法，這個小節將會介紹 zipfile 的使用方法。

import zipfile

要使用 zipfile 必須先 import zipfile 模組，或使用 from 的方式，單獨 import 特定的類型。

```
import zipfile
from zipfile import ZipFile
```

壓縮檔案

ZipFile() 是 zipfile 函式庫裡最常使用的方法，將 ZipFile() 的 mode 參數設定為「w」，就能壓縮檔案或資料夾，下方的程式碼執行後，會將兩張圖片壓縮為一個名叫 test.zip 的壓縮檔，當中使用 with...as 的語法，壓縮完成後就會關閉壓縮的流程。

- ZipFile() 方法裡還有 compression 參數，可以設定壓縮成 zip 的壓縮方法，通常不需要進行設定，如果需要設定可以參考：https://docs.python.org/zh-tw/3.8/library/zipfile.html#zipfile-objects
- 注意，要壓縮的檔案路徑採用和 Python 執行檔的相對路徑，範例中的檔案和 Python 執行檔放在同一個資料夾中。
- 雖然 zipfile 函式庫有提供 setpassword 的方法，但根據官方說明，該方法只能取得密碼，無法設定密碼。

```
import os
os.chdir('/content/drive/MyDrive/Colab Notebooks')  # 針對 Colab 改變路徑，本機
                                                      環境可不用

with zipfile.ZipFile('test.zip', mode='w') as zf:
    zf.write('oxxo1.jpg')
    zf.write('oxxo2.jpg')
```

如果不使用 with...as 語法，也可使用下方的程式碼，壓縮完成後再透過 close() 方法關閉壓縮流程。

```
import os
os.chdir('/content/drive/MyDrive/Colab Notebooks')  # 針對 Colab 改變路徑，本機
                                                      環境可不用

import zipfile

zf = zipfile.ZipFile('test.zip', mode='w')
zf.write('mona.jpg')
zf.write('mona2.jpg')
zf.write('../bg4.jpg')
zf.close()
```

在壓縮檔內添加檔案

如果將 FileZip() 方法的模式設定為「a」，就可以在現成的壓縮檔中添加檔案，下方的程式碼執行後，會在原本的 test.zip 裡，添加一張名為 orange.jpg 的圖片。

```
import os
os.chdir('/content/drive/MyDrive/Colab Notebooks')  # 針對 Colab 改變路徑，本機
                                                      環境可不用

import zipfile

with zipfile.ZipFile('test.zip', mode='a') as zf:
    zf.write('orange.jpg')
```

讀取壓縮檔內的檔案

如果將 FileZip() 方法的模式設定為「r」，就可以單純讀取壓縮檔，下方列出讀取壓縮檔後的操作方法：

方法	參數	說明
namelist()		列出壓縮檔的所有內容名稱。
infolist()		列出壓縮檔的所有內容資訊。
getinfo()	name	列出指定檔案的資訊。

執行 getinfo() 之後，就可以按照下表，取出該檔案常用的屬性：

屬性	說明
filename	檔案名稱。
date_time	檔案修改時間。
compress_type	壓縮型別。
compress_size	壓縮後的大小。
file_size	檔案原本大小。
comment	檔案說明。
create_system	建立壓縮檔的系統資訊。
create_version	建立壓縮檔的版本。
extract_version	解壓縮的所需版本。

下方的程式碼執行後，會從 test.zip 壓縮檔中，列出內容的檔案清單，接著會印出其中一個檔案的檔名、大小與壓縮後的大小。

```
import os
os.chdir('/content/drive/MyDrive/Colab Notebooks')  # 針對 Colab 改變路徑，本機
                                                      環境可不用

import zipfile

with zipfile.ZipFile('test.zip', mode='r') as zf:
    print(zf.namelist())                  # 印出清單
    img1 = zf.getinfo('oxxo1.jpg')        # 取得檔案資訊
    print(img1.filename)                  # 印出名稱
    print(img1.file_size)                 # 印出原始大小
    print(img1.compress_size)             # 印出壓縮後的大小
```

解壓縮檔案 (支援有密碼的壓縮檔)

讀取壓縮檔後，就可以使用 extract() 方法進行解壓縮的動作，使用方法如下：

```
zf.extract(name, path, pwd)
```

```
# name 要解壓縮的檔案名稱
# path 解壓縮後要放的位置
# pwd 解壓縮密碼
```

下方的程式碼執行後，會將一個具有 123 密碼的壓縮檔，解壓縮後放到 zipfolder 的資料夾中。

> 解壓縮路徑使用 r 開頭，可以避免一些斜線字元被轉義。
>
> 密碼後方要加上 encode('utf-8') 才會是 utf-8 文字字元。

```
import os
os.chdir('/content/drive/MyDrive/Colab Notebooks')  # 針對 Colab 改變路徑，本機
                                                      環境可不用

import zipfile

with zipfile.ZipFile('test.zip', mode='r') as zf:
    nameList = zf.namelist()
    for name in nameList:
        zf.extract(name, r'zipfolder', pwd='123'.encode('utf-8'))
```

9-13 高階檔案操作 shutil

Python 的標準函式「shutil」提供了一系列高階操作檔案與資料夾的方法，可以針對檔案進行複製、移動、壓縮、解壓縮等相關操作，這個小節將會介紹 shutil 常用的方法。

shutil 常用方法

下方列出幾種 shutil 模組常用的方法：

方法	參數	說明
copyfileobj()	fsrc, fdst	將來源檔案的內容，複製到指定檔案裡。

方法	參數	說明
copyfile()	src, dst	將來源檔案複製到指定的資料夾變成新檔案。
copymode()	src, dst	將來源檔案的權限資訊，複製到指定的檔案。
copy()	src, dst	將來源檔案包含權限資訊，複製到指定的資料夾變成新檔案。
copystat()	src, dst	將來源檔案的權限資訊、修改時間、使用者，複製到指定的檔案。
copy2()	src, dst	將來源檔案包含權限資訊、修改時間、使用者，複製到指定的資料夾變成新檔案。
move()	src, dst	將來源檔案或資料夾，移動到指定的資料夾內。
copytree()	src, dst...	將來源資料夾內的所有檔案，複製到指定的資料夾。
rmtree(path)	path	刪除指定資料夾以及其所有內容。
make_archive()	base_name, format, base_dir...	將資料夾或檔案壓縮為壓縮檔。
unpack_archive()	file	將壓縮檔解壓縮。

import shutil

要使用 shutil 必須先 import shutil 模組，或使用 from 的方式，單獨 import 特定的類型。

```
import shutil
from shutil import copy
```

copyfileobj(fsrc, fdst)

shutil.copyfileobj(fsrc, fdst) 可以將來源檔案 (fsrc) 的內容，複製到指定檔案 (fdst) 裡，下方的例子先使用 open 分別開啟兩個 txt 檔案，來源檔案 hello.txt 設定為 r，指定檔案 hello2.txt 設定為 a，使用 shutil.copyfileobj 之後，就會將 hello.txt 的內容，複製添加到 hello2.txt 裡。

```
import os
import shutil
os.chdir('/content/drive/MyDrive/Colab Notebooks')
f1 = open('demo/hello.txt','r')      # 開啟為可讀取
f2 = open('demo/hello2.txt','a')     # 開啟為可添加
shutil.copyfileobj(f1,f2)            # 複製內容
```

copyfile(src, dst)

shutil.copyfile(src, dst) 可以將來源檔案 (src) 複製到指定的目錄變成新檔案 (dst)，如果遇到同樣檔名的檔案則會直接覆蓋，下方的例子會將 hello.txt 複製到 demo2 的資料夾裡，變成 hello2.txt 的檔案。

```
import os
import shutil
os.chdir('/content/drive/MyDrive/Colab Notebooks')  # 使用 os.chdir 純粹只是要
                                                     修改 Colab 預設執行的路徑
f1 = 'demo/hello.txt'     # 欲複製的檔案
f2 = 'demo2/hello2.txt'   # 存檔的位置與檔案名稱
shutil.copyfile(f1,f2)    # 複製檔案
```

copymode(src, dst)

shutil.copymode(src, dst) 可以將來源檔案 (src) 的「權限資訊」，複製到指定的檔案 (dst)，取代指定檔案的權限資訊 (這個功能在 Colab 裡看不出來，要實際用本機檔案測試)。

```
import shutil
f1 = 'demo.txt'
f2 = 'demo2.txt'
shutil.copymode(f1,f2)    # 複製權限資訊
```

copy(src, dst)

shutil.copy(src, dst) 可以將來源檔案 (src) 包含權限資訊，複製到指定的目錄變成新檔案 (dst)。

```
import os
import shutil
os.chdir('/content/drive/MyDrive/Colab Notebooks')  # 使用 os.chdir 純粹只是要
                                                       修改 Colab 預設執行的路徑
f1 = 'demo/demo.txt'
f2 = 'demo2/demo.txt'
shutil.copy(f1,f2)      # 將 demo/demo.txt 複製到 demo2 資料夾的 demo.txt
```

copystat(src, dst)

shutil.copystat(src, dst) 可以將來源檔案 (src) 的權限資訊、修改時間、使用者，複製到指定的檔案 (dst)，取代指定檔案的權限資訊 (這個功能在 Colab 裡看不出來，要實際用本機檔案測試)。

```
import shutil
f1 = 'demo.jpg'
f2 = 'demo2.jpg'
shutil.copystat(f1,f2)    # 複製權限資訊、修改時間 ... 等資訊
```

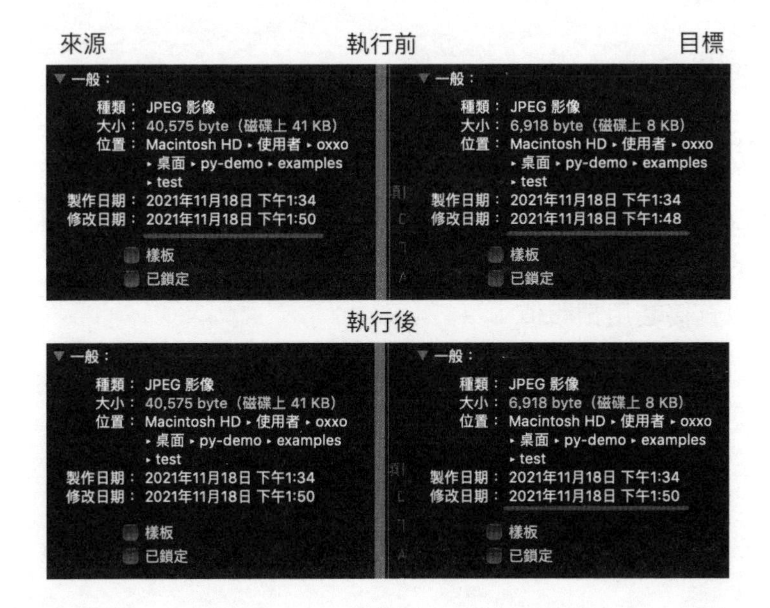

copy2(src, dst)

shutil.copy2(src, dst) 可以將來源檔案 (src) 包含權限資訊，複製到指定的目錄變成新檔案 (dst)。

```
import os
import shutil
os.chdir('/content/drive/MyDrive/Colab Notebooks')   # 使用 os.chdir 純粹只是要
                                                       修改 Colab 預設執行的路徑
f1 = 'demo/demo.txt'
f2 = 'demo2/demo.txt'
shutil.copy2(f1,f2)     # 將 demo/demo.txt 複製到 demo2 資料夾的 demo.txt
```

move(src, dst...)

shutil.move(src, dst) 可以將來源檔案或資料夾，移動到指定的資料夾內，如果目標是檔案且同樣名稱，則會覆寫該檔案，下方的程式執行後，會將 demo 搬移到 demo2 資料夾裡。

```
import os
import shutil
os.chdir('/content/drive/MyDrive/Colab Notebooks')   # 使用 os.chdir 純粹只是要
                                                       修改 Colab 預設執行的路徑
f1 = 'demo'
f2 = 'demo2'
shutil.move(f1,f2)
```

copytree(src, dst...)

shutil.copytree(src, dst...) 可以將來源資料夾 (src) 內的所有檔案，複製到指定的資料夾 (dst)，總共有六個參數可以使用，除了 src 和 dst 之外，其他都可以直接套用預設值：

參數	說明
src	來源資料夾
dst	目標資料夾

參數	說明
ignore	要忽略的檔案，使用 shutil.ignore_patterns，預設 None
copy_function	複製模式，預設 shutil.copy2
ignore_dangling_symlinks	是否屏蔽符號鏈接錯誤，預設 False
symlinks	是否屏蔽不存在路徑的錯誤，預設 False

下方的例子會在執行後，複製整個 demo 資料夾 (略過裡頭副檔名為 .jpg 以及 .png 的檔案)，複製成為 demo2 資料夾。

```
import os
import shutil
os.chdir('/content/drive/MyDrive/Colab Notebooks')    # 使用 os.chdir 純粹只是要
                                                          修改 Colab 預設執行的路徑
f1 = 'demo'
f2 = 'demo2'
shutil.copytree(f1, f2, ignore=shutil.ignore_patterns('*.jpg', '*.png'))
```

rmtree(src)

shutil.rmtree(src) 可以刪除指定資料夾以及其所有內容，下方的程式碼執行後會刪除 demo 資料夾以及其所有內容。

```
import os
import shutil
os.chdir('/content/drive/MyDrive/Colab Notebooks')
f1 = 'demo'
shutil.rmtree(f1)
```

make_archive(base_name, format, base_dir...)

shutil.make_archive(base_name, format...) 可以將資料夾或檔案壓縮為壓縮檔，總共下列幾個參數可以使用，除了 base_name、format 和 base_dir 之外，其他都可以直接套用預設值：

參數	說明
base_name	壓縮後的檔案名稱 (可以使用目錄 + 名稱)。
format	壓縮格式，可使用 zip、tar... 等。
base_dir	相對於根目錄的目錄。
root_dir	欲壓縮的檔案根目錄，預設為執行程式的目錄。
owner	檔案擁有者，系統預設。
group	檔案群，系統預設。
logger	記錄日誌，預設 logging.Logger 對象。

下方的程式執行後，會將 demo 資料夾內的 test 資料夾壓縮，變成 test.zip 放在 demo 資料夾裡。

```
import os
import shutil
os.chdir('/content/drive/MyDrive/Colab Notebooks')
shutil.make_archive('demo/test', 'zip', base_dir="test", root_dir="demo")
```

unpack_archive(file)

shutil.unpack_archive(file) 可以將指定的壓縮檔解壓縮，有三個參數可以設定，除了 filename 之外，其他都可以套用預設值。

參數	說明
file	欲解壓縮的檔案 (路徑相對於程式執行的目錄)。
format	解壓縮格式，預設以檔案的副檔名為主。
extract_dir	解壓縮之後放置的檔案目錄，預設為程式執行的目錄。

下方的程式執行後，會將 zip_folder.zip 解壓縮，並放到 demo 資料夾裡。

```
import os
import shutil
```

```
os.chdir('/content/drive/MyDrive/Colab Notebooks')
shutil.unpack_archive('zip_folder.zip',extract_dir="demo")
```

9-14 高效迭代器 itertools

Python 的標準函式「itertools」是一個針對可迭代物件進行處理的函式，由於是 Python 內建的標準函式，因此處理資料的速度，比自己撰寫程式來迭代每個項目還來得迅速，這個小節將會介紹 itertools 的常用方法。

itertools 常用方法

itertools 包含一系列用來產生不同類型迭代器的方法，這些方法都會回傳一個迭代器，可以透過迴圈的方式取值，也可以使用 next() 來取值，itertools 有以下幾種類型與常用的方法：

無限迭代器

方法	參數	說明
count()	start, step	回傳從 start 開始，以 step 間隔的無限項目迭代器，step 預設 1。
cycle()	iter	回傳一個迭代器，內容是迭代物件中所有元素的無限重複。
repeat()	obj, times	回傳一個迭代器，內容是迭代物件的無限重複，times 預設 None 為無限重複，可指定 times 設定重複次數。

有限迭代器

方法	參數	說明
accumulate()	p, fn	預設回傳累積加總值，或設定回傳其他運算函數的累積結果值。
chain()	p, q...	將多個可迭代物件，串連為單一個可迭代物件。
compress()	data, selectors	將 data 和 selectors 比對，當 selectors 的某個元素為 true 時，則保留 data 對應位置的元素。
dropwhile()	func, iter	透過 func 函式計算可迭代的項目，如果結果為 True 就捨棄該項目，如果是 False 就回傳該項目以及後方所有項目。

方法	參數	說明
filterfalse()	func, iter	透過 func 函式計算可迭代的項目，如果結果為 False 就回傳該項目。
takewhile()	func, iter	透過 func 函式計算可迭代的項目，如果結果為 True 就回傳該項目，如果遇到 False 就會停止。
groupby()	iter, key	將相鄰的項目按照 key 的設定集合成一組，如果沒有 key 就會把「相鄰且相同」的項目分成同一組，預設 key 為 None。
islice()	iter, start, stop, step	針對迭代的物件進行切片動作，start 預設 0，表示開始的順序，stop 預設 None 表示最後一項，step 表示取值的間隔。
starmap()	func, iter	將可迭代的物件透過 func 函式運算後，產生新的項目。
tee()	iter, n	將原本的迭代物件，產生 n 個獨立的迭代器。
zip_longest()	iters, fillvalue	將多個可迭代物件合併，如果遇到不足的項目，預設補上 None，也可設定 fillvalue 補值。

排列組合迭代器

方法	參數	說明
product()	p, q...	將多個可迭代物件，回傳笛卡爾積的結果。
permutations()	p	將可迭代物件按照順序，進行所有不重複的排列組合，並回傳最後的結果。
combinations()	p, r	將可迭代物件按照順序，進行指定長度的組合，並回傳最後的結果。
combinations_with_replacement()	p, r	和 combinations() 相同，不過組合裡會包含自己的項目。

import itertools

要使用 time 必須先 import itertools 模組，或使用 from 的方式，單獨 import 特定的類型。

```
import itertools
from itertools import count
```

count(start, step)

itertools.count(start, step) 執行後會回傳從 start 開始，以 step 間隔的無限項目迭代器，step 預設 1，不填入 step 會自動使用 1，由於 count 回傳的迭代器是一個無限循環的產生器，所以如果使用迴圈，則必須要自己撰寫判斷式停止。

```
import itertools
a = itertools.count(1)            # 設定 a 從 1 開始，間隔 1 無限循環
b = itertools.count(5, 2)         # 設定 b 從 5 開始，間隔 2 無限循環
for i in a:
    print(i, end=' ')             # 1 2 3 4 5 6 7 印出 a 裡的每個項目
    if i>6: break                 # 如果超過 6 就停止
print()
for i in b:
    print(i, end=' ')             # 5 7 9 11 13 15 17 19 21 印出 b 裡的每個項目
    if i>20: break                # 如果超過 20 就停止
```

因為是產生器，所以能夠使用 next() 讀取，下方程式碼就會依序讀取每個項目。

```
import itertools
a = itertools.count(1)
print(next(a))    # 1
print(next(a))    # 2
print(next(a))    # 3
print(next(a))    # 4
print(next(a))    # 5
```

cycle(iterable)

itertools.cycle(iterable) 執行後會回傳一個迭代器，內容是迭代物件中所有元素的無限重複，下方的程式碼執行後，使用 for 迴圈印出 20 個項目，這 20 個項目是使用 ABC 三個字母無限循環所產生。

```
import itertools
a = itertools.cycle('ABC')
for i in range(20):
    print(next(a), end=' ')    # A B C A B C A B C A B C A B C A B C A B
```

repeat(object, times)

itertools.repeat(object, times) 執行後會回傳一個迭代器，內容是迭代物件的無限重複，times 預設 None 為無限重複，可指定 times 設定重複次數，下方的程式碼執行後，會印出五次 ABC。

```
import itertools
a = itertools.repeat('ABC', 5)
for i in a:
    print(i, end=' ')    # ABC ABC ABC ABC ABC
```

accumulate(p, fn)

itertools.accumulate(p, fn) 如果不設定 fn，執行後預設回傳累積加總值，如果設定 fn，則會回傳運算函數的累積結果值，下方的例子，b 的每個項目會是 a 的每個項目加上前面每個項目的數值，c 的每個項目則是 a 的每個項目乘以前面每個項目的數值。

```
import itertools
a = [1,2,3,4,5,6,7,8,9]
b = itertools.accumulate(a)
c = itertools.accumulate(a, lambda x,y: x*y)  # 使用 lambda 匿名函式
for i in b:
    print(i, end=' ')    # 1 3 6 10 15 21 28 36 45
print()
for i in c:
    print(i, end=' ')    # 1 2 6 24 120 720 5040 40320 362880
```

chain(p, q...)

itertools.chain(p, q...) 可以將多個可迭代物件，串連為單一個可迭代物件，下方的程式碼執行後，會將 a、b、c 三個可迭代物件，組合成單一個可迭代的物件。

```
import itertools
a = 'abc'
b = 'xyz'
c = [1,2,3]
```

```
d = itertools.chain(a, b, c)
for i in d:
    print(i, end=' ')    # a b c x y z 1 2 3
```

compress(data, selectors)

itertools.compress(data, selectors) 會將 data 和 selectors 比對，當 selectors 的某個元素為 true 時，則保留 data 對應位置的元素，下方的程式碼執行後，會以 b 為 True 的項目位置 1、2、5 挑出 a 的項目，就會回傳 A、B、E。

```
import itertools
a = 'ABCDEFG'
b = [1,1,0,0,1]
c = itertools.compress(a, b)
for i in c:
    print(i, end=' ')    # A B E
```

dropwhile(func, iter)

itertools.dropwhile(pred, seq) 裡的 func 是函式，iter 是可迭代對象。透過 func 函式計算可迭代的項目，如果結果為 True 就捨棄該項目，如果是 False 就回傳該項目以及後方所有項目，下方的程式碼執行後，b 的結果因為在 5 的位置為 Fasle，所以會回傳 5 和後方所有項目，而 c 的結果因為在 1 的位置就 False，所以就會回傳 1 和後方所有項目。

```
import itertools
a = [1,2,3,4,5,6,7,8,9]
b = itertools.dropwhile(lambda x: x<5, a)
c = itertools.dropwhile(lambda x: x>5, a)
for i in b:
    print(i, end=' ')     # 5 6 7 8 9
print()
for i in c:
    print(i, end=' ')     # 1 2 3 4 5 6 7 8 9
```

filterfalse(func, iter)

itertools.filterfalse(pred, seq) 裡的 func 是函式，iter 是可迭代對象。透過 func 函式計算可迭代的項目，如果結果為 False 就回傳該項目，下方的程式碼執行後，b 會回傳大於等於 5 的數值，c 會回傳小於等於 5 的數值。

```
import itertools
a = [1,2,3,4,5,6,7,8,9]
b = itertools.filterfalse(lambda x: x<5, a)
c = itertools.filterfalse(lambda x: x>5, a)
for i in b:
    print(i, end=' ')    # 5 6 7 8 9
print()
for i in c:
    print(i, end=' ')    # 1 2 3 4 5
```

takewhile(func, iter)

itertools.takewhile(func, iter) 裡的 func 是函式，iter 是可迭代對象。透過 func 函式計算可迭代的項目，如果結果為 True 就回傳該項目，如果遇到 False 就會停止，下方的程式碼執行後，b 會回傳小於 5 的數值，c 則不會回傳資料，因為一開始遇到 False 就會停止。

```
import itertools
a = [1,2,3,4,5,6,7,8,9]
b = itertools.takewhile(lambda x: x<5, a)
c = itertools.takewhile(lambda x: x>5, a)
for i in b:
    print(i, end=' ')    # 1 2 3 4
print()
for i in c:
    print(i, end=' ')    # 沒有結果，因為一開始就遇到 False
```

groupby(iter, key)

itertools.groupby(iter, key) 會將相鄰的項目，按照 key 的設定集合成一組，如果沒有 key 就會把「相鄰且相同」的項目分成同一組，預設 key 為 None，下方的程式碼執行後，b 會將「相鄰且相同」的項目分成同一組 (

因為沒有設定 key)，而 c 會把轉換成大寫之後「相鄰且相同」的項目分成同一組。

```
import itertools
a = 'AAaBbbCcC'
b = itertools.groupby(a)
for key, val in b:
    print(key, list(val))

# A ['A', 'A']
# a ['a']
# B ['B']
# b ['b', 'b']
# C ['C']
# c ['c']
# C ['C']

c = itertools.groupby(a, lambda x: x.upper())    # 轉換成大寫後分組
for key, val in c:
    print(key, list(val))

# A ['A', 'A', 'a']
# B ['B', 'b', 'b']
# C ['C', 'c', 'C']
```

下面的程式會先把一個串列，按照項目的「長度」排序，排序後會按照 key 的設定，把同樣長度的分成同一組。

```
import itertools
d = ['dd','ddd','aa','bbbbb','a','ccc','ee']
dd = sorted(d, key=len)            # 按照長度進行排序
e = itertools.groupby(dd, len)    # 按照長度進行分組
for key, val in e:
    print(key, list(val))

# 1 ['a']
# 2 ['dd', 'aa', 'ee']
# 3 ['ddd', 'ccc']
# 5 ['bbbbb']
```

islice(iter, start, stop, step)

itertools.islice(iter, start, stop, step) 會針對迭代的物件進行切片動作，start 預設 0，表示開始的順序，stop 預設 None 表示最後一項，step 表示取值的間隔，下面的項目執行後，會從第二個項目開始，取出間隔 2 的項目。

```
import itertools
a = '123456789'
b = itertools.islice(a, 2, len(a), 2)
for i in b:
    print(i, end=' ')    # 3 5 7 9
```

starmap(func, iter)

itertools.starmap(func, iter) 會將可迭代的物件透過 func 函式運算後，產生新的項目，類似 map() 的用法，下方的程式執行後，會把 a 所有的字母變成兩倍。

```
import itertools
a = 'abcdefg'
b = itertools.starmap(lambda x: x*2, a)
for i in b:
    print(i, end=' ')
```

tee(iter, n)

itertools.tee(iter, n) 會將原本的迭代物件，產生 n 個獨立的迭代器，下方的程式執行後，會將 a 變成三個獨立的迭代器。

```
import itertools
a = 'abcde'
b = itertools.tee(a, 3)
for i in b:
    print(list(i))

# ['a', 'b', 'c', 'd', 'e']
# ['a', 'b', 'c', 'd', 'e']
# ['a', 'b', 'c', 'd', 'e']
```

zip_longest(*iters, fillvalue)

itertools.zip_longest(iters, fillvalue) 會將多個可迭代物件合併，如果遇到不足的項目，預設補上 None，也可設定 fillvalue 補值，下方的程式碼執行後，會將 a 和 b 組合成可迭代物件，不足的項目以問號 ? 補充。

```
import itertools
a = 'abcde'
b = '123'
c = itertools.zip_longest(a, b, fillvalue='?')
for i in c:
    print(i)
```

product(p, q...)

itertools.product(p, q...) 會將多個可迭代物件，回傳笛卡爾積的結果，下方程式執行後，會回傳 a 和 b 的笛卡爾積。

```
import itertools
a = 'abc'
b = '123'
r = itertools.product(a, b)
for i in r:
    print(*i)

# a 1
# a 2
# a 3
# b 1
# b 2
# b 3
# c 1
# c 2
# c 3
```

permutations(p)

itertools.permutations(p) 會將可迭代物件按照順序，進行所有不重複的排列組合，並回傳最後的結果，下方的程式碼執行後，會回傳 abc 三個字母所有的排列組合。

```
import itertools
a = 'abc'
r = itertools.permutations(a)
for i in r:
    print(*i)

# a b c
# a c b
# b a c
# b c a
# c a b
# c b a
```

combinations(p, r)

itertools.combinations(p, r) 會將可迭代物件按照順序，進行指定長度的組合，並回傳最後的結果，和 permutations 不同的是，permutations 是所有的排列組合 (項目的前後順序不同視為不同項目)，combinations 則是組合，如果內容元素相同，就算排列順序不同，仍視為相同項目。

下方的程式碼執行後，會以 3 的長度印出對應的組合。

```
import itertools
a = 'abcde'
r = itertools.combinations(a,3)
for i in r:
    print(*i)

# a b c
# a b d
# a b e
# a c d
# a c e
# a d e
# b c d
# b c e
# b d e
# c d e
```

combinations_with_replacement(p, r)

itertools.combinations_with_replacement(p, r) 和 combinations 相同，只是組合裡會包含自己的項目，下方程式碼執行後，會以 2 的長度印出對應的組合。

```
import itertools
a = 'abcde'
r = itertools.combinations_with_replacement(a,2)
for i in r:
    print(*i)
'''
a a
a b
a c
a d
a e
b b
b c
b d
b e
c c
c d
c e
d d
d e
e e
'''
```

9-15 容器資料型態 collections

Python 的標準函式「 collections」是一個可以創建特別「容器資料型態」的函式庫，所創建的容器可以用來替代 Python 一般內建的容器，例如 dict、list、set 和 tuple，熟練應用後不僅能提升程式碼的可讀性，更能提高程式執行的效率。

collections 的方法

下方列出 collections 模組常用的幾個方法：

方法	說明
namedtuple()	創建一個自定義的 tuple 容器，並用「屬性」的方式引用項目。
deque	創建一個類似 list 的物件，可以快速的在頭尾加入或取出元素。
ChainMap	創建一個類似 dict 的物件，可以將多個 dict 串接成單一的物件。
Counter	創建一個 dict 計數器物件，用來計算可迭代物件中每個物件的數量。
OrderedDict	創建一個可以記錄 key 順序的 dict 物件。
defaultdict	創建一個可以使用可以預設值的 dict 物件。

import collections

要使用 collections 必須先 import collections 模組，或使用 from 的方式，單獨 import 特定的類型。

```
import collections
from collections import namedtuple
```

namedtuple()

namedtuple() 可以創建一個自定義的 tuple 容器，並用「屬性」的方式引用 tuple 的某個項目，不僅具備 tuple 的不可變性，又具有引用屬性的彈性。

下方的例子使用 namedtuple 定義了一個 circle 對象，包含 x、y 和 r (中心點 xy 座標和半徑 r) 三個屬性，使用時就可以像字典用法一般，讀取指定的屬性。

```
from collections import namedtuple

circle = namedtuple('Point', ['x', 'y', 'r'])
c = circle(10,20,50)

print(c)                    # Point(x=10, y=20, r=50)
```

```
print(c.x, c.y, c.r)      # 10 20 50
print(c[0], c[1], c[2])  # 10 20 50
```

deque

雖然 Python 的 list 已經具有插入和刪除元素的功能，但如果要處理「大量的」項目，就會產生效能不足的狀況，然而使用 collections 將項目轉換為類似 list 的 deque 物件，就能以高效率的方式處理 list 資料，當資料變成 deque 物件後，可使用下列的方法操作：

方法	參數	說明
append()	x	從最右邊插入元素。
appendleft()	x	從最左邊插入元素。
extend()	iter	從最右邊插入可迭代元素。
extendleft()	iter	從最左邊插入可迭代元素 (注意 iter 插入的元素順序是相反的)。
count()	x	計算某個元素在 deque 物件中出現的次數。
copy()		淺拷貝 deque 物件。
index()	i	取得某個位置的元素。
insert()	i,x	在某個位置插入元素。
pop()	x	取出並移除最右邊的元素。
popleft()	x	取出並移除最左邊的元素。
remove()	x	移除第一個找到的元素
reverse()		反轉 deque 物件。
rotate()	i	將元素往右移動多少格 (負值左移動)。
clear()		清除 deque 物件。

```
from collections import deque

a = deque(['a','b','c','d','e'])    # 建立 deque 物件

a.append('x')
a.append('y')             # 在最右邊加入元素
print(a)                  # deque(['a', 'b', 'c', 'd', 'e', 'x', 'y'])
```

```
a.appendleft('x')
a.appendleft('y')      # 在最左邊加入元素
print(a)               # deque(['y', 'x', 'a', 'b', 'c', 'd', 'e', 'x', 'y'])

b = a.copy()           # 淺拷貝
print(b)               # deque(['y', 'x', 'a', 'b', 'c', 'd', 'e', 'x', 'y'])

print(a.count('x'))    # 2，計算 x 出現的次數

a.extend(['m','n'])    # 在最右邊加入 ['m','n']
print(a)               # deque(['y', 'x', 'a', 'b', 'c', 'd', 'e', 'x', 'y', 'm',
                         'n'])

a.extendleft(['m','n'])  # 在最左邊加入 ['m','n']
print(a)                 # deque(['n', 'm', 'y', 'x', 'a', 'b', 'c', 'd', 'e',
                           'x', 'y', 'm', 'n'])

print(a[5])          # b，取出第六個元素 ( 第一個為 0 )

a.insert(1,'k')      # 在第二個位置插入 k
print(a)             # deque(['n', 'k', 'm', 'y', 'x', 'a', 'b', 'c', 'd', 'e',
                       'x', 'y', 'm', 'n'])

a.pop()              # 移除最右邊的元素
print(a)             # deque(['n', 'k', 'm', 'y', 'x', 'a', 'b', 'c', 'd', 'e',
                       'x', 'y', 'm'])

a.popleft()          # 移除最左邊的元素
print(a)             # deque(['k', 'm', 'y', 'x', 'a', 'b', 'c', 'd', 'e', 'x',
                       'y', 'm'])

a.remove('x')        # 移除第一個 x
print(a)             # deque(['k', 'm', 'y', 'a', 'b', 'c', 'd', 'e', 'x', 'y',
                       'm'])

a.reverse()          # 反轉
print(a)             # deque(['m', 'y', 'x', 'e', 'd', 'c', 'b', 'a', 'y', 'm', 'k'])

a.rotate(5)          # 往右邊移動五格
print(a)             # deque(['b', 'a', 'y', 'm', 'k', 'm', 'y', 'x', 'e', 'd', 'c'])

a.clear()            # 清空項目
print(a)             # deque([])
```

ChainMap

ChainMap 可以創建一個類似 dict 的物件，可以將多個 dict 串接成單一的物件，串接後只要讀取指定的屬性，就能取得對應的內容 (屬性相同的會取第一個屬性)，ChainMap 有下列幾個方法：

方法	參數	說明
maps		一個可以更新的串列。
new_child	dict	加入一個 dict 並返回一個新的 ChainMap 物件。
parents		返回一個新的、除了第一個項目以外的 ChainMap 物件。

```
from collections import ChainMap

a = {'x': 1, 'y': 2}
b = {'m': 3, 'n': 4}
c = {'i': 5, 'j': 6}
d = ChainMap(a, b, c)  # 根據 a、b、c 建立一個 ChainMap 物件
print(d['m'], d['j'])  # 3 6 讀取 ChainMap 物件中的 'm' 和 'j'
print(d.maps)          # [{'x': 1, 'y': 2}, {'m': 3, 'n': 4}, {'i': 5, 'j': 6}]
print(d.maps[0])       # {'x': 1, 'y': 2}

e = d.new_child()      # 加入一個空 dict 成為新的 ChainMap 物件
print(e)               # ChainMap({}, {'x': 1, 'y': 2}, {'m': 3, 'n': 4},
                         {'i': 5, 'j': 6})
f = d.new_child({'z':100})  # 加入一個 'z':100} 成為新的 ChainMap 物件
print(f)                    # ChainMap({'z': 100}, {'x': 1, 'y': 2}, {'m': 3,
                              'n': 4}, {'i': 5, 'j': 6})
g = d.parents      # 去除第一個項目，成為新的 ChainMap 物件
h = g.parents      # 去除第一個項目，成為新的 ChainMap 物件
print(g)           # ChainMap({'m': 3, 'n': 4}, {'i': 5, 'j': 6})
print(h)           # ChainMap({'i': 5, 'j': 6})
```

Counter

Counter 可以創建一個 dict 計數器物件，用來計算可迭代物件中每個物件的數量，Counter 有下列幾種方法：

方法	參數	說明
elements()		獨立每個元素成為可迭代物件。
new_child	n	取出數量前 n 多的項目。
update		將原本的數量加上新的數量。
subtract		將原本的數量減去新的數量。
total		計算全部數量的總和 (3.10 才支援)。

```
from collections import Counter

t1 = 'hello world'
a = Counter(t1)       # 創建一個計數器物件
print(a)              # Counter({'l': 3, 'o': 2, 'h': 1, 'e': 1, ' ': 1, 'w': 1,
                        'r': 1, 'd': 1})

b = list(a.elements()) # 取出每個項目成為串列
print(b)               # ['h', 'e', 'l', 'l', 'l', 'o', 'o', ' ', 'w', 'r',
                         'd']
print(sorted(b))       # 排序 [' ', 'd', 'e', 'h', 'l', 'l', 'l', 'o', 'o',
                         'r', 'w']

c = a.most_common(3)     # 取出前三多的項目
print(c)                 # [('l', 3), ('o', 2), ('h', 1)]

t2 = 'hello'
e = Counter(t2)          # 建立新的計數器物件
a.update(e)              # 加上新物件中的數量
print(a)                 # Counter({'l': 5, 'o': 3, 'h': 2, 'e': 2, ' ': 1,
                           'w': 1, 'r': 1, 'd': 1})
a.subtract(e)            # 減去新物件中的數量
print(a)                 # Counter({'l': 3, 'o': 2, 'h': 1, 'e': 1, ' ': 1,
                           'w': 1, 'r': 1, 'd': 1})
```

OrderedDict

通常建立一個 dict 物件時無法決定 key 的順序，如果使用 OrderedDict 可以創建一個能記錄 key 順序 (先進先出) 的 dict 物件。

```
from collections import OrderedDict
```

```
a = OrderedDict()
a['x'] = 2
a['y'] = 3
a['z'] = 1
print(a)   rderedDict([('x', 2), ('y', 3), ('z', 1)])
```

defaultdict

通常在使用 dict 字典時，如果引用的 key 不存在會出現錯誤訊息，如果使用 defaultdict，就能創建一個可以使用可以預設值的 dict 物件。

```
from collections import defaultdict

a = 'hello world'
b = defaultdict(lambda: 0)    # 創建一個空的使用預設值 0 的 dict 物件
for i in a:
    b[i] += 1  # 依序將 a 的字母設為 key，如果有 key 就將數值增加 1
print(b)       # faultdict(<function <lambda> at 0x10d7d5290>, {'h': 1, 'e': 1,
                 'l': 3, 'o': 2, ' ': 1, 'w': 1, 'r': 1, 'd': 1})

c = defaultdict(lambda: 'no')    # 如果 key 不存在，就回傳 no
for i in a:
    c[i] = i     # 依序將 a 的字母設為 key 和值
print(c['h'])    # h
print(c['a'])    # no
```

9-16 threading 多執行緒處理

Python 在執行時，通常是採用同步的任務處理模式 (一個處理完成後才會接下去處理第二個)，然而 Python 的標準函式「threading」採用「執行緒」的方式，運用多個執行緒，在同一時間內處理多個任務 (非同步)，這個小節會介紹 threading 的用法。

同步與非同步

同步和非同步的常見說法是：「同步模式下，每個任務必須按照順序執行，後面的任務必須等待前面的任務執行完成，在非同步模式下，後面的任務不用等前面的，各自執行各自的任務」，也可以想像成「同一個步道 vs 不同步道」，透過步道的方式，會更容易明白同步和非同步。(因為有時會將同步與非同步的中文字面意思，想成「一起走」或「不要一起走」，很容易搞錯)

- 同步：「同一個步道」，只能依序排隊前進。
- 非同步：「不 (非) 同步道」，可以各走各的。

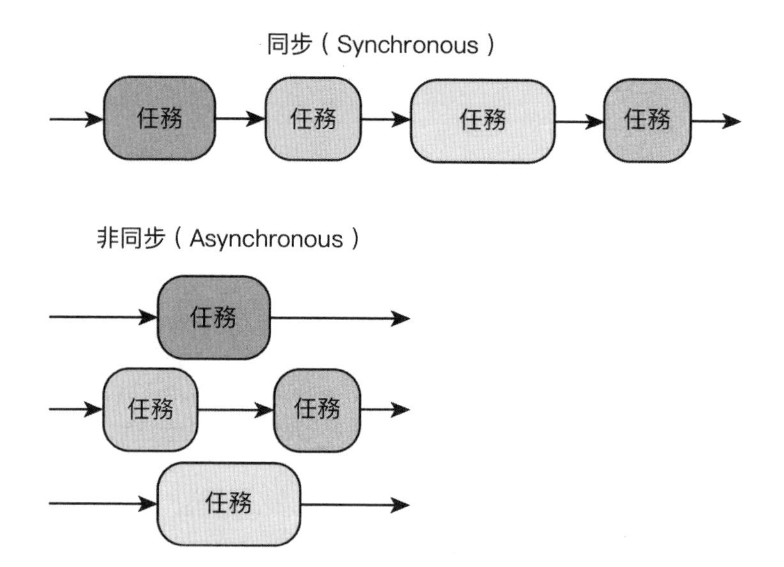

import threading

要使用 threading 必須先 import threading 函式庫。

```
import threading
```

有沒有使用 threading 的差異

在沒有使用 threading 的狀況下，如果不同的函式裡都有「迴圈」，則迴圈的執行會按照函式執行的順序進行，以下方的程式碼為例，執行後會先印出 aa() 函式的迴圈內容，執行完畢再印出 bb() 函式的迴圈內容。

```
import time

def aa():
    i = 0
    while i<5:
        i = i + 1
        time.sleep(0.5)
        print('A:', i)

def bb():
    i = 0
    while i<50:
        i = i + 10
        time.sleep(0.5)
        print('B:', i)

aa()    # 先執行 aa()
bb()    # aa() 結束後才會執行 bb()

'''
A: 1
A: 2
A: 3
A: 4
A: 5
B: 10
B: 20
B: 30
B: 40
B: 50
'''
```

✤（範例程式碼：ch09/code001.py）

如果有使用 threading，則兩個函式就可以同時運作（雖然是同時，但底層仍然是有幾毫秒的執行順序）。

```
import threading
import time

def aa():
    i = 0
    while i<5:
```

```
        i = i + 1
        time.sleep(0.5)
        print('A:', i)

def bb():
    i = 0
    while i<50:
        i = i + 10
        time.sleep(0.5)
        print('B:', i)

a = threading.Thread(target=aa)   # 建立新的執行緒
b = threading.Thread(target=bb)   # 建立新的執行緒

a.start()   # 啟用執行緒
b.start()   # 啟用執行緒

'''
A: 1
B: 10
A: 2
B: 20
A: 3
B: 30
A: 4
B: 40
A: 5
'''
```

✜（範例程式碼：ch09/code002.py）

threading 基本用法

建立 threading 的方法如下：

```
thread = threading.Thread(target=function, args)
# function 要在執行緒裡執行的函式
# args 函式所需的引數，使用 tuple 格式，如果只有一個參數，格式 (參數,)
```

建立 threading 之後，就可以使用下列常用的方法：

方法	說明
start()	啟用執行緒。
join()	等待執行緒，直到該執行緒完成才會進行後續動作。
ident	取得該執行緒的標識符。
native_id	取得該執行緒的 id。
is_alive()	執行緒是否啟用，啟用 True，否則 False。

下方的程式碼執行後，會將 aa()、bb() 和 cc() 三個函式分別建立為執行緒，接著當使用 a.start() 和 b.start() 方法啟用後，因為有加入 a.join() 和 b.join() 的等待方法，所以 c.start() 會在 aa() 與 bb() 執行完成後，才會啟用。

```
import threading
import time

def aa():
    i = 0
    while i<5:
        i = i + 1
        time.sleep(0.5)
        print('A:', i)

def bb():
    i = 0
    while i<50:
        i = i + 10
        time.sleep(0.5)
        print('B:', i)

def cc():
    i = 0
    while i<500:
        i = i + 100
        time.sleep(0.5)
        print('C:', i)

a = threading.Thread(target=aa)
b = threading.Thread(target=bb)
c = threading.Thread(target=cc)
```

```
a.start()
b.start()
a.join()   # 加入等待 aa() 完成的方法
b.join()   # 加入等待 bb() 完成的方法
c.start()  # 當 aa() 與 bb() 都完成後，才會開始執行 cc()

'''
A: 1
B: 10
A: 2
B: 20
A: 3
B: 30
A: 4
B: 40
A: 5
B: 50
C: 100 <--- A B 都結束後才開始
C: 200
C: 300
C: 400
C: 500
'''
```

✜（範例程式碼：ch09/code003.py）

如果只加入 a.join() 而不加入 b.join()，則 cc() 會在 aa() 執行結束就開始。

```
import time

def aa():
    i = 0
    while i<5:
        i = i + 1
        time.sleep(0.5)
        print('A:', i)

def bb():
    i = 0
    while i<100:
        i = i + 10
        time.sleep(0.5)
```

```
        print('B:', i)

def cc():
    i = 0
    while i<500:
        i = i + 100
        time.sleep(0.5)
        print('C:', i)

a = threading.Thread(target=aa)
b = threading.Thread(target=bb)
c = threading.Thread(target=cc)

a.start()
b.start()
a.join()   # 加入等待 aa() 完成的方法
c.start()  # 當 aa() 完成後，就會開始執行 cc()

'''
A: 1
B: 10
A: 2
B: 20
A: 3
B: 30
A: 4
B: 40
A: 5
B: 50
C: 100 <--- A 結束就開始
B: 60
C: 200
B: 70
C: 300
B: 80
C: 400
B: 90
C: 500
B: 100
'''
```

✤（範例程式碼：ch09/code004.py）

Lock() 鎖定

使用 threading 建立執行緒後，可以使用 Lock() 方法建立一個執行緒的「鎖」，當 Lock 建立後，就能使用 acquire() 方法鎖定，使用 release() 方法解除鎖定，如果有多個執行緒共用同一個 Lock，則同一時間只會執行第一個鎖定的執行緒，其他的執行緒要等到解鎖才能夠執行。

以下方的程式碼為例，會先使用 threading.Lock() 建立一個 Lock，當 aa() 和 bb() 執行時會先使用 lock.acquire() 進行鎖定 (以執行的順序表示誰先鎖定)，因為 aa() 比較先執行所以會先鎖定，接著當 aa() 裡的 i 等於 2 時使用 lock.release() 解除鎖定，這時 bb() 就可以開始執行。

```
import threading
import time

def aa():
    lock.acquire()           # 鎖定
    i = 0
    while i<5:
        i = i + 1
        time.sleep(0.5)
        print('A:', i)
        if i==2:
            lock.release()   # i 等於 2 時解除鎖定

def bb():
    lock.acquire()           # 鎖定
    i = 0
    while i<50:
        i = i + 10
        time.sleep(0.5)
        print('B:', i)
    lock.release()

lock = threading.Lock()      # 建立 Lock
a = threading.Thread(target=aa)
b = threading.Thread(target=bb)

a.start()
```

```
b.start()

'''
A: 1
A: 2
B: 10
A: 3
B: 20
A: 4
B: 30
A: 5
B: 40
B: 50
'''
```

✜（範例程式碼：ch09/code005.py）

Event() 事件處理

threading 除了基本的多執行續功能，也提供 Event() 事件處理的方法，透過「事件」的方式，就能讓不同的執行續之間彼此溝通，也能輕鬆做到「等待 A 執行緒完成某件事後，B 執行緒再繼續」的功能，事件的處理包含下方幾種方法：

方法	說明
threading.Event()	註冊一個事件。
set()	觸發事件。
wait()	等待事件被觸發。
clear()	清除事件觸發，事件回到未被觸發的狀態。

下方的程式碼執行後，會註冊一個 event 事件，當 aa() 執行時使用 event.wait() 等待事件被觸發，接著設定 bb() 執行到 i 等於 30 的時候就會觸發事件，這時 aa() 才會開始運作。

```
import threading
import time
```

```
def aa():
    event.wait()                # 等待事件被觸發
    event.clear()               # 觸發後將事件回歸原本狀態
    for i in range(1,6):
        print('A:',i)
        time.sleep(0.5)

def bb():
    for i in range(10,60,10):
        if i == 30:
            event.set()         # 觸發事件
        print('B:',i)
        time.sleep(0.5)

event = threading.Event()       # 註冊事件
a = threading.Thread(target=aa)
b = threading.Thread(target=bb)

a.start()
b.start()

'''
B: 10
B: 20
B: 30
A: 1
B: 40
A: 2
B: 50
A: 3
A: 4
A: 5
'''
```

✤（範例程式碼：ch09/code006.py）

下方的程式碼註冊了兩個事件，event_a 會在輸入任意內容後觸發，觸發後就會印出 1 ～ 5 的數字，印出完成後會觸發 event_b，這時才又可以繼續輸入文字，不斷重複兩個事件的觸發與執行續的執行。

```
import threading
import time
```

```
def aa():
    i = 0
    while True:
        event_a.wait()         # 等待 event_a 被觸發
        event_a.clear()        # 還原 event_a 狀態
        for i in range(1,6):
            print(i)
            time.sleep(0.5)
        event_b.set()          # 觸發 event_b

def bb():
    while True:
        input('輸入任意內容')
        event_a.set()          # 觸發 event_a
        event_b.wait()         # 等待 event_b 被觸發
        event_b.clear()        # 還原 event_b 狀態

event_a = threading.Event()    # 註冊 event_a
event_b = threading.Event()    # 註冊 event_b
a = threading.Thread(target=aa)
b = threading.Thread(target=bb)

a.start()
b.start()

'''
輸入任意內容a
1
2
3
4
5
輸入任意內容b
1
2
3
4
5
輸入任意內容
'''
```

✣（範例程式碼：ch09/code007.py）

9-17 concurrent.futures 平行任務處理

Python 的標準函式「concurrent.futures」和「threading」標準函式相同，提供了平行任務處理 (非同步) 的功能，能夠同時處理多個任務，這個小節會介紹 concurrent.futures 的用法。

Thread 和 Process

concurrent.futures 提供了 ThreadPoolExecutor 和 ProcessPoolExecutor 兩種可以平行處理任務的實作方法，ThreadPoolExecutor 是針對 Thread (執行緒)，ProcessPoolExecutor 是針對 Process (程序)，下方是 Thread 和 Process 的簡單差異說明：

英文	中文	說明
Thread	執行緒	程式執行任務的基本單位。
Process	程序	啟動應用程式時產生的執行實體，需要一定的 CPU 與記憶體資源，Process 由一到多個 Thread 組成，同一個 Process 裡的 Thread 可以共用記憶體資源。

import concurrent.futures

要使用 concurrent.futures 必須先 import concurrent.futures 模組，或使用 from 的方式，單獨 import 特定的類型。

```
import concurrent.futures
from concurrent.futures import ThreadPoolExecutor
```

ThreadPoolExecutor

ThreadPoolExecutor 會透過 Thread 的方式建立多個 Executors (執行器)，執行並處理多個任務 (tasks)，ThreadPoolExecutor 有四個參數，最常用的為 max_workers：

參數	說明
max_workers	Thread 的數量，預設 5 (CPU number * 5，每個 CPU 可以處理 5 個 Thread)，數量越多，運行速度會越快，如果設定小於等於 0 會發生錯誤。
thread_name_prefix	Thread 的名稱，預設 ''。
initializer	每個 Thread 啟動時調用的可調用對象，預設 None。
initargs	傳遞給初始化程序的參數，使用 tuple，預設 ()。

用 ThreadPoolExecutor 後，就能使用 Executors 的相關方法：

方法	參數	說明
submit	fn, *args, **kwargs	執行某個函式。
map	func, *iterables	使用 map 的方式，使用某個函式執行可迭代的內容。
shutdown	wait	完成執行後回傳信號，釋放正在使用的任何資源，wait 預設 True 會在所有對象完成後才回傳信號，wait 設定 False 則會在執行後立刻回傳。

舉例來說，下方的程式碼執行後，會按照順序 (同步) 顯示出數字，前一個任務尚未處理完，就不會執行後續的工作。

```
import time
def test(n):
    for i in range(n):
        print(i, end=' ')
        time.sleep(0.2)

test(2)
test(3)
test(4)

# 0 1 0 1 2 0 1 2 3
```

如果改成 ThreadPoolExecutor 的方式，就會發現三個函式就會一起進行 (如果執行的函式大於 5，可再設定 max_workers 的數值)。

```
import time
from concurrent.futures import ThreadPoolExecutor

def test(n):
    for i in range(n):
        print(i, end=' ')
        time.sleep(0.2)

executor = ThreadPoolExecutor()  # 設定一個執行 Thread 的啟動器

a = executor.submit(test, 2)     # 啟動第一個 test 函式
b = executor.submit(test, 3)     # 啟動第二個 test 函式
c = executor.submit(test, 4)     # 啟動第三個 test 函式
executor.shutdown()              # 關閉啟動器 ( 如果沒有使用，則啟動器會處在鎖住的狀態
                                   而無法繼續 )

# 0 0 0 1 1 1 2 2 3
```

上述的做法，可以改用 with...as 的方式 (有點類似 open 的 with)。

```
import time
from concurrent.futures import ThreadPoolExecutor

def test(n):
    for i in range(n):
        print(i, end=' ')
        time.sleep(0.2)

with ThreadPoolExecutor() as executor:    # 改用 with...as
    executor.submit(test, 2)
    executor.submit(test ,3)
    executor.submit(test, 4)

# 0 0 0 1 1 1 2 2 3
```

上述的範例，也可以改用 map 的做法：

```
import time
from concurrent.futures import ThreadPoolExecutor

def test(n):
    for i in range(n):
```

```
        print(i, end=' ')
        time.sleep(0.2)

with ThreadPoolExecutor() as executor:
    executor.map(test, [2,3,4])

# 0 0 0 1 1 1 2 2 3
```

輸入文字，停止函式執行

透過平行任務處理的方法，就能輕鬆做到「輸入文字，停止正在執行的函式」，以下方的例子而言，run 是一個具有「無窮迴圈」的函式，如果不使用平行任務處理，在 run 後方的程式都無法運作 (會被無窮迴圈卡住)，而 keyin 是一個具有「input」指令的函式，如果不使用平行任務處理，在 keyin 後方的程式也無法運作 (會被 input 卡住)，因此如果使用 concurrent.futures，就能讓兩個函式同時運行，搭配全域變數的做法，就能在輸入特定指令時，停止另外函式的運作。

```
import time
from concurrent.futures import ThreadPoolExecutor

a = True                # 定義 a 為 True

def run():
    global a            # 定義 a 是全域變數
    while a:            # 如果 a 為 True
        print(123)      # 不斷顯示 123
        time.sleep(1)   # 每隔一秒

def keyin():
    global a            # 定義 a 是全域變數
    if input() == 'a':
        a = False       # 如果輸入的是 a，就讓 a 為 False，停止 run 函式中的迴圈

executor = ThreadPoolExecutor()
e1 = executor.submit(run)
e2 = executor.submit(keyin)
executor.shutdown()
```

✣ (範例程式碼：ch09/code008.py)

ProcessPoolExecutor

ProcessPoolExecutor 會透過 Process 的方式建立多個 Executors（執行器），執行並處理多個程序，ProcessPoolExecutor 有四個參數，最常用的為 max_workers：

參數	說明
max_workers	Process 的數量，預設為機器的 CPU 數量，如果 max_workers 小於等於 0 或大於等於 61 會發生錯誤。
thread_name_prefix	Thread 的名稱，預設 ''。
initializer	每個 Thread 啟動時調用的可調用對象，預設 None。
initargs	傳遞給初始化程序的參數，使用 tuple，預設 ()。

使用 ProcessPoolExecutor 後，就能使用 Executors 的相關方法：

方法	參數	說明
submit	fn, *args, **kwargs	執行某個函式。
map	func, *iterables	使用 map 的方式，使用某個函式執行可迭代的內容。
shutdown	wait	完成執行後回傳信號，釋放正在使用的任何資源，wait 預設 True 會在所有對象完成後才回傳信號，wait 設定 False 則會在執行後立刻回傳。

ProcessPoolExecutor 的用法基本上和 ThreadPoolExecutor 很像，但 ProcessPoolExecutor 主要會用做處理比較需要運算的程式，ThreadPoolExecutor 會使用於等待輸入和輸出（I/O）的程式，兩者執行後也會有些差別，ProcessPoolExecutor 執行後最後是顯示運算結果，而 ThreadPoolExecutor 則是顯示過程。

```
import time
from concurrent.futures import ProcessPoolExecutor

def test(n):
    for i in range(n):
        print(i, end=' ')
```

```
        time.sleep(0.2)
    print()

with ProcessPoolExecutor() as executor:
    executor.map(test, [4,5,6])
```

此外，Python 3.5 之後 map() 方法多了 chunksize 參數可以使用，該參數只對 ProcessPoolExecutor 有效，可以提升處理大量可迭代物件的執行效能，chunksize 預設 1，數值越大效能越好 (以電腦本身 CPU 的效能為主)。

```
import time
from concurrent.futures import ProcessPoolExecutor

def test(n):
    for i in range(n):
        print(i, end=' ')
        time.sleep(0.2)
    print()

with ProcessPoolExecutor() as executor:
    executor.map(test, [4,5,6], chunksize=5)  # 設定 chunksize
```

小結

Python 的標準函式庫是一個非常強大的工具，可以幫助開發人員更快、更有效地完成各種任務。這個章節介紹了 Python 常用的標準函式庫，包括了數學運算、日期和時間處理、檔案操作、迭代器、容器資料型態等等。學習完本章節後，應該可以更深入地了解 Python 標準函式庫的使用方式及其功能，也可以在日常的開發工作中更輕鬆地使用這些模組，提高工作效率。

第 10 章

Python 基礎範例

10-1、電費試算

10-2、攝氏 / 華氏轉換

10-3、公分 / 英吋換算

10-4、判斷平年與閏年

10-5、找出不重複字元

10-6、找出中間的字元

10-7、去除中英文夾雜的空白

10-8、大樂透電腦選號

10-9、下載進度條

10-10、星號金字塔

10-11、數字金字塔

10-12、猜數字 (猜大猜小)

10-13、猜數字 (幾 A 幾 B)

10-14、簡單時鐘 (世界時間)

10-15、計算 BMI 數值

10-16、計算年紀 (幾歲幾個月幾天)

10-17、產生身分證字號 (隨機)

10-18、檢查身分證字號

10-19、統一發票對獎

10-20、羅馬數字轉換

這個章節將介紹一系列的 Python 基礎範例，在這些範例中，會使用 Python 常見的內建函式和模組 (例如日期時間模組、隨機模組、字串處理模組 ... 等)，從簡單的數學運算到複雜的程式邏輯，讓讀者能夠透過範例學習 Python 的基礎語法和操作技巧，並且提高自己的程式設計能力。

- 這個章節所有範例均使用 Google Colab 實作，不用安裝任何軟體。
- 本章節部分範例程式碼：
  https://github.com/oxxostudio/book-code/tree/master/python/ch10

10-1 電費試算

這個範例會介紹使用 Python 的 if else 邏輯判斷，搭配基本的數學計算公式，實作一個根據用電度數，計算出電費的簡單程式。

用電度數和電費換算公式

本範例會根據下列公式進行邏輯判斷和計算：

- 電度數 0 ～ 200 度，每度 3.2 元。
- 電度數 201 ～ 300 度，每度 3.4 元。
- 電度數大於 300 度，每度 3.6 元。

完整程式碼

按照用電度數和電費換算公式，編輯程式，當中會使用 while 搭配 try/except 做出可以重複不斷輸入的功能，每次重複使用 if/else 和 算數運算子進行邏輯判斷。

參考：3-4 邏輯判斷 (if、elif、else)、3-6 重複迴圈 (for、while)、7-1 例外處理 (try、except)

```
while True:
    try:
        num = float(input('請輸入用電度數：'))
        output = 0
        if num<=200:
            output = num*3.2
        elif num>200 and num<=300:
            output = 200*3.2 + (num-200)*3.4
        else:
            output = 200*3.2 + 100*3.4 + (num-300)*3.6
```

```
        print(f'用電 {num} 度共 {output} 元')
    except:
        break
```

✜（範例程式碼：ch10/code001.py）

```
請輸入用電度數: 30
用電 30.0 度共 96.0 元
請輸入用電度數: 201
用電 201.0 度共 643.4 元
請輸入用電度數: 400
用電 400.0 度共 1340.0 元
請輸入用電度數: 
```

10-2 攝氏 / 華氏轉換

這個範例會介紹使用 Python 的 input 指令，搭配格式化字串與數學計算，做出攝氏 ºC 與華氏 ºF 溫度轉換的功能。

攝氏 / 華氏轉換公式

華氏溫標的定義是：「標準大氣壓下，冰的熔點為 32 ºF，水的沸點為 212 ºF」，1970 年以前，英國及其前殖民地國家多使用華氏溫標，20 世紀後期，全球絕大多數國家開始向國際單位制轉換，使用攝氏溫標替代了華氏溫標，而攝氏溫標的定義為：「標準大氣壓下，冰的熔點為 0ºC，水的沸點為 100 ºC」

根據兩者的定義，就能產生下列的轉換公式 (圖片來源 wiki 百科)：

$$^{\circ}\mathrm{F} = \frac{9}{5}(^{\circ}\mathrm{C}) + 32$$

$$^{\circ}\mathrm{C} = \frac{5}{9}(^{\circ}\mathrm{F} - 32)$$

完整程式碼

根據轉換公式，撰寫對應的程式，讓使用者先輸入要轉換的單位，然後輸入數值進行轉換。

參考：3-2 內建函式 (print 和 input)、5-3 文字與字串 (格式化)

```
c = int(input('輸入 1 ( 攝氏 ) 或 2 ( 華氏 )：'))     # 使用變數 c 記錄攝氏還是華氏
t = int(input('輸入溫度數值：'))                       # 使用變數 t 記錄要轉換的數值

if c == 1:
    print(f'攝氏 {t} 度等於華氏 {9/5*t+32} 度')       # 套用攝氏轉華氏公式
else:
    print(f'華氏 {t} 度等於攝氏 {(t-32)*5/9} 度')     # 套用華氏轉攝氏公式
```

❖ (範例程式碼：ch10/code002.py)

```
輸入 1 ( 攝氏 ) 或 2 ( 華氏 ): 2
輸入溫度數值: 122
華氏 122 度等於攝氏 50.0 度

輸入 1 ( 攝氏 ) 或 2 ( 華氏 ): 1
輸入溫度數值: 50
攝氏 50 度等於華氏 122.0 度
```

10-3 公分 / 英吋換算

這個範例會介紹使用 Python 的 input 指令，搭配格式化字串與數學計算，做出一個簡單的長度換算器，可以換算公分 cm 與英吋 ich、碼 yd... 等單位。

長度換算公式

世界上常用的長度單位有公制和英制，公制就是公釐、公分、公尺、公里 ... 等，英制則是碼、英尺、英吋 ... 等，單位之間可以透過下方的公式互相轉換。

- 1 公尺 = 100 公分 = 1000 公釐
- 1 碼 = 3 英尺 = 36 英吋
- 1 公尺 = 1.0936 碼 = 3.281 英尺
- 1 公分 = 0.394 英吋

完整程式碼

根據轉換公式，撰寫對應的程式，讓使用者先輸入要轉換的單位，然後輸入數值進行轉換。

參考：3-2 內建函式 (print 和 input)、3-4 邏輯判斷 (if、elif、else)、5-3 文字與字串 (格式化)

```
c = int(input('輸入 1 ( 公分 ) 或 2 ( 英吋 )：'))    # 使用變數 c 記錄公分還是英吋
length = int(input('輸入長度數值：'))               # 使用變數 length 記錄數值

if c == 1:
    # 套用轉換公式
    print(f'{length} 公分等於 {length*0.394} 英吋 ( {length*0.03281} 英尺、
{length*0.01094} 碼 )')
else:
    # 套用轉換公式
    print(f'{length} 英吋等於 {length*2.54} 公分 ( {length/12} 英尺、{length/36}
碼 )')
```

✜ (範例程式碼：ch10/code003.py)

```
輸入 1 ( 公分 ) 或 2 ( 英吋 ): 2
輸入長度數值: 12
12 英吋等於 30.48 公分 ( 1.0 英尺、0.3333333333333333 碼 )
```

加上文字格式化

如果要轉換的單位比較多，可以使用「文字格式化」的方式，透過「<5.5s」的方式定義最大的寬度和字元，輸出時使用「end」結尾避免換行，就能做出類似表格的效果，讓呈現的結果更清楚。

```
c = int(input('輸入 1 ( 公分 ) 或 2 ( 英吋 ) ：'))
length = int(input('輸入長度數值：'))

print('|cm   |m    |ich  |foot |yd   |')          # 印出說明
print('|-----|-----|-----|-----|-----|')          # 印出分隔線

if c == 1:
    print('|',end='')                             # 印出表格左側的框線
    print(f'{str(length):<5.5s}', end='|')
    print(f'{str(length*0.01):<5.5s}', end='|')
    print(f'{str(length*0.394):<5.5s}', end='|')
    print(f'{str(length*0.03281):<5.5s}', end='|')
    print(f'{str(length*0.01094):<5.5s}', end='|')
else:
    print('|',end='')
    print(f'{str(length*2.54):<5.5s}', end='|')
    print(f'{str(length*0.0254):<5.5s}', end='|')
    print(f'{str(length):<5.5s}', end='|')
    print(f'{str(length/12):<5.5s}', end='|')
    print(f'{str(length/36):<5.5s}', end='|')
```

✜（範例程式碼：ch10/code004.py）

```
輸入 1 ( 公分 ) 或 2 ( 英吋 ): 2
輸入長度數值: 12
|cm   |m    |inch |foot |yd   |
|-----|-----|-----|-----|-----|
|30.48|0.304|12   |1.0  |0.333|
```

10-4 判斷平年與閏年

在公曆裡有 365 天和 366 天的差異，也就有了平年和閏年的定義，這個範例將會介紹如何透過 Python 的 if 邏輯判斷式，判斷某一年是平年還是閏年。

什麼是平年？什麼是閏年？

平年和閏年按照下方的規範來定義，只要滿足下方的規範，就是閏年，否則就是平年，閏年的二月有 29 天，平年的二月則是 28 天。

- 除以 4 能整除，且除以 100 不能整除
- 如果剛好是 100 的倍數，且除以 400 能整除

舉例來說 2000 年是 100 的倍數且除以 400 能整除，所以是 2000 年是閏年，例如 2100 年雖然是 4 的倍數，但除以 100 能整除，所以 2100 年是平年。

完整程式碼 (巢狀判斷)

根據平年閏年的判斷規則，撰寫對應的程式，讓使用者先輸入年份，再根據年份判斷平年閏年，判斷的方式使用 % 計算餘數是否為 0。

參考：3-4 邏輯判斷 (if、elif、else)、4-2 運算子 operator

```
year = int(input('>'))               # 使用變數 year 紀錄使用者輸入的年份
if year%4 == 0:                      # 如果除以 4 能整除
    if year%100 == 0:                # 如果除以 100 能整除
        if year%400 == 0:            # 如果除以 400 能整除，就是閏年
            print(f'{year} 是閏年 ')
        else:
            print(f'{year} 是平年 ')
    else:
      print(f'{year} 是閏年 ')
```

```
else:
    print(f'{year} 是平年 ')
```

✜（範例程式碼：ch10/code005.py）

```
>2020
2020 是閏年

>2100
2100 是平年

>2000
2000 是閏年
```

完整程式碼 (非巢狀判斷)

如果覺得巢狀判斷式不容易理解，也可以用更簡單的判斷方法，先新增一個變數 text 預設平年，再依序判斷年份，逐步將 text 的內容改變，也可以得到相同的結果。

```
year = int(input('>'))
text = '平年'                    # 新增變數 text 預設平年
if year%4 == 0:
    text = '閏年'                # 如果除以 4 能整除，將 text 改為閏年
if year%100 == 0:
    text = '平年'                # 如果除以 100 能整除，將 text 改為平年
if year%400 == 0:
    text = '閏年'                # 如果除以 400 能整除，將 text 改為閏年
print(f'{year} 是 {text}')
```

✜（範例程式碼：ch10/code006.py）

```
>2020
2020 是閏年

>2100
2100 是平年

>2000
2000 是閏年
```

10-5 找出不重複字元

這個範例會介紹使用 Python 的 for 迴圈、串列操作、字串操作和 if 判斷式，實作找出不重複字元的方法。

基本原理

判斷字元是否重複的方法，就是判斷每個字元在字串中出現的次數，如果出現的次數大於 1 表示有重複，就用 repeat 串列紀錄，如果出現次數等於 1 表示沒有重複，就用 not_repeat 串列記錄，如此一來就能夠篩選出重複與不重複的字元。

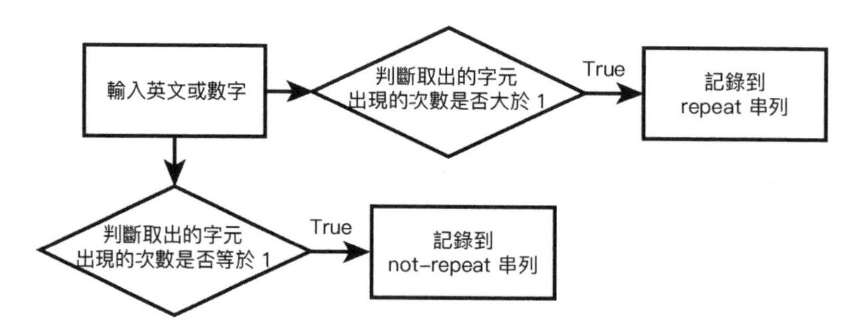

完整程式碼

按照原理，開始編輯程式：

參考：3-4 邏輯判斷 (if、elif、else)、3-6 重複迴圈 (for、while)、5-2 文字與字串 (常用方法)

```
text = input('請輸入一串英文或數字：')        # 新增 text 變數，記錄輸入的字串
repeat = []                                  # 新增 repeat 變數為空串列
not_repeat = []                              # 新增 not_repeat 變數為空串列
for i in text:                               # 使用 for 迴圈，依序取出每個字元
    a = text.count(i, 0, len(text))          # 判斷字元在字串中出現的次數
    if a>1 and i not in repeat:              # 如果次數大於 1，且沒有存在 repeat 串列中
        repeat.append(i)                     # 將字元加入 repeat 串列
    if a == 1and i not in not_repeat:        # 如果次數等於 1，且沒有存在 not_repeat 串列中
```

```
        not_repeat.append(i)              # 將字元加入 not_repeat 串列

print(repeat)
print(not_repeat)
```

❖（範例程式碼：ch10/code007.py）

```
請輸入一串英文或數字: hello world
['l', 'o']
['h', 'e', ' ', 'w', 'r', 'd']

請輸入一串英文或數字: aabbccdd
['a', 'b', 'c', 'd']
[]
```

10-6 找出中間的字元

這篇文章會介紹使用 Python 的 math 標準函式，搭配 input、取得字串長度、if 邏輯判斷，實作取出使用者輸入文字的中間字元。

基本原理

當使用者輸入文字之後，透過 len() 的方法得到字串的長度，將長度除以二，再透過文字的取值，就能夠得到一段字串中間的字元。

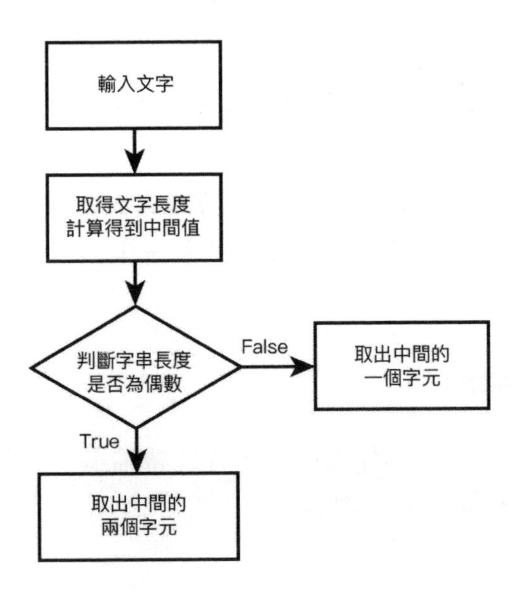

完整程式碼

按照原理，開始編輯程式：

> 因為 round() 在判斷 .5 數值時會有「奇妙」的行為，所以使用 math 標準函式的 floor 方法，參考 4-3 內建函式 (數學計算)、9-2 數學 math。

```
import math          # import math 標準函式模組

text = input('輸入文字：')                         # 讓使用者輸入文字
length = len(text)                                 # 取得輸入的文字長度
center = math.floor(length/2)                      # 取出中間值
if length%2 == 0:                                  # 如果除以 2 餘數為 0，表示偶數
    print(f'{text[center-1:center+1]}')            # 取出中間兩個字元
else:
    print(f'{text[center]}')                       # 如果是奇數，取出中間一個字元
```

✤ (範例程式碼：ch10/code008.py)

```
輸入文字: abcdefg
d

輸入文字: abcdef
cd
```

10-7 去除中英文夾雜的空白

這個範例會介紹使用 Python 的正規表達式 re，實做「去除中英文夾雜的空白」實際應用，讓一段中英文夾雜的句子中，只去除中文字之間的空白，保留英文單字之間的空白。

去除空白的規則

在一些中英文夾雜的寫作規範裡，往往會強調中文英文和標點符號的寫作規範，這篇教學所採用的規範如下：

- 中文字和英文字中間要有空白。
- 除了括號外，其他標點符號使用「全形標點符號」。
- 括號左右需要有空白，括號和括號之間不留空白。
- 全形標點符號左右不留空白。

步驟 1，在所有的中文字中間加上空白

為了避免一些額外的狀況，所以在去除空白之前，先將所有中文字加上空白，使用的正規表達式說明如下：

匹配	說明
\u4E00-\u9FFF	所有中文字。
\uFF00-\uFFFF	所有全形標點符號。
\u0021-\u002F	所有半形標點符號。
\n	結尾換行。
a-zA-Z0-9	所有英文字母和阿拉伯數字。

執行下方程式，就可以將原本的文字中間全部加上空格，並且移除部分太多的空白。

參考：6-1 串列 list (基本)、9-9 使用正規表達式 re

```
import re

# 要轉換的字串
text = '''請 求 您 幫 我 oxxo.studio 去 除 空 白 ok ?
但是要保留換行 可以 嗎 ，(          哈哈哈 )( 啊哈 )
統一便利超商 (711) 的括號之間也要有空白喔！
寫作規      範就是這 麼 100% 的龜毛～
'''

# 取得中文字和英文單字的正規表達式
```

```
# [a-zA-Z0-9]+ 表示開頭是英文字母後面連接一串字母或數字
regex= re.compile(r'[\u4E00-\u9FFF\uFF00-\uFFFF\u0021-\u002F\n]|[a-zA-Z0-9]+')

# 根據正規表達式，將每個中文字、標點符號和英文單字變成串列
arr = re.findall(regex, text)

# 使用空格合併串列
text = ' '.join(arr)
print(text)

'''
請 求 您 幫 我 oxxo . studio 去 除 空 白 ok ?
但 是 要 保 留 換 行 可 以 嗎 ， （ 哈 哈 哈 ） （ 啊 哈 ）
統 一 便 利 超 商 （ 711 ） 的 括 號 之 間 也 要 有 空 白 喔 ！
寫 作 規 範 就 是 這 麼 100 % 的 龜 毛 ～
'''
```

✜（範例程式碼：ch10/code009.py）

步驟 2，根據規則移除空白

首先根據條件取出空白（\x20），空白必須夾在「英文大小寫字母、數字、標點符號之間」（[^a-zA-Z0-9\u0021-\u002E]），取出後將其取代並移除。

```
regex= re.compile(r'(?<=[^a-zA-Z0-9\u0021-\u002E])(\x20)(?=[^a-zA-Z0-9\u0021-\
u002E])')
text = re.sub(regex, '', text)
print(text)

'''
請求您幫我 oxxo . studio 去除空白 ok ?
但是要保留換行可以嗎， （ 哈哈哈 ） （ 啊哈 ）
統一便利超商 （ 711 ） 的括號之間也要有空白喔！
寫作規範就是這麼 100 % 的龜毛～
'''
```

移除後，繼續處理一些括號和百分比符號的細節，將後方有「右括號、百分比符號和全形標點符號」（[\(\%\uFF00-\uFFFF]）的空白移除。

```
regex= re.compile(r'(\x20)(?=[\(\%\uFF00-\uFFFF])')
text = re.sub(regex, '', text)
print(text)

'''
請求您幫我 oxxo . studio 去除空白 ok ?
但是要保留換行可以嗎，( 哈哈哈 )( 啊哈 )
統一便利超商 ( 711 ) 的括號之間也要有空白喔！
寫作規範就是這麼 100% 的龜毛～
'''
```

步驟 3，最後修飾

如果移除空白後還有一些地方需要調整，例如 oxxo 和 studio 中間的「.」不用空白，就可以單純針對這些細節作調整。

```
text = text.replace(' . ','.')
print(text)

'''
請求您幫我 oxxo.studio 去除空白 ok ?
但是要保留換行可以嗎，( 哈哈哈 )( 啊哈 )
統一便利超商 ( 711 ) 的括號之間也要有空白喔！
寫作規範就是這麼 100% 的龜毛～
'''
```

完整程式碼

下方列出去除中英文夾雜的空白的完整程式碼：

```
import re

# 輸入字符串
text = '''請 求 您 幫 我 oxxo.studio 去 除 空 白 ok ?
但是要保留換行 可以 嗎 ，(          哈哈哈 )( 啊哈 )
統一便利超商 (711) 的括號之間也要有空白喔！
寫作規      範就是這 麼 100% 的龜毛～
'''

regex= re.compile(r'[\u4E00-\u9FFF\uFF00-\uFFFF\u0021-\u002F\n]|[a-zA-Z0-9]+')
arr = re.findall(regex, text)
```

```
text = ' '.join(arr)

regex= re.compile(r'(?<=[^a-zA-Z0-9\u0021-\u002E])(\x20)(?=[^a-zA-Z0-9\u0021-\u002E])')
text = re.sub(regex, '', text)

regex= re.compile(r'(\x20)(?=[\(\%\uFF00-\uFFFF])')
text = re.sub(regex, '', text)

text = text.replace(' . ','.')
print(text)
```

✜（範例程式碼：ch10/code010.py）

10-8 大樂透電腦選號

這個範例會介紹使用 Python 的 random 隨機數模組，做出大樂透電腦選號的程式 (從 1 ～ 49 個數字中，選出六個不重複的數字)。

方法一、串列判斷

先建立一個空串列，接著不斷將 1 ～ 49 的隨機數放入串列中，放入時進行判斷，如果串列中已經有該數字就不放入，直到串列的長度等於 6 為止。

參考：3-6 重複迴圈 (for、while)、3-4 邏輯判斷 (if、elif、else)、9-1 隨機數 random

```
import random
a = []                           # 建立空串列
while len(a)<6:                  # 使用 while 迴圈，直到串列的長度等於 6 就停止
    b = random.randint(1, 49)    # 取出 1～49 得隨機整數
    if b not in a:               # 判斷如果 a 裡面沒有 b
        a.append(b)              # 將 b 放入 a
print(a)                         # [34, 18, 31, 11, 47, 46]
```

✜（範例程式碼：ch10/code011.py）

方法二、搭配集合 set

因為 Python 的集合有著「項目不會重複」的特性，所以只要將 1 ～ 49 的隨機數字不斷放到一個集合裡，直到集合的項目到達六個，就完成選號不重複的動作。

參考：6-5 集合 set

```
import random
a = set()                   # 建立空集合
while len(a)<6:             # 使用 while 迴圈，直到集合的長度等於 6 就停止
    b = random.randint(1, 49)   # 取出 1 ～ 49 得隨機整數
    a.add(b)                # 將隨機數加入集合
print(a)                    # {34, 41, 48, 49, 19, 30}
```

✤（範例程式碼：ch10/code012.py）

方法三、使用 random.sample

因為 Python random 模組裡的 random.sample 具有取出不重複項目的特性，所以只要使用 random.sample 就能輕鬆的取得串列中的六個不重複數字。

參考：6-7 內建函式（迭代物件操作）、9-1 隨機數 random

```
import random
a = random.sample(range(1, 50), 6)
# 從包含 1 ～ 49 數字的串列中，取出六個不重複的數字變成串列
print(a)    # [9, 39, 10, 8, 25, 43]
```

✤（範例程式碼：ch10/code013.py）

10-9 下載進度條

這個範例會介紹使用 Python 的 print，搭配 for 迴圈、字串格式化等功能，實作一個下載的進度條效果（也可應用於執行進度、完成進度 ... 等）。

基本原理

在 Python 可以透過 print 印出結果，如果在印出的文字前方加上「\r」的命令，每次印出時會將游標移動到最前方，搭配 end 不換行的設定，就能做出類似「畫面更新」的效果，下面的程式執行後，畫面上會顯示倒數秒數。

> 參考：9-5 時間處理 time

```
import time
n = 10
for i in range(n+1):
    print(f'\r倒數 {n-i} 秒 ', end='')
    time.sleep(1)
print('\r時間到 ', end='')
```

✤ (範例程式碼：ch10/code014.py)

完整程式碼

了解原理後，開始實作「進度條」的效果，首先使用「" "*(n-i)」，設定一開始「空白」的進度條長度 (空白字元 x 幾個)，接著前方加上「"█"*i」，每次 for 迴圈執行時，就會將第一個空白置換成一個方塊字元，執行後就會出現一個進度條效果。(因為字元大小的緣故，在本機執行和 Colab 上執行，畫面會有寬度上的不同)

> 參考：5-2 文字與字串 (常用方法)、5-3 文字與字串 (格式化)、3-6 重複迴圈 (for、while)

```
import time
n = 20                          # 設定進度條總長
for i in range(n+1):
    print(f'\r[{"█"*i}{" "*(n-i)}] {i*100/n}%', end='')    # 輸出不換行的內容
    time.sleep(0.5)
```

✤ (範例程式碼：ch10/code015.py)

```
(base) → examples /usr/local/bin/python3 /Users/oxxo/Desktop/py-dem
o/examples/test/os.py
[                    ] 90.0%
```

也可以將長條圖換成符號的方式呈現，下方的程式執行後，會做出類似風車旋轉的下載進度效果。

參考：https://www.oxxostudio.tw/project/special-characters/#a16

```
import time
n = 100
icon = ' … '              # 建立旋轉的符號清單
for i in range(n+1):
    print(f'\r{icon[i%4]} {i*100/n}%', end='')
    time.sleep(0.1)
```

✤（範例程式碼：ch10/code016.py）

```
(base) → examples /usr/local/bin/python3 /Users/oxxo/Desktop/py-dem
o/examples/test/os.py
… 42.0%
```

10-10 星號金字塔

這個範例會介紹使用 Python 的 for 迴圈、文字格式化，產生由一層一層的星號「*」所組成的金字塔。

基本原理

星號字塔的基本型會按照「1、3、5、7...」奇數排列的方式，將星號「＊」堆疊出金字塔的形狀 (也可以是 1、5、9、13... 之類的奇數組合)。

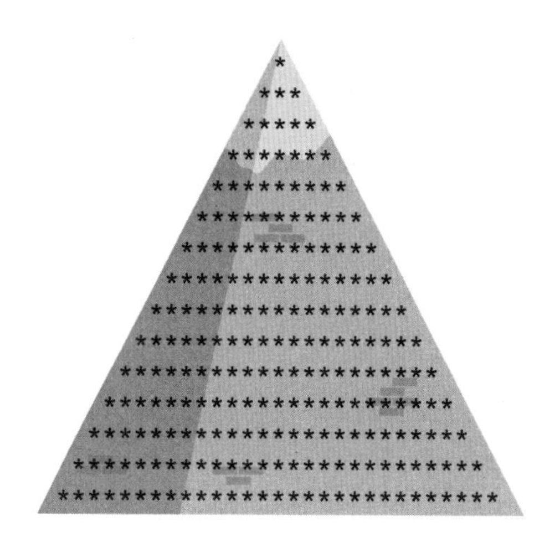

完整程式碼

因為金字塔為奇數組合，假設金字塔有 a 層，透過「ax2+1」的公式就能計算出「金字塔底部有幾個星星」，接著使用 range 的方法，就能指定每一層之間的星星數，搭配 for 迴圈就能做出漂亮的星號金字塔。

> 參考：5-3 文字與字串 (格式化)、3-6 重複迴圈 (for、while)、6-7 內建函式 (迭代物件操作)

```
a = 15                          # 新增變數 a，設定金字塔有幾層
b = a*2+1                       # 新增變數 b，計算底部有幾個星星
for i in range(1,b,2):          # 使用 for 迴圈，從 1 ~ b，每隔 2 個一數
    move = round((b-i)/2)-1     # 計算星星的位移空白 ( 要將星星都置中 )
    print(f' '*move, end='')    # 印出星星前方的位移空白 ( 不換行 )
    print('*'*i)                # 加上「幾個星星」( 乘以 i )
```

❖ (範例程式碼：ch10/code017.py)

了解原理後，也可以針對金字塔做變形的動作，下方程式碼將金字塔改成 1、5、9、13... 的方式呈現。

```
a = 15
b = a*2+1
for i in range(1,b,4):      # 改成 4 個一數，金字塔每一層就會增加 2，高度也會減半
    move = round((b-i)/2)-1
    print(f' '*move, end='')
    print('*'*i)
```

✜（範例程式碼：ch10/code018.py）

運用串接，簡化程式碼

由於 Python 有著方便好用的「串接」特性，當明白了金字塔原理後，就能將程式碼簡化成下面的樣子：

```
a = 15                          # 新增變數 a，設定金字塔有幾層
for i in range(1,a+1):          # 使用 for 迴圈，重複指定的層數
    print(' ' * (a-i) + '*' * (2*i-1))
```

```
# ' ' * (a-i) 表示星星數越少，前面空白越多
# '*' * (2*i-1) 串接後方星星的數量
```

✜（範例程式碼：ch10/code019.py）

10-11 數字金字塔

這個範例會介紹使用 Python 的 for 迴圈、文字格式化和 if 判斷式，產生一個由數字序列組成的數字金字塔。

基本原理

數字金字塔會按照「一定的規則」，產生一連串的數字，堆疊出金字塔的形狀，規則可能是等比級數、等差級數 ... 等之類的數列，通常將數字大的放在下方，數字小的放在上方。

```
                1
              1 2 1
            1 2 3 2 1
          1 2 3 4 3 2 1
        1 2 3 4 5 4 3 2 1
      1 2 3 4 5 6 5 4 3 2 1
    1 2 3 4 5 6 7 6 5 4 3 2 1
  1 2 3 4 5 6 7 8 7 6 5 4 3 2 1
1 2 3 4 5 6 7 8 9 8 7 6 5 4 3 2 1
```

方法一、使用 for 迴圈

因為金字塔有兩層 (水平和垂直)，所以會使用兩個 for 迴圈，接著使用「文字格式化」的方式，讓印出的文字進行對齊，就能產生漂亮的數字金字塔。

> 參考：5-3 文字與字串 (格式化)、3-6 重複迴圈 (for、while)、6-7 內建函式 (迭代物件操作)

```
a = 10                                  # 要產生的金字塔層數
for i in range(1,a+1):                  # 使用 for 迴圈，重複 1～10 ( a+1 ) 的數字
    print(' '*3*(a-i),end='')           # 根據不同的層數，讓第一個數字前方增加指定的空
                                          白字元 ( 後方不換行 )
    for j in range(1, i+1):             # 第二層 for 迴圈，重複不同層內的數字
        if j==1:                        # 如果是第一個數字
            print(j, end='')            # 單純印出數字即可 ( 後方不換行 )
        else:                           # 如果是第二個以後的數字
            print(f'{j:>3d}', end='')   # 格式化數字，使其寬度為 3，並靠右對齊 ( 後方
                                          不換行 )
    for j in range(i-1, 0, -1):         # 剛剛的 for 迴圈是由小到大，加入另外一個由大
                                          到小的迴圈
        print(f'{j:>3d}', end='')       # 格式化數字，使其寬度為 3，並靠右對齊 ( 後方
                                          不換行 )
    print('')                           # 最後執行換行的 print
```

✤ (範例程式碼：ch10/code020.py)

```
                           1
                        1  2  1
                     1  2  3  2  1
                  1  2  3  4  3  2  1
               1  2  3  4  5  4  3  2  1
            1  2  3  4  5  6  5  4  3  2  1
         1  2  3  4  5  6  7  6  5  4  3  2  1
      1  2  3  4  5  6  7  8  7  6  5  4  3  2  1
   1  2  3  4  5  6  7  8  9  8  7  6  5  4  3  2  1
1  2  3  4  5  6  7  8  9 10  9  8  7  6  5  4  3  2  1
```

運用同樣的原理，可以將數字金字塔進行變化，下方的例子，會改成 2 的幾次方作為金字塔的組成。

```
a = 10
for i in range(1,a+1):
    print(' '*3*(a-i),end='')
    for j in range(0, i):                # ragne 改成從 0 開始，因為 2 的 0 次方等於 1
        k = 2 ** j                       # 計算 2 的幾次方
        if k==1:
            print(k, end='')
        else:
            print(f'{k:>3d}', end='')
    for j in range(i-2, -1, -1):         # 修改 range，使其最後一位數為 0
        k = 2 ** j                       # 計算 2 的幾次方
        print(f'{k:>3d}', end='')
    print('')
```

✜（範例程式碼：ch10/code021.py）

```
                            1
                         1  2  1
                      1  2  4  2  1
                   1  2  4  8  4  2  1
                1  2  4  8 16  8  4  2  1
             1  2  4  8 16 32 16  8  4  2  1
          1  2  4  8 16 32 64 32 16  8  4  2  1
       1  2  4  8 16 32 64128 64 32 16  8  4  2  1
    1  2  4  8 16 32 64128256128 64 32 16  8  4  2  1
 1  2  4  8 16 32 64128256512256128 64 32 16  8  4  2  1
```

方法二、使用 while 迴圈

因為 for 迴圈可以做到，所以 while 迴圈也可以實現同樣的效果。

```
a = 10                                # 要產生的金字塔層數
b = 1                                 # 提供 while 迴圈停止的依據
while b<=a:                           # 如果 b <= a 就讓 while 迴圈繼續
    n = 1                             # 設定從 1 開始
    print(' '*3*(a-b),end='')         # 根據不同的層數，讓第一個數字前方增加指定的空白
                                        字元 ( 後方不換行 )
    while n<=b:                       # 第二層 while 迴圈，如果 n <= b 就讓 while
                                        迴圈繼續
        if n==1:                      # 如果是第一個數字
            print(n, end='')          # 單純印出數字即可 ( 後方不換行 )
        else:                         # 如果是第二個以後的數字
            print(f'{n:>3d}', end='') # 格式化數字，使其寬度為 3，並靠右對齊 ( 後方
                                        不換行 )
        n = n + 1                     # 將 n 增加 1
```

```
    while n>2:                          # 剛剛的 while 迴圈是由小到大，加入另外一個由
                                          大到小的迴圈
        print(f'{n-2:>3d}', end='')     # 格式化數字，使其寬度為 3，並靠右對齊 ( 後方
                                          不換行 )
        n = n - 1                       # 將 n 減少 1
    print('')                           # 最後執行換行的 print
    b = b + 1                           # 將 b 增加 1
```

✤（範例程式碼：ch10/code022.py）

```
                           1
                        1  2  1
                     1  2  3  2  1
                  1  2  3  4  3  2  1
               1  2  3  4  5  4  3  2  1
            1  2  3  4  5  6  5  4  3  2  1
         1  2  3  4  5  6  7  6  5  4  3  2  1
      1  2  3  4  5  6  7  8  7  6  5  4  3  2  1
   1  2  3  4  5  6  7  8  9  8  7  6  5  4  3  2  1
1  2  3  4  5  6  7  8  9 10  9  8  7  6  5  4  3  2  1
```

10-12 猜數字（猜大猜小）

這個範例會介紹使用 Python 的隨機整數、while 迴圈和 input 指令，做出一個簡單的猜數字遊戲（猜大猜小直到猜中為止）。

基本原理

要進行猜數字大小的遊戲，需要先使用 randint 產生一個「隨機整數」做為答案，接著使用 while 迴圈搭配 input 方法，讓使用者不斷輸入數字，透過輸入的數字與答案比對，最後就能得到正確的結果。

參考：3-4 邏輯判斷（if、elif、else）、3-6 重複迴圈（for、while）、9-1 隨機數 random

```
import random
a = random.randint(1,99)                  # 產生 1～99 的隨機整數
b = int(input('輸入 1～99 的數字：'))      # 讓使用者輸入數字，使用 int 轉換成數字
```

```
while a!=b:                                    # 使用 while 迴圈，如果 a 不等於 b，
                                                 就不斷繼續
    if b < a:
        b = int(input('數字太小囉！再試一次吧：'))    # 如果 b<a，提示數字太小
    elif b > a:
        b = int(input('數字太大囉！再試一次吧：'))    # 如果 b>a，提示數字太大
print('答對囉！')                                  # 如果 b=a 會停止 while 迴圈，
                                                    顯示正確答案
```

✣（範例程式碼：ch10/code023.py）

使用 break 停止 while 迴圈

因為使用了 while 迴圈，所以程式也可以改成 while True 的方法，當輸入的數字等於答案時，使用 break 停止 while 迴圈。

參考：3-6 重複迴圈（for、while）

```
import random
a = random.randint(1,99)
b = int(input('輸入 1～99 的數字：'))
while True:
    if b < a:
        b = int(input('數字太小囉！再試一次吧：'))
    elif b > a:
        b = int(input('數字太大囉！再試一次吧：'))
    else:
        print('答對囉！')
        break;
```

✣（範例程式碼：ch10/code024.py）

10-13 猜數字（幾 A 幾 B）

這個範例會介紹使用 Python 的隨機整數、while 迴圈、for 迴圈、input 指令和 if 判斷式，做出一個猜幾 A 幾 B 的猜數字遊戲。

基本原理

要進行幾 A 幾 B 的猜數字遊戲，需要先使用 range 和 random.sample，產生一個「四個不重複的隨機數字」答案。

```
import random
answer = random.sample(range(1, 10), 4)
print(answer)
```

接著按照下圖的判斷規則編輯程式：

> 參考：3-4 邏輯判斷 (if、elif、else)、3-6 重複迴圈 (for、while)、6-2 串列 (常用方法)、9-1 隨機數 random

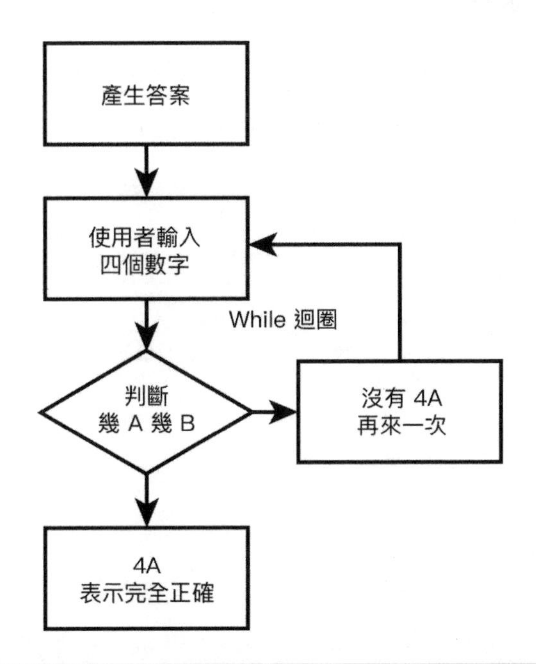


```
import random
answer = random.sample(range(1, 10), 4)
print(answer)
a = b = n = 0                          # 設定 a、b、n 三個變數，預設值 0
while a!=4:                            # 使用 while 迴圈，直到 a 等於 4 才停止
```

```
    a = b = n = 0                          # 每次重複時將 a、b、n 三個變數再次設定為 0
    user = list(input('輸入四個數字：'))    # 讓使用者輸入數字，並透過 list 轉換成串列
    for i in user:                         # 使用 for 迴圈，將使用者輸入的數字一一取出
        if int(user[n]) == answer[n]:      # 因為使用者輸入的是「字串」，透過 int 轉換
                                             成數字，和答案串列互相比較
            a += 1                         # 如果位置和內容都相同，就將 a 增加 1
        else:
            if int(i) in answer:           # 如果位置不同，但答案裡有包含使用者輸入的數字
                b += 1                     # 就將 b 增加 1
        n += 1                             # 因為輸入的每個數字都要判斷，將 n 增加 1
    output = ','.join(user).replace(',','')     # 四個數字都判斷後，使用 join 將串列
                                                  合併成字串
    print(f'{output}: {a}A{b}B')
print('答對了！')
```

✣（範例程式碼：ch10/code025.py）

加入遊戲次數

如果要讓遊戲更完整，可以加入「計算次數」和「計時」的機制（計時的機制使用 time.time() 搭配 round 四捨五入）。

```
import random
import time            # import time 模組
answer = random.sample(range(1, 10), 4)
print(answer)
a = b = n = 0
num = 0                # 新增 num 變數為 0，作為計算次數使用
t = time.time()        # 新增 t 變數為現在的時間
while a!=4:
    num += 1           # 每次重複時將 num 增加 1
    a = b = n = 0
    user = list(input('輸入四個數字：'))
    for i in user:
        if int(user[n]) == answer[n]:
            a += 1
        else:
            if int(i) in answer:
                b += 1
        n += 1
    output = ','.join(user).replace(',','')
    print(f'{output}: {a}A{b}B')
```

```
t = round((time.time() - t), 3)              # 當 a 等於 4 時，計算結束和開始的時間差
print(f'答對了！總共猜了 {num} 次，用了 {t} 秒')    # 印出對應的文字
```

✣ (範例程式碼：ch10/code026.py)

```
輸入四個數字: 1234
1234: 0A2B
輸入四個數字: 5678
5678: 0A2B
輸入四個數字: 3581
3581: 4A0B
答對了! 總共猜了 3 次, 用了 8.869 秒
```

10-14 簡單時鐘(世界時間)

這個範例會使用 Python 的 datetime 標準函式庫進行時間與時區的換算，搭配 print() 方法，實作一個可以顯示世界時間的時鐘。

每秒更新並顯示時間

參考「9-4、日期和時間 datetime」文章，載入 datetime 函式庫之後，使用 now() 方法搭配 strftime 進行時間格式化，就能得到「時：分：秒」的時間。

```
import datetime

now = datetime.datetime.now().strftime('%H:%M:%S')
print(now)     # 14:30:23
```

✣ (範例程式碼：ch10/code027.py)

使用 while 迴圈搭配 time 標準函式庫的 sleep 方法，就能實現每隔一秒更新一次時間的效果，最後，在 print() 印出的內容開頭加上「\r」，就能在每次印出時不要換行，而是將游標移動到每行的開頭進行更新。

```
import datetime
import time
```

```
while True:
    now = datetime.datetime.now().strftime('%H:%M:%S')
    print(f'\r{now}', end = '')      # 前方加上 \r
    time.sleep(1)
```

✣（範例程式碼：ch10/code028.py）

顯示世界時間（同時顯示六個時區）

如果要顯示不同時區的時間，需要使用 datetime.timezone 定義時區，並使用時區設定 datetime.now 的 tz 參數，就能得到該時區目前的時間，根據這個原理，如果要同時顯示多個時區的時間，可以定義一個顯示該時區時間的函式，並將多格時區設定為字典 dict 格式，就能使用 for 迴圈一次處理完成並顯示。

```
import datetime
import time

def timezone(h):
    GMT = datetime.timezone(datetime.timedelta(hours=h))        # 取得時區
    return datetime.datetime.now(tz=GMT).strftime('%H:%M:%S')  # 回傳該時區的時間

# 六個時區的名稱與時差
local = {'倫敦':1,
         '台灣':8,
         '日本':9,
         '紐約':-4,
         '洛杉磯':-7,
         '紐西蘭':12 }

while True:
    print('\r',end='')    # 開始時將游標移到開頭
    # 讀取 local 的 key
    for i in local:
        now = timezone(local[i])    # 根據 key 的 value 取得時間
        print(f'{i}>{timezone(local[i])}  ', end='')
    time.sleep(1)
    # 倫敦>08:43:09  台灣>15:43:09  日本>16:43:09  紐約>03:43:09  洛杉磯
>00:43:09  紐西蘭>19:43:09
```

✣（範例程式碼：ch10/code029.py）

10-15 計算 BMI 數值

這個範例會介紹使用 Python 的 input 和數學計算，做出一個輸入身高體重後，自動計算 BMI 數值的功能。

BMI 計算公式

BMI 身體質量指數 (Body Mass Index) 是世界衛生組織建議作為衡量肥胖程度的依據，BMI 的正常範圍是 18.5 ～ 25，計算公式如下：

```
體重 ( 公斤 ) 除以身高 ( 公尺 ) 的平方
```

輸入身高體重，計算 BMI

使用 input 的方法，讓使用者輸入身高和體重，並分別賦值給 h 和 w 變數，因為輸入的身高為公分，所以需要除以 100 轉換成公尺，最後就能套用 BMI 公式，計算出 BMI 數值。

```
h = float(input('請輸入身高 (cm)：'))/100
# 使用 float 轉換成浮點數後除以 100 ( 因為身高可能會有小數點 )

w = float(input('請輸入體重 (kg)：'))
# 使用 float 轉換成浮點數 ( 因為體重可能會有小數點 )

bmi = w/(h*h)                           # 套用公式計算
print(f'你的 BMI 數值為：{bmi}')          # 你的 BMI 數值為：23.044982698961938
```

✣ (範例程式碼：ch10/code030.py)

加上邏輯判斷與四捨五入

如果覺得單純計算太過單調，也可以加入一些邏輯判斷，或將 BMI 數值四捨五入。

參考：3-4 邏輯判斷 (if、elif、else)、9-2 數學 math

```
h = float(input('請輸入身高 (cm)：'))/100
w = float(input('請輸入體重 (kg)：'))
bmi = round(w/(h*h),3)                          # 使用 round 四捨五入到小數點三位
if bmi<18.5:                                    # 使用邏輯判斷
    note = '你太輕囉！'
elif bmi>=18.5 and bmi<=25:
    note = '你的體重正常！'
else:
    note = '你有點太重囉～'
print(f'你的 BMI 數值為：{bmi}，{note}')
```

✜ (範例程式碼：ch10/code031.py)

10-16 計算年紀 (幾歲幾個月幾天)

這個範例會介紹使用 Python 的 datetime 標準函式，搭配 input 指令、串列操作、數學計算和 if 判斷式，做出一個讓使用者輸入生日，就會計算使用者年齡的功能 (可以計算幾歲幾個月又幾天)。

基本原理

計算年紀的方式，會使用標準函式的 datetime.date 取得今天的日期，再用今天的「年月日」減去生日的「年月日」，就能得到年紀，在相減的過程中，必須使用邏輯判斷，處理「不足月」或「不足年」的狀況。

參考：3-4 邏輯判斷 (if、elif、else)、5-4 內建函式 (字串操作與轉換)、9-4 日期和時間 datetime

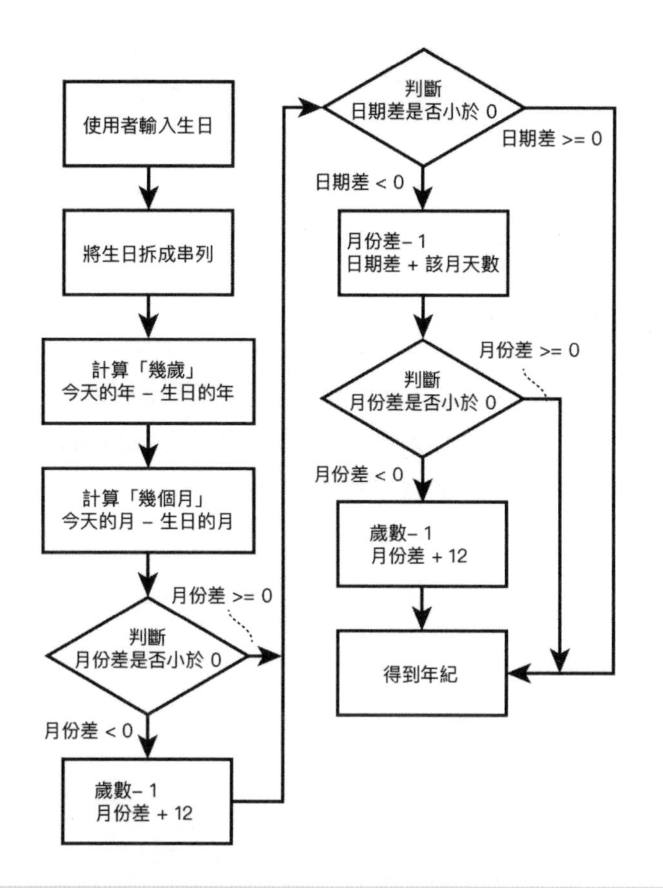


```
import datetime                                        # import datetime 標準函式
today = datetime.date.today()                          # 使用 datetime.date 取得今天的日期
age = input(' 輸入生日 ( YYYY/MM/DD ) : ')              # 讓使用者輸入生日，格式為 YYYY/MM/DD
age_list = age.split('/')                              # 將使用者輸入的日期，使用「/」拆成串列
year = today.year - int(age_list[0])                   # 用今天的年份，減去使用者的生日年份
                                                         ( 年份差 )
month = today.month - int(age_list[1])                 # 用今天的月份，減去使用者生日的月份
                                                         ( 月份差 )
if month<0:                                            # 如果月份差的數字小於零，表示生日還沒到
    year = year - 1                                    # 將年份差減少 1 ( 表示跨了一年 )
    month = 12 + month                                      # 將月份差改成 12 + 月份差
day_list = [31,28,31,30,31,30,31,31,30,31,30,31]   # 建立一個每個月有多少天的串列
day = today.day - int(age_list[2])                   # 用今天的日期，點去使用者生日的日期
                                                       ( 月份差 )
if day<0:                                            # 如果月份差的數字小於 0，表示生日還沒到
    month = month - 1                                # 將月份差減少 1
    if month<0:                                      # 如果月份差減少後小於 0
```

```
        year = year - 1                         # 再將年份差減少 1 ( 表示跨了一年 )
        month = 12 + month                      # 將月份差改成 12 + 月份差
    day = day_list[month] + day                 # 將日期差改成該月的天數 + 日期差

print(f'{year} 歲 {month} 個月 {day} 天')       # 印出現在幾歲幾個月又幾天
```

✜（範例程式碼：ch10/code032.py）

加入閏年的判斷

雖然在程式裡有加入 day_list 變數，負責處理每個月有多少天的串列，但某些年份屬於閏年，所以必須再透過標準函式的 calendar.isleap 判斷該年是否為閏年，如果是閏年，就將二月改成 29 天。

```
import datetime
import calendar       # import calendar 模組
today = datetime.date.today()
age = input('輸入生日 ( YYYY/MM/DD )：')
age_list = age.split('/')
year = today.year - int(age_list[0])
month = today.month - int(age_list[1])
if month<0:
    year = year - 1
    month = 12 + month
day_list = [31,28,31,30,31,30,31,31,30,31,30,31]
if calendar.isleap(today.year):          # 判斷如果是閏年
    day_list[1] = 29                     # 就將二月份的天數改成 29 天
day = today.day - int(age_list[2])
if day<0:
    month = month - 1
    if month<0:
        year = year - 1
        month = 12 + month
    day = day_list[month] + day

print(f'{year} 歲 {month} 個月 {day} 天')
```

✜（範例程式碼：ch10/code033.py）

完成結果

本篇範例測試時的日期為 2021/10/26，測試使用五個日期，分別是：2000/1/1、1999/12/31、2000/10/25、2000/10/26、2000/10/27，可以測試不足月、不足日、跨年等狀況。

```
輸入生日 ( YYYY/MM/DD )：2000/1/1
21 歲 9 個月 25 天
輸入生日 ( YYYY/MM/DD )：1999/12/31
21 歲 9 個月 26 天
輸入生日 ( YYYY/MM/DD )：2000/10/25
21 歲 0 個月 1 天
輸入生日 ( YYYY/MM/DD )：2000/10/26
21 歲 0 個月 0 天
輸入生日 ( YYYY/MM/DD )：2000/10/27
20 歲 11 個月 30 天
```

10-17 產生身分證字號(隨機)

這個範例會介紹使用 Python 的字典、串列、for 迴圈、random 和 if 判斷式，做出一個身分證字號產生器。

身分證字號編碼規則

台灣身分證編碼的規則如下：

- 第 1 碼：行政區碼，不同行政區由不同的英文字母表示，每個英文字母對應一個二位數的數字，下圖為英文數字的對照表。

A	B	C	D	E	F	G	H	I
10	11	12	13	14	15	16	17	34
J	K	L	M	N	O	P	Q	R
18	19	20	21	22	35	23	24	25
S	T	U	V	W	X	Y	Z	
26	27	28	29	32	30	31	33	

- 第 2 碼：性別代碼，1 表示男生，2 表示女生。
- 第 3 碼～第 9 碼：七個 0 ～ 9 數字組成的流水號。
- 第 10 碼：檢查碼，產生方式按照下圖的規則，依據前面代碼計算出檢查碼。

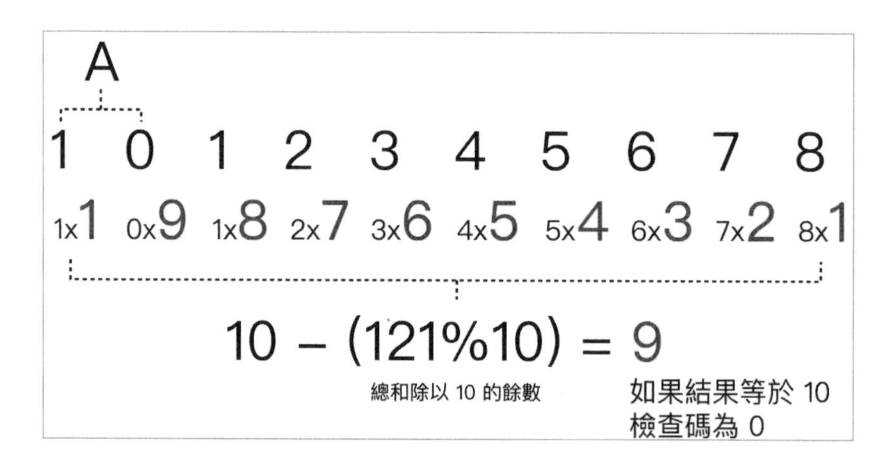

產生身份字號

身分證開頭的英文字，每個都有其對應的數字，所以使用「字典」的方式建立一個英文字和數字對照表，接著透過 keys() 搭配 list()，將 A ～ Z 的鍵取出成為串列，接著使用 random.choice() 隨機取出一個英文字。

參考：6-1 串列 list (基本)、6-4 字典 dictionary、9-1 隨機數 random

```
import random      # import random 模組
# 建立英文字和數字對照表
local_table = {'A':10,'B':11,'C':12,'D':13,'E':14,'F':15,'G':16,'H':17,'I':34,
        'J':18,'K':19,'L':20,'M':21,'N':22,'O':35,'P':23,'Q':24,'R':25,
        'S':26,'T':27,'U':28,'V':29,'W':32,'X':30,'Y':31,'Z':33}
local = random.choice(list(local_table.keys()))      # 隨機取出一個區域英文字
```

得到英文字之後，新增一個 check_arr 串列 (負責第十碼的轉換)，串列的內容由英文對應的數字產生，產生的方式先將數字轉換成「字串」，接著使用 list 將字串拆分成串列，再將一一將串列的項目轉換成「數字」(因為數字無法直接轉換成串列)。

```
check_arr = list(str(local_table[local]))     # 將數字轉成字串，再將字串拆解成串列
check_arr[0] = int(check_arr[0])              # 將串列的第一個項目轉換成數字
check_arr[1] = int(check_arr[1]) * 9          # 將串列的第一個項目轉換成數字並乘以 9
( 根據第十碼的產生規則 )
```

新增一個 sex 變數，由隨機取出 1 或 2，接著將數字乘以 8 之後放入 check_arr 串列裡 (根據第十碼的產生規則)。

參考：6-1 串列 list (基本)、9-1 隨機數 random

```
sex = random.choice([1,2])    # 隨機取出 1 或 2
check_arr.append(sex * 8)     # 乘以 8 之後加入串列
```

新增一個 nums_str 變數，負責記錄第三碼到第九碼總共七碼的流水編號，建立的方法使用重複七次的 for 迴圈，每次重複時產生一個隨機數，同時根據第十碼的產生規則，依序乘以 7 ～ 1 的數字後加入 check_arr 串列裡。

```
nums_str = ''                                 # 建立 nums_str 變數，內容為空字串
```

```
for i in range(7):                       # 重複七次的 for 迴圈
    nums = random.randint(0, 9)          # 產生 0～9 的隨機整數
    nums_str = nums_str + str(nums)  # 將整數轉換成字串，連接在 nums_str 後方
    check_arr.append(nums*(7-i))         # 根據第十碼的產生規則，依序乘以 7～1 的數字。
加入 check_arr 串列
```

新增 check_num 變數，運算第十碼的數值，最後將所有代碼組合起來，就產生一組身分證字號。

參考：9-2 數學 math

```
check_num = 10 - sum(check_arr)%10      # 根據第十碼產生規則產生
if check_num == 10:                     # 如果等於 10，檢查碼就等於 0
    check_num = 0

id_number = str(local) + str(sex) + nums_str + str(check_num)   # 組合成身分證字號
print(id_number)
```

一次產生二十組身分證字號

如果加入 for j in range(20) 的迴圈，就能夠一次產生 20 組隨機的身分證字號。

```
import random
local_table = {'A':10,'B':11,'C':12,'D':13,'E':14,'F':15,'G':16,'H':17,'I':34,
        'J':18,'K':19,'L':20,'M':21,'N':22,'O':35,'P':23,'Q':24,'R':25,
        'S':26,'T':27,'U':28,'V':29,'W':32,'X':30,'Y':31,'Z':33}
for j in range(20):    # 使用 20 次的 for 迴圈
    local = random.choice(list(local_table.keys()))

    check_arr = list(str(local_table[local]))
    check_arr[0] = int(check_arr[0])
    check_arr[1] = int(check_arr[1]) * 9

    sex = random.choice([1,2])
    check_arr.append(sex * 8)

    nums_str = ''
```

```
for i in range(7):
    nums = random.randint(0, 9)
    nums_str = nums_str + str(nums)
    check_arr.append(nums*(7-i))

check_num = 10 - sum(check_arr)%10
if check_num == 10:
    check_num = 0

id_number = str(local) + str(sex) + nums_str + str(check_num)
print(id_number)
```

✤（範例程式碼：ch10/code034.py）

```
X218070768    J112790947
Q113584304    Q295843704
O279063831    D198691737
U180314163    P273832028
K215152988    U136675802
P278052860    X121101743
V115209649    D162786069
J263332848    D145426797
F194119110    Y200291325
C118931900    Q157901563
```

10-18 檢查身分證字號

這個範例會介紹使用 Python 的字典、串列、for 迴圈、random 和 if 判斷式，做出一個身分證字號產生器。

基本原理

按照前一小節「10-17、產生身分證字號 (隨機)」所寫的身分證字號編碼規則，輸入身分證字號後，先判斷是否有「十碼」，接著判斷第二碼是否為 1 或 2，最後判斷檢查碼，當三層判斷都是 True 時，表示身分證字號正確。

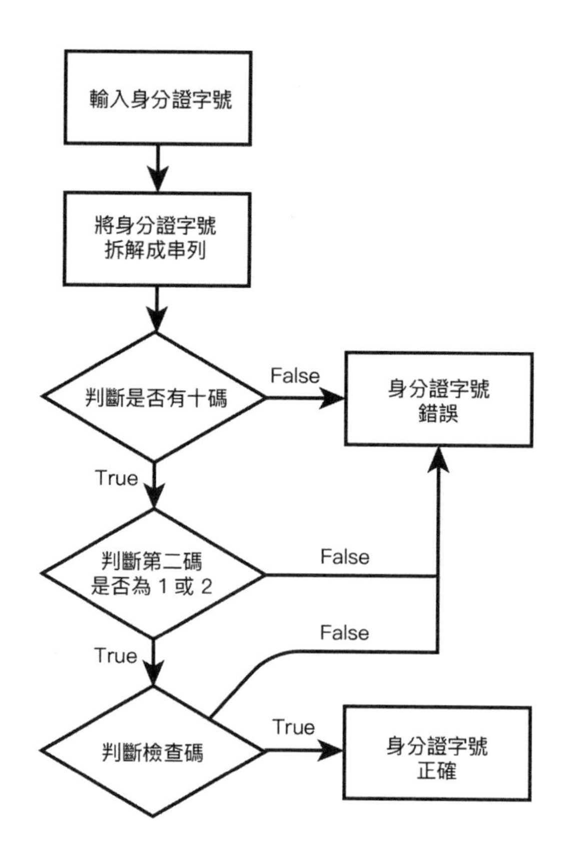

檢查身份字號

檢查身分證字號的流程如下：

- 新增一個 local_table 變數，內容是第一碼英文數字的對照表，再新增一個變數 id_number 記錄使用者輸入的身分證字號。
- 新增 check 變數為 False，和 while 迴圈搭配，待會在 while 迴圈的最後方會加入 check=True，如果執行到一半跳出 (身分證字號錯誤)，check 就會是 False。
- 將英文字對應的兩位數的數字，記錄到 check_arr 變數變成兩個項目 (記錄為數字)，作為最後檢查碼的判斷使用。
- 新增 sex 變數，內容是身分證字號的第二碼，判斷如果不是字串 1 也不是字串 2 (因為第二碼不是 1 就是 2)，就跳出 while 迴圈。

- 最後套用第十碼檢查碼的程式，計算檢查碼是否相同，如果不相同，就跳出 while 迴圈，如果相同，最後加上 check=True，表示檢查完全正確，迴圈結束後，根據 check 的 True 或 False，印出對應的結果。

參考：3-4 邏輯判斷 (if、elif、else)、3-6 重複迴圈 (for、while)、6-1 串列 list (基本)

```
local_table = {'A':10,'B':11,'C':12,'D':13,'E':14,'F':15,'G':16,'H':17,'I':34,
      'J':18,'K':19,'L':20,'M':21,'N':22,'O':35,'P':23,'Q':24,'R':25,
      'S':26,'T':27,'U':28,'V':29,'W':32,'X':30,'Y':31,'Z':33}
id_number = input('輸入身分證字號：')
check = False                            # 新增 check=False 變數，與 while 迴圈搭配
while True:                              # 使用 while 迴圈
   id_arr = list(id_number)              # 新增 id_arr 變數，將身分證字號轉換成串列存入
   if len(id_arr)!=10: break             # 判斷如果 id_arr 長度不等於 10，就跳出 while
                                           迴圈
   local = str(local_table[id_arr[0]])      # 將對應的二位數字轉換成字串
   check_arr = list(local)                  # 將字串轉換成陣列，例如 '10' 會轉換成
                                              ['1','0']
   check_arr[0] = int(check_arr[0])         # 將串列中的第一個項目轉換成數字
   check_arr[1] = int(check_arr[1]) * 9     # 將串列中的第二個項目轉換成數字
   sex = id_arr[1]                       # 取得第二碼數字
   if sex!='1' and sex!='2': break       # 判斷如果不是 '1' 也不是 '2' 就跳出 while 迴圈
   check_arr.append(int(sex)*8)                   # 將 sex 內容轉換成數字並乘以 8，
                                                    存入 check_arr 裡
   for i in range(7):                             # 使用 for 迴圈，重複七次
      check_arr.append(int(id_arr[i+2])*(7-i))    # 每次重複，按照檢查碼程式，將數字
                                                    乘以對應的數值
   check_num = 10 - sum(check_arr)%10           # 計算使用者輸入的檢查碼
   if check_num != int(id_arr[9]): break        # 如果檢查碼不相同，跳出 while 迴圈
   check = True                                 # 如果迴圈都沒有跳出，讓 check 等
                                                  於 True。
   break                                        # 結束後跳出迴圈

if check == False:                              # while 迴圈結束後，如果 check 等於
Fasle，表示身分證字號錯誤
   print('身分證字號格式錯誤')
else:
   print('身分證字號正確')
```

✤ (範例程式碼：ch10/code035.py)

加上錯誤判斷流程

雖然上述的程式已經可以檢查身分證字號，但如果使用者輸入一串奇怪的文字，例如 xyz，可能就會發生錯誤而導致程式無法運作，這時可以加入 try 和 except 做檢查和保護，如果遇到例外的狀況，就直接跳出 while 迴圈。

參考：7-1 例外處理 (try、except)

```
local_table = {'A':10,'B':11,'C':12,'D':13,'E':14,'F':15,'G':16,'H':17,'I':34,
        'J':18,'K':19,'L':20,'M':21,'N':22,'O':35,'P':23,'Q':24,'R':25,
        'S':26,'T':27,'U':28,'V':29,'W':32,'X':30,'Y':31,'Z':33}
while True:        # 新增 while 迴圈，就可以重複輸入
    id_number = input('輸入身分證字號：')
    check = False
    while True:
        try:          # 使用 try
            id_arr = list(id_number)
            if len(id_arr)!=10: break
            local = str(local_table[id_arr[0]])
            check_arr = list(local)
            check_arr[0] = int(check_arr[0])
            check_arr[1] = int(check_arr[1]) * 9
            sex = id_arr[1]
            if sex!='1' and sex!='2': break
            check_arr.append(int(sex)*8)
            for i in range(7):
                check_arr.append(int(id_arr[i+2])*(7-i))
            check_num = 10 - sum(check_arr)%10
            if check_num != int(id_arr[9]): break
            check = True
            break
        except:       # 使用 except，如果發生例外狀況，跳出迴圈
            break

    if check == False:
        print('身分證字號格式錯誤')
    else:
        print('身分證字號正確')
```

✤（範例程式碼：ch10/code036.py）

```
輸入身分證字號: 12345
身分證字號格式錯誤
輸入身分證字號: A12345
身分證字號格式錯誤
輸入身分證字號: fdjkfkfslkfdslflsd
身分證字號格式錯誤
輸入身分證字號: A123456789
身分證字號正確
輸入身分證字號:
```

10-19 統一發票對獎

這個範例會介紹使用 Python 的串列處理和 for 迴圈，讓使用者輸入統一發票號碼之後，自動判斷該發票號碼是否中獎，如果中獎則顯示中獎金額。

哪裡可以查詢中獎號碼？

進入「財政部稅務入口網」，就可以看到中獎的號碼。

財政部稅務入口網：https://invoice.etax.nat.gov.tw/index.html

基本原理

特別獎和特獎都是單一號碼，可以單獨判斷，但因為頭獎需要判斷中獎號碼的「位數」，所以必須使用 for 迴圈進行判斷。

頭獎	**88400675** **73475574** **53038222** 同期統一發票收執聯8位數號碼與頭獎號碼相同者獎金20萬元
二獎	同期統一發票收執聯末7 位數號碼與頭獎中獎號碼末7 位相同者各得獎金4萬元
三獎	同期統一發票收執聯末6 位數號碼與頭獎中獎號碼末6 位相同者各得獎金1萬元
四獎	同期統一發票收執聯末5 位數號碼與頭獎中獎號碼末5 位相同者各得獎金4千元
五獎	同期統一發票收執聯末4 位數號碼與頭獎中獎號碼末4 位相同者各得獎金1千元
六獎	同期統一發票收執聯末3 位數號碼與 頭獎中獎號碼末3 位相同者各得獎金2百元

完整程式碼

按照最小公倍數的原理，編輯程式：

> 參考：3-4 邏輯判斷 (if、elif、else)、3-6 重複迴圈 (for、while)、6-1 串列 list (基本)

```
num = input('輸入你的發票號碼：')
ns = '05701942'                          # 特別獎
n1 = '97718570'                          # 特獎
n2 = ['88400675','73475574','53038222']  # 頭獎
if num == ns: print('對中 1000 萬元！')     # 對中特別獎
if num == n1: print('對中 200 萬元！')      # 對中特獎
# 頭獎判斷
for i in n2:
    if num == i:
        print('對中 20 萬元！')    # 對中頭獎
        break
    if num[-7:] == i[-7:]:
        print('對中 4 萬元！')     # 末七碼相同
        break
    if num[-6:] == i[-6:]:
        print('對中 1 萬元！')     # 末六碼相同
        break
    if num[-5:] == i[-5:]:
```

```
        print('對中 4000 元！')    # 末五碼相同
        break
    if num[-4:] == i[-4:]:
        print('對中 1000 元！')    # 末四碼相同
        break
    if num[-3:] == i[-3:]:
        print('對中 200 元！')     # 末三碼相同
        break
```

❖（範例程式碼：ch10/code037.py）

10-20 羅馬數字轉換

這個範例會介紹使用 Python 的串列、字典、邏輯判斷 ... 等功能，實現「羅馬數字轉換阿拉伯數字」，以及「阿拉伯數字轉換羅馬數字」的功能。

關於羅馬數字

羅馬數字共有 7 個：I (1)、V (5)、X (10)、L (50)、C (100)、D (500) 和 M (1000)，透過七個數字的組合，可以產生任意的自然數 (羅馬數字沒有 0 也沒有負數)

羅馬數字通常使用於「記數」(因為作為算數會相當麻煩)，撰寫上必須遵循下列規則：

- 重複次數等於倍數，羅馬數字重複幾次，就表示這個數的幾倍，例如 X X X 等於 30。
- 重複次數最多只能 3 次，例如 40 不能表示為 XXXX，而表示為 XL。
- 在比較大的羅馬數字的「右邊」記上比較小的羅馬數字，表示大數字「加」小數字，例如 VI 等於 5+1。
- 在比較大的羅馬數字的「左邊」記上比較小的羅馬數字，表示大數字「減」小數字，例如 IV 等於 5-1。
- 在數字上加橫線，表示乘以一千或乘以一百萬。

羅馬數字對照表

下方列出作為組合使用的羅馬數字對照表：

羅馬數字	阿拉伯數字	羅馬數字	阿拉伯數字	羅馬數字	阿拉伯數字	羅馬數字	阿拉伯數字
I	1	XI	11	XXI	21	C	100
II	2	XII	12	XXIX	29	CI	101
III	3	XIII	13	XXX	30	CC	200
IV	4	XIV	14	XL	40	CCC	300
V	5	XV	15	XLVIII	48	CD	400
VI	6	XVI	16	IL	49	D	500
VII	7	XVII	17	L	50	DC	600
VIII	8	XVIII	18	LX	60	CM	900
IX	9	XIX	19	XC	90	M	1000
X	10	XX	20	XCVIII	98	MM	2000

羅馬數字轉換阿拉伯數字

因為羅馬數字只有七個，每個都有對應的阿拉伯數字，所以一開始先建立轉換對照表，接著將輸入的羅馬數字變成串列後並進行「反轉」，從第二個數字開始，讓後面的數字和前面的數字進行比較，如果後面的數字比較小，就讓結果相減 (例如 4 為 IV，反轉後變成 VI，I 小於 V，所以讓 V 減 I 就等於 4)，反之就讓數字相加，最後就能得到轉換後的阿拉伯數字。

參考：3-4 邏輯判斷 (if、elif、else)、6-2 串列 (常用方法)、6-4 字典 dictionary、6-8 生成式 (串列、字典、集合、元組)

```
table = {'I':1,'V':5,'X':10,'L':50,'C':100,'D':500,'M':1000}  # 轉換對照表
roman = [i for i in input()]                                # 將輸入的羅馬數字變成串列
r = roman[::-1]                                             # 反轉串列
output = table[r[0]]                                        # 讓 output 先等於第一個數字
```

```
for i in range(1, len(r)):                   # 從第二個數字開始依序取到最後一個數字
    if table[r[i]] < table[r[i-1]]:          # 如果後面數字比較小
        output = output - table[r[i]]        # 讓 output 減去後面的數字
    else:
        output = output + table[r[i]]        # 如果後面數字比較大，讓 output 加上後面的
                                               數字
print(output)

# 輸入 IVMVIIMVVMVM 就會得到 3994
```

✜（範例程式碼：ch10/code038.py）

阿拉伯數字轉換羅馬數字

阿拉伯數字要轉換為羅馬數字，同樣需要建立一份對照表，這份對照表主要針對 1、4、5、9、10 這幾種比較特別的數字，建立完成後，使用 divmod 求得輸入數字除以對照表中每個數字的「商」和「餘數」，如果求得商，就讓商乘以對照表的數字，餘數就繼續往下除，最後將對應的字串組合，就變成羅馬數字了。

參考：9-2 數學 math

```
num_table = [
    [1000,'M'],
    [900,'CM'],
    [500,'D'],
    [400,'CD'],
    [100,'C'],
    [90,'XC'],
    [50,'L'],
    [40,'XL'],
    [10,'X'],
    [9,'IX'],
    [5,'V'],
    [4,'IV'],
    [1,'I']]                                  # 建立對照表
num = int(input())                            # 將輸入的文字轉換成數字
output = ''                                   # 設定輸出的 output 字串
for i in num_table:                           # 依序判斷對照表中每個數字
```

```
    a = divmod(num, i[0])              # 取得商 ( a[0] ) 和餘數 ( a[1] )
    if a[0]!=0:                        # 如果 a[0] 不為 0
        num = a[1]                     # 取得餘數繼續往下除
        output = output + i[1]*a[0]    # 組合字串
print(output)
```

✜（範例程式碼：ch10/code039.py）

小結

這個章節介紹了許多 Python 的基礎範例，這些範例涵蓋了 Python 的基礎知識和實用技巧，透過這些範例，可以進一步了解 Python 語言的特性和操作技巧，並且可以應用到自己的實際開發中，相信在掌握了這些基礎知識之後，就能更加深入地學習 Python，並且開始進行更為複雜的應用開發。

第 11 章

Python 數學範例

Python 在數學運算方面有許多方便的函式和模組，這些功能可以輕鬆地進行常見的數學運算，這個章節將介紹 Python 的數學相關函式和模組，並透過基本的四則運算、數列生成、質因數分解、質數判定和最大公因數等主題，讓大家能更深入了解 Python 在數學運算方面的應用。

- 這個章節所有範例均使用 Google Colab 實作，不用安裝任何軟體。
- 本章節部分範例程式碼：
  https://github.com/oxxostudio/book-code/tree/master/python/ch11

11-1 兩個數字的四則運算

這個範例會介紹使用 Python 的 input 和字串的拆分，讓使用者輸入兩個數字之後，出現這兩個數字進行四則運算 (加減乘除) 的結果。

基本原理

透過 input 可以取得使用者輸入的數字，因為是使用 input，所以數字會被轉換成「字串」，接著透過字串的拆分功能，將字串拆成兩個數字，就能進行四則運算 (因為字串無法進行數學計算)。

> 參考：5-1 文字與字串 string、5-3 文字與字串 (格式化)、6-1 串列 list (基本)

```
a = input('請輸入兩個數字 ( 格式 a,b ):')  # 新增變數 a，內容是使用者輸入的兩個數字，
                                            數字以逗號分隔
b = a.split(',')                       # 新增變數 b，內容使用 split 根據逗號將數字拆開為串列
b1 = int(b[0])                         # 使用 int 將第一個值轉換為「數字」
b2 = int(b[1])                         # 使用 int 將第二個值轉換為「數字」
print(f'{b1} + {b2} = {b1+b2}')        # 印出四則運算的結果
print(f'{b1} - {b2} = {b1-b2}')
print(f'{b1} x {b2} = {b1*b2}')
print(f'{b1} / {b2} = {b1/b2}')
```

✜ (範例程式碼：ch11/code001.py)

```
請輸入兩個數字 ( 格式 a,b ): 5,3
5 + 3 = 8
5 - 3 = 2
5 x 3 = 15
5 / 3 = 1.6666666666666667
```

加入更多內容

如果覺得除法有太多小數點，可以使用 round 進行四捨五入，此外也可以讓兩個數字前後順序顛倒，就能進行更完整的四則運算。

參考：9-2 數學 math

```
a = input('請輸入兩個數字 ( 格式 a,b ):')
b = a.split(',')
b1 = int(b[0])
b2 = int(b[1])
print(f'{b1} + {b2} = {b1+b2}')
print(f'{b1} - {b2} = {b1-b2}')
print(f'{b1} x {b2} = {b1*b2}')
print(f'{b1} / {b2} = {round(b1/b2,3)}')     # 使用 round 四捨五入到小數點三位
print(f'{b2} + {b1} = {b2+b1}')
print(f'{b2} - {b1} = {b2-b1}')
print(f'{b2} x {b1} = {b2*b1}')
print(f'{b2} / {b1} = {round(b2/b1,3)}')
```

✜ (範例程式碼：ch11/code002.py)

```
請輸入兩個數字 ( 格式 a,b ): 5,3
5 + 3 = 8
5 - 3 = 2
5 x 3 = 15
5 / 3 = 1.667
3 + 5 = 8
3 - 5 = -2
3 x 5 = 15
3 / 5 = 0.6
```

11-2 計算多個數字的總和

這個範例會使用 Python 的 input 和字串的拆分，讓使用者輸入多個數字之後，自動計算所有數字加總後的結果。

基本原理

透過 input 可以取得使用者輸入的數字，因為是使用 input，所以數字會被轉換成「字串」，透過字串的拆分功能，將字串拆成多個文字，透過 int 轉換回數字，就能進行多個數字的加總 (因為字串無法進行數學計算)。

參考：5-1 文字與字串 string、5-3 文字與字串 (格式化)、6-1 串列 list (基本)

```
a = input('請輸入數字 ( 格式 a,b,c... )：') # 新增變數 a，內容是使用者輸入的多個數字，
                                           數字以逗號分隔
b = a.split(',')        # 新增變數 b，內容使用 split 根據逗號將數字拆開為串列
output = 0              # 設定 output 從 0 開始
for i in b:             # 使用 for 迴圈，依序取出 b 串列的每個項目
    output += int(i)    # 將 output 的數值加上每個項目 ( 使用 int 將項目轉換成數字 )

print(f'數字總和為：{output}')
```

❖ (範例程式碼：ch11/code003.py)

```
請輸入數字 ( 格式 a,b,c... ): 1,2,3,4,5,6,77,33,11
數字總和為: 142
```

使用 while 迴圈不斷計算

如果在外層使用 while 迴圈，就可以不斷輸入數字並計算加總結果。

```
while output!=0:        # 使用 while 迴圈，如果 output 等於 0 才會停止
  a = input('請輸入數字 ( 格式 a,b,c... )：')
  b = a.split(',')
  output = 0
  for i in b:
      output += int(i)
  print(f'數字總和為：{output}')
```

❖ (範例程式碼：ch11/code004.py)

```
請輸入數字 ( 格式 a,b,c... ): 1,2,3,4
數字總和為: 10
請輸入數字 ( 格式 a,b,c... ): -5,-21,1,6
數字總和為: -19
請輸入數字 ( 格式 a,b,c... ): -5,1,4
數字總和為: 0
```

使用 sum()

如果只是單純的加總，也可以使用串列的 sum() 方法，將串列內的數字全部加總起來。

參考：6-8 生成式 (串列、字典、集合、元組)、9-2 數學 math

```
nums = [int(i) for i in input().split(',')]    # 使用串列生成式，將輸入的數字轉換成串列
result = sum(nums)            # 將串列內的數字加總
print(result)                 # 印出結果
```

✤ (範例程式碼：ch11/code005.py)

```
nums = [int(i) for i in input().split(',')]
result = sum(nums)
print(result)

312321,543,7657,-2132,433
318822
```

11-3 費波那契數列 (費氏數列)

費波那契數列又稱之為費氏數列、黃金分割數列，這個範例將會透過 Python 函式的遞迴特性，做出一個費波那契數列。

什麼是費波那契數列？

費波那契數列是一位義大利人費波那契 Leonardo Fibonacci，為了描述兔子生長的數目，使用這個數列來表現，費氏數列從 0 和 1 開始，之後的數字就是由之前的兩數相加而得出，下方列出費氏數列開始的一些數字。

```
1, 1, 2, 3, 5, 8, 13, 21, 34, 55, 89, 144, 233, 377 ,610, 987……
```

費氏數值為數列中前後兩個數值的加總，數列中的前後數值比例約為 1.618⋯，也就是所謂的黃金比例。

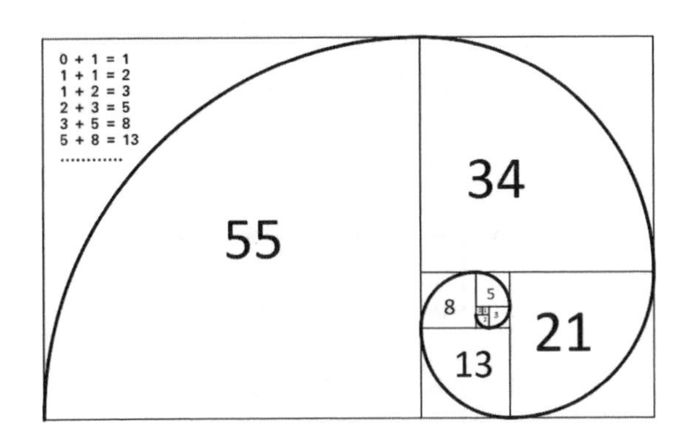

運用遞迴產生費波那契數列

下方的程式碼，使用遞迴的方式來建立費波那契數列。

參考：3-6 重複迴圈 (for、while)、8-3 遞迴 recursion

```
def fib(n):                           # 建立函式 fib，帶有參數 n
    if n > 1:                         # 如果 n 大於 1
        return fib(n-1) + fib(n-2)    # 使用遞迴
    return n
for i in range(20):                   # 產生 20 個數字
    print(fib(i), end = ',')          # 0,1,1,2,3,5,8,13,21,34,55,89,144,233,377,6
                                        10,987,1597,2584,4181
```

✜ (範例程式碼：ch11/code006.py)

如果無法理解當中遞迴的原理，可以參考下圖：

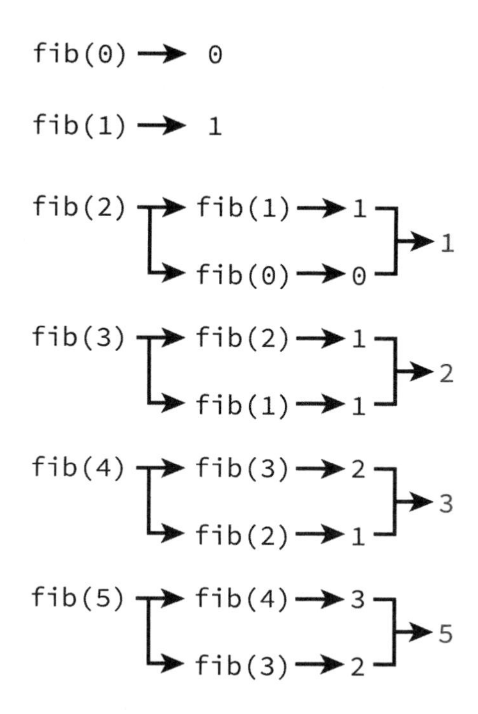

使用迴圈產生費波那契數列

下方的例子，也可以在完全不使用遞迴的狀況下，單純透過「迴圈」+「串列」來呈現費波那契數列。

> 參考：3-6 重複迴圈 (for、while)、6-1 串列 list (基本)

```
n = int(input())                # 輸入要產生的數字數量
arr = []                        # 建立一個空串列，記錄數字
for i in range(n):              # 使用 for 迴圈，重複指定的數字
    if i==0:                    # 如果 i 等於 0，a 為 0
        a = 0
    elif i==1:                  # 如果 i 等於 1，a 為 1
        a = 1
        arr = [0, 1]            # 將串列設定為 [0, 1]
    else:                       # 如果 i 大於 1
        a = arr[0] + arr[1]     # a 等於串列的兩個數字相加
        del arr[0]              # 刪除串列的第一個項目
```

```
    arr.append(a)        # 將 a 加入串列成為第二個項目
  print(a, end=',')      # 0,1,1,2,3,5,8,13,21,34,55,89,144,233,377,610,987,
                           1597,2584,4181
```

✥（範例程式碼：ch11/code007.py）

11-4 九九乘法表

這個範例會使用 Python 的格式化字串、for 迴圈和 if 判斷式，做出一個九九乘法表。

產生九九乘法表

因為九九乘法表是兩個數字相乘，所以需要使用兩個 for 迴圈互相搭配，最後使用格式化字串的方式印出對應的字串。

參考：3-6 重複迴圈（for、while）、5-3 文字與字串（格式化）

```
for a in range(1, 10):                    # 讓 a 從 1 執行到 9
    for b in range(1, 10):                # 讓 b 從 1 執行到 9
        print(f'{a}x{b}={a*b}',end=' ')
      # 使用格式化字串，印出產生對應的字串，最後加上 end=' ' 表示不換行
    print('')
    # 內層迴圈執行結束後，執行 print('') 會換行顯示
'''
1x1=1 1x2=2 1x3=3 1x4=4 1x5=5 1x6=6 1x7=7 1x8=8 1x9=9
2x1=2 2x2=4 2x3=6 2x4=8 2x5=10 2x6=12 2x7=14 2x8=16 2x9=18
3x1=3 3x2=6 3x3=9 3x4=12 3x5=15 3x6=18 3x7=21 3x8=24 3x9=27
4x1=4 4x2=8 4x3=12 4x4=16 4x5=20 4x6=24 4x7=28 4x8=32 4x9=36
5x1=5 5x2=10 5x3=15 5x4=20 5x5=25 5x6=30 5x7=35 5x8=40 5x9=45
6x1=6 6x2=12 6x3=18 6x4=24 6x5=30 6x6=36 6x7=42 6x8=48 6x9=54
7x1=7 7x2=14 7x3=21 7x4=28 7x5=35 7x6=42 7x7=49 7x8=56 7x9=63
8x1=8 8x2=16 8x3=24 8x4=32 8x5=40 8x6=48 8x7=56 8x8=64 8x9=72
9x1=9 9x2=18 9x3=27 9x4=36 9x5=45 9x6=54 9x7=63 9x8=72 9x9=81
'''
```

✥（範例程式碼：ch11/code008.py）

格式化的方式也可以改成下面這兩種寫法。

```
for a in range(1, 10):
    for b in range(1, 10):
        print('{}x{}={}'.format(a, b, a*b),end=' ')
    print('')

for a in range(1, 10):
    for b in range(1, 10):
        print('%dx%d=%d'%(a, b, a*b), end=' ')
    print('')
```

✜（範例程式碼：ch11/code009.py）

對齊九九乘法表

如果覺得九九乘法表沒有對齊，可以調整 print 後方的 end 字串，判斷如果 axb 的數值如果小於 10，就讓結尾多一個空白，印出的結果就會比較整齊。

```
for a in range(1, 10):
    for b in range(1, 10):
        if (a*b)<10:
            print(f'{a}x{b}={a*b}',end='  ')    # 如果 axb<10，讓結尾增加一個空白
        else:
            print(f'{a}x{b}={a*b}',end=' ')
  print('')

  '''
  1x1=1  1x2=2  1x3=3  1x4=4  1x5=5  1x6=6  1x7=7  1x8=8  1x9=9
  2x1=2  2x2=4  2x3=6  2x4=8  2x5=10 2x6=12 2x7=14 2x8=16 2x9=18
  3x1=3  3x2=6  3x3=9  3x4=12 3x5=15 3x6=18 3x7=21 3x8=24 3x9=27
  4x1=4  4x2=8  4x3=12 4x4=16 4x5=20 4x6=24 4x7=28 4x8=32 4x9=36
  5x1=5  5x2=10 5x3=15 5x4=20 5x5=25 5x6=30 5x7=35 5x8=40 5x9=45
  6x1=6  6x2=12 6x3=18 6x4=24 6x5=30 6x6=36 6x7=42 6x8=48 6x9=54
  7x1=7  7x2=14 7x3=21 7x4=28 7x5=35 7x6=42 7x7=49 7x8=56 7x9=63
  8x1=8  8x2=16 8x3=24 8x4=32 8x5=40 8x6=48 8x7=56 8x8=64 8x9=72
  9x1=9  9x2=18 9x3=27 9x4=36 9x5=45 9x6=54 9x7=63 9x8=72 9x9=81
  '''
```

✜（範例程式碼：ch11/code010.py）

11-5 質因數分解

這個範例會使用 Python 變數的計算、while 迴圈、for 迴圈、input 指令和 if 判斷式，做出一個使用者輸入數字後，判斷數字是否為質數，如果不是質數，就將其進行質因數分解的範例。

基本原理

質因數分解的原理，就是透過迴圈的方式，將使用者輸入的數字，依序除以 2、3、4... 一直到數字本身，如果可以被整除，表示這個數字不是質數，整除後再將商依序除以 2、3、4...，不斷重複這個步驟，就能進行直因數分解。

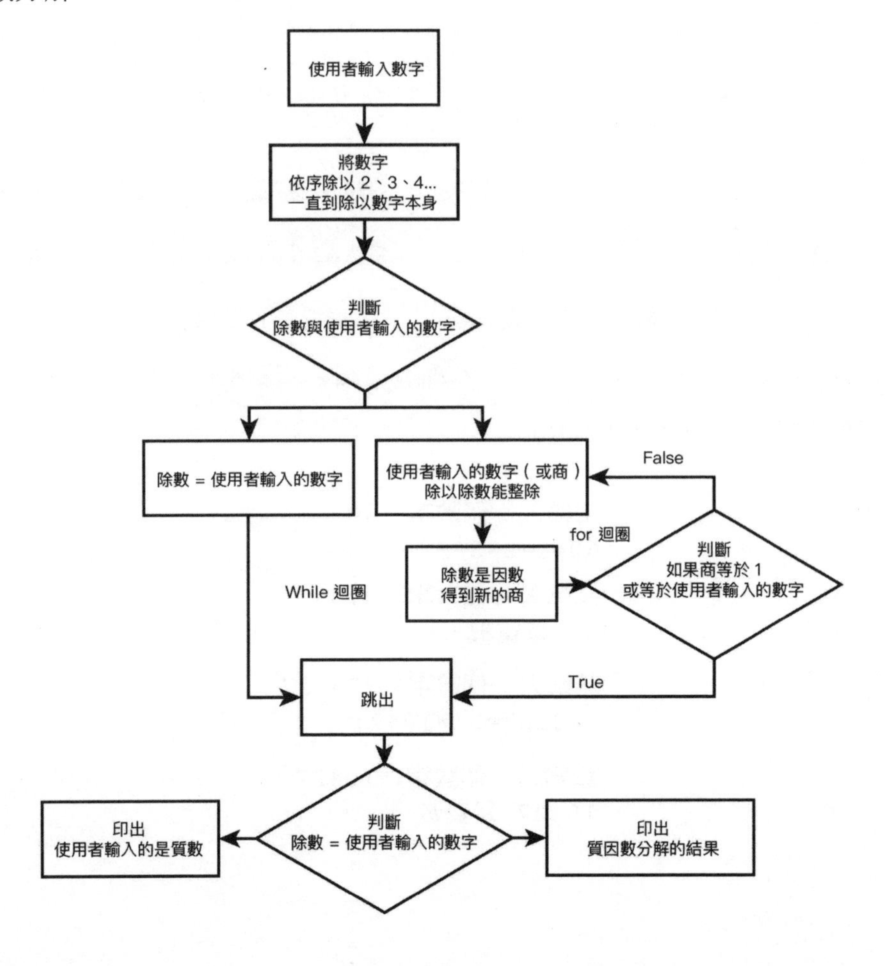

完整程式碼

按照原理圖的判斷規則編輯程式：

> 參考：3-4 邏輯判斷 (if、elif、else)、3-6 重複迴圈 (for、while)

```
a = b = int(input('請輸入一個正整數：')) # 新增 a 和 b 變數，等於使用者輸入的數字
output = ''                         # 新增 output 變數，作為輸出的文字
while True:                         # 使用 while 迴圈
    for i in range(2,(a+1)):        # 使用 for 迴圈
        if i==b:                    # 如果 i 等於 b，表示是質數，跳出 for 迴圈
            break
        if a%i==0:                  # 如果可以被 i 整除，表示不是質數
            output += f'{i}'        # 設定 output 輸出的內容
            a = int(a/i)            # 重新將 a 設定為商
            break                   # 跳出 for 迴圈
    if a==1 or a==b:                # 如果商等於 1 或是質數，跳出 while 迴圈
        break
    else:
        output += '*'               # 否則在 output 後方加上 * 號，繼續 while 迴圈
if b == a and b!= 1:
    print(f'{b} 是質數')             # while 迴圈結束後，如果 a 等於 b，印出質數的文字
elif b == 1:
    print(f'{b} 不是質數，也不能質因數分解') # 如果輸入的是 1 或 2
else:
    print(f'{b}={output}')           # 否則印出質因數分解的結果
```

✤ (範例程式碼：ch11/code011.py)

```
請輸入一個數字: 60
60=2*2*3*5

請輸入一個數字: 37
37 是質數

請輸入一個數字: 323237
323237=31*10427

請輸入一個數字: 10427
10427 是質數
```

11-6 快速找出質數

如果要在一堆數字裡尋找質數，最基本的方式就是數字一個個的除以之前的數字，如果不能整除就是質數，但這種方式類似「窮舉法」(全部可能的結果都拿出來找)，在數字量大的時候會非常消耗電腦運算資源，所以這個範例將會介紹使用「埃拉托斯特尼篩法」來快速找出質數。

埃拉托斯特尼篩法

埃拉托斯特尼篩法是古希臘數學家埃拉托斯特尼所發明，原理就是「依序將找到的質數的倍數剔除」，因此每次找到質數之後，要尋找的數字就會變少，所以可以快速找出質數。

快速找出質數

根據埃拉托斯特尼篩法，可以簡單撰寫出下方的程式碼，就能開始從 2 ～ 100 的數字之間尋找質數，但這種寫法雖然符合原則，但卻沒有效率 (每找一個質數就要寫一次)。

參考：6-7 內建函式 (迭代物件操作)、6-8 生成式 (串列、字典、集合、元組)

```
a = range(2,100)                              # 產生 2～100 的串列
print(*a)
b = [i for i in a if i==a[0] or i%a[0]>0]     # 找出第一個質數，並將串列裡該質數的倍數
剔除
print(*b)
c = [i for i in b if i==b[1] or i%b[1]>0]     # 找出第二個質數，並將串列裡該質數的倍數
剔除
print(*c)
d = [i for i in c if i==c[2] or i%c[2]>0]     # 找出第三個質數，並將串列裡該質數的倍數
剔除
print(*d)
```

```
'''
2 3 4 5 6 7 8 9 10 11 12 13 14 15 16 17 18 19 20 21 22 23 24 25 26 27 28 29 30
31 32 33 34 35 36 37 38 39 40 41 42 43 44 45 46 47 48 49 50 51 52 53 54 55 56
57 58 59 60 61 62 63 64 65 66 67 68 69 70 71 72 73 74 75 76 77 78 79 80 81 82
83 84 85 86 87 88 89 90 91 92 93 94 95 96 97 98 99
2 3 5 7 9 11 13 15 17 19 21 23 25 27 29 31 33 35 37 39 41 43 45 47 49 51 53 55
57 59 61 63 65 67 69 71 73 75 77 79 81 83 85 87 89 91 93 95 97 99
2 3 5 7 11 13 17 19 23 25 29 31 35 37 41 43 47 49 53 55 59 61 65 67 71 73 77 79
83 85 89 91 95 97
2 3 5 7 11 13 17 19 23 29 31 37 41 43 47 49 53 59 61 67 71 73 77 79 83 89 91 97
'''
```

✤（範例程式碼：ch11/code012.py）

觀察上方的程式碼，可以發現有許多重複的部分，因此可以使用「迴圈」的方式，將重複的部分獨立運作。

參考：3-1 變數 variable、8-1 函式 function

```
a = range(2, 100)          # 產生 2～100 的串列
p = 0                      # 設定 p 從 0 開始 ( 從 a[p] 也就是第一個項目開始 )
def g():                   # 定義一個函式 g
    global p, a            # 設定 p 和 a 是全域變數
    if p<len(a):           # 如果 p 小於 a 的長度 ( 依序取值到 a 的最後一個項目 )
        a = [i for i in a if i==a[p] or i%a[p]>0]  # 重新設定 a 為移除倍數後的串列
        p = p + 1          # p 增加 1
        g()                # 重新執行函式 g
g()                        # 執行函式 g
print(*a)                  # 印出 a ( 使用 * 將串列打散印出 )

'''
2 3 5 7 11 13 17 19 23 29 31 37 41 43 47 53 59 61 67 71 73 79 83 89 97
'''
```

✤（範例程式碼：ch11/code013.py）

使用 generator 函式

除了上述的方法，也可以使用 generator 函式來找出質數。

參考：6-5 集合 set、6-7 內建函式 (迭代物件操作)、8-4 產生器 generator

```
def gg(max):                           # 定義一個 gg 函式
    s = set()                          # 設定一個空集合
    for n in range(2,max):             # 從 range(2, max) 當中開始依序找質數
        if all(n%i>0 for i in s):  # 判斷如果 i 已經存在於集合，且除以集合中的值會有餘
                                       數 ( 整除表示非質數 )
            s.add(n)                   # 將該數字加入集合 ( 表示質數 )
            yield n                    # 使用 yield 記錄狀態
print(*gg(100))                        # 印出結果

'''
2 3 5 7 11 13 17 19 23 29 31 37 41 43 47 53 59 61 67 71 73 79 83 89 97
'''
```

✜ (範例程式碼：ch11/code014.py)

11-7 最小公倍數 (多個數字)

這個範例會使用 Python 的串列、for 迴圈、while 迴圈 和 if 判斷式，讓使用者輸入多個數字後，自動計算出這幾個數字的最小公倍數。

什麼是最小公倍數？

「公倍數」是指不同數字間共同的倍數，而最小公倍數，就是這些倍數裡最小的那個數字，下圖的例子可以看出 2、3、4 三個數字裡有 12、24... 等的公倍數，而 12 就是它們的最小公倍數。

	2	3	4	5	6	7	8	9	10	11	12
2	4	6	8	10	12	14	16	18	20	22	24
3	6	9	12	15	18	21	24	27	30	33	36
4	8	12	16	20	24	28	32	36	40	44	48

基本原理

要求出有多個數字的最小公倍數，最簡單的方法就是先將「最大的數字」當作「暫定的最小公倍數」，用它依序除以其他的數字，如果無法整除，就將「暫定的最小公倍數 + 最大的數字」，然後繼續除以其他數字，直到全部都整除為止，就會得到最小公倍數。

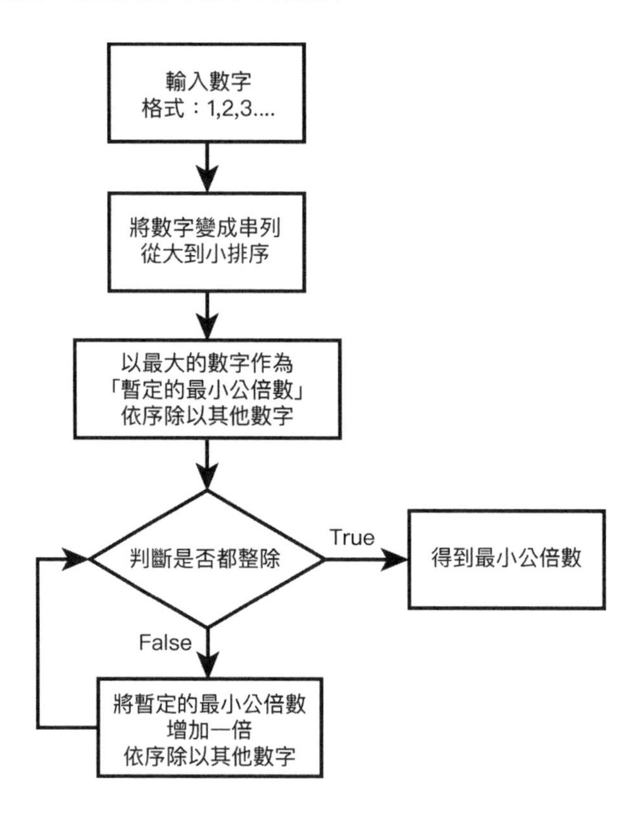

完整程式碼

按照最小公倍數的原理，編輯程式：

> 參考：3-6 重複迴圈 (for、while)、5-2 文字與字串 (常用方法)、6-1 串列 list (基本)、6-2 串列 (常用方法)

```
input_str = input(' 輸入數字 ( 逗號分隔 ):')    # 讓使用者輸入數字，數字間用逗號分隔
nums = input_str.split(',')               # 將輸入的文字，用逗號拆分成串列
for i in range(len(nums)):                # 將串列的每個項目轉換成文字
    nums[i-1] = int(nums[i-1])
nums.sort(reverse=True)                   # 將串列從大到小排序
result = nums[0]                          # 設定「暫定的最小公倍數」為最大的數字
while True:                               # 執行 while 迴圈
    a = 0                                 # 新增 a 變數，當作餘數使用
    for i in nums:                        # 依序取出串列中的每個數字
        a = result%i                      # 用「暫定的最小公倍數」除以每個數字，求出餘數
        if a != 0:                        # 如果餘數不為 0，跳出 for 迴圈再來一次
            break
    if a == 0:                            # 如果全部餘數都為 0，跳出 while 迴圈
        break
    else:
        result = result + nums[0]         # 如果餘數不為 0，就將「暫定的最小公倍數」加上最大
                                            的數字，然後再來一次
print(result)                             # while 迴圈結束後，印出最小公倍數
```

✤ (範例程式碼：ch11/code015.py)

```
input_str = input('輸入數字 ( 逗號分隔 ): ')
nums = input_str.split(',')
for i in range(len(nums)):
  nums[i-1] = int(nums[i-1])
nums.sort(reverse=True)
result = nums[0]
while True:
  a = 0
  for i in nums:
    a = result%i
    if a != 0:
      break
  if a == 0:
    break
  else:
    result = result + nums[0]
print(result)

輸入數字 ( 逗號分隔 ): 213,43,12,88,321
86241144
```

11-8 最大公因數(多個數字)

這個範例會使用 Python 的串列操作、排序、for 迴圈和 if 判斷式，讓使用者輸入多個數字後，自動計算出這幾個數字的最大公因數。

什麼是最大公因數？

「最大公因數」也稱作「最大公約數」，表示能夠「整除多個整數的最大正整數」，例如 12、24、48 這三個數字的最大公因數是 12，又例如 222、333、999999 這三個數字的最大公因數是 111。

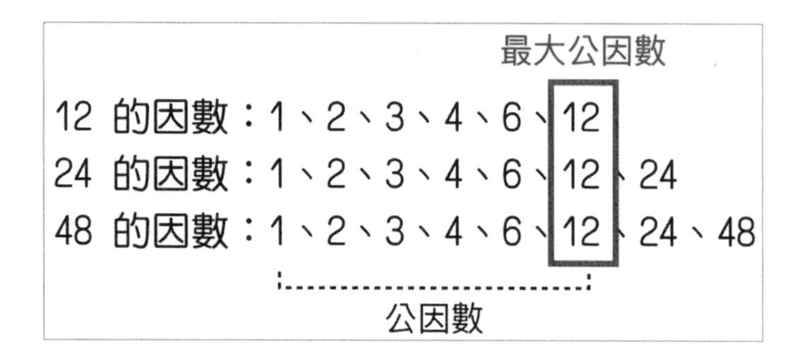

基本原理

要求出有多個數字的最大公因數，最簡單的方法就是先將「最小的數字」當作「暫定的最大公因數」，並將其拆解成「由大到小」的因數，接著將其他所有的數字，依序除以這些因數，如果某個因數能將所有數字整除，這個因數就是最大公因數。

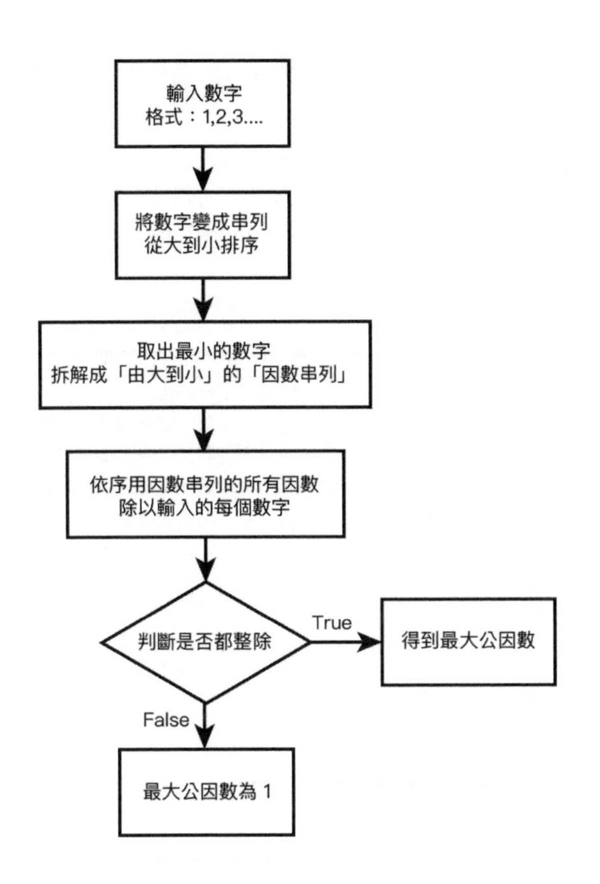

完整程式碼

按照最大公因數的原理，編輯程式。

參考：3-6 重複迴圈（for、while）、5-2 文字與字串（常用方法）、6-1 串列 list（基本）、6-2 串列（常用方法）

```
input_str = input('輸入數字 （ 逗號分隔 ）：')      # 讓使用者輸入數字，數字間用逗號分隔
nums_arr = input_str.split(',')                    # 將輸入的文字，用逗號拆分成串列
for i in range(len(nums_arr)):                     # 將串列的每個項目轉換成文字
    nums_arr[i-1] = int(nums_arr[i-1])
nums_arr.sort()            # 將串列從小到大排序
result = nums_arr[0]       # 建立變數 result，內容為輸入的第一個數字 （ 數字的最小值 ）
```

```
arr = [result, 1]               # 建立一個變數 arr 為串列，內容預設為 [ 輸入的最小值 ,
                                  1 ]
for i in range(2,result+1):     # 使用 for 迴圈，找出 result 數字的每個因數
    if result%i == 0:           # 找因數的方法，將 result 依序除以 2、3、4...result
        result = int(result/i)  # 如果餘數為 0 ( 整除 )，表示這個數字為因數
        arr.append(i)           # 將因數加入 arr 串列中，並更新 result 為除以因數的數值
        arr.append(result)      # 也將 result 加入 arr 串列 ( 因為商也算是因數 )
arr.sort(reverse=True)          # 完成後將 arr 從大到小排序

for j in arr:                   # 依序取出 arr 串列中的每個數字
    a = 0                       # 建立 a 變數，記錄餘數
    output = 1                  # 建立 output 變數，記錄最大公因數 ( 預設 1 )
    for i in nums_arr:          # 依序將輸入的數字除以 arr 串列中的數字
        a = a + i%j             # 將餘數加入 a 變數 ( 如果沒有餘數，a 就一直會是 0 )
        output = j              # 將 output 等於目前的因數
    if a == 0:                  # 如果 a 為 0 表示都整除，將 result 等於 output
        result = output
        break
print(result)                   # 印出最大公因數
```

✜ (範例程式碼：ch11/code016.py)

```
輸入數字 ( 逗號分隔 ): 222,444,999999
111

輸入數字 ( 逗號分隔 ): 243,23,66,432
1

輸入數字 ( 逗號分隔 ): 12,24,36,48,144
12
```

使用輾轉相除法找出最大公因數

上面的例子雖然可以找出最大公因數，但因為是使用「窮舉法」(一個一個找)，如果要找「大數字」會耗費大量的時間，所以接下來會套用「輾轉相除法」來找出最大公因數。

什麼是輾轉相除法？例如要求 50 和 80 的最大公因數，先以 80 除以 50，得到餘數為 30；再以 50 除以 30 得到餘數為 20；接著以 30 除以 20 得到餘數 10，最後 20 除以 10 的餘數為 0，10 就是最大公因數。

```
nums = [int(i) for i in input().split(',')]   # 使用生成式將輸入的數字變成串列
nums.sort()                                   # 由小到大排序
result = nums[0]                              # 取出最小的項目當作預設的最大公因數
while result!=1:                              # 如果 result 不為 1，就不斷執行迴圈內容
    for i in range(1,len(nums)):              # 使用 for 迴圈，依序將串列元素取出執行
        r = nums[i]%result                    # 取得相除後的餘數
        if r !=0:                             # 如果相除後餘數不為 0
            nums.insert(0, r)                 # 將餘數插入為串列的第一個項目
            break                             # 只要遇到餘數不為 0 就跳出迴圈
    if result != nums[0]:                     # 如果 result 不等於串列第一個項目 ( 餘數 )
        result = nums[0]                      # 將 result 改為第一個項目 ( 餘數 )，然後重新執
                                                行 while 迴圈
    else:
        break                                 # 如果相等，表示沒有餘數，得到最大公因數
print(result)
```

✜（範例程式碼：ch11/code17.py）

```
輸入數字 ( 逗號分隔 ): 222,444,999999
111

輸入數字 ( 逗號分隔 ): 243,23,66,432
1

輸入數字 ( 逗號分隔 ): 12,24,36,48,144
12
```

小結

在實際應用中，Python 的數學相關函式和模組是非常重要的，因為這些功能可以為程式提供非常方便的數學運算能力，這個章節介紹了 Python 在數學方面的基本應用，包括基本的四則運算、數列生成、質因數分解、質數判定和最大公因數等主題，這些主題可以讓讀者更深入了解 Python 在數學運算方面的應用，幫助讀者更加熟練地掌握 Python 的數學相關函式和模組。

第 12 章

Python 實際應用

12-1、定時自動螢幕截圖

12-2、定 LINE Notify 傳送螢幕截圖

12-3、批次重新命名檔案

12-4、讀取 PDF 內容

12-5、PDF 拆分、合併、插入、刪除、反轉

12-6、讀取 EXCEL 內容

12-7、寫入資料到 EXCEL

12-8、CSV 寫入 EXCEL

12-9、產生 QRCode（個性化 QRCode）

12-10、產生 BarCode（條碼）

12-11、讀取電腦資訊（硬碟容量、CPU、RAM... 等）

12-12、偵測電腦螢幕解析度（長、寬）

12-13、查詢電腦對內與對外 IP

12-14、查詢網站 IP、ping IP

在這個章節裡，將會介紹一些 Python 的實際應用，包括自動化螢幕截圖、讀取和寫入 PDF 和 Excel 檔案、生成 QR Code 和條碼、查詢電腦資訊和 IP 位置 ... 等，透過這些範例，可以更好的去理解 Python 常用的方法與函式庫，並學習如何將 Python 應用於不同的情境中，並開發實用的應用程式。

- 這個章節的範例如果沒有標示在本機環境操作，表示可使用 Google Colab 實作，不用安裝任何軟體。
- 如果使用 Colab 操作需要連動 Google 雲端硬碟，請參考：「2-1、使用 Google Colab」。
- 本章節範例程式碼：
https://github.com/oxxostudio/book-code/tree/master/python/ch12

12-1 定時自動螢幕截圖

這個範例會使用 Python 第三方 pyautogui 函式庫，搭配 for 迴圈與 time 函式庫，實作一個可以定時擷取螢幕畫面的功能。

> 執行 pyautogui 會由程式控制電腦滑鼠、鍵盤或畫面，所以請使用本機環境 (2-3、使用 Python 虛擬環境) 或使用 Anaconda Jupyter 進行實作 (2-2、使用 Anaconda Jupyter)。

安裝 pyautogui 函式庫

輸入下列指令，就能安裝 pyautogui 函式庫 (依據每個人的作業環境不同，可使用 pip 或 pip3 或 pipenv，Anaconda Jupyter 使用 !pip)。

```
pip install pyautogui
```

import pyautogui

要使用 pyautogui 必須先 import pyautogui 模組。

```
import pyautogui
```

螢幕截圖

下方的程式碼執行後，會自動進行「全螢幕」截圖，並將圖片存在指定的路徑下。

```
import pyautogui

myScreenshot = pyautogui.screenshot()
myScreenshot.save('圖片路徑\圖片名稱.png')
```

✤ (範例程式碼：ch12/code001.py)

如果在後方加入 region 參數，指定左上 (x1, y1) 和右下 (x2, y2) 的座標，就能擷取某個範圍的畫面。

```
import pyautogui

myScreenshot = pyautogui.screenshot(region=(x1, y1, x2, y2))
myScreenshot.save('圖片路徑\圖片名稱.png')
```

✜ (範例程式碼：ch12/code002.py)

定時自動螢幕截圖

在上述的程式裡，加入 for 迴圈與 sleep 的功能，就能讓程式每隔兩秒擷取一次螢幕畫面，總共截取五次。

參考：3-6 重複迴圈 (for、while)、9-5 時間處理 time

```
import pyautogui
from time import sleep

for i in range(5):
    myScreenshot = pyautogui.screenshot()
    myScreenshot.save(f'./test{i}.png')
    sleep(2)
```

✜ (範例程式碼：ch12/code003.py)

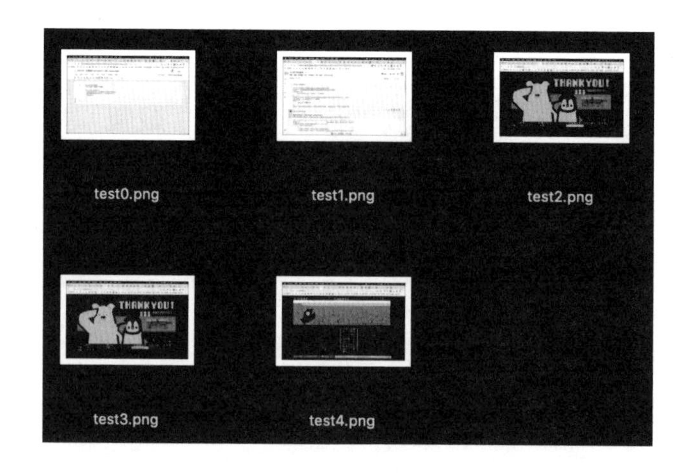

12-2 定 LINE Notify 傳送螢幕截圖

這個範例會使用 Python 的 Requests 和 pyautogui 函式庫，實作一個會自動進行螢幕截圖，並在截圖後將截圖透過 LINE Notify 傳送出去的程式。

- 執行 pyautogui 會由程式控制電腦滑鼠、鍵盤或畫面，所以請使用本機環境（2-3、使用 Python 虛擬環境）或使用 Anaconda Jupyter 進行實作（2-2、使用 Anaconda Jupyter）。
- 在實作本篇範例前，請先閱讀「17-7、發送 LINE Notify 通知」和「12-1、定時自動螢幕截圖」兩篇文章，並預先取得 LINE notify 的權杖。

使用 LINE Notify 傳送螢幕截圖

下方的程式執行後，會使用 pyautogui 函式庫進行截圖並儲存為 test.png，接著使用 requests 函式庫以 POST 的方式，將圖片傳送到指定的 LINE 聊天頻道裡。

```
import pyautogui
import requests

myScreenshot = pyautogui.screenshot()    # 截圖
myScreenshot.save('./test.png')          # 儲存為 test.png

url = 'https://notify-api.line.me/api/notify'
token = '你的權杖'
headers = {
    'Authorization': 'Bearer ' + token   # 設定 LINE Notify 權杖
}
data = {
    'message':'測試一下！'                # 設定 LINE Notify message（不可少）
}
image = open('./test.png', 'rb')         # 以二進位方式開啟圖片
imageFile = {'imageFile' : image}        # 設定圖片資訊
data = requests.post(url, headers=headers, data=data, files=imageFile)
# 發送 LINE Notify
```

✜（範例程式碼：ch12/code004.py）

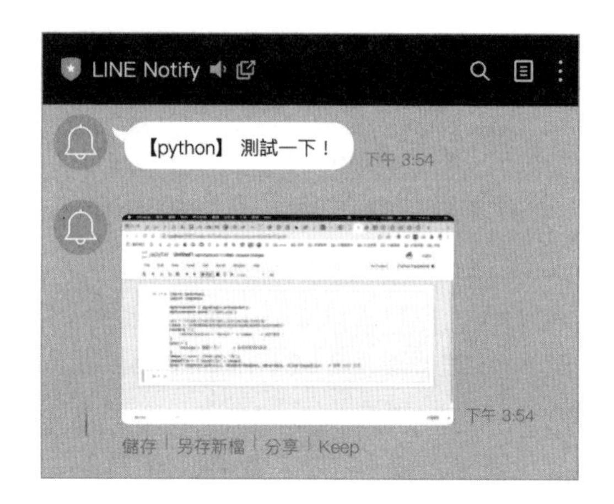

加入時間資訊、定時截圖

修改上方的程式，加入 time 內建函式庫，將訊息內容更換為截圖當下的時間，使用 sleep 與 for 迴圈搭配，將程式使用「函式」包裝，就能做到定時截圖和發送 LINE Notify 的功能。

參考：9-5 時間處理 time、8-1 函式 function

```
import pyautogui
import requests
import time

# 定義截圖的函式
def screenshot():
    myScreenshot = pyautogui.screenshot()
    myScreenshot.save('./test.png')

    t = time.time()              # 取得到目前為止的秒數
    t1 = time.localtime(t)       # 將秒數轉換為 struct_time 格式的時間
    now = time.strftime('%Y/%m/%d %H:%M:%S',t1)  # 輸出為特定格式的文字
    sendLineNotify(now)          # 執行發送 LINE Notify 的函式，發送的訊息為時間

# 定義發送 LINE Notify 的函式
def sendLineNotify(msg):
    url = 'https://notify-api.line.me/api/notify'
```

```
    token = '你的權杖'
    headers = {
      'Authorization': 'Bearer ' + token
    }
    data = {
      'message':msg
    }
    image = open('./test.png', 'rb')
    imageFile = {'imageFile' : image}
    data = requests.post(url, headers=headers, data=data, files=imageFile)

# 使用 for 迴圈，每隔五秒截圖發送一次
for i in range(5):
    screenshot()
    time.sleep(5)
```

✤（範例程式碼：ch12/code005.py）

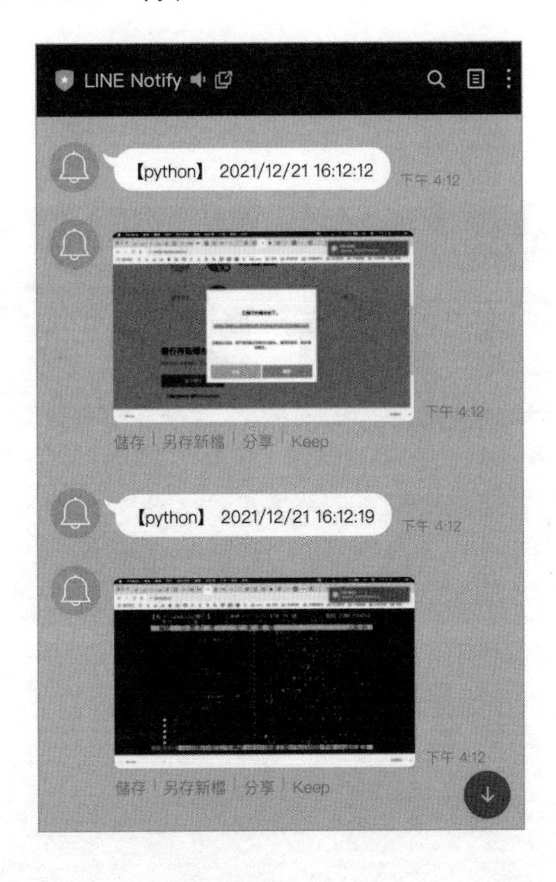

12-3 批次重新命名檔案

這個範例會使用 Python 的 os 與 glob 標準函式庫，實作可以一次將大量的檔案，批次重新命名的功能。

使用 glob 取得所有檔案的原始名稱

程式裡可以先使用 glob 標準函式庫，執行後就會讀取 demo 資料夾裡所有的檔案 (範例 demo 資料夾內是許多檔名為亂數的圖片)。

> 參考：9-11 查找匹配檔案 glob

```
import glob
images = glob.glob('./demo/*')
print(images)
```

✜ (範例程式碼：ch12/code006.py)

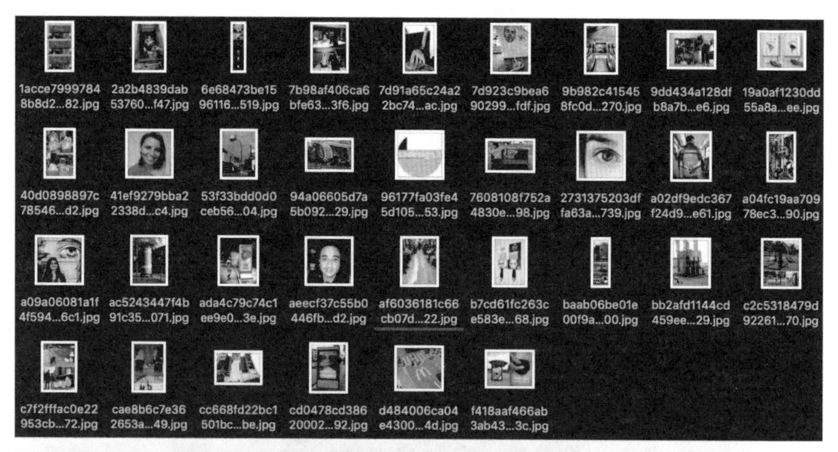


```
(base) → test /usr/local/bin/python3 /Users/oxxo/Desktop/py-demo/examples/test/main.py
['./demo/af6036181c66cb07df1a266d0248ea22.jpg', './demo/19a0af1230dd55a8a431d0b90bd68eee.jpg', './de
mo/ada4c79c74c1ee9e00221c102abfee3e.jpg', './demo/baab06be01e00f9aaa17ddb9d9743500.jpg', './demo/40d
0898897c785465ddab09dff110bd2.jpg', './demo/53f33bdd0d0ceb56c716b1a042af5204.jpg', './demo/a09a06081
a1f4f59470b3d15b79016c1.jpg', './demo/c2c5318479d92261891db985e6e4bc70.jpg', './demo/cd0478cd3862000
2ba81205f1a6d9b92.jpg', './demo/7d923c9bea690299ed8795c29ad86fdf.jpg', './demo/cae8b6c7e362653af1ae2
8ceaf125e49.jpg', './demo/1acce79997848b8d2ddddabd48b02982.jpg', './demo/aeecf37c55b0446fb1658724e8a
f6cd2.jpg', './demo/6e68473be1596116af30a2769ced2519.jpg', './demo/96177fa03fe45d105b833a9d9b919153.
jpg', './demo/a04fc19aa70978ec3c5d32a18dde3190.jpg', './demo/2731375203dffa63a018219006bd9739.jpg',
'./demo/7b98af406ca6bfe6300be4ef1838f3f6.jpg', './demo/94a06605d7a5b0921907f48c132b7b29.jpg', './dem
o/ac5243447f4b91c3534cfdc98208a071.jpg', './demo/cc668fd22bc1501bce55f9110591a4be.jpg', './demo/2a2b
4839dab5376015e63ab7fbcbbf47.jpg', './demo/7d91a65c24a22bc74ff306ad2f4696ac.jpg', './demo/d484006ca0
4e4300e234835005addd4d.jpg', './demo/9b982c415458fc0d500a2ccd478d3270.jpg', './demo/7608108f752a4830
eb0af3ed8d750798.jpg', './demo/bb2afd1144cd459ee2b0ff3f1afe7a29.jpg', './demo/9dd434a128dfb8a7b712db
c5d26445e6.jpg', './demo/a02df9edc367f24d90a086e7e919fe61.jpg', './demo/b7cd61fc263ce583e4d3da52ba77
8468.jpg', './demo/c7f2fffac0e22953cb5f8c8f2945cc72.jpg', './demo/41ef9279bba22338ddf37d4283117ec4.j
pg', './demo/f418aaf466ab3ab43057ad7b9c19333c.jpg']
```

使用 os 重新命名檔案

能夠取得檔名後，接著使用 os 標準函式庫的 rename 方法，搭配 for 迴圈，就能批次將所有圖片更名。

> 參考：9-10 檔案操作 os、3-6 重複迴圈 (for、while)、5-3 文字與字串 (格式化)

```
import glob
import os
images = glob.glob('./demo/*')
print(images)

n = 1           # 設定名稱從 1 開始
for i in images:
    os.rename(i, f'./demo/img-{n:03d}.jpg')    # 改名時，使用字串格式化的方式進行三位
                                                 數補零
    n = n + 1     # 每次重複時將 n 增加 1
```

✣ (範例程式碼：ch12/code007.py)

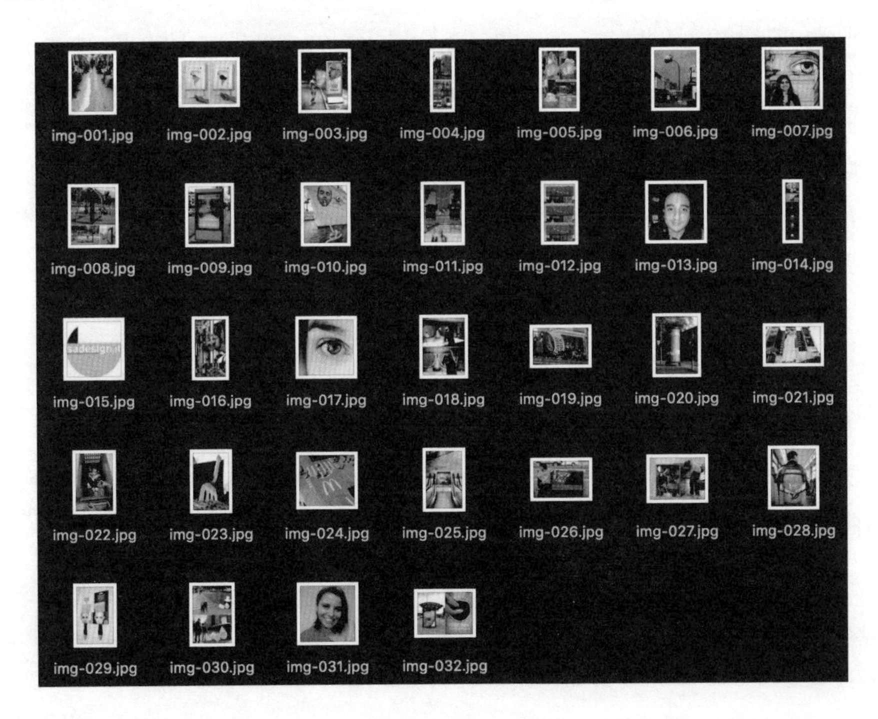

12-4 讀取 PDF 內容

這個範例會使用 Python 的 pdfplumber 第三方函式庫，讀取 pdf 的內容，將內容輸出儲存為純文字檔案，或將表格內容輸出為 CSV 檔。

安裝 pdfplumber 函式庫

輸入下列指令安裝 pdfplumber，本機環境使用 pip 或 pip3，Colab 和 Jupyter 使用 !pip (前方有 !)。

```
!pip install pdfplumber
```

讀取 pdf 內容

使用 pdfplumber 開啟指定路徑中的 pdf 檔案後，讀取 pages 屬性內容，就能將 pdf 所有頁面回傳為串列格式 (範例 pdf 共有三頁)。

PDF 下載：https://steam.oxxostudio.tw/download/python/pdfplumber-test.pdf

```
import os
os.chdir('/content/drive/MyDrive/Colab Notebooks')  # Colab 換路徑使用，本機或
                                                      Jupyter 環境可刪除

import pdfplumber
pdf = pdfplumber.open('oxxostudio.pdf')   # 開啟 pdf
print(pdf.pages)                          # [<Page:1>, <Page:2>, <Page:3>]，共有三頁
```

✜ (範例程式碼：ch12/code008.py)

透過 pages 讀取頁面串列後，使用讀取串列項目的方式開啟指定頁面，再藉由 extract_text() 方法讀取該頁面的文字內容。

```
import os
os.chdir('/content/drive/MyDrive/Colab Notebooks')  # Colab 換路徑使用，本機或
                                                      Jupyter 環境可刪除
```

```
import pdfplumber
pdf = pdfplumber.open('oxxostudio.pdf')
page = pdf.pages[0]              # 讀取第一頁
text = page.extract_text()       # 取出文字
print(text)
```

✤ (範例程式碼：ch12/code009.py)

```
import pdfplumber
pdf = pdfplumber.open('test.pdf')
page = pdf.pages[0]
text = page.extract_text()
print(text)
pdf.close()

關於 STEAM 教育
STEAM 教育由五個單字組成，分別是 Science ( 科學 )、Technology ( 技術 )、Engineering ( 工程 )、Arts ( 藝
術 ) 和 Mathematics ( 數學 )，因此 STEAM 教育也稱作「跨學科教育」。STEAM 教育延伸 STEM 的精神，除
了強調「動手做」以及「解決問題」的能力，更將藝術 Art、技術、工程和數學整合，創造出能夠應用於真實生活
的應用。
STEAM 教育學習網秉持著 STEAM/STEM 的精神，透過一系列免費且高品質的教學與範例，讓所有人都能
輕鬆跨入 STEAM 的學習領域。
```

如果頁面具有「表格」內容，使用 extract_table() 方法會將表格以「串列」方式表現 (範例 pdf 第二頁為表格)。

```
import os
os.chdir('/content/drive/MyDrive/Colab Notebooks')  # Colab 換路徑使用，本機或
                                                      Jupyter 環境可刪除

import pdfplumber
pdf = pdfplumber.open('oxxostudio.pdf')
page = pdf.pages[1]              # 讀取第二頁
table = page.extract_table()     # 取出表格
print(table)
pdf.close()
```

✤ (範例程式碼：ch12/code010.py)

```
import pdfplumber
pdf = pdfplumber.open('test.pdf')
page = pdf.pages[1]
table = page.extract_table()
print(table)
pdf.close()

[['', 'a', 'b'], ['x', '123', '789'], ['y', '456', '101']]
```

讀取加密 pdf

如果是加密的 pdf，可以在 open 時設定 password 參數，輸入密碼後就能開啟 pdf。

```
import os
os.chdir('/content/drive/MyDrive/Colab Notebooks')  # Colab 換路徑使用，本機或
                                                      Jupyter 環境可刪除

import pdfplumber
pdf = pdfplumber.open('test.pdf', password='12345678')    # 輸入密碼
page = pdf.pages[0]
text = page.extract_text()
print(text)
pdf.close()
```

✣（範例程式碼：ch12/code011.py）

讀取 pdf 內容儲存為純文字文件

參考「7-5、檔案讀寫 open」文章，新增一個 test.txt 純文字文件，就能將讀取到的 pdf 寫入純文字文件中。

```
import os
os.chdir('/content/drive/MyDrive/Colab Notebooks')  # Colab 換路徑使用，本機或
                                                      Jupyter 環境可刪除

import pdfplumber
pdf = pdfplumber.open('oxxostudio.pdf')
page = pdf.pages[0]
text = page.extract_text()
print(text)
pdf.close()

f = open('test.txt','w+')     # 使用 w+ 模式開啟 test.txt
f.write(text)                 # 寫入內容
f.close()                     # 關閉 test.txt
```

✣（範例程式碼：ch12/code012.py）

讀取 pdf 表格儲存為 CSV

參考「9-7、CSV 檔案操作」文章，新增一個 test-csv.csv 純文字文件，搭配 for 迴圈，就能將讀取到的 pdf 表格內容寫入 CSV 文件中。

```
import pdfplumber
pdf = pdfplumber.open('oxxostudio.pdf')
page = pdf.pages[1]
table = page.extract_table()
print(table)
pdf.close()

import csv
csvfile = open('test-csv.csv', 'w+')  # 建立 CSV 檔案
write = csv.writer(csvfile)           # 建立寫入物件
for i in table:
    write.writerow(i)                 # 讀取表格每一列寫入 CSV
print('ok')
```

✣（範例程式碼：ch12/code013.py）

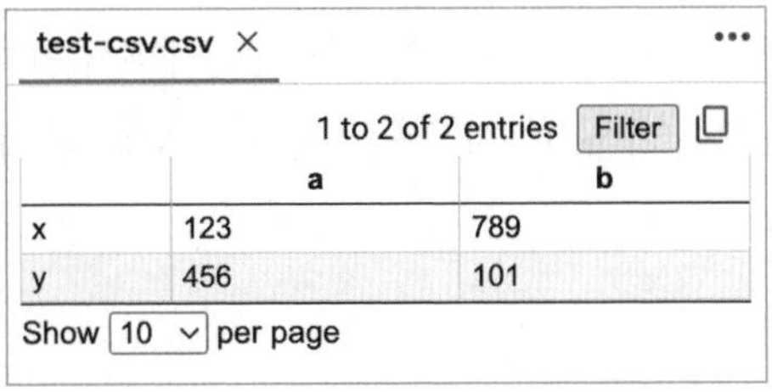

test-csv.csv ×

1 to 2 of 2 entries Filter

	a	b
x	123	789
y	456	101

Show 10 per page

12-5 PDF 拆分、合併、插入、刪除、反轉

這個範例會介紹使用 Python 的 pikepdf 第三方函式庫，實作將拆分、合併、插入、刪除、取代和反轉 pdf 的功能，也會介紹如何將有密碼保護的 pdf 儲存為沒有密碼的 pdf，或將 pdf 儲存為有密碼保護的 pdf。

安裝 pikepdf 函式庫

輸入下列指令安裝 pikepdf 函式庫，根據個人環境使用 pip 或 pip3，Colab 和 Jupyter 使用 !pip（前方有！）。

```
!pip install pikepdf
```

開啟與儲存 pdf

載入 pikepdf 後，使用 open 方法開啟 PDF 檔案，加入 password 參數也能開啟需要密碼的 pdf。

```
import os
os.chdir('/content/drive/MyDrive/Colab Notebooks')  # Colab 換路徑使用，本機或
                                                     Jupyter 環境可刪除

from pikepdf import Pdf
pdf = Pdf.open('oxxostudio.pdf', password='1234')          # 開啟 pdf
pdf_pwd = Pdf.open('oxxostudio-pwd.pdf', password='1234') # 開啟需要密碼的 pdf
print(pdf)
print(pdf_pwd)
```

✜（範例程式碼：ch12/code014.py）

使用 save 方法可以儲存 pdf 檔案，搭配 pikepdf 裡 Permissions, Encryption 兩個模組，也能將 pdf 儲存為具有密碼保護的 pdf，下方程式碼會開啟一個密碼為 1234 的 pdf，並將其儲存為密碼是 qqqq 的 pdf。

```
import os
os.chdir('/content/drive/MyDrive/Colab Notebooks')  # Colab 換路徑使用，本機或
                                                     Jupyter 環境可刪除

from pikepdf import Pdf, Permissions, Encryption
pdf = Pdf.open('oxxostudio-pwd.pdf', password='1234')    # 開啟密碼為 1234 的 pdf
no_extracting = Permissions(extract=False)
# 儲存為密碼是 qqqq 的 pdf
pdf.save('new.pdf', encryption = Encryption(user="qqqq", owner="qqqq",
allow=no_extracting))
```

✜（範例程式碼：ch12/code015.py）

拆分 pdf

如果要取出 pdf 的「某一頁」，可以參考下方的程式碼，先使用 new() 的方法建立全新 pdf，接著使用串列的 append 方法將指定的頁面（範例為

pages[0]) 加入新的 pdf 中，存檔後就會變成一份單頁的 pdf。

```
import os
os.chdir('/content/drive/MyDrive/Colab Notebooks')  # Colab 換路徑使用，本機或
                                                      Jupyter 環境可刪除

from pikepdf import Pdf
pdf = Pdf.open('oxxostudio.pdf')    # 開啟 pdf
pages = pdf.pages                   # 將每一頁的內容變成串列
output = Pdf.new()                  # 建立新的 pdf 物件
output.pages.append(pages[0])       # 添加頁面內容
output.save('new.pdf')              # 儲存為新的 pdf
```

✜（範例程式碼：ch12/code016.py）

搭配 for 迴圈，就能將一份 pdf 的每一頁拆成各自獨立的 pdf。

```
import os
os.chdir('/content/drive/MyDrive/Colab Notebooks')  # Colab 換路徑使用，本機或
                                                      Jupyter 環境可刪除

from pikepdf import Pdf
pdf = Pdf.open('oxxostudio.pdf')
pages = pdf.pages
n = 1
for i in pages:
    output = Pdf.new()
    output.pages.append(i)
    output.save(f'new_{n}.pdf')     # 格式化檔案名稱
    n = n + 1                       # 編號加 1
```

✜（範例程式碼：ch12/code017.py）

如果要從 pdf 取出「特定範圍」的頁面，只要將串列的 append 方法改成 extend，就能加入特定串列範圍的頁面。

```
import os
os.chdir('/content/drive/MyDrive/Colab Notebooks')  # Colab 換路徑使用，本機或
                                                      Jupyter 環境可刪除

from pikepdf import Pdf
pdf = Pdf.open('test.pdf')
pages = pdf.pages
```

```
output = Pdf.new()
output.pages.extend(pages[1:3])    # 改用 extend，放入特定範圍的頁面
output.save('new.pdf')
```

✣（範例程式碼：ch12/code018.py）

合併 pdf

如果要合併「單一頁面」，可以使用 new 建立一份全新的 pdf 物件後，使用串列的 append 方法將讀取的頁面加入，就能將多個頁面組合成一個新的 pdf。

```
import os
os.chdir('/content/drive/MyDrive/Colab Notebooks')  # Colab 換路徑使用，本機或
                                                      Jupyter 環境可刪除

from pikepdf import Pdf
pdf1 = Pdf.open('oxxo_1.pdf')           # 讀取第一份 pdf
pdf2 = Pdf.open('oxxo_2.pdf')           # 讀取第二份 pdf
pdf3 = Pdf.open('oxxo_3.pdf')           # 讀取第三份 pdf

output = Pdf.new()                      # 建立新的 pdf 物件
output.pages.append(pdf1.pages[0])      # 添加第一頁到第一份
output.pages.append(pdf2.pages[0])      # 添加第一頁到第二份
output.pages.append(pdf3.pages[0])      # 添加第一頁到第三份
output.save('output.pdf')
```

✣（範例程式碼：ch12/code019.py）

如果要合併的 pdf 為「多頁面」，將串列的 append 方法換成 extend 就能將多頁面的 pdf 進行合併。

```
import os
os.chdir('/content/drive/MyDrive/Colab Notebooks')  # Colab 換路徑使用，本機或
                                                      Jupyter 環境可刪除

from pikepdf import Pdf
pdf1 = Pdf.open('oxxo_more_1.pdf')     # 讀取第一份多頁面 pdf
pdf2 = Pdf.open('oxxo_more_2.pdf')     # 讀取第一份多頁面 pdf
pdf3 = Pdf.open('oxxo_more_1.pdf')     # 讀取第一份多頁面 pdf
```

```
output = Pdf.new()
output.pages.extend(pdf1.pages)        # 添加所有頁面到第一份
output.pages.extend(pdf2.pages)        # 添加所有頁面到第二份
output.pages.extend(pdf3.pages)        # 添加所有頁面到第三份
output.save('output.pdf')
```

✜（範例程式碼：ch12/code020.py）

插入 pdf

如果要在某一份 pdf 的指定頁數插入其他 pdf，可以使用串列的 insert 方法，在指定的頁數後方插入 pdf。

```
import os
os.chdir('/content/drive/MyDrive/Colab Notebooks')  # Colab 換路徑使用，本機或
                                                     Jupyter 環境可刪除

from pikepdf import Pdf
pdf1 = Pdf.open('oxxostudio.pdf')     # 開啟第一份 pdf
pdf2 = Pdf.open('new.pdf')            # 開啟第二份 pdf
pdf1.pages.insert(1, pdf2.pages[0])  # 在第一份的第一頁後方，插入第二份的第一頁
pdf1.save('output.pdf')
```

✜（範例程式碼：ch12/code021.py）

刪除 pdf

如果要在刪除 pdf 裡的指定頁面，可以使用串列的 del 方法，刪除 pdf 中的指定頁面。

```
import os
os.chdir('/content/drive/MyDrive/Colab Notebooks')  # Colab 換路徑使用，本機或
                                                     Jupyter 環境可刪除

from pikepdf import Pdf
pdf = Pdf.open('oxxosudio.pdf')   # 開啟 pdf
del pdf.pages[1:2]                # 刪除第二頁
pdf.save('output.pdf')
```

✜（範例程式碼：ch12/code022.py）

取代 pdf

如果要在將 pdf 裡的指定頁面替換成另外一頁，可以使用串列的操作，取代 pdf 中的指定頁面。

```
import os
os.chdir('/content/drive/MyDrive/Colab Notebooks')  # Colab 換路徑使用，本機或
                                                      Jupyter 環境可刪除

from pikepdf import Pdf
pdf1 = Pdf.open('oxxosudio.pdf')  # 開啟第一份 pdf
pdf2 = Pdf.open('new.pdf')        # 開啟第二份 pdf
pdf1.pages[2] = pdf2.pages[0]     # 將第一份的第三頁，換成第一份的第一頁
pdf1.save('output.pdf')
```

✜ (範例程式碼：ch12/code023.py)

反轉 pdf

使用串列的 reverse 方法，就能反轉 pdf 中的所有頁面。

```
import os
os.chdir('/content/drive/MyDrive/Colab Notebooks')  # Colab 換路徑使用，本機或
                                                      Jupyter 環境可刪除

from pikepdf import Pdf
pdf = Pdf.open('output.pdf')
pdf.pages.reverse()            # 反轉 pdf
pdf.save('output2.pdf')
```

✜ (範例程式碼：ch12/code024.py)

12-6 讀取 EXCEL 內容

這個範例會使用 Python 的 openpyxl 第三方函式庫，讀取並顯示 Office Excel 活頁簿內容以及基本資訊 (工作表名稱、最大列數和行數 ... 等)，最後會利用簡單的函式，將讀取到的所有內容轉換成串列格式。

安裝 openpyxl

輸入下列指令，就能安裝 openpyxl 函式庫，依據個人的作業環境使用 pip 或 pip3 (Google Colab 和 Anaconda Jupyter 已經內建安裝 openpyxl，如果要再次安裝則使用 !pip)。

```
!pip install openpyxl
```

範例使用的 Excel

下圖為範例所使用的 Ecxel 活頁簿，工作表 1 的 E1、E2、F1 和 F2 為簡單的公式所計算的數值。

CSV 下載：https://steam.oxxostudio.tw/download/python/excel-read.xlsx

E1 =SUM(A1:D1)

	A	B	C	D	E	F
1	12	34	56	78	180	180
2	11	22	33	44	110	110
3						
4						
5						

工作表1 工作表2

讀取 Excel 活頁簿資訊

載入 openpyxl 函式庫後，使用 load_workbook 方法開啟 Excel 活頁簿，就能讀取所有工作表的名稱以及各個工作表的內容 (垂直方向為 row 列，水平方向為 columne 行)。

```
import os
os.chdir('/content/drive/MyDrive/Colab Notebooks')  # Colab 換路徑使用，本機或
                                                      Jupyter 環境可刪除

import openpyxl
wb = openpyxl.load_workbook('oxxostudio.xlsx')     # 開啟 Excel 檔案

names = wb.sheetnames     # 讀取 Excel 裡所有工作表名稱
s1 = wb['工作表1']         # 取得工作表名稱為「工作表1」的內容
s2 = wb.active            # 取得開啟試算表後立刻顯示的工作表 ( 範例為工作表 2 )

print(names)
# 印出 title ( 工作表名稱 )、max_row 最大列數、max_column 最大行數
print(s1.title, s1.max_row, s1.max_column)
print(s2.title, s2.max_row, s2.max_column)
```

✜ (範例程式碼：ch12/code025.py)

讀取儲存格內容

已經能讀取 Excel 之後，就能用兩種方法讀取儲存格的內容，第一種方法直接使用字典的方式，讀取特定名稱的儲存格並取出內容，第二種方法使用 cell(row, column) 的方式，讀取特定行列的儲存格內容，下方的程式碼執行後，會讀取工作表 1 的 A1 儲存格，以及工作表 2 的 B2 儲存格。

注意！在 load_workbook 中，使用了 data_only=True 的參數設定，設定 True 表示讀取「儲存格顯示的結果」，也就是若儲存格為「公式」，則會回傳計算後的結果，如果設定 False (預設) 表示讀取「儲存格內容」，若儲存格為「公式」，就會回傳公式內容而非計算後的結果。

```
import os
os.chdir('/content/drive/MyDrive/Colab Notebooks')  # Colab 換路徑使用，本機或
                                                      Jupyter 環境可刪除
```

```
import openpyxl
wb = openpyxl.load_workbook('test.xlsx', data_only=True)  # 設定 data_only=True
                                                            只讀取計算後的數值

s1 = wb['工作表1']
s2 = wb['工作表2']

print(s1['A1'].value)         # 取出 A1 的內容
print(s1.cell(1, 1).value)    # 等同取出 A1 的內容
print(s2['B2'].value)         # 取出 B2 的內容
print(s2.cell(2, 2).value)    # 等同取出 B2 的內容
```

✤ (範例程式碼：ch12/code026.py)

如果要一次顯示工作表所有的內容，可以定義一個函式，將讀取到的資料轉換成二維串列的形式 (讀取到的資料為二維的 tuple 格式)。

> 參考：8-1 函式 function

```
import os
os.chdir('/content/drive/MyDrive/Colab Notebooks')  # Colab 換路徑使用，本機或
                                                      Jupyter 環境可刪除

import openpyxl
wb = openpyxl.load_workbook('test.xlsx', data_only=True)  # 設定 data_only=True
                                                            只讀取計算後的數值

s1 = wb['工作表1']
s2 = wb['工作表2']

def get_values(sheet):
    arr = []                          # 第一層串列
    for row in sheet:
        arr2 = []                     # 第二層串列
        for column in row:
            arr2.append(column.value)  # 寫入內容
        arr.append(arr2)
    return arr
```

```
print(get_values(s1))        # 印出工作表 1 所有內容
print(get_values(s2))        # 印出工作表 2 所有內容

'''
[[12, 34, 56, 78, 180, 180], [11, 22, 33, 44, 110, 110]]
[['a1', 'b1', 'c1'], ['a2', 'b2', 'c2'], ['a3', 'b3', 'c3'], ['a4', 'b4',
'c4'], ['a5', 'b5', 'c5']]
'''
```

✤（範例程式碼：ch12/code027.py）

```
import openpyxl
wb = openpyxl.load_workbook('test.xlsx')

s1 = wb['工作表1']
s2 = wb['工作表2']

def get_values(sheet):
    arr = []
    r = sheet.max_row
    c = sheet.max_column
    for y in range(r):
        arr.append([])
        for x in range(c):
            arr[y].append(sheet.cell(y+1, x+1).value)
    return arr

print(get_values(s1))
print(get_values(s2))

[[12, 34, 56, 78], [11, 22, 33, 44]]
[['a1', 'b1', 'c1'], ['a2', 'b2', 'c2'], ['a3', 'b3', 'c3'], ['a4', 'b4', 'c4'], ['a5', 'b5', 'c5']]
```

如果只想取出某個範圍的資料，可以透過 iter_rows 方法，輸入起始 row、columne 以及結束的 row、 column，就能取出範圍中的內容。

```
import os
os.chdir('/content/drive/MyDrive/Colab Notebooks')  # Colab 換路徑使用，本機或
                                                      Jupyter 環境可刪除

import openpyxl

wb = openpyxl.load_workbook('test.xlsx', data_only=True)

s1 = wb['工作表1']
v = s1.iter_rows(min_row=1, min_col=1, max_col=2, max_row=2)  # 取出四格內容
print(v)
for i in v:
    for j in i:
        print(j.value)
'''
```

```
12
34
11
22
'''
```

✤ (範例程式碼：ch12/code028.py)

轉換儲存格座標與名稱

載入 openpyxl.utils 的 get_column_letter 和 column_index_from_string 模組，就可以將 column 的英文代號轉換成數字，或將數字轉換成英文代號。

```
import openpyxl
from openpyxl.utils import get_column_letter, column_index_from_string

print(column_index_from_string('A'))     # 1
print(column_index_from_string('AA'))    # 27

print(get_column_letter(5))              # E
print(get_column_letter(100))            # CV
```

✤ (範例程式碼：ch12/code029.py)

12-7 寫入資料到 EXCEL

這個範例會使用 Python 的 openpyxl 第三方函式庫，新建 Excel 活頁簿或將數據資料寫入 Excel 活頁簿。

安裝 openpyxl

輸入下列指令，就能安裝 openpyxl 函式庫，依據個人的作業環境使用 pip 或 pip3 (Google Colab 和 Anaconda Jupyter 已經內建安裝 openpyxl，如果要再次安裝使用 !pip)。

```
!pip install openpyxl
```

建立新 Excel 活頁簿

載入 openpyxl 後，透過 Workbook() 建立空白活頁簿物件，再使用 save 方法儲存為新的 Excel 活頁簿。

```
import os
os.chdir('/content/drive/MyDrive/Colab Notebooks')  # Colab 換路徑使用，本機或
                                                      Jupyter 環境可刪除

import openpyxl

wb = openpyxl.Workbook()      # 建立空白的 Excel 活頁簿物件
wb.save('empty.xlsx')         # 儲存檔案
```

✣（範例程式碼：ch12/code030.py）

如果是使用 load_workbook 方法開啟 Excel 活頁簿，也可利用 save 方法將開啟的檔案儲存為新的 Excel 活頁簿。

```
import os
os.chdir('/content/drive/MyDrive/Colab Notebooks')  # Colab 換路徑使用，本機或
                                                      Jupyter 環境可刪除

import openpyxl

wb = openpyxl.load_workbook('oxxo.xlsx')    # 開啟現有的 Excel 活頁簿物件
wb.save('new.xlsx')                         # 儲存檔案
```

✣（範例程式碼：ch12/code031.py）

操作 Excel 工作表

開啟 Excel 活頁簿後，可以使用 active 屬性取得目前使用的工作表 (開啟 Excel 活頁簿時第一個顯示的工作表)，以及使用字典取值的方法讀取指定名稱的工作表，下方的程式碼執行後，會讀取指定工作表的名稱、最大列數、最大行數以及工作表屬性。

範例 Excel：http://steam.oxxostudio.tw/download/python/excel-read.xlsx

```
import os
os.chdir('/content/drive/MyDrive/Colab Notebooks')  # Colab 換路徑使用，本機或
                                                       Jupyter 環境可刪除

import openpyxl
wb = openpyxl.load_workbook('oxxo.xlsx')            # 開啟 Excel 檔案

s1 = wb['工作表1']          # 取得工作表名稱為「工作表1」的內容
s2 = wb.active              # 取得開啟試算表後立刻顯示的工作表 ( 範例為工作表 2 )

print(s1.title, s1.max_row, s1.max_column)  # 印出 title ( 工作表名稱 )、max_row
                                              最大列數、max_column 最大行數
print(s2.title, s2.max_row, s2.max_column)  # 印出 title ( 工作表名稱 )、max_row
                                              最大列數、max_column 最大行數

print(s1.sheet_properties)                  # 印出工作表屬性
```

✣ (範例程式碼：ch12/code032.py)

除了讀取工作表的相關資訊，也可參考下方的程式碼操作工作表：

```
import os
os.chdir('/content/drive/MyDrive/Colab Notebooks')  # Colab 換路徑使用，本機或
                                                       Jupyter 環境可刪除

import openpyxl
wb = openpyxl.load_workbook('oxxo.xlsx', data_only=True)

s1 = wb['工作表1']                           # 開啟工作表 1
s2 = wb['工作表2']                           # 開啟工作表 2
s1.sheet_properties.tabColor = 'ff0000' # 修改工作表 1 頁籤顏色為紅色
s2.sheet_properties.tabColor = 'ffff00'  # 修改工作表 2 頁籤顏色為黃色

wb.create_sheet("工作表3")       # 插入工作表 3 在最後方
wb.create_sheet("工作表1.5",1)  # 插入工作表 1.5 在第二個位置 ( 工作表 1 和 2 的中間 )
wb.create_sheet("工作表0", 0)   # 插入工作表 0 在第一個位置

wb.copy_worksheet(s2)           # 複製工作表 2 放到最後方

s1.title='oxxo'                 # 修改工作表 1 的名稱為 oxxo
s2.title='studio'               # 修改工作表 2 的名稱為 studio

wb.save('test2.xlsx')
```

✣ (範例程式碼：ch12/code033.py)

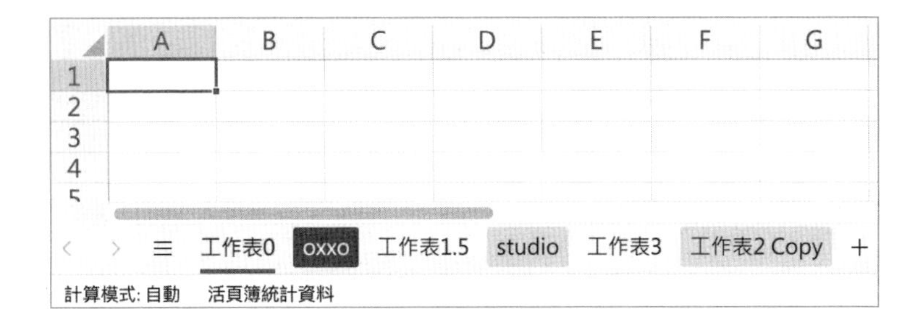

寫入單一資料

只要知道單一儲存格的位置，就能將「單一資料」寫入對應的儲存格。

```
import os
os.chdir('/content/drive/MyDrive/Colab Notebooks')  # Colab 換路徑使用，本機或
                                                      Jupyter 環境可刪除

import openpyxl
wb = openpyxl.load_workbook('oxxo.xlsx', data_only=True)

s1 = wb['工作表1']              # 開啟工作表 1
s1['A1'].value = 'apple'       # 儲存格 A1 內容為 apple
s1['A2'].value = 'orange'      # 儲存格 A2 內容為 orange
s1['A3'].value = 'banana'      # 儲存格 A3 內容為 banana
s1.cell(1,2).value = 100       # 儲存格 B1 內容 ( row=1, column=2 ) 為 100
s1.cell(2,2).value = 200       # 儲存格 B2 內容 ( row=2, column=2 ) 為 200
s1.cell(3,2).value = 300       # 儲存格 B3 內容 ( row=3, column=2 ) 為 300

wb.save('test2.xlsx')
```

✣（範例程式碼：ch12/code034.py）

	A	B
1	apple	100
2	orange	200
3	banana	300
4		

寫入多筆資料

如果要新增多筆資料，可使用 append 方法，將資料逐筆添加到最後一列。

```
import os
os.chdir('/content/drive/MyDrive/Colab Notebooks')  # Colab 換路徑使用，本機或
                                                      Jupyter 環境可刪除

import openpyxl
wb = openpyxl.load_workbook('oxxo.xlsx', data_only=True)

s3 = wb.create_sheet('工作表3')      # 新增工作表 3
data = [[1,2,3],[4,5,6],[7,8,9]]    # 二維陣列資料
for i in data:
    s3.append(i)                    # 逐筆添加到最後一列

wb.save('test2.xlsx')
```

✥ (範例程式碼：ch12/code035.py)

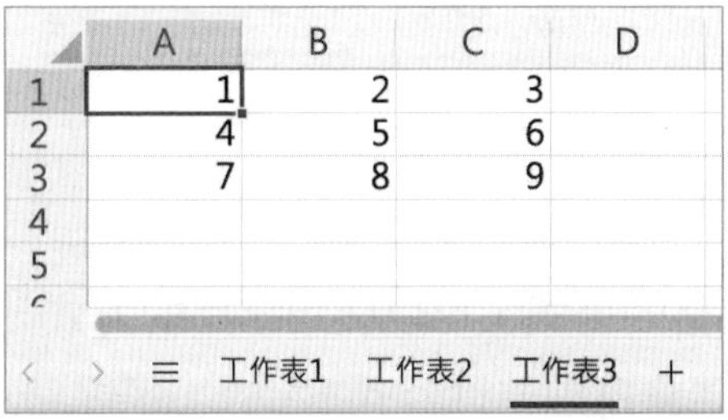

	A	B	C	D
1	1	2	3	
2	4	5	6	
3	7	8	9	
4				
5				

工作表1 工作表2 工作表3 +

取代資料

如果要取代某個範圍的資料，可使用迴圈的方法，置換範圍內每個儲存格的內容，或將每個儲存格的內容清空 (數值設定 None 表示清空)。

```
import os
os.chdir('/content/drive/MyDrive/Colab Notebooks')  # Colab 換路徑使用，本機或
                                                      Jupyter 環境可刪除

import openpyxl
wb = openpyxl.load_workbook('oxxo.xlsx', data_only=True)

s2 = wb['工作表2']          # 開啟工作表 2
data = [[1,2],[3,4]]       # 二維陣列資料
for y in range(len(data)):
    for x in range(len(data[y])):
```

```
        row = 2 + y         # 寫入資料的範圍從 row=2 開始
        col = 2 + x         # 寫入資料的範圍從 column=2 開始
        s2.cell(row, col).value = data[y][x]

wb.save('test2.xlsx')
```

✜（範例程式碼：ch12/code036.py）

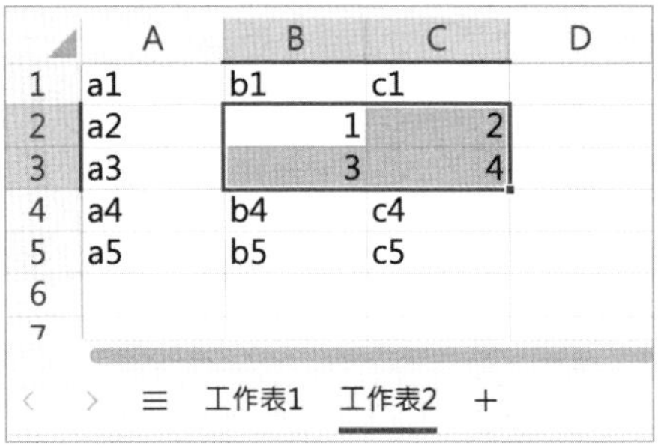

	A	B	C	D
1	a1	b1	c1	
2	a2	1	2	
3	a3	3	4	
4	a4	b4	c4	
5	a5	b5	c5	
6				
7				

工作表1　工作表2　+

設定儲存格公式

如果要設定儲存格的公式，可以使用字串的方式，將公式寫入儲存格，完成後開啟 Excel，就會自動執行公式。

```
import os
os.chdir('/content/drive/MyDrive/Colab Notebooks')  # Colab 換路徑使用，本機或
                                                      Jupyter 環境可刪除

import openpyxl
wb = openpyxl.load_workbook('oxxo.xlsx', data_only=True)

s2 = wb['工作表2']
s2['d1'] = '=sum(a1:c1)'    # 寫入公式
s2['d2'] = '=sum(a2:c2)'    # 寫入公式
s2['d3'] = '=sum(a3:c3)'    # 寫入公式
s2['d4'] = '=sum(a4:c4)'    # 寫入公式
s2['d5'] = '=sum(a5:c5)'    # 寫入公式

wb.save('test2.xlsx')
```

✜（範例程式碼：ch12/code037.py）

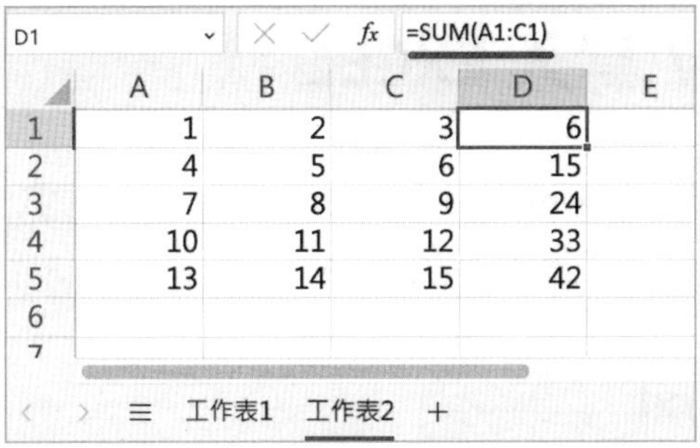

D1 | fx =SUM(A1:C1)

	A	B	C	D	E
1	1	2	3	6	
2	4	5	6	15	
3	7	8	9	24	
4	10	11	12	33	
5	13	14	15	42	
6					

工作表1 工作表2 +

設定儲存格樣式

如果要設定儲存格樣式，可以額外載入 openpyxl.styles 的相關模組，就能設定儲存格的文字、背景和邊框 ... 等樣式。

```
import os
os.chdir('/content/drive/MyDrive/Colab Notebooks')  # Colab 換路徑使用，本機或
                                                      Jupyter 環境可刪除

import openpyxl
from openpyxl.styles import Font, PatternFill        # 載入 Font 和 PatternFill
                                                      模組
wb = openpyxl.load_workbook('oxxo.xlsx', data_only=True)

s1 = wb['工作表1']
s1['e1'].font = Font(name='Arial', color='ff0000', size=30, bold=True)
# 設定 g1 儲存格的文字樣式
s1['f1'].fill = PatternFill(fill_type="solid", fgColor="DDDDDD")
# 設定 f1 儲存格的背景樣式

wb.save('test2.xlsx')
```

✜ (範例程式碼：ch12/code038.py)

	A	B	C	D	E	F
1	12	34	56	78	180	180
2	11	22	33	44	110	110
3						
4						
5						

工作表1 工作表2 +

12-8 CSV 寫入 EXCEL

這個範例會使用 Python CSV 標準函式庫讀取 CSV 檔案資料，並搭配 openpyxl 第三方函式庫，將讀取的 CSV 資料寫入 Excel 活頁簿中。

安裝 openpyxl

輸入下列指令，就能安裝 openpyxl 函式庫，依據個人的作業環境使用 pip 或 pip3 (Google Colab 和 Anaconda Jupyter 已經內建安裝 openpyxl，如果要再次安裝使用 !pip)。

```
!pip install openpyxl
```

讀取 CSV 檔案，轉換成串列格式

參考「9-7、CSV 檔案操作」文章，載入 CSV 函式庫後，開啟 CSV 檔案，接著透過 list 方法就能將讀取的資料轉換成串列格式。

範例 CSV：https://steam.oxxostudio.tw/download/python/csv-demo.csv

```
import os
os.chdir('/content/drive/MyDrive/Colab Notebooks')  # Colab 換路徑使用，本機或
                                                      Jupyter 環境可刪除

import csv
csvfile = open('csv-demo.csv')      # 開啟 CSV 檔案
raw_data = csv.reader(csvfile)      # 讀取 CSV 檔案
data = list(raw_data)               # 轉換成二維串列
print(data)
'''
[['name', 'id', 'color', 'price'],
 ['apple', '1', 'red', '10'],
 ['orange', '2', 'orange', '15'],
 ['grap', '3', 'purple', '20'],
 ['watermelon', '4', 'green', '30']]
'''
```

✥ (範例程式碼：ch12/code039.py)

CSV 資料寫入 EXCEL

參考「12-7、寫入資料到 EXCEL」文章，將 CSV 資料轉換的二維串列，寫入 Excel 活頁簿。

```
import csv
import openpyxl

csvfile = open('csv-demo.csv')          # 開啟 CSV 檔案
raw_data = csv.reader(csvfile)          # 讀取 CSV 檔案
data = list(raw_data)                   # 轉換成二維串列

wb = openpyxl.Workbook()                # 建立空白的 Excel 活頁簿物件
sheet = wb.create_sheet('csv')          # 建立空白的工作表
for i in data:
    sheet.append(i)                     # 逐筆添加到最後一列

wb.save('test2.xlsx')
```

✣ (範例程式碼：ch12/code040.py)

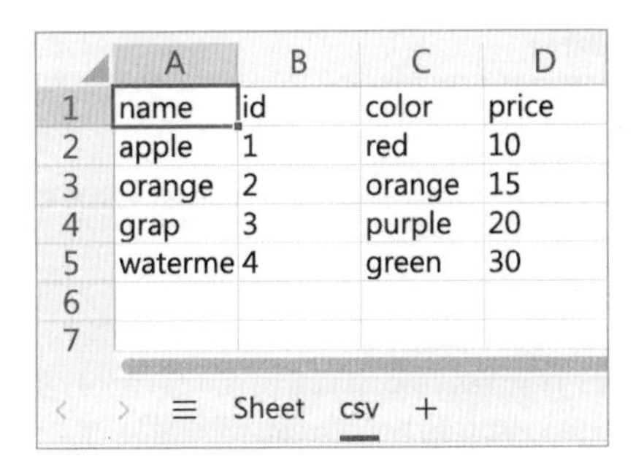

	A	B	C	D
1	name	id	color	price
2	apple	1	red	10
3	orange	2	orange	15
4	grap	3	purple	20
5	waterme	4	green	30
6				
7				

12-9 產生 QRCode (個性化 QRCode)

這個範例會使用 Python 的 qrcode 第三方函式庫，快速將文字或網址，轉換成 QRCode 圖片 (支援 SVG 格式)，也會運用相關的 API，快速產生個性化的 QRCode (特殊造型、漸層色、背景圖、logo 圖示)。

安裝 qrcode 函式庫

輸入下列指令，安裝 qrcode 函式庫，依據每個人的作業環境不同，可使用 pip 或 pip3，Colab 和 Jupyter 使用 !pip (前方有 !)。

```
!pip install qrcode
```

實作過程中會進行圖片操作，輸入下列指令，額外安裝 Pillow 函式庫 (Colab 和 Anaconda 已經內建，不用額外安裝)。

```
!pip install Pillow
```

快速產生 QRCode

載入 qrcode 函式庫之後，使用 make 方法，輸入需要轉換成 qrcode 的內容，就會產生 qrcode 圖片，qrcode 函式庫內建 Pillow 的方法，因此使用 save 方法就能儲存圖片 (可存成 jpg、png、gif)，如果是本機環境，也可使用 show 的方式預覽圖片。

```
import os
os.chdir('/content/drive/MyDrive/Colab Notebooks')  # Colab 換路徑使用，本機或
                                                      Jupyter 環境可刪除

import qrcode
img = qrcode.make('https://steam.oxxostudio.tw')   # 要轉換成 QRCode 的文字
img.show()                    # 顯示圖片 ( Colab 不適用 )
img.save('qrcode.png')     # 儲存圖片
```

✜ (範例程式碼：ch12/code041.py)

產生 QRCode 進階設定

透過 qrcode.QRCode 方法，可以藉由參數的設定，改變 QRCode 的大小、容錯率、顏色 ... 等，下方列出 qrcode.QRCode 的參數說明：

參數	說明
box_size	一個方塊的邊長為幾個像素，預設 10。
border	邊界，預設 4 (最小為 4)。
error_correction	容錯率，數值為 ERROR_CORRECT_L (7%)、ERROR_CORRECT_M (15%， 預 設 值)、ERROR_CORRECT_Q (25%)、ERROR_CORRECT_H (30%)。
version	尺寸大小 (重複排列次數)，數值為 1 ~ 40，預設 1。

使用 qrcode.QRCode 必須額外搭配 add_data、make 和 make_image 三個方法，參考下方的程式碼，執行後會產生一個比較小的 QRCode 以及一個比較大的 QRCode。

```
import os
os.chdir('/content/drive/MyDrive/Colab Notebooks')  # Colab 換路徑使用，本機或
                                                      Jupyter 環境可刪除

import qrcode
qr = qrcode.QRCode(
    version=1,
    error_correction=qrcode.constants.ERROR_CORRECT_L,
    box_size=10,
    border=4
)
qr.add_data('https://steam.oxxostudio.tw')    # 要轉換成 QRCode 的文字
qr.make(fit=True)            # 根據參數製作為 QRCode 物件

img = qr.make_image()        # 產生 QRCode 圖片
img.show()                   # 顯示圖片 ( Colab 不適用 )
img.save('qrcode.png')       # 儲存圖片
```

✜ (範例程式碼：ch12/code042.py)

設定 make_image 的參數，就能改變 QRCode 輸出的顏色，fill_color 表示 QRCode 主體顏色，back_color 是背景色 (支援十六進位色碼，例如 #ff0000 是紅色)，如果將前面的程式碼加入參數 (如下方的程式碼)，執行後會產生一個黑底紅色的 QRCode。

```
img = qr.make_image(fill_color="red", back_color="black")
```

QRCode 輸出為 SVG

下方的程式使用「快速產生 QRCode」的方法，額外載入 qrcode.image.svg，在 make 裡新增 image_factory=qrcode.image.svg.SvgPathImage 參數，就能產生 SVG 格式的 QRCode 圖片。

```
import os
os.chdir('/content/drive/MyDrive/Colab Notebooks')  # Colab 換路徑使用，本機或
                                                      Jupyter 環境可刪除

import qrcode
import qrcode.image.svg
img = qrcode.make('https://steam.oxxostudio.tw', image_factory=qrcode.image.
svg.SvgPathImage)            # 要轉換成 QRCode 的文字
#img.show()                  # SVG 無法使用
img.save('qrcode.svg')       # 儲存圖片，注意副檔名為 SVG

下方的程式使用「進階設定」的方式產生 QRcode，額外載入 qrcode.image.svg，在 qrcode.
QRCode 裡新增 image_factory=qrcode.image.svg.SvgPathImage 參數，就能產生 SVG 格式的
QRCode 圖片 ( 如果是 SVG 格式圖片無法改變顏色 )。
import os
os.chdir('/content/drive/MyDrive/Colab Notebooks')  # Colab 換路徑使用，本機或
                                                      Jupyter 環境可刪除

import qrcode
import qrcode.image.svg
qr = qrcode.QRCode(
```

```
    version=1,
    error_correction=qrcode.constants.ERROR_CORRECT_L,
    box_size=10,
    border=4,
    image_factory=qrcode.image.svg.SvgPathImage
)
qr.add_data('https://steam.oxxostudio.tw')
qr.make(fit=True)

img = qr.make_image()
#img.show()                   # SVG 無法使用
img.save('qrcode.svg')        # 儲存圖片，注意副檔名為 SVG
```

✤ (範例程式碼：ch12/code043.py)

產生個性化 QRCode

在版本 7.2 以上的 qrcode 函式庫，有提產生供個性化 QRCode 的功能，提供額外五種特殊造型的 QRCode：

造型名稱	說明
SquareModuleDrawer()	預設方格
GappedSquareModuleDrawer()	小方格
CircleModuleDrawer()	圓點
RoundedModuleDrawer()	圓角方格
VerticalBarsDrawer()	直線
HorizontalBarsDrawer()	橫線

產生個性化 QRCode 需要額外載入 StyledPilImage 和造型模組，載入後在 make_image 方法中進行設定，就能產生個性化的 QRCode (個性化 QRCode 無法使用 fill_color 和 back_color，且不支援 SVG 格式輸出)，下方的程式碼執行後，會產生六種造型的 QRCode。

```
import os
os.chdir('/content/drive/MyDrive/Colab Notebooks')  # Colab 換路徑使用，本機或
                                                       Jupyter 環境可刪除
```

```
import qrcode
from qrcode.image.styledpil import StyledPilImage
from qrcode.image.styles.moduledrawers import VerticalBarsDrawer,RoundedModuleD
rawer,HorizontalBarsDrawer,SquareModuleDrawer,GappedSquareModuleDrawer,CircleMo
duleDrawer

qr = qrcode.QRCode(
    version=1,
    error_correction=qrcode.constants.ERROR_CORRECT_L,
    box_size=10,
    border=4
)
qr.add_data('https://steam.oxxostudio.tw')
qr.make(fit=True)

img1 = qr.make_image(image_factory=StyledPilImage, module_
drawer=SquareModuleDrawer())
img2 = qr.make_image(image_factory=StyledPilImage, module_drawer=GappedSquareMo
duleDrawer())
img3 = qr.make_image(image_factory=StyledPilImage, module_
drawer=CircleModuleDrawer())
img4 = qr.make_image(image_factory=StyledPilImage, module_
drawer=RoundedModuleDrawer())
img5 = qr.make_image(image_factory=StyledPilImage, module_
drawer=VerticalBarsDrawer())
img6 = qr.make_image(image_factory=StyledPilImage, module_
drawer=HorizontalBarsDrawer())
img1.save('qrcode1.png')
img2.save('qrcode2.png')
img3.save('qrcode3.png')
img4.save('qrcode4.png')
img5.save('qrcode5.png')
img6.save('qrcode6.png')
```

✣（範例程式碼：ch12/code044.py）

QRCode 加入漸層色或背景圖

在版本 7.2 以上的 qrcode 函式庫，額外載入 StyledPilImage 和漸層色模組，就能替 QRCode 加入漂亮的漸層顏色，共有六種填色方式，色參數使用 tuple 格式數值為 0～255 色碼*，例如紅色 (255,0,0)，綠色 (0,255,0)，藍色 (0,0,255)：

漸層填色方式	參數	說明
SolidFillColorMask()	(背景、填充)	預設填滿顏色
RadialGradiantColorMask()	(背景、中心、四周)	圓形放射漸層
SquareGradiantColorMask()	(背景、中心、四周)	方形放射漸層
VerticalGradiantColorMask()	(背景、上方、下方)	垂直漸層
HorizontalGradiantColorMask()	(背景、左側、右側)	水平漸層
ImageColorMask()	(背景、圖片位址)	圖片填充

下方的程式碼執行後，會產生一個紅色 QRCode、一個背景填色的 QRCode 和四個具有紅色藍色漸層色的 QRCode。

```
import os
os.chdir('/content/drive/MyDrive/Colab Notebooks')  # Colab 換路徑使用，本機或
                                                       Jupyter 環境可刪除

import qrcode
from qrcode.image.styledpil import StyledPilImage
from qrcode.image.styles.moduledrawers import RoundedModuleDrawer
from qrcode.image.styles.colormasks import SolidFillColorMask,
RadialGradiantColorMask, SquareGradiantColorMask, VerticalGradiantColorMask,
HorizontalGradiantColorMask

qr = qrcode.QRCode(
    version=1,
    error_correction=qrcode.constants.ERROR_CORRECT_L,
    box_size=10,
    border=4
)
qr.add_data('https://steam.oxxostudio.tw')
qr.make(fit=True)

img1 = qr.make_image(image_factory=StyledPilImage, color_mask=SolidFillColorMa
sk((255,255,255),(255,0,0)), module_drawer=RoundedModuleDrawer())
img2 = qr.make_image(image_factory=StyledPilImage, color_mask=RadialGradiantCol
orMask((255,255,255),(255,0,0),(0,0,255)), module_drawer=RoundedModuleDrawer())
img3 = qr.make_image(image_factory=StyledPilImage, color_mask=SquareGradiantCol
orMask((255,255,255),(255,0,0),(0,0,255)), module_drawer=RoundedModuleDrawer())
img4 = qr.make_image(image_factory=StyledPilImage, color_mask=Vert
icalGradiantColorMask((255,255,255),(255,0,0),(0,0,255)), module_
drawer=RoundedModuleDrawer())
img5 = qr.make_image(image_factory=StyledPilImage, color_mask=Horiz
ontalGradiantColorMask((255,255,255),(255,0,0),(0,0,255)), module_
drawer=RoundedModuleDrawer())
img6 = qr.make_image(image_factory=StyledPilImage, ImageColorMask((255,255,255)
,'mona.jpg'), module_drawer=RoundedModuleDrawer())

img1.save('qrcode1.png')
img2.save('qrcode2.png')
img3.save('qrcode3.png')
img4.save('qrcode4.png')
img5.save('qrcode5.png')
```

✣（範例程式碼：ch12/code045.py）

QRCode 加入 logo 或圖片

額外載入 StyledPilImage 模組後，可以使用 embeded_image_path 在 QRCode 的中心加上 logo 圖示或圖片，加入的圖片會被壓縮成正方形，下方的例子會在 QRCode 的中心加入一個蒙娜麗莎的頭像。

```
import os
os.chdir('/content/drive/MyDrive/Colab Notebooks')  # Colab 換路徑使用，本機或
                                                      Jupyter 環境可刪除

import qrcode
from qrcode.image.styledpil import StyledPilImage

qr = qrcode.QRCode(
    version=1,
    error_correction=qrcode.constants.ERROR_CORRECT_L,
    box_size=10,
    border=4
)
qr.add_data('https://steam.oxxostudio.tw')
qr.make(fit=True)
```

```
img = qr.make_image(image_factory=StyledPilImage, embeded_image_path='mona.jpg')
img.save('qrcode.png')
```

❖ (範例程式碼：ch12/code046.py)

12-10 產生 BarCode (條碼)

這個範例會使用 Python 的 python-barcode 第三方函式庫，快速將一串數字，轉換成 BarCode (條碼) 的形式呈現。

安裝 python-barcode 函式庫

輸入下列指令，安裝 python-barcode 函式庫，依據每個人的作業環境不同，可使用 pip 或 pip3，Colab 和 Jupyter 使用 !pip (前方有 !)。

```
!pip install python-barcode
```

實作過程中會進行圖片操作，輸入下列指令，額外安裝 Pillow 函式庫 (Colab 和 Anaconda 已經內建，不用額外安裝，如果要再次安裝使用 !pip)。

```
!pip install Pillow
```

快速產生 BarCode

載入 python-barcode 函式庫之後，使用 EAN13 方法，輸入需要轉換成 barcode 的內容（通常是一串數字），就會產生 barcode 圖片，使用 save 方法就能將圖片儲存為 svg。

```
import os
os.chdir('/content/drive/MyDrive/Colab Notebooks')  # Colab 換路徑使用，本機或
                                                      Jupyter 環境可刪除

from barcode import EAN13

number = '12345678987654321'  # 要轉換的數字
my_code = EAN13(number)       # 轉換成 barcode
my_code.save("oxxo")          # 儲存為 SVG
```

❖（範例程式碼：ch12/code047.py）

如果要將圖片儲存為 PNG，則需要額外載入 barcode.writer 的 ImageWriter 模組，並在 EAN13 方法中設定 writer=ImageWriter() 參數，就能產生 PNG 格式的 BarCode 圖檔。

```
import os
os.chdir('/content/drive/MyDrive/Colab Notebooks')  # Colab 換路徑使用，本機或
                                                      Jupyter 環境可刪除

from barcode import EAN13
from barcode.writer import ImageWriter          # 載入 barcode.writer 的
                                                  ImageWriter

number = '12345678987654321'
my_code = EAN13(number, writer=ImageWriter())  # 添加 writer=ImageWriter()
my_code.save("oxxo")
```

❖（範例程式碼：ch12/code048.py）

12-11 讀取電腦資訊 (硬碟容量、CPU、RAM... 等)

這個範例會使用 Python 的 psutil 第三方函式庫，讀取電腦系統相關資訊 (例如硬碟容量、CPU、RAM... 等)。

> 因為要取得電腦資訊，建議使用本機環境 (2-3、使用 Python 虛擬環境) 或使用 Anaconda Jupyter 進行實作 (2-2、使用 Anaconda Jupyter)。

安裝 psutil 函式庫

輸入下列指令，就能安裝 psutil 函式庫 (依據每個人的作業環境不同，可使用 pip 或 pip3 或 pipenv，Anaconda 和 Colab 不用額外安裝，如果要再次安裝使用 !pip)。

```
pip install psutil
```

讀取 CPU 數量、使用率和使用頻率

CPU 數量分兩種，一種是邏輯數量，一種是實際物理上的 CPU 數量，如果邏輯數量較實際數量多，表示正在 CPU 執行超執行緒的動作。

```
import psutil

print(psutil.cpu_count())                    # CPU 邏輯數量
print(psutil.cpu_count(logical=False))       # 實際物理 CPU 數量
print(psutil.cpu_percent(interval=0.5, percpu=True)) # CPU 使用率
                                             # interval：每隔多少秒更新一次
                                             # percpu：查看所有 CPU 使用率
print(psutil.cpu_freq())                     # CPU 使用頻率
```

✣ (範例程式碼：ch12/code049.py)

```
2
2
[90.9, 54.5, 90.0, 55.6]
scpufreq(current=2400, min=2400, max=2400)
```

讀取記憶體使用狀況

讀取記憶體使用狀況可以知道記憶體總量 (total)、可用量 (available)、已使用的記憶體 (used) 和使用率 (percent) 等資訊。

```
import psutil

print(psutil.virtual_memory())  # 記憶體資訊
```

✣（範例程式碼：ch12/code050.py）

```
svmem(total=8589934592, available=2139811840, percent=75.1, used=4293619712,
free=82296832, active=2076196864, inactive=2052636672, wired=2217422848)
```

讀取硬碟狀況

讀取硬碟狀況可以查看分割的硬碟、硬碟使用率和硬碟 IO 等資訊。

```
import psutil

print(psutil.disk_partitions())                 # 所有硬碟資訊
print(psutil.disk_usage('硬碟 device 名稱')) # 指定硬碟資訊
```

✣（範例程式碼：ch12/code051.py）

```
/Users/oxxo/Desktop/python-new/main.py
[sdiskpart(device='/dev/disk1s5s1', mountpoint='/', fstype='apfs', opts='ro,local,rootfs,dovol
fs,journaled,multilabel', maxfile=255, maxpath=1024), sdiskpart(device='/dev/disk1s4', mountpo
int='/System/Volumes/VM', fstype='apfs', opts='rw,noexec,local,dovolfs,dontbrowse,journaled,mu
ltilabel,noatime', maxfile=255, maxpath=1024), sdiskpart(device='/dev/disk1s2', mountpoint='/S
ystem/Volumes/Preboot', fstype='apfs', opts='rw,local,dovolfs,dontbrowse,journaled,multilabel'
, maxfile=255, maxpath=1024), sdiskpart(device='/dev/disk1s6', mountpoint='/System/Volumes/Upd
ate', fstype='apfs', opts='rw,local,dovolfs,dontbrowse,journaled,multilabel', maxfile=255, max
path=1024), sdiskpart(device='/dev/disk1s1', mountpoint='/System/Volumes/Data', fstype='apfs',
 opts='rw,local,dovolfs,dontbrowse,journaled,multilabel', maxfile=255, maxpath=1024), sdiskpar
t(device='/dev/disk2s1', mountpoint="/Volumes/oxxo's 128G", fstype='exfat', opts='rw,nosuid,lo
cal,ignore-ownership', maxfile=255, maxpath=1024)]
sdiskusage(total=250790436864, used=15332380672, free=32553721856, percent=32.0)
```

讀取網路卡資訊

透過下列的方法，就能讀取網路卡資訊 (psutil.net_connections() 可能會需要安全性認證)。

```
import psutil

print(psutil.net_io_counters())    # 網路封包
print(psutil.net_if_addrs())       # 網路卡的組態資訊，包括 IP 地址、Mac 地址、子網掩碼、
                                     廣播地址等等
print(psutil.net_connections())    # 目前機器的網路連線
```

✜ (範例程式碼：ch12/code052.py)

```
snetio(bytes_sent=4523706, bytes_recv=5393421, packets_sent=18760, packets_recv=19997, errin
=0, errout=0, dropin=0, dropout=0)

{'lo': [snicaddr(family=<AddressFamily.AF_INET: 2>, address='127.0.0.1', netmask='255.0.0.0'
, broadcast=None, ptp=None), snicaddr(family=<AddressFamily.AF_PACKET: 17>, address='00:00:0
0:00:00:00', netmask=None, broadcast=None, ptp=None)], 'eth0': [snicaddr(family=<AddressFami
ly.AF_INET: 2>, address='172.28.0.2', netmask='255.255.0.0', broadcast='172.28.255.255', ptp
=None), snicaddr(family=<AddressFamily.AF_PACKET: 17>, address='02:42:ac:1c:00:02', netmask=
None, broadcast='ff:ff:ff:ff:ff:ff', ptp=None)]}
[sconn(fd=26, family=<AddressFamily.AF_INET: 2>, type=<SocketKind.SOCK_STREAM: 1>, laddr=add
r(ip='172.28.0.2', port=9000), raddr=addr(ip='172.28.0.3', port=56156), status='ESTABLISHED'
, pid=61), sconn(fd=6, family=<AddressFamily.AF_INET: 2>, type=<SocketKind.SOCK_STREAM: 1>,
laddr=addr(ip='172.28.0.2', port=9000), raddr=(), status='LISTEN', pid=61), sconn(fd=50, fam
ily=<AddressFamily.AF_INET: 2>, type=<SocketKind.SOCK_STREAM: 1>, laddr=addr(ip='127.0.0.1',
 port=59053), raddr=addr(ip='127.0.0.1', port=45158), status='ESTABLISHED', pid=76), sconn(f
d=28, family=<AddressFamily.AF_INET6: 10>, type=<SocketKind.SOCK_STREAM: 1>, laddr=addr(ip='
::ffff:172.28.0.2', port=8080), raddr=addr(ip='::ffff:172.28.0.1', port=40894), status='ESTA
BLISHED', pid=7), sconn(fd=49, family=<AddressFamily.AF_INET: 2>, type=<SocketKind.SOCK_STRE
```

讀取系統與使用者資訊

透過下列的方法，就能讀取系統與使用者資訊。

```
import psutil

print(psutil.users())         # 登陸的使用者資訊
print(psutil.boot_time())     # 系統啟動時間
print(datetime.datetime.fromtimestamp(psutil.boot_time())) # 轉換成標準時間
```

✜ (範例程式碼：ch12/code053.py)

```
[suser(name='oxxo', terminal='console', host=None, started=1668647552.0, pid=146), suser(nam
e='oxxo', terminal='ttys000', host=None, started=1668647680.0, pid=693)]
1668647552.0
2022-11-17 09:12:32
```

讀取應用程式資訊

再透過下列的方法，就能讀取目前系統中正在執行的應用程式資訊。

```
import psutil

for prcs in psutil.process_iter():
    print(prcs.name)              # 印出所有正在執行的應用程式 ( 從中觀察 pid )

p = psutil.Process(pid=3987)    # 讀取特定應用程式
print(p.name())                 # 應用程式名稱
print(p.exe())                  # 應用程式所在路徑
print(p.cwd())                  # 應用程式執行路徑
print(p.status())               # 應用程式狀態
print(p.username())             # 執行應用程式的使用者
print(p.cpu_times())            # 應用程式的 CPU 使用時間
print(p.memory_info())          # 應用程式的 RAM 使用資訊
```

✤ (範例程式碼：ch12/code054.py)

下圖是以讀取 Spotify 應用程式的資訊：

```
Spotify
/Applications/Spotify.app/Contents/MacOS/Spotify
/
running
oxxo
pcputimes(user=255.78119168, system=116.179623936, children_user=0.0, children_system=0.0)
pmem(rss=87019520, vms=5795254272, pfaults=1282393, pageins=14959)
```

12-12 偵測電腦螢幕解析度 (長、寬)

這個範例會介紹三種透過 Python 偵測電腦螢幕解析度 (長、寬) 的方法，分別是使用 pyautogui 函式庫、使用 tkinter 函式庫以及使用 PyQt5 函式庫。

由於要監測電腦螢幕解析度，所以請使用本機環境 (2-3、使用 Python 虛擬環境) 或使用 Anaconda Jupyter 進行實作 (2-2、使用 Anaconda Jupyter)。

使用 pyautogui

輸入下列指令安裝 pyautogui 函式庫，依據每個人的作業環境不同，可使用 pip 或 pip3 或 pipenv，Jupyter 使用 !pip (前方有 !)。

```
pip install pyautogui
```

安裝完成後，使用下方的程式碼，就能取得電腦螢幕的長寬尺寸。

```
import pyautogui

width, height = pyautogui.size()
print(width, height)
```

✥ (範例程式碼：ch12/code055.py)

使用 tkinter

tkinter 是 Python 專門作為設計介面的內建函式庫，只要 import tkinter 就能使用，使用下方的程式碼，就能取得電腦螢幕的長寬尺寸。

參考：https://steam.oxxostudio.tw/category/python/tkinter/index.html

```
import tkinter as tk

root = tk.Tk()            # 產生 tkinter 視窗
width = root.winfo_screenwidth()
height = root.winfo_screenheight()
print(width, height)
root.destroy()            # 關閉視窗
```

✥ (範例程式碼：ch12/code056.py)

使用 PyQt5

PyQt5 是 Python 的一個第三方函式庫，是 Python 用來設計使用者介面的函式庫，輸入下列指令安裝 tkinter 函式庫，依據每個人的作業環境不同，可使用 pip 或 pip3 或 pipenv，Jupyter 使用 !pip (前方有 !)。

參考：https://steam.oxxostudio.tw/category/python/tkinter/index.html

```
pip install PyQt5
```

安裝完成後，使用下方的程式碼，就能取得電腦螢幕的長寬尺寸。

```
from PyQt5 import QtWidgets
import sys

app = QtWidgets.QApplication(sys.argv)
screen = QtWidgets.QApplication.desktop()
width = screen.width()
height = screen.height()
print(width, height)
```

❖（範例程式碼：ch12/code057.py）

12-13 查詢電腦對內與對外 IP

這個範例會使用 Python 的 socket 標準函式庫，讀取目前電腦對內的連線 IP (內網)，接著會搭配 Requests 第三方函式庫，實作可以取得對外 IP (外網) 的功能。

由於要查詢電腦對內與對外 IP，所以請使用本機環境 (2-3、使用 Python 虛擬環境) 或使用 Anaconda Jupyter 進行實作 (2-2、使用 Anaconda Jupyter)。

查詢電腦對內 IP

如果要查詢電腦對內的 IP (內網)，可以使用 Python 的 socket 標準函式庫進行處理，socket 函式庫可以建立 Server 端 (伺服器) 以及 Client 端 (使用者)，讓彼此互相連接和發送訊息，下方是 socket 的基本用法：

```
socket.socket(family, type, proto)
# family：IPv4 本機、IPv4 網路、IPv6 網路。
# type：使用 TCP 或 UDP 方式。
# protocol: 串接協定 ( 通常預設 0 )。
```

✣（範例程式碼：ch12/code058.py）

family 和 type 參數的內容如下：

參數	宣內容	說明
family	socket.AF_UNIX	IPv4 本機。
	socket.AF_INET	IPv4 網路。
	socket.AF_INET6	IPv6 網路。
type	socket.SOCK_STREAM	使用 TCP。
	socket.SOCK_DGRAM	使用 UDP。

下方的程式碼執行後，會使用 socket 函式庫的 socket 方法，向「8.8.8.8 port 80」的位址進行初始化連結（Google 的 Public DNS），連結後就可以得到對內的 IP。

```
import socket
s = socket.socket(socket.AF_INET, socket.SOCK_DGRAM)
s.connect(("8.8.8.8", 80))
ip = s.getsockname()[0]
print(ip)
s.close()
```

✣（範例程式碼：ch12/code059.py）

```
In [1]: import socket
        s = socket.socket(socket.AF_INET, socket.SOCK_DGRAM)
        s.connect(("8.8.8.8", 80))
        ip = s.getsockname()[0]
        print(ip)
        s.close()

        192.168.1.105
```

查詢電腦對外 IP

如果要查詢電腦對外的 IP (外網)，則需要透過 Requests 函式庫向特定網站 (例如 api.ipify.org) 發送請求，就能獲得回傳的 IP 資訊。

參考：16-3、Requests 函式庫

```
import requests
ip = requests.get('https://api.ipify.org').text

print(ip)
```

✤ (範例程式碼：ch12/code060.py)

```
In [2]: import requests
        ip = requests.get('https://api.ipify.org').text

        print(ip)

        218.173.49.173
```

12-14 查詢網站 IP、ping IP

這個範例會使用 Python 的 socket 函式庫查詢特定網站的 IP，以及使用 os 函式庫，呼叫終端機執行 ping IP 的功能。

查詢網站 IP

載入 socket 函式庫之後，就能使用 gethostbyname 的方法，查詢特定網址的 IP，例如下方的程式碼執行後，就會印出 google.com 的實際 IP 位址。

```
import socket
hostname = 'google.com'
print(socket.gethostbyname(hostname))
```

✤ (範例程式碼：ch12/code061.py)

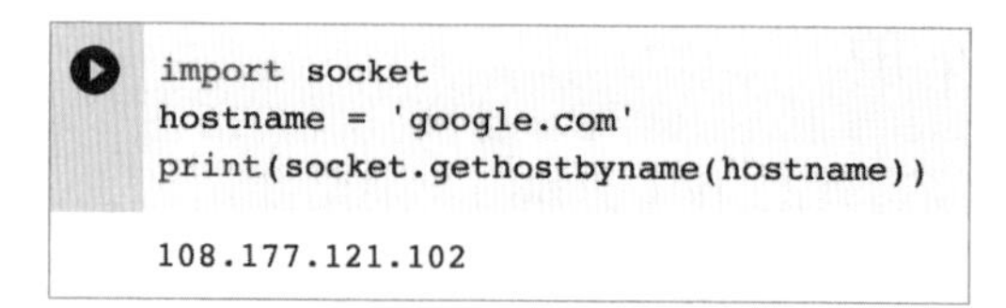
import socket
hostname = 'google.com'
print(socket.gethostbyname(hostname))
108.177.121.102

ping IP

使用 Python os 函式庫，就能呼叫電腦終端機並執行相關令命，下方的程式碼執行後，使用 system 的方法會每隔一秒 ping 一次指定的網址 (-i 1)，連續三次後停止 (.-c 3)，但不會輸出結果，而使用 popen 方法會將執行過程印出。

```
import os

hostname = 'google.com'
response = os.system('ping -c 3 -i 1 ' + hostname)
print(response)

response = os.popen(f'ping -c 3 -i 1 {hostname}').read()
print(response)
```

✜ (範例程式碼：ch12/code062.py)

```
PING google.com (172.217.163.46): 56 data bytes
64 bytes from 172.217.163.46: icmp_seq=0 ttl=115 time=8.232 ms
64 bytes from 172.217.163.46: icmp_seq=1 ttl=115 time=10.798 ms
64 bytes from 172.217.163.46: icmp_seq=2 ttl=115 time=9.235 ms

--- google.com ping statistics ---
3 packets transmitted, 3 packets received, 0.0% packet loss
round-trip min/avg/max/stddev = 8.232/9.422/10.798/1.056 ms
```

小結

這個章節所介紹的多種實際應用範例，展示了 Python 程式語言的一些重要概念，希望透過這些範例，可以幫助讀者深入了解 Python 的使用方法、各種應用以及特色，藉此深入地學習 Python，並開發出更多實用又有趣的應用程式。

第 13 章

Python 影像處理

13-1、批次圖片轉檔（jpg、png、gif、pdf... 等）

13-2、批次調整圖片尺寸

13-3、調整圖片亮度、對比、飽和度和銳利度

13-4、裁切與旋轉圖片

13-5、拼接多張圖片

13-6、圖片加上 logo 浮水印

13-7、圖片加上文字浮水印

13-8、圖片馬賽克效果

13-9、圖片模糊化

13-10、圖片銳利化

13-11、讀取與修改圖片 Exif

13-12、圖片轉文字（OCR 圖片字元辨識）

隨著現代科技的進步，影像處理已經不再是高科技專業領域的專利，Python 是一個功能強大的程式語言，擁有許多用於影像處理的套件，這個章節會使用 Python 非常有名的影像處理函式庫 Pillow，實作圖片轉檔、圖片處理、圖片合併 ... 等功能，透過實際的操作來讓讀者更了解影像處理的運作原理。

- 這個章節的範例均可使用 Google Colab 實作，不用安裝任何軟體。
- 如果使用 Google Colab，大多數的範例操作需要連動 Google 雲端硬碟，請參考：「2-1、使用 Google Colab」。
- 本章節範例程式碼：
  https://github.com/oxxostudio/book-code/tree/master/python/ch13

這個章節所有的範例均會使用 Pillow 第三方函式庫，輸入下列指令安裝 Pillow，根據個人環境使用 pip 或 pip3，如果使用 Colab 或 Anaconda Jupyter，已經內建 Pillow 函式庫 (重新安裝則使用 !pip)。

```
!pip install Pillow
```

13-1 批次圖片轉檔 (jpg、png、gif、pdf... 等)

這個範例會使用 Python 的 glob 標準函式庫，搭配 Pillow 第三方函式庫，實作可以一次將大量的圖片，批次轉檔的功能 (jpg 轉 png、png 轉 pdf、jpg 轉 gif... 等)，轉檔過程中，也可以透過調整參數，實現批次壓縮 jpg 的效果。

使用 glob 取得所有檔案的原始名稱

程式裡可以先使用 glob 標準函式庫，執行後就會讀取 demo 資料夾裡所有的 jpg 檔案 (範例 demo 資料夾內有一些需要轉檔的 jpg 圖片)。

參考：9-11、查找匹配檔案 glob

```
import glob
# import os
# os.chdir('/content/drive/MyDrive/Colab Notebooks')  # Colab 換路徑使用，本機或
                                                        Jupyter 環境可以刪除
jpg = glob.glob('./demo/*.[jJ][pP][gG]')  # 使用 [jJ][pP][gG] 萬用字元，抓出副檔名
                                            不論大小寫的 jpg 檔案
print(images)
'''
['./demo/pic-001.jpg', './demo/pic-002.jpg', './demo/pic-003.jpg',
'./demo/pic-004.jpg', './demo/pic-005.jpg', './demo/pic-006.jpg',
'./demo/pic-007.jpg', './demo/pic-008.jpg', './demo/pic-009.jpg',
'./demo/pic-010.jpg']
'''
```

✥ (範例程式碼：ch13/code001.py)

使用 Pillow 轉換檔案格式

修改上方的程式，import PIL 裡的 Image 方法，使用 Image 開啟檔案，並在存檔時指定副檔名，搭配 for 迴圈，執行後就會將 jpg 檔案批次轉換成 png 的檔案 (PIL 支援 jpg、png、gif、pdf、tiff、bmp、webp... 等多種常見圖片格式)。

```
import os
os.chdir('/content/drive/MyDrive/Colab Notebooks')  # Colab 換路徑使用，本機或
                                                      Jupyter 環境可以刪除

import glob
from PIL import Image
jpg = glob.glob('./demo/*.[jJ][pP][gG]')
print(jpg)
for i in jpg:
    print(i)
    im = Image.open(i)                              # 開啟圖片檔案
    name = i.lower().split('/')[::-1][0]            # 將檔名換成小寫 ( 避免 JPG 與
                                                      jpg 干擾 )
    png = name.replace('jpg','png')                 # 取出圖片檔名，將 jpg 換成 png
    im.save(f'./demo/png/{png}', 'png')             # 轉換成 png 並存檔
```

✣ (範例程式碼：ch13/code002.py)

批次壓縮 jpg 圖片

如果是轉換為 jpg，可以額外設定 quality 和 subsampling 參數。

參數	範圍	說明
quality	0 ～ 100	壓縮品質，100 畫質最好 (檔案最大)，0 畫質最差 (檔案最小)，預設 75。
subsampling	0、1、2	二次採樣，預設 0。

```
import os
os.chdir('/content/drive/MyDrive/Colab Notebooks')  # Colab 換路徑使用，本機或
                                                      Jupyter 環境可以刪除
```

```
import glob
from PIL import Image
jpg = glob.glob('./demo/*.[jJ][pP][gG]')
print(jpg)
for i in jpg:
    print(i)
    im = Image.open(i)                                          # 開啟圖片檔案
    name = i.split('/')[::-1][0]                                # 取出檔名
    im.save(f'./demo/jpg/{name}', quality=65, subsampling=0)   # 設定參數並存檔
```

✤（範例程式碼：ch13/code003.py）

13-2 批次調整圖片尺寸

這個範例會使用 Python 的 glob 標準函式庫，搭配 Pillow 第三方函式庫，實作可以將大量的圖片，進行批次調整尺寸的功能。

使用 size 取得圖片尺寸

透過 Pillow Image 裡的 size 方法，讀取圖片的長寬尺寸，取得的尺寸為 tuple 型別，尺寸的第一個數值為寬度，第二個數值為高度。

```
import os
os.chdir('/content/drive/MyDrive/Colab Notebooks')    # Colab 換路徑使用，本機或
                                                        Jupyter 環境可以刪除

from PIL import Image
img = Image.open('oxxostudio.jpg')                     # 開啟圖片
print(img.size)                                        # (1280,720) 印出長寬尺寸
```

✤（範例程式碼：ch13/code004.py）

使用 glob 標準函式庫讀取 demo 資料夾裡所有的 jpg 檔案，取得檔案路徑後，就能讀取每一張圖片的長寬尺寸。

參考：查找匹配檔案 glob

```
import os
os.chdir('/content/drive/MyDrive/Colab Notebooks')    # Colab 換路徑使用，本機或
                                                        Jupyter 環境可以刪除
```

```
import glob
from PIL import Image
imgs = glob.glob('./oxxo/*.jpg')      # 取得 demo 資料夾內所有的圖片
for i in imgs:
    im = Image.open(i)                # 依序開啟每一張圖片
    size = im.size                    # 取得圖片尺寸
    print(size)
```

✤（範例程式碼：ch13/code005.py）

```
import glob
from PIL import Image
import os
os.chdir('/content/drive/MyDrive/Colab Notebooks')
imgs = glob.glob('./demo/*.jpg')
for i in imgs:
  im = Image.open(i)
  size = im.size
  print(size)

(481, 640)
(481, 640)
(640, 480)
(481, 640)
(481, 640)
(513, 640)
(519, 640)
(478, 640)
(375, 540)
(640, 478)
```

使用 resize 調整圖片尺寸

接著使用 Image 的 resize 方法，提供 tuple 型別的長寬數值，就能調整圖片的尺寸。

```
import os
os.chdir('/content/drive/MyDrive/Colab Notebooks')  # Colab 換路徑使用，本機或
                                                      Jupyter 環境可以刪除

from PIL import Image
img = Image.open('oxxostudio.jpg')    # 開啟圖片
img2 = img.resize((200,200))          # 調整圖片尺寸為 200x200
img2.save('test.jpg')                 # 調整後存檔到 resize 資料夾
```

✤（範例程式碼：ch13/code006.py）

搭配 glob，就能一次將所有圖片的尺寸調整為 200x200。

```
import os
os.chdir('/content/drive/MyDrive/Colab Notebooks')  # Colab 換路徑使用，本機或
                                                      Jupyter 環境可以刪除

import glob
from PIL import Image
imgs = glob.glob('./oxxo/*.jpg')
for i in imgs:
    im = Image.open(i)
    size = im.size
    name = i.split('/')[::-1][0]          # 取得圖片的名稱
    im2 = im.resize((200, 200))           # 調整圖片尺寸為 200x200
    im2.save(f'./oxxo/resize/{name}')    # 調整後存檔到 resize 資料夾
```

✥（範例程式碼：ch13/code007.py）

13-3 調整圖片亮度、對比、飽和度和銳利度

這個小節會使用 Python Pillow 函式庫裡的 ImageEnhance 模組，調整圖片的亮度、對比、飽和度和銳利度。

關於 ImageEnhance

Pillow 函式庫裡的 ImageEnhance 模組包含了四種增強影像的方法，分別是亮度 (Brightness)、對比 (Contrast)、飽和度 (Color) 和銳利度 (Sharpness)，數值如果為 1 表示原始影像效果，使用方法如下：

```
import os
os.chdir('/content/drive/MyDrive/Colab Notebooks')  # Colab 換路徑使用，本機或
                                                      Jupyter 環境可以刪除

from PIL import Image, ImageEnhance
img = Image.open("oxxostudio.png")            # 開啟影像
brightness = ImageEnhance.Brightness(img)     # 設定 img 要加強亮度
output = brightness.enhance(factor)           # 調整亮度，factor 為一個浮點數值
                                              # 調整後的數值 = 原始數值 x factor
```

✥ (範例程式碼：ch13/code008.py)

調整圖片亮度並儲存

延伸上面的用法，搭配 Pillow 內建的 save 方法，就能將調整後的圖片存檔。

```
from PIL import Image, ImageEnhance
img = Image.open("oxxostudio.jpg")            # 開啟影像
brightness = ImageEnhance.Brightness(img)     # 設定 img 要加強亮度
output = brightness.enhance(1.5)              # 提高亮度
output.save('oxxostudio_b15.jpg')             # 存檔

output = brightness.enhance(0.5)              # 降低亮度
output.save('oxxostudio_b05.jpg')             # 存檔
```

✥ (範例程式碼：ch13/code009.py)

調整圖片亮度、對比、飽和度和清晰度

了解 ImageEnhance 的用法後，就能編輯程式，調整圖片的亮度、對比、飽和度和銳利度，下方的程式碼將同一張圖片，以八種不同參數進行調整，並透過 matplotlib 一次顯示八張圖片。

參　考：https://steam.oxxostudio.tw/category/python/example/matplotlib-imshow.html#a3

```
import os
os.chdir('/content/drive/MyDrive/Colab Notebooks')  # Colab 換路徑使用，本機或
                                                     Jupyter 環境可以刪除

import matplotlib.pyplot as plt
from PIL import Image, ImageEnhance

img = Image.open("oxxostudio.jpg")
brightness = ImageEnhance.Brightness(img)  # 調整亮度
contrast = ImageEnhance.Contrast(img)      # 調整對比
color = ImageEnhance.Color(img)            # 調整飽和度
sharpness = ImageEnhance.Sharpness(img)    # 調整銳利度

output_b5 = brightness.enhance(5)          # 提高亮度
output_b05 = brightness.enhance(0.5)       # 降低亮度
output_c5 = contrast.enhance(5)            # 提高對比
output_c05 = contrast.enhance(0.5)         # 降低對比
output_color5 = color.enhance(5)           # 提高飽和度
output_color01 = color.enhance(0.1)        # 降低飽和度
output_s15 = sharpness.enhance(15)         # 提高銳利度
output_s0 = sharpness.enhance(0)           # 降低銳利度

plt.figure(figsize=(15,10))           # 改變圖表尺寸
plt.subplot(241)                      # 建立 4x2 子圖表的上方從左數來第一個圖表
plt.imshow(output_b5)
plt.title('brightness:5')
plt.subplot(242)                      # 建立 4x2 子圖表的上方從左數來第二個圖表
plt.imshow(output_b05)
plt.title('brightness:0.5')
plt.subplot(243)                      # 建立 4x2 子圖表的上方從左數來第三個圖表
plt.imshow(output_c5)
```

```
plt.title('contrast:5')
plt.subplot(244)                    # 建立 4x2 子圖表的上方從左數來第四個圖表
plt.imshow(output_c05)
plt.title('contrast:0.5')
plt.subplot(245)                    # 建立 4x2 子圖表的下方從左數來第一個圖表
plt.imshow(output_color5)
plt.title('color:5')
plt.subplot(246)                    # 建立 4x2 子圖表的下方從左數來第二個圖表
plt.imshow(output_color01)
plt.title('color:0.1')
plt.subplot(247)                    # 建立 4x2 子圖表的下方從左數來第三個圖表
plt.imshow(output_s15)
plt.title('sharpness:15')
plt.subplot(248)                    # 建立 4x2 子圖表的下方從左數來第四個圖表
plt.imshow(output_s0)
plt.title('sharpness:0')

plt.show()
```

✜（範例程式碼：ch13/code010.py）

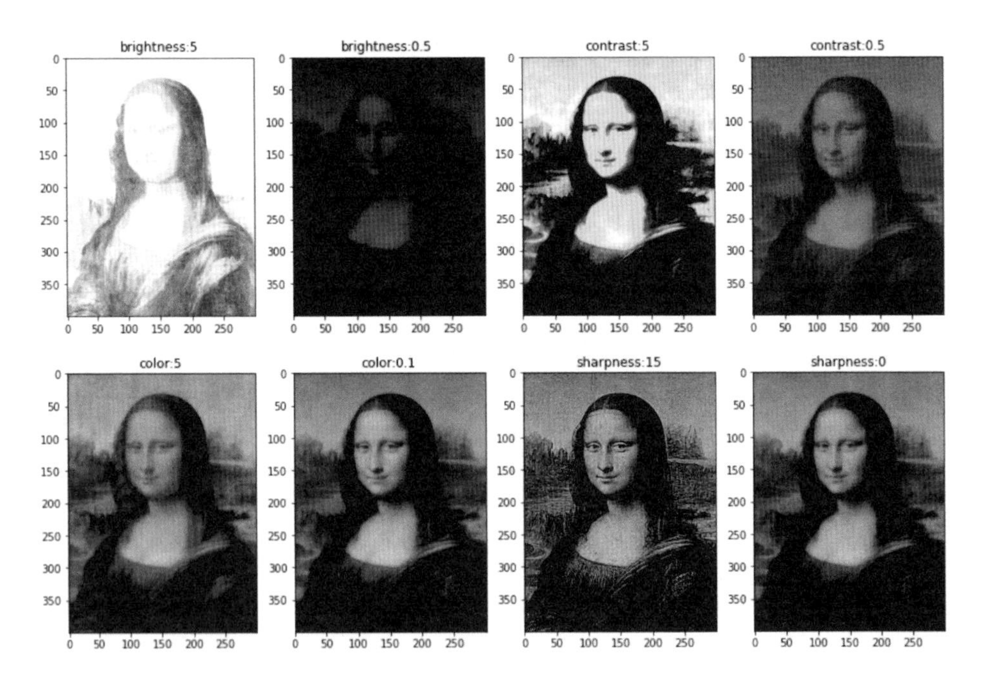

13-4 裁切與旋轉圖片

這篇文章會使用 Python 的 Pillow 第三方函式庫，實作裁切與旋轉圖片的效果。

裁切圖片

使用 Pillow Image 裡的 crop 方法，指定要裁切的範圍 (左上座標到右下座標)，就能裁切圖片。

```
import os
os.chdir('/content/drive/MyDrive/Colab Notebooks')  # Colab 換路徑使用，本機或
                                                      Jupyter 環境可以刪除

from PIL import Image
img = Image.open('./oxxostudio.jpg')      # 開啟圖片
img_crop = img.crop((0,0,200,100))        # 裁切圖片
img_crop.save('./test.jpg')               # 存檔
# img_crop.show()  # Colab 不支援直接顯示，如果使用本機環境會開啟圖片檢視器
```

✜ (範例程式碼：ch13/code011.py)

旋轉圖片

接著使用 Image 的 ratate 方法，指定要旋轉的角度 (逆時鐘方向為正)，就能旋轉圖片，除了旋轉的角度，還能設定 expand 參數，expand 預設 0 表

示旋轉後仍保持原本的長寬尺寸 (旋轉後會被裁切)，設定 1 則會保留完整圖形 (旋轉後圖片的尺寸會改變)。

```
import os
os.chdir('/content/drive/MyDrive/Colab Notebooks')   # Colab 換路徑使用，本機或
                                                       Jupyter 環境可以刪除

from PIL import Image
img = Image.open('./oxxostudio.jpg')
img_r1 = img.rotate(30)                  # 旋轉 30 度
img_r2 = img.rotate(30,expand=1)         # 旋轉 30 度，expand 設定 1
img_r1.save('./test1.jpg')
img_r2.save('./test2.jpg')
```

✣ (範例程式碼：ch13/code012.py)

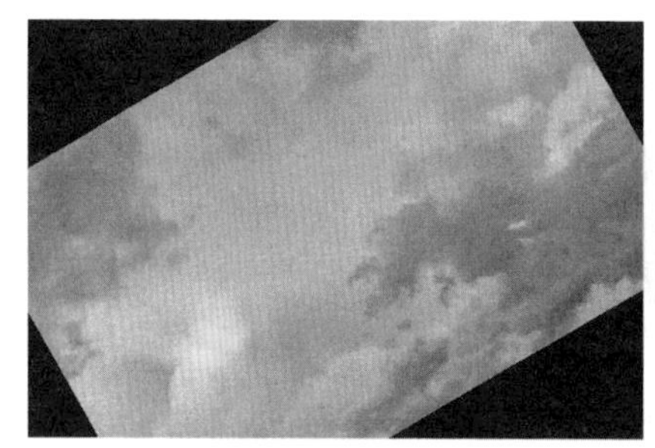

expand = 0 (預設)

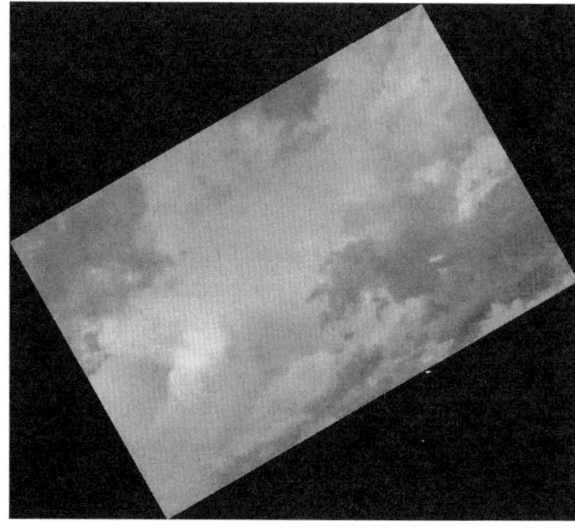

expand = 1

13-5 拼接多張圖片

這個範例會使用 Python 的 Pillow 第三方函式庫，將多張圖片拼接成一張大張的圖片，在拼接的過程中，替每張圖片加上邊框效果。

產生全新的空白圖片

使用 Pillow 函式庫裡 Image.new() 的方法，可以產生一張指定大小的圖片，使用方法如下：

```
from PIL import Image
img = Image.new(mode, size, color)
# mode 色彩模式，可使用 RGB 或 RGBA
# size 長寬尺寸，tuple 格式 ( 寬, 長 )
# color 顏色，預設黑色 #000000
```

下方的程式碼執行後，會產生一張 400x300 背景全紅的圖片。

```
import os
os.chdir('/content/drive/MyDrive/Colab Notebooks') # Colab 換路徑使用，本機或
                                                     Jupyter 環境可以刪除

from PIL import Image
bg = Image.new('RGB',(400, 300), '#ff0000')         # 產生 RGB 色域，400x300 背景
                                                     紅色的圖片
bg.save('oxxostudio.jpg')
# bg.show()      # Colab 不支援直接顯示，如果使用本機環境會開啟圖片檢視器
```

✜ (範例程式碼：ch13/code013.py)

如果儲存的圖片為 png 格式，可以使用 RGBA 色域，產生半透明或全透明的圖片。

```
import os
os.chdir('/content/drive/MyDrive/Colab Notebooks')  # Colab 換路徑使用，本機或
                                                      Jupyter 環境可以刪除
```

```
from PIL import Image
bg = Image.new('RGB',(400, 300), '#ff000055')    # 產生 RGBA 色域，400x300 背景半
                                                   透明紅色的圖片
bg.save('oxxostudio.png')
```

✤（範例程式碼：ch13/code014.py）

使用 paste 拼接多張圖片

產生一張空白的影像後，使用 for 迴圈的方式，依序開啟需要拼貼的圖片，透過 resize 改變圖片尺寸，再利用 paste 的方法將開啟的圖片，貼到空白的影像上，就可以實現拼接多張圖片的效果，下方的程式執行後，會依序開啟八張圖片（檔名是 d1.jpg ~ d8.jpg），開啟後將圖片拼貼到空白影像裡。

```
import os
os.chdir('/content/drive/MyDrive/Colab Notebooks')  # Colab 換路徑使用，本機或
                                                      Jupyter 環境可以刪除

from PIL import Image
bg = Image.new('RGB',(1200, 800), '#000000') # 產生一張 1200x800 的全黑圖片
for i in range(1,9):
    img = Image.open(f'd{i}.jpg')  # 開啟圖片
    img = img.resize((300, 400))   # 縮小尺寸為 300x400
    x = (i-1)%4                    # 根據開啟的順序，決定 x 座標
    y = (i-1)//4                   # 根據開啟的順序，決定 y 座標 （ // 為快速取整數 ）
    bg.paste(img,(x*300, y*400))   # 貼上圖片

bg.save('oxxostudio.jpg')
```

✤（範例程式碼：ch13/code015.py）

替拼接的圖片加上邊框

使用 Pillow ImageOps 模組裡的 expand 方法，能夠以指定的顏色，將影像的四個邊擴展出去，實現邊框的效果，使用方法如下：

```
from PIL import Image, ImageOps
img = ImageOps.expand(image , border, fill)
# image 來源影像
# border 四個邊擴張的數值，使用 tuple 格式 (左, 上, 右, 下)，如果只有一個數值，則四個
邊都會套用同樣的數值
```

延伸上方的程式碼，在讀取每一張影像時替影像加入邊框，最後就可以做出有白色分隔的拼貼圖片效果。

```
import os
os.chdir('/content/drive/MyDrive/Colab Notebooks')  # Colab 換路徑使用，本機或
                                                      Jupyter 環境可以刪除

from PIL import Image, ImageOps
```

```
bg = Image.new('RGB',(1240, 840), '#000000')    # 因為擴張，所以將尺寸改成 1240x840
for i in range(1,9):
    img = Image.open(f'd{i}.jpg')
    img = img.resize((300, 400))
    img = ImageOps.expand(img, 20, '#ffffff')    # 擴張邊緣，產生邊框
    x = (i-1)%4
    y = (i-1)//4
    bg.paste(img,(x*300, y*400))

bg.save('oxxostudio.jpg')
```

✜（範例程式碼：ch13/code016.py）

13-6 圖片加上 logo 浮水印

這個範例會使用 Python 的 Pillow 第三方函式庫，將圖片加上 logo 浮水印 (使用圖片作為浮水印)，並嘗試做出半透明的浮水印效果，最後還會搭配 glob 函式庫，實現批次加浮水印的功能。

準備浮水印的圖片

圖片浮水印是使用一張「背景透明」的圖片作為浮水印，支援背景透明圖片的常見格式有 png、gif、svg，考量支援度與色彩深度，通常會使用 png 的圖片，下方準備了兩張圖，一張是背景照片 photo，一張是作為浮水印的 icon (背景透明的愛心)，可先行下載到電腦中。

- 背景照片 photo：https://steam.oxxostudio.tw/download/python/watermark-photo.jpg
- 浮水印 icon：https://steam.oxxostudio.tw/download/python/watermark-icon.png

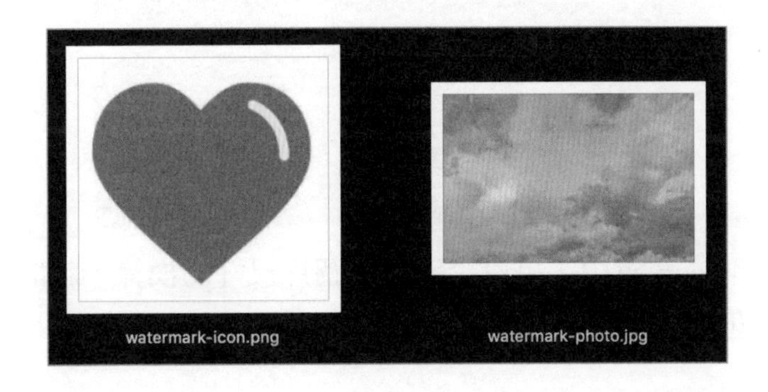

貼上浮水印

載入 Pillow 函式庫的 Image 模組，分別將兩張圖片開啟為 img 和 icon，接著使用 paste 方法，將 icon 貼到 img 上方，存檔後就會看到風景圖上出現愛心的浮水印，paste 方法有三個參數，第一個參數為要貼上的圖片，第二個參數為貼上的座標位置 (左上角)，第三個參數為遮色片，當遮色片與第一個參數為同一張圖，就會採用原圖的 alpha 遮罩設定，因此如果原圖已經是去背的圖片，就會將背景變成透明 (如果沒有設定，透明的位置會是全黑或全白)。

```
import os
os.chdir('/content/drive/MyDrive/Colab Notebooks')   # Colab 換路徑使用，本機或
                                                       Jupyter 環境可以刪除

from PIL import Image
img = Image.open('./watermark-photo.jpg')            # 開啟風景圖
icon = Image.open('./oxxostudio-icon.png')           # 開啟浮水印 icon
img.paste(icon, (0,0), icon)                         # 將風景圖貼上 icon
img.save('./ok.jpg')                                 # 存檔為 ok.jpg
# img.show()    # Colab 不支援直接顯示，如果使用本機環境會開啟圖片檢視器
```

✜（範例程式碼：ch13/code017.py）

如果要將 icon 置中，可以透過兩張圖片尺寸的換算，就能計算出置中時 icon 左上角的座標位置。

```
import os
os.chdir('/content/drive/MyDrive/Colab Notebooks')   # Colab 換路徑使用，本機或
                                                       Jupyter 環境可以刪除

from PIL import Image
img = Image.open('./watermark-photo.jpg')
icon = Image.open('./oxxostudio-icon.png')

img_w, img_h = img.size           # 取得風景圖尺寸
icon_w, icon_h = icon.size        # 取得 icon 尺寸
x = int((img_w-icon_w)/2)         # 計算置中時 icon 左上角的 x 座標
y = int((img_h-icon_h)/2)         # 計算置中時 icon 左上角的 y 座標

img.paste(icon, (x, y), icon)     # 設定 icon 左上角座標
img.save('./ok.jpg')
```

✜（範例程式碼：ch13/code018.py）

同理，只要改變計算的公式，就能將 icon 擺放在右下角的位置。

```
x = int(img_w-icon_w)   # 計算 icon 在右下的 x 座標
y = int(img_h-icon_h)   # 計算 icon 在右下的 y 座標
```

搭配 glob，批次加浮水印

了解加入浮水印的方法後，使用 glob 標準函式庫讀取 demo 資料夾裡所有的 jpg 檔案，就能批次加入浮水印。

```
import os
os.chdir('/content/drive/MyDrive/Colab Notebooks')  # Colab 換路徑使用，本機或
                                                     Jupyter 環境可以刪除

import glob
```

```
from PIL import Image
imgs = glob.glob('./demo/*.jpg')                # 讀取 demo 資料夾裡所有的圖片
icon = Image.open('./oxxostudio-icon.png')
for i in imgs:
    name = i.split('/')[::-1][0]                # 取得圖片名稱
    img = Image.open(i)                         # 開啟圖片
    img.paste(icon, (0,0), icon)                # 加入浮水印
    img.save(f'./demo/watermark/{name}')        # 以原本的名稱存檔
```

✜（範例程式碼：ch13/code019.py）

調整浮水印透明度

由於 PIL 裡調整透明度的 putalpha 方法，會調整 RGBA 裡的 A (alpha) 色版數值，如果作為浮水印本身是去背的圖片，會造成去背的部分也受到影響（因為去背位置的像素包含了 alpha 資訊），因此如果要做到半透明的浮水印，可以先產生一張完全不透明的圖（有浮水印的），然後再調整這張圖的透明度，與原本沒有浮水印的圖結合，就會產生半透明的浮水印效果。

```
import os
os.chdir('/content/drive/MyDrive/Colab Notebooks')  # Colab 換路徑使用，本機或
                                                      Jupyter 環境可以刪除

from PIL import Image
img = Image.open('./watermark-photo.jpg')      # 準備合成浮水印的圖
img2 = Image.open('./watermark-photo.jpg')     # 底圖
icon = Image.open('./oxxostudio-icon.png')

img_w, img_h = img.size
icon_w, icon_h = icon.size
x = int((img_w-icon_w)/2)
y = int((img_h-icon_h)/2)
img.paste(icon, (x, y), icon)    # 合成浮水印
img.convert('RGBA')              # 圖片轉換為 RGBA 模式 ( 才能調整 alpha 色版 )
img.putalpha(100)                # 調整透明度，範圍 0～255，0 為全透明
img2.paste(img,(0,0),img)        # 合成底圖
img2.save('./ok.jpg')
```

✣ (範例程式碼：ch13/code020.py)

13-7 圖片加上文字浮水印

這個範例會使用 Python 的 Pillow 第三方函式庫，實作圖片加上文字的效果 (使用文字作為浮水印)，最後還會搭配 glob 函式庫，實現批次加浮水印的功能。

取得文字字型檔案

要在圖片裡加入文字，首先要知道「字型檔」，字型檔可以從電腦本機取得已經安裝的字型，或前往 Google Font 下載免費的字型檔，下載字型檔後，放到指定的資料夾內，範例將字型與 Python 程式放在同一個目錄下。

- Google Font：https://fonts.google.com/
- 範例使用的字型：https://fonts.google.com/specimen/Teko?query=teko

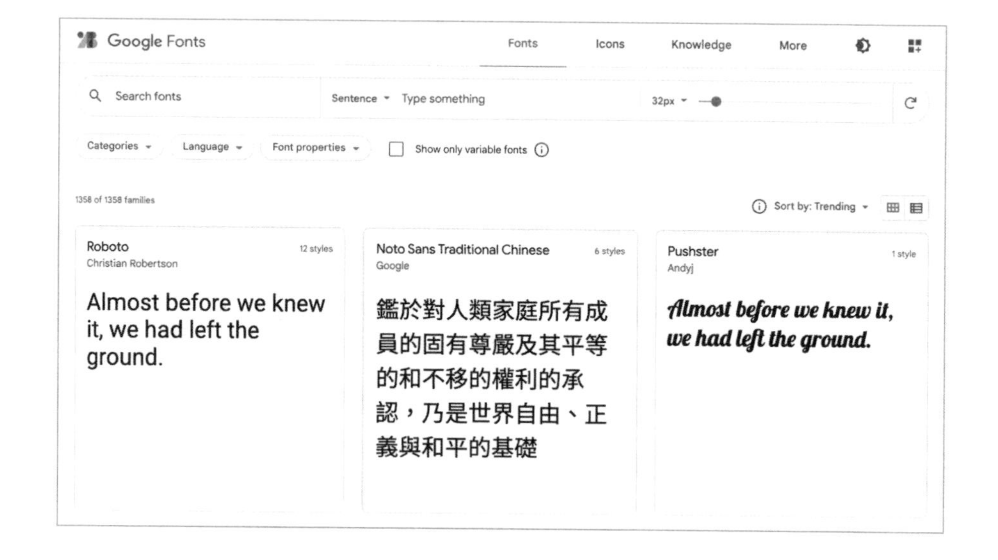

替圖片加上文字

一開始先載入 Pillow 函式庫的 Image、ImageFont 和 ImageDraw 模組，Image 負責處理圖片的影像效果，ImageFont 負責讀入字型，ImageDraw 負責在圖片上繪製圖案。

```
from PIL import Image, ImageFont, ImageDraw
```

接著使用 Image.open 開啟要加文字的圖片，使用 ImageFont.truetype 讀取字型檔案 (第一個參數為字型檔案路徑，第二個參數為字體大小)，接著使用 ImageDraw.Draw 的 text 方法將文字畫入圖片中 (第一個參數為坐標、第二個參數為文字、第三個參數為 RGB 顏色、第四個參數為字型)。

```
import os
os.chdir('/content/drive/MyDrive/Colab Notebooks')    # Colab 換路徑使用，本機或
                                                        Jupyter 環境可以刪除

from PIL import Image, ImageFont, ImageDraw
img = Image.open('./photo.jpg')                        # 開啟圖片
font = ImageFont.truetype('Teko-Regular.ttf', 100)    # 設定字型
draw = ImageDraw.Draw(img)                             # 準備在圖片上繪圖
draw.text((0,0), 'OXXO.STUDIO', fill=(255,255,255), font=font)  # 將文字畫入圖片
img.save('./ok.jpg')                                   # 儲存圖片
# img.show()    # Colab 不支援直接顯示，如果使用本機環境會開啟圖片檢視器
```

✤ (範例程式碼：ch13/code021.py)

透過取得圖片的長寬尺寸，就能夠定義文字擺放的位置 (由於無法知道一段文字的總寬度，如果要靠右對齊，就要先嘗試幾張圖，才能取得正確的位置)。

```
import os
os.chdir('/content/drive/MyDrive/Colab Notebooks')    # Colab 換路徑使用，本機或
                                                        Jupyter 環境可以刪除

from PIL import Image, ImageFont, ImageDraw
img = Image.open('./photo.jpg')
w, h = img.size    # 取得圖片尺寸
font = ImageFont.truetype('Teko-Regular.ttf', 100)
draw = ImageDraw.Draw(img)
```

```
draw.text((0,h-100), 'OXXO.STUDIO', fill=(255,255,255), font=font)
# 使用 h-100 定位到下方
img.save('./ok.jpg')
```

✜（範例程式碼：ch13/code022.py）

旋轉文字浮水印

因為無法直接旋轉文字，如果要旋轉文字浮水印，必須採用類似「logo 浮水印」的做法，先使用 Image.new 產生一張空白的圖片（mode 設定為 RGBA，color 設定四個參數為 0，表示透明背景），接著將文字繪製在這張空白圖片上，旋轉有文字的圖片，再將圖片貼到原本的圖片上，就會出現旋轉文字的浮水印。

```
import os
os.chdir('/content/drive/MyDrive/Colab Notebooks')  # Colab 換路徑使用，本機或
                                                      Jupyter 環境可以刪除

from PIL import Image, ImageFont, ImageDraw
img = Image.open('./photo.jpg')
font = ImageFont.truetype('Teko-Regular.ttf', 150)
# 設定一張空白圖片，背景 (0,0,0,0) 表示透明背景
text = Image.new(mode='RGBA', size=(600, 150), color=(0, 0, 0, 0))
draw = ImageDraw.Draw(text)
draw.text((0, 0), 'OXXO.STUDIO', fill=(255, 255, 255), font=font)  # 畫入文字
text = text.rotate(30, expand=1)  # 旋轉這張圖片，expand 設定 1 表示展開旋轉，不要裁切
img.paste(text, (50, 0), text)     # 將文字的圖片貼上原本的圖
img.save('./ok.jpg')
```

✜（範例程式碼：ch13/code023.py）

調整文字浮水印透明度

由於 PIL 裡調整透明度的 putalpha 方法，會調整 RGBA 裡的 A (alpha) 色版數值，如果作為浮水印本身是去背的圖片，會造成去背的部分也受到影響 (因為去背位置的像素包含了 alpha 資訊)，因此如果要做到半透明的浮水印，可以先產生一張完全不透明的圖 (有浮水印的)，然後再調整這張圖的透明度，與原本沒有浮水印的圖結合，就會產生半透明的浮水印效果。

```
import os
os.chdir('/content/drive/MyDrive/Colab Notebooks')  # Colab 換路徑使用，本機或
                                                       Jupyter 環境可以刪除

from PIL import Image, ImageFont, ImageDraw
# import os
img = Image.open('./photo.jpg')
w, h = img.size

font = ImageFont.truetype('Teko-Regular.ttf', 150)
text = Image.new(mode='RGBA', size=(600, 150), color=(0, 0, 0, 0))
draw = ImageDraw.Draw(text)
draw.text((0, 0), 'OXXO.STUDIO', fill=(255, 255, 255), font=font)
text = text.rotate(30,  expand=1)

img2 = Image.open('./photo.jpg')  # 再次開啟原本的圖為 img2
img2.paste(text, (50, 0), text)   # 將文字貼上 img2
img2.convert('RGBA')              # 圖片轉換為 RGBA 模式 ( 才能調整 alpha 色版 )
img2.putalpha(100)                # 調整透明度，範圍 0～255，0 為全透明
img.paste(img2, (0, 0), img2)     # 將 img2 貼上 img
img.save('./ok.jpg')
```

✜ (範例程式碼：ch13/code024.py)

搭配 glob，批次加浮水印

了解加入浮水印的方法後，使用 glob 標準函式庫讀取 demo 資料夾裡所有的 jpg 檔案，就能批次加入浮水印。

```
from PIL import Image, ImageFont, ImageDraw
# import os
# os.chdir('/content/drive/MyDrive/Colab Notebooks')  # Colab 換路徑使用，本機或
                                                       Jupyter 環境可以刪除
imgs = glob.glob('./demo/*.jpg')     # 讀取 demo 資料夾裡所有的圖片

for i in imgs:
    name = i.split('/')[::-1][0]     # 取得圖片名稱
    img = Image.open(i)              # 開啟圖片
    w, h = img.size
    font = ImageFont.truetype('Teko-Regular.ttf', 100)
    text = Image.new(mode='RGBA', size=(400, 100), color=(0, 0, 0, 0))
    draw = ImageDraw.Draw(text)
    draw.text((0, 0), 'OXXO.STUDIO', fill=(255, 255, 255), font=font)
    text = text.rotate(30,  expand=1)
    img2 = Image.open(i)
    img2.paste(text, (50, 0), text)
    img2.convert('RGBA')
    img2.putalpha(150)
    img.paste(img2, (0, 0), img2)
    img.save(f'./test/{name}')
```

✣（範例程式碼：ch13/code025.py）

13-8 圖片馬賽克效果

這個範例會使用 Python 的 Pillow 第三方函式庫，實作可以將圖片打上馬賽克的效果。

運用縮放尺寸，實現馬賽克效果

透過 Pillow Image 裡的 size 方法讀取圖片長寬，再透過 resize 方法，根據 level 將圖片縮小到指定尺寸，再使用 resample = Image.NEAREST 參數將圖片放大，就能得到一張馬賽克圖片的效果。

```
import os
os.chdir('/content/drive/MyDrive/Colab Notebooks')    # Colab 換路徑使用，本機或
                                                        Jupyter 環境可以刪除
```

```
from PIL import Image
img = Image.open('oxxostudio.jpg')                          # 開啟圖片
w,h = img.size                                              # 讀取圖片長寬
level = 50                                                  # 設定縮小程度
img2 = img.resize((int(w/level),int(h/level)))              # 縮小圖片
img2 = img2.resize((w,h), resample = Image.NEAREST)  # 放大圖片為原始大小
img2.save('test.jpg')                                       # 存檔
```

✜（範例程式碼：ch13/code026.py）

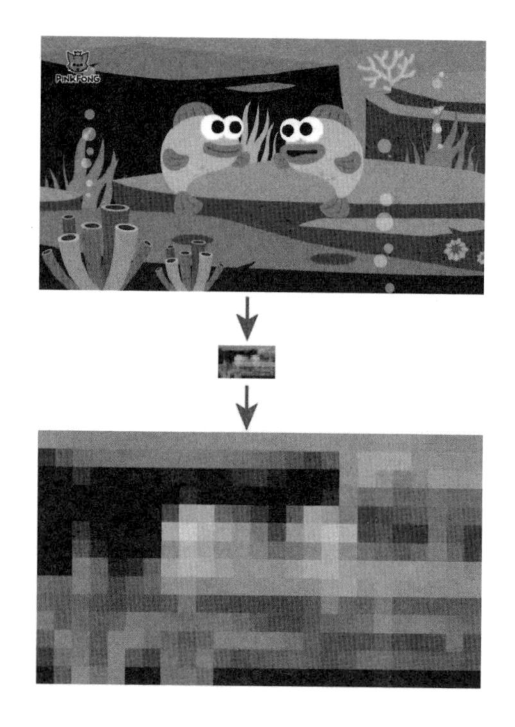

選取特定範圍馬賽克

參考「13-4、裁切與旋轉圖片」文章，裁切馬賽克圖片中的特定區域，再將這個區域貼到原本圖片中同樣的位置，就能實現特定區域馬賽克的效果。

```
import os
os.chdir('/content/drive/MyDrive/Colab Notebooks')    # Colab 換路徑使用，本機或
                                                       Jupyter 環境可以刪除
```

```
from PIL import Image
img = Image.open('oxxostudio.jpg')
w,h = img.size
level = 20
img2 = img.resize((int(w/level),int(h/level)))
img2 = img2.resize((w,h), resample = Image.NEAREST)

x1, y1 = 60, 60                    # 定義選取區域的左上角座標
x2, y2 = 250, 250                  # 定義選取區域的右上角座標
area = img2.crop((x1,y1,x2,y2))    # 裁切區域
img.paste(area,(x1, y1))           # 在原本的圖片裡貼上馬賽克區域
img.save('test.jpg')
```

✣（範例程式碼：ch13/code027.py）

13-9 圖片模糊化

這個範例介紹使用 Python 的 Pillow 第三方函式庫，實作四種將圖片模糊化的方法。

BLUR

載入 Pillow 的 Image 和 ImageFilter 模組，使用 Image.open 方法開啟圖片後，就能套用 filter 的 ImageFilter.BLUR 濾鏡，將圖片進行基本的模糊化。

```
import os
os.chdir('/content/drive/MyDrive/Colab Notebooks')  # Colab 換路徑使用，本機或
                                                      Jupyter 環境可以刪除

from PIL import Image, ImageFilter
img = Image.open('oxxostudio.jpg')       # 開啟圖片
output = img.filter(ImageFilter.BLUR)    # 套用基本模糊化
output.save('output.jpg')
# output.show()   # Colab 不支援直接顯示，如果使用本機環境會開啟圖片檢視器
```

✜（範例程式碼：ch13/code028.py）

BoxBlur

除了基本的模糊化 BLUR 方法，也可以使用 ImageFilter.BoxBlur 濾鏡，設定模糊化的半徑，進行不同程度的模糊化效果。

```
import os
os.chdir('/content/drive/MyDrive/Colab Notebooks')   # Colab 換路徑使用，本機或
                                                       Jupyter 環境可以刪除

from PIL import Image, ImageFilter
img = Image.open('oxxostudio.jpg')
output = img.filter(ImageFilter.BoxBlur(5))       # 套用 BoxBlur，設定模糊半徑為 5
output.save('output.jpg')
```

✜（範例程式碼：ch13/code029.py）

GaussianBlur

使用 ImageFilter.GaussianBlur 濾鏡，設定高斯模糊的半徑，進行不同程度的模糊化效果。

```
import os
os.chdir('/content/drive/MyDrive/Colab Notebooks')    # Colab 換路徑使用，本機或
                                                        Jupyter 環境可以刪除

from PIL import Image, ImageFilter
img = Image.open('oxxostudio.jpg')
output = img.filter(ImageFilter.GaussianBlur(5))       # 套用 GaussianBlur，設定
                                                        模糊半徑為 5
output.save('output.jpg')
```

✜（範例程式碼：ch13/code030.py）

UnsharpMask

除了上述幾個模糊化的方法，也可以使用 ImageFilter.UnsharpMask 濾鏡 (反銳利化)，設定效果的的半徑、效果百分比 (percent) 以及臨界點 (threshold)，就能進行不同程度的銳利化效果 (反之就是模糊)，如果將效果百分比設為負值，就會出現模糊效果。

```
import os
os.chdir('/content/drive/MyDrive/Colab Notebooks')    # Colab 換路徑使用，本機或
                                                        Jupyter 環境可以刪除

from PIL import Image, ImageFilter
img = Image.open('oxxostudio.jpg')
output = img.filter(ImageFilter.UnsharpMask(radius=5, percent=-100,
threshold=3))                                         # 套用 UnsharpMask
output.show()
```

❖ (範例程式碼：ch13/code031.py)

13-10 圖片銳利化

這個範例會使用 Python 的 Pillow 第三方函式庫，實作兩種將圖片銳利化的方法。

SHARPEN

載入 Pillow 的 Image 和 ImageFilter 模組，使用 Image.open 方法開啟圖片後，就能套用 filter 的 ImageFilter.SHARPEN 濾鏡，將圖片進行基本的銳利化。

```
import os
os.chdir('/content/drive/MyDrive/Colab Notebooks')   # Colab 換路徑使用，本機或
                                                       Jupyter 環境可以刪除

from PIL import Image, ImageFilter
img = Image.open('oxxostudio.jpg')              # 開啟圖片
output = img.filter(ImageFilter.SHARPEN)        # 套用圖片銳利化
output.save('output.jpg')                       # 存檔
# output.show()  # Colab 不支援直接顯示，如果使用本機環境會開啟圖片檢視器
```

✤（範例程式碼：ch13/code032.py）

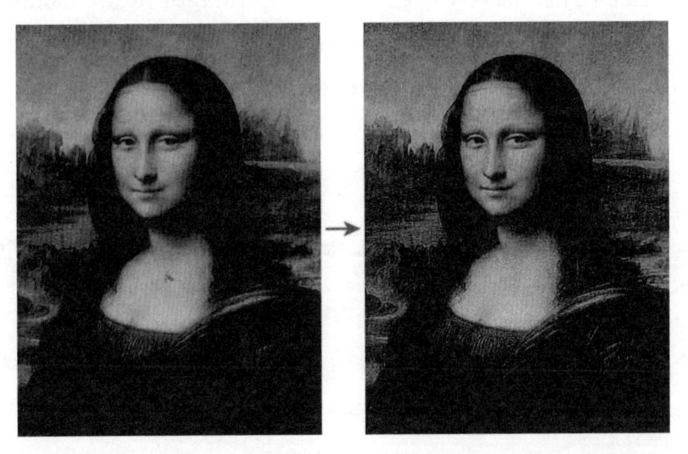

如果要讓圖片非常銳利，可以使用 for 迴圈連續套用銳利化濾鏡。

```
import os
os.chdir('/content/drive/MyDrive/Colab Notebooks')   # Colab 換路徑使用，本機或
                                                       Jupyter 環境可以刪除

from PIL import Image, ImageFilter
img = Image.open('oxxostudio.jpg')
for i in range(3):
    img = img.filter(ImageFilter.SHARPEN)
img.save('output.jpg')
```

✤（範例程式碼：ch13/code033.py）

UnsharpMask

除了單純銳利化的方法，也可以使用 ImageFilter.UnsharpMask 濾鏡 (反銳利化)，設定效果的的半徑、效果百分比 (percent) 以及臨界點 (threshold)，就能進行不同程度的銳利化效果 (效果百分比設為負值，會出現模糊效果)。

```
import os
os.chdir('/content/drive/MyDrive/Colab Notebooks')  # Colab 換路徑使用，本機或
                                                      Jupyter 環境可以刪除

from PIL import Image, ImageFilter
img = Image.open('oxxostudio.jpg')
output = img.filter(ImageFilter.UnsharpMask(radius=5, percent=100, threshold=10))
# 套用 UnsharpMask
output.show()
```

✜ (範例程式碼：ch13/code034.py)

13-11 讀取與修改圖片 Exif

這個範例會使用 Python 的 Pillow 和 piexif 第三方函式庫，實作可以讀取和修改圖片 Exif 的功能。

什麼是 Exif

Exif 的中文名稱為「可交換圖檔格式」(Exchangeable image file format)，是專門為數位相機照片所設定的檔案格式，可以記錄數位相片的屬性資訊和拍攝資料，Exif 可以附加於 JPEG、TIFF、RIFF 等檔案之中，1998 年，更增加了對音訊檔的支援。

Exif 的內容為數位相機拍攝的資訊 (機型、時間、快門、光圈 ... 等)、索引圖或圖像處理軟體的資訊，不過由於 Exif 資訊可以任意編輯，因此只有參考的功能。

Exif 資訊對照

讀取 Exif 後，會得到一個由許多的鍵、值和 tuple 所組成的字典檔 (dict)，下方列出常見的對照表 (不一定每張相片都有這些資訊，可能全都有，也可能全都沒有或只有部分)。

參考：https://www.cipa.jp/std/documents/e/DC-008-2012_E.pdf(第 46 頁)

type	key	說明
0th	271	製作
0th	272	機型
0th	282	dpi 高度
0th	283	dpi 寬度
0th	305	應用程式
0th	306	修改日期
Exif	316	機型
Exif	33434	曝光時間 (快門)
Exif	33437	焦距比數
Exif	34855	ISO 值
Exif	36867、36868	建立日期
Exif	36880、36881、36882	時區
Exif	36880、36881、36882	時區
Exif	37385	閃光燈 (9 開啟，16 關閉，32 無閃光功能)
Exif	40962	寬度像素
Exif	40963	高度像素
Exif	42035	鏡頭組成廠牌
Exif	42036	鏡頭機型
1st	282	x 解析度
1st	283	y 解析度
GPS	2	北緯
GPS	4	東經
GPS	5	標高 (內容數字相除)
GPS	17	目標方位 (內容數字相除)
GPS	24	影像方向 (內容數字相除)
GPS	31	水平位置錯誤

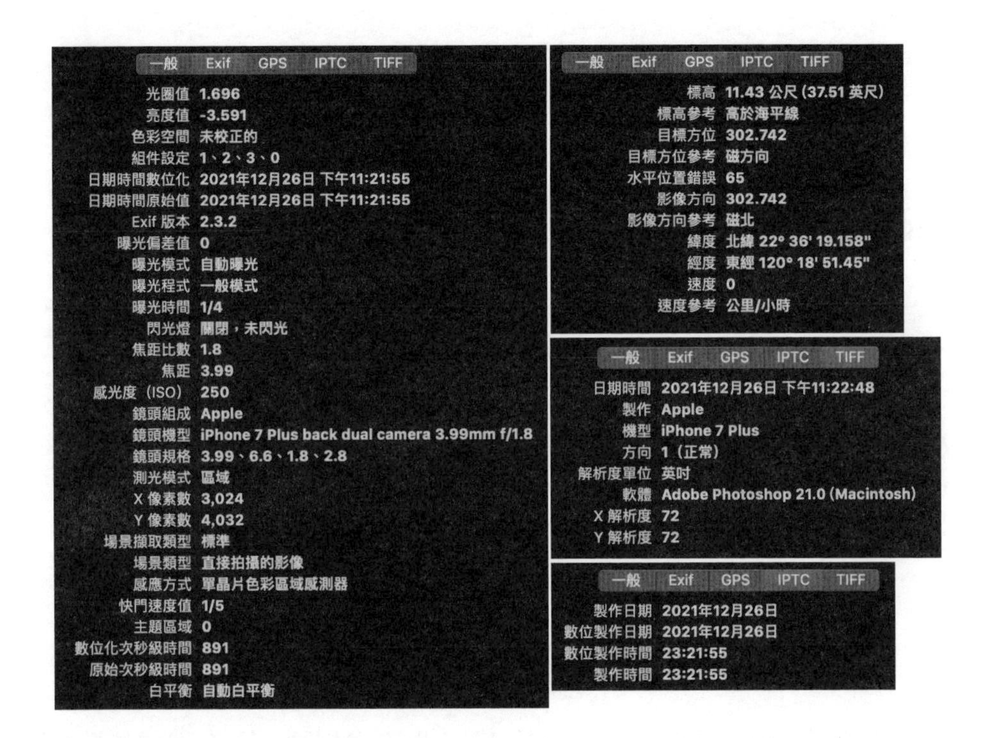

安裝 piexif

piexif 是可以讀取與修改圖片 Exif 的套件，通常與 Pillow 搭配使用，輸入下方指令安裝 piexif，根據個人電腦環境使用 pip、pip3 或 pipenv，Colab 或 Jupyter 使用 !pip。

```
pip install piexif
```

讀取圖片 Exif

載入 piexif 和 Pillow 後，撰寫下方程式，執行後就會印出 iphone.jpg 的 Exif 資訊，從中可以看到資訊裡有 0th、Exif、1st、GPS... 等資訊。

```
import os
os.chdir('/content/drive/MyDrive/Colab Notebooks')  # Colab 換路徑使用，本機或
                                                     Jupyter 環境可以刪除
```

```
from PIL import Image
import piexif
img = Image.open("./oxxostudio.jpg")          # 使用 PIL Image 開啟圖片
exif = piexif.load(img.info["exif"])          # 使用 piexif 讀取圖片 Exif 資訊
print(exif)
```

✤（範例程式碼：ch13/code035.py）

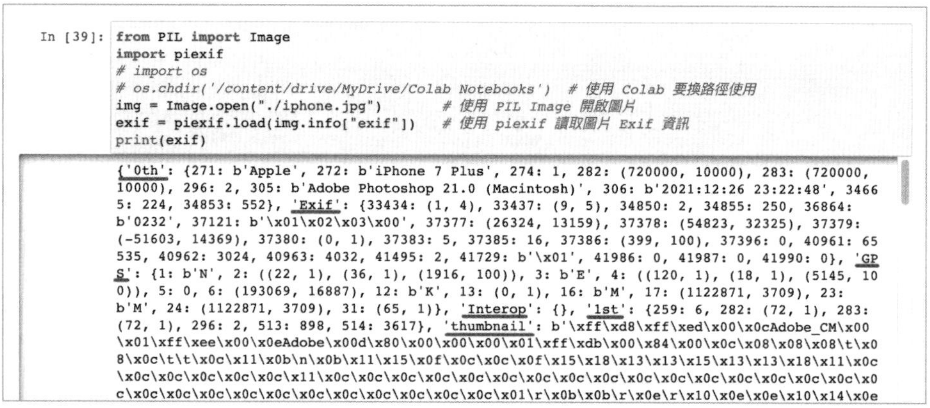

```
In [39]: from PIL import Image
         import piexif
         # import os
         # os.chdir('/content/drive/MyDrive/Colab Notebooks')  # 使用 Colab 要換路徑使用
         img = Image.open("./iphone.jpg")          # 使用 PIL Image 開啟圖片
         exif = piexif.load(img.info["exif"])      # 使用 piexif 讀取圖片 Exif 資訊
         print(exif)
```


```
{'0th': {271: b'Apple', 272: b'iPhone 7 Plus', 274: 1, 282: (720000, 10000), 283: (720000,
10000), 296: 2, 305: b'Adobe Photoshop 21.0 (Macintosh)', 306: b'2021:12:26 23:22:48', 3466
5: 224, 34853: 552}, 'Exif': {33434: (1, 4), 33437: (9, 5), 34850: 2, 34855: 250, 36864:
b'0232', 37121: b'\x01\x02\x03\x00', 37377: (26324, 13159), 37378: (54823, 32325), 37379:
(-51603, 14369), 37380: (0, 1), 37383: 5, 37385: 16, 37386: (399, 100), 37396: 0, 40961: 65
535, 40962: 3024, 40963: 4032, 41495: 2, 41729: b'\x01', 41986: 0, 41987: 0, 41990: 0}, 'GP
S': {1: b'N', 2: ((22, 1), (36, 1), (1916, 100)), 3: b'E', 4: ((120, 1), (18, 1), (5145, 10
0)), 5: 0, 6: (193069, 16887), 12: b'K', 13: (0, 1), 16: b'M', 17: (1122871, 3709), 23:
b'M', 24: (1122871, 3709), 31: (65, 1)}, 'Interop': {}, '1st': {259: 6, 282: (72, 1), 283:
(72, 1), 296: 2, 513: 898, 514: 3617}, 'thumbnail': b'\xff\xd8\xff\xed\x00\x0cAdobe_CM\x00
\x01\xff\xee\x00\x0eAdobe\x00d\x80\x00\x00\x00\x01\xff\xdb\x00\x84\x00\x0c\x08\x08\x08\t\x0
8\x0c\t\t\x0c\x11\x0b\n\x0b\x11\x15\x0f\x0c\x0c\x0f\x15\x18\x13\x13\x15\x13\x13\x18\x11\x0c
\x0c\x0c\x0c\x0c\x0c\x11\x0c\x0c\x0c\x0c\x0c\x0c\x0c\x0c\x0c\x0c\x0c\x0c\x0c\x0c\x0c\x0c\x0
c\x0c\x0c\x0c\x0c\x0c\x0c\x0c\x0c\x0c\x0c\x0c\x01\r\x0b\x0b\r\x0e\r\x10\x0e\x0e\x10\x14\x0e
```


由於不同的照片或圖片，具有的 Exif 也不太相同，下方程式先按照上述的對照表建立一個 info 字典檔，再使用迴圈的方式根據字典檔查找 Exif 資料，如果有資料就將其印出，沒有資料資料就略過。

```
import os
os.chdir('/content/drive/MyDrive/Colab Notebooks')    # Colab 換路徑使用，本機或
                                                        Jupyter 環境可以刪除

from PIL import Image
import piexif

img = Image.open("./oxxostudio.jpg")
exif = piexif.load(img.info["exif"])
# 建立字典對照表
info = {
    '0th':[271, 272, 282, 283, 305, 306, 316],
    'Exif':[33434, 33437, 34855, 36867, 36868, 36880, 36881, 36882, 40962,
40963, 42035 ,42036],
    '1st':[282, 283],
    'GPS':[2, 4, 5, 17, 24, 31]
}
```

```
# 根據對照表，印出照片 exif 裡的資訊 ( 有就印出，沒有就略過 )
for i in info:
    for j in info[i]:
        if j in exif[i]:
            print(j, ':', exif[i][j])
```

✤ (範例程式碼：ch13/code036.py)

```
0th 271 : b'Apple'
0th 272 : b'iPhone 7 Plus'
0th 282 : (720000, 10000)
0th 283 : (720000, 10000)
0th 305 : b'Adobe Photoshop 21.0 (Macintosh)'
0th 306 : b'2021:12:26 23:22:48'
Exif 33434 : (1, 4)
Exif 33437 : (9, 5)
Exif 34855 : 250
Exif 40962 : 3024
Exif 40963 : 4032
1st 282 : (72, 1)
1st 283 : (72, 1)
GPS 2 : ((22, 1), (36, 1), (1916, 100))
GPS 4 : ((120, 1), (18, 1), (5145, 100))
GPS 5 : 0
GPS 17 : (1122871, 3709)
GPS 24 : (1122871, 3709)
GPS 31 : (65, 1)
```

修改圖片 Exif

使用 piexif 的 dump 功能，就能修改圖片的 Exif，修改後再存檔時，指定要加入的 Exif，就會將新的 Exif 加入圖片中，需要注意的是，圖片 Exif 裡的字串都是以「二進位」表示 (開頭有 b)，所以如果要修改也必須改成二進位的方式 (開頭加上 b)。

```
import os
os.chdir('/content/drive/MyDrive/Colab Notebooks')    # Colab 換路徑使用，本機或
                                                        Jupyter 環境可以刪除

from PIL import Image
import piexif

img = Image.open("./oxxostudio.jpg")
exif = piexif.load(img.info["exif"])

exif["0th"][305] = b'OXXO.STUDIO'             # 修改編輯軟體
```

```
exif["0th"][306] = b'2020:01:01 00:00:00'          # 修改編輯時間
exif["Exif"][36867] = b'2020:01:01 00:00:00'       # 加入檔案建立時間
exif["Exif"][36868] = b'2020:01:01 00:00:00'       # 加入檔案建立時間
exif_new = piexif.dump(exif)                       # 更新 Exif
img.save("./iphone-edit.jpg", exif = exif_new )    # 另存新檔並加入 Exif
```

✜（範例程式碼：ch13/code037.py）

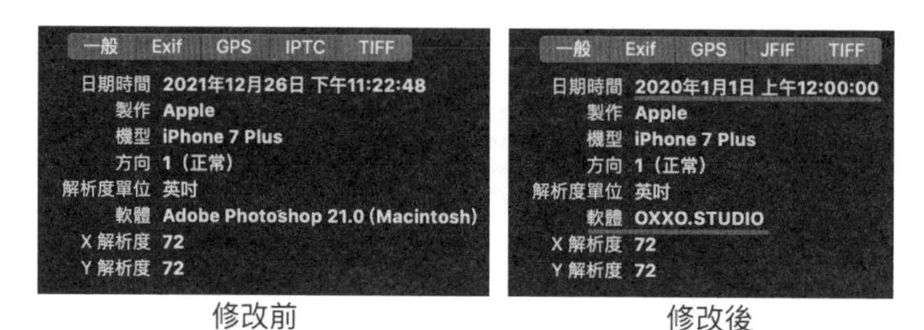

修改前　　修改後

刪除圖片 Exif

如果要刪除某張圖片的 Exif，只要執行下方這段程式即可，需注意的是，執行後不需要存檔的動作，直接就會刪除 Exif 資訊。

```
piexif.remove('./iphone.jpg')
```

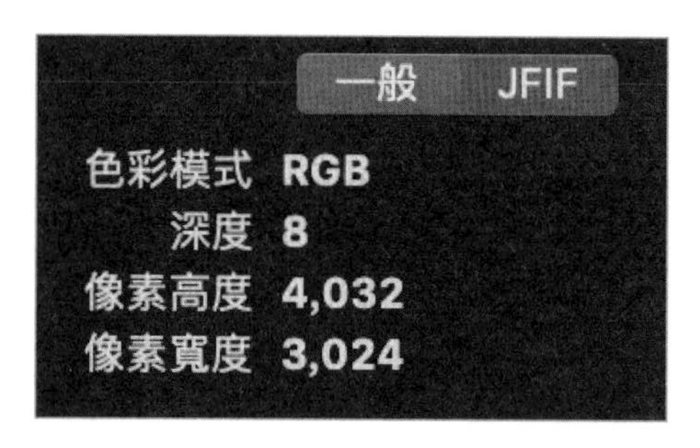

13-12 圖片轉文字 (OCR 圖片字元辨識)

OCR (Optical Character Recognition) 就是所謂的字元辨識，可以將圖片的內容轉換成可編輯的文字，這個範例會使用 Python 的 Pillow 第三方函式庫，搭配 tesseract 函式庫與程式，實作開啟圖片並辨識圖片內的文字，並將其轉換成字串。

安裝 tesseract 函式庫

輸入下列指令安裝 tesseract，根據個人環境使用 pip 或 pip3，Colab 或 Jupyter 使用 !pip。

```
!pip install pytesseract
```

如果是 Colab 安裝後，需要點擊 RESTART RUNTIME 按鈕。

```
ERROR: pip's dependency resolver does not currently take into account all
albumentations 0.1.12 requires imgaug<0.2.7,>=0.2.5, but you have imgaug
Successfully installed Pillow-9.1.1 pytesseract-0.3.9
WARNING: The following packages were previously imported in this runtime:
  [PIL]
You must restart the runtime in order to use newly installed versions.
```

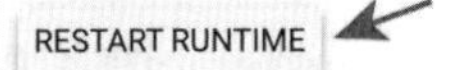

安裝 tesseract 程式

雖然安裝了 pytesseract 函式庫，仍然必須要額外安裝 tesseract 程式，才能具備圖片辨識文字的功能，安裝方式如下：

- Windows：
  參考 https://github.com/UB-Mannheim/tesseract/wiki，下載 exe 檔案安裝。
- Mac：
  輸入 brew install tesseract 使用 homebrew 安裝。
- Google Colab：
  連動 Google Drive 後，輸入 !sudo apt install tesseract-ocr 安裝（注意，關閉 Colab 之後，會自動將上傳或安裝的資料刪除，再次開啟需要重複一次安裝步驟）。

下載語系包

tesseract 預設只有支援英文語系，如果要辨識其他語言，必須要前往「tesseract-ocr/tessdata_best」額外下載語系包：

- 繁中：https://github.com/tesseract-ocr/tessdata_best/blob/main/chi_tra.traineddata
- 簡中：https://github.com/tesseract-ocr/tessdata_best/blob/main/chi_sim.traineddata
- 日文：https://github.com/tesseract-ocr/tessdata_best/blob/main/jpn.traineddata

下載後，將語系包放到對應的資料夾內：

Windows：前往 C:\Program Files (x86)\Tesseract-OCR\tessdata 資料夾。

Mac：使用終端機的指令前往「/usr/local/Cellar/tesseract/5.1.0/share/tessdata」(版本根據個人環境而異，本篇教學撰寫時版本為 5.1.0)，進入後輸入「open .」開啟資料夾 (因為該資料夾在 Mac 中屬於隱藏檔案，要使用指令開啟)，將語系包複製貼上。

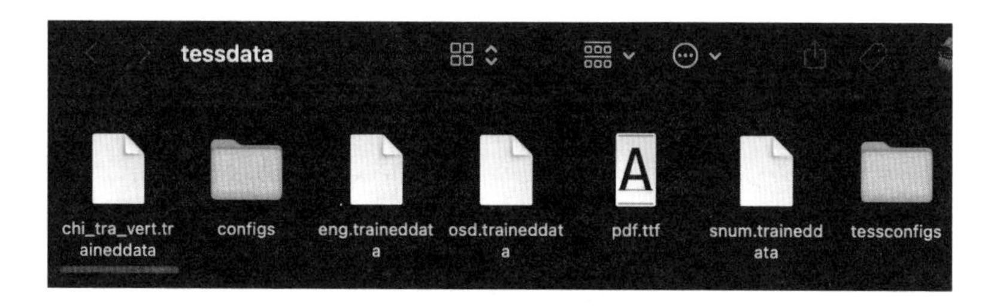

Google Colab：開啟左側資料夾選單，點擊「上一層」的按鈕。

選擇「usr > share」。

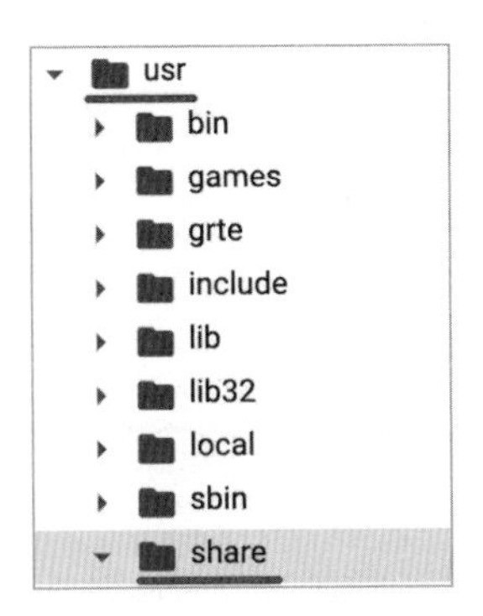

選擇「tesseract-ocr > 4.00 > tessdata」，點擊滑鼠右鍵，上傳語系包 (注意，關閉 Colab 之後，會自動將上傳或安裝的資料刪除，再次開啟需要重複一次安裝步驟)。

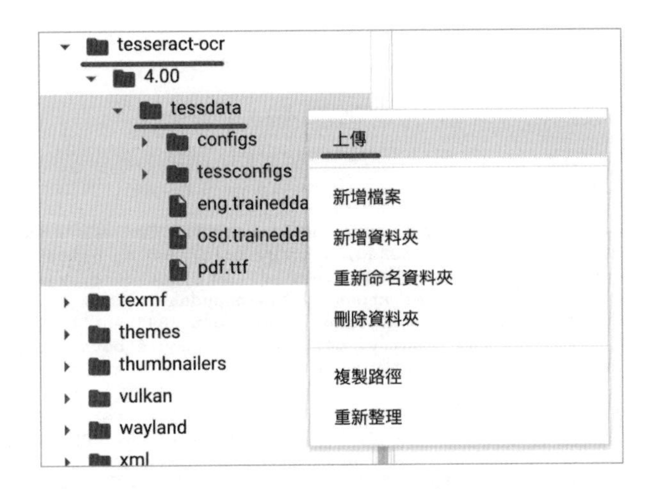

辨識圖片中的文字

安裝完成後，就可以使用 Pillow 開啟圖片，透過 pytesseract.image_to_string 將圖片中的文字轉換成真正的文字，lang 可以設定語系，eng 表示英文，chi_tra 繁體中文，chi_sim 簡體中文，下方的程式碼會辨識一張英文字圖片的文字。

範例圖片：https://steam.oxxostudio.tw/download/python/image-ocr-english.jpg

```
import os
os.chdir('/content/drive/MyDrive/Colab Notebooks')  # Colab 換路徑使用，本機或
                                                      Jupyter 環境可以刪除

from PIL import Image
import pytesseract

img = Image.open('english.jpg')
text = pytesseract.image_to_string(img, lang='eng')
print(text)
```

✣（範例程式碼：ch13/code038.py）

```
from PIL import Image
import pytesseract

img = Image.open('english.jpg')
text = pytesseract.image_to_string(img, lang='eng')
print(text)
```

```
1 Not Quite as It Seems

The short story is a literary form that is not successful for all writers, Characters
must be developed, a setting established, a story told, and an effective conclusion
reached—all in a few pages. One of the masters of the short story was American
writer William Sydney Porter, better known by his pseudonym O. Henry. O. Henry
turned out hundreds of stories in the period from about 1895 until his death in
1910. Set in the city or in the country, dealing with people both young and old, the
stories have one thing in common: nothing in them is exactly as it seems.

What gave most of O. Henry's stories their surprising twists was sitwational
irony. This technique involves something happening that is the opposite of what is
expected. One of O. Henry's most famous and most ironic stories is "The Gift of
the Magi." Set in New York, as many of his stories are, it deals with a struggling
young couple desperate to buy Christmas gifts for one another. She sells her long,
beautiful hair in order to get money to buy him a chain for his precious gold
watch—at the same time he is selling the watch in order to buy tortoiseshell combs
that she has coveted to wear in her hair.
```

如果是使用中文語言包，還可以辨識出中英文夾雜的句子。

範例圖片：https://steam.oxxostudio.tw/download/python/image-ocr-chinese.jpg

```
import os
os.chdir('/content/drive/MyDrive/Colab Notebooks')   # Colab 換路徑使用，本機或
                                                        Jupyter 環境可以刪除

from PIL import Image
import pytesseract

img = Image.open('chinese.jpg')
text = pytesseract.image_to_string(img, lang='chi_tra')
print(text)
```

✤（範例程式碼：ch13/code039.py）

```
from PIL import Image
import pytesseract

img = Image.open('chinese.jpg')
text = pytesseract.image_to_string(img, lang='chi_tra')
print(text)
```

```
關於 STEAM 教育

STEAM 教育 由 五 個 單字 組 成 ， 分 別 是 Science ( 科學 )、Technology ( 技術 )、Engineering (
工程 )、Arts ( 藝術 ) 和 Mathematics ( 數 學 ), 因 此 STEAM 教育 也 稱 作 「 跨 學 科教 育 。S
TEAM 教育 延伸 STEM 的 精神 ， 除 了 強調 「 動 手 做 」 以 及 [解決 問題 」 的 能 力 ， 更 將 藝術 Ar
t、 技 術 、 工 程 和 數 學 整合 ， 創造 出 能 夠 應 用 於 真 實 生 活 的 應 用 。
```

小結

影像處理是一項具有挑戰性的工作，需要掌握許多技巧與工具，而 Python 的 Pillow 函式庫為影像處理提供了便利的功能，可以輕鬆地進行影像處理的相關操作。這個章節介紹了多種影像處理的技巧，包括圖片轉檔、調整亮度與對比度、裁切與旋轉圖片、拼接多張圖片等等，透過這些操作，可以了解影像處理的基本操作，並學習如何進行影像處理的實際應用，進而在實際應用中發揮影像處理的效果。

第 14 章

Python 聲音處理

前言

Python 不僅是一個強大的通用程式語言，還可以用於各種聲音處理應用，例如音樂處理、錄音、音效合成 ... 等，在這個章節中，將會介紹一些常用的 Python 處理聲音的函式庫，例如 pydub、pyaudio 和 wave，並探索如何使用這些功能來處理聲音和音訊資料。

- 這個章節的範例如果沒有標示在本機環境操作，表示可使用 Google Colab 實作，不用安裝任何軟體。
- 如果使用 Colab 操作需要連動 Google 雲端硬碟，請參考：「2-1、使用 Google Colab」。
- 本章節範例程式碼：
  https://github.com/oxxostudio/book-code/tree/master/python/ch14

這個章節大部分的範例均會使用 pydub 第三方函式庫，輸入下列指令安裝 pydub，根據個人環境使用 pip 或 pip3，如果使用 Colab 或 Anaconda Jupyter 使用 !pip。

```
!pip install Pillow
```

如果是使用 Anaconda 的環境，要額外輸入下列指令安裝 ffmpeg 和 ffprobe，不然執行後會發生找不到 ffprobe 的錯誤訊息 (使用 Colab 完全不用安裝額外套件)。

```
conda install ffmpeg

!pip install ffprobe
```

14-1 讀取聲音資訊、輸出聲音

這個範例會使用 Python 的 pydub 第三方函式庫，透過 pydub 取得聲音長度、聲道、音量 ... 等基本資訊，以及如何將聲音輸出為不同格式 (例如讀取 wav 檔案後輸出為 mp3 格式)。

如何讀取聲音？

pydub 可以使用下列的常用方法，讀取不同格式的聲音檔案：

方法	說明
AudioSegment.from_wav	讀取 .wav
AudioSegment.from_mp3	讀取 .mp3
AudioSegment.from_flv	讀取 .flv

如果要讀取影片的音軌檔案，可使用下列的方法：

方法	說明
AudioSegment.from_file("test.mp4", "mp4")	讀取 .mp4
AudioSegment.from_file("test.wma", "wma")	讀取 .wma
AudioSegment.from_file("test.aiff", "aiff")	讀取 .aiff

下方的程式碼執行後，會使用 from_mp3 方法，讀取資料夾中一個名為 test.mp3 的聲音檔案。

```
import os
os.chdir('/content/drive/MyDrive/Colab Notebooks')  # Colab 換路徑使用，本機或
                                                      Jupyter 環境可以刪除

from pydub import AudioSegment
song = AudioSegment.from_mp3("oxxostudio.mp3")      # 讀取 mp3 檔案
print(song)     # <pydub.audio_segment.AudioSegment object at 0x7faaa545a7f0>
```

✜（範例程式碼：ch14/code001.py）

如何輸出聲音？

pydub AudioSegment(…).export() 輸出時可以設定以下幾個參數：

參數	說明
format	輸出格式，預設 mp3，可設定 wav 或 raw。
codec	編碼器，預設自動判斷。
bitrate	壓縮比率，預設 128k，可設定 32k、96k、128k、192k、256k、320k。
tags	夾帶在聲音中的標籤，使用字典格式。
cover	夾帶在聲音中的預覽圖，支援 jpg、png、bmp 或 tiff 格式。

下方的程式執行後，會先讀取一段 mp3 聲音檔，接著以 96k 的壓縮比輸出。

```
import os
os.chdir('/content/drive/MyDrive/Colab Notebooks')  # Colab 換路徑使用，本機或
                                                      Jupyter 環境可以刪除
```

```
from pydub import AudioSegment                    # 載入 pydub 的 AudioSegment 模組
song = AudioSegment.from_mp3("oxxostudio.mp3")    # 讀取 mp3 檔案
song.export("oxxostudio.wav", format="wav")       # 輸出為 wav
print('ok')                                       # 輸出後印出 ok
```

✤（範例程式碼：ch14/code002.py）

下方的程式執行後，會讀取 mp3 聲音檔並轉換成 wav 格式輸出。

```
import os
os.chdir('/content/drive/MyDrive/Colab Notebooks')  # Colab 換路徑使用，本機或
                                                    Jupyter 環境可以刪除

from pydub import AudioSegment                    # 載入 pydub 的 AudioSegment 模組
song = AudioSegment.from_mp3("oxxostudio.mp3")    # 讀取 mp3 檔案
song.export('output.wav', bitrate="96k")          # 輸出壓縮比率為 96k 的 mp3 檔案
print('ok')                                       # 輸出後印出 ok
```

✤（範例程式碼：ch14/code003.py）

取得聲音資訊

使用 pydub AudioSegment 讀取 mp3 檔案後，可以使用下列方法取得聲音常用的資訊：

方法	說明
.channels	聲道數量，如果是一般左右聲道就是 2。
.duration_seconds	聲音長度，單位是秒。
.frame_rate	取樣頻率，常見值為 44100（CD）、48000（DVD）、22050、24000、12000 和 11025。
.raw_data	原始數據。
.dBFS	聲音響度。

下方的程式執行後，會先讀取一段 mp3 聲音檔，讀取後印出該聲音的聲道數量以及長度。

```
import os
os.chdir('/content/drive/MyDrive/Colab Notebooks')  # Colab 換路徑使用，本機或
                                                      Jupyter 環境可以刪除

from pydub import AudioSegment                     # 載入 pydub 的 AudioSegment 模組
song = AudioSegment.from_mp3("oxxostudio.mp3")  # 讀取 mp3 檔案
duration = song.duration_seconds                  # 讀取長度
channels = song.channels                          # 讀取聲道數量
print(channels, duration)                         # 印出資訊
```

✣（範例程式碼：ch14/code004.py）

14-2 聲音剪輯與串接

這個範例會使用 Python 的 pydub 第三方函式庫，實現聲音剪輯的功能（從音樂或聲音裡，剪輯出一段指定秒數長度的聲音，儲存為 mp3 或 wav）。

剪輯指定長度的聲音

使用 pydub 的 AudioSegment 讀取 mp3 檔案，接著使用串列的方式取出 1500 ～ 5500 毫秒的內容，輸出成為 output.mp3。

> 音樂來源使用 Google 音樂庫：https://www.youtube.com/audiolibrary

```
import os
os.chdir('/content/drive/MyDrive/Colab Notebooks')  # Colab 換路徑使用，本機或
                                                      Jupyter 環境可以刪除
from pydub import AudioSegment                       # 載入 pydub 的 AudioSegment 模組

song = AudioSegment.from_mp3("oxxostudio.mp3")  # 讀取 mp3 檔案
song[1500:5500].export('output.mp3')             # 取出 1500 毫秒～ 5500 毫秒長度的
                                                   聲音，輸出為 output.mp3
print('ok')                                        # 輸出後印出 ok
```

✣（範例程式碼：ch14/code005.py）

串接聲音

讀取聲音後，使用「相加」的方式，就能將不同的聲音串接成同一段聲音，下方的例子會將兩段聲音組合成一段聲音輸出。

```
import os
os.chdir('/content/drive/MyDrive/Colab Notebooks')  # Colab 換路徑使用，本機或
                                                      Jupyter 環境可以刪除
from pydub import AudioSegment

song1 = AudioSegment.from_mp3("oxxo1.mp3")  # 讀取第一個 mp3 檔案
song2 = AudioSegment.from_mp3("oxxo2.mp3")  # 讀取第二個 mp3 檔案
output = song1 + song2                      # 串接兩段聲音
output.export('output.mp3')                 # 輸出為 output.mp3
print('ok')                                 # 輸出後印出 ok
```

✣（範例程式碼：ch14/code006.py）

因為讀取的聲音本質已是用串列的方式呈現，所以也能夠使用「串列相乘」的方式，將某一段聲音變成重複多次，下方的例子會將讀取的聲音乘以 3，就會重複三次。

```
import os
os.chdir('/content/drive/MyDrive/Colab Notebooks')  # Colab 換路徑使用，本機或
                                                      Jupyter 環境可以刪除
from pydub import AudioSegment
song = AudioSegment.from_mp3("oxxostudio.mp3")  # 讀取 mp3 檔案
output = song*3                                 # 乘以 3，重複三次變成三倍長
output.export('output.mp3')
print('ok')
```

✣（範例程式碼：ch14/code007.py）

14-3 聲音音量調整、淡入淡出

這個範例會使用 Python 的 pydub 第三方函式庫，實現聲音的音量調整，以及做出聲音淡入淡出的效果。

調整聲音音量

使用 pydub AudioSegment 模組讀取 mp3 檔案，就可以使用兩種方法調整聲音的音量：

> 音樂來源使用 Google 音樂庫：https://www.youtube.com/audiolibrary

第一種：對聲音陣列，增加或減少數值。

```
from pydub import AudioSegment
import os
os.chdir('/content/drive/MyDrive/Colab Notebooks')  # Colab 換路徑使用，本機或
                                                       Jupyter 環境可以刪除
song = AudioSegment.from_mp3("oxxostudio.mp3")  # 讀取 mp3
output1 = song[:] + 10                          # 將所有陣列中的資料增加 10 ( 變大聲 )
output2 = song[:] - 10                          # 將所有陣列中的資料減少 10 ( 變小聲 )
output1.export('output1.mp3')                   # 輸出聲音
output2.export('output2.mp3')
print('ok')
```

✜ (範例程式碼：ch14/code008.py)

第二種：使用 apply_gain() 方法。

```
from pydub import AudioSegment
import os
os.chdir('/content/drive/MyDrive/Colab Notebooks')  # Colab 換路徑使用，本機或
                                                       Jupyter 環境可以刪除
song = AudioSegment.from_mp3("oxxostudio.mp3")
output1 = song.apply_gain(10)           # 將音量增加 10 ( 變大聲 )
output2 = song.apply_gain(-10)          # 將音量減少 10 ( 變小聲 )
output1.export('output1.mp3')
output2.export('output2.mp3')
print('ok')
```

✜ (範例程式碼：ch14/code009.py)

音量淡入淡出

聲音的淡入是指從無聲慢慢變大聲，淡出則是指從大聲慢慢變小到無聲，透過 pydub AudioSegment 模組的 fade()、fade_in() 和 fade_out() 方法，

就能實現淡入淡出的效果。

「fade_in() 淡入」和「fade_out() 淡出」可以快速進行淡入和淡出的效果，使用方法會包含一個「時間」參數，單位是毫秒，設定 3000 表示 3 秒。

```
from pydub import AudioSegment
import os
os.chdir('/content/drive/MyDrive/Colab Notebooks')   # Colab 換路徑使用，本機或
                                                        Jupyter 環境可以刪除
song = AudioSegment.from_mp3("oxxostudio.mp3")
output1 = song.fade_in(3000)      # 開頭三秒 ( 3000ms ) 淡入
output2 = song.fade_out(3000)     # 結尾三秒 ( 3000ms ) 淡出
output1.export('output1.mp3')
output2.export('output2.mp3')
print('ok')
```

✤ (範例程式碼：ch14/code010.py)

fade() 方法提供更為彈性的淡入淡出調整方式，使用方法會包含 to_gain (淡入或淡出結束的音量)、start/end (開始或結束的秒數) 和 duration (持續時間) 參數。

```
from pydub import AudioSegment
import os
os.chdir('/content/drive/MyDrive/Colab Notebooks')   # Colab 換路徑使用，本機或
                                                        Jupyter 環境可以刪除
song = AudioSegment.from_mp3("oxxostudio.mp3")

output1 = song.fade(to_gain=15, start=1000, duration=2000)
# 從 1 秒的位置開始，慢慢變大聲到增加 15，過程持續 2 秒

output2 = song.fade(to_gain=-30, end=3000, duration=2000)
# 從 1 秒的位置開始 ( 3000-2000 )，慢慢變小聲到減少 30，過程持續 2 秒

output1.export('output1.mp3')
output2.export('output2.mp3')
print('ok')
```

✤ (範例程式碼：ch14/code011.py)

14-4 聲音的混合與反轉

這個範例會使用 Python 的 pydub 第三方函式庫，混合兩段以上的聲音 (例如講話的聲音有背景音樂)，以及實現聲音反轉的趣味效果。

混合聲音

使用 pydub AudioSegment 模組讀取 mp3 檔案後，就可以透過 overlay 方法混合聲音，使用方法如下：

```
output = sound1.overlay(sound2, position, gain_during_overlay, loop, times)
# output 輸出聲音
# sound1 主聲音
# sound2 要混合的聲音
# position 從 sound1 的何處開始混合，單位毫秒 ( 針對主聲音 )
# gain_during_overlay 混合時 sound1 的音量變化 ( 針對主聲音 )
# loop 如果 sound2 不夠長，是否要不斷重複，True 或 False
# times 如果 sound2 不夠長，指定 sound2 要重複幾次
```

下方的例子，會將說話的聲音，和一段背景音樂進行混合，由於背景音樂不夠長，使用 loop 參數將音樂不斷重複，直到說話聲音結束為止 (如果說話聲音比音樂短，則說話聲音結束時，音樂也會跟著結束)。

> 音樂來源使用 Google 音樂庫：https://www.youtube.com/audiolibrary

```
import os
os.chdir('/content/drive/MyDrive/Colab Notebooks')  # Colab 換路徑使用，本機或
                                                     Jupyter 環境可以刪除
from pydub import AudioSegment                    # 載入 pydub 的 AudioSegment 模組
song = AudioSegment.from_mp3("oxxostudio.mp3")       # 讀取背景音樂 mp3 檔案
voice = AudioSegment.from_mp3("voice.mp3")           # 讀取說話聲音 mp3 檔案
output = voice.overlay(song, loop=True)              # 混合說話聲音和背景音樂
output.export('output.mp3')
```

✤ (範例程式碼：ch14/code012.py)

聲音反轉

使用 pydub AudioSegment 模組讀取 mp3 檔案後，就可以透過 reverse 方法反轉聲音，產生趣味的效果：

```
import os
os.chdir('/content/drive/MyDrive/Colab Notebooks')  # Colab 換路徑使用，本機或
                                                      Jupyter 環境可以刪除
from pydub import AudioSegment                     # 載入 pydub 的 AudioSegment 模組
voice = AudioSegment.from_mp3("voice.mp3")          # 讀取說話聲音 mp3 檔案
output = voice.reverse()                            # 反轉說話聲音
output.export('output.mp3')
```

✣（範例程式碼：ch14/code013.py）

14-5 改變聲音速度

這個範例會使用 Python 的 pydub 第三方函式庫，改變聲音播放的速度。

改變聲音播放速度

參考「How to change audio playback speed using Pydub」的做法，定義聲音加速和減速的函式，就能將改變聲音檔案的速度。

> 參　考：https://stackoverflow.com/questions/51434897/how-to-change-audio-playback-speed-using-pydub
>
> 音樂來源使用 Google 音樂庫：https://www.youtube.com/audiolibrary

```
import os
os.chdir('/content/drive/MyDrive/Colab Notebooks')  # Colab 換路徑使用，本機或
                                                      Jupyter 環境可以刪除
from pydub import AudioSegment
song = AudioSegment.from_mp3("test.mp3")     # 讀取聲音檔案

# 定義加速與減速的函式
```

```
def speed_change(sound, speed=1.0):
    rate = sound._spawn(sound.raw_data, overrides={
        "frame_rate": int(sound.frame_rate * speed)
    })
    return rate.set_frame_rate(sound.frame_rate)

song_slow = speed_change(song, 0.75)    # 聲音減速
song_fast = speed_change(song, 2.0)     # 聲音加速

song_slow.export('song_slow.mp3')
song_fast.export('song_fast.mp3')
```

✣ (範例程式碼：ch14/code014.py)

14-6 播放聲音

這個範例會使用 Python 的 pydub 第三方函式庫播放電腦中的聲音檔案，另外還會介紹使用 IPython 函式庫，在 Colab 中播放聲音檔案。

播放聲音

下方的程式碼執行後，會使用 play 方法，播放所讀取的聲音檔案 (或讀取後進行處理)。

```
import os
os.chdir('/content/drive/MyDrive/Colab Notebooks')  # Colab 換路徑使用，本機或
                                                      Jupyter 環境可以刪除

from pydub import AudioSegment                 # 載入 pydub 的 AudioSegment 模組
from pydub.playback import play                # 載入 pydub.playback 的 play 模組

song = AudioSegment.from_mp3("oxxostudio.mp3")  # 開啟聲音檔案
output = song*2                                 # 讓聲音檔案變成兩倍長
play(output)                                    # 播放聲音
```

✣ (範例程式碼：ch14/code015.py)

使用 IPython 函式庫

如果是使用 Colab，可以輸入下列指令安裝 IPython 函式庫。

```
!pip install ipython
```

安裝完成後，就能透過 Audio 的方法產生互動介面，播放聲音。

```
import os
os.chdir('/content/drive/MyDrive/Colab Notebooks')   # Colab 換路徑使用，本機或
                                                        Jupyter 環境可以刪除

from IPython.display import Audio                  # 載入 IPython.display 的 Audio 模組
Audio('output.mp3')                                # 播放聲音
```

✣（範例程式碼：ch14/code016.py）

14-7 麥克風錄音

這個範例會使用 Python 的 pyaudio 第三方函式庫，搭配 Python 內建的 wave 函式庫，實現透過麥克風錄製聲音的功能。

安裝 pyaudio 函式庫

輸入下列指令安裝 pyaudio 函式庫，依照各人環境可使用 pip、pip3，Anaconda 可使用 conda install，由於要使用電腦麥克風，這個範例不支援 Colab。

```
!pip install pyaudio
```

錄製麥克風聲音

參考「PyAudio Documentation」的範例程式碼，執行後就能進行錄音，詳細說明寫在下方的程式碼中。

參考：https://people.csail.mit.edu/hubert/pyaudio/docs/

```
import pyaudio
import wave

chunk = 1024                        # 記錄聲音的樣本區塊大小
sample_format = pyaudio.paInt16     # 樣本格式，可使用 paFloat32、paInt32、paInt24、
                                      paInt16、paInt8、paUInt8、paCustomFormat
channels = 2                        # 聲道數量
fs = 44100                          # 取樣頻率，常見值為 44100 ( CD )、48000 ( DVD )、
                                      22050、24000、12000 和 11025。
seconds = 5                         # 錄音秒數
filename = "oxxostudio.wav"         # 錄音檔名

p = pyaudio.PyAudio()               # 建立 pyaudio 物件

print("開始錄音 ...")

# 開啟錄音串流
stream = p.open(format=sample_format, channels=channels, rate=fs, frames_per_
buffer=chunk, input=True)

frames = []                         # 建立聲音串列

for i in range(0, int(fs / chunk * seconds)):
    data = stream.read(chunk)
    frames.append(data)             # 將聲音記錄到串列中

stream.stop_stream()                # 停止錄音
stream.close()                      # 關閉串流
p.terminate()

print('錄音結束 ...')

wf = wave.open(filename, 'wb')      # 開啟聲音記錄檔
wf.setnchannels(channels)           # 設定聲道
wf.setsampwidth(p.get_sample_size(sample_format))  # 設定格式
wf.setframerate(fs)                 # 設定取樣頻率
wf.writeframes(b''.join(frames))    # 存檔
wf.close()
```

✣（範例程式碼：ch14/code017.py）

搭配 pydub 實現轉 mp3 或混音功能

參考「14-1、取得聲音資訊、輸出聲音、14-4、聲音的混合與反轉」兩個範例，在程式中加入 pydub 功能，就能將錄製的 wav 檔案轉換成 mp3，或混合背景音樂。

```
import pyaudio
import wave
from pydub import AudioSegment                    # 載入 pydub 的 AudioSegment 模組
from pydub.playback import play                   # 載入 pydub.playback 的 play 模組

chunk = 1024
sample_format = pyaudio.paInt16
channels = 2
fs = 44100
seconds = 5
filename = "oxxostudio.wav"

p = pyaudio.PyAudio()

print("開始錄音 ...")

stream = p.open(format=sample_format,
                channels=channels,
                rate=fs,
                frames_per_buffer=chunk,
                input=True)

frames = []

for i in range(0, int(fs / chunk * seconds)):
    data = stream.read(chunk)
    frames.append(data)

stream.stop_stream()
stream.close()
p.terminate()

print('錄音結束 ...')

wf = wave.open(filename, 'wb')
wf.setnchannels(channels)
```

```
wf.setsampwidth(p.get_sample_size(sample_format))
wf.setframerate(fs)
wf.writeframes(b''.join(frames))
wf.close()

song = AudioSegment.from_mp3("song.mp3")          # 讀取背景音樂 mp3 檔案
voice = AudioSegment.from_wav("oxxostudio.wav") # 讀取錄音 wav 檔案
output = voice.overlay(song, loop=True)          # 混合錄音和背景音樂
play(output)                                     # 播放聲音
output.export('output.mp3')                      # 輸出為 mp3
print('ok')
```

✤ (範例程式碼：ch14/code018.py)

14-8 顯示聲波圖形

這個範例會使用 Python 內建的 wave 函式庫讀取的 wav 聲音檔，並透過 matplotlib 第三方函式庫，顯示聲音檔案 (錄音檔、mp3... 等) 的聲波圖形。

安裝 matplotlib 函式庫

輸入下列指令安裝 matplotlib 函式庫 (依照各人環境可使用 pip、pip3，Colab 和 Anaconda 已經內建，或使用 !pip 重裝)。

> 相關參考：https://steam.oxxostudio.tw/category/python/example/matplotlib-index.html

```
!pip install matplotlib
```

開啟 wav 聲音檔，顯示聲波圖形

載入 matplotlib、numpy 和 wave 函式庫之後，參考下方的程式碼，執行後就能繪製出聲波圖形。

```
import os
os.chdir('/content/drive/MyDrive/Colab Notebooks')  # Colab 換路徑使用，本機或
                                                       Jupyter 環境可以刪除

import matplotlib.pyplot as plt
import numpy as np
import wave

fig, ax = plt.subplots()              # 建立單一圖表

# 建立繪製聲波的函式
def visualize(path):
    raw = wave.open(path)             # 開啟聲音
    signal = raw.readframes(-1)       # 讀取全部聲音採樣
    signal = np.frombuffer(signal, dtype ="int16")
# 將聲音採樣轉換成 int16 的格式所組成的 np 陣列
    f_rate = raw.getframerate()       # 取得 framerate
    time = np.linspace(0, len(signal)/f_rate, num = len(signal))
# 根據聲音採樣產生成對應的時間

    ax.plot(time, signal)             # 畫線，橫軸時間，縱軸陣列值
    plt.title("Sound Wave")           # 圖表標題
    plt.xlabel("Time")                # 橫軸標題
    plt.show()

visualize('oxxostudio.wav')           # 讀取聲音
```

✜（範例程式碼：ch14/code019.py）

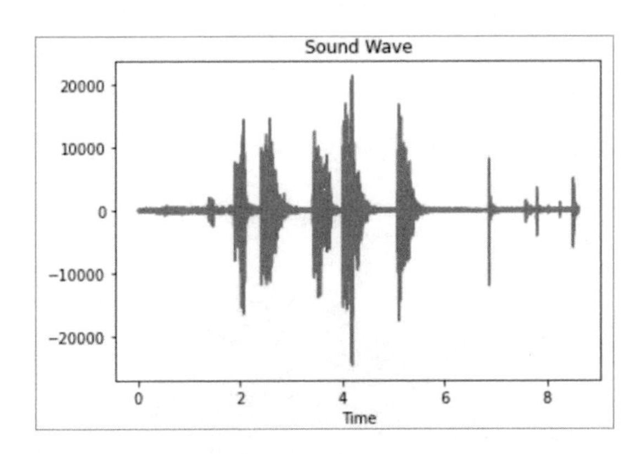

顯示 mp3 聲波圖形

如果要顯示 mp3 的聲波圖形，必須要先使用 pydub 函式庫，將 mp3 轉換成 wav，接著再使用同樣的方法開啟 wav，就能顯示聲波圖形。

```
import os
os.chdir('/content/drive/MyDrive/Colab Notebooks')  # Colab 換路徑使用，本機或
                                                      Jupyter 環境可以刪除

import matplotlib.pyplot as plt
import numpy as np
import wave
from pydub import AudioSegment                      # 載入 pydub 的 AudioSegment 模組

song = AudioSegment.from_mp3("oxxostudio.mp3") # 讀取 mp3 檔案
song.export("oxxostudio.wav", format="wav")    # 轉換並儲存為 wav

fig, ax = plt.subplots()

def visualize(path):
    raw = wave.open(path)
    signal = raw.readframes(-1)
    signal = np.frombuffer(signal, dtype ="int16")
    f_rate = raw.getframerate()
    time = np.linspace(0, len(signal)/f_rate, num = len(signal))

    ax.plot(time, signal)
    plt.title("Sound Wave")
    plt.xlabel("Time")
    plt.show()

visualize('oxxostudio.wav')
```

✤（範例程式碼：ch14/code020.py）

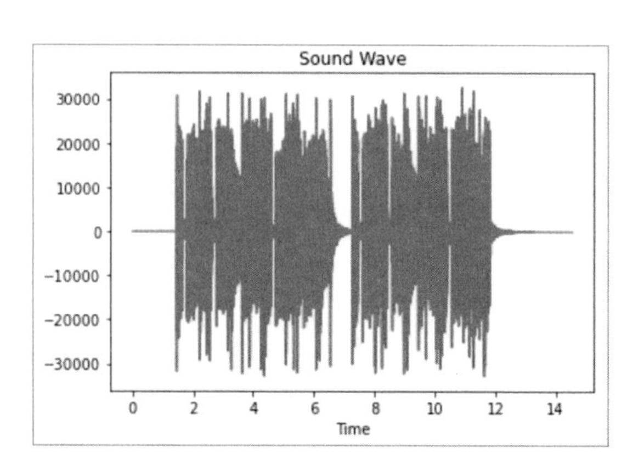

顯示錄音檔案聲波圖形

參考「14-7、麥克風錄音」文章，在程式中加入繪製聲波圖形的功能，就能在錄音之後，即時顯示錄音檔案的聲波圖形 (先將錄音檔存成 wav，然後再讀取進行顯示)，此外，程式裡使用了「平行任務處理」的技巧 (參考 9-17、concurrent.futures 平行任務處理)，開始錄音之後，只要按下鍵盤的 a 就會停止錄音。

```
import pyaudio
import wave
from concurrent.futures import ThreadPoolExecutor
import numpy as np
import matplotlib.pyplot as plt

chunk = 1024                       # 記錄聲音的樣本區塊大小
sample_format = pyaudio.paInt16    # 樣本格式，可使用 paFloat32、paInt32、paInt24、
                                     paInt16、paInt8、paUInt8、paCustomFormat
channels = 2                       # 聲道數量
fs = 44100                         # 取樣頻率，常見值為 44100 ( CD )、48000 ( DVD )、
                                     22050、24000、12000 和 11025。
filename = "oxxostudio.wav"        # 錄音檔名

p = pyaudio.PyAudio()              # 建立 pyaudio 物件

# 開啟錄音串流
stream = p.open(format=sample_format, channels=channels, rate=fs, frames_per_
buffer=chunk, input=True)
frames = []                        # 建立聲音串列
run = True                         # 設定開始錄音

fig, ax = plt.subplots()           # 建立單一圖表

# 定義錄音的函式
def record():
    global run, stream, p, frames, wf
    print("錄音開始 ...")
    while run:
        data = stream.read(chunk)
        frames.append(data)            # 將聲音記錄到串列中
    stream.stop_stream()               # 停止錄音
    stream.close()                     # 關閉串流
    p.terminate()
    print('錄音結束 ...')
    wf = wave.open(filename, 'wb') # 開啟聲音記錄檔
```

```
    wf.setnchannels(channels)       # 設定聲道
    wf.setsampwidth(p.get_sample_size(sample_format))  # 設定格式
    wf.setframerate(fs)             # 設定取樣頻率
    wf.writeframes(b''.join(frames)) # 存檔
    wf.close()
    visualize(filename)              # 執行畫圖函式

# 定義鍵盤按鍵函式
def keyin():
    global run
    if input() == 'a':
        run = False                 # 如果按下 a，就上 run 等於 False

# 定義繪製圖表函式
def visualize(path):
    print('畫圖 ...')
    raw = wave.open(path)           # 開啟聲音
    signal = raw.readframes(-1)     # 讀取全部聲音採樣
    signal = np.frombuffer(signal, dtype ="int16")  # 將聲音採樣轉換成 int16 的
                                                      格式所組成的 np 陣列
    f_rate = raw.getframerate()     # 取得 framerate
    time = np.linspace(0, len(signal)/f_rate, num = len(signal))
# 根據聲音採樣產生成對應的時間

    ax.plot(time, signal)           # 畫線，橫軸時間，縱軸陣列值
    plt.title("Sound Wave")         # 圖表標題
    plt.xlabel("Time")              # 橫軸標題
    plt.show()

executor = ThreadPoolExecutor()     # 平行任務處理
e2 = executor.submit(keyin)
e1 = executor.submit(record)
executor.shutdown()
```

✜（範例程式碼：ch14/code021.py）

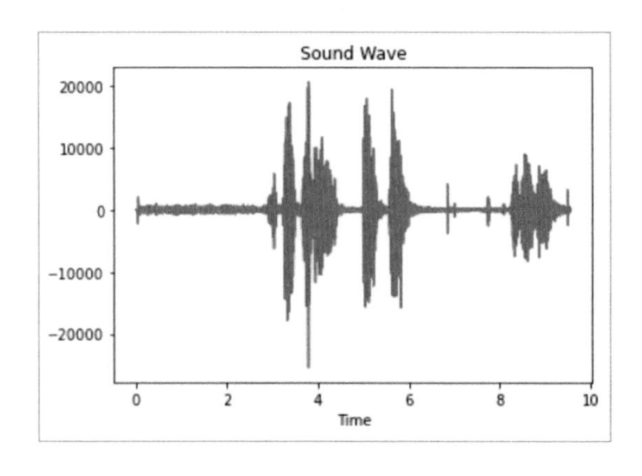

14-9 合成音符聲音

這個範例參考國外作者「Nishu Jain」的文章，使用 numpy 產生音符的聲音 (鋼琴的 Do Re Mi Fa So)，最後透過 scipy.io.wavfile 將音符組合成音樂輸出成 wav 檔案。

參　考：https://towardsdatascience.com/mathematics-of-music-in-python-b7d838c84f72

安裝 numpy 和 scipy

輸入下列指令安裝 numpy 和 scipy，根據個人環境使用 pip 或 pip3 (Colab 或 Anaconda Jupyter 可能已經內建，或使用 !pip 安裝)。

```
pip install numpy

pip install scipy
```

合成音符聲音

下方的程式碼執行後，會將定義好的音樂，按照音符的順序產生對應的頻率，然後輸出成為 wav 檔案，詳細說明寫在程式碼的註解中。

```
import numpy as np

samplerate = 44100          # 取樣頻率

def get_wave(freq, duration=0.5):
    amplitude = 4096        # 震幅 ( 音量大小 )
    t = np.linspace(0, duration, int(samplerate * duration))
# 使用等差級數，在指定時間長度裡，根據取樣頻率建立區間
    wave = amplitude * np.sin(2 * np.pi * freq * t)
# 在每個區間裡放入指定頻率的波形
    return wave

def get_piano_notes():
```

```
    octave = ['C', 'c', 'D', 'd', 'E', 'F', 'f', 'G', 'g', 'A', 'a', 'B']
# 建立音符英文字對照表
    base_freq = 261.63                    # 預設為 C4 的頻率
    note_freqs = {octave[i]: base_freq * pow(2,(i/12)) for i in
range(len(octave))}                       # 產生頻率和英文字的對照
    note_freqs[''] = 0.0                  # 如果是空值則為 0 ( 無聲音 )
    return note_freqs

def get_song_data(music_notes):
    note_freqs = get_piano_notes()    # 取的英文與音符對照表
    song = [get_wave(note_freqs[note]) for note in music_notes.split('-')]
# 根據音樂的音符，對應到對照表產生指定串列
    song = np.concatenate(song)       # 連接為新陣列
    return song

# 音樂的音符表
music_notes = 'C-C-G-G-A-A-G--F-F-E-E-D-D-C--G-G-F-F-E-E-D--G-G-F-F-E-E-D--C-C-
G-G-A-A-G--F-F-E-E-D-D-C'
data = get_song_data(music_notes)    # 轉換成頻率對照表
data = data * (16300/np.max(data))   # 調整震幅 ( 音量大小 )

from scipy.io.wavfile import write
write('twinkle-twinkle.wav', samplerate, data.astype(np.int16))  # 寫入檔案
```

✜ (範例程式碼：ch14/code022.py)

音符與頻率對照表

下方列出八組八度音符 (Note)、頻率 (Frequency，單位 Hz) 和波長 (Wavelength，單位 cm) 的對照表，基本上往下八度是除以 2，往上八度是乘以 2，例如 C4 的頻率為 261.63，C3 就是 130.81 (261.63/2)，C5 就是 523.25 (261.63x2)。

音符	聲音
A	La
B	Ti
C	Do
D	Re
E	Mi
F	Fa
G	So

音符對照的字典格式如下：

```
{
  A0: {frequency: "27.50", wavelength: "1254.55"},
  A1: {frequency: "55.00", wavelength: "627.27"},
  A2: {frequency: "110.00", wavelength: "313.64"},
  A3: {frequency: "220.00", wavelength: "156.82"},
  A4: {frequency: "440.00", wavelength: "78.41"},
  A5: {frequency: "880.00", wavelength: "39.20"},
  A6: {frequency: "1760.00", wavelength: "19.60"},
  A7: {frequency: "3520.00", wavelength: "9.80"},
  A8: {frequency: "7040.00", wavelength: "4.90"},
  B0: {frequency: "30.87", wavelength: "1117.67"},
  B1: {frequency: "61.74", wavelength: "558.84"},
  B2: {frequency: "123.47", wavelength: "279.42"},
  B3: {frequency: "246.94", wavelength: "139.71"},
  B4: {frequency: "493.88", wavelength: "69.85"},
  B5: {frequency: "987.77", wavelength: "34.93"},
  B6: {frequency: "1975.53", wavelength: "17.46"},
  B7: {frequency: "3951.07", wavelength: "8.73"},
  B8: {frequency: "7902.13", wavelength: "4.37"},
  C0: {frequency: "16.35", wavelength: "2109.89"},
  C1: {frequency: "32.70", wavelength: "1054.94"},
  C2: {frequency: "65.41", wavelength: "527.47"},
  C3: {frequency: "130.81", wavelength: "263.74"},
  C4: {frequency: "261.63", wavelength: "131.87"},
  C5: {frequency: "523.25", wavelength: "65.93"},
  C6: {frequency: "1046.50", wavelength: "32.97"},
  C7: {frequency: "2093.00", wavelength: "16.48"},
  C8: {frequency: "4186.01", wavelength: "8.24"},
  D0: {frequency: "18.35", wavelength: "1879.69"},
  D1: {frequency: "36.71", wavelength: "939.85"},
  D2: {frequency: "73.42", wavelength: "469.92"},
  D3: {frequency: "146.83", wavelength: "234.96"},
  D4: {frequency: "293.66", wavelength: "117.48"},
  D5: {frequency: "587.33", wavelength: "58.74"},
  D6: {frequency: "1174.66", wavelength: "29.37"},
  D7: {frequency: "2349.32", wavelength: "14.69"},
  D8: {frequency: "4698.63", wavelength: "7.34"},
  E0: {frequency: "20.60", wavelength: "1674.62"},
  E1: {frequency: "41.20", wavelength: "837.31"},
  E2: {frequency: "82.41", wavelength: "418.65"},
  E3: {frequency: "164.81", wavelength: "209.33"},
  E4: {frequency: "329.63", wavelength: "104.66"},
  E5: {frequency: "659.25", wavelength: "52.33"},
```

```
E6: {frequency: "1318.51", wavelength: "26.17"},
E7: {frequency: "2637.02", wavelength: "13.08"},
E8: {frequency: "5274.04", wavelength: "6.54"},
F0: {frequency: "21.83", wavelength: "1580.63"},
F1: {frequency: "43.65", wavelength: "790.31"},
F2: {frequency: "87.31", wavelength: "395.16"},
F3: {frequency: "174.61", wavelength: "197.58"},
F4: {frequency: "349.23", wavelength: "98.79"},
F5: {frequency: "698.46", wavelength: "49.39"},
F6: {frequency: "1396.91", wavelength: "24.70"},
F7: {frequency: "2793.83", wavelength: "12.35"},
F8: {frequency: "5587.65", wavelength: "6.17"},
G0: {frequency: "24.50", wavelength: "1408.18"},
G1: {frequency: "49.00", wavelength: "704.09"},
G2: {frequency: "98.00", wavelength: "352.04"},
G3: {frequency: "196.00", wavelength: "176.02"},
G4: {frequency: "392.00", wavelength: "88.01"},
G5: {frequency: "783.99", wavelength: "44.01"},
G6: {frequency: "1567.98", wavelength: "22.00"},
G7: {frequency: "3135.96", wavelength: "11.00"},
G8: {frequency: "6271.93", wavelength: "5.50"},
"A#0": {frequency: "29.14", wavelength: "1184.13"},
"Bb0": {frequency: "29.14", wavelength: "1184.13"},
"A#1": {frequency: "58.27", wavelength: "592.07"},
"Bb1": {frequency: "58.27", wavelength: "592.07"},
"A#2": {frequency: "116.54", wavelength: "296.03"},
"Bb2": {frequency: "116.54", wavelength: "296.03"},
"A#3": {frequency: "233.08", wavelength: "148.02"},
"Bb3": {frequency: "233.08", wavelength: "148.02"},
"A#4": {frequency: "466.16", wavelength: "74.01"},
"Bb4": {frequency: "466.16", wavelength: "74.01"},
"A#5": {frequency: "932.33", wavelength: "37.00"},
"Bb5": {frequency: "932.33", wavelength: "37.00"},
"A#6": {frequency: "1864.66", wavelength: "18.50"},
"Bb6": {frequency: "1864.66", wavelength: "18.50"},
"A#7": {frequency: "3729.31", wavelength: "9.25"},
"Bb7": {frequency: "3729.31", wavelength: "9.25"},
"A#8": {frequency: "7458.62", wavelength: "4.63"},
"Bb8": {frequency: "7458.62", wavelength: "4.63"},
"C#0": {frequency: "17.32", wavelength: "1991.47"},
"Db0": {frequency: "17.32", wavelength: "1991.47"},
"C#1": {frequency: "34.65", wavelength: "995.73"},
"Db1": {frequency: "34.65", wavelength: "995.73"},
"C#2": {frequency: "69.30", wavelength: "497.87"},
"Db2": {frequency: "69.30", wavelength: "497.87"},
```

```
"C#3": {frequency: "138.59", wavelength: "248.93"},
"Db3": {frequency: "138.59", wavelength: "248.93"},
"C#4": {frequency: "277.18", wavelength: "124.47"},
"Db4": {frequency: "277.18", wavelength: "124.47"},
"C#5": {frequency: "554.37", wavelength: "62.23"},
"Db5": {frequency: "554.37", wavelength: "62.23"},
"C#6": {frequency: "1108.73", wavelength: "31.12"},
"Db6": {frequency: "1108.73", wavelength: "31.12"},
"C#7": {frequency: "2217.46", wavelength: "15.56"},
"Db7": {frequency: "2217.46", wavelength: "15.56"},
"C#8": {frequency: "4434.92", wavelength: "7.78"},
"Db8": {frequency: "4434.92", wavelength: "7.78"},
"D#0": {frequency: "19.45", wavelength: "1774.20"},
"Eb0": {frequency: "19.45", wavelength: "1774.20"},
"D#1": {frequency: "38.89", wavelength: "887.10"},
"Eb1": {frequency: "38.89", wavelength: "887.10"},
"D#2": {frequency: "77.78", wavelength: "443.55"},
"Eb2": {frequency: "77.78", wavelength: "443.55"},
"D#3": {frequency: "155.56", wavelength: "221.77"},
"Eb3": {frequency: "155.56", wavelength: "221.77"},
"D#4": {frequency: "311.13", wavelength: "110.89"},
"Eb4": {frequency: "311.13", wavelength: "110.89"},
"D#5": {frequency: "622.25", wavelength: "55.44"},
"Eb5": {frequency: "622.25", wavelength: "55.44"},
"D#6": {frequency: "1244.51", wavelength: "27.72"},
"Eb6": {frequency: "1244.51", wavelength: "27.72"},
"D#7": {frequency: "2489.02", wavelength: "13.86"},
"Eb7": {frequency: "2489.02", wavelength: "13.86"},
"D#8": {frequency: "4978.03", wavelength: "6.93"},
"Eb8": {frequency: "4978.03", wavelength: "6.93"},
"F#0": {frequency: "23.12", wavelength: "1491.91"},
"Gb0": {frequency: "23.12", wavelength: "1491.91"},
"F#1": {frequency: "46.25", wavelength: "745.96"},
"Gb1": {frequency: "46.25", wavelength: "745.96"},
"F#2": {frequency: "92.50", wavelength: "372.98"},
"Gb2": {frequency: "92.50", wavelength: "372.98"},
"F#3": {frequency: "185.00", wavelength: "186.49"},
"Gb3": {frequency: "185.00", wavelength: "186.49"},
"F#4": {frequency: "369.99", wavelength: "93.24"},
"Gb4": {frequency: "369.99", wavelength: "93.24"},
"F#5": {frequency: "739.99", wavelength: "46.62"},
"Gb5": {frequency: "739.99", wavelength: "46.62"},
"F#6": {frequency: "1479.98", wavelength: "23.31"},
"Gb6": {frequency: "1479.98", wavelength: "23.31"},
"F#7": {frequency: "2959.96", wavelength: "11.66"},
```

```
  "Gb7": {frequency: "2959.96", wavelength: "11.66"},
  "F#8": {frequency: "5919.91", wavelength: "5.83"},
  "Gb8": {frequency: "5919.91", wavelength: "5.83"},
  "G#0": {frequency: "25.96", wavelength: "1329.14"},
  "Ab0": {frequency: "25.96", wavelength: "1329.14"},
  "G#1": {frequency: "51.91", wavelength: "664.57"},
  "Ab1": {frequency: "51.91", wavelength: "664.57"},
  "G#2": {frequency: "103.83", wavelength: "332.29"},
  "Ab2": {frequency: "103.83", wavelength: "332.29"},
  "G#3": {frequency: "207.65", wavelength: "166.14"},
  "Ab3": {frequency: "207.65", wavelength: "166.14"},
  "G#4": {frequency: "415.30", wavelength: "83.07"},
  "Ab4": {frequency: "415.30", wavelength: "83.07"},
  "G#5": {frequency: "830.61", wavelength: "41.54"},
  "Ab5": {frequency: "830.61", wavelength: "41.54"},
  "G#6": {frequency: "1661.22", wavelength: "20.77"},
  "Ab6": {frequency: "1661.22", wavelength: "20.77"},
  "G#7": {frequency: "3322.44", wavelength: "10.38"},
  "Ab7": {frequency: "3322.44", wavelength: "10.38"},
  "G#8": {frequency: "6644.88", wavelength: "5.19"},
  "Ab8": {frequency: "6644.88", wavelength: "5.19"}
}
```

✣（範例程式碼：ch14/code023.py）

小結

透過這個章節，認識了一些常用的 Python 處理聲音的函式庫，例如 pydub、pyaudio 和 wave，並探索了如何使用這些功能來處理聲音和音訊資料。透過這些範例，讀者可以了解到聲音處理技術的基礎，並掌握一些常用的技巧和方法。

除此之外，有些範例也介紹了一些特殊的聲音處理技術，例如聲音合成和音符生成等。這些技術雖然不是那麼常用，但對於一些特殊的應用場景卻非常有用。希望透過這個章節的學習，對聲音處理技術能有更深入的認識，並在日後的聲音處理專案中得心應手。

Python 影片處理

15-1、影片轉檔（mp4、mov、wmv、avi... 等）

15-2、取出影片聲音、影片加入聲音

15-3、影片剪輯與合併

15-4、影片混合與排列顯示

15-5、改變影片尺寸、旋轉翻轉影片

15-6、調整影片速度、倒轉影片

15-7、調整影片亮度、對比、顏色

15-8、影片轉換為 git 動畫

15-9、影片中加入文字

15-10、影片自動加上字幕

15-11、影片截圖、圖片轉影片

前言

隨著數位科技的不斷發展，影音資訊成為人們日常生活中不可或缺的一部分，而 Python 也提供了豐富的影音處理功能，這個章節將介紹如何使用 moviepy 進行影片處理，從影片轉檔到影片剪輯、合併、混合等，再到影片尺寸、速度、亮度、色彩等調整操作，以及如何加入文字、字幕和聲音等多種影片處理技巧，讓讀者可以更好地了解和掌握 Python 影片處理的基本原理和實現方法。

- 這個章節的範例可使用 Google Colab 實作，不用安裝任何軟體。
- 如果使用 Colab 操作需要連動 Google 雲端硬碟，請參考：「2-1、使用 Google Colab」。
- 本章節範例程式碼：https://github.com/oxxostudio/book-code/tree/master/python/ch15

這個章節的範例都需要使用 moviepy 函式庫，請先輸入下列指令安裝 moviepy，根據個人環境使用 pip 或 pip3，Colab 或 Jupyter 使用 !pip。

```
!pip install moviepy
```

由於影片轉檔會使用 ffmpeg，因此也要安裝 ffmpeg (影片存檔常見錯誤「TypeError: must be real number, not NoneType」往往都是 ffmpeg 沒有安裝導致)，根據個人環境使用 pip 或 pip3，Anaconda Jupyter 可以使用 conda install。

```
!pip install ffmpeg
```

15-1 影片轉檔 (mp4、mov、wmv、avi... 等)

這個範例會使用 Python 的 moviepy 第三方函式庫，讀取影片並轉換成不同格式的影片 (例如 mp4、mov、wmv、avi... 等常見格式)，最後還會透過迴圈的方式，實現影片批次轉檔的功能。

讀取影片，轉換成不同格式

載入 moviepy 讀取影片後，使用 write_videofile 方法，設定好儲存影片的副檔名，就能轉換成指定格式的影片 (如果有遇到轉檔後無法播放的狀況，通常是影片 codec 有問題，可以嘗試更換影片播放器，或參考 moviepy 的說明更換程式碼中的 codec)。

> 參　考：https://zulko.github.io/moviepy/ref/VideoClip/VideoClip.html#moviepy.video.VideoClip.VideoClip.write_videofile

```
import os
os.chdir('/content/drive/MyDrive/Colab Notebooks')  # Colab 換路徑使用，本機或
                                                      Jupyter 環境可以刪除
```

```
from moviepy.editor import *
video = VideoFileClip("oxxostudio.mp4")                    # 讀取影片

format_list = ['avi','mov','wmv','flv','asf', 'mkv']  # 要轉換的格式清單

# 使用 for 迴圈轉換成所有格式
for i in format_list:
    output = video.copy()
    output.write_videofile(f"output.{i}",temp_audiofile="temp-audio.m4a", remove_
temp=True, codec="libx264", audio_codec="aac")

print('ok')
```

✣（範例程式碼：ch15/code001.py）

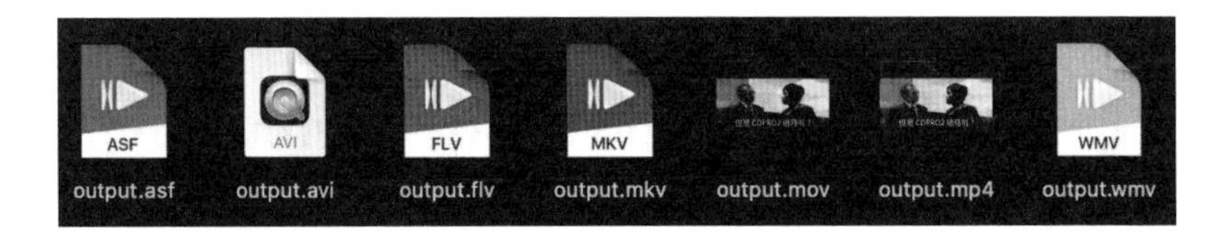

批次影片轉檔

使用 for 迴圈，就能一次讀取多支影片，進行批次轉檔的功能。

```
import os
os.chdir('/content/drive/MyDrive/Colab Notebooks')   # Colab 換路徑使用，本機或
                                                     Jupyter 環境可以刪除

from moviepy.editor import *

format_list = ['avi','mov','wmv','flv','asf', 'mkv']

for n in range(3):
    video = VideoFileClip(f"oxxo_{n}.mp4")            # 使用 for 迴圈讀取影片
    for i in format_list:
        output = video.copy()
        output.write_videofile(f"output_{n}.{i}",temp_audiofile="temp-audio.m4a",
remove_temp=True, codec="libx264", audio_codec="aac")

print('ok')
```

✣（範例程式碼：ch15/code002.py）

15-2 取出影片聲音、影片加入聲音

這個範例會使用 Python 的 pydub 和 moviepy 第三方函式庫，取出影片的聲音並將聲音儲存為 mp3，接著也會使用 moviepy 函式庫，將影片加入另外一段聲音。

使用 pydub 取出影片聲音，儲存為 mp3

參考「14-1、讀取聲音資訊、輸出聲音」文章，安裝 pydub 函式庫，安裝後使用下方的程式碼，就能讀取影片的聲音，並將聲音儲存為 mp3。

```
import os
os.chdir('/content/drive/MyDrive/Colab Notebooks') # Colab 換路徑使用，本機或
                                                   Jupyter 環境可以刪除

from pydub import AudioSegment                     # 載入 pydub 的 AudioSegment
                                                   模組
video = AudioSegment.from_file("oxxostudio.mp4")   # 讀取 mp4 檔案
output.export('video.mp3')                         # 講讀取的聲音輸出為 mp3
print('ok')
```

✤（範例程式碼：ch15/code003.py）

參考「14-3、聲音音量調整、淡入淡出」和「14-2、聲音剪輯與串接」兩篇文章，將聲音放大或剪輯後，再輸出為 mp3。

```
import os
os.chdir('/content/drive/MyDrive/Colab Notebooks')  # Colab 換路徑使用，本機或
                                                     Jupyter 環境可以刪除

from pydub import AudioSegment
video = AudioSegment.from_file("oxxostudio.mp4")
output = video[2000:10000]      # 剪輯聲音
output = output[:] + 10         # 放大聲音
output.export('output.mp3')
print('ok')
```

✤（範例程式碼：ch15/code004.py）

使用 moviepy 取出影片聲音，儲存為 mp3

除了使用 pydub 函式庫，也可以透過 moviepy 取出影片的聲音，執行下方的程式碼讀取影片，並將影片的聲音取出，輸出為 mp3。

> mp3 參數參考：https://moviepy.readthedocs.io/en/latest/ref/AudioClip.html#moviepy.audio.AudioClip.AudioClip.write_audiofile

```
import os
os.chdir('/content/drive/MyDrive/Colab Notebooks')  # Colab 換路徑使用，本機或
                                                     Jupyter 環境可以刪除

from moviepy.editor import *
video = VideoFileClip("oxxostudio.mp4")     # 讀取影片
audio = video.audio                         # 取出聲音
audio.write_audiofile("song.mp3")           # 輸出聲音為 mp3
print('ok')
```

✤（範例程式碼：ch15/code005.py）

使用 moviepy，替影片加入聲音

執行下方的程式碼讀取影片和聲音，並在 output 方法裡將兩者合併後輸出。

```
import os
os.chdir('/content/drive/MyDrive/Colab Notebooks')  # Colab 換路徑使用，本機或
                                                      Jupyter 環境可以刪除

from moviepy.editor import *
video = VideoFileClip("oxxostudio.mp4")  # 讀取影片
audio = AudioFileClip("song.mp3")        # 讀取音樂

output = video2.set_audio(audio)         # 合併影片與聲音
output.write_videofile("output.mp4", temp_audiofile="temp-audio.m4a", remove_
temp=True, codec="libx264", audio_codec="aac")
# 注意要設定相關參數，不然轉出來的影片會沒有聲音
print('ok')
```

✤（範例程式碼：ch15/code006.py）

15-3 影片剪輯與合併

這個範例會使用 Python 的 moviepy 第三方函式庫，進行影片的剪輯（剪輯出指定秒數的影片），以及將多段影片合併為一支影片。

剪輯影片

載入 moviepy 函式庫後，使用 subclip 方法，參數填入起始秒數以及結束秒數，就可以剪輯影片，剪輯後再透過 write_videofile 方法輸出。

```
import os
os.chdir('/content/drive/MyDrive/Colab Notebooks')  # Colab 換路徑使用，本機或
                                                      Jupyter 環境可以刪除

from moviepy.editor import *
video = VideoFileClip("oxxostudio.mp4")        # 讀取影片
output = video.subclip(12,15)                  # 剪輯影片 ( 單位秒 )
output.write_videofile("output_1.mp4",temp_audiofile="temp-audio.m4a", remove_
temp=True, codec="libx264", audio_codec="aac")
# 輸出影片，注意後方需要加上參數，不然會沒有聲音
print('ok')
```

✤（範例程式碼：ch15/code007.py）

合併影片

如果有多段影片，可使用 concatenate_videoclips 的方法，將多段影片拼接在一起。

```
import os
os.chdir('/content/drive/MyDrive/Colab Notebooks')  # Colab 換路徑使用，本機或
                                                      Jupyter 環境可以刪除

from moviepy.editor import *
o1 = VideoFileClip("oxxo1.mp4")                     # 開啟第一段影片
o2 = VideoFileClip("oxxo2.mp4")                     # 開啟第二段影片
o3 = VideoFileClip("oxxo3.mp4")                     # 開啟第三段影片
output = concatenate_videoclips([o1, o2, o3])       # 合併影片
output.write_videofile("output123.mp4",temp_audiofile="temp-audio.m4a", remove_
temp=True, codec="libx264", audio_codec="aac")
print('ok')
```

✜（範例程式碼：ch15/code008.py）

如果合併的影片，出現播不出來的狀況（畫面是亂碼），表示「合併了不同尺寸」的影片所導致。

解決方法有兩種，第一種使用 resize 將尺寸調整為一致，合併後影像就不會出現亂碼。

```
import os
os.chdir('/content/drive/MyDrive/Colab Notebooks')  # Colab 換路徑使用，本機或
                                                      Jupyter 環境可以刪除
```

```
from moviepy.editor import *
o1 = VideoFileClip("oxxo1.mp4")
o1 = o1.resize((1280,720))      # 改變尺寸
o2 = VideoFileClip("oxxo2.mp4")
o3 = VideoFileClip("oxxo3.mp4")
output = concatenate_videoclips([o1, o2, o3])
output.write_videofile("output456.mp4", fps=30, temp_audiofile="temp-audio.m4a",
remove_temp=True, codec="libx264", audio_codec="aac")
print('ok')
```

✤ (範例程式碼：ch15/code009.py)

第二種方法可以設定 concatenate_videoclips 的參數 method 為 compose (預設為 chain，表示都要同樣大小)，表示採用原始影片大小進行合併，最終輸出大小會採用最大的影片為主。

```
import os
os.chdir('/content/drive/MyDrive/Colab Notebooks')  # Colab 換路徑使用，本機或
                                                       Jupyter 環境可以刪除

from moviepy.editor import *
o1 = VideoFileClip("oxxo1.mp4")
o2 = VideoFileClip("oxxo2.mp4")
o3 = VideoFileClip("oxxo3.mp4")
output = concatenate_videoclips([o1, o2, o3], method='compose')  # 設定 method
                                                                   為 compose
output.write_videofile("output456.mp4", fps=30, temp_audiofile="temp-audio.m4a",
remove_temp=True, codec="libx264", audio_codec="aac")
print('ok')
```

✤ (範例程式碼：ch15/code010.py)

15-4 影片混合與排列顯示

這個範例會使用 Python 的 moviepy 第三方函式庫，將多支影片排列在同一個畫面中同時播放，或將多支影片混合成為一支影片 (混合聲音或半透明混合)，以及運用混合的方式，做出不同影片間淡入淡出轉換的效果。

排列影片

載入 moviepy 後，使用 clips_array 方法，將多個影片採用「二維陣列」的方式分組，排列在同一個畫面中呈現 (聲音會全部重疊在一起)，下方的程式執行後，會排列出 2x2 的畫面。

```
import os
os.chdir('/content/drive/MyDrive/Colab Notebooks')  # Colab 換路徑使用，本機或
                                                      Jupyter 環境可以刪除

from moviepy.editor import *
v1 = VideoFileClip("oxxo1.mp4")           # 讀取影片
v2 = VideoFileClip("oxxo2.mp4")           # 讀取影片
v3 = VideoFileClip("oxxo3.mp4")           # 讀取影片
v4 = VideoFileClip("oxxo4.mp4")           # 讀取影片
v1 = v1.resize((480,360)).margin(10)      # 改變尺寸，增加邊界
v2 = v2.resize((480,360)).margin(10)      # 改變尺寸，增加邊界
v3 = v3.resize((480,360)).margin(10)      # 改變尺寸，增加邊界
v4 = v4.resize((480,360)).margin(10)      # 改變尺寸，增加邊界
output = clips_array([[v1,v2],[v3,v4]]) # 排列影片，v1 和 v2 一組，v3 和 v4 一組
output.write_videofile("output.mp4",temp_audiofile="temp-audio.m4a", remove_
temp=True, codec="libx264", audio_codec="aac")
# 輸出影片，注意後方需要加上參數，不然會沒有聲音
print('ok')
```

✜ (範例程式碼：ch15/code011.py)

混合影片

使用 moviepy 的 CompositeVideoClip 方法，可以混合多段影片，如果沒有設定影片的「遮罩」，則會呈現串列中最後一支影片的畫面，而聲音則會重疊在一起。

```
import os
os.chdir('/content/drive/MyDrive/Colab Notebooks')  # Colab 換路徑使用，本機或
                                                      Jupyter 環境可以刪除

from moviepy.editor import *
v1 = VideoFileClip("oxxo1.mp4")            # 讀取影片
v2 = VideoFileClip("oxxo2.mp4")            # 讀取影片
output = CompositeVideoClip([v2,v1])       # 混合影片
output.write_videofile("output.mp4",temp_audiofile="temp-audio.m4a", remove_
temp=True, codec="libx264", audio_codec="aac")
# 輸出影片，注意後方需要加上參數，不然會沒有聲音
print('ok')
```

✣（範例程式碼：ch15/code012.py）

如果希望混合的影片為「半透明」，可以載入 moviepy.video.fx.all 的特效模組，使用 moviepy 讀取影片後，使用 fx 方法中的 mask_color 設定影片遮罩，就能將某些影片改成半透明進行混合（因為串列中第一支影片做為最下方的背景，因此可以不用設定遮罩）。

> 更多特效方法參考：https://zulko.github.io/moviepy/ref/videofx.html

```
import os
os.chdir('/content/drive/MyDrive/Colab Notebooks')  # Colab 換路徑使用，本機或
                                                      Jupyter 環境可以刪除

from moviepy.editor import *
from moviepy.video.fx.all import *
v1 = VideoFileClip("oxxo1.mp4")            # 讀取影片
v2 = VideoFileClip("oxxo2.mp4")            # 讀取影片
v1 = mask_color(v1,color=0,thr=10,s=0)     # 設定 v1 遮罩為半透明
                                           # color=0 表示黑色，thr 和 s 是參數，這
                                             種設定為半透明
```

```
output = CompositeVideoClip([v2,v1])        # 混合影片
output.write_videofile("output.mp4",temp_audiofile="temp-audio.m4a", remove_
temp=True, codec="libx264", audio_codec="aac")
print('ok')
```

✤ (範例程式碼：ch15/code013.py)

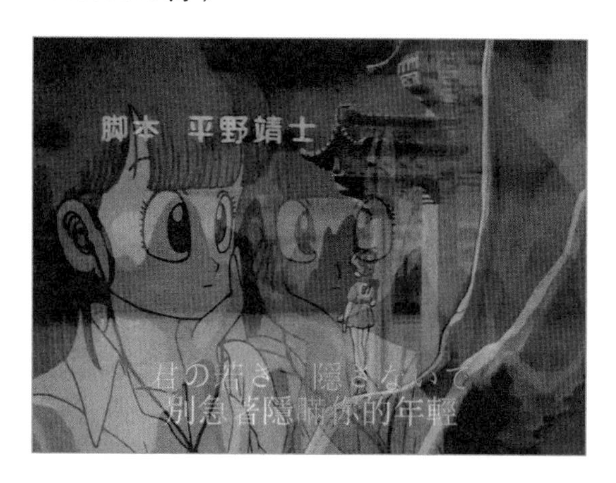

影片淡入淡出轉換

如果要做到不同片段間淡入淡出的轉場效果，可以額外設定 set_start 起始時間以及 crossfadein 淡入時間，搭配 CompositeVideoClip 混合影片，就能套用「淡入淡出」的效果，組合多張靜態圖片，下方的範例會將影片剪輯為三段 (三秒、四秒和三秒)，銜接的方式如下圖所示：

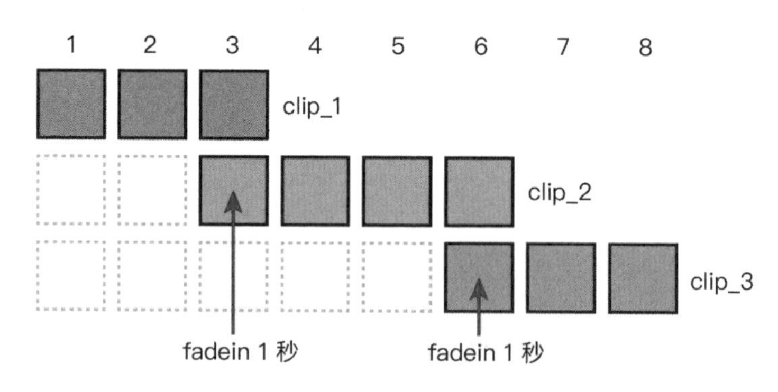


```
import os
os.chdir('/content/drive/MyDrive/Colab Notebooks')  # Colab 換路徑使用，本機或
                                                       Jupyter 環境可以刪除
```

```
from moviepy.editor import *

video = VideoFileClip("oxxostudio.mp4")   # 讀取影片
clip_1 = video.subclip(2,5)               # 裁切出三秒影片
clip_2 = video.subclip(17,21).set_start(2).crossfadein(1  # 裁切出四秒影片，設定
                                                            兩秒後再開始，淡入一秒
clip_3 = video.subclip(50,53).set_start(5).crossfadein(1) # 裁切出三秒影片，設定
                                                            五秒後再開始，淡入一秒

output = CompositeVideoClip([clip_1,clip_2,clip_3])

output.write_videofile("output.mp4", fps=30, temp_audiofile="temp-audio.m4a",
remove_temp=True, codec="libx264", audio_codec="aac")
print('ok')
```

✣（範例程式碼：ch15/code014.py）

15-5 改變影片尺寸、旋轉翻轉影片

這個範例會使用 Python 的 moviepy 第三方函式庫，改變影片的長寬尺寸、裁切出指定大小的影片，以及將影片套用旋轉、左右翻轉、上下翻轉的效果。

改變影片尺寸

載入 moviepy 讀取影片後，使用 resize 方法，參數使用 tuple 格式填入長度和寬度，就能改變影片的尺寸。

```
import os
os.chdir('/content/drive/MyDrive/Colab Notebooks')  # Colab 換路徑使用，本機或
                                                      Jupyter 環境可以刪除

from moviepy.editor import *
video = VideoFileClip("oxxostudio.mp4")    # 讀取影片
output = video.resize((480,360))           # 改變尺寸
output.write_videofile("output.mp4", fps=30, temp_audiofile="temp-audio.m4a",
remove_temp=True, codec="libx264", audio_codec="aac")
print('ok')
```

✣（範例程式碼：ch15/code015.py）

如果不確定影片的長寬比例，也可以單獨指定寬度 width 或高度 height，就會根據比例，自動計算出另外的寬度或高度。

```
import os
os.chdir('/content/drive/MyDrive/Colab Notebooks')  # Colab 換路徑使用，本機或
                                                      Jupyter 環境可以刪除

from moviepy.editor import *
video = VideoFileClip("oxxostudio.mp4")
output = video.resize(width=480)          # 改變尺寸，設定寬度改變為 480
output.write_videofile("output.mp4", fps=30, temp_audiofile="temp-audio.m4a",
remove_temp=True, codec="libx264", audio_codec="aac")
print('ok')
```

✤（範例程式碼：ch15/code016.py）

裁切出指定的尺寸

載入 moviepy.video.fx.all 的特效模組，使用 moviepy 讀取影片後，* 使用 crop 方法中可以在影片中裁切出特定區域，並將這個區域輸出成為新的影片。

更多特效方法參考：https://zulko.github.io/moviepy/ref/videofx.html

```
import os
os.chdir('/content/drive/MyDrive/Colab Notebooks')  # Colab 換路徑使用，本機或
                                                      Jupyter 環境可以刪除

from moviepy.editor import *
from moviepy.video.fx.all import *
video = VideoFileClip("oxxostudio.mp4")
output_1 = crop(video, x1=10, y1=10, width=50, height=50)
# 方法 1，指定左上 (x1, y1) 座標和寬高
output_2 = crop(video, x1=10, y1=10, x2=50, y2=50)
# 方法 2，指定左上 (x1, y1) 座標和右下 ( x2, y2 ) 座標
output_3 = crop(video, x1=10, width=100)
# 方法 3，指定左上 x1 座標和寬度，就會自動採用 y1=0 和影片高度

output_1.write_videofile("output.mp4", fps=30, temp_audiofile="temp-audio.m4a",
remove_temp=True, codec="libx264", audio_codec="aac")
print('ok')
```

✤（範例程式碼：ch15/code017.py）

旋轉影片

使用 rotate 方法，可以將影片旋轉到指定的角度，如果不是 90、-90、180、-180 之類的數值，空白的區域會變成黑色。

```
import os
os.chdir('/content/drive/MyDrive/Colab Notebooks')  # Colab 換路徑使用，本機或
                                                      Jupyter 環境可以刪除

from moviepy.editor import *
video = VideoFileClip("oxxostudio.mp4")
output = video.rotate(90)                           # 影片旋轉 90 度
output.write_videofile("output.mp4", fps=30, temp_audiofile="temp-audio.m4a",
remove_temp=True, codec="libx264", audio_codec="aac")
print('ok')
```

✣（範例程式碼：ch15/code018.py）

原始影片

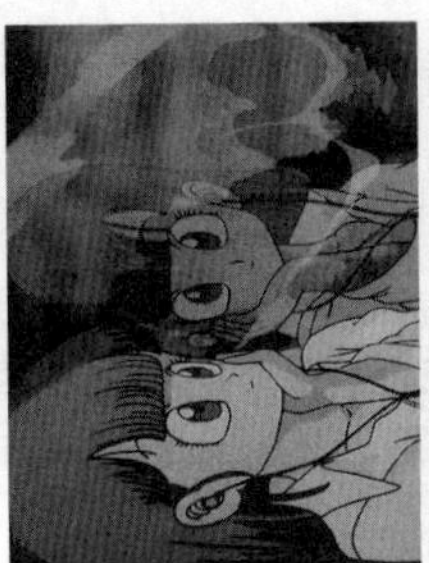
旋轉 90 度

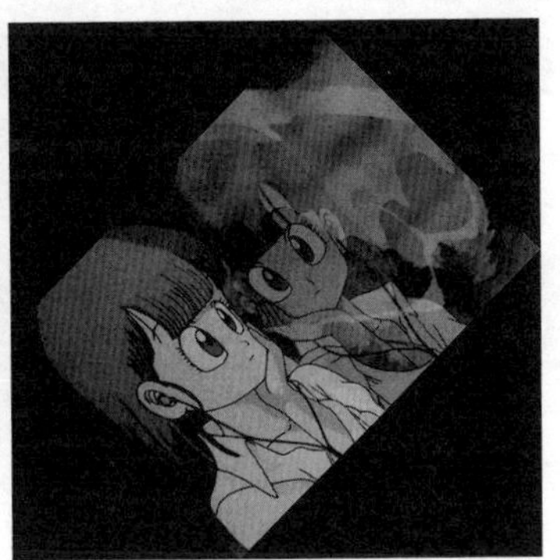
旋轉 45 度

翻轉影片

載入 moviepy.video.fx.all 的特效模組，使用 moviepy 讀取影片後，使用 fx 方法中的 mirror_x 可以將影片水平翻轉，mirror_y 可以將影片垂直翻轉。

```
import os
os.chdir('/content/drive/MyDrive/Colab Notebooks')  # Colab 換路徑使用，本機或
                                                      Jupyter 環境可以刪除

from moviepy.editor import *
```

```
from moviepy.video.fx.all import *
video = VideoFileClip("oxxostudio.mp4")
output_x = mirror_x(video)     # 左右翻轉
output_y = mirror_y(video)     # 垂直翻轉

output_x.write_videofile("output_x.mp4", fps=30, temp_audiofile="temp-audio.m4a",
remove_temp=True, codec="libx264", audio_codec="aac")
output_y.write_videofile("output_y.mp4", fps=30, temp_audiofile="temp-audio.m4a",
remove_temp=True, codec="libx264", audio_codec="aac")

print('ok')
```

✜ (範例程式碼：ch15/code019.py)

原始影片

左右翻轉

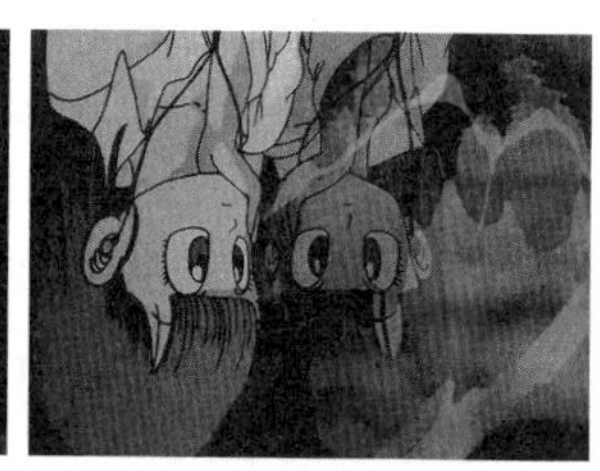

垂直翻轉

15-6 調整影片速度、倒轉影片

這個範例會使用 Python 的 moviepy 第三方函式庫，讀取影片並調整影片的速度，以及做出倒轉影片的效果。

調整影片速度

載入 moviepy.video.fx.all 的特效模組，使用 moviepy 讀取影片後，使用 speedx 方法，就能調整影片的播放速度，speedx 有下列三個參數：

參數	說明
clip	要套用效果的影片。
factor	影片的速度 (乘以幾倍)，和 final_duration 擇一使用。
final_duration	轉換後影片的秒數，和 factor 擇一使用。

下方的程式碼執行後，會產生一個 2 倍速的影片 (速度變快)，一個 0.5 倍速的影片 (速度變慢) 和一個變成只有 2 秒長的影片 (如果原本影片長度大於 2 秒就會變快，小於 2 秒就會變慢)。

```
import os
os.chdir('/content/drive/MyDrive/Colab Notebooks')  # Colab 換路徑使用，本機或
                                                     Jupyter 環境可以刪除

from moviepy.editor import *
from moviepy.video.fx.all import *
video = VideoFileClip("oxxostudio.mp4")       # 讀取影片
output_1 = speedx(video, factor=2)            # 2 倍速
output_2 = speedx(video, factor=0.5)          # 0.5 倍速
output_3 = speedx(video, final_duration=2)    # 將影片變成 2 秒長

output_1.write_videofile("output_1.mp4",temp_audiofile="temp-audio.m4a", remove_
temp=True, codec="libx264", audio_codec="aac")
output_2.write_videofile("output_2.mp4",temp_audiofile="temp-audio.m4a", remove_
temp=True, codec="libx264", audio_codec="aac")
output_3.write_videofile("output_3.mp4",temp_audiofile="temp-audio.m4a", remove_
temp=True, codec="libx264", audio_codec="aac")

print('ok')
```

✤ (範例程式碼：ch15/code020.py)

倒轉影片

載入 moviepy.video.fx.all 的特效模組，使用 moviepy 讀取影片後，使用 time_mirror 方法可以倒轉影片，使用 time_symmetrize 方法可以讓影片播到底之後倒轉播放回頭，長度會變成兩倍長，下方的程式碼執行後，會產生兩段會倒轉播放的影片：

```
import os
os.chdir('/content/drive/MyDrive/Colab Notebooks')  # Colab 換路徑使用，本機或
                                                     Jupyter 環境可以刪除

from moviepy.editor import *
from moviepy.video.fx.all import *
video = VideoFileClip("oxxostudio.mp4")    # 讀取影片
```

```
output_1 = time_mirror(video)                    # 反轉影片
output_2 = time_symmetrize(video)                # 播到底後反轉影片回頭

output_1.write_videofile("output_1.mp4",temp_audiofile="temp-audio.m4a", remove_
temp=True, codec="libx264", audio_codec="aac")
output_2.write_videofile("output_2.mp4",temp_audiofile="temp-audio.m4a", remove_
temp=True, codec="libx264", audio_codec="aac")

print('ok')
```

✤ (範例程式碼：ch15/code021.py)

15-7 調整影片亮度、對比、顏色

這個範例會使用 Python 的 moviepy 第三方函式庫，讀取影片並調整影片的亮度、對比和顏色 (黑白影片、負片效果 ... 等)。

調整影片亮度與對比

載入 moviepy.video.fx.all 的特效模組，使用 moviepy 讀取影片後，使用 lum_contrast 方法，就能調整影片的亮度和對比，lum_contrast 有下列幾個參數：

參數	說明
clip	要套用效果的影片。
lum	亮度，預設 0，範圍 -255 ～ 255，數字越大越亮。
contrast	對比度，預設 0，正常範圍 -1 ～ 3 (最大約 3 ～ 5，超過後產生的顏色會固定)，若小於 -1 顏色會反轉。
contrast_thr	對比臨界值，預設 127，通常不需做設定。

下方的程式碼執行後，會四個亮度對比不同的影片。

```
import os
os.chdir('/content/drive/MyDrive/Colab Notebooks')  # Colab 換路徑使用，本機或
                                                      Jupyter 環境可以刪除
```

```
from moviepy.editor import *
from moviepy.video.fx.all import *
video = VideoFileClip("oxxostudio.mp4")
output_1 = lum_contrast(video, lum=-50, contrast=0)     # 亮度減少 50
output_2 = lum_contrast(video, lum=150, contrast=0)     # 亮度增加 150
output_3 = lum_contrast(video, lum=0, contrast=-0.5)    # 對比減少 0.5
output_4 = lum_contrast(video, lum=0, contrast=2)       # 對比增加 2

output_1.write_videofile("output_1.mp4",temp_audiofile="temp-audio.m4a", remove_
temp=True, codec="libx264", audio_codec="aac")
output_2.write_videofile("output_2.mp4",temp_audiofile="temp-audio.m4a", remove_
temp=True, codec="libx264", audio_codec="aac")
output_3.write_videofile("output_3.mp4",temp_audiofile="temp-audio.m4a", remove_
temp=True, codec="libx264", audio_codec="aac")
output_4.write_videofile("output_4.mp4",temp_audiofile="temp-audio.m4a", remove_
temp=True, codec="libx264", audio_codec="aac")

print('ok')
```

✤（範例程式碼：ch15/code022.py）

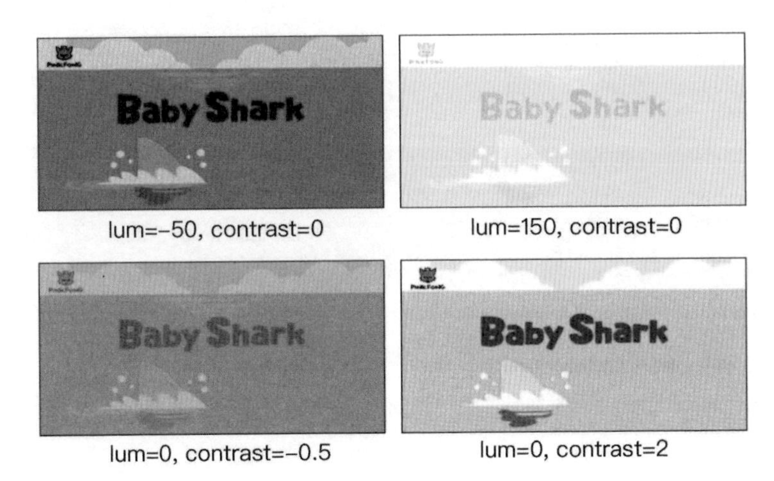

lum=-50, contrast=0　　lum=150, contrast=0

lum=0, contrast=-0.5　　lum=0, contrast=2

調整影片顏色

載入 moviepy.video.fx.all 的特效模組，使用 moviepy 讀取影片後，有下列幾種方法可以調整影片的顏色：

方法	說明
blackwhite	轉換成黑白影片。
invert_colors	反轉影片顏色 (負片效果)。
gamma_corr	調整影片 gamma 值，包含一個參數，預設 0。
colorx	調整影片色彩，包含一個參數，預設 0，範圍約 -1 ～ 2。

```
import os
os.chdir('/content/drive/MyDrive/Colab Notebooks')  # 使用 Colab 要換路徑使用，
                                                      本機環境可以刪除

from moviepy.editor import *
from moviepy.video.fx.all import *
video = VideoFileClip("oxxostudio.mp4")
output_1 = colorx(video, 1.5)       # 調整顏色
output_2 = gamma_corr(video, 1)     # 調整 gamma 值
output_3 = blackwhite(video)        # 黑白影片
output_4 = invert_colors(video)     # 負片效果

output_1.write_videofile("output_1.mp4",temp_audiofile="temp-audio.m4a", remove_
temp=True, codec="libx264", audio_codec="aac")
output_2.write_videofile("output_2.mp4",temp_audiofile="temp-audio.m4a", remove_
temp=True, codec="libx264", audio_codec="aac")
output_3.write_videofile("output_3.mp4",temp_audiofile="temp-audio.m4a", remove_
temp=True, codec="libx264", audio_codec="aac")
output_4.write_videofile("output_4.mp4",temp_audiofile="temp-audio.m4a", remove_
temp=True, codec="libx264", audio_codec="aac")

print('ok')
```

✤ (範例程式碼：ch15/code023.py)

colorx(clip, 1.5)

gamma_corr(clip, 1)

blackwhite(clip)

invert_colors(clip)

15-8 影片轉換為 git 動畫

這個範例會使用 Python 的 moviepy 第三方函式庫，讀取影片並將影片轉換成 gif 動畫。

影片轉換為 gif 動畫 (基本用法)

載入 moviepy 讀取影片後，使用 write_gif 方法，就能將影片轉換成 gif 圖檔。

```
import os
os.chdir('/content/drive/MyDrive/Colab Notebooks')  # Colab 換路徑使用，本機或
                                                      Jupyter 環境可以刪除

from moviepy.editor import *
video = VideoFileClip("oxxostudio.mp4")   # 讀取影片
output = video.resize((360, 180))         # 壓縮影片
output = output.subclip(13, 15)           # 取出 13～15 秒的片段
output.write_gif("output.gif")            # 將這個片段轉換成 gif
print('ok')
```

✤ (範例程式碼：ch15/code024.py)

影片轉換為 gif 動畫 (進階設定)

透過設定 write_gif 的參數，就能做出更進階的 gif 動畫檔案設定，常用的參數如下：

參數	說明
filename	動畫檔案名稱。
fps	一秒多少格，預設跟影片相同。
loop	是否重複播放，可設定 True (預設) 或 False 或數字 (重複幾次)。
colors	色彩數量，預設 256，範圍 2 ~ 256。
program	使用哪種編碼器轉換，可設定 ffmpeg (預設) 或 imageio。

下方的程式碼執行後，會產生四張長度為兩秒的 gif 動畫，每個動畫裡每秒的格數不同，呈現的效果就會不太相同。

```
import os
os.chdir('/content/drive/MyDrive/Colab Notebooks')  # Colab 換路徑使用，本機或
                                                      Jupyter 環境可以刪除

from moviepy.editor import *
video = VideoFileClip("oxxostudio.mp4")
output = video.resize((360,180))
output = output.subclip(13,15)
output.write_gif("output_fps24.gif", fps=24)                  # 256 色一秒 24 格
output.write_gif("output_fps8.gif", fps=8)                    # 256 色一秒 8 格
output.write_gif("output_fps8_c2.gif", fps=8, colors=2)       # 2 色一秒 8 格
output.write_gif("output_fps8_c16.gif", fps=8, colors=16)     # 16 色一秒 8 格
print('ok')
```

✤ (範例程式碼：ch15/code025.py)

15-9 影片中加入文字

這個範例會使用 Python 的 moviepy 第三方函式庫讀取影片，搭配 Pillow 函式庫在影片中加入中文與英文字，最後還會將加入文字的影片轉

換成 gif 動畫，做出有趣的梗圖效果 (因為 moviepy 內建方法 TextClip 還要額外安裝 ImageMagick，所以使用 Pillow 加入文字)。

安裝 Pillow

輸入下列指令安裝 Pillow，根據個人環境使用 pip 或 pip3，如果使用 Colab 或 Anaconda Jupyter，已經內建 Pillow 函式庫 (重裝則使用 !pip)。

```
!pip install Pillow
```

使用 Pillow 產生文字字卡

載入 PIL 的 Image、ImageFont 和 ImageDraw 模組，按照下列步驟建立背景透明的文字字卡：

- 使用 Image.new 建立色彩模式為 RGBA，尺寸 360x180 的空白圖片。
- 使用 ImageFont.truetype 設定文字的字型和尺寸 (字型使用 Google Font 的 https://fonts.google.com/noto/specimen/Noto+Sans+TC)。
- 使用 ImageDraw.Draw 建立繪圖物件。
- 使用 text 方法在圖片中寫入文字。

```
import os
os.chdir('/content/drive/MyDrive/Colab Notebooks')    # Colab 換路徑使用，本機或
                                                         Jupyter 環境可以刪除

from PIL import Image, ImageFont, ImageDraw

img = Image.new('RGBA', (360, 180))                      # 建立色彩模式為 RGBA，
                                                           尺寸 360x180 的空白圖片
font = ImageFont.truetype('NotoSansTC-Regular.otf', 40) # 設定字型與尺寸
draw = ImageDraw.Draw(img)                               # 準備在圖片上繪圖
# 將文字畫入圖片
draw.text((10,120),'OXXO.STUDIO',fill=(255,255,255),font=font,stroke_
width=2,stroke_fill='red')
draw.text(xy=(50,0), text=' 大家好 \n 哈哈 ', align='center', fill=(255,255,255),
```

```
font=font, stroke_width=2, stroke_fill='blue')
img.save('ok.png')      # 儲存為 png
```

✤（範例程式碼：ch15/code026.py）

合成影片與文字

使用 moviepy 讀取影片後，按照下列步驟將文字加入影片中：

- 使用 resize 將影片尺寸調整為字卡的大小（也可以在產生字卡圖片時，做成和影片同樣大小，就不需這個步驟）。
- 使用 subclip 剪輯出兩秒的長度（看個人需求，範例使用兩秒）。
- 使用 ImageClip 和 set_duration 將靜態圖片建立為長度兩秒的影片物件（transparent=True 設定背景透明）。
- 使用 CompositeVideoClip 將兩段影片混合。

```
import os
os.chdir('/content/drive/MyDrive/Colab Notebooks')  # Colab 換路徑使用，本機或
                                                      Jupyter 環境可以刪除

from moviepy.editor import *
from PIL import Image, ImageFont, ImageDraw

img = Image.new('RGBA', (360, 180))
font = ImageFont.truetype('NotoSansTC-Regular.otf', 40)
draw = ImageDraw.Draw(img)
draw.text((10,120), 'OXXO.STUDIO', fill=(255,255,255), font=font, stroke_
width=2, stroke_fill='red')
draw.text(xy=(50,0), text=' 大家好 \n 哈哈 ', align='center', fill=(255,255,255),
```

```
font=font, stroke_width=2, stroke_fill='blue')
img.save('ok.png')

video = VideoFileClip("baby_shark.mp4")          # 讀取影片
clip = video.resize((360,180)).subclip(10,12)    # 縮小影片尺寸，剪輯出 10 ～ 12 秒
                                                   的片段
text_clip = ImageClip("ok.png", transparent=True).set_duration(2)
# 讀取圖片，將圖片變成長度兩秒的影片

output = CompositeVideoClip([clip, text_clip])  # 混合影片
output.write_videofile("output.mp4",temp_audiofile="temp-audio.m4a", remove_
temp=True, codec="libx264", audio_codec="aac")

print('ok')
```

✤（範例程式碼：ch15/code027.py）

影片中加入文字，轉換成 gif 動畫

了解影片加入文字的原理後，參考「15-8、影片轉換為 git 動畫」、「15-3、剪輯影片」文章，就能將一段影片分割成多段影片，分別加入對應的文字，製做出有趣的梗圖 gif 動畫 (詳細說明寫在程式碼內，影片來源：https://www.youtube.com/watch?v=D-slU_1gmJA)。

```
import os
os.chdir('/content/drive/MyDrive/Colab Notebooks')  # Colab 換路徑使用，本機或
                                                      Jupyter 環境可以刪除

from moviepy.editor import *
from PIL import Image, ImageFont, ImageDraw
```

```
img_empty = Image.new('RGBA', (360, 180))                        # 產生 RGBA 空圖片
font = ImageFont.truetype('NotoSansTC-Regular.otf', 24)          # 設定文字字體和大小
video = VideoFileClip("oxxostudio.mp4").resize((360,180))        # 讀取影片，改變尺寸
output_list = []       # 記錄最後要組合的影片片段

# 建立文字字卡函式
def text_clip(xy, text, name):
    img = img_empty.copy()       # 複製空圖片
    draw = ImageDraw.Draw(img)   # 建立繪圖物件，並寫入文字
    draw.text(xy, text, fill=(255,255,255), font=font, stroke_width=2, stroke_
fill='black')
    img.save(name)               # 儲存

# 建立影片和文字合併的函式
def text_in_video(t, text_img):
    clip = video.subclip(t[0],t[1])     # 剪輯影片到指定長度
    text = ImageClip(text_img, transparent=True).set_duration(t[1]-t[0])
# 讀取字卡，調整為影片長度
    combine_clip = CompositeVideoClip([clip, text])  # 合併影片和文字
    output_list.append(combine_clip)    # 添加到影片片段裡

# 文字串列，包含座標和內容
text_list = [
    [(100,140),'你到底要怎樣？'],
    [(90,140),'給我 CDPRO2 呀！'],
    [(60,140),'但是 CDPRO2 過時啦！']
]

# 影片串列，包含要切取的時間片段
video_list = [
    [13,16],
    [21,24],
    [38,41]
]

# 使用 for 迴圈，產生文字字卡
for i in range(len(text_list)):
    text_clip(text_list[i][0], text_list[i][1], f'text_{i}.png')

# 使用 for 迴圈，合併字卡和影片
for i in range(len(video_list)):
    text_in_video(video_list[i], f'text_{i}.png')
```

```
output = concatenate_videoclips(output_list)        # 合併所有影片片段
output.write_gif("output.gif", fps=6, colors=32)  # 轉換成 gif 動畫
print('ok')
```

✣（範例程式碼：ch15/code028.py）

15-10 影片自動加上字幕

這個範例會使用 Python 的 Pillow 函式庫，將外部字幕檔案轉換成字卡，搭配 moviepy 函式庫，將字幕字卡與影片進行合成，實作影片自動加上字幕的效果。

安裝 Pillow

輸入下列指令安裝 Pillow，根據個人環境使用 pip 或 pip3，如果使用 Colab 或 Anaconda Jupyter，已經內建 Pillow 函式庫（ 重裝則使用 !pip ）。

```
!pip install Pillow
```

讀取字幕，轉換成組合用的串列

延伸「17-7、下載 Youtube 影片 (mp4、mp3、字幕)」文章，下載影片與字幕檔，下載後開啟字幕檔案，觀察字幕檔案的構成方式：

```
1
00:00:09,280 --> 00:00:12,480
鯊魚寶寶

2
00:00:27,840 --> 00:00:34,400
鯊魚寶寶，嘟嘟嘟嘟嘟嘟

3
00:00:34,400 --> 00:00:36,200
鯊魚寶寶

4
00:00:36,200 --> 00:00:43,080
鯊魚媽媽，嘟嘟嘟嘟嘟嘟

5
00:00:43,080 --> 00:00:44,800
鯊魚媽媽
```

撰寫下方的程式，將字幕檔案的內容，根據字串拆分的規則，轉換成「時間串列」和「字幕文字串列」，其中時間串列需要將「時分秒」轉換成「總秒數」，詳細說明標注在程式碼中：

```
import os
os.chdir('/content/drive/MyDrive/Colab Notebooks')  # Colab 換路徑使用，本機或
                                                      Jupyter 環境可以刪除

# 定義轉換為總秒數的函式
def time2sec(t):
    arr = t.split(' --> ')    # 根據「' --> '」拆分文字
    s1 = arr[0].split(',')    # 前方的文字為開始時間
    s2 = arr[1].split(',')    # 後方的文字為結束時間
    # 計算開始時間的總秒數
    start = int(s1[0].split(':')[0])*3600 + int(s1[0].split(':')[1])*60 +
int(s1[0].split(':')[2]) + float(s1[1])*0.001
    # 計算結束時間的總秒數
    end = int(s2[0].split(':')[0])*3600 + int(s2[0].split(':')[1])*60 +
int(s2[0].split(':')[2]) + float(s2[1])*0.001
    return [start, end]       # 回傳開始時間與結束時間的串列

f = open('oxxostudio.srt','r')  # 使用 open 方法的 r 開啟字幕檔案
srt = f.read()                  # 讀取字幕檔案內容
f.close()                       # 關閉檔案
```

```
srt_list = srt.split('\n')    # 將內容根據換行符號 \n 拆分成串列
sec = 1                       # 串列中秒數從第二項開始 ( 串列的第二項的索引值為 1 )
text = 2                      # 串列中文字內容從第三項開始 ( 串列的第三項的索引值為 2 )
sec_list = [[0,0]]            # 定義時間串列的開頭為 [0,0]
text_list = ['']              # 定義字幕內容串列的開頭為空字串 ''
# 使用迴圈，讀取字幕檔案串列的每個項目
for i in range(len(srt_list)):
    if i == sec:
        sec = sec + 4         # 如果遇到時間內容，就將 sec + 4 ( 因為時間每隔 4 個項目
                                會出現 )
        # 如果兩個串列項目內容前後對不上 ( 前一個結束時間不等於後一個的開始時間 )
        if sec_list[-1][1] != time2sec(srt_list[i])[0]:
            # 在時間串列中間添加一個開始時間與結束時間內容 ( 表示該區間沒有字幕 )
            sec_list.append([sec_list[-1][1],time2sec(srt_list[i])[0]])
            # 在文字串列中間添加一個空字串 ( 表示該區間沒有字幕 )
            text_list.append('')
        sec_list.append(time2sec(srt_list[i]))  # 添加時間到時間串列
    if i == text:
        text = text + 4                   # 如果遇到文字內容，就將 text + 4 ( 因為文字
                                            每隔 4 個項目會出現 )
        text_list.append(srt_list[i]) # 添加文字到文字串列

print(sec_list)
print(text_list)
```

✜ (範例程式碼：ch15/code029.py)

```
[[0, 0], [0, 9.28], [9.28, 12.48], [12.48, 27.84], [27.84, 34.4],
[34.4, 36.2], [36.2, 43.08], [43.08, 44.8], [44.8, 48.92], [48.92,
53.12], [53.12, 59.84], [59.84, 62.32], [62.32, 68.08], [68.08, 69.
52], [69.52, 76.4], [76.4, 77.76], [77.76, 84.16], [84.16, 85.36],
[85.36, 87.68], [87.68, 94.0], [94.0, 95.6], [95.6, 102.72]]
['', '', '鯊魚寶寶', '', '鯊魚寶寶，嘟嘟嘟嘟嘟嘟', '鯊魚寶寶', '鯊魚媽媽，
嘟嘟嘟嘟嘟嘟', '鯊魚媽媽', '鯊魚爸爸，嘟嘟嘟嘟嘟嘟', '鯊魚爸爸', '鯊魚阿嬤，
嘟嘟嘟嘟嘟嘟', '鯊魚阿嬤', '鯊魚阿公，嘟嘟嘟嘟嘟嘟', '鯊魚阿公', '來打獵吧，
嘟嘟嘟嘟嘟嘟', '來打獵吧', '快逃跑呀，嘟嘟嘟嘟嘟嘟', '快逃跑呀', '', '安全
了，嘟嘟嘟嘟嘟嘟', '安全了', '掰掰囉，嘟嘟嘟嘟嘟嘟']
```

合併影片與字幕

參考「15-9、影片中加入文字」文章，將字幕串列與時間串列組合，產生文字字卡，並根據時間串列切割原始影片，將影片片段與字卡組合，就能輸出為帶有字幕的影片了，詳細說明寫在程式碼中：

```
import os
os.chdir('/content/drive/MyDrive/Colab Notebooks')  # Colab 換路徑使用，本機或
                                                      Jupyter 環境可以刪除

from moviepy.editor import *
from PIL import Image, ImageFont, ImageDraw

def time2sec(t):
    arr = t.split(' --> ')
    s1 = arr[0].split(',')
    s2 = arr[1].split(',')
    start = int(s1[0].split(':')[0])*3600 + int(s1[0].split(':')[1])*60 +
int(s1[0].split(':')[2]) + float(s1[1])*0.001
    end = int(s2[0].split(':')[0])*3600 + int(s2[0].split(':')[1])*60 +
int(s2[0].split(':')[2]) + float(s2[1])*0.001
    return [start, end]

f = open('oxxostudio.srt','r')
srt = f.read()
f.close()
srt_list = srt.split('\n')
#print(text_list)
sec = 1
text = 2
srt_list = [[0,0]]
text_list = ['']
for i in range(len(srt_list)):
    if i == sec:
        sec = sec + 4
        if sec_list[-1][1] != time2sec(srt_list[i])[0]:
            sec_list.append([sec_list[-1][1],time2sec(srt_list[i])[0]])
            text_list.append('')
        sec_list.append(time2sec(srt_list[i]))
    if i == text:
        text = text + 4
        text_list.append(srt_list[i])

print(sec_list)
print(text_list)

img_empty = Image.new('RGBA', (480, 240))                        # 產生 RGBA 空圖片
font = ImageFont.truetype('NotoSansTC-Regular.otf', 20)    # 設定文字字體和大小
video = VideoFileClip("baby_shark.mp4").resize((480,240)) # 讀取影片，改變尺寸
```

```
video_duration = float(video.duration)                  # 讀取影片總長度
output_list = []                                        # 記錄最後要組合的影片片段

# 如果字幕最後的時間小於總長度
if sec_list[-1][1] != video_duration:
    sec_list.append([sec_list[-1][1],video_duration]) # 添加時間到時間串列
    text_list.append('')                              # 添加空字串到文字串列

# 建立文字字卡函式
def text_clip(text, name):
    img = img_empty.copy()      # 複製空圖片
    draw = ImageDraw.Draw(img) # 建立繪圖物件，並寫入文字
    text_width = 21*len(text)   # 在 480x240 文字大小 20 狀態下，一個中文字長度約 21px
    draw.text(((480-text_width)/2,10), text, fill=(255,255,255), font=font, 
stroke_width=2, stroke_fill='black')
    img.save(name)              # 儲存

# 建立影片和文字合併的函式
def text_in_video(t, text_img):
    clip = video.subclip(t[0],t[1])                    # 剪輯影片到指定長度
    text = ImageClip(text_img, transparent=True).set_duration(t[1]-t[0]) 
# 讀取字卡，調整為影片長度
    combine_clip = CompositeVideoClip([clip, text])    # 合併影片和文字
    output_list.append(combine_clip)                   # 添加到影片片段裡

# 使用 for 迴圈，產生文字字卡
for i in range(len(text_list)):
    text_clip(text_list[i], 'srt.png')
    text_in_video(sec_list[i], 'srt.png')

output = concatenate_videoclips(output_list)           # 合併所有影片片段
output.write_videofile("output.mp4",temp_audiofile="temp-audio.m4a", remove_
temp=True, codec="libx264", audio_codec="aac")
print('ok')
```

✣（範例程式碼：ch15/code030.py）

執行程式後，就會產生一個 480x240 帶有字幕的影片（下圖的影片截圖上方，有中文字幕）。

15-11 影片截圖、圖片轉影片

這個範例會使用 Python 的 moviepy 第三方函式庫，將影片進行單張圖片的截圖 (擷取某個影格儲存為圖片)，以及將單張圖片或 gif 動畫圖片轉換成影片。

影片截圖

載入 moviepy 讀取影片後，使用 save_frame 方法，就能將指定時間的影格，儲存為圖片 (支援 jpg、png)，下方的程式碼執行後，會擷取 20 秒、20.1 秒和 20.2 秒三張圖片。

```
import os
os.chdir('/content/drive/MyDrive/Colab Notebooks')   # Colab 換路徑使用，本機或
                                                       Jupyter 環境可以刪除

from moviepy.editor import *
```

```
video = VideoFileClip("oxxostudio.mp4")
frame = video.save_frame("frame1.jpg", t = 22)
frame = video.save_frame("frame2.jpg", t = 22.1)
frame = video.save_frame("frame3.jpg", t = 22.2)
print('ok')
```

✤（範例程式碼：ch15/code031.py）

單張圖片轉影片

使用 ImageClip 方法搭配 set_duration，可以讀取單張圖片，並將其轉換成指定秒數的影片，需要注意的是，因為單張圖片沒有 fps（一秒幾格），所以輸出時要額外設定 fps。

```
import os
os.chdir('/content/drive/MyDrive/Colab Notebooks')  # Colab 換路徑使用，本機或
                                                      Jupyter 環境可以刪除

from moviepy.editor import *
img_clip = ImageClip("oxxostudio.jpg", transparent=True).set_duration(2)
img_clip.write_videofile("output.mp4",fps=30, temp_audiofile="temp-audio.m4a",
remove_temp=True, codec="libx264", audio_codec="aac")
print('ok')

如果在轉換圖片時，額外設定 set_start 起始時間以及 crossfadein 淡入時間，搭配
CompositeVideoClip 混合影片，就能套用「淡入淡出」的效果，組合多張靜態圖片。
import os
os.chdir('/content/drive/MyDrive/Colab Notebooks')  # Colab 換路徑使用，本機或
                                                      Jupyter 環境可以刪除

from moviepy.editor import *

img1 = ImageClip("oxxo1.jpg", transparent=True).set_duration(3)
img2 = ImageClip("oxxo2.jpg", transparent=True).set_duration(4).set_start(2).
crossfadein(1)
img3 = ImageClip("oxxo3.jpg", transparent=True).set_duration(3).set_start(5).
crossfadein(1)

output = CompositeVideoClip([img1,img2,img3])

output.write_videofile("output.mp4",fps=30, temp_audiofile="temp-audio.m4a",
remove_temp=True, codec="libx264", audio_codec="aac")
print('ok')
```

✤（範例程式碼：ch15/code032.py）

組合的原理如下圖所示，img1 有三秒，img2 四秒，img3 三秒，總長度八秒。

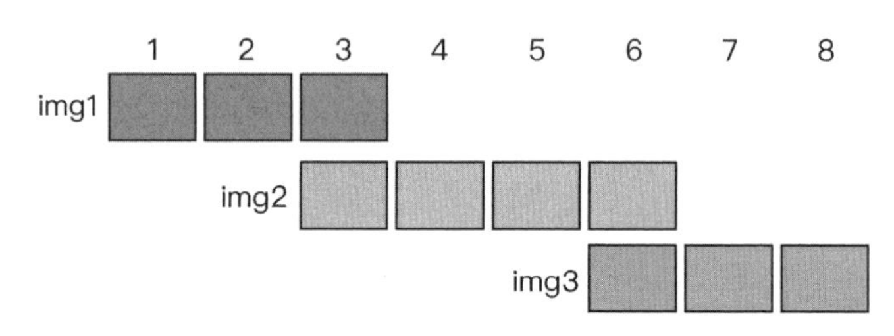

gif 圖片轉影片

使用讀取影片的 VideoFileClip 方法開啟 gif 動畫，再使用 write_videofile 方法，就能將 gif 動畫圖檔轉換成影片。

```
import os
os.chdir('/content/drive/MyDrive/Colab Notebooks')   # Colab 換路徑使用，本機或
                                                      Jupyter 環境可以刪除

from moviepy.editor import *
video = VideoFileClip("oxxostudio.gif")
video.write_videofile("output.mp4",temp_audiofile="temp-audio.m4a", remove_
temp=True, codec="libx264", audio_codec="aac")
print('ok')
```

✣（範例程式碼：ch15/code033.py）

小結

這個章節所介紹的 moviepy 函式庫可以讓使用者更輕鬆地進行 Python 影片處理，從影片轉檔到影片剪輯、合併、混合等操作，再到影片尺寸、速度、亮度、色彩等調整技巧，以及如何加入文字、字幕和聲音等多種影片處理技巧，都可以讓使用者更輕鬆的呈現自己的想法，實現自己的影音創作夢想。希望透過這個章節的學習，掌握 Python 影片處理的基本技能，並進一步發揮自己的想像力和創造力，創作出更加精彩的影音作品。

第 16 章

Python 網路爬蟲

在網路與生活密不可分的現今社會，網路爬蟲已經成為了非常重要的技術。透過網路爬蟲，我們可以快速取得網站上的大量資料，而這些資料可以用於各種用途，例如做市場調查、做產品分析、做商業智慧等等。

這個章節會介紹 Python 網路爬蟲的相關知識以及實作技巧，並講解 Requests、Beautiful Soup、Selenium 等常用的 Python 函式庫，接著以實際案例來講解如何透過 Python 爬取 PTT 八卦版文章標題、PTT 正妹圖片、空氣品質指標、天氣預報、臺灣銀行牌告匯率、統一發票號碼對獎、Yahoo 股市即時股價、LINE TODAY 留言 ... 等，透過這些案例，將所學到的爬蟲技巧應用於實際開發中。

- 這個章節如果沒有特別強調本機環境，表示可以使用 Google Colab 實作，不用安裝任何軟體。
- 如果使用 Colab 操作需要連動 Google 雲端硬碟，請參考：「2-1、使用 Google Colab」。
- 本章節範例程式碼：
  https://github.com/oxxostudio/book-code/tree/master/python/ch16

16-1 關於網路爬蟲

網路爬蟲 (spider 或 web crawler)，是一種可以「自動」瀏覽全球資訊網的網路機器人，許多的搜尋入口網站 (例如 Google)，都會透過網路爬蟲收集網路上的各種資訊，進一步分析後成為使用者搜尋的資料，許多開發者也會自行開發不同的爬蟲程式，進行大數據收集與分析的動作。

靜態網頁爬蟲

靜態網站是指網站完成一個請求 (request) 與回應 (response) 後，用戶端即不再與伺服器有任何的交流，所有的互動都只與瀏覽器的網頁互動，資訊不會傳遞到後端伺服器。

通常靜態網站爬蟲比較容易實作，只要爬蟲已經閱讀完整份網頁，就可以取得這個網頁所有的資訊進行分析 (如同去餐廳吃飯點了餐，餐送上來之後就可以慢慢品嚐)。

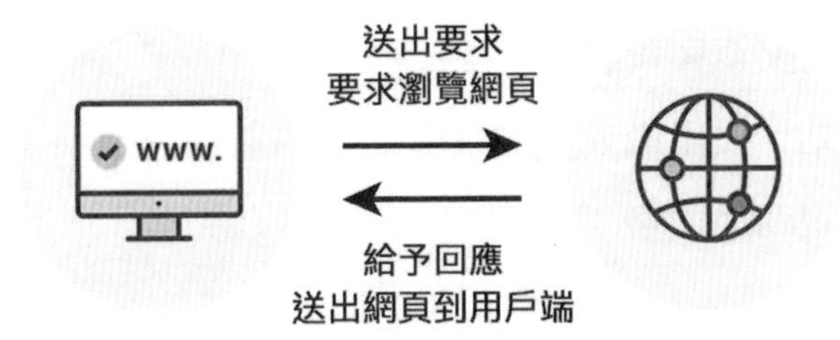

動態網頁爬蟲

動態網站是指網站會依照使用者的行為不斷的與伺服器進行交流，例如傳送了 apple 資訊給伺服器，資訊經過伺服器處理後，才會回應 apple 是甜的、紅的、脆的 ... 等相關資訊，不少動態網站甚至需要進行「登入」的動作，像是 Facebook、Instagram... 等。

通常動態網站爬蟲實作比較複雜，爬蟲必須要知道網站需要什麼「資訊」，提供了正確的資訊，才能取得所需要的資料 (如同開啟保險箱一般，輸入了正確的密碼，才能開啟保險箱的內容)。

使用爬蟲有什麼好處與應用？

網路爬蟲可以透過過程式「自動抓取」網站資料，所以能夠取代許多純人工手動取得資料的過程，大幅節省時間，以下列舉幾種相關的應用：

- 取得天氣資訊
- 取得股票價格、匯率
- 下載網頁所有圖片
- 取得最新 Youtube 影片清單
- 取得論壇最新文章與資訊
- 比較不同網站，找出最划算的票價
- 定期監測特定商品價格

使用爬蟲的禮儀

單純使用網路爬蟲並不違法，但如果過度使用網路爬蟲，造成伺服器過大的負擔，或者透過爬蟲搭配駭客技術來攻擊網站，就有可能因此違法，所以在使用網路爬蟲時，需要注意相關的禮儀：

- 不造成網站伺服器的負擔

  每次爬取資料時，設定適當的等待延遲，避免短時間內送出大量的請求而造成伺服器的負擔 (DDoS 攻擊，根據刑法第 360 條可能會觸法)。

- 確認網站是否有提供 API

如果網站有提供 API 供第三方直接取得資料，可以直接透過 API 抓取資料，節省讀取與分析網站 HTML 的時間。

- 注意 robots.txt

  robots.txt 會規範一個網站允許什麼樣的 User-Agent 訪問，也會規範 Crawl-delay 訪問間隔時間，如果 Crawl-delay 設定 1，表示這個網站期望每次訪問的時間間隔一秒鐘。

16-2 破解反爬蟲的方法

「反爬蟲」主要是針對「惡意的爬蟲程式」所設計的防堵技術，許多網站為了保護資料或減少網頁負擔，多少都會加入一些「反爬蟲」機制，這個小節將會介紹一些破解反爬蟲的方法，可以針對一些簡單的反爬蟲機制，進行對應的處理。

> 其實反爬蟲的機制非常的多變 (甚至有些還會用一問一答的方式)，不過也有很多網站沒有加上反爬蟲的保護，甚至直接提供了 API 的方式來讓爬蟲獲取資料，總而言之，如果有 API 就直接取用，如果沒有 API 又遇上反爬蟲，就只能針對反爬蟲的機制，採取對應的措施了。

常見的反爬蟲方式

「反爬蟲」主要是針對「惡意的爬蟲程式」所設計的防堵技術，許多網站為了保護資料、減少網頁負擔、或避免網頁上的公開資訊被網頁爬蟲給抓取，多少都會押入一些「反爬蟲」機制，常見的反爬蟲機制有下列幾種：

- 判斷瀏覽器 headers 資訊

  利用 headers 判斷來源是否合法，headers 通常會由瀏覽器自動產生，直接透過程式所發出的請求預設沒有 headers，破解難度：低。

- 使用動態頁面

  將網頁內容全部由動態產生，大幅增加爬蟲處理網頁結構的複雜度，破解難度：中低。

- 加入使用者行為判斷

  在網頁的某些元素，加入使用者行為的判斷，例如滑鼠移動順序、滑鼠是否接觸 ... 等，增加爬蟲處理的難度，破解難度：中。

- 模擬真實用戶登入授權

  在使用者登入時，會將使用者的授權 (token) 加入瀏覽器的 Cookie 當中，藉由判斷 Cookie 確認使用者是否合法，破解難度：中。

- 加入驗證碼機制

  相當常見的驗證機制，可相當程度的防堵惡意的干擾與攻擊，對於非人類操作與大量頻繁操作都有不錯的防範機制 (例如防堵高鐵搶票、演唱會搶票 ... 等)，破解難度：高。

- 封鎖代理伺服器與第三方 IP

  針對惡意攻擊的 IP 進行封鎖，破解難度：高

加入瀏覽器 headers 資訊

針對「判斷瀏覽器 headers 資訊」的網頁，只要能透過爬蟲程式，送出模擬瀏覽器的 headers 資訊，就能進行破解。模擬 headers 常用的內容：

```
Mozilla/5.0 (Windows NT 6.1) AppleWebKit/537.36 (KHTML, like Gecko) Chrome/
52.0.2743.116 Safari/537.36
```

或

```
Mozilla/5.0 (Macintosh; Intel Mac OS X 10_13_6) AppleWebKit/605.1.15 (KHTML,
like Gecko) Version/12.0.3 Safari/605.1.15
```

使用 Requests 函式庫：

```
import requests
url = '要爬的網址'
# 假的 headers 資訊
headers = {'user-agent': 'Mozilla/5.0 (Windows NT 6.1) AppleWebKit/537.36 (KHTML,
like Gecko) Chrome/52.0.2743.116 Safari/537.36'}
# 加入 headers 資訊
web = requests.get(url, headers=headers)
web.encoding = 'utf8'
print(web.text)
```

✜（範例程式碼：ch16/code001.py）

使用 Selenium 函式庫：

```
from selenium import webdriver
# 假的 headers 資訊
user_agent = "Mozilla/5.0 (Macintosh; Intel Mac OS X 10_13_6) AppleWebKit/
605.1.15 (KHTML, like Gecko) Version/12.0.3 Safari/605.1.15"
opt = webdriver.ChromeOptions()
# 加入 headers 資訊
opt.add_argument('--user-agent=%s' % user_agent)
driver = webdriver.Chrome('./chromedriver', options=opt)
driver.get('要爬的網址')
```

✜（範例程式碼：ch16/code002.py）

清空 window.navigator

有些反爬蟲的網頁，會檢測瀏覽器的 window.navigator 是否包含 webdriver 屬性，在正常使用瀏覽器的情況下，webdriver 屬性是 undefined，一旦使用了 selenium 函式庫，這個屬性就被初始化為 true，只要藉由 Javascript 判斷這個屬性，就能簡單的進行反爬蟲。

下方的程式使用 selenium webdriver 的 execute_cdp_cmd 的方法，將 webdriver 設定為 undefined，就能避開這個檢查機制。

```
from selenium import webdriver
driver = webdriver.Chrome('./chromedriver')
driver.execute_cdp_cmd("Page.addScriptToEvaluateOnNewDocument", {
  "source": """
    Object.defineProperty(navigator, 'webdriver', {
```

```
        get: () => undefined
      })
  """
})
```

✤（範例程式碼：ch16/code003.py）

解析動態頁面

針對「使用動態頁面」的網頁，只要確認動態頁面的架構，就能進行破解，如果打開的網頁是動態頁面，「檢視網頁原始碼」時看到的結構往往會很簡單，通常都只會是一些簡單的 HTML、CSS 和壓縮過的 js 文件。

自動換行 ☐

```
1  <!DOCTYPE html><html class="zh" lang="zh"><head><meta charSet="utf-8"/><meta content="on"
2          a, div { -webkit-tap-highlight-color: transparent; text-decoration: none; }
3          input::placeholder { color: #b5b5b5; }
4          input[type="search"]::-webkit-search-decoration,
5          input[type="search"]::-webkit-search-cancel-button,
6          input[type="search"]::-webkit-search-results-button,
7          input[type="search"]::-webkit-search-results-decoration,
8          video::-internal-media-controls-overlay-cast-button {
9            display: none;
10         }
11         :root{--color-text-default:#111;--color-text-subtle:#767676;--color-text-success:
```

這時可以使用 Chrome 開啟網頁，在網頁任意位置按下滑鼠右鍵，選擇「檢視」，開啟 Chrome 開發者工具，從中就能看到動態網頁載入後的完整架構。

```
<!DOCTYPE html>
<html class="zh" lang="zh">
▸ <head>…</head>
▾ <body>
  ▾ <div id="__PWS_ROOT__" data-reactcontainer="true">
    ▾ <div class="zI7 iyn Hsu">
      ▾ <div class="zI7 iyn Hsu">
        ▾ <div role="main">
          ▸ <style>…</style>
          ▸ <div class="zI7 iyn Hsu">…</div>
          ▾ <div class="zI7 iyn Hsu">
            ▸ <div data-test-id="unauth-header" class="QLY XiG zI7 iyn Hsu" style="z-index: 9999; width: 100%;">…</div>
            ▾ <div id="mweb-unauth-container" class="zI7 iyn Hsu">
              ▾ <div data-layout-shift-boundary-id="ProfilePageContainer" class="hUC wYR zI7 iyn Hsu">
                ▾ <div class="Jea fZz jzS snW wsz zI7 iyn Hsu"> flex
                  ▾ <div class="kKU zI7 iyn Hsu">
                    ▸ <div data-test-id="profile-header" class="Jea a3i gjz jzS zI7 iyn Hsu">…</div> flex
                    </div>
                  </div>
                ▸ <div class="zI7 iyn Hsu">…</div>
                ▸ <script type="application/ld+json">…</script>
              </div>
```

取得網頁結構後，進一步分析網頁結構，下方的程式使用 Selenium 函式庫的功能，抓取特定的網頁元素或進行指定的動作。

```
from selenium import webdriver

driver = webdriver.Chrome('./chromedriver')
driver.get(' 爬取的網址 ')
# 從載入後的動態網頁裡，找到指定的元素
imgCount = driver.find_element(By.CSS_SELECTOR, 'CSS 選擇器 ')
```

❖（範例程式碼：ch16/code004.py）

判斷使用者行為

針對「加入使用者行為判斷」的網頁，確認頁面加入的使用者行為，就能模擬並進行破解，舉例來說，有些網頁會在按鈕加上「滑鼠碰觸」的保護，如果不是真的用滑鼠碰觸，只是用程式撰寫「點擊」指令，就會被當作爬蟲而被阻擋。

下方的程式使用 Selenium 函式庫的功能，模擬出先碰觸元素，再進行點擊的動作，藉此突破這個反爬蟲的機制。

```
from selenium import webdriver
from selenium.webdriver.common.action_chains import ActionChains
submitBtn = driver.find_element(By.CSS_SELECTOR, '#submitBtn')
actions = ActionChains(driver)
```

```
# 滑鼠先移到 submitBtn 上，然後再點擊 submitBtn
actions.move_to_element(submitBtn).click(submitBtn)
actions.perform()
```

✤（範例程式碼：ch16/code005.py）

有些網頁也會判斷使用者刷新網頁的時間（通常使用者不會在極短的時間內連續刷新），這時也可以使用 time 函式庫的 sleep 方法讓網頁有所等待，避開這個檢查機制。

```
from selenium import webdriver
from time import sleep
submitBtn = driver.find_element(By.CSS_SELECTOR, '#submitBtn')
sleep(1)      # 等待一秒
submitBtn.click()
sleep(0.5)    # 等待 0.5 秒
submitBtn.click()
```

✤（範例程式碼：ch16/code006.py）

提交使用者授權

針對「模擬真實用戶登入授權」的網頁，只要知道 request 與 response 的機制後，取得 Cookie 內的 token 就能破解。舉例來說，下圖為 Ptt 八卦版網頁，從 Chrome 開發者工具裡可以看到所需要的 Cookies 資訊。

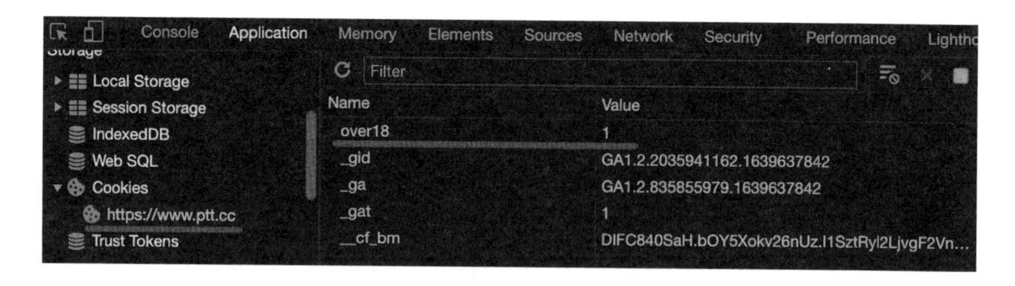

知道所需的 cookies 資訊後，就能在 Requests 函式庫裡，增加相對應的資訊，就能順利爬取到資料。

```
import requests
cookies = {'over18':'1'}
```

```
# 加入 Cookies 資訊
web = requests.get('https://www.ptt.cc/bbs/Gossiping/index.html', cookies=cookies)
print(web.text)
```

✤（範例程式碼：ch16/code007.py）

破解驗證碼

針對「加入驗證碼機制」的網頁，必須搭配一些 AI 來處理圖形、數字、文字的識別，通常只要能識別驗證碼就能破解。如果要破解一般驗證碼，需要先將網頁上的驗證碼圖片下載，再將圖片提交到 2Captcha 服務來幫我們進行辨識，等同於執行兩次爬蟲，先爬取目標網頁，在爬取 2Captcha 網頁取得辨識後的驗證碼，最後再把驗證把輸入目標網頁。

> 因為步驟較為繁複，會用另外的篇幅介紹，此處僅介紹相關的原理，更多參考：2Captcha 服務：https://2captcha.com/。

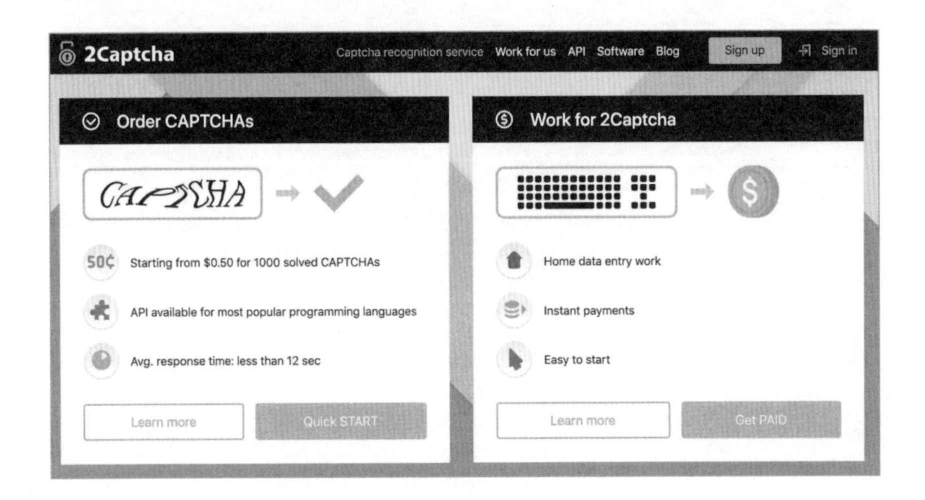

破解代理伺服器與第三方 IP 封鎖

針對「封鎖代理伺服器與第三方 IP」的網頁，通常必須更換 IP 或更換代理伺服器才能破解，許多網站上也有提供免費的 Proxy IP，以 Free Proxy

List 網站為例，就能取得許多免費的 Proxy IP。

Free Proxy List：https://free-proxy-list.net/

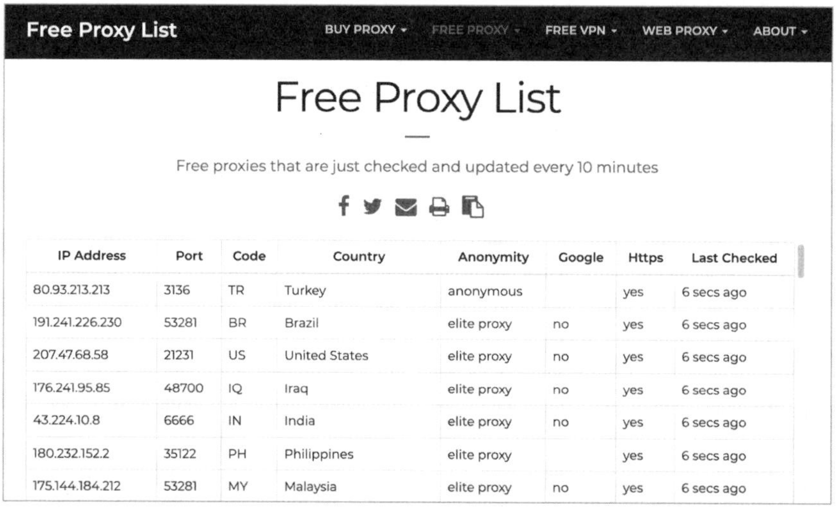

Free Proxy List BUY PROXY ▾ FREE PROXY ▾ FREE VPN ▾ WEB PROXY ▾ ABOUT ▾

Free Proxy List

Free proxies that are just checked and updated every 10 minutes

IP Address	Port	Code	Country	Anonymity	Google	Https	Last Checked
80.93.213.213	3136	TR	Turkey	anonymous		yes	6 secs ago
191.241.226.230	53281	BR	Brazil	elite proxy	no	yes	6 secs ago
207.47.68.58	21231	US	United States	elite proxy	no	yes	6 secs ago
176.241.95.85	48700	IQ	Iraq	elite proxy	no	yes	6 secs ago
43.224.10.8	6666	IN	India	elite proxy	no	yes	6 secs ago
180.232.152.2	35122	PH	Philippines	elite proxy		yes	6 secs ago
175.144.184.212	53281	MY	Malaysia	elite proxy	no	yes	6 secs ago

下方的程式碼會透過代理伺服器 IP 的方式，執行 requests 函式庫的 get 方法，如果該 IP 已經無法使用，就會出現 invalid 的提示。

```
import requests
# 建立 Proxy List
proxy_ips = ['80.93.213.213:3136',
'191.241.226.230:53281',
'207.47.68.58:21231',
'176.241.95.85:48700'
]
# 依序執行 get 方法
for ip in proxy_ips:
    try:
        result = requests.get('https://www.google.com', proxies={'http': 'ip',
'https': ip})
        print(result.text)
    except:
        print(f"{ip} invalid")
```

✤（範例程式碼：ch16/code008.py）

```
80.93.213.213:3136 invalid
<!doctype html><html itemscope="" itemtype="http://schema.org/WebPage" lang="pt-BR"><head><meta c
=UTF-8" http-equiv="Content-Type"><meta content="/logos/doodles/2021/seasonal-holidays-2021-67536
05-cst.gif" itemprop="image"><meta content="Festividades de final de ano 2021" property="twitter:
l de Ano 2021 #GoogleDoodle" property="twitter:description"><meta content="Final de Ano 2021 #Goo
scription"><meta content="summary_large_image" property="twitter:card"><meta content="@GoogleDood
e"><meta content="https://www.google.com/logos/doodles/2021/seasonal-holidays-2021-67536518371093
ter:image"><meta content="https://www.google.com/logos/doodles/2021/seasonal-holidays-2021-675365
ty="og:image"><meta content="1000" property="og:image:width"><meta content="400" property="og:ima
https://www.google.com/logos/doodles/2021/seasonal-holidays-2021-6753651837109324-2xa.gif" proper
"video.other" property="og:type"><title>Google</title><script nonce="Wl4TXwJ7vpaDwrPTCd/xnQ==">(f
EI:'hey6YYqPA_u15OUPgZytqAw',kEXPI:'0,13025 [illegible] 206,4804,2316,383,246,5,1354,4013,1237,1
16114,19398,9286,17572,4859,1361,283,9007,3024,17585,4020,978,13228,3847,4192,2693,3737,14763,705
240,289,149,1103,840,6297,3514,606,2023,2298,14669,3227,2845,7,12354,5096,8102,8218,908,2,941,261
8,13975,4,1253,275,2304,7039,4684,17339,3050,2658,6701,655,31,5664,7964,2305,2132,16786,5824,2533
16524,283,912,5992,18446,2,3032,10987,1931,442,3469,2422,5852,3695,6173,595,1160,1311,4368,1020,2
7752,4568,2577,10,1343,1767,555,6723,3781,2,257,2,1258,2,6064,545,2172,2618,1252,5788,46,6087,174
1483,2277,493,257,603,756,494,542,567,100,1330,64,446,2,2,1,1196,3,1791,461,3691,3648,167,264,94,
,2,3842,66,2,628,3,1556,1141,363,386,102,152,1419,10,1,186,238,320,354,2,906,1819,4403,203,148,11
28,134,5,883,193,281,723,112,69,120,58,2,2249,289,30,4008,5510083,446,1802889,4193979,212,46,2800
1,9,2553,1,748,141,795,563,1,4265,1,1,2,1331,4142,2609,155,17,13,72,139,4,2,20,2,169,13,19,46,5,3
7,4,1,2,2,2,2,2,2,353,513,186,1,1,158,3,2,2,2,2,2,4,2,3,3,269,1601,106,24,6,1,4,64,3,43,4,2,5,11,
4,1491,9,1435,159,1358,404,724,3,3595,3,923,1540,3050,772891,57318',kBL:'4JUY'};google.sn='webhp'
```

無法使用

有抓到內容

16-3 Requests 函式庫

requests 函式庫 (模組) 是相當流行的 Python 外部函式庫，具備了 GET、POST... 等各種 request 用法，透過 requests 能夠輕鬆抓取網頁的資料，這個小節會介紹 requests 函式庫的基本用法。

安裝 requests 模組

如果是使用 Colab 或 Anaconda，預設已經安裝了 requests 函式庫，不用額外安裝，如果是本機環境，輸入下列指令，就能安裝 requests 函式庫 (依據每個人的作業環境不同，可使用 pip 或 pip3 或 pipenv，Colab 或 Anaconda 若要重裝使用 !pip)。

```
pip install requests
```

import requests

要使用 requests 必須先 import requests 模組，或使用 from 的方式，單獨 import 特定的類型。

```
import requests
from requests import get
```

requests 的 HTTP 方法

requests 可以使用下列 HTTP 六個方法，使用後會傳回一個 Response 物件，六個方法裡，GET 和 POST 是最常用的兩個方法，兩個的差別在於 GET 提交的參數會放在標頭中傳送 (公開)，而 POST 則是放在內容中傳送 (隱密)。

HTTP 方法	requests 方法	說明
GET	requests.get(url)	向指定資源提交請求，可額外設定 params 參數字典。
POST	requests.post(url)	向指定資源提交請求，可額外設定 data 參數字典。
PUT	requests.put(url)	向指定資源提供最新內容，可額外設定 data 參數字典。
DELETE	requests.delete(url)	請求刪除指定的資源。
HEAD	requests.head(url)	請求提供資源的回應標頭 (不含內容)。
OPTIONS	requests.options(url)	請求伺服器提供資源可用的功能選項。

Response 物件的屬性與方法

當伺服器收到 requests HTTP 方法所發出的請求後，會傳回一個 Response 物件，物件裡包含伺服器回應的訊息資訊，可以透過下列的屬性與方法，查詢相關內容 (bytes 表示資料以 bytes 表示，str 以字串表示，dict 以字典表示)。

Response 物件	說明
url	資源的 URL 位址。
content	回應訊息的內容 (bytes)。
text	回應訊息的內容字串 (str)。
raw	原始回應訊息串流 (bytes)。
status_code	回應的狀態 (int)。
encoding	回應訊息的編碼。

Response 物件	說明
headers	回應訊息的標頭 (dict)。
cookies	回應訊息的 cookies (dict)。
history	請求歷史 (list)。
json()	將回應訊息進行 JSON 解碼後回傳 (dict)。
rasise_for_status()	檢查是否有例外發生，如果有就拋出例外。

爬取第一個靜態網頁內容

知道 requests 的使用方法後，就可以開始爬取第一個網頁內容，範例使用的網站為「台灣水庫即時水情」的網站，使用 requests.get 取得回應的物件後，就可以印出 text 的內容 (其他文章會介紹如何爬取更多不同的網站)。

台灣水庫即時水情：https://water.taiwanstat.com/

```
import requests
web = requests.get('https://water.taiwanstat.com/')   # 使用 get 方法
print(web.text)      # 讀取並印出 text 屬性
```

✜ (範例程式碼：ch16/code009.py)

```
import requests
web = requests.get('https://water.taiwanstat.com/')
print(web.text)

<!DOCTYPE html><html xmlns="http://www.w3.org/1999/xhtml" lang="zh-TW"><head>
<a rel="license" href="http://creativecommons.org/licenses/by-nc-sa/4.0/">
<img alt="創用 CC 授權條款" style="border-width:0" src="https://i.creativecommo
</div></main></div><div class="footer-mobile"> <button class="scrollup mdl-bu
```

處理亂碼文題

如果發現爬取的內容是亂碼，往往是網頁與系統的編碼設定不同導致，只要在爬取到內容後設定 encoding 為 utf-8 通常就能順利解決。

```
import requests
web = requests.get('https://water.taiwanstat.com/')  # 使用 get 方法
web.encoding='utf-8'       # 因為該網頁編碼為 utf-8，加上 .encoding 避免亂碼
print(web.text)
```

✤ (範例程式碼：ch16/code010.py)

透過 API 爬取第一個開放資料

除了可以爬取網頁資料，也可以透過 requests 透過 API，取得政府機關所提供的開放資料，範例使用的是「高雄輕軌月均運量統計」的 JSON 檔案，取得資料後，印出 json() 的內容 (注意，如果使用 json() 必須要確定回應的資料是 json 格式)。

- 高雄輕軌月均運量統計：https://data.gov.tw/dataset/106199

```
import requests
web = requests.get('https://data.kcg.gov.tw/dataset/6f29f6f4-2549-4473-aa90-bf60d10895dc/resource/30dfc2cf-17b5-4a40-8bb7-c511ea166bd3/download/lightrailtraffic.json')
print(web.json())
```

✤ (範例程式碼：ch16/code011.py)

```
import requests
web = requests.get('https://data.kcg.gov.tw/dataset/6f29f6f4-2549-4473-aa9
print(web.json())
```

[{'年': 107, '月': 1, '總運量': 275360, '日均運量': 8883, '假日均運量': 15132,

HTTP 狀態代碼

在爬取網頁時，和瀏覽網頁相同，有時會遇到網頁無法瀏覽的情況，這時可以使用「status_code」讀取網頁的回應狀態代碼，網頁有下列幾種常見的回應狀態代碼：

狀態代碼	說明
200	網頁正常。
301	網頁搬家，重新導向到新的網址。
400	錯誤的要求。
401	未授權，需要憑證。
403	沒有權限。
404	找不到網頁。
500	伺服器錯誤。
503	伺服器暫時無法處理請求 (附載過大)。
504	伺服器沒有回應。

下方的例子會讀取一個不存在的網頁，接著判斷如果 status_code 為 404，印出「找不到網頁」的文字。

```
import requests
web = requests.get('https://data.kcg.gov.tw/12345')
if web.status_code == 404:
  print(' 找不到網頁 ')
```

傳遞參數

requests 在使用方法時，也可加入指定的參數，最常用的是 params (GET 使用)、data (POST 使用)、headers 和 cookies。

參數	說明
params	GET 方法使用，傳遞網址參數 (dict)。
data	POST 方法使用，傳遞網址參數 (dict)。
headers	HTTP 的 headers 資訊 (可模擬不同的瀏覽器)。
cookies	設定 Request 中的 cookie (dict)。
auth	支持 HTTP 認證功能 (tuple)。
json	JSON 格式的數據，作為 Request 的內容。

參數	說明
files	傳輸文件 (dict)。
timeout	設定超時時間，以「秒」為單位。
proxies	設定訪問代理伺服器，可以增加認證 (dict)。
allow_redirects	True/False，預設 True，重新定向。
stream	True/False，預設 True，獲取內容立即下載。
verify	True/False，預設 True，認證 SSL。
cert	本機 SSL 路徑。

下方的例子會使用 get 的方式發送 request 給範例的網址，並會加入 params 參數，當網址收到資料後，就會回傳指定的文字。

get 範例網址：https://script.google.com/macros/s/AKfycbw5PnzwybI_VoZaHz65TpA5DYuLkxIF-HUGjJ6jRTOje0E6bVo/exec

```
import requests
# 設定參數
params = {
    'name':'oxxo',
    'age':'18'
}
# 加入參數
web = requests.get('https://script.google.com/macros/s/AKfycbw5PnzwybI_
VoZaHz65TpA5DYuLkxIF-HUGjJ6jRTOje0E6bVo/exec', params=params)
print(web.text)
```

✤ (範例程式碼：ch16/code012.py)

```
import requests
params = {
    'name':'oxxo',
    'age':'18'
}
web = requests.get('https://script.google.com/macros/s/AKfycbw5PnzwybI
print(web.text)

你的名字是: oxxo, 年紀: 18 歲。
```

16-4 Beautiful Soup 函式庫

Beautiful Soup 函式庫 (模組) 是一個 Python 外部函式庫，可以分析網頁的 HTML 與 XML 文件，並將分析的結果轉換成「網頁標籤樹」(tag) 的型態，讓資料讀取方式更接近網頁的操作語法，處理起來也更為便利，這個小節會介紹 Beautiful Soup 函式庫的基本用法。

安裝 Beautiful Soup 模組

如果是使用 Colab 或 Anaconda，預設已經安裝了 Beautiful Soup 函式庫，不用額外安裝，如果是本機環境，輸入下列指令，就能安裝 Beautiful Soup 函式庫 (依據每個人的作業環境不同，可使用 pip 或 pip3 或 pipenv，如果 Colab 或 Anaconda Jupyter 要重裝則使用 !pip)。

```
pip install beautifulsoup4
```

import Beautiful Soup

要使用 Beautiful Soup 必須先 import Beautiful Soup 模組。

```
from bs4 import BeautifulSoup
```

開始使用 Beautiful Soup

將 HTML 的原始碼 (純文字) 提供給 Beautiful Soup，就能轉換成可讀取的標籤樹 (tag)，所以通常會搭配 requests 爬取網頁內容一併使用，下方的程式碼執行後，會使用 requests 抓取「台灣水庫即時水情」網頁的原始碼，接著使用 Beautiful Soup 轉換成標籤樹，最後印出 title 的標籤。

> 台灣水庫即時水情：https://water.taiwanstat.com/

```
import requests
from bs4 import BeautifulSoup

url = 'https://water.taiwanstat.com/'
web = requests.get(url)                            # 取得網頁內容
soup = BeautifulSoup(web.text, "html.parser")      # 轉換成標籤樹
title = soup.title                                 # 取得 title
print(title)                                       # 印出 title ( 台灣水庫即時水情 )
```

✣ (範例程式碼：ch16/code013.py)

認識基本網頁架構

使用 Beautiful Soup 時，會讀取特定的網頁結構 (如同上面的範例會從網頁原始碼裡讀取 title 的標籤)，因此必須要從網頁原始碼著手，稍微了解網頁的架構，如果要觀看原始碼，可以用瀏覽器 (Chrome) 開啟網頁，用滑鼠在網頁的任意位置按下右鍵，點選「檢視網頁原始碼」。

HTML 標籤與架構：https://steam.oxxostudio.tw/category/html/info/config.html

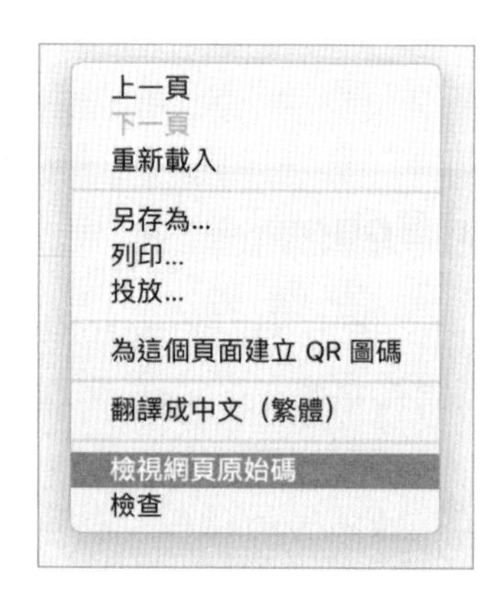

點選後，會開啟網頁的原始碼，這也是使用 requests 會讀取到的基本資料。

```
1  <!DOCTYPE html><html lang="zh-Hant-TW"><head>
2    <meta charset="UTF-8">
3    <meta http-equiv="X-UA-Compatible" content="IE=edge">
4    <meta name="viewport" content="width=device-width, initial-scale=1.0">
5    <meta name="author" content="oxxo.studio">
6    <meta name="copyright" content="oxxo.studio">
7    <meta name="keywords" content="python,python教學">
8    <meta name="description" content="Python 教學包含 Python 的基本語法介紹和一系列由淺入深的精選
   例，不僅能對 Python 有充分的認識，更能透過 Python 做出各種有趣的應用！">
9    <meta itemprop="name" content="Python 教學">
10   <meta itemprop="image" content="https://steam.oxxostudio.tw/image/python/index.jpg">
11   <meta itemprop="description" content="Python 教學包含 Python 的基本語法介紹和一系列由淺入深的
   精選範例，不僅能對 Python 有充分的認識，更能透過 Python 做出各種有趣的應用！">
12   <meta property="og:title" content="Python 教學">
13   <meta property="og:url"
   content="https://steam.oxxostudio.tw/category/python/index.html">
14   <meta property="og:image" content="https://steam.oxxostudio.tw/image/python/index.jpg"
15   <meta property="og:description" content="Python 教學包含 Python 的基本語法介紹和一系列由淺入
   深的精選範例，不僅能對 Python 有充分的認識，更能透過 Python 做出各種有趣的應用！">
16   <link rel="canonical" href="https://steam.oxxostudio.tw/category/python/index.html">
17   <link rel="shortcut icon" href="/favicon.ico">
18   <link rel="bookmark" href="/favicon.ico">
19   <title>Python 教學</title>
```

網頁是由「標籤」的語法所構成，標籤 (tag) 指的是由「<」和「>」包覆的代碼，通常沒有斜線的「< 標籤 >」作為開頭，有斜線「</ 標籤 >」做為結尾，標籤代碼並不會顯示在網頁中，只有被標籤包覆的內容才會顯示在網頁裡，而標籤也會互相層疊包覆，形成所為的「巢狀結構」。

每個標籤和所包覆的內容，會組合成一個 DOM (文件模型)，網頁的程式通常會針對 DOM 去做運算和處理，也可以針對不同的 DOM，給予不同的 id 或樣式屬性 (attribute、class、style... 等)，只要知道 DOM 的標籤，或是取得特定的 id、class 或 attribute，就能進一步透過程式控制 DOM。

下圖是一個簡單網頁範例，左方的原始碼會產生右方的網頁內容，當中包含 h1、h2、div、ul、li... 等標籤。

網頁原始碼

```
<!DOCTYPE html>
<html>
<head>
  <meta charset="utf-8">
  <title>我是網頁標題</title>
</head>
<body>
  <h1 id="uid">內容大標題</h1>
  <h2 class="style">內容次標題</h2>
  <div>內容</div>
  <ul>
    <li>清單 1</li>
    <li>清單 2</li>
    <li>清單 3</li>
  </ul>
</body>
</html>
```

網頁

內容大標題

內容次標題

內容

- 清單 1
- 清單 2
- 清單 3

網頁解析器

當藉由 requests 取得網頁原始碼後，Beautiful Soup 還需要第二個「解析器」的參數，將原始碼的「純文字」，轉換成可供分析取用的「標籤樹」，Python 本身內建「html.parser」的解析器，也可以使用下方指令，另外安裝「html5lib」解析器 (依據每個人的作業環境不同，可使用 pip 或 pip3 或 pipenv，Colab 和 Jupyter 使用 !pip)。

```
pip install html5lib
```

安裝後，只要更換第二個參數，就可以更換解析器，下方的程式碼使用 html5lib 解析器 (不需要 import，安裝後就可以使用)，html5lib 的容錯率比 html.parser 高，但解析速度比較慢。

```
import requests
from bs4 import BeautifulSoup

url = 'https://water.taiwanstat.com/'
web = requests.get(url)
# soup = BeautifulSoup(web.text, "html.parser")  # 使用 html.parser 解析器
soup = BeautifulSoup(web.text, "html5lib")        # 使用 html5lib 解析器
title = soup.title
print(title)
```

✣ (範例程式碼：ch16/code014.py)

Beautiful Soup 的方法

下方列出 Beautiful Soup 尋找網頁內容的方法，當中最常使用的是 find_all()、find() 和 select()。

方法	說明
select()	以 CSS 選擇器的方式尋找指定的 tag。
find_all()	以所在的 tag 位置，尋找內容裡所有指定的 tag。
find()	以所在的 tag 位置，尋找第一個找到的 tag。

find_parents()、find_parent()	以所在的 tag 位置，尋找父層所有指定的 tag 或第一個找到的 tag。
find_next_siblings()、find_next_sibling()	以所在的 tag 位置，尋找同一層後方所有指定的 tag 或第一個找到的 tag。
find_previous_siblings()、ind_previous_sibling()	以所在的 tag 位置，尋找同一層前方所有指定的 tag 或第一個找到的 tag。
find_all_next()、find_next()	以所在的 tag 位置，尋找後方內容裡所有指定的 tag 或第一個找到的 tag。
find_all_previous()、find_previous()	所在的 tag 位置，尋找前方內容裡所有指定的 tag 或第一個找到的 tag。

下方的程式碼，使用 Beautiful Soup 取得範例網頁中指定 tag 的內容。

範例網頁：https://www.iana.org/domains/

```
import requests
from bs4 import BeautifulSoup

url = 'https://www.iana.org/domains/'
web = requests.get(url)
soup = BeautifulSoup(web.text, "html.parser")

print(soup.select('#logo'))            # 搜尋 id 為 logo 的 tag 內容
print('\n----------\n')

print(soup.find_all('div',id="logo"))  # 搜尋所有 id 為 logo 的 div
print('\n----------\n')

divs = soup.find_all('div')            # 搜尋所有的 div
print(divs[1])                         # 取得搜尋到的第二個項目 ( 第一個為 divs[0] )
print('\n----------\n')

# 從搜尋到的項目裡，尋找父節點裡所有的 li
print(divs[1].find_parent().find_all('li'))
print('\n----------\n')

# 從搜尋到的項目裡，尋找父節點裡所有 li 的第三個項目，找到他後方同層的所有 li
```

```
print(divs[1].find_parent().find_all('li')[2].find_next_siblings())
print('\n----------\n')

# 從搜尋到的項目裡，尋找父節點裡所有 li 的第三個項目，找到他前方同層的所有 li
print(divs[1].find_parent().find_all('li')[2].find_previous_siblings())
```

✤（範例程式碼：ch16/code015.py）

```
[<div id="logo">
<a href="/"><img alt="Homepage" src="/_img/2022/iana-logo-header.svg"/></a>
</div>]

----------

[<div id="logo">
<a href="/"><img alt="Homepage" src="/_img/2022/iana-logo-header.svg"/></a>
</div>]

----------

<div id="logo">
<a href="/"><img alt="Homepage" src="/_img/2022/iana-logo-header.svg"/></a>
</div>

----------

[<li><a href="/domains">Domains</a></li>, <li><a href="/protocols">Protocols</a></li>,

----------

[<li><a href="/about">About</a></li>]

----------

[<li><a href="/protocols">Protocols</a></li>, <li><a href="/domains">Domains</a></li>]
```

由於 find_all() 是使用頻率最高的方法，所以也可以簡化成下列的寫法：

```
import requests
from bs4 import BeautifulSoup

url = 'https://www.iana.org/domains/'
web = requests.get(url)
soup = BeautifulSoup(web.text, "html.parser")

print(soup.find_all('a'))     # 等同於下方的 soup('a')
print(soup('a'))              # 等同於上方的 find_all('a')
```

✤（範例程式碼：ch16/code016.py）

Beautiful Soup 方法的參數

使用 Beautiful Soup 方法時，可以加入一些參數，幫助更近一步的篩選搜尋結果，下方是一些常用的參數：

參數	說明
string	搜尋 tag 包含的文字。
limit	搜尋 tag 後只回傳多少個結果。
recursive	預設 True，會搜尋內容所有層，設定 False 只會搜尋下一層。
id	搜尋 tag 的 id。
class_	搜尋 tag class，因為 class 為 Python 保留字，所以後方要加上底線。
href	搜尋 tag href。
attrs	搜尋 tag attribute 屬性。

下方的程式碼，使用 Beautiful Soup 取得範例網頁中指定 tag 的內容，並加入參數做進一步的篩選。

範例網頁：https://www.iana.org/domains/

```
import requests
from bs4 import BeautifulSoup

url = 'https://www.iana.org/domains/'
web = requests.get(url)
soup = BeautifulSoup(web.text, "html.parser")
print(soup.find_all('a'))                    # 找出所有 a tag
print(soup.find_all('a', string='Domains'))  # 找出內容字串為 Domains 的 a tag
print(soup('a', limit=2))                    # 找出前兩個 a tag
```

✜（範例程式碼：ch16/code017.py）

取得並輸出內容

抓取到內容後，可以使用下列兩種常用的方法，將內容或屬性輸出為字串：

方法	說明
.get_text()	輸出 tag 的內容。
[屬性]	輸出 tag 裡某個屬性的內容。

下方的程式碼執行後，會先輸出第一個 a tag 的內容，接著輸出第一個 a tag 裡 href 屬性的內容。

```
import requests
from bs4 import BeautifulSoup

url = 'https://www.iana.org/domains/'
web = requests.get(url)
soup = BeautifulSoup(web.text, "html.parser")
print(soup.find('a').get_text())    # 輸出第一個 a tag 的內容
print(soup.find('a')['href'])       # 輸出第一個 a tag 的 href 屬性內容
```

✤ (範例程式碼：ch16/code018.py)

抓取水庫的容量

如果是「靜態」頁面 (不需要跟伺服器溝通、頁面內容不是動態產生)，透過 Beautiful Soup 都能很輕鬆的抓取到對應的內容，抓取到內容後，將內容輸出為純文字。

下方的程式碼執行後，會抓取水庫的名稱以及最大容量 (因即時水位是動態產生，所以單純用這個方法讀取)。

範例網頁：https://water.taiwanstat.com/

```
import requests
from bs4 import BeautifulSoup

url = 'https://water.taiwanstat.com/'
web = requests.get(url)
soup = BeautifulSoup(web.text, "html.parser")
reservoir = soup.select('.reservoir')      # 取得所有 class 為 reservoir 的 tag
```

```
for i in reservoir:
    print(i.find('div', class_='name').get_text(), end=' ') # 取得內容的 class
                                                            為 name 的 div 文字
    print(i.find('h5').get_text(), end=' ')    # 取得內容 h5 tag 的文字
    print()
```

❖ (範例程式碼：ch16/code019.py)

```
新山水庫(基隆) 7001.1萬立方公尺
翡翠水庫(台北、新北) 26722.51萬立方公尺
石門水庫(新北、桃園、新竹) 4025.63萬立方公尺
永和山水庫(新竹、苗栗) 685.598萬立方公尺
寶山水庫(新竹) 7001.1萬立方公尺
寶山第二水庫(新竹) 7001.1萬立方公尺
明德水庫(苗栗) 262.0316萬立方公尺
鯉魚潭水庫(苗栗、台中) 9857.34萬立方公尺
德基水庫(台中) 762.27萬立方公尺
石岡壩(台中) 11486萬立方公尺
日月潭水庫(南投) 5741萬立方公尺
霧社水庫(南投) 3269.4萬立方公尺
湖山水庫(雲林、彰化、嘉義) 820.884613萬立方公尺
仁義潭水庫(嘉義) 820.884613萬立方公尺
蘭潭水庫(嘉義) 1086.97萬立方公尺
白河水庫(台南) 1086.97萬立方公尺
曾文水庫(嘉義、台南) 1086.97萬立方公尺
烏山頭水庫(台南) 1086.97萬立方公尺
南化水庫(台南、高雄) 1086.97萬立方公尺
阿公店水庫(高雄) 1086.97萬立方公尺
牡丹水庫(屏東) 1086.97萬立方公尺
```

16-5 Selenium 函式庫

selenium 函式庫 (模組) 是使用 Python 進行網路爬蟲時，必備的函式庫之一，透過 selenium 可以模擬出使用者在瀏覽器的所有操作行為 (點擊按鈕、輸入帳號密碼、捲動捲軸 ... 等)，因此除了爬蟲的應用，也常作為「自動化測試」使用的工具，在網站開發完成後，透過自動化的腳本測試所有功能是否正常，這個小節將會介紹 selenium 函式庫的常見用法，更多用法可前往閱讀 selenium 官方文件。

執行 selenium 會啟動 chromedriver，因此並不支援 Colab，請使用本機環境或使用 Anaconda Jupyter 進行實作。

安裝 selenium 模組

在本機環境輸入下列指令，就能安裝 selenium 函式庫 (依據每個人的作業環境不同，可使用 pip 或 pip3 或 pipenv，Anaconda Jupyter 的安裝指令為 !pip)。

```
pip install selenium
```

什麼是 Selenium WebDriver

WebDriver 是用來執行並操作瀏覽器的 API 介面，每一個瀏覽器都會有各自對應的驅動程式 (driver)，Selenium 會透過 WebDriver 來直接對瀏覽器進行操作，將所支援的瀏覽器進行自動化作業，就如同真的使用者在操作。

下載 WebDriver

不同的瀏覽器會對應不同的 driver，以下提供幾種常見的 driver (本篇範例使用的是 Chrome)：

- Chrome：https://sites.google.com/chromium.org/driver/downloads
- Firefox：https://github.com/mozilla/geckodriver/releases
- Edge：https://developer.microsoft.com/en-us/microsoft-edge/tools/webdriver/

下載 Chrome driver 時請，必須下載對應的 Chrome 的版本，點擊右上角選單「說明 > 關於 Google Chrome」，可以查看版本。

下載後將 driver 與執行的 Python 檔案放在同一個目錄下，就比較不需要煩惱執行時路徑的問題。

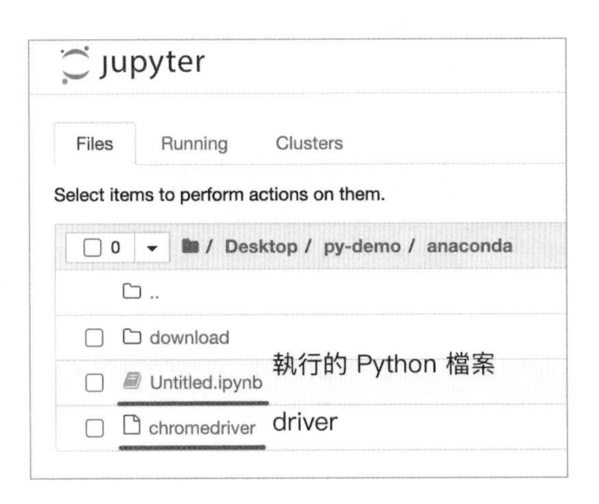

import selenium

要使用 requests 必須先 import selenium 模組，啟用 webdriver 的功能。

```
from selenium import webdriver
```

使用 WebDriver 開啟第一個網頁

selenium 與 driver 都安裝與準備好之後，下方的程式碼執行後，會打開一個新的 Chrome 視窗，裡面出現指定的 Google 網頁，此時這個新的 Chrome 視窗會標明「受到自動測試軟體控制」，表示程式正在控制相關的操作。

> webdriver.Chrome(路徑) 使用相對路徑 chromedriver 和執行的程式位在同一層。

```
from selenium import webdriver
driver = webdriver.Chrome('./chromedriver')      # 指向 chromedriver 的位置
driver.get('https://www.google.com')             # 打開瀏覽器，開啟網頁
```

✜ (範例程式碼：ch16/code020.py)

取得網頁元素

要模擬真人操作網頁的第一步，就是要知道觸碰了哪些網頁元素，首先載入 selenium 的 By 模組，接著就能使用 find_element() 搭配參數設定，取得指定的網頁元素，下方列出 find_element() 常用參數設定 (如果將方法的 element 改為 elements，會以串列方式回傳找到的元素)：

> 新版本 selenium 取得元素的方法有所變更，本文也一併更新，詳細的方法參考：selenium.webdriver.remote.webelement

參數	說明
By.ID, id	透過 id，尋找第一個相符的網頁元素。
By.CLASS_NAME, class	透過 class，尋找第一個相符的網頁元素。
By.CSS_SELECTOR, css selector	透過 css 選擇器，尋找第一個相符的網頁元素。
By.NAME, name	透過 name 屬性，尋找第一個相符的網頁元素。
By.TAG_NAME, tag	透過 HTML tag，尋找第一個相符的網頁元素。

參數	說明
By.LINK_TEXT, text	透過超連結的文字，尋找第一個相符的網頁元素
By.PARTIAL_LINK_TEXT, text	透過超連結的部分文字，尋找第一個相符的網頁元素。
By.XPATH, xpath	透過 xpath 的方式，尋找第一個相符的網頁元素。

下方的程式會用 selenium 開啟範例網址，開啟後會用上述的方法，選取特定的網頁元素，接著套用點擊的方法，依序點擊各個按鈕，最後會連續打開兩次 Google 網站。

範例網址：https://example.oxxostudio.tw/python/selenium/demo.html

範例網址已經有做過點擊的處理，點擊按鈕或下拉選單切換時，上方空格會顯示對應的文字。

```
from selenium import webdriver
from selenium.webdriver.common.by import By
from selenium.webdriver.support.select import Select   # 使用 Select 對應下拉選單
import time

driver = webdriver.Chrome('./chromedriver')
driver.get('https://example.oxxostudio.tw/python/selenium/demo.html')
# 開啟範例網址
a = driver.find_element(By.ID, 'a')               # 取得 id 為 a 的網頁元素 ( 按鈕 A )
b = driver.find_element(By.CLASS_NAME, 'btn')
# 取得 class 為 btn 的網頁元素 ( 按鈕 B )
c = driver.find_element(By.CSS_SELECTOR, '.test')
# 取得 class 為 test 的網頁元素 ( 按鈕 C )
d = driver.find_element(By.NAME, 'dog')
# 取得屬性 name 為 dog 的網頁元素 ( 按鈕 D )
h1 = driver.find_element(By.TAG_NAME, 'h1')          # 取得 tag h1 的網頁元素
link1 = driver.find_element(By.LINK_TEXT, '我是超連結，點擊會開啟 Google 網站')
# 取得指定超連結文字的網頁元素
link2 = driver.find_element(By.PARTIAL_LINK_TEXT, 'Google')
# 取得超連結文字包含 Google 的網頁元素
```

```
select = Select(driver.find_element(By.XPATH, '/html/body/select'))
# 取得 html > body > select 這個網頁元素

a.click()          # 點擊 a
print(a.text)      # 印出 a 元素的內容
time.sleep(0.5)
b.click()          # 點擊 b
print(b.text)      # 印出 b 元素的內容
time.sleep(0.5)
c.click()          # 點擊 c
print(c.text)      # 印出 c 元素的內容
time.sleep(0.5)
d.click()          # 點擊 d
print(d.text)      # 印出 d 元素的內容
time.sleep(0.5)
select.select_by_index(2)  # 下拉選單選擇第三項 ( 第一項為 0 )
time.sleep(0.5)
h1.click()         # 點擊 h1
time.sleep(0.5)
link1.click()      # 點擊 link1
time.sleep(0.5)
link2.click()      # 點擊 link2
print(link2.get_attribute('href'))   # 印出 link2 元素的 href 屬性
```

✜ (範例程式碼：ch16/code021.py)

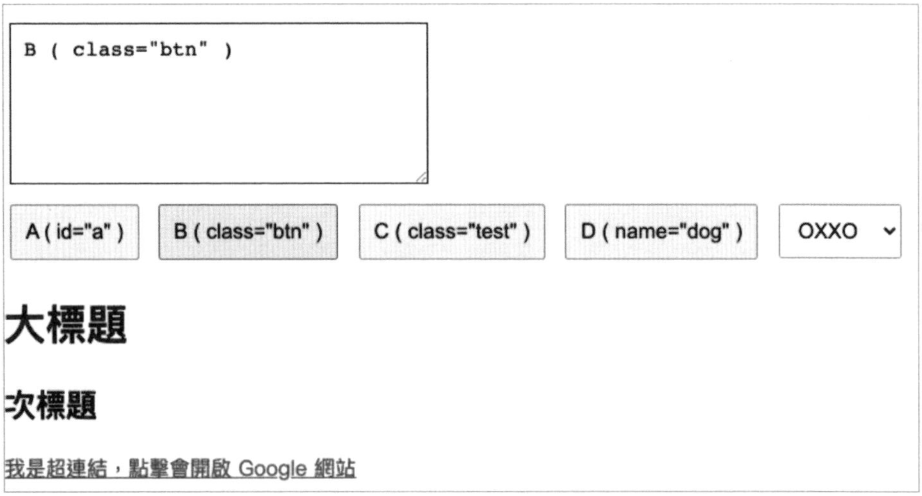

B (class="btn")

A (id="a") B (class="btn") C (class="test") D (name="dog") OXXO

大標題

次標題

我是超連結，點擊會開啟 Google 網站

```
A ( id="a" )
B ( class="btn" )
C ( class="test" )
D ( name="dog" )
https://www.google.com/
```

操作網頁元素

使用 Selenium 函式庫操作網頁元素下列幾種方法：

方法	ActionChains 參數	說明
click()	element	按下滑鼠左鍵。
click_and_hold()	element	滑鼠左鍵按著不放。
double_click()	element	連續按兩下滑鼠左鍵。
context_click()	element	按下滑鼠右鍵（需搭配指定元素定位）。
drag_and_drop()	source, target	點擊 source 元素後，移動到 target 元素放開。
drag_and_drop_by_offset()	source, x, y	點擊 source 元素後，移動到指定的座標位置放開。
move_by_offset()	x, y	移動滑鼠座標到指定位置。
move_to_element()	element	移動滑鼠到某個元素上。
move_to_element_with_offset()	element, x, y	移動滑鼠到某個元素的相對座標位置。
release()	element	放開滑鼠。
send_keys()	values	送出某個鍵盤按鍵值。
send_keys_to_element()	element, values	向某個元素發送鍵盤按鍵值。
key_down()	value	按著鍵盤某個鍵。
key_up()	value	放開鍵盤某個鍵。
reset_actions()		清除儲存的動作（實測沒有作用，查訊後是 Bug）。
pause()	seconds	暫停動作。
perform()		執行儲存的動作。

要使用這些方法的方式有兩種，第一種就是「針對指定元素呼叫方法」，例如上方例子的 click() 方法，只要針對指定的元素，呼叫指定的方法，就會執行對應的動作，第二種是使用「ActionChains」，將所有需要執行的方法串成「鏈」，全部完成後執行 perform() 執行所有的過程。

下方的程式使用「針對指定元素呼叫方法」。

```
from selenium import webdriver
from selenium.webdriver.common.by import By
from time import sleep

driver = webdriver.Chrome('./chromedriver')
driver.get('https://example.oxxostudio.tw/python/selenium/demo.html')
a = driver.find_element(By.ID, 'a')
add = driver.find_element(By.ID, 'add')
a.click()      # 點擊按鈕 A，出現 a 文字
sleep(1)
add.click()    # 點擊 add 按鈕，出現 數字 1
add.click()    # 點擊 add 按鈕，出現 數字 2
sleep(1)
add.click()    # 點擊 add 按鈕，出現 數字 3
sleep(1)
add.click()    # 點擊 add 按鈕，出現 數字 4

下方的程式使用「ActionChains」的方式，結果與上述的執行結果相同。
from selenium import webdriver
from selenium.webdriver.common.by import By
from selenium.webdriver.common.action_chains import ActionChains

driver = webdriver.Chrome('./chromedriver')
driver.get('https://example.oxxostudio.tw/python/selenium/demo.html')
a = driver.find_element(By.ID, 'a')
add = driver.find_element(By.ID, 'add')
actions = ActionChains(driver)    # 使用 ActionChains 的方式
actions.click(a).pause(1)         # 點擊按鈕 A，出現 a 文字後，暫停一秒
actions.double_click(add).pause(1).click(add).pause(1).click(add)
# 連點 add 按鈕，等待一秒後再次點擊，等待一秒後再次點擊
actions.perform()  # 執行儲存的動作
```

❖（範例程式碼：ch16/code022.py）

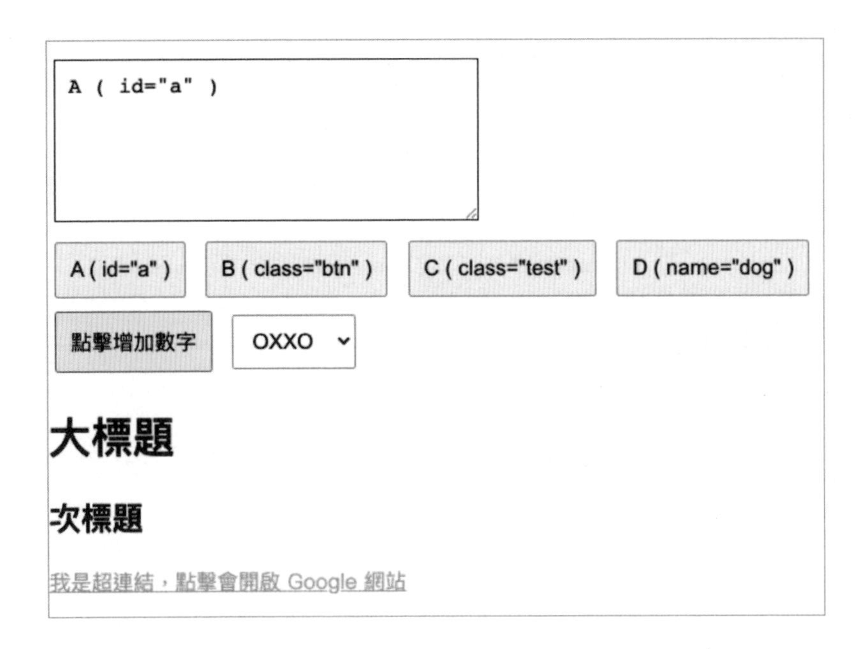

雖然「針對指定元素呼叫方法」看起來滿直覺，但相對來說能使用的方法有限 (只能使用 click、send_keys... 等兩三種)，使用「ActionChains」才能完整發揮所有的方法，下方的程式碼執行後，會自動在輸入框內輸入指定的文字。

```
from selenium import webdriver
from selenium.webdriver.common.by import By
from selenium.webdriver.common.action_chains import ActionChains

driver = webdriver.Chrome('./chromedriver')
driver.get('https://example.oxxostudio.tw/python/selenium/demo.html')
a = driver.find_element(By.ID, 'a')
show = driver.find_element(By.ID, 'show')
actions = ActionChains(driver)
actions.click(show).send_keys(['1','2','3','4','5'])     # 輸入 1～5 的鍵盤值
                                                           ( 必須是字串 )
actions.pause(1)     # 等待一秒
actions.click(a)     # 點擊按鈕 A
actions.pause(1)     # 等待一秒
actions.send_keys_to_element(show, ['A','B','C','D','E']) # 輸入 A～E 的鍵盤值
actions.perform()    # 送出動作
```

✣ (範例程式碼：ch16/code023.py)

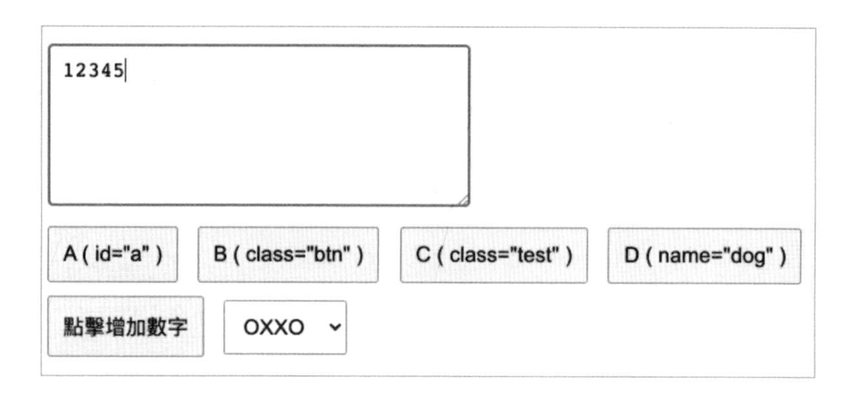

取得網頁元素的內容

Selenium 不僅能模擬真人去控制網頁元素，也可以取得網頁元素的相關內容，甚至進一步執行網頁截圖並儲存的功能，常用的內容如下：

內容	說明
text	元素的內容文字。
get_attribute	元素的某個 HTML 屬性值。
id	元素的 id。
tag_name	元素的 tag 名稱。
size	元素的長寬尺寸。
screenshot	將某個元素截圖並儲存為 png。
is_displayed()	元素是否顯示在網頁上。
is_enabled()	元素是否可用。
is_selected()	元素是否被選取。
parent	元素的父元素。

下方的程式碼執行後，會取得元素的 id、內容文字、tag 名稱、尺寸和屬性值，最後會將整張網頁截圖為 test.png。

```
from selenium import webdriver
from selenium.webdriver.common.by import By
```

```
driver = webdriver.Chrome('./chromedriver')
driver.get('https://example.oxxostudio.tw/python/selenium/demo.html')
body = driver.find_element(By.TAG_NAME, 'body')
a = driver.find_element(By.ID, 'a')
b = driver.find_element(By.CLASS_NAME, 'btn')
c = driver.find_element(By.CSS_SELECTOR, '.test')
d = driver.find_element(By.NAME, 'dog')
link1 = driver.find_element(By.LINK_TEXT, '我是超連結，點擊會開啟 Google 網站')
link2 = driver.find_element(By.PARTIAL_LINK_TEXT, 'Google')

print(a.id)
print(b.text)
print(c.tag_name)
print(d.size)
print(link1.get_attribute('href'))
print(link2.get_attribute('target'))
body.screenshot('./test.png')
```

✣（範例程式碼：ch16/code024.py）

```
0afceaeb-c600-4c7f-a550-922ca9f8cacd
B ( class="btn" )
button
{'height': 42, 'width': 147}
https://www.google.com/
_blank
```

搭配 JavaScript，發揮最大效益

Selenium 除了內建的方法，也可以搭網頁的 JavaScript，發揮網頁控制的最大效益，下方的程式碼執行後，會先上下滾動網頁捲軸，接著彈出提示視窗，兩秒後再關閉提示視窗。

```
from selenium import webdriver
from selenium.webdriver.common.by import By
from selenium.webdriver.common.alert import Alert
from time import sleep

driver = webdriver.Chrome('./chromedriver')
driver.get('https://www.selenium.dev/selenium/docs/api/py/webdriver_remote/
selenium.webdriver.remote.webelement.html')
```

```
sleep(1)
driver.execute_script('window.scrollTo(0, 500)')    # 捲動到 500px 位置
sleep(1)
driver.execute_script('window.scrollTo(0, 2500)')  # 捲動到 2500px 位置
sleep(1)
driver.execute_script('window.scrollTo(0, 0)')      # 捲動到 0px 位置

h1 = driver.find_element(By.TAG_NAME, 'h1')
h3 = driver.find_element(By.TAG_NAME, 'h3')
script = '''
  let h1 = arguments[0];
  let h3 = arguments[1];
  alert(h1, h3)
'''
driver.execute_script(script, h1, h3)    # 執行 JavaScript，印出元素
sleep(2)
Alert(driver).accept()     # 點擊提示視窗的確認按鈕，關閉提示視窗
```

✜（範例程式碼：ch16/code025.py）

16-6 爬取 PTT 八卦版文章標題

這個範例會使用 Python 的 Requests 和 Beautiful Soup 函式庫，實作一個網路爬蟲，利用傳送 cookie 的方式，突破未滿十八歲的按鈕檢查限制，取得 PTT 八卦版文章的標題，並更進一步使用 txt 儲存。

什麼是 PTT 八卦板

PTT 八卦版是一個 BBS 分享八卦的空間，除了正常使用 BBS 登入瀏覽，也可以透過瀏覽器，進行單純的網頁瀏覽。

PTT 八卦版網址：https://www.ptt.cc/bbs/Gossiping/index.html

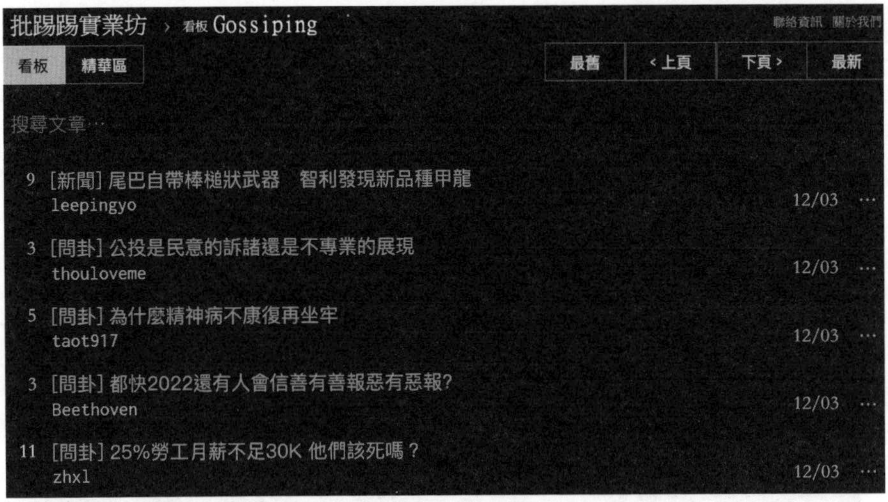

批踢踢實業坊 › 看板 Gossiping
聯絡資訊 關於我們
看板 精華區
最舊 ‹ 上頁 下頁 › 最新
搜尋文章⋯
9 [新聞] 尾巴自帶棒槌狀武器 智利發現新品種甲龍
leepingyo 12/03 ⋯
3 [問卦] 公投是民意的訴諸還是不專業的展現
thouloveme 12/03 ⋯
5 [問卦] 為什麼精神病不康復再坐牢
taot917 12/03 ⋯
3 [問卦] 都快2022還有人會信善有善報惡有惡報?
Beethoven 12/03 ⋯
11 [問卦] 25%勞工月薪不足30K 他們該死嗎？
zhxl 12/03 ⋯

使用 Requests 抓取網頁內容

使用 Requests 函式庫之後，就能使用 get 的方法抓取 PTT 八卦版的網頁內容，執行程式後，雖然可以正常抓取網頁，但會發現抓到的內容與實際上的不同，出現了「看板內容需滿十八歲方可瀏覽」的文字。

```
import requests
web = requests.get('https://www.ptt.cc/bbs/Gossiping/index.html')
print(web.text)
```

✣（範例程式碼：ch16/code026.py）

```
<div class="bbs-screen bbs-content">
    <div class="over18-notice">
        <p>本網站已依網站內容分級規定處理</p>

        <p>警告：您即將進入之看板內容需滿十八歲方可瀏覽。</p>

        <p>若您尚未年滿十八歲，請點選離開。若您已滿十八歲，亦不可將本區之內容派發、傳閱、出售、出租、
    </div>
</div>
```

因為 PTT 八卦版的網頁版，額外多了一層 Cookies 的驗證手續，在沒有點擊過「我已滿十八歲」按鈕的情形下，會缺少 Cookies 相關資訊，導致會多一頁提示文字，下圖是沒有點擊過按鈕，單純打開 PTT 八卦版頁面的長相，Requests 就是抓取到這一頁的資訊。

> Cookies 是指某些網站為了辨別使用者身分而儲存在用戶端瀏覽器中的資料，Cookies 可以記錄使用者瀏覽時的資訊，當使用者存取另一個頁面，瀏覽器會把 Cookies 傳送給伺服器，讓伺服器知道使用者目前的狀態。

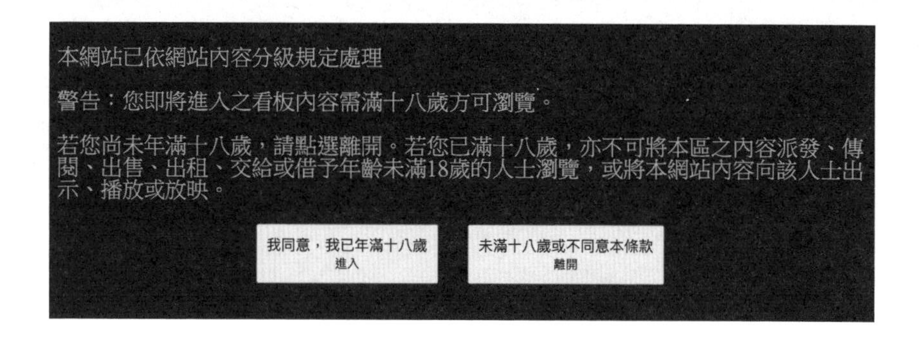

傳送 Cookies

用滑鼠在頁面的任意位置，按下右鍵，點選「檢查」。

開啟後點選「Application」頁籤，左側選擇 Cookies > https://www.ptt.cc，就可以看到瀏覽器記錄了哪些 PTT 網站的 Cookies。

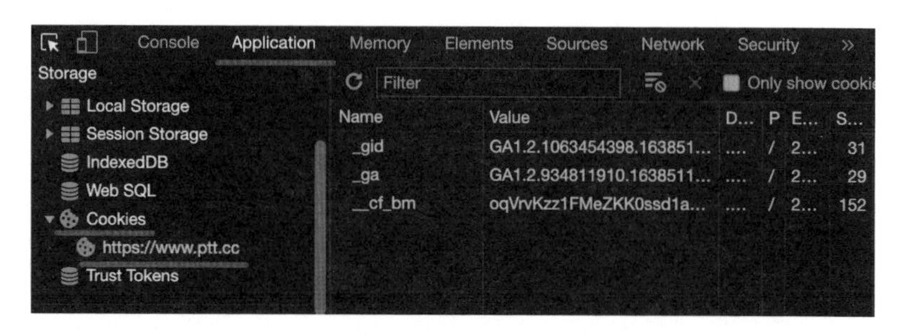

這時如果點擊了「已經年滿十八歲」的按鈕，Cookies 裡會多出一個 Name 是 over18，Value 是 1 的項目，這個項目就是判斷是否出現這個頁面的依據。

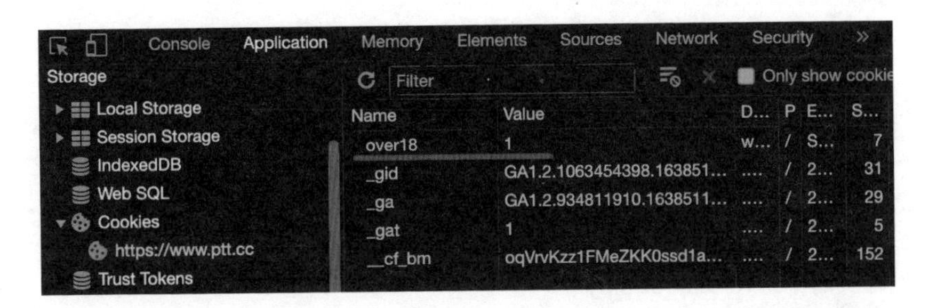

回到剛剛的 Python 程式，將 Cookies 的資訊加入 Requests 的方法裡，重新執行後，就會抓取到正確的網頁內容 (下圖紅線的 tag 是要抓取的資料位置)。

```
import requests
web = requests.get('https://www.ptt.cc/bbs/Gossiping/index.html',
cookies={'over18':'1'})  # 加入 Cookies 資訊
print(web.text)
```

✥ (範例程式碼：ch16/code027.py)

```
<div class="r-ent">
        <div class="nrec"></div>
        <div class="title">

                <a href="/bbs/Gossiping/M.1638511410.A.C19.html">[問卦] 有沒有眼鏡哥才是灌高裡面的真帥哥</a>

        </div>
        <div class="meta">
                <div class="author">DJDennisBoy</div>
                <div class="article-menu">

                        <div class="trigger">&#x22ef;</div>
```

使用 Beautiful Soup 取得特定內容

取得網頁內容後，使用 Beautiful Soup 函式庫就能篩選出特定內容，下方的程式碼執行後，會取得文章的標題以及超連結的網址。

```
import requests
from bs4 import BeautifulSoup
```

```
url = 'https://www.ptt.cc/'
web = requests.get('https://www.ptt.cc/bbs/Gossiping/index.html',
cookies={'over18':'1'})
soup = BeautifulSoup(web.text, "html.parser")
titles = soup.find_all('div', class_='title')    # 取得 class 為 title 的 div 內容
for i in titles:
    if i.find('a') != None:                       # 判斷如果不為 None
        print(i.find('a').get_text())                # 取得 div 裡 a 的內容，使用
                                                     get_text() 取得文字
        print(url + i.find('a')['href'], end='\n\n') # 使用 ['href'] 取得 href
                                                     的屬性
```

✤（範例程式碼：ch16/code028.py）

```
[問卦] PTT關掉 你各位會上街頭嗎?
https://www.ptt.cc//bbs/Gossiping/M.1638512219.A.1ED.html

[新聞] 作家陸之駿打高端後猝逝　女兒怒轟王浩宇
https://www.ptt.cc//bbs/Gossiping/M.1638512224.A.841.html

[問卦] 你各位老人小孩是不是要感謝七年級
https://www.ptt.cc//bbs/Gossiping/M.1638512228.A.3FD.html

[問卦] ptt要關了 要怎麼最後的狂歡
https://www.ptt.cc//bbs/Gossiping/M.1638512256.A.9A4.html

[爆卦] 何志偉:PTT應該關掉(逐字稿)
https://www.ptt.cc//bbs/Gossiping/M.1638512314.A.ECF.html

Re: [新聞] 馬文鈺爆林秉樞曾追其他女立委 還跟男性
https://www.ptt.cc//bbs/Gossiping/M.1638512347.A.EF1.html

[問卦] 公投四同意蟑螂很爆氣
https://www.ptt.cc//bbs/Gossiping/M.1638512360.A.4BB.html
```

使用純文字文件 txt 儲存資料

使用 Python 內建的 open 指令，就能使用純文字文件 txt 檔案，儲存爬蟲爬到的資料，下方的程式碼將取得的資料，記錄在 output 變數裡，全部完成後將 output 的內容寫入純文字文件中 (每個人的純文字文件路徑可能不同，請依照自己電腦或 Colab 的路徑為主)。

```
import requests
from bs4 import BeautifulSoup

url = 'https://www.ptt.cc/'
```

```
web = requests.get('https://www.ptt.cc/bbs/Gossiping/index.html',
cookies={'over18':'1'})
web.encoding='utf-8'        # 避免中文亂碼
soup = BeautifulSoup(web.text, "html.parser")
titles = soup.find_all('div', class_='title')
output = ''            # 建立 output 變數
for i in titles:
    if i.find('a') != None:
        # 將資料一次記錄到 output 變數裡
        output = output + i.find('a').get_text() + '\n' + url + i.find('a')['href']
+ '\n\n'
print(output)

f = open('/content/drive/MyDrive/Colab Notebookstest.txt','w')
# 建立並開啟純文字文件 ( Colab 才需要 )
f.write(output)      # 將資料寫入檔案裡
f.close()
```

✣ (範例程式碼：ch16/code029.py)

16-7 爬取並自動下載 PTT 正妹圖片

這個範例會使用 Python 的 Requests 和 Beautiful Soup 函式庫，實作一個可以自動下載圖片的網路爬蟲，只要知道 PTT Beauty 板的網頁網址，就能將網頁內全部的正妹圖片，自動下載到電腦的資料夾中。

什麼是 PTT Beauty 板

PTT Beauty 板是一個 BBS 分享帥哥美女圖片的空間，除了正常使用 BBS 登入瀏覽，也可以透過瀏覽器，進行單純的網頁瀏覽，範例使用的網址為其中一篇分享藝人安心亞照片的網頁。

- PTT Beauty 板網址：https://www.ptt.cc/bbs/Beauty/index.html
- 安心亞照片分享網址：https://www.ptt.cc/bbs/Beauty/M.1638380033.A.7C7.html

抓取每張圖片的網址

使用 Requests 函式庫的 get 的方法，抓取安心亞網頁的內容 (注意需要加入 Cookies，避免出現「看板內容需滿十八歲方可瀏覽」的頁面，詳細參考 16-6、爬取 PTT 八卦版文章標題)。

```
import requests
from bs4 import BeautifulSoup

web = requests.get('https://www.ptt.cc/bbs/Beauty/M.1638380033.A.7C7.html',
cookies={'over18':'1'})          # 傳送 Cookies 資訊後，抓取頁面內容
soup = BeautifulSoup(web.text, "html.parser")   # 使用 BeautifulSoup 取得網頁結構
imgs = soup.find_all('img')      # 取得所有 img tag 的內容
for i in imgs:
  print(i['src'])                # 印出 src 的屬性
```

✤ (範例程式碼：ch16/code030.py)

```
https://cache.ptt.cc/c/https/i.imgur.com/zt0jEp8l.jpg?e=1638701035&s=Au6Afodqnv280_TB643boA
https://cache.ptt.cc/c/https/i.imgur.com/oXkUQbRl.jpg?e=1638664666&s=3MsHnbvwBUWfPCbqFzP_fg
https://cache.ptt.cc/c/https/i.imgur.com/Xlj6p8Xl.jpg?e=1638680852&s=e4sKlMRoHz8DvxzTmfaL9w
https://cache.ptt.cc/c/https/i.imgur.com/qJk4NAll.jpg?e=1638671147&s=v-K3Eflli7omHS6NqjyjDA
https://cache.ptt.cc/c/https/i.imgur.com/wjk2LgGl.jpg?e=1638721530&s=nRweC1tt0FYad5WycpOYMw
https://cache.ptt.cc/c/https/i.imgur.com/psYDTpGl.jpg?e=1638700337&s=bwwCHhRnX0T8Awnw1L76bA
https://cache.ptt.cc/c/https/i.imgur.com/PQwRhFkl.jpg?e=1638699385&s=z-DW_OSUfBbiyGFJ7A2lsQ
https://cache.ptt.cc/c/https/i.imgur.com/ycblypul.jpg?e=1638668838&s=3SHHIbJS0zVWYLFEjd4FkA
https://cache.ptt.cc/c/https/i.imgur.com/t2K6QjIl.jpg?e=1638715239&s=2scVOT5x9divi_3OYxDUwA
https://cache.ptt.cc/c/https/i.imgur.com/PJ6iRQjl.jpg?e=1638720812&s=ufJACgGA5RnSjFmX6PJwEg
```

讀取並下載圖片

讀取圖片的網址後，再次使用 requests 抓取圖片資訊編碼，接著使用 open 設定以二進位格式寫入圖片檔案，每次開啟新檔案時，透過變數 name 設定編號，就能讓每張圖片的檔名都不同。

> 注意，寫入時要注意「資料夾」必須存在，不然會發生錯誤。

```
import requests
from bs4 import BeautifulSoup

web = requests.get('https://www.ptt.cc/bbs/Beauty/M.1638380033.A.7C7.html',
cookies={'over18':'1'})
```

```
soup = BeautifulSoup(web.text, "html.parser")
imgs = soup.find_all('img')
name = 0    #  設定圖片編號
for i in imgs:
    print(i['src'])
    jpg = requests.get(i['src'])      # 使用 requests 讀取圖片網址，取得圖片編碼
    f = open(f'/content/drive/MyDrive/Colab Notebooks/download/test_{name}.
jpg', 'wb')    # 使用 open 設定以二進位格式寫入圖片檔案
    f.write(jpg.content)    # 寫入圖片的 content
    f.close()               # 寫入完成後關閉圖片檔案
    name = name + 1         # 編號增加 1
```

✜（範例程式碼：ch16/code031.py）

程式執行後，就會看見圖片依序下載到電腦裡。

如果使用 Colab 就會下載到雲端硬碟指定的資料夾裡。

16-8 爬取後同時下載多張圖片

這個範例會使用 Python 的 Requests 和 Beautiful Soup 函式庫，搭配 concurrent.futures 內建函式庫，實作一個可以同時且自動下載圖片的網路爬蟲。

使用「自動下載 PTT 正妹圖片」範例程式

在「16-7、自動下載 PTT 正妹圖片」文章中，已經介紹過如何自動下載圖片，這篇教學將從這個範例延伸，將原本「一張一張依序下載」的圖片，改成「同時」下載，就能大幅減少下載時間，將下方的程式複製貼上到 Colab、Jupyter 或自己的編輯器中。

```
import requests
from bs4 import BeautifulSoup

web = requests.get('https://www.ptt.cc/bbs/Beauty/M.1638380033.A.7C7.html',
cookies={'over18':'1'})
soup = BeautifulSoup(web.text, "html.parser")
imgs = soup.find_all('img')
name = 0
for i in imgs:
    print(i['src'])
    jpg = requests.get(i['src'])
    f = open(f'content/drive/MyDrive/Colab Notebooks/download/test_{name}.jpg',
'wb')
    f.write(jpg.content)
    f.close()
    name = name + 1
```

✥（範例程式碼：ch16/code032.py）

使用 concurrent.futures

使用 concurrent.futures 內建函式庫，將原本的程式，從「同步」改為「非同步」執行，由於在使用「多執行緒」時如果搭配全域變數，會發生記憶體位置重疊的失敗狀況，為了避免這種狀況，在取得圖片網址時，先一併將名稱編號設定好，最後再將編號提供給執行緒處理即可。

參考：9-17、concurrent.futures 平行任務處理

```
import requests
from bs4 import BeautifulSoup
from concurrent.futures import ThreadPoolExecutor
# 加入 concurrent.futures 內建函式庫

web = requests.get('https://www.ptt.cc/bbs/Beauty/M.1638380033.A.7C7.html',
cookies={'over18':'1'})
soup = BeautifulSoup(web.text, "html.parser")
imgs = soup.find_all('img')
name = 0
img_urls = []                              # 根據爬取的資料，建立一個圖片名稱與網址的空串列
for i in imgs:                             # 修改 for 迴圈內容
    img_urls.append([i['src'], name])       # 將圖片網址與編號加入串列中
    name = name + 1                         # 編號增加 1

def download(url):                          # 編輯下載函式
    print(url)                              # 印出網址
    jpg = requests.get(url[0])              # 使用 requests.get 取得圖片資訊
    f = open(f'download/test_{url[1]}.jpg', 'wb')
# 將圖片開啟為二進位格式（ 請自行修改存取路徑 ）
    f.write(jpg.content)                    # 存取圖片
    f.close()

executor = ThreadPoolExecutor()             # 建立非同步的多執行緒的啟動器
with ThreadPoolExecutor() as executor:
    executor.map(download, img_urls)        # 同時下載圖片
```

✤（範例程式碼：ch16/code033.py）

程式執行後，就會看見圖片「幾乎同時」下載到電腦裡。

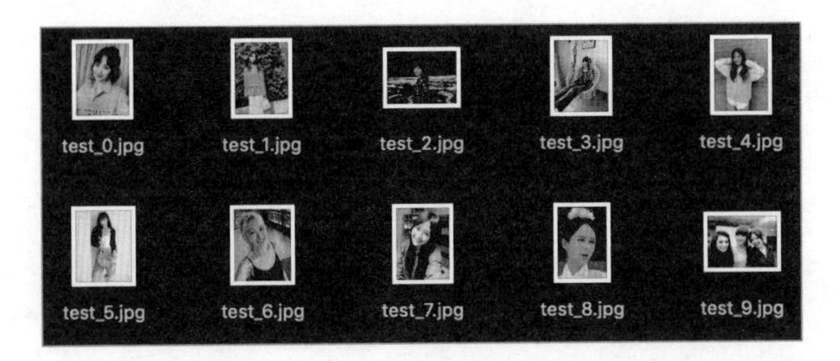

如果使用 Colab 就會下載到雲端硬碟指定的資料夾裡。

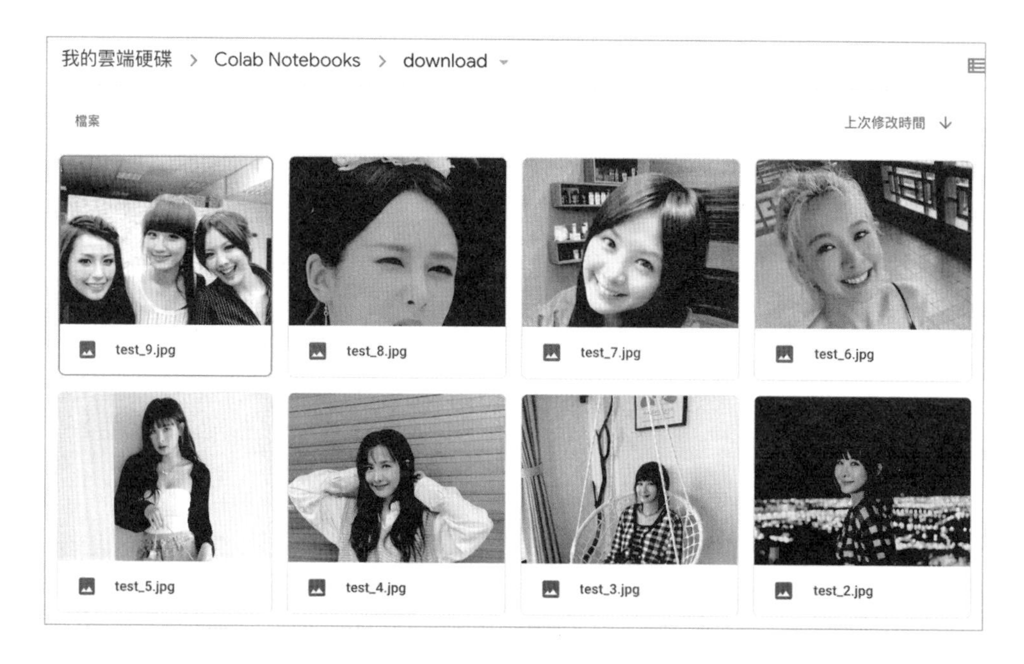

16-9 爬取空氣品質指標 (AQI)

這個範例會使用 Python 的 Requests 函式庫，藉由政府資料開放平臺的空氣品質指標 (AQI) 的 API，實作一個可以自動抓取空氣品質指標數值的網路爬蟲，並進一步使用 CSV 儲存資料。

關於政府資料開放平臺

政府資料開放平臺是一個政府提供各種開放資料的管道，讓民眾可以在政府資源有限的情況下，善用無限的創意，整合運用開放資料，推動政府資料開放加值應用，發展出各項跨機關便民服務。

政府資料開放平臺：https://data.gov.tw/

關於空氣品質指標（AQI）

從政府資料開放平臺裡，搜尋「空氣品質指標」，就能開啟空氣品質指標（AQI）的資料頁面，資料有提供 JSON 格式與 CSV 格式，這個範例中會使用 JSON 格式，點擊對應的按鈕，就可以開啟對應的 JSON API 內容。

- 空氣品質指標（AQI）：https://data.gov.tw/dataset/40448

開啟 API 後，可以從內容架構裡，找到 records 的「鍵」，records 的內容由串列和字典（或稱物件和陣列）所組成，包含地點 SiteName、城市 County、AQI、PM2.5... 等空氣品質指標的數值。

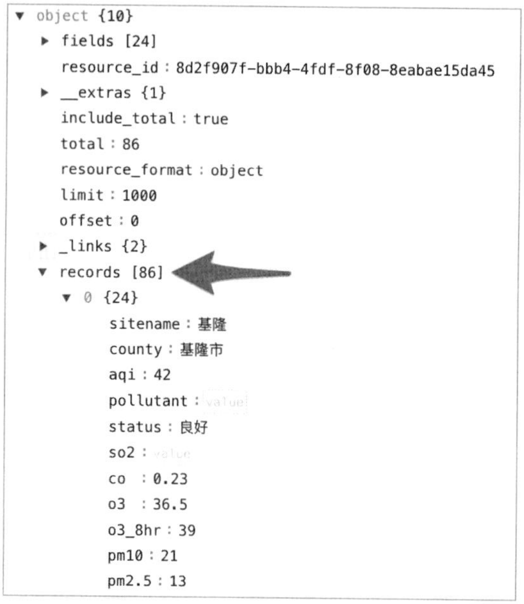

```
▼ object {10}
  ▶ fields [24]
    resource_id : 8d2f907f-bbb4-4fdf-8f08-8eabae15da45
  ▶ __extras {1}
    include_total : true
    total : 86
    resource_format : object
    limit : 1000
    offset : 0
  ▶ _links {2}
  ▼ records [86]
    ▼ 0 {24}
        sitename : 基隆
        county : 基隆市
        aqi : 42
        pollutant :
        status : 良好
        so2 :
        co  : 0.23
        o3  : 36.5
        o3_8hr : 39
        pm10 : 21
        pm2.5 : 13
```


爬取空氣品質指標

使用 Requests 函式庫的 get 的方法，抓取空氣品質指標的內容，接著取出 records 的內容，由於 records 的內容為串列和字典所組成，直接使用 for 迴圈將結果印出。

```
import requests

# 2022/12 時氣象局有修改了 API 內容，將部份大小寫混合全改成小寫，因此程式碼也跟著修正
url = 'https://data.epa.gov.tw/api/v2/aqx_p_432?api_key=e8dd42e6-9b8b-43f8-991e-b3dee723a52d&limit=1000&sort=ImportDate%20desc&format=JSON'
data = requests.get(url)              # 使用 get 方法透過空氣品質指標 API 取得內容
data_json = data.json()               # 將取得的檔案轉換為 JSON 格式
for i in data_json['records']:        # 依序取出 records 內容的每個項目
    print(i['county'] + ' ' + i['sitename'], end=',')    # 印出城市與地點名稱
    print('AQI:' + i['aqi'], end=',')                    # 印出 AQI 數值
    print('空氣品質' + i['status'])                        # 印出空氣品質狀態
```

✜（範例程式碼：ch16/code034.py）

```
基隆市 基隆, AQI:45, 空氣品質良好
新北市 汐止, AQI:34, 空氣品質良好
新北市 萬里, AQI:76, 空氣品質普通
新北市 新店, AQI:41, 空氣品質良好
新北市 土城, AQI:40, 空氣品質良好
新北市 板橋, AQI:37, 空氣品質良好
新北市 新莊, AQI:39, 空氣品質良好
新北市 菜寮, AQI:38, 空氣品質良好
新北市 林口, AQI:41, 空氣品質良好
新北市 淡水, AQI:38, 空氣品質良好
臺北市 士林, AQI:45, 空氣品質良好
臺北市 中山, AQI:35, 空氣品質良好
臺北市 萬華, AQI:35, 空氣品質良好
臺北市 古亭, AQI:42, 空氣品質良好
臺北市 松山, AQI:35, 空氣品質良好
臺北市 大同, AQI:48, 空氣品質良好
桃園市 桃園, AQI:41, 空氣品質良好
桃園市 大園, AQI:40, 空氣品質良好
桃園市 觀音, AQI:44, 空氣品質良好
桃園市 平鎮, AQI:42, 空氣品質良好
桃園市 龍潭, AQI:44, 空氣品質良好
新竹縣 湖口, AQI:44, 空氣品質良好
```

使用 CSV 儲存資料

能取得空氣品質指標後，下一步可利用 Python 內建的 CSV 標準函式庫，將資料儲存為 CSV 檔案，下方的程式執行後，會先指定 Colab 執行的目錄，接著建立一個名為 csv-aqi 的 CSV 檔案，再將資料轉換為二維陣列，寫入 CSV。

參考：7-5 檔案讀寫 open、9-7 CSV 檔案操作、9-10 檔案操作 os

```
import requests
import csv
import os
os.chdir('/content/drive/MyDrive/Colab Notebooks')    # 針對 Colab 改變路徑
csvfile = open('csv-aqi.csv', 'w')      # 建立空白並可寫入的 CSV 檔案
csv_write = csv.writer(csvfile)         # 設定 csv_write 為寫入

url = 'https://data.epa.gov.tw/api/v2/aqx_p_432?api_key=e8dd42e6-9b8b-43f8-
991e-b3dee723a52d&limit=1000&sort=ImportDate%20desc&format=JSON'
data = requests.get(url)
data_json = data.json()
output = [['county','sitename','aqi','空氣品質']]    # 設定 output 變數為二維串列，
                                                      第一筆資料為開頭
```

```
for i in data_json['records']:
    # 依序將取得的資料加入 output 中
    output.append([i['county'],i['sitename'],i['aqi'],i['status']])
print(output)
csv_write.writerows(output)    # 多行寫入 CSV
```

✜（範例程式碼：ch16/code035.py）

County	SiteName	AQI	空氣品質
基隆市	基隆	45	良好
新北市	汐止	34	良好
新北市	萬里	76	普通
新北市	新店	41	良好
新北市	土城	40	良好
新北市	板橋	37	良好
新北市	新莊	39	良好
新北市	菜寮	38	良好
新北市	林口	41	良好
新北市	淡水	38	良好
臺北市	士林	45	良好
臺北市	中山	35	良好
臺北市	萬華	35	良好
臺北市	古亭	42	良好
臺北市	松山	35	良好
臺北市	大同	48	良好
桃園市	桃園	41	良好
桃園市	大園	40	良好
桃園市	觀音	44	良好
桃園市	平鎮	42	良好

16-10 爬取天氣預報

這個範例會從註冊氣象資料開放平臺開始，介紹如何取得天氣預報資料的 JSON 檔案，並使用 Python 的 Requests 函式庫，實作一個可以自動抓取氣象預報資料的網路爬蟲。

關於氣象資料開放平台

交通部中央氣象局為了便利民眾共享和應用政府資料，推出了「氣象資料開放平臺」，讓民眾可以在政府資源有限的情況下，善用無限的創意，整合運用開放資料，提升政府資料品質及價值、優化政府服務品質。

氣象資料開放平台：https://opendata.cwb.gov.tw/index

取得使用授權碼

要使用氣象資料開放平台的資料需要先「註冊」，點擊右上角的「註冊 / 登入」，點擊「氣象會員登入」，已有帳號的使用自己的帳號，沒有帳號可以點擊下方「加入會員」註冊帳號。

氣象會員登入

氣象會員登入

郵件帳號

密碼

我不是機器人

reCAPTCHA

隱私權 - 條款

氣象會員登入

加入會員 | 忘記密碼

註冊成功後會成為「一般會員」，點擊「取得授權碼」按鈕，會出現個人的授權碼，如果授權碼被盜用或出現問題，可點擊「更新授權碼」重新產生。

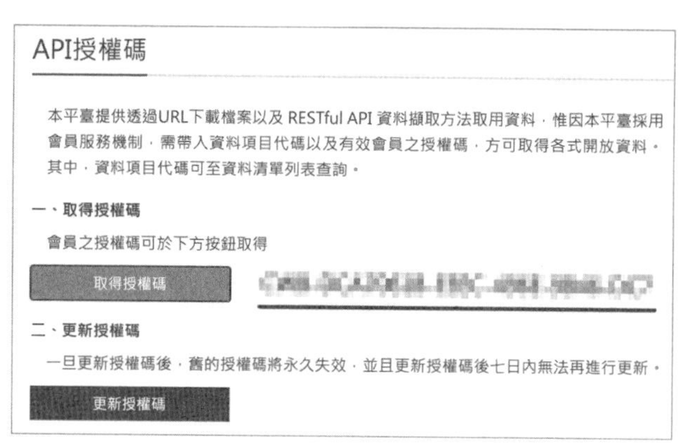

尋找氣象預報資料

點擊「資料主題」，選擇「預報」，搜尋「36 小時天氣預報」，找到「一般天氣預報 - 今明 36 小時天氣預報」。

開啟頁面後，點擊 JSON 或 XML 的連結可以取得台灣所有縣市的預報資料，點擊 API 連結，會開啟「中央氣象局開放資料平臺之資料擷取 API」的頁面，輸入個人的授權碼，就能透過 API 取出篩選後的資料。

連結：一般天氣預報 - 今明 36 小時天氣預報

一般天氣預報-今明36小時天氣預報

資料集 資料預覽

一般天氣預報-今明36小時天氣預報	
檔案下載	JSON XML
資料擷取API服務說明網址	API
資料集類型	rawData
資料集描述	臺灣各縣市今明36小時天氣預報預報-今明36小時天氣預報
主要欄位說明	Wx(天氣現象)、MaxT(最高溫度)、MinT(最低溫度)、CI(舒適度)、PoP(降雨機率)
資料集提供機關	中央氣象局
更新頻率	每6小時

不論是用 JSON 檔案還是 API 的方式，開啟氣象預報資料後，可看見如下圖的 JSON 物件結構，weatherElement 裡的資料就是所需的天氣預報資料。

```
{
 "cwbopendata": {
  "@xmlns": "urn:cwb:gov:tw:cwbcommon:0.1",
  "identifier": "794f497b-743e-6365-d3cc-4a8427c97db0",
  "sender": "weather@cwb.gov.tw",
  "sent": "2022-12-14T11:00:03+08:00",
  "status": "Actual",
  "msgType": "Issue",
  "source": "MFC",
  "dataid": "C0032-001",
  "scope": "Public",
  "dataset": {
   "datasetInfo": {
    "datasetDescription": "三十六小時天氣預報",
    "issueTime": "2022-12-14T11:00:00+08:00",
    "update": "2022-12-14T11:00:03+08:00"
   },
   "location": [
    {
     "locationName": "臺北市",
     "weatherElement": [
      {
       "elementName": "Wx",
       "time": [
        {
         "startTime": "2022-12-14T12:00:00+08:00",
         "endTime": "2022-12-14T18:00:00+08:00",
         "parameter": {
          "parameterName": "陰有雨",
          "parameterValue": "14"
         }
        },
        {
         "startTime": "2022-12-14T18:00:00+08:00",
         "endTime": "2022-12-15T06:00:00+08:00",
```

weatherElement 裡有五種的預報因子，可透過程式單純取出所需的預報因子。

預報因子	說明
Wx	天氣現象
MaxT	最高溫度
MinT	最低溫度
CI	舒適度
PoP	降雨機率

Python 爬取天氣預報

使用 Requests 函式庫的 get 的方法，抓取天氣預報的 JSON 網址，接著使用字典的取值方法，取出 location 裡的內容並透過 for 迴圈印出。

```
import requests

url = '一般天氣預報 - 今明 36 小時天氣預報 JSON 連結'
data = requests.get(url)    # 取得 JSON 檔案的內容為文字
data_json = data.json()     # 轉換成 JSON 格式
location = data_json['cwbopendata']['dataset']['location']   # 取出 location 的
                                                               內容
for i in location:
    print(f'{i}')
```

✜（範例程式碼：ch16/code036.py）

```
{'locationName': '臺北市', 'weatherElement': [{'elementName': 'Wx', 'time': [{'startTime': '2022-03-13T00:00:00+08:00',
{'locationName': '新北市', 'weatherElement': [{'elementName': 'Wx', 'time': [{'startTime': '2022-03-13T00:00:00+08:00',
{'locationName': '桃園市', 'weatherElement': [{'elementName': 'Wx', 'time': [{'startTime': '2022-03-13T00:00:00+08:00',
{'locationName': '臺中市', 'weatherElement': [{'elementName': 'Wx', 'time': [{'startTime': '2022-03-13T00:00:00+08:00',
{'locationName': '臺南市', 'weatherElement': [{'elementName': 'Wx', 'time': [{'startTime': '2022-03-13T00:00:00+08:00',
{'locationName': '高雄市', 'weatherElement': [{'elementName': 'Wx', 'time': [{'startTime': '2022-03-13T00:00:00+08:00',
{'locationName': '基隆市', 'weatherElement': [{'elementName': 'Wx', 'time': [{'startTime': '2022-03-13T00:00:00+08:00',
{'locationName': '新竹縣', 'weatherElement': [{'elementName': 'Wx', 'time': [{'startTime': '2022-03-13T00:00:00+08:00',
{'locationName': '新竹市', 'weatherElement': [{'elementName': 'Wx', 'time': [{'startTime': '2022-03-13T00:00:00+08:00',
{'locationName': '苗栗縣', 'weatherElement': [{'elementName': 'Wx', 'time': [{'startTime': '2022-03-13T00:00:00+08:00',
{'locationName': '彰化縣', 'weatherElement': [{'elementName': 'Wx', 'time': [{'startTime': '2022-03-13T00:00:00+08:00',
{'locationName': '南投縣', 'weatherElement': [{'elementName': 'Wx', 'time': [{'startTime': '2022-03-13T00:00:00+08:00',
{'locationName': '雲林縣', 'weatherElement': [{'elementName': 'Wx', 'time': [{'startTime': '2022-03-13T00:00:00+08:00',
{'locationName': '嘉義縣', 'weatherElement': [{'elementName': 'Wx', 'time': [{'startTime': '2022-03-13T00:00:00+08:00',
{'locationName': '嘉義市', 'weatherElement': [{'elementName': 'Wx', 'time': [{'startTime': '2022-03-13T00:00:00+08:00',
{'locationName': '屏東縣', 'weatherElement': [{'elementName': 'Wx', 'time': [{'startTime': '2022-03-13T00:00:00+08:00',
{'locationName': '宜蘭縣', 'weatherElement': [{'elementName': 'Wx', 'time': [{'startTime': '2022-03-13T00:00:00+08:00',
{'locationName': '花蓮縣', 'weatherElement': [{'elementName': 'Wx', 'time': [{'startTime': '2022-03-13T00:00:00+08:00',
{'locationName': '臺東縣', 'weatherElement': [{'elementName': 'Wx', 'time': [{'startTime': '2022-03-13T00:00:00+08:00',
{'locationName': '澎湖縣', 'weatherElement': [{'elementName': 'Wx', 'time': [{'startTime': '2022-03-13T00:00:00+08:00',
{'locationName': '金門縣', 'weatherElement': [{'elementName': 'Wx', 'time': [{'startTime': '2022-03-13T00:00:00+08:00',
{'locationName': '連江縣', 'weatherElement': [{'elementName': 'Wx', 'time': [{'startTime': '2022-03-13T00:00:00+08:00',
```

修改程式，取出天氣現象、最高溫、最低溫、降雨機率資訊，使用字串格式化的方式，就能顯示成所需要的氣象預報格式。

```
import requests

url = '一般天氣預報 - 今明 36 小時天氣預報 JSON 連結'
data = requests.get(url)    # 取得 JSON 檔案的內容為文字
data_json = data.json()     # 轉換成 JSON 格式
location = data_json['cwbopendata']['dataset']['location']
for i in location:
    city = i['locationName']     # 縣市名稱
    wx8 = i['weatherElement'][0]['time'][0]['parameter']['parameterName']
# 天氣現象
    maxt8 = i['weatherElement'][1]['time'][0]['parameter']['parameterName']
# 最高溫
    mint8 = i['weatherElement'][2]['time'][0]['parameter']['parameterName']
# 最低溫
    ci8 = i['weatherElement'][3]['time'][0]['parameter']['parameterName']
# 舒適度
    pop8 = i['weatherElement'][4]['time'][0]['parameter']['parameterName']
# 降雨機率
    print(f'{city} 未來 8 小時 {wx8}，最高溫 {maxt8} 度，最低溫 {mint8} 度，降雨機率
{pop8} %')
```

✜（範例程式碼：ch16/code037.py）

```
臺北市未來 8 小時晴時多雲, 最高溫 19 度, 最低溫 22 度, 降雨機率 19 %
新北市未來 8 小時晴時多雲, 最高溫 19 度, 最低溫 22 度, 降雨機率 19 %
桃園市未來 8 小時晴時多雲, 最高溫 18 度, 最低溫 21 度, 降雨機率 18 %
臺中市未來 8 小時多雲時晴, 最高溫 19 度, 最低溫 21 度, 降雨機率 19 %
臺南市未來 8 小時晴時多雲, 最高溫 21 度, 最低溫 22 度, 降雨機率 21 %
高雄市未來 8 小時晴時多雲, 最高溫 22 度, 最低溫 24 度, 降雨機率 22 %
基隆市未來 8 小時晴時多雲, 最高溫 19 度, 最低溫 21 度, 降雨機率 19 %
新竹縣未來 8 小時多雲時晴, 最高溫 18 度, 最低溫 20 度, 降雨機率 18 %
新竹市未來 8 小時多雲時晴, 最高溫 18 度, 最低溫 20 度, 降雨機率 18 %
苗栗縣未來 8 小時晴時多雲, 最高溫 17 度, 最低溫 19 度, 降雨機率 17 %
彰化縣未來 8 小時晴時多雲, 最高溫 18 度, 最低溫 19 度, 降雨機率 18 %
南投縣未來 8 小時晴時多雲, 最高溫 18 度, 最低溫 20 度, 降雨機率 18 %
雲林縣未來 8 小時晴時多雲, 最高溫 18 度, 最低溫 20 度, 降雨機率 18 %
嘉義縣未來 8 小時多雲, 最高溫 18 度, 最低溫 20 度, 降雨機率 18 %
嘉義市未來 8 小時多雲時晴, 最高溫 18 度, 最低溫 20 度, 降雨機率 18 %
屏東縣未來 8 小時晴時多雲, 最高溫 19 度, 最低溫 21 度, 降雨機率 19 %
宜蘭縣未來 8 小時多雲, 最高溫 19 度, 最低溫 20 度, 降雨機率 19 %
花蓮縣未來 8 小時多雲, 最高溫 20 度, 最低溫 21 度, 降雨機率 20 %
臺東縣未來 8 小時多雲, 最高溫 20 度, 最低溫 21 度, 降雨機率 20 %
澎湖縣未來 8 小時晴時多雲, 最高溫 18 度, 最低溫 19 度, 降雨機率 18 %
金門縣未來 8 小時多雲, 最高溫 16 度, 最低溫 17 度, 降雨機率 16 %
連江縣未來 8 小時陰時多雲, 最高溫 15 度, 最低溫 16 度, 降雨機率 15 %
```

16-11 爬取現在天氣

這個範例會介紹如何從氣象資料開放平臺裡，取得現在天氣資料的 JSON 檔案，並使用 Python 的 Requests 函式庫，實作一個可以自動抓取現在天氣資料的網路爬蟲。

取得氣象資料開放平台使用授權碼

參考「爬取天氣預報」文章，註冊並登入「氣象資料開放平臺」，註冊成功後會成為「一般會員」，點擊「取得授權碼」按鈕，會出現個人的授權碼，如果授權碼被盜用或出現問題，可點擊「更新授權碼」重新產生。

參考：16-10、爬取天氣預報、https://opendata.cwb.gov.tw/index

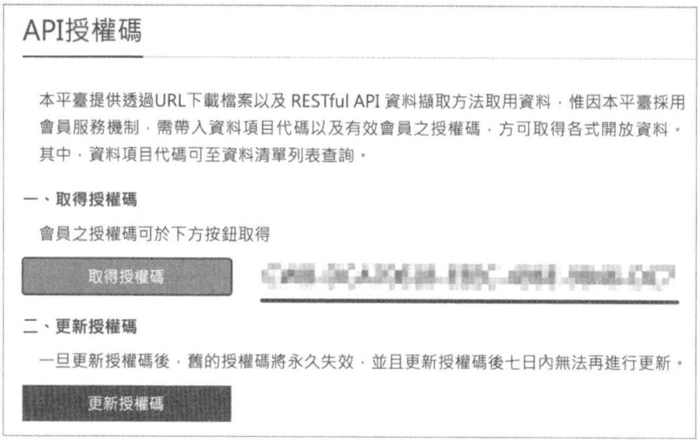

API授權碼

本平臺提供透過URL下載檔案以及 RESTful API 資料擷取方法取用資料，惟因本平臺採用會員服務機制，需帶入資料項目代碼以及有效會員之授權碼，方可取得各式開放資料。其中，資料項目代碼可至資料清單列表查詢。

一、取得授權碼

會員之授權碼可於下方按鈕取得

取得授權碼

二、更新授權碼

一旦更新授權碼後，舊的授權碼將永久失效，並且更新授權碼後七日內無法再進行更新。

更新授權碼

尋找現在天氣資料

點擊「資料主題」，選擇「觀測」，找到「自動氣象站 - 氣象觀測資料」資料集。

分別進入後，點擊 JSON 或 XML 的連結可以取得氣象觀測資料，點擊 API 連結，會開啟「中央氣象局開放資料平臺之資料擷取 API」的頁面，輸入個人的授權碼，就能透過 API 取出篩選後的資料。

不論是用 JSON 檔案還是 API 的方式，開啟氣象觀測資料後，可從 JSON 物件裡找到地點的名稱、城市名稱等觀測點資訊，weatherElement 裡則是該地點的現在氣象觀測資料，查看氣象局的 pdf 說明，可了解 weatherElement 裡觀測因子所代表的意義。

氣象觀測資料說明：https://opendata.cwb.gov.tw/opendatadoc/DIV2/A0001-001.pdf

```
▼ object {1}
  ▼ cwbopendata {10}
      @xmlns : urn:cwb:gov:tw:cwbcommon:0.1
      identifier : 54cee551-0ff9-476a-9858-2a53ed2a09c2
      sender : weather@cwb.gov.tw
      sent : 2022-03-14T09:28:05+08:00
      status : Actual
      msgType : Issue
      dataid : CWB_A0001
      scope : Public
      dataset : null
    ▼ location [450]
      ▼ 0 {9}
          lat : 25.098133
          lon : 121.508275
          lat_wgs84 : 25.0963555555556
          lon_wgs84 : 121.516505555556
          locationName : 科教館
          stationId : C0A770
        ► time {1}
        ► weatherElement [14]
        ▼ parameter [4]
          ▼ 0 {2}
              parameterName : CITY
              parameterValue : 臺北市
          ▼ 1 {2}
              parameterName : CITY_SN
              parameterValue : 01
          ▼ 2 {2}
              parameterName : TOWN
              parameterValue : 士林區
```


Python 爬取氣象觀測資料

使用 Requests 函式庫的 get 的方法，抓取氣象觀測資料的 JSON 網址，接著使用字典的取值方法，搭配 for 迴圈印出城市名稱、區域名稱和觀測點名稱。

```
import requests
url = '你的氣象觀測資料 JSON 網址'
data = requests.get(url)
data_json = data.json()
location = data_json['cwbopendata']['location']
for i in location:
  name = i['locationName']                          # 測站地點
  city = i['parameter'][0]['parameterValue']   # 城市
  area = i['parameter'][2]['parameterValue']   # 行政區
  print(city, area, name)
```

✤（範例程式碼：ch16/code038.py）

```
臺北市 士林區 科教館
宜蘭縣 頭城鎮 大溪漁港
宜蘭縣 頭城鎮 石城
新北市 貢寮區 澳底
基隆市 安樂區 大武崙
新北市 萬里區 野柳
新北市 淡水區 淡水觀海
桃園市 大園區 竹圍
桃園市 新屋區 中大臨海站
新北市 石門區 石門
桃園市 觀音區 觀音工業區
新竹市 北區 海天一線
新竹市 香山區 香山濕地
新北市 瑞芳區 水湳洞
基隆市 中正區 八斗子
新竹縣 新豐鄉 外湖
苗栗縣 後龍鎮 海埔
苗栗縣 通霄鎮 通霄漁港
```

修改程式，取出天氣現象、最高溫、最低溫、降雨機率資訊，使用字串格式化、轉換浮點數、四捨五入的方式，就能顯示成所需要的氣象預報格式。

```
import requests
    url = '你的氣象觀測資料 JSON 網址'
data = requests.get(url)
data_json = data.json()
location = data_json['cwbopendata']['location']
for i in location:
  name = i['locationName']                    # 測站地點
  city = i['parameter'][0]['parameterValue']  # 城市
  area = i['parameter'][2]['parameterValue']  # 行政區
  temp = i['weatherElement'][3]['elementValue']['value']
# 氣溫
  humd = round(float(i['weatherElement'][4]['elementValue']['value'] )*100 ,1)
# 相對濕度
  r24 = i['weatherElement'][6]   ['elementValue']['value']
# 累積雨量

  print(city, area, name, f'{temp} 度', f'相對濕度 {humd}%',f'累積雨量 {r24}mm')
```

✜（範例程式碼：ch16/code039.py）

```
臺北市 士林區 科教館 25.7 度 相對濕度 52.0% 累積雨量 0.0mm
宜蘭縣 頭城鎮 大溪漁港 22.6 度 相對濕度 79.0% 累積雨量 0.0mm
宜蘭縣 頭城鎮 石城 24.4 度 相對濕度 71.0% 累積雨量 0.0mm
新北市 貢寮區 澳底 23.9 度 相對濕度 70.0% 累積雨量 0.0mm
基隆市 安樂區 大武崙 23.0 度 相對濕度 65.0% 累積雨量 0.0mm
新北市 萬里區 野柳 22.8 度 相對濕度 72.0% 累積雨量 0.0mm
新北市 淡水區 淡水觀海 21.3 度 相對濕度 83.0% 累積雨量 0.0mm
桃園市 大園區 竹圍 22.1 度 相對濕度 82.0% 累積雨量 0.0mm
桃園市 新屋區 中大臨海站 23.8 度 相對濕度 69.0% 累積雨量 0.0mm
新北市 石門區 石門 26.1 度 相對濕度 57.0% 累積雨量 0.0mm
桃園市 觀音區 觀音工業區 22.8 度 相對濕度 71.0% 累積雨量 0.0mm
新竹市 北區 海天一線 22.7 度 相對濕度 78.0% 累積雨量 0.0mm
新竹市 香山區 香山濕地 24.4 度 相對濕度 71.0% 累積雨量 0.0mm
新北市 瑞芳區 水湍洞 23.7 度 相對濕度 62.0% 累積雨量 0.0mm
```

加入搜尋與篩選的功能

修改程式，使用 input 的方式，讓使用者可以輸入縣市和觀測點的名稱，就能顯示該觀測點的氣象觀測資料。

```
import requests
    url = '你的氣象觀測資料 JSON 網址'
data = requests.get(url)
data_json = data.json()
location = data_json['cwbopendata']['location']
weather = {}    # 新增一個 weather 字典
for i in location:
    name = i['locationName']
    city = i['parameter'][0]['parameterValue']
    area = i['parameter'][2]['parameterValue']
    temp = i['weatherElement'][3]['elementValue']['value']
    humd = round(float(i['weatherElement'][4]['elementValue']['value'] )*100 ,1)
    r24 = i['weatherElement'][6]  ['elementValue']['value']
    msg = f'{temp} 度，相對濕度 {humd}%，累積雨量 {r24}mm'  # 組合成天氣描述
    try:
        weather[city][name]=msg    # 記錄地區和描述
    except:
        weather[city] = {}         # 如果每個縣市不是字典，建立第二層字典
        weather[city][name]=msg    # 記錄地區和描述

show = ''
for i in weather:
    show = show + i + ','                               # 列出可輸入的縣市名稱
show = show.strip(',')                                  # 移除結尾逗號
a = input(f'請輸入下方其中一個縣市\n( {show} )\n')     # 讓使用者輸入縣市名稱
```

```
show = ''
for i in weather[a]:
    show = show + i + ','                                    # 列出可輸入的地點名稱
show = show.strip(',')                                       # 移除結尾逗號
b = input(f'請輸入 {a} 的其中一個地點 \n( {show} )\n')  # 讓使用者輸入觀測地點名稱
print(f'{a}{b}，{weather[a][b]}。')                        # 顯示結果
```

✤（範例程式碼：ch16/code040.py）

```
請輸入下方其中一個縣市
( 臺北市,宜蘭縣,新北市,基隆市,桃園市,新竹市,新竹縣,苗栗縣,臺中市,臺東縣,南投縣,高雄市
高雄市
請輸入高雄市的其中一個地點
( 茂林蝶谷,小林,月眉,復興,甲仙,阿蓮,萬山,六龜,左營,溪埔,美濃,阿公店,內門,古亭坑,鳳山
六龜
高雄市六龜, 26.2 度, 相對濕度 56.0%, 累積雨量 0.0mm。
```

16-12 爬取臺灣銀行牌告匯率

這個範例會使用 Python 的 Requests 函式庫，實作一個爬取臺灣銀行營業時間的牌告匯率的網路爬蟲。

臺灣銀行牌告匯率

每間銀行都有各自的牌告匯率，本篇範例採用「臺灣銀行」的牌告匯率網頁。

臺灣銀行牌告匯率網頁：https://rate.bot.com.tw/xrt

幣別	現金匯率		即期匯率		遠期匯率	歷史匯率
	本行買入	本行賣出	本行買入	本行賣出		
美金 (USD)	27.285	27.955	27.635	27.735	查詢	查詢
港幣 (HKD)	3.394	3.598	3.52	3.58	查詢	查詢
英鎊 (GBP)	35.36	37.48	36.37	36.77	查詢	查詢
澳幣 (AUD)	19.45	20.23	19.74	19.94	查詢	查詢
加拿大幣 (CAD)	21.38	22.29	21.78	21.98	查詢	查詢
新加坡幣 (SGD)	19.75	20.66	20.24	20.42	查詢	查詢
瑞士法郎 (CHF)	29.24	30.44	29.92	30.17	查詢	查詢
日圓 (JPY)	0.2341	0.2469	0.2414	0.2454	查詢	查詢
南非幣 (ZAR)	-	-	1.72	1.8	查詢	查詢
瑞典幣 (SEK)	2.68	3.2	3.02	3.12	查詢	查詢
紐元 (NZD)	18.38	19.23	18.76	18.96	查詢	查詢
泰幣 (THB)	0.7014	0.8914	0.8138	0.8538	查詢	查詢
菲國比索 (PHP)	0.4775	0.6105	-	-	查詢	查詢
印尼幣 (IDR)	0.00158	0.00228	-	-	查詢	查詢
歐元 (EUR)	30.56	31.9	31.18	31.58	查詢	查詢
韓元 (KRW)	0.02186	0.02576	-	-	查詢	查詢

在網頁的最下方，有「下載文字檔」和「下載 CSV」兩個按鈕，將滑鼠移動到「下載 CSV」的按鈕上方，按下滑鼠右鍵，選擇「複製連結網址」，就能複製牌告匯率的 CSV 檔案網址。

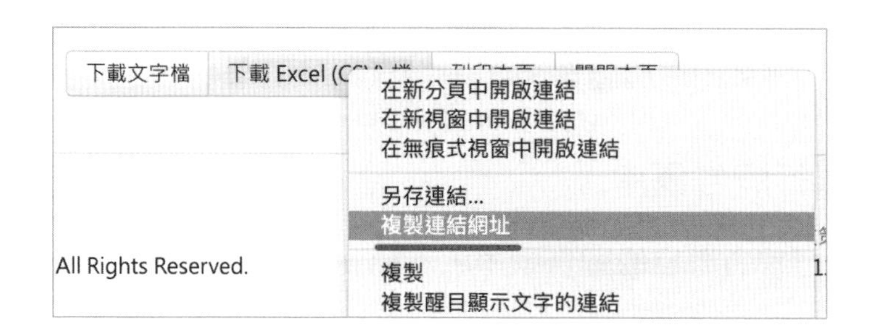

爬取牌告匯率 CSV

取得 CSV 網址後，使用 Requests 函式庫爬取網址內容，如果只是爬取內容沒做任何處理，會發現出現一大堆亂碼，這是因為沒有使用正確的編碼去讀取 CSV 檔案，這時可以加上「rate.encoding = 'utf-8'」就能處理亂碼問題，亂碼問題處理完成後，讀取檔案為純文字，並用換行與逗號拆分，就能取得幣別和匯率。

```
import requests

url = 'https://rate.bot.com.tw/xrt/flcsv/0/day'   # 牌告匯率 CSV 網址
rate = requests.get(url)     # 爬取網址內容
rate.encoding = 'utf-8'      # 調整回應訊息編碼為 utf-8，避免編碼不同造成亂碼
rt = rate.text               # 以文字模式讀取內容
rts = rt.split('\n')         # 使用「換行」將內容拆分成串列
for i in rts:                # 讀取串列的每個項目
    try:                                # 使用 try 避開最後一行的空白行
        a = i.split(',')                # 每個項目用逗號拆分成子串列
        print(a[0] + ': ' + a[12])      # 取出第一個 ( 0 ) 和第十三個項目 ( 12 )
    except:
      break
```

✤（範例程式碼：ch16/code041.py）

```
幣別: 現金
USD: 27.95000
HKD: 3.59700
GBP: 37.47000
AUD: 20.21000
CAD: 22.29000
SGD: 20.64000
CHF: 30.43000
JPY: 0.24690
ZAR: 0.00000
SEK: 3.20000
NZD: 19.21000
THB: 0.89100
PHP: 0.61030
IDR: 0.00228
EUR: 31.90000
KRW: 0.02575
VND: 0.00139
MYR: 7.03200
CNY: 4.42800
```

16-13 爬取統一發票號碼對獎

這個範例會使用 Python 的 Requests 和 Beautiful Soup 函式庫，實作一個爬取當期統一發票號碼，並進行自動對獎網路爬蟲。

使用 Requests 抓取網頁內容

使用 Requests 函式庫的 get 的方法，抓取財政部稅務入口網裡統一發票網頁的內容，因為該網頁編碼為 utf-8，所以要加上 web.encoding='utf-8' 避免中文字出現亂碼。

政部稅務入口網：https://invoice.etax.nat.gov.tw/index.html

```
import requests
url = 'https://invoice.etax.nat.gov.tw/index.html'
web = requests.get(url)     # 取得網頁內容
web.encoding='utf-8'        # 因為該網頁編碼為 utf-8，加上 .encoding 避免亂碼
print(web.text)
```

✤（範例程式碼：ch16/code042.py）

執行程式後，就可以看到抓取到的網頁內容。

```
<!DOCTYPE html>
<html lang="zh-Hant-TW">
<head>
  <meta charset="UTF-8" />
  <meta http-equiv="X-UA-Compatible" content="IE=edge,chrome=1" />
  <meta name="format-detection" content="telephone=no" />
  <meta name="viewport" content="width=device-width,initial-scale=1, user-scalable=no" />
  <title>財政部稅務入口網</title>
  <link rel="shortcut icon" type="image/x-icon" href="images/favicon.ico">
  <!-- CSS_JS -->
  <link rel="stylesheet" href="css/bootstrap.css">
  <!-- CSS -->
  <link rel="stylesheet" href="css/global.css">
  <link rel="stylesheet" href="css/inner.css">
  <!-- JS -->
  <script type="text/javascript" src="js/jquery.min.js"></script>
  <script type="text/javascript" src="js/bootstrap.js"></script>

</head>
<body>
<!-- page -->
<div class="etw-page">
```

使用 Beautiful Soup 取出中獎號碼

使用 Beautiful Soup 函式庫的 select 的方法，從抓到的網頁內容裡，找到 class 為「container-fluid」的 div，將其內容輸出後就是中獎號碼，但需要注意的是，如果直接將內容輸出放入串列，會自動加上換行符號（因為

原始資料裡有換行），此時可以透過串列 slice() 方法的操作，取出最後八碼即可。

```
import requests
url = 'https://invoice.etax.nat.gov.tw/index.html'
web = requests.get(url)      # 取得網頁內容
web.encoding='utf-8'         # 因為該網頁編碼為 utf-8，加上 .encoding 避免亂碼

from bs4 import BeautifulSoup
soup = BeautifulSoup(web.text, "html.parser")                          # 轉換成標籤樹
td = soup.select('.container-fluid')[0].select('.etw-tbiggest')    # 取出中獎號碼
                                                                       的位置
ns = td[0].getText()  # 特別獎
n1 = td[1].getText()  # 特獎
# 頭獎，因為存入串列會出現 /n 換行符，使用 [-8:] 取出最後八碼
n2 = [td[2].getText()[-8:], td[3].getText()[-8:], td[4].getText()[-8:]]
print(ns)
print(n1)
print(n2)
```

❖（範例程式碼：ch16/code043.py）

```
05701942
97718570
['88400675', '73475574', '53038222']
```

輸入號碼後自動對獎

使用 while 迴圈和 for 迴圈，就能做到不斷輸入號碼並自動對獎的功能。

```
import requests
url = 'https://invoice.etax.nat.gov.tw/index.html'
web = requests.get(url)      # 取得網頁內容
web.encoding='utf-8'         # 因為該網頁編碼為 utf-8，加上 .encoding 避免亂碼

from bs4 import BeautifulSoup
soup = BeautifulSoup(web.text, "html.parser")                       # 轉換成標籤樹
td = soup.select('.container-fluid')[0].select('.etw-tbiggest')  # 取出中獎號碼
                                                                    的位置
ns = td[0].getText()  # 特別獎
```

```
n1 = td[1].getText()  # 特獎
# 頭獎，因為存入串列會出現 /n 換行符，使用 [-8:] 取出最後八碼
n2 = [td[2].getText()[-8:], td[3].getText()[-8:], td[4].getText()[-8:]]

while True:
    try:
        # 對獎程式
        num = input('輸入你的發票號碼：')
        if num == ns: print('對中 1000 萬元！')
        if num == n1: print('對中 200 萬元！')
        for i in n2:
            if num == i:
                print('對中 20 萬元！')
                break
            if num[-7:] == i[-7:]:
                print('對中 4 萬元！')
                break
            if num[-6:] == i[-6:]:
                print('對中 1 萬元！')
                break
            if num[-5:] == i[-5:]:
                print('對中 4000 元！')
                break
            if num[-4:] == i[-4:]:
                print('對中 1000 元！')
                break
            if num[-3:] == i[-3:]:
                print('對中 200 元！')
                break
    except: break
```

✤（範例程式碼：ch16/code044.py）

```
輸入你的發票號碼: 53038222
對中 20 萬元!
輸入你的發票號碼: 53034222
對中 200 元!
輸入你的發票號碼: 05701942
對中 1000 萬元!
輸入你的發票號碼:
```

16-14 爬取 Yahoo 股市即時股價

這個範例會使用 Python 的 Requests 函式庫，前往 Yahoo 股市的頁面，實作從網頁 HTML 裡，爬取指定上市公司股票即時股價的網路爬蟲。

Yahoo 奇摩即時股價

通常比較大型的數據分析公司要取得即時股價資訊，會串接台灣證券交易所的即時股價 API，進一步得到即時資訊，但相對必須支付年費，因此，如果是個人或作為練習使用，可以前往「Yahoo 股市」，透過靜態網頁爬蟲的方法，取得某支股票的即時股價。

開啟 Yahoo 股市網頁後，在搜尋欄位輸入指定的股票名稱或代號，就能搜尋出對應的股票，本篇文章搜尋「台積電」作為範例。

> Yahoo 股市：https://tw.stock.yahoo.com/

確認抓取資料的 HTML 位置

開啟台積電即時股價的網頁後，目標要抓取「股票名稱」、「即時價格」和「漲跌幅」(下圖紅色框的內容)

> 台積電即時股價：https://tw.stock.yahoo.com/quote/2330

將滑鼠移到台積電名稱的上方，按下右鍵，選擇「檢查」，查看該名稱在 HTML 裡的位置和長相。

點擊檢查後，Chrome 瀏覽器會開啟「開發者工具」，工具裡 Elements 頁籤會顯示網頁目前的 HTML 結構，從中可以看到一個 id 為 main-0-QuoteHeader-Proxy 的 div 裡，包含 h1 的股票名稱標題，以及相關的股價資訊。

正常的網頁裡，id 和 h1 都只會存在一個 (不會有兩個重複的 id 或重複的 h1)。

```
▼<div id="main-0-QuoteHeader-Proxy">
  ▼<div class="Mb($m-module-24)">
    ▼<div class="D(f) Ai(c) Mb(6px)"> flex                 股票名稱
       <h1 class="C($c-link-text) Fw(b) Fz(24px) Mend(8px)">台積電</h1> == $0
       <span class="C($c-icon) Fz(24px) Mend(20px)">2330</span>
     ▶<div class="Flxg(2)">…</div>
     ▶<button class="Ff(buttonFont) O(n) Bd Bxsh(n) Trsdu(.3s) Whs(nw) C(#fff) Bdc($c-button)
     Bgc($c-button) Cur(p) D(f) Ai(c) Fx(n) Mstart(12px) Bdw(1px) Bdrs(100px) Px(15px) Py(3p
     x) Lh(20px) Fz(14px) Fw(b)">…</button> flex
     </div>
    ▼<div class="D(f) Jc(sb) Ai(fe)"> flex
      ▼<div class="D(f) Fld(c) Ai(fs)"> flex
        ▼<div class="D(f) Ai(fe) Mb(4px)"> flex                   即時股價
           <span class="Fz(32px) Fw(b) Lh(1) Mend(16px) D(f) Ai(c) C($c-trend-up)">608</span>
           flex
         ▼<span class="Fz(20px) Fw(b) Lh(1.2) Mend(4px) D(f) Ai(c) C($c-trend-up)"> flex
            <span class="Mend(4px) Bds(s)" style="border-color:transparent transparent #ff333a
            transparent;border-width:0 6.5px 9px 6.5px"></span>
            "6"  漲跌幅
          </span>
          <span class="Jc(fe) Fz(20px) Lh(1.2) Fw(b) D(f) Ai(c) C($c-trend-up)">(1.00%)</span>
          flex
        </div>
```

再開啟網頁的原始碼 (滑鼠在網頁的任意位置按下右鍵，選擇「檢視網頁原始碼」)，檢查原始碼裡是否包含這些資訊，檢查後發現原始碼內也有這些內容，所以就能夠用靜態網頁的爬蟲抓取資料。

如果網頁原始碼和開發者工具的 HTML 的內容不同，表示這個網頁可能是「動態」產生內容，就必須要用動態網頁的爬蟲方式爬取資料。

```
class="W(100%) Px(20px) Mx(a) Bxz(bb) container D(f) Fxd(c) Fx(a) Z(1) Miw($w-container-min) Maw($w-container-max)"><div
class="D(f) Fx(a) Mb($m-module)"><div id="layout-col1" class="Fxg(1) Fxs(1) Fxb(100%) W(0) Miw(0) Maw(900px)"><div><div
id="main-0-QuoteHeader-Proxy"><div class="Mb($m-module-24)"><div class="D(f) Ai(c) Mb(6px)"><h1 class="C($c-link-text)
Fw(b) Fz(24px) Mend(8px)">台積電</h1><span class="C($c-icon) Fz(24px) Mend(20px)">2330</span><div class="Flxg(2)"><a
class="Td(n) Px(8px) Py(3px) Fz(12px) Fw(b) Bdrs(11px) C(#188fff) Bgc($tag-bg-blue) Bgc($tag-bg-blue-hover):h"
href="/class-quote?sectorId=40&amp;exchange=TAI">半導體</a></div><button class="Ff(buttonFont) O(n) Bd Bxsh(n) Trsdu(.3s)
Whs(nw) C(#fff) Bdc($c-button) Bgc($c-button) Cur(p) D(f) Ai(c) Fx(n) Mstart(12px) Bdw(1px) Bdrs(100px) Px(15px) Py(3px)
Lh(20px) Fz(14px) Fw(b)"><svg class="Cur(p)" width="16" style="fill:#fff;stroke:#fff;stroke-width:0;vertical-
align:bottom" height="16" viewBox="0 0 24 24" data-icon="star"><path d="M8.485 7.831-6.515.21c-.887.028-1.3 1.117-.66
1.73214.99 4.78-1.414 6.124c-.2 1.14.767 1.49 1.262 1.25415.87-3.22 5.788 3.22c.48.228 1.464-.097 1.26-1.2541-1.33-6.124
4.962-4.78c.642-.615.228-1.704-.658-1.7321-6.486-.21-2.618-6.22c-.347-.815-1.496-.813-1.84.003L8.486 7.83zm7.06 6.0511.11
5.11-4.63-2.576L7.33 18.9911.177-5.103-4.088-3.91 5.41-.18 2.19-5.216 2.19 5.216 5.395.18-4.06 3.903z"></path></svg><span
class="Mstart(8px)">加入自選股</span></button></div><div class="D(f) Jc(sb) Ai(fe)"><div class="D(f) Fld(c) Ai(fs)"><div
class="D(f) Ai(fe) Mb(4px)"><span class="Fz(32px) Fw(b) Lh(1) Mend(16px) D(f) Ai(c) C($c-trend-up)">608</span><span
class="Fz(20px) Fw(b) Lh(1.2) Mend(4px) D(f) Ai(c) C($c-trend-up)"><span class="Mend(4px) Bds(s)" style="border-
color:transparent transparent #ff333a transparent;border-width:0 6.5px 9px 6.5px"></span>6</span><span class="Jc(fe)
Fz(20px) Lh(1.2) Fw(b) D(f) Ai(c) C($c-trend-up)">(1.00%)</span></div><span class="C(#6e7780) Fz(12px) Fw(b)">收盤 |
2021/12/09 13:30 更新</span></div><div class="D(f)"><div class="D(f) Fld(c) Ai(c) Fw(b) Pend(8px) Bdendc($bd-primary-
divider) Bdends(s) Bdendw(1px)"><span class="Fz(16px) C($c-link-text) Mb(4px)">10,994</span><span class="Fz(12px) C($c-
```

爬取即時股價

從原始碼裡看到 id、class 和 h1 之後，就可以使用 requests 與 Beautiful Soup 函式庫爬取所需的內容，當中使用了 try...except 的方式，判斷是否具有代表上漲或下跌的 class 名稱，下方的程式執行後，就會印出股票名稱、股價以及漲跌幅。

```
import requests
from bs4 import BeautifulSoup

url = 'https://tw.stock.yahoo.com/quote/2330'     # 台積電 Yahoo 股市網址
web = requests.get(url)                          # 取得網頁內容
soup = BeautifulSoup(web.text, "html.parser")     # 轉換內容
title = soup.find('h1')                # 找到 h1 的內容
a = soup.select('.Fz(32px)')[0]        # 找到第一個 class 為 Fz(32px) 的內容
b = soup.select('.Fz(20px)')[0]        # 找到第一個 class 為 Fz(20px) 的內容
s = ''                                 # 漲或跌的狀態
try:
    # 如果 main-0-QuoteHeader-Proxy id 的 div 裡有 C($c-trend-down) 的 class
    # 表示狀態為下跌
    if soup.select('#main-0-QuoteHeader-Proxy')[0].select('.C($c-trend-down)')
[0]:
        s = '-'
except:
    try:
        # 如果 main-0-QuoteHeader-Proxy id 的 div 裡有 C($c-trend-up) 的 class
        # 表示狀態為上漲
        if soup.select('#main-0-QuoteHeader-Proxy')[0].select('.C($c-trend-
up)')[0]:
            s = '+'
    except:
        # 如果都沒有包含，表示平盤
        s = '-'

print(f'{title.get_text()} : {a.get_text()} ( {s}{b.get_text()} )')    # 印出結果
```

✤（範例程式碼：ch16/code045.py）

```
台積電 : 608 ( +6 )
```

同時爬取多支股票的股價

順利爬取即時股價後，搭配 concurrent.futures 內建函式庫，就能夠同時 (接近同時) 抓取多支股票的股價。

```
import requests
from bs4 import BeautifulSoup
from concurrent.futures import ThreadPoolExecutor

# 建立要抓取的股票網址清單
stock_urls = [
  'https://tw.stock.yahoo.com/quote/2330',
  'https://tw.stock.yahoo.com/quote/0050',
  'https://tw.stock.yahoo.com/quote/2317',
  'https://tw.stock.yahoo.com/quote/6547'
]

# 將剛剛的抓取程式變成「函式」
def getStock(url):
    web = requests.get(url)
    soup = BeautifulSoup(web.text, "html.parser")
    title = soup.find('h1')
    a = soup.select('.Fz(32px)')[0]
    b = soup.select('.Fz(20px)')[0]
    s = ''
    try:
        if soup.select('#main-0-QuoteHeader-Proxy')[0].select('.C($c-trend-
down)')[0]:
            s = '-'
    except:
        try:
            if soup.select('#main-0-QuoteHeader-Proxy')[0].select('.C($c-trend-
up)')[0]:
                s = '+'
        except:
            state = ''
    print(f'{title.get_text()} : {a.get_text()} ( {s}{b.get_text()} )')

executor = ThreadPoolExecutor()          # 建立非同步的多執行緒的啟動器
with ThreadPoolExecutor() as executor:
    executor.map(getStock, stock_urls)  # 開始同時爬取股價
```

✤（範例程式碼：ch16/code046.py）

```
元大台灣50 : 142.00 ( -0.35 )
鴻海 : 106.0 ( +1.0 )
台積電 : 608 ( +6 )
高端疫苗 : 280.0 ( +1.0 )
```

16-15 爬取 LINE TODAY 留言

這個範例會解析 LINE TODAY 的留言頁面，搭配 Python 的 Requests 函式庫，實作一個可以爬取 LINE Today 某篇文章所有留言的網路爬蟲。

LINE Today 留言結構

使用 Chrome 瀏覽器，開啟 LINE TODAY 的頁面，點選任意一篇文章，開啟文章頁面。

LINE TODAY：https://today.line.me/tw/v2/tab

本篇範例開啟了一篇「英特爾基辛格已抵台 錄影片讚聲台積電」的文章。

文章連結：https://today.line.me/tw/v2/article/oqay0ro

將文章往下捲動，找到留言的位置，點擊「顯示全部」，會開啟留言的頁面。

文章對應的留言頁面：https://today.line.me/tw/v2/comment/article/oqay0ro

開啟留言頁面後，在網頁的任意位置，按下滑鼠右鍵，點擊「檢視」，開啟 Chrome 開發者工具，切換到「Network」頁籤，在 Network 頁籤裡，可以看到網頁開啟時，所有透過網路下載或上傳的內容 (如果沒有看到內容，重新整理網頁就會看到)。

點擊前方的清除按鈕，清空內容 (方便待會觀察出現哪些項目)，再將子頁籤切換到「Fetch/XHR」，該頁籤表示有哪些 XMLHttpRequest 物件在交換溝通。

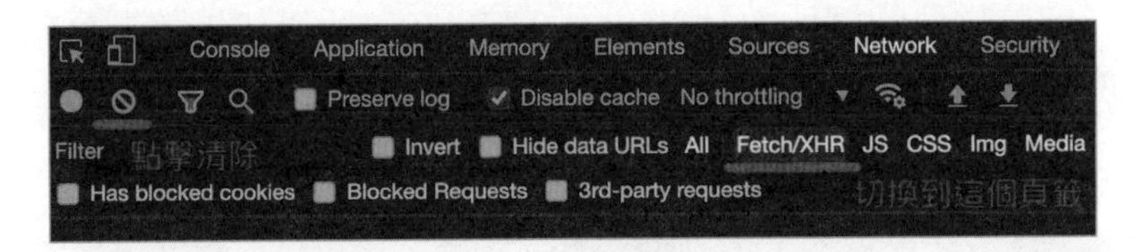

重新整理網頁，開發者工具中就會陸續出現一些物件，在畫面裡找到名為「list?articleId=.....」的項目，點選這個項目，就能看到該文章的有多少留言以及所有留言的內容。

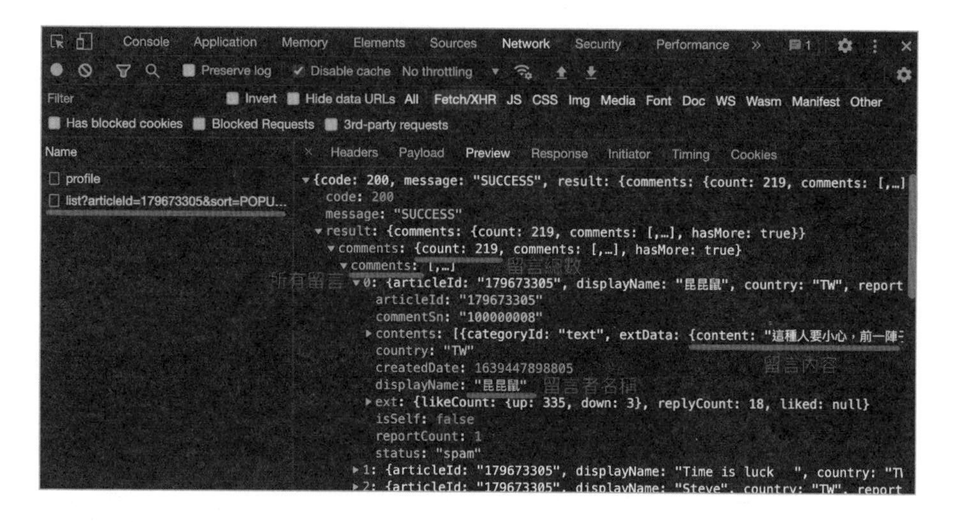

觀察一下這個物件的網址 (可以在該項目上按下滑鼠右鍵，開啟到新的 tab 裡)，可先注意這篇文章的 articleId、每次顯示留言的數量 limit 和第二頁開始的次序 pivot。

```
https://today.line.me/webapi/comment/list?articleId=179673305&sort=POP
ULAR&direction=DESC&country=TW&limit=30&pivot=0&postType=Article
```

因為留言物件的網址數量 limit 設定為 30，所以如果該網頁的留言很多 (範例網頁有超過兩百則留言)，會產生「不止一筆」留言物件，這時從開發者工具裡就會看到 pivot=0、pivot=30、pivot=60... 等的留言物件網址。

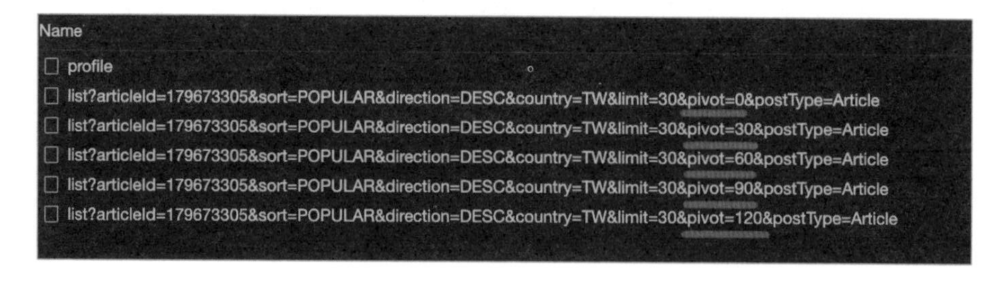

由於文章的網址並沒有 articleId，表示網頁一定是透過某些機制將網址對應到 articleId，檢視網頁原始碼後 (在網頁上點擊滑鼠右鍵，點選檢視網

頁原始碼)，搜尋 179673305 (這篇文章的 articleId)，會發現網頁原始碼有撰寫了相對應的轉換程式，如何轉換並不重要，重要的是記住下圖標註紅色的位置，待會會透過程式擷取對應的 articleId。

```
(function(a,b,c,d,e,f,g,h,i,j,k,l,m,n,o,p,q,r,s,t,u,v,w,x,y,z,A,B,C,D,E,F,G,H,I,J,K,L,M,N,O,P,Q,
n,ao,ap,aq,ar,as,at,au,av,aw,ax,ay,az,aA,aB,aC,aD,aE,aF,aG,aH,aI,aJ,aK,aL,aM,aN,aO,aP,aQ,aR,aS,a
[],error:o,state:{gaId:e,enableSPA:a,view:e,previewMode:{listing:a,article:a},country:L,textSize
{nativeUserName:d,userInfo:o,group:"NA",gender:d,age:d,autoplay:o,theme:"light",constants:{},typ
{ENABLE_SWIPE_BACK:a,FORCE_FLOATING_DISPLAY:a,HAS_FLOATING_BAR:a,types:{}},titlebar:{mainTitle:{
[],previousIndex:b,currentIndex:b,activeMenu:a,parser:{},types:{}},page:{pages:{"179673305":{mod
[{id:"article:179673305:5fcde230a2cc436f243ce8f9",type:h,name:"AD (AD Center)-LIFF-Scroller",sou
{gpt:j,lap:b,gfp:b},lazyLoadingOn:a,lazyLoadingBuffer:b,startDateTime:b,endDateTime:b,metaData:
{isScrollerOn:"true",isDesktopOn:k},gptInventoryKey:"\u002F62654103\u002FTW\u002Fmobile\u002Fart
id:l,gfpInventoryKey:d,adId:"tw_Scroller0",adModuleType:m,listing:[]},{id:"article:179673305:5ee
TITLE",source:M,listing:[]},{id:"article:179673305:5ee875219848f7202269c310",type:N,name:"ENTITY
INFO",source:N,enableSubscribe:c,enableCp:c,subscribable:c,listing:[]},{id:"article:179673305:5f
LIFF",source:O,adModules:[{id:"5fcde18fa2cc436f243ce8b7",type:h,name:"AD (AD Center)-Mid0",sourc
```

轉換網址，印出留言總數

由於 Fetch/XHR 的網址使用的是 articleId，所以必須先從原本的網址裡提取 articleId (目的在於如果有多個頁面，就不用一一開啟開發者工具找 articleId)，下方的程式碼執行後，會印出該篇文章的 articleId。

```
import requests

webUrl = requests.get('https://today.line.me/tw/v2/article/oqay0ro')
# get 文章網址
# 取得文章的原始碼後，使用 split 字串拆分的方式，拆解出 articleId
article_id = webUrl.text.split('<script>')[1].split('id:"article:')[1].
split(':')[0]
print(article_id)

取得 articleId 後，將使用變數與字串格式化的方式，將留言物件的 articleId 更換成該篇文章的
articleId，再度使用 requests，取得 json 格式的內容，並印出文章的總數。
參考：字串格式化 f-string
import requests

webUrl = requests.get('https://today.line.me/tw/v2/article/oqay0ro')
# get 文章網址
# 取得文章的原始碼後，使用 split 字串拆分的方式，拆解出 articleId
article_id = webUrl.text.split('<script>')[1].split('id:"article:')[1].
split(':')[0]
print(article_id)
```

```
# 使用 requests get 留言物件
comment = requests.get(f'https://today.line.me/webapi/comment/
list?articleId={article_id}&sort=POPULAR&direction=DESC&country=TW&limit=30&piv
ot=0&postType=Article')
json = comment.json()   # 取得內容後，轉換成 json 格式
num = int(json['result']['comments']['count'])   # 取得文章的總數
print(num)                                       # 印出文章總數
```

✜ (範例程式碼：ch16/code047.py)

```
179673305
219
```

印出每一筆留言的內容

由於留言筆數過多時 (每頁留言一次顯示最多 100 篇)，留言的物件會拆分成不同的項目，所以下方的程式定義了一個 getComment 函式，在函式執行時賦予「pivot」(下一頁從第幾筆留言開始) 的參數，並透過 range 和 for 迴圈的搭配，就能印出所有的留言。

```
import requests

webUrl = requests.get('https://today.line.me/tw/v2/article/oqay0ro')
article_id = webUrl.text.split('<script>')[1].split('id:"article:')[1].
split(':')[0]
print(article_id)

commentUrl = requests.get(f'https://today.line.me/webapi/comment/
list?articleId={article_id}&sort=POPULAR&direction=DESC&country=TW&limit=30&piv
ot=0&postType=Article')
json = commentUrl.json()
num = int(json['result']['comments']['count'])
print(num)

# 定義函式，給予一個參數
def getComment(n):
    # 使用字串格式化的方式，讓網址會根據不同的參數而有所不同
    commentUrl = requests.get(f'https://today.line.me/webapi/comment/
```

```
list?articleId={article_id}&sort=POPULAR&direction=DESC&country=TW&limit=30&piv
ot={n}&postType=Article')
    json = commentUrl.json()      # 取得對應網址的 json 內容
    comments = json['result']['comments']['comments']    # 取得該網址下所有留言
    for i in comments :
        # 印出留言者名稱以及留言內容
        print('<' + i['displayName'] + '>\n' + i['contents'][0]['extData']
['content'])
        print('----------------')

for i in range(0, num, 30):
    getComment(i)     # 從 0 開始，每隔 30 筆取一次
```

✤（範例程式碼：ch16/code048.py）

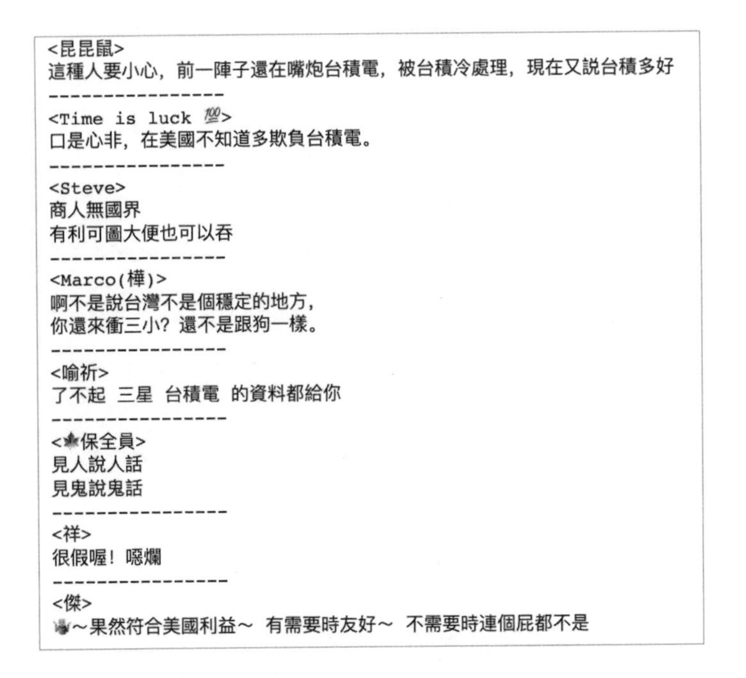

16-16 Twitter 自動上傳圖文

這個範例會使用 Python 的 Selenium 函式庫，實作一個可以自動登入 Twitter，自動上傳圖片以及發佈 Twitter 的爬蟲，同時也會讓 selenium 所做出的爬蟲的程式在背景運作，不會影響到其他視窗的工作。

執行 selenium 會啟動 chromedriver，所以所以請使用本機環境或使用 Anaconda Jupyter 進行實作。

設定 selenium 爬蟲環境

由於 Twitter 本身也有做「基本」的反爬蟲 (辨識瀏覽器 Headers 資訊)，所以需要提供偽裝後的資訊。

```
from selenium import webdriver
from selenium.webdriver.common.by import By
from time import sleep

user_agent = "Mozilla/5.0 (Macintosh; Intel Mac OS X 10_13_6)
AppleWebKit/605.1.15 (KHTML, like Gecko) Version/12.0.3 Safari/605.1.15"
opt = webdriver.ChromeOptions()
driver = webdriver.Chrome('./chromedriver', options=opt)
# 清空 window.navigator
driver.execute_cdp_cmd("Page.addScriptToEvaluateOnNewDocument", {
  "source": """
    Object.defineProperty(navigator, 'webdriver', {
      get: () => undefined
    })
  """
})
```

✤ (範例程式碼：ch16/code049.py)

點擊登入按鈕

用 Chrome 開啟 Twitter 的首頁。

Twitter：https://twitter.com/

將滑鼠移動至右方的「登入」的位置，按下右鍵，選擇「檢查」，可以看見登入按鈕是一個 div 和兩個 span 放在一個 a 的 tag 裡的結構，a 的 tag 具有 href 為「/login」的屬性。

```
▼<a href="/login" role="link" class="css-4rbku5 css-18t94o4 css-1dbjc4n r-1niwhzg r-1ets6dv r-sdzlij
r-1phboty r-rs99b7 r-1loqt21 r-a9p05 r-eu3ka r-5oul0u r-17w48nw r-2yi16 r-1qi8awa r-1ny4l3l r-ymttw5
r-o7ynqc r-6416eg r-lrvibr r-1ipicw7" data-testid="loginButton"> flex == $0
  ▼<div dir="auto" class="css-901oao r-1awozwy r-1cvl2hr r-6koalj r-18u37iz r-16y2uox r-37j5jr r-a02
  e6 r-b88u0q r-1777fci r-rjixqe r-bcqeeo r-q4m81j r-qvutc0"> flex
    ▼<span class="css-901oao css-16my406 css-bfa6kz r-poiln3 r-a023e6 r-rjixqe r-bcqeeo r-qvutc0">
      <span class="css-901oao css-16my406 r-poiln3 r-bcqeeo r-qvutc0">登入</span>
    </span>
  </div>
</a>
```

接續上方的程式，撰寫下方的程式碼，執行後會先將視窗往下捲動 (登入按鈕露出)，接著自動點擊登入按鈕。

```
driver.get('https://twitter.com')
sleep(2)
driver.execute_script(f'window.scrollTo(0, 200)')    # 自動往下捲動 200px
login = driver.find_element(By.CSS_SELECTOR, 'a[href="/login"]')    # 取得登入按鈕
login.click()    # 點擊登入按鈕
```

✤ (範例程式碼：ch16/code050.py)

輸入 Email 帳號

登入後，畫面中會出現輸入登入資訊的視窗，點擊輸入 email 的欄位，按下右鍵，選擇「檢查」，找到「輸入文字」的 input tag，以及「下一步」的按鈕 div tag，記下 input 的 autocomplete 屬性和 div 的 role 屬性。

> 注意，如果發現 tag 裡有很多無意義英文數字組成的 class、id 或屬性，往往是系統亂數產生，如果使用爬蟲爬取這些自動產生的名稱，可能會發生「找不到」的錯誤，因此要尋找有意義的名稱。

```
▼<div class="css-1dbjc4n r-18u37iz r-16y2uox r-1wbh5a2 r-1wzrnnt r-1udh08x r-xd6kpl r
-1pn2ns4 r-ttdzmv"> flex
  ▼<div dir="auto" class="css-901oao r-1awozwy r-18jsvk2 r-6koalj r-37j5jr r-1inkyih r
  -16dba41 r-135wba7 r-bcqeeo r-13qz1uu r-qvutc0"> flex
     <input autocapitalize="sentences" autocomplete="username" autocorrect="on" name=
     "text" spellcheck="true" type="text" dir="auto" class="r-30o5oe r-1niwhzg r-17gur
     6a r-1yadl64 r-deolkf r-homxoj r-poiln3 r-7cikom r-1ny4l3l r-t60dpp r-1dz5y72 r-f
     djqy7 r-13qz1uu" value> == $0
    </div>
  </div>
 </div>
</label>
▶<div class="css-1dbjc4n r-18u37iz r-1pn2ns4">…</div> flex
</div>
▼<div role="button" tabindex="0" class="css-18t94o4 css-1dbjc4n r-sdzlij r-1phboty r-rs99b
7 r-ywje51 r-usiww2 r-2yi16 r-1qi8awa r-1ny4l3l r-ymttw5 r-o7ynqc r-6416eg r-lrvibr r-13qz1
uu" style="border-color: rgba(0, 0, 0, 0); background-color: rgb(15, 20, 25);"> flex
 ▼<div dir="auto" class="css-901oao r-1awozwy r-jwli3a r-6koalj r-18u37iz r-16y2uox r-37j5
 jr r-a023e6 r-b88u0q r-1777fci r-rjixqe r-bcqeeo r-q4m81j r-qvutc0"> flex
  ▼<span class="css-901oao css-16my406 css-bfa6kz r-poiln3 r-a023e6 r-rjixqe r-bcqeeo r-q
   vutc0">
     <span class="css-901oao css-16my406 r-poiln3 r-bcqeeo r-qvutc0">下一步</span>
   </span>
 </div>
</div>
```

接續上方的程式繼續撰寫，先抓取並自動輸入 email，然後再抓取 div 元素，由於屬性 role 為 button 的 div 有好幾個，所以使用內容判斷，如果 div 的內容為「下一步」或「Next」表示可以點擊。

> 由於爬蟲在開啟瀏覽器的狀態下，Twitter 介面會自動變成中文，背景執行時會變成是英文，所以用 or 做判斷。

```
sleep(2)      # 等待兩秒，讓網頁載入完成
# 取得輸入 email 的輸入框
username = driver.find_element(By.CSS_SELECTOR, 'input[autocomplete="username"]')
username.send_keys('你的 email')     # 輸入 email
print('輸入 email 完成')
# 取得畫面上所有按鈕 ( 使用 elements )
buttons = driver.find_elements(By.CSS_SELECTOR, 'div[role="button"]')
for i in buttons:
    if i.text == '下一步' or i.text == 'Next':
        i.click()   # 如果按鈕是「下一步」或「Next」就點擊
        print('點擊下一步')
        break
```

❖ (範例程式碼：ch16/code051.py)

避開安全性頁面

由於是使用爬蟲登入，所以 Twitter 基於安全性考量，「有可能」會額外彈出一個視窗，要求輸入 Twitter 帳號做進一步確認，仿照上面的做法，找到對應元素 HTML 代碼。

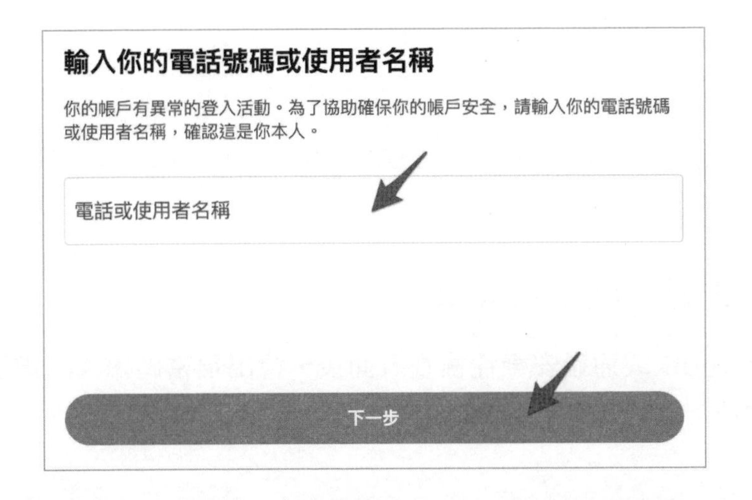

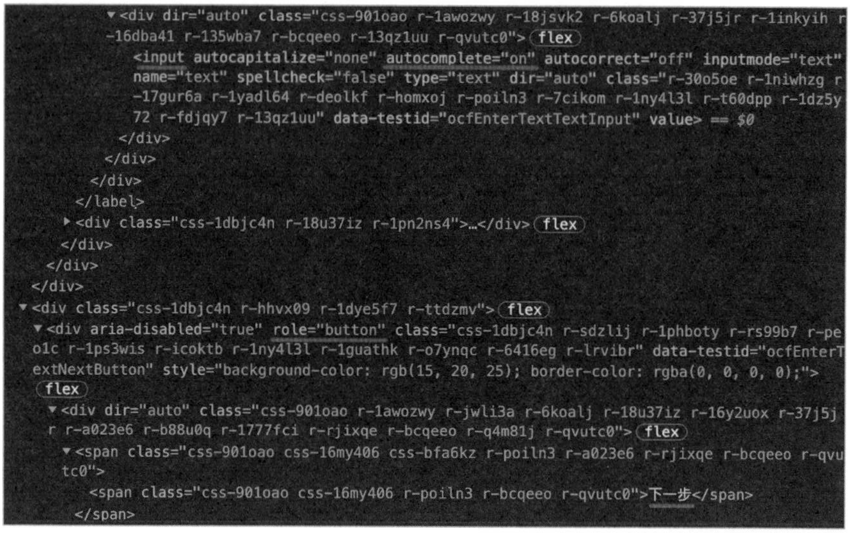

```
▼<div dir="auto" class="css-901oao r-1awozwy r-18jsvk2 r-6koalj r-37j5jr r-1inkyih r
-16dba41 r-135wba7 r-bcqeeo r-13qz1uu r-qvutc0"> flex
    <input autocapitalize="none" autocomplete="on" autocorrect="off" inputmode="text"
    name="text" spellcheck="false" type="text" dir="auto" class="r-30o5oe r-1niwhzg r
    -17gur6a r-1yadl64 r-deolkf r-homxoj r-poiln3 r-7cikom r-1ny4l3l r-t60dpp r-1dz5y
    72 r-fdjqy7 r-13qz1uu" data-testid="ocfEnterTextTextInput" value> == $0
   </div>
  </div>
 </div>
</label>
▶<div class="css-1dbjc4n r-18u37iz r-1pn2ns4">…</div> flex
</div>
</div>
</div>
▼<div class="css-1dbjc4n r-hhvx09 r-1dye5f7 r-ttdzmv"> flex
 ▼<div aria-disabled="true" role="button" class="css-1dbjc4n r-sdzlij r-1phboty r-rs99b7 r-pe
 o1c r-1ps3wis r-icoktb r-1ny4l3l r-1guathk r-o7ynqc r-6416eg r-lrvibr" data-testid="ocfEnterT
 extNextButton" style="background-color: rgb(15, 20, 25); border-color: rgba(0, 0, 0, 0);">
 flex
  ▼<div dir="auto" class="css-901oao r-1awozwy r-jwli3a r-6koalj r-18u37iz r-16y2uox r-37j5j
  r r-a023e6 r-b88u0q r-1777fci r-rjixqe r-bcqeeo r-q4m81j r-qvutc0"> flex
   ▼<span class="css-901oao css-16my406 css-bfa6kz r-poiln3 r-a023e6 r-rjixqe r-bcqeeo r-qvu
   tc0">
     <span class="css-901oao css-16my406 r-poiln3 r-bcqeeo r-qvutc0">下一步</span>
   </span>
```

接續上方的程式繼續撰寫，使用 try 和 except 的做法，在沒有安全性頁面時，直接等待兩秒就繼續，如果有安全性頁面時，自動輸入帳號並進行下一步。

```
sleep(2)       # 等待兩秒頁面載入後繼續
try:
    check = driver.find_element(By.CSS_SELECTOR, 'input[autocomplete="on"]')
    check.send_keys('你的帳號')      # 輸入帳號
    buttons = driver.find_elements(By.CSS_SELECTOR, 'div[role="button"]')
    for i in buttons:
        if i.text == '下一步' or i.text == 'Next':
            i.click()   # 如果按鈕是「下一步」或「Next」就點擊
            print('驗證使用者帳號，點擊下一步')
            break
    sleep(2)          # 等待兩秒頁面載入後繼續
except:
    print('ok')
    sleep(2)          # 如果沒有出現安全性畫面，等待兩秒頁面載入後繼續
```

✜（範例程式碼：ch16/code052.py）

輸入密碼，登入 Twitter

輸入 email 或通過安全性檢查頁面後，會出現密碼輸入的畫面，仿照上面的做法，找到對應元素 HTML 代碼。

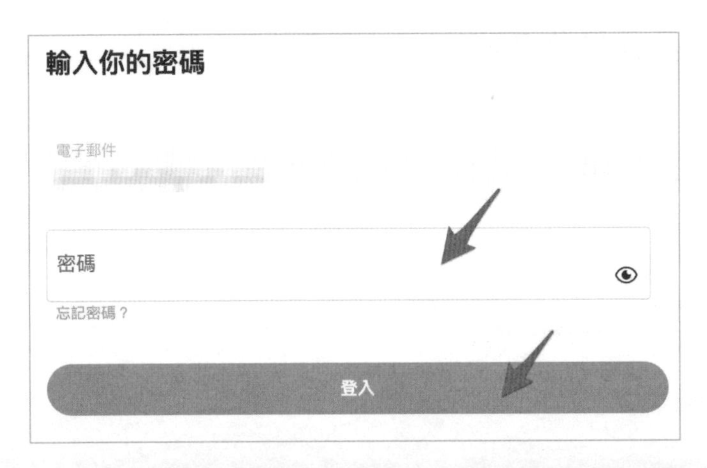


```
▼<div dir="auto" class="css-901oao r-1awozwy r-18jsvk2 r-6koalj r-37j5jr r-1inkyih r-16dba41 r-135wb
a7 r-bcqeeo r-13qz1uu r-qvutc0"> flex
  <input autocapitalize="sentences" autocomplete="current-password" autocorrect="on" name="passwor
  d" spellcheck="true" type="password" dir="auto" class="r-30o5oe r-1niwhzg r-17gur6a r-1yadl64 r-d
  eolkf r-homxoj r-poiln3 r-7cikom r-1ny4l3l r-t60dpp r-1dz5y72 r-fdjqy7 r-13qz1uu" value> == $0
 </div>
▶<div class="css-1dbjc4n r-1kihuf0 r-m2pi6t">…</div> flex
</div>
</div>
</label>
▶<div class="css-1dbjc4n r-18u37iz r-1pn2ns4">…</div> flex
</div>
</div>
</div>
</div>
▼<div class="css-1dbjc4n r-hhvx09 r-1dye5f7 r-ttdzmv"> flex
 ▼<div class="css-1dbjc4n"> flex
  ▼<div aria-disabled="true" role="button" class="css-1dbjc4n r-sdzlij r-1phboty r-rs99b7 r-ywje51 r-usiww2 r-
  peo1c r-1ps3wis r-icoktb r-1ny4l3l r-1guathk r-o7ynqc r-6416eg r-lrvibr r-13qz1uu" data-testid="LoginForm_Lo
  gin_Button" style="background-color: rgb(15, 20, 25); border-color: rgba(0, 0, 0, 0);"> flex
   ▼<div dir="auto" class="css-901oao r-1awozwy r-jwli3a r-6koalj r-18u37iz r-16y2uox r-37j5jr r-a023e6 r-b88
   u0q r-1777fci r-rjixqe r-bcqeeo r-q4m81j r-qvutc0"> flex
    ▼<span class="css-901oao css-16my406 css-bfa6kz r-poiln3 r-a023e6 r-rjixqe r-bcqeeo r-qvutc0">
      <span class="css-901oao css-16my406 r-poiln3 r-bcqeeo r-qvutc0">登入</span>
    </span>
```

接續上方的程式繼續撰寫，抓取密碼輸入的 input 欄位，填入密碼後抓取並點擊登入的按鈕。

```
pwd = driver.find_element(By.CSS_SELECTOR, 'input[autocomplete="current-
password"]')
pwd.send_keys('你的密碼')
print('輸入密碼')
buttons = driver.find_elements(By.CSS_SELECTOR, 'div[role="button"]')
for i in buttons:
    if i.text == '登入' or i.text == 'Log in':
        i.click()
        print('點擊登入')
        break
```

✤（範例程式碼：ch16/code053.py）

上傳圖片並發佈 Twitter

登入後，仿照上面的做法，找到輸入文字、上傳圖片的按鈕和推文按鈕的網頁元素 HTML。

輸入文字的欄位，是使用 div 和 span 組成。

```
▼<div class="DraftEditor-editorContainer">
  ▼<div aria-activedescendant="typeaheadFocus-0.5857116840902279" aria-
  autocomplete="list" aria-controls="typeaheadDropdownWrapped-0" aria-describedby=
  "placeholder-cg767" aria-label="推文文字" aria-multiline="true" class="notranslate
  public-DraftEditor-content" contenteditable="true" data-testid="tweetTextarea_0"
  role="textbox" spellcheck="true" tabindex="0" no-focuscontainer-refocus="true"
  style="outline: none; user-select: text; white-space: pre-wrap; overflow-wrap: b
  reak-word;"> == $0
    ▼<div data-contents="true">
      ▼<div class data-block="true" data-editor="cg767" data-offset-key="cspt7-0-
      0">
        ▶<div data-offset-key="cspt7-0-0" class="public-DraftStyleDefault-block pub
        lic-DraftStyleDefault-ltr">…</div>
        </div>
      </div>
    </div>
  </div>
```

上傳圖片的按鈕雖然是 div，但本質上仍然是使用 type 為 file 的 input 元素。

```
▼<div aria-label="加入相片或影片" role="button" tabindex="0" class="css-18t94o4 css-1dbjc4n r-1niwhzg r-
42olwf r-sdzlij r-1phboty r-rs99b7 r-5vhgbc r-mvpalk r-htfu76 r-2yi16 r-1qi8awa r-1ny4l3l r-o7ynqc r-6
416eg r-lrvibr"> flex
  ▼<div dir="auto" class="css-901oao r-1awozwy r-1cvl2hr r-6koalj r-18u37iz r-16y2uox r-37j5jr r-a023e
  6 r-b88u0q r-1777fci r-rjixqe r-bcqeeo r-q4m81j r-qvutc0"> flex
    ▶<svg viewBox="0 0 24 24" aria-hidden="true" class="r-1cvl2hr r-4qtqp9 r-yyyyoo r-z80fyv r-dnmrzs
    r-bnwqim r-1plcrui r-lrvibr r-19wmn03">…</svg>
     <span class="css-901oao css-16my406 css-bfa6kz r-poiln3 r-a023e6 r-rjixqe r-bcqeeo r-qvutc0">
     </span>
   </div>
 </div>
 <input accept="image/jpeg,image/png,image/webp,image/gif,video/mp4,video/quicktime,video/webm"
 multiple tabindex="-1" type="file" class="r-8akbif r-orgf3d r-1udh08x r-u8s1d r-xjis5s r-1wyyakw"
 data-testid="fileInput"> == $0
```

發佈 Twitter 的按鈕跟之前一樣都是 role 為 button 的 div。

```
▼<div class="css-1dbjc4n r-1awozwy r-18u37iz r-1s2bzr4"> flex
  ▼<div aria-disabled="true" role="button" class="css-1dbjc4n r-l5o3uw r-42olwf r-sdzlij r-1phboty r-rs
  99b7 r-19u6a5r r-2yi16 r-1qi8awa r-icoktb r-1ny4l3l r-ymttw5 r-o7ynqc r-6416eg r-lrvibr" data-testid=
  "tweetButtonInline"> flex == $0
    ▼<div dir="auto" class="css-901oao r-1awozwy r-jwli3a r-6koalj r-18u37iz r-16y2uox r-37j5jr r-a023e6
    r-b88u0q r-1777fci r-rjixqe r-bcqeeo r-q4m81j r-qvutc0"> flex
      ▼<span class="css-901oao css-16my406 css-bfa6kz r-poiln3 r-a023e6 r-rjixqe r-bcqeeo r-qvutc0">
          <span class="css-901oao css-16my406 r-poiln3 r-bcqeeo r-qvutc0">推文</span>
        </span>
      </div>
    </div>
  </div>
```

接續上方的程式繼續撰寫，先在輸入文字的欄位填上文字，接著直接針對 input 欄位提供圖片在電腦中的「絕對路徑」，完成後點擊推文按鈕，程式執行後就會自動上傳圖片，並發佈 Twitter。

```
sleep(2)
textbox = driver.find_element(By.CSS_SELECTOR, 'div[role="textbox"]')
textbox.send_keys('Hello World!I am Robot~ ^_^')        # 在輸入框輸入文字
print('輸入文字')
sleep(1)
imgInput = driver.find_element(By.CSS_SELECTOR, 'input[data-testid="fileInput"]')
imgInput.send_keys('/Users/oxxo/Desktop/oxxo.png')    # 提供圖片絕對路徑，上傳圖片
print('上傳圖片')
sleep(1)
buttons = driver.find_elements(By.CSS_SELECTOR, 'div[role="button"]')
for i in buttons:
    if i.text == '推文' or i.text == 'Tweet':
        i.click()     # 點擊推文按鈕
        print('推文完成')
        break
sleep(1)
driver.close()   # 關閉瀏覽器視窗
```

❖ (範例程式碼：ch16/code054.py)

讓爬蟲在背景執行

程式全部完成後，可以額外設定「--headless」，讓爬蟲程式在「背景執行」，避免開啟瀏覽器視窗時，影響其他視窗的工作 (如果將爬蟲的視窗縮小，則爬蟲會發生錯誤，無法和其他視窗同時工作)

完整程式碼

```
from selenium import webdriver
from selenium.webdriver.common.by import By
from time import sleep

user_agent = "Mozilla/5.0 (Macintosh; Intel Mac OS X 10_13_6)
```

```
AppleWebKit/605.1.15 (KHTML, like Gecko) Version/12.0.3 Safari/605.1.15"
opt = webdriver.ChromeOptions()
opt.add_argument('--headless')
opt.add_argument('--user-agent=%s' % user_agent)
driver = webdriver.Chrome('./chromedriver', options=opt)
driver.execute_cdp_cmd("Page.addScriptToEvaluateOnNewDocument", {
  "source": """
    Object.defineProperty(navigator, 'webdriver', {
      get: () => undefined
    })
  """
})
driver.get('https://twitter.com')
sleep(2)
driver.execute_script(f'window.scrollTo(0, 200)')
login = driver.find_element(By.CSS_SELECTOR, 'a[href="/login"]')
login.click()
sleep(2)
username = driver.find_element(By.CSS_SELECTOR, 'input[autocomplete="userna
me"]')
username.send_keys('你的 email')
print('輸入 email 完成')
buttons = driver.find_elements(By.CSS_SELECTOR, 'div[role="button"]')
for i in buttons:
    if i.text == '下一步' or i.text == 'Next':
        i.click()
        print('點擊下一步')
        break
sleep(2)
try:
    check = driver.find_element(By.CSS_SELECTOR, 'input[autocomplete="on"]')
    check.send_keys('你的帳號')
    buttons = driver.find_elements(By.CSS_SELECTOR, 'div[role="button"]')
    for i in buttons:
        if i.text == '下一步' or i.text == 'Next':
            i.click()
            print('驗證使用者帳號，點擊下一步')
            break
    sleep(2)
except:
    print('ok')
    sleep(2)
pwd = driver.find_element(By.CSS_SELECTOR, 'input[autocomplete="current-
```

```
password"]')
pwd.send_keys('你的密碼')
print('輸入密碼')
buttons = driver.find_elements(By.CSS_SELECTOR, 'div[role="button"]')
for i in buttons:
    if i.text == '登入' or i.text == 'Log in':
        i.click()
        print('點擊登入')
        break
sleep(2)
textbox = driver.find_element(By.CSS_SELECTOR, 'div[role="textbox"]')
textbox.send_keys('Hello World!I am Robot~ ^_^')
print('輸入文字')
sleep(1)
imgInput = driver.find_element(By.CSS_SELECTOR, 'input[data-testid="fileInput"]')
imgInput.send_keys('/Users/oxxo/Desktop/oxxo.png')
print('上傳圖片')
sleep(1)
buttons = driver.find_elements(By.CSS_SELECTOR, 'div[role="button"]')
for i in buttons:
    if i.text == '推文' or i.text == 'Tweet':
        i.click()
        print('推文完成')
        break
sleep(1)
driver.close()
```

✤（範例程式碼：ch16/code055.py）

小結

Python 網路爬蟲是一個非常重要的技術，透過網路爬蟲就能輕鬆地獲取網站上的大量資料。在這個章裡，介紹了 Python 網路爬蟲的相關知識和實作技巧，並透過實際案例來了解如何將所學應用於實際開發中。希望這些內容能夠幫助讀者學會如何使用 Python 進行網路爬蟲，並進一步應用於各自的領域中。

第 17 章

Python 網頁服務與應用

- 17-1、Flask 函式庫
- 17-2、使用 ngrok 服務
- 17-3、使用 Google Cloud Functions
- 17-4、串接 Gmail 寄送電子郵件
- 17-5、讀取 Google 試算表
- 17-6、寫入 Google 試算表
- 17-7、下載 Youtube 影片 (mp4、mp3、字幕)
- 17-8、下載 Youtube 清單中所有影片
- 17-9、發送 LINE Notify 通知
- 17-10、使用 Dialogflow 打造聊天機器人
- 17-11、Dialogflow 串接 Webhook
- 17-12、伺服器串接 Dialogflow
- 17-13、串接 Firebase RealTime Database 存取資料
- 17-14、使用 OpenAI ChatGPT
- 17-15、ChatGPT 串接 Firebase，實現上下文歷史紀錄

這個章節將介紹 Python 如何應用於網頁服務開發，從 Flask 函式庫的基礎使用，到與 ngrok 服務、Google Cloud Functions 的整合，再到使用 Gmail 寄送電子郵件和讀取、寫入 Google 試算表，還有下載 Youtube 影片和清單 ... 等，涵蓋了多種常用的網頁應用場景。此外，還將介紹如何使用 Dialogflow 打造聊天機器人、串接 Firebase RealTime Database 存取資料以及使用 OpenAI ChatGPT 實現 AI 人工智慧對話等高級應用。

- 這個章節如果沒有特別強調本機環境，表示可以使用 Google Colab 實作，不用安裝任何軟體。
- 如果使用 Colab 操作需要連動 Google 雲端硬碟，請參考：「2-1、使用 Google Colab」。
- 本章節範例程式碼：https://github.com/oxxostudio/book-code/tree/master/python/ch17

17-1 Flask 函式庫

Flask 函式庫 (模組) 是一個輕量級的 Web 應用框架，提供了包括路由 (Routes)、樣板 (templates) 和權限 (authorization) 等功能，只需要簡單的幾行程式碼，就能輕鬆架設網站或建構網路服務，許多 Python 所實現的聊天機器人應用 (例如 LINE BOT)，都會使用 Flask 來完成。

安裝 Flask 函式庫

如果是使用 Colab 或 Anaconda，預設已經安裝了 requests 函式庫，不用額外安裝，如果是本機環境，輸入下列指令，就能安裝 requests 函式庫 (依據每個人的作業環境不同，可使用 pip 或 pip3 或 pipenv，Colab 或 Anaconda 要重裝則使用 !pip)。

> 由於使用 Flask 會啟動本機環境網頁伺服器，若要使用 Google Colab 必須搭配 ngrok 實作 (參考：17-2、使用 ngrok 服務)，建議第一次先使用本機環境或 Anaconda Jupyter 進行操作。

```
pip install Flask
```

import Flask

要使用 Flask 必須先 import Flask 函式庫，或使用 from 的方式，單獨 import 特定的類型。

```
from flask import Flask
```

建立第一個網頁服務

下方的程式碼執行後，會建立一個基本的網頁服務。

> 注意，如果使用 Colab 或 Anaconda Jupyter，同一個程式啟用網頁服務後，該程式裡其他片段的程式碼將會無法啟動 (按下執行紐啟動)。

```
from flask import Flask        # 載入 Flask

app = Flask(__name__)          # 建立 app 變數為 Flask 物件，__name__ 表示目前執行的程式

@app.route("/")                # 使用函式裝飾器，建立一個路由 ( Routes )，可針對主網域 /
                                 發出請求
def home():                    # 發出請求後會執行 home() 的函式
    return "<h1>hello world</h1>"   # 執行函式後會回傳特定的網頁內容

app.run()                      # 執行
```

✤（範例程式碼：ch17/code001.py）

網頁服務建立後，在開發畫面裡可以看到已經啟動 127.0.0.1:5000 的網頁服務，其中 127.0.0.1 表示本機環境的伺服器 ip，5000 則是埠號 port。

```
 * Serving Flask app "__main__" (lazy loading)
 * Environment: production
   WARNING: This is a development server. Do not use it in a production deployment.
   Use a production WSGI server instead.
 * Debug mode: off
 * Running on http://127.0.0.1:5000/ (Press CTRL+C to quit)
```

服務建立完成後，點擊產生的網址，或直接在瀏覽器的網址列輸入網址，就能看到網頁上出現 hello world 的文字。

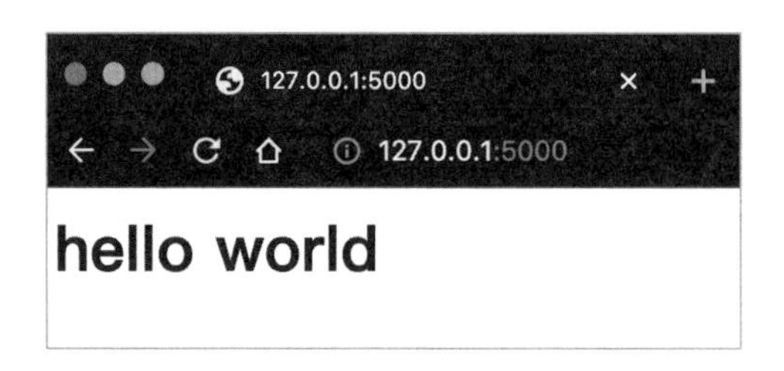

設定 GET 與 POST 方法

使用 @app.route 建立路由時，預設採用「GET」的方法，可透過 method 參數設定 GET 或 POST。

> 如何簡單的區分 GET 和 POST ？ GET 方法可以透過網址進行溝通，以也就是透過網址列傳送所有的參數內容，POST 方法則是將資料放在 message-body 進行傳送，無法單純透過網址列傳送。

下方的程式碼會啟用一個主網域為 POST 方法的網頁服務。

```
from flask import Flask

app = Flask(__name__)

@app.route("/", methods=['POST'])
def home():
    return "<h1>hello world</h1>"

app.run()
```

✤（範例程式碼：ch17/code002.py）

如果透過瀏覽器輸入網址，就會得到 Method Not Allowed 的錯誤訊息。

如果改用 requests 函式庫的 post 方法，就能順利讀取並印出內容（參考：16-3、Requests 函式庫）。

```
import requests
web = requests.post('http://127.0.0.1:5000/')  # 使用 post 方法
print(web.text)    # 讀取並印出 text 屬性
```

✤（範例程式碼：ch17/code003.py）

```
In [1]: import requests
        web = requests.post('http://127.0.0.1:5000/')
        print(web.text)

        <h1>hello world</h1>
```

設定連線埠號 port

使用 app.run 執行時，可以設定 port 參數來指定埠號 port，或設定 host 為 0.0.0.0 就能採用本機實際分配到的 IP 作為網址，下方的程式執行後，會產生 192.168.XXX.XXX:5555 的網址。

```
from flask import Flask

app = Flask(__name__)

@app.route("/")
def home():
    return "<h1>hello world</h1>"

app.run(host="0.0.0.0", port=5555)
```

✤（範例程式碼：ch17/code004.py）

```
* Serving Flask app "__main__" (lazy loading)
* Environment: production
  WARNING: This is a development server. Do not use it in a production deployment.
  Use a production WSGI server instead.
* Debug mode: off
* Running on all addresses.
  WARNING: This is a development server. Do not use it in a production deployment.
* Running on http://192.168.88.56:5555/ (Press CTRL+C to quit)
```

變數規則

使用 @app.route 可以指定特定的網址路徑，當使用者針對特定的網址發送請求後，就會執行對應的行為，下方的程式碼執行後，開啟三個網址會出現三種不同的結果。

```
from flask import Flask

app = Flask(__name__)

@app.route("/")
def home():
    return "<h1>hello world</h1>"
```

```
@app.route("/ok")
def ok():
    return "<h1>ok</h1>"

@app.route("/yes")
def yes():
    return "<h1>yes</h1>"

app.run()
```

✤（範例程式碼：ch17/code005.py）

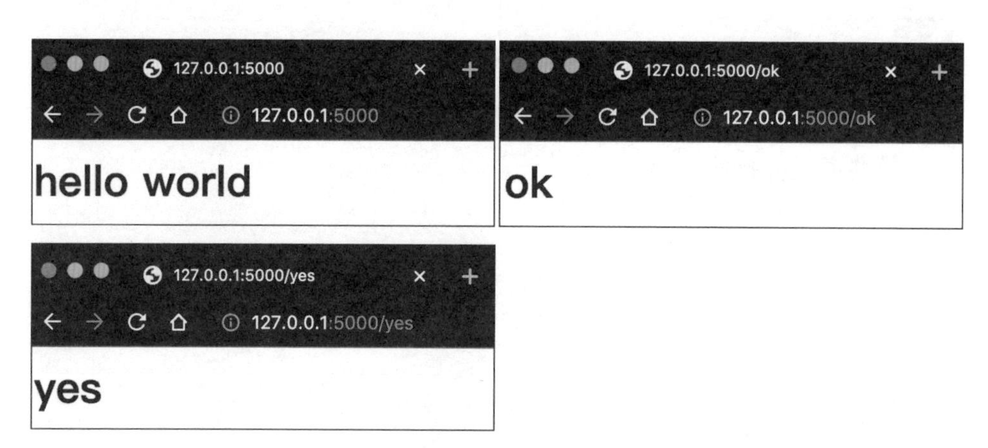

如果要讓程式更有彈性，則需要加入「變數」輔助，下方的程式執行後，就會在網頁中顯示根目錄後方的文字。

```
from flask import Flask

app = Flask(__name__)

@app.route("/")
def home():
    return "<h1>hello world</h1>"

@app.route("/<msg>")             # 加入 <msg> 讀取網址
def ok(msg):                     # 加入參數
    return f"<h1>{msg}</h1>"     # 使用變數

app.run()
```

✤（範例程式碼：ch17/code006.py）

在設定變數時，可以使用 Flask 提供的轉換器功能，指定內容的類型，Flask 提供了五種轉換方式：

類型	說明
string	預設值，表示不包含斜線的文字。
int	正整數。
float	正浮點數。
path	路徑，類似 string，但可以包含斜線。
uuid	UUID 字串。

下方的程式執行後，會在網頁顯示根目錄後方的網址內容。

```
from flask import Flask

app = Flask(__name__)

@app.route("/")
def home():
    return "<h1>hello world</h1>"

@app.route("/<path:msg>")      # 加入 path: 轉換成「路徑」的類型
def ok(msg):
    return f"<h1>{msg}</h1>"

app.run()
```

✥（範例程式碼：ch17/code007.py）

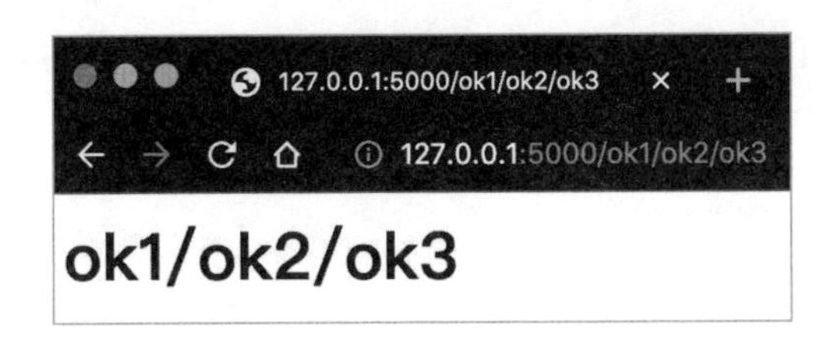

讀取參數

實作網頁應用時，常常會使用網址的參數 (GET) 或 message-body (POST) 進行訊息的溝通，透過 Flask 提供的 request 方法，就能讀取傳遞的參數內容。

- 當服務使用 GET 方法時，request.args 會將網址的參數讀取為 tuple 格式，tuple 第一個項目為參數，第二個項目為值。
- 網址參數由網址後方加上 ? 開始，不同參數以 & 區隔，例如 127.0.0.1:5000?name=oxxo&age=18，就具有 name 和 age 兩個參數。

```
from flask import Flask, request   # 載入了 request

app = Flask(__name__)

@app.route("/")
def home():
    print(request.args)            # 使用 request.args
    return "<h1>hello world</h1>"

app.run()
```

✥ (範例程式碼：ch17/code008.py)

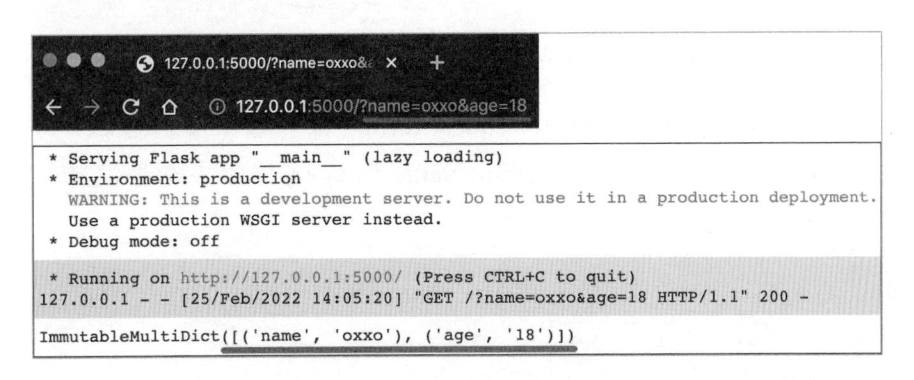

當服務使用 POST 方法時，request.form 會將 message-body 讀取為 tuple 格式，tuple 第一個項目為參數，第二個項目為值。

```
from flask import Flask, request

app = Flask(__name__)

@app.route("/",methods=['POST'])
def home():
    print(request.form)             # 使用 request.form
    return "<h1>hello world</h1>"

app.run()
```

當另外一組程式發送 POST 方法的請求時，就可以從後台看到執行的結果。

```
import requests
data = {'name': 'oxxo', 'age': '18'}
web = requests.post('http://127.0.0.1:5000/', data=data)   # 發送 POST 請求
print(web.text)
```

✜（範例程式碼：ch17/code009.py）

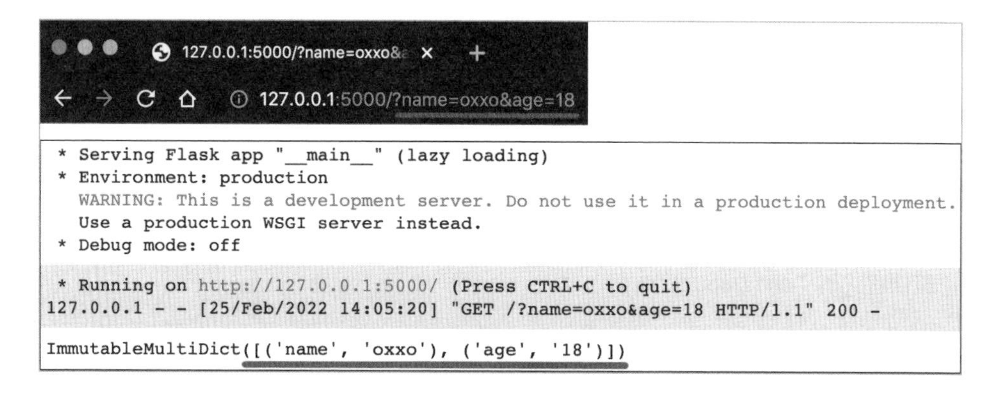

不論是使用 request.args 或 request.form，都能繼續透過的 get 方法取得指定參數的值，下方的程式會取得 name 和 age 的值，接著將其顯示在網頁中。

```
from flask import Flask, request, render_template
```

```
app = Flask(__name__)

@app.route('/')
def home():
    name = request.args.get('name')
    return render_template('test.html', name=name)

app.run()
```

✜ (範例程式碼：ch17/code010.py)

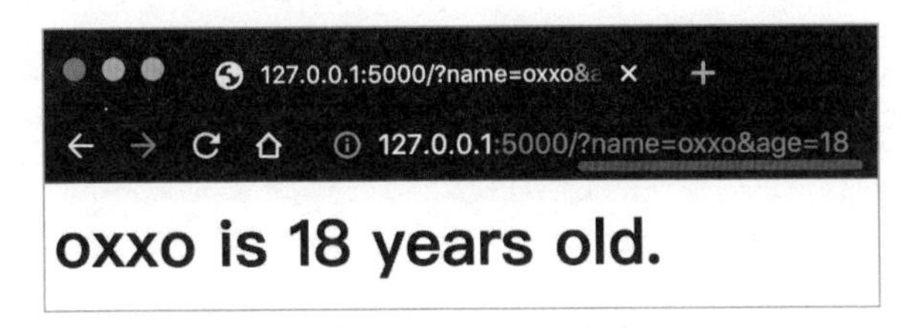

使用網頁樣板

呼叫 Flask 所建立的網頁服務後，除了可以在網頁上顯示特定的文字，只要額外載入 render_template 方法，就能顯示位於同一層的 templates 文件夾裡的網頁樣板，下方為一個基本的網頁樣板，可以讀取並顯示 name 參數的內容 (使用 Jinja2 樣板語法)。

Jinja2 樣板語法：https://jinja.palletsprojects.com/en/3.0.x/templates/

```
<!DOCTYPE html>
<html>
<head>
  <title>test</title>
</head>
<body>
  {% if name %}
  <h1>Hello {{ name }}!</h1>
  {% else %}
  <h1>Hello, World!</h1>
  {% endif %}
</body>
</html>
```

✜ (範例程式碼：ch17/code011.html)

網頁樣板完成後，執行下方的程式，只要網址具有 name 的參數，就會透過網頁樣板顯示在網頁中。

```
from flask import Flask, request, render_template    # 載入 render_template

app = Flask(__name__)

@app.route('/')
def home():
    name = request.args.get('name')
    return render_template('test.html', name=name)  # 使用網頁樣板，並傳入參數

app.run()
```

✜（範例程式碼：ch17/code011.py）

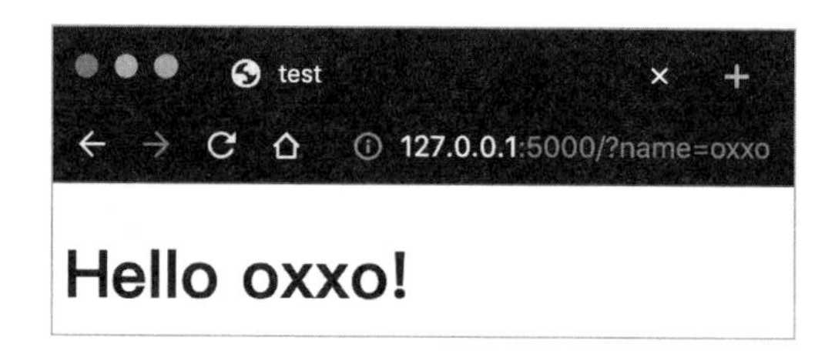

17-2 使用 ngrok 服務

在開發網頁應用或是聊天機器人時，通常是使用本機的伺服器，無法真正在外界進行測試，然而透過免費的 ngrok 服務，能夠將本機環境對應到一個 ngrok 網址，公開在整個網際網路中，由於是公開網址，就能真正在外界進行測試。

註冊 ngrok 取得 token

前往 ngrok 的網站，註冊帳號並登入。

ngrok 網站：https://ngrok.com/

登入後，從左側選單點擊 Your Authtoken，會出現一段串接 ngrok 服務所使用的 token (點擊網頁最下方 reset token 按鈕可以重設 token)。

本機環境使用 ngrok

前往 ngrok 的下載頁面，根據自己電腦作業系統，使用終端機的命令下載安裝，或下載對應的安裝檔進行安裝。

下載 ngrok：https://ngrok.com/download

安裝後，開啟終端機，使用命令輸入註冊 ngrok 後取得的 token。

```
ngrok authtoken <token>
```

輸入 token 後，繼續使用命令，將本機環境的埠號 port 對應到 ngrok 公開網址 (如果使用 Flask 建構的服務，port 預設是 5000)。

```
ngrok http <port>
```

完成後，就會看到終端機裡出現 ngrok 的公開網址 (每次重新輸入後，網址都會改變)。

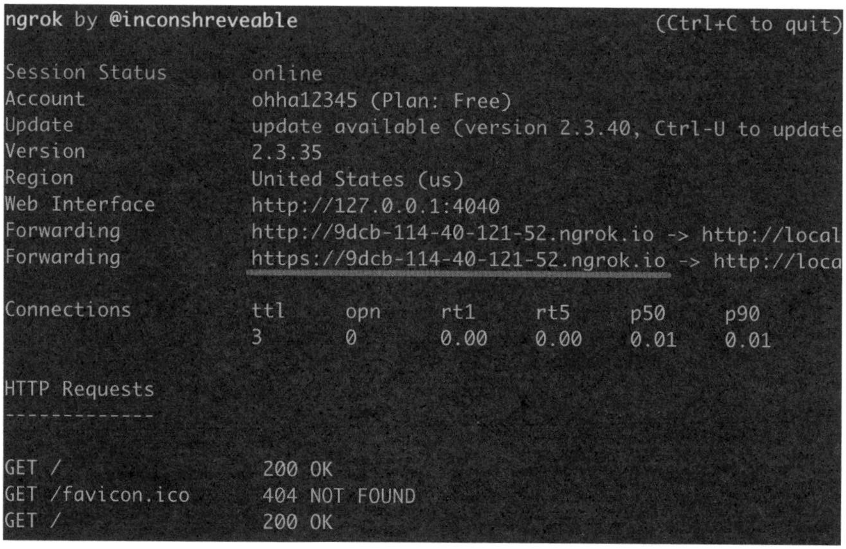

```
ngrok by @inconshreveable                                    (Ctrl+C to quit)

Session Status            online
Account                   ohha12345 (Plan: Free)
Update                    update available (version 2.3.40, Ctrl-U to update
Version                   2.3.35
Region                    United States (us)
Web Interface             http://127.0.0.1:4040
Forwarding                http://9dcb-114-40-121-52.ngrok.io -> http://local
Forwarding                https://9dcb-114-40-121-52.ngrok.io -> http://loca

Connections               ttl     opn     rt1     rt5     p50     p90
                          3       0       0.00    0.00    0.01    0.01

HTTP Requests
-------------

GET /                      200 OK
GET /favicon.ico           404 NOT FOUND
GET /                      200 OK
```

參考 17-1、Flask 函式庫，使用本機的 Python 編輯器，或開啟 Anaconda Jupyter，安裝 Flask 後，執行下方的程式碼，會開啟一個本機網頁服務，網址為 127.0.0.1:5000。

```
from flask import Flask

app = Flask(__name__)

@app.route("/<name>")
def home(name):
```

```
    return f"<h1>hello {name}</h1>"

app.run()
```

✤（範例程式碼：ch17/code012.py）

打開瀏覽器，輸入 127.0.0.1:5000/oxxo，畫面中就會出現 hello oxxo 的文字，但這個網址只有本機瀏覽器能夠使用，外部無法使用。

由於 5000 的埠號已經和 ngrok 串接，所以輸入剛剛的 ngrok 公開網址，就會看到一模一樣的結果，而這個網址，不論在任何地方，都能正常讀取。

Google Colab 使用 ngrok

在 Google Colab 裡使用 Flask 建立網頁服務時，由於 127.0.0.1 的本機環境無法與外界溝通（位於 Google 的 server），所以必須要搭配 ngrok 才能正常運作，按照接下來的步驟，就能在 Colab 裡使用 ngrok。

> 參考 SSH into Colab and view tensorboard using ngrok

首先開啟一個 Colab 筆記本，輸入下方程式碼，將這個 Colab 筆記本串接 Google 雲端硬碟。

```
from google.colab import drive
drive.mount('/content/drive', force_remount=True)

!mkdir -p /drive
#umount /drive
!mount --bind /content/drive/My\ Drive /drive
!mkdir -p /drive/ngrok-ssh
!mkdir -p ~/.ssh
```

✤（範例程式碼：ch17/code013.txt）

執行後會跳出確認視窗，點擊「連線至 Google 雲端硬碟」。

要允許這個筆記本存取你的 Google 雲端硬碟檔案嗎?

這個筆記本要求存取你的 Google 雲端硬碟檔案。獲得 Google 雲端硬碟存取權後，筆記本中執行的程式碼將可修改 Google 雲端硬碟的檔案。請務必在允許這項存取權前，謹慎審查筆記本中的程式碼。

不用了，謝謝　連線至 Google 雲端硬碟

選擇自己的 Google 帳號。

選擇帳戶

以繼續使用「Google Drive for desktop」

使用其他帳戶

如要繼續進行，Google 會將您的姓名、電子郵件地址、語言偏好設定和個人資料相片提供給「Google Drive for desktop」。使用這個應用程式前，請先詳閱「Google Drive for desktop」的《隱私權政策》及《服務條款》。

點擊「允許」。

完成後，在 Colab 會出現 Mounted at /content/drive 的文字，表示已經成功串接 Google 雲端硬碟。

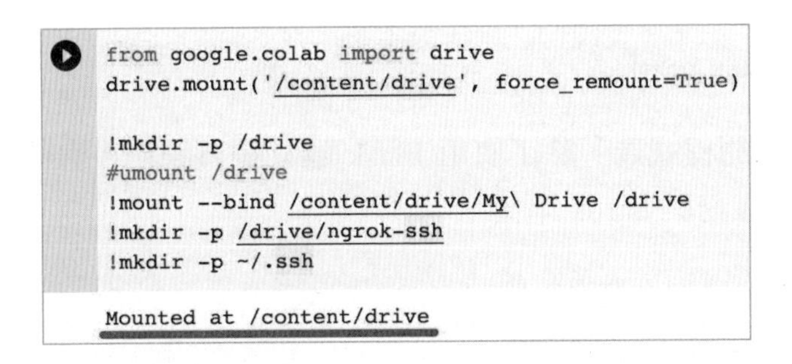

接著繼續輸入下方的程式碼，將 ngrok 安裝到 Google 雲端硬碟中。

```
!mkdir -p /drive/ngrok-ssh
%cd /drive/ngrok-ssh
!wget https://bin.equinox.io/c/4VmDzA7iaHb/ngrok-stable-linux-amd64.zip -O
ngrok-stable-linux-amd64.zip
!unzip -u ngrok-stable-linux-amd64.zip
!cp /drive/ngrok-ssh/ngrok /ngrok
!chmod +x /ngrok
```

✤（範例程式碼：ch17/code014.txt）

```
!mkdir -p /drive/ngrok-ssh
%cd /drive/ngrok-ssh
!wget https://bin.equinox.io/c/4VmDzA7iaHb/ngrok-stable-linux-amd64.zip -O ngrok-stable-linux-amd64.zip
!unzip -u ngrok-stable-linux-amd64.zip
!cp /drive/ngrok-ssh/ngrok /ngrok
!chmod +x /ngrok

/drive/ngrok-ssh
--2022-02-25 08:17:24--  https://bin.equinox.io/c/4VmDzA7iaHb/ngrok-stable-linux-amd64.zip
Resolving bin.equinox.io (bin.equinox.io)... 18.205.222.128, 52.202.168.65, 54.237.133.81, ...
Connecting to bin.equinox.io (bin.equinox.io)|18.205.222.128|:443... connected.
HTTP request sent, awaiting response... 200 OK
Length: 13832437 (13M) [application/octet-stream]
Saving to: 'ngrok-stable-linux-amd64.zip'

ngrok-stable-linux- 100%[===================>]  13.19M  11.0MB/s    in 1.2s

2022-02-25 08:17:26 (11.0 MB/s) - 'ngrok-stable-linux-amd64.zip' saved [13832437/13832437]

Archive:  ngrok-stable-linux-amd64.zip
```

安裝完成後，就能使用 ngrok 指令輸入 token。

```
!/ngrok authtoken <token>
```

使用 pip 安裝 flask_ngrok 函式庫。

```
!pip install flask_ngrok
```

輸入下方的程式碼，除了使用 Flask 建立網頁服務，也使用 run_with_ngrok 將網頁服務與 ngrok 串接。

```
from flask import Flask
from flask_ngrok import run_with_ngrok

app = Flask(__name__)
run_with_ngrok(app)

@app.route("/<name>")
def home(name):
    return f"<h1>hello {name}</h1>"

app.run()
```

✤（範例程式碼：ch17/code015.py）

程式碼執行後，如果出現 ngrok 的網址，就表示已經串接成功，因為 ngrok 支援 https，可自行將 http 改為 https。

```
* Serving Flask app "__main__" (lazy loading)
* Environment: production
  WARNING: This is a development server. Do not use it in a production deployment.
  Use a production WSGI server instead.
* Debug mode: off
* Running on http://127.0.0.1:5000/ (Press CTRL+C to quit)
* Running on http://8747-34-90-116-153.ngrok.io
* Traffic stats available on http://127.0.0.1:4040
```

串接成功後，就能透過瀏覽器，開啟 ngrok 網址，串連 Colab 所建立的網頁服務。

注意事項

對於開發者來說，ngrok 是一個相當方便的服務，可以快速測試程式是否正常運作，最後，使用 ngrok 時仍有下列幾點事項需要注意：

- 使用本機環境開發時，如果電腦關機 (或網路斷線)，服務也會跟著中斷。
- ngrok 免費版同時間內只能串連一個服務。
- Colab 程式有運行時間限制，無法作為正式的伺服器使用。

17-3 使用 Google Cloud Functions

Google Cloud Functions 是一個無伺服器的雲端執行環境，常作為輕量化的 API 以及 webhooks 使用。這個小節將會介紹如何使用使用 Google Cloud Functions。

什麼是 Google Cloud Functions ？

Google Cloud Functions 是 Google Cloud 裡的服務，一個無伺服器的雲端執行環境，可以部署一些簡單或單一用途的程式，當監聽的事件被觸發時，就會觸發 Cloud Function 裡所部署的程式，由於不需要伺服器的特性，常常作為輕量化的 API 以及 webhooks 使用。

> 前往 Google Cloud Functions：https://cloud.google.com/functions

Google Cloud Functions 可以使用 Node.js、Python、Go、Java、.NET 或 Ruby 程式語言進行編輯，執行環境也會因為選擇的運行時而產生差異，針對伺服器管理、軟體設置、框架更新或作業系統更新等基礎設施的建置，全都由 Google 負責管理，使用者完全不需要做任何事情，只需要專注在自己的程式碼邏輯即可。

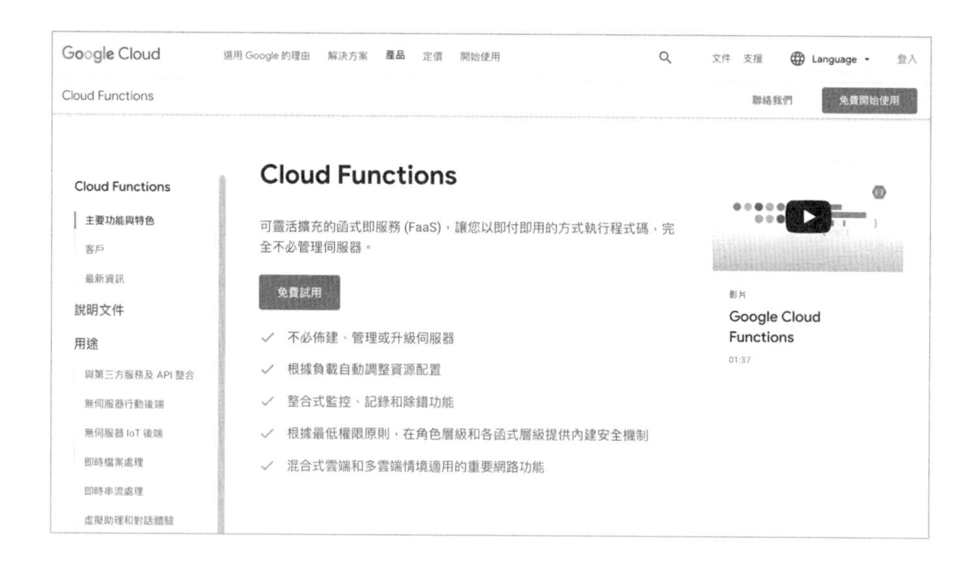

Cloud Functions 計費方式

啟用 Cloud Functions 需要綁定個人信用卡，但 Cloud Functions 有提供免費的額度供開發者使用，如果用量不超過額度，則第一年內不會收費 (Google 提供第一年幾百美金的額度，通常單純個人操作或小型的應用開發，基本上不可能一天百萬次的呼叫額度)，第二年開始的計費依據則會以函式的執行時間長度、函式的叫用次數，以及您為函式佈建的資源數量來計算，最低一個月約 0.01 美金。

> Cloud Functions 定價：https://xn--cloud-b54d7f.google.com/functions/pricing

建立 Cloud Cloud 專案

前往 Google Cloud Functions 頁面，點擊「免費試用」。

> 前往 Google Cloud Functions：https://cloud.google.com/functions

Cloud Functions

可靈活擴充的函式即服務 (FaaS)，讓您以即付即用的方式執行程式碼，完全不必管理伺服器。

免費試用

第一步，下拉選擇個人基本資訊，勾選同意服務條款。

第二步，輸入電話號碼，取得驗證碼後輸入。

步驟 2 (共 3 步) 驗證身分與聯絡資訊

我們會傳送內含 6 位數驗證碼的簡訊來驗證您的身分，並確認您的聯絡方式，以提供支援 Cloud 體驗的解決方案。簡訊將依照標準費率計算。

+886 電話號碼

傳送代碼

第三步，輸入個人住址、信用卡資訊，點擊開始免費試用，就能開始使用。

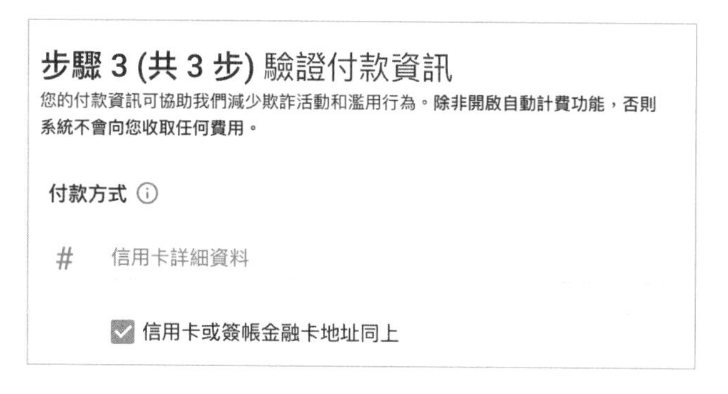

完成後，進入 Google Cloud Platform (GCP) 控制台，建立一個專案，如果沒有建立過專案，可能會要求建立一個新專案。

Google Cloud Platform 搜尋 產品、資源、文件 (/)

新增專案

專案名稱 *

My Project

專案 ID： my-project-。專案 ID 設定完成後即無法變更。 編輯

位置 *

無機構 瀏覽

上層機構或資料夾

建立 取消

如果建立過專案，也可以點擊專案名稱開啟視窗後，點擊右上角新增專案進行新增。

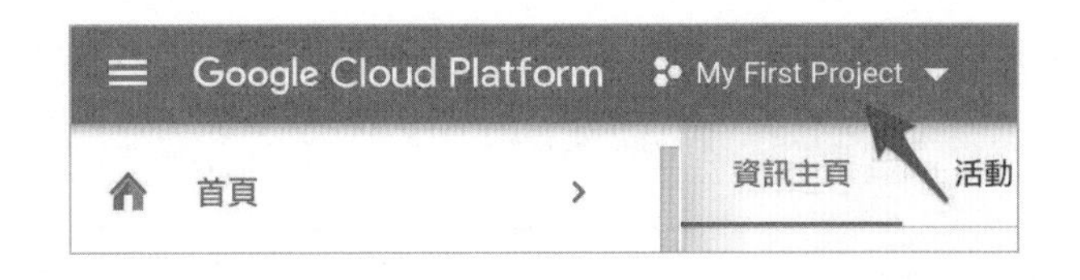

啟用 Cloud Build API

因為 Cloud Functions 需要搭配 Cloud Build API，必須先啟用 Cloud Build API，建立專案之後，點擊左上方圖示開啟左側選單，選擇「API 和服務 > 程式庫」。

從程式庫裡搜尋「build api」。

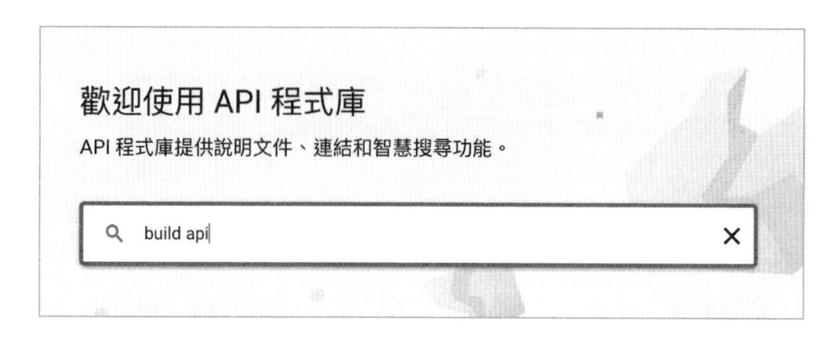

搜尋到 Build API 後，點擊「啟用」。

接著點擊「啟用計費功能」。

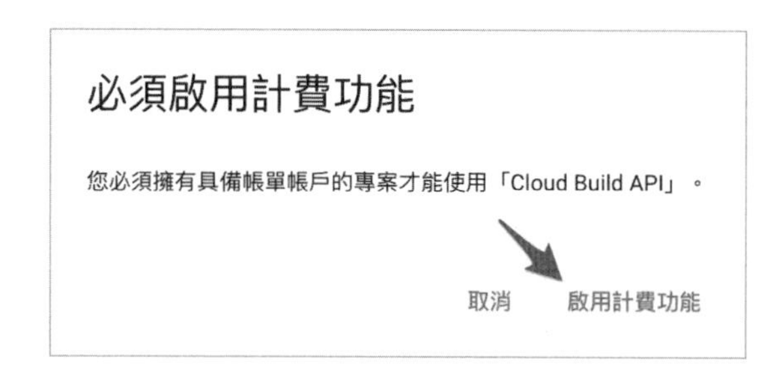

選擇付款的帳戶後，就可以啟用 Cloud Build API（不需要太過擔心付費的問題，因為如果是個人用戶的用量，第一年基本上完全免費）。

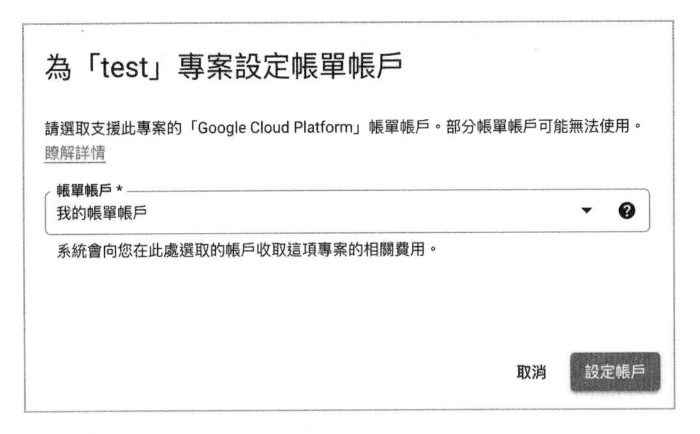

完成後會出現「API」已啟用的標示，表示啟用完成。

啟用 Google Cloud Functions

專案建立完成後，如果沒有自動跳轉到 Cloud Functions，點選左上角圖示展開選單，選擇 Cloud Functions。

點選「建立函式」，就能開始建立第一支 Cloud Functions 的程式。

Google Cloud Functions

Google Cloud Functions 是依據事件執行的簡易型非同步運算解決方案，可讓您建立單一用途的小型函式來回應雲端事件，而且完全不需要管理伺服器或執行階段環境

建立函式

點選建立函式後，設定基本資訊，環境選擇「第一代」(因為第二代在這個時間點貌似在 beta 階段)，函式名稱自行定義，區域選擇「asia-east1」台灣主機 (理論上速度比較快)。

觸發條件選擇「HTTP」，勾選「允許未經驗證的叫用」，如此一來就能單純透過 request POST 或 GET 的方法進行叫用，也符合大多數聊天機器人的叫用機制。

執行階段、建構作業、連線和安全型設定則不需要更動，保留預設值即可。

點選下一步，進入程式碼編輯畫面，從左上方下拉選單選擇 Python 版本 (3.7 ~ 3.9 皆可)，程式編輯區就會自動出現預設的 Python 樣板，就可以準備開始編輯程式。

部署第一支程式

畫面左側目錄裡 main.py 表示這支程式的主程式碼，requirements.txt 表示要額外安裝的外部函式庫。

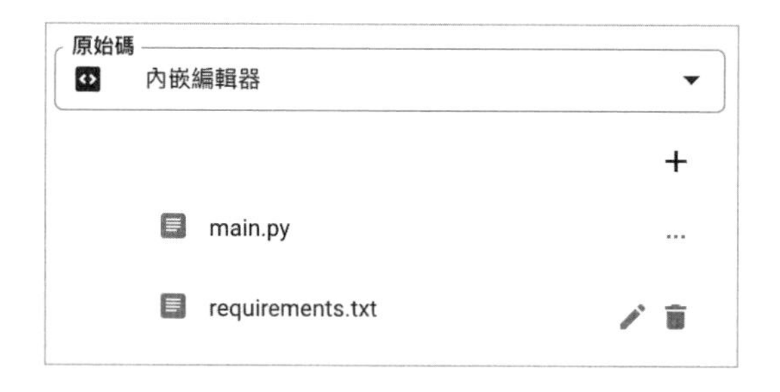

右上方的「進入點」表示使用 HTTP 的方式叫用這支程式時，要執行的 funciton，也就是下方程式碼的 hello_world。

進入點 *
hello_world

```python
def hello_world(request):
    """Responds to any HTTP request.
    Args:
        request (flask.Request): HTTP request object.
    Returns:
        The response text or any set of values that can be turned into a
        Response object using
        `make_response <http://flask.pocoo.org/docs/1.0/api/#flask.Flask.make_response>`.
    """
    request_json = request.get_json()
    if request.args and 'message' in request.args:
        return request.args.get('message')
    elif request_json and 'message' in request_json:
        return request_json['message']
    else:
        return f'Hello World!'

```

在完全不執行任何動作的情況下（使用預設 Python 樣板），點擊下方的「部署」，就能部署最基本的網頁應用程式。

部署完成後，前方會出現綠色打勾的圖示，表示部署一切正常（沒有發生任何錯誤）。

點擊進入程式，選擇「觸發條件」，點擊並開啟網址，就會看見網頁出現「Hello World!」，表示已經可以透過外部呼叫所部署的程式。

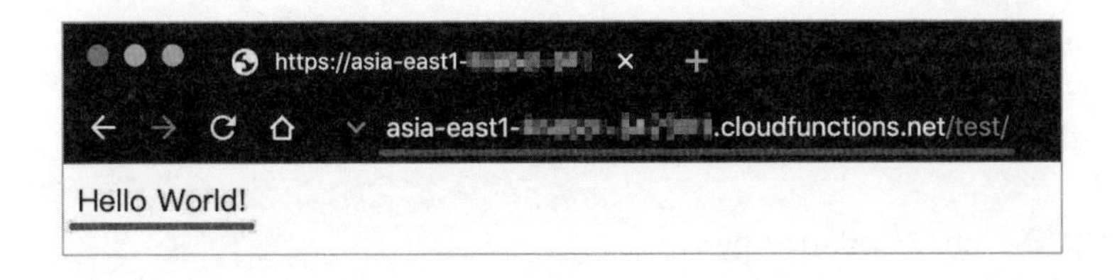

讀取參數

由於 Cloud Functions 的 Python 是使用 Flask 函式庫的架構，因此讀取參數的方式和 Flask 相同，將原本的程式碼改成下方的內容，修改並重新部署完成後，輸入網址叫用程式後，從「記錄」裡，就能看到叫用時對應的參數資訊。

```
def hello_world(request):
    request_json = request.get_json()
    print(request.args )    # 讀取 GET 方法參數
    print(request.form )    # 讀取 POST 方法參數
    print(request.path )    # 讀取網址
    print(request.method)   # 讀取叫用方法
    if request.args and 'message' in request.args:
        return request.args.get('message')
    elif request_json and 'message' in request_json:
        return request_json['message']
    else:
        return f'Hello World!'
```

✜（範例程式碼：ch17/code016.py）

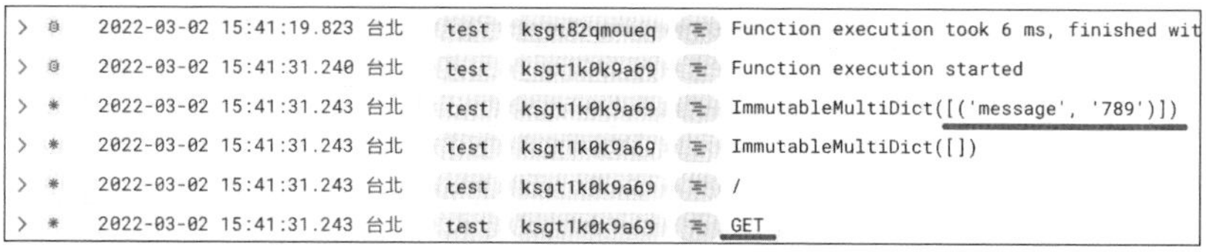

https://asia-east1-
asia-east1-.cloudfunctions.net/test?message=789
789

```
2022-03-02 15:41:19.823 台北  test  ksgt82qmoueq  Function execution took 6 ms, finished wit
2022-03-02 15:41:31.240 台北  test  ksgt1k0k9a69  Function execution started
2022-03-02 15:41:31.243 台北  test  ksgt1k0k9a69  ImmutableMultiDict([('message', '789')])
2022-03-02 15:41:31.243 台北  test  ksgt1k0k9a69  ImmutableMultiDict([])
2022-03-02 15:41:31.243 台北  test  ksgt1k0k9a69  /
2022-03-02 15:41:31.243 台北  test  ksgt1k0k9a69  GET
```

如果使用後端程式，亦可發出 POST 的請求。

```
import requests
data = {'name': 'oxxo', 'age': '18'}
web = requests.post('https://asia-east1-XXXXXX.cloudfunctions.net/test',
data=data)    # 發送 POST 請求
print(web.text)
```

✜（範例程式碼：ch17/code017.py）

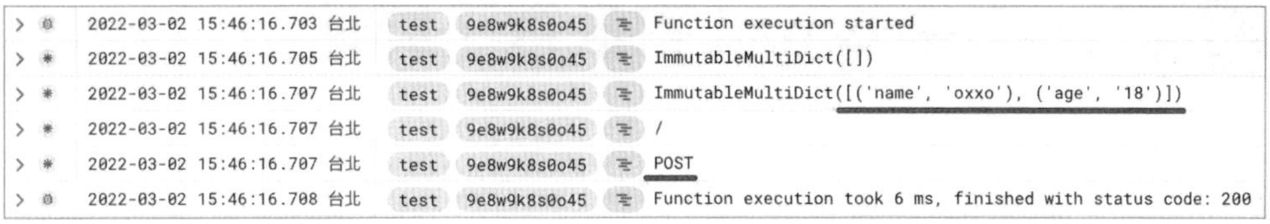

```
> 2022-03-02 15:46:16.703 台北 test 9e8w9k8s0o45 Function execution started
> 2022-03-02 15:46:16.705 台北 test 9e8w9k8s0o45 ImmutableMultiDict([])
> 2022-03-02 15:46:16.707 台北 test 9e8w9k8s0o45 ImmutableMultiDict([('name', 'oxxo'), ('age', '18')])
> 2022-03-02 15:46:16.707 台北 test 9e8w9k8s0o45 /
> 2022-03-02 15:46:16.707 台北 test 9e8w9k8s0o45 POST
> 2022-03-02 15:46:16.708 台北 test 9e8w9k8s0o45 Function execution took 6 ms, finished with status code: 200
```

處理跨域問題

透過瀏覽器開啟網頁呼叫 API 時，常常會遭遇「跨域」的問題 (因為瀏覽器的安全性限制，不同網域間無法直接叫用)，使用 Cloud Functions 建立的 API 預設禁止跨域叫用，但只要加入下方的程式碼，就能夠允許跨域叫用。

```
def hello_world(request):
    request_json = request.get_json()
    print(request.args )    # 讀取 GET 方法參數
    print(request.form )    # 讀取 POST 方法參數
    print(request.path )    # 讀取網址
    print(request.method)   # 讀取叫用方法

    headers = {
        'Access-Control-Allow-Origin': '*',
        'Access-Control-Allow-Headers': 'Content-Type',
        'Access-Control-Max-Age': '3600'
    }

    return ('Hello World!', 200, headers)  # 回傳同意跨域的 header
```

完成後，在網頁端執行對應的 JavaScript，就能得到正確的結果 (下方程式碼為 JavaScript)。

```
let uri = '你的網址';
fetch(uri, {method:'GET'})
.then(res => {
    return res.text()
}).then(result => {
    console.log(result);
});
```

✤ (範例程式碼：ch17/code018.py)

17-4 串接 Gmail 寄送電子郵件

這個小節會介紹使用 Python 的 smtplib 和 email 標準函式庫，實作出串接 Gmail 並寄送電子郵件的功能。

Gmail 應用程式設定

要使用第三方程式 (例如 Python) 串接 Gmail 寄送電子郵件，必須要設定 Google 的應用程式密碼，首先使用自己的 Google 帳號登入 Google，切換到個人設定頁面，選擇「安全性」頁籤，找到「登入 Google > 應用程式密碼」。

> Google 於 2021 年已經移除「低安全性應用程式存取權」的功能，一律改用設定應用程式密碼的方式。

再次輸入密碼後，應用程式選擇「郵件」，並選擇自己執行 Python 的作業系統 (範例使用 Mac)。

點擊「產生」按鈕，就會產生一組郵件專屬的應用程式密碼，這組密碼「只會出現一次」，可使用記事本紀錄 (待會範例會使用)，如果發現有不尋常的使用狀況，刪除後再重新產生一組新的即可。

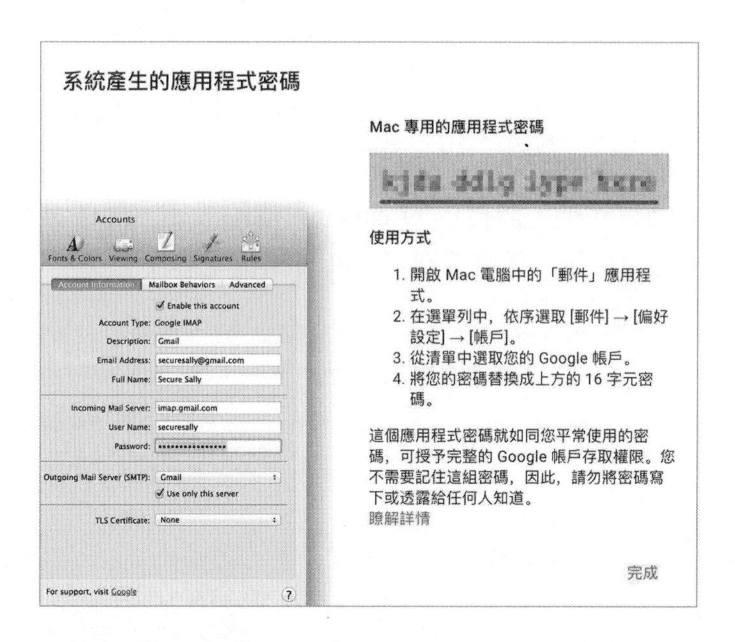

使用 smtplib 函式庫

smtplib 是 Python 內建的標準函式庫，使用這個函式庫，可以透過 SMTP 寄送電子郵件，下方列出 smtplib 函式庫常用的方法：

SMTP 是「簡單郵遞傳送協定 Simple Mail Transfer Protocol」的縮寫，規定了電子郵件使用的格式、加密、以及郵件伺服器之間的傳遞方式。

方法	參數	說明
smtplib.SMTP()	host, port	指定 SMTP 伺服器網址以及連接埠號 。
smtp.ehlo()		使用 EHLO 向伺服器表明自己的身份。
smtp.starttls()		將 SMTP 連接設為 TLS (傳輸層安全) 模式，傳送的所有 SMTP 命令都會被加密。
smtp.login()	email, password	設定登入 SMTP 伺服器的 email 以及登入的密碼。
smtp.sendmail()	from, to, msg	設定寄信的 email、收信的 email 和信件內容，信件內容限制只能英文，寄信成功後會返回一個空字典 {}。
smtp.sendmessage()	msg	根據 MIME 訊息的內容寄信，寄信成功後會返回一個空字典 {}。
smtp.quit()		中斷與 SMTP 伺服器的連接。

修改下方的程式碼，將自己的 email 與剛剛設定「郵件專屬的應用程式密碼」填入，執行後，就會透過 Gmail 寄出電子郵件。

msg 的格式為「Subject: 標題內容 \n 信件內容」，第一個「\n」換行符號後方的是信件內容。

```
import smtplib
smtp = smtplib.SMTP('smtp.gmail.com', 587)
smtp.ehlo()
smtp.starttls()
smtp.login(' 你的信箱 ',' 你的密碼 ')
from_addr = ' 你的信箱 '
to_addr = ' 收件人信箱 '
msg = 'Subject:title\nHello\nWorld!'
status = smtp.sendmail(from_addr, to_addr, msg)
```

```
if status == {}:
    print('郵件傳送成功！')
else:
    print('郵件傳送失敗...')
smtp.quit()
```

✜（範例程式碼：ch17/code019.py）

```
import smtplib
smtp=smtplib.SMTP('smtp.gmail.com', 587)
smtp.ehlo()
smtp.starttls()
smtp.login('oxxo.studio@gmail.com','')
from_addr='oxxo.studio@gmail.com'
to_addr="oxxo.studio@gmail.com"
msg="Subject:title\nHello\nWorld!"
status=smtp.sendmail(from_addr, to_addr, msg)
if status=={}:
    print("郵件傳送成功!")
else:
    print("郵件傳送失敗!")
smtp.quit()

郵件傳送成功!
(221,
 b'2.0.0 closing connection s13-20020a05620a0bcd00b0067a
```

title 收件匣 ×

oxxo.studio@gmail.com
寄給 密件副本： 我

Hello
World!

使用 email 函式庫

smtplib 函式庫雖然可以寄信，但卻無法使用 MIME 協定傳送中文、圖片或影音等非 ASCII 編碼的文件，需要搭配 email 函式庫，才能使用 MIME 協定寄送電子郵件。

> MIME 是「多用途網際網路郵件擴展 Multipurpose Internet Mail Extensions」，表示一個可以擴展電子郵件的網際網路協定，透過這個協定，電子郵件可以支援非 ASCII 編碼的文件。

MIME 分成兩種格式，一種是 type，一種是 subtype，下方列出兩種格式裡常見項目：

type	說明
text	文字
image	圖片
audio	聲音
video	影片
application	應用程式、二進位內容
multipart	多種格式所組成的內容

subtype	說明
text/plain	純文字
text/html	HTML 代碼
image/jpeg	jpg 圖片
image/gif	gif 圖片
image/png	png 圖片
video/mpeg	mpeg 影片
video/mp4	mp4 影片
video/ogg	ogg 影片
application/pdf	pdf 文件
application/msword	word 文件
application/xhrml+xml	XHTML 文件

下方的程式碼，將原本的 smtplib 結合 email 函式庫，使用 MIMEText 設定訊息內容，並設定 Subject、From、To... 等郵件屬性，最後使用 smtp.send_message 方法寄送電子郵件。

```
import smtplib
from email.mime.text import MIMEText

msg = MIMEText('你好呀！這是用 Python 寄的信～', 'plain', 'utf-8') # 郵件內文
msg['Subject'] = 'test 測試'                  # 郵件標題
msg['From'] = 'oxxo'                         # 暱稱或是 email
```

```
msg['To'] = 'oxxo.studio@gmail.com'    # 收件人 email
msg['Cc'] = 'oxxo.studio@gmail.com, XXX@gmail.com'   # 副本收件人 email ( 開頭的
                                                       C 大寫 )
msg['Bcc'] = 'oxxo.studio@gmail.com, XXX@gmail.com'  # 密件副本收件人 email

smtp = smtplib.SMTP('smtp.gmail.com', 587)
smtp.ehlo()
smtp.starttls()
smtp.login('你的信箱','你的密碼')
status = smtp.send_message(msg)     # 改成 send_message
if status == {}:
    print('郵件傳送成功！')
else:
    print('郵件傳送失敗！')
smtp.quit()
```

✤（範例程式碼：ch17/code020.py）

HTML 網頁格式的 email

如果要寄送 HTML 網頁格式的 email，只要將原本 MIMEText 裡的 plain 換成 html，就能寄送 HTML 格式的信件，下方的程式碼執行後，會寄出帶有 h1 標題和兩個 div 的信件。

```
import smtplib
from email.mime.text import MIMEText

html = '''
```

```
<h1>hello</h1>
<div> 這是 HTML 的內容 </div>
<div style="color:red"> 紅色的字 </div>
'''

mail = MIMEText(html, 'html', 'utf-8')   # plain 換成 html，就能寄送 HTML 格式的信件
mail['Subject']='html 的信 '
mail['From']='oxxo'
mail['To']='oxxo.studio@gmail.com'

smtp = smtplib.SMTP('smtp.gmail.com', 587)
smtp.ehlo()
smtp.starttls()
smtp.login(' 你的信箱 ',' 你的密碼 ')
status = smtp.send_message(mail)
print(status)
smtp.quit()
```

✣（範例程式碼：ch17/code021.py）

附加檔案的 email

如果希望傳送的文件不僅有文字，也有附加檔案，就需要使用 email 的 MIMEMultipart() 方法，設定傳送多種格式所組成的內容，再透過 attach 將所需的內容加入，下方的程式碼不僅可以傳送 HTML 網頁內容的信件，也使用了 open 的方法開啟一張圖片作為附加檔案。

```
import smtplib
from email.mime.application import MIMEApplication
from email.mime.multipart import MIMEMultipart
from email.mime.text import MIMEText

html = '''
<h1>hello</h1>
<div>這是 HTML 的內容 </div>
<div style="color:red">紅色的字 </div>
'''
msg = MIMEMultipart()                              # 使用多種格式所組成的內容
msg.attach(MIMEText(html, 'html', 'utf-8'))    # 加入 HTML 內容
# 使用 python 內建的 open 方法開啟指定目錄下的檔案
with open('/content/drive/MyDrive/Colab Notebooks/meme.jpg', 'rb') as file:
    img = file.read()
attach_file = MIMEApplication(img, Name='meme.jpg')     # 設定附加檔案圖片
msg.attach(attach_file)                              # 加入附加檔案圖片

msg['Subject']='附件是一張搞笑的圖'
msg['From']='oxxo'
msg['To']='oxxo.studio@gmail.com'

smtp = smtplib.SMTP('smtp.gmail.com', 587)
smtp.ehlo()
smtp.starttls()
smtp.login('oxxo.studio@gmail.com','你申請的應用程式密碼')
status = smtp.send_message(msg)
print(status)
smtp.quit()
```

✜（範例程式碼：ch17/code022.py）

17-5 讀取 Google 試算表

Google 試算表是 Google 提供的線上 excel 服務，不僅能雲端編輯儲存，更能配合 Apps Script 當作簡單的資料庫使用，這個小節將會介紹如何透過 Python 串接 Google 試算表，實現讀取試算表資料的功能。

編輯 Apps Script

開啟 Google 雲端硬碟，新增一個 Google 試算表檔案。

在儲存格輸入一些內容後，點擊上方「擴充功能 > Apps Script」，開啟與這份試算表連動的 Apps Script。

開啟 Apps Script 的編輯畫面後，複製下方的程式碼貼入「程式碼 .gs」裡，如果試算表中「工作表」的名稱有更動，請修改程式碼內「工作表

1」的名稱，完成後，點擊上方「執行」按鈕（Apps Script 撰寫的語言為 JavaScript）。

```
function doGet(e) {
  var SpreadSheet = SpreadsheetApp.getActive();          // 讀取目前的試算表
  var SheetName = SpreadSheet.getSheetByName('工作表1'); // 開啟工作表 1
  var data = SheetName.getSheetValues(1,1,SheetName.getLastRow(),SheetName.
getLastColumn());
  // 取得所有資料，組成 JSON 的形式，用純文字回傳
  Logger.log(data)  // 印出資料 ( 第一次執行時必須有這一行 )
  return ContentService.createTextOutput(JSON.stringify(data)).
setMimeType(ContentService.MimeType.JSON);
}
```

✤（範例程式碼：ch17/code023.py）

如果是第一次執行，會出現需要授權的畫面，點擊「審查權限」。

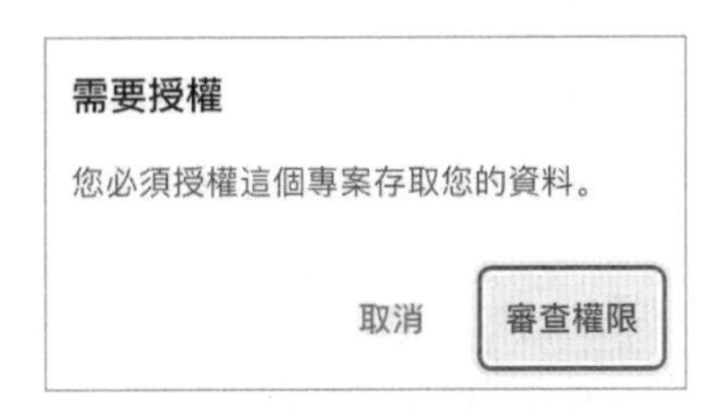

點擊「進階設定」，點擊「前往未命名的專案（不安全）」（因為這個應用程式是自己開發的，尚未通過審核，所以會出現警告視窗）

這個應用程式未經 Google 驗證

這個應用程式要求存取您 Google 帳戶中的機密資訊。在開發人員 (oxxo.studio@gmail.com) 向 Google 驗證這個應用程式之前，請勿使用這個應用程式。

隱藏進階設定 返回安全的位置

除非您瞭解相關風險並信任開發人員 (oxxo.studio@gmail.com)，否則請勿繼續操作。

前往「未命名的專案」(不安全)

點擊後，點擊「允許」這個應用程式存取試算表的資料。

「未命名的專案」想要存取您的 Google 帳戶

oxxo.studio@gmail.com

這麼做將允許「未命名的專案」進行以下操作：

- 查看、編輯、建立及刪除您的所有 Google 試算表檔案

確認「未命名的專案」是您信任的應用程式

這麼做可能會將機密資訊提供給這個網站或應用程式。您隨時可以前往 Google 帳戶頁面查看或移除存取權。

瞭解 Google 如何協助您安全地分享資料。

詳情請參閱「未命名的專案」的《隱私權政策》和《服務條款》。

取消 允許

完成後就能在應用程式裡，看見讀取到的試算表資料。

執行記錄		
上午11:41:58	通知	開始執行
上午11:41:58	資訊	[[apple, 100.0], [ball, 200.0], [cat, 300.0]]
上午11:41:59	通知	執行完畢

部署 Apps Script

確認能讀取資料後，點擊右上方「部署」，選擇「新增部署作業」。

點擊設定的齒輪圖示，設定為「網頁應用程式」。

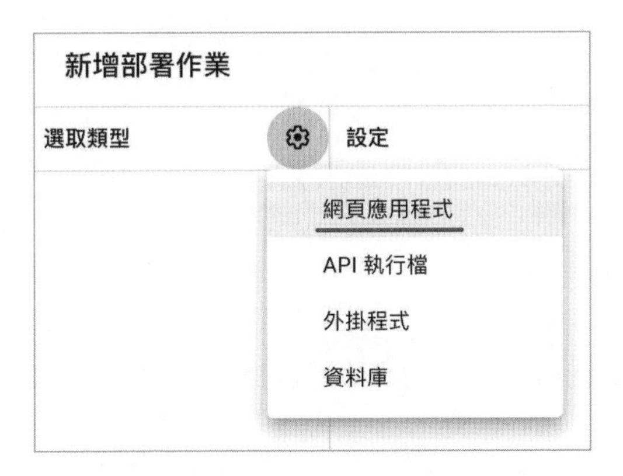

設定「誰可以存取」為「所有人」，點擊「部署」。

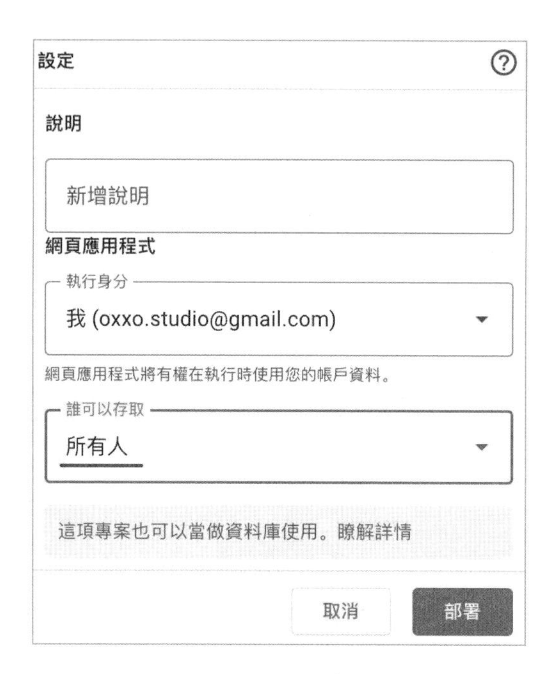

部署成功後，會看到一串網址，表示可以使用 Get 的方法呼叫的網址 (因為剛剛 Apps Script 使用 doGet 的方法)。

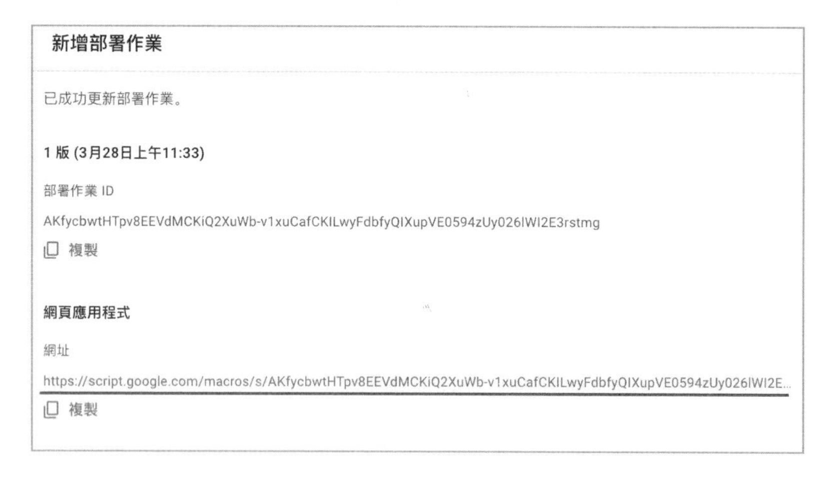

使用瀏覽器開啟網址，就能看到試算表的資料。

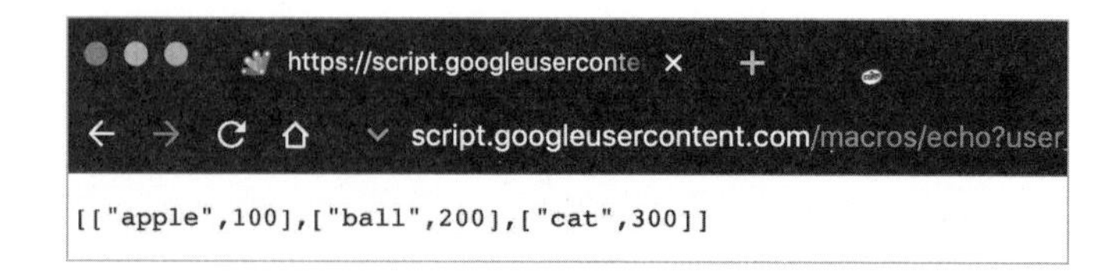

Python 讀取 Google 試算表

開啟 Colab，輸入下方的程式碼，執行後就能透過 Python requests 函式庫的 get 方法，讀取 Google 試算表的所有資料。

```
import requests
web = requests.get(' 你的應用程式網址 ')
print(web.json())
```

✜（範例程式碼：ch17/code024.py）

```
import requests
web = requests.get('https://script.google.com/macros/s/AKfycbwFvLaNa
print(web.json())

[['apple', 100], ['ball', 200], ['cat', 300]]
```

Apps Script 加入參數設定

修改 Apps Script 程式碼，加上可以讀取網址參數的功能，就能指定讀取某個範圍的資料，或讀取不同工作表的資料。

```
function doGet(e) {
  var SpreadSheet = SpreadsheetApp.getActive();
  var params = e.parameter;                                // 讀取網址參數
  var name = params.name || '工作表1';                     // 如果有 name 就使用，否則
                                                             name 等於「工作表1」
  var SheetName = SpreadSheet.getSheetByName(name) ;       // 讀取工作表名稱為 name 的
                                                             資料
  var start_row = params.start_row || 1;                   // 如果有 start_row 就使用，
                                                             否則 start_row 等於 1
  var start_col = params.start_col || 1;                   // 如果有 start_row 就使用，
                                                             否則 start_col 等於 1
  var row = params.row || SheetName.getLastRow() - start_row + 1;
// 如果有 row 就使用，否則 row 等於 SheetName.getLastRow()
  var col = params.col|| SheetName.getLastColumn() - start_col + 1;
// 如果有 col 就使用，否則 col 等於 SheetName.getLastColumn()
  var data = SheetName.getSheetValues(start_row,start_col,row,col);
// 使用變數 Logger.log(data)
  return ContentService.createTextOutput(JSON.stringify(data)).
setMimeType(ContentService.MimeType.JSON);
}
```

✜（範例程式碼：ch17/code025.py）

更新部署後，就可以使用下方 Python 程式，讀取特定工作表或特定範圍的資料。

```
import requests
url = '你的應用程式網址'
name = '工作表1'
row = 2
web = requests.get(f'{url}?name={name}&row={row}')
print(web.json())
name = '工作表2'
web = requests.get(f'{url}?name={name}')
print(web.json())
```

✥（範例程式碼：ch17/code026.py）

```
import requests
url = 'https://script.google.com/macros/s/AKfycbzb6zFYMop
name = '工作表1'
row = 2
web = requests.get(f'{url}?name={name}&row={row}')
print(web.json())
name = '工作表2'
web = requests.get(f'{url}?name={name}')
print(web.json())

[['apple', 100], ['ball', 200]]
[['test1'], ['test2']]
```

更新部署 Apps Script

如果有修改 Apps Script，直接部署會發生奇怪的現象（讀取到舊的檔案、無法讀取檔案 ... 等），建議按照下列步驟重新部署（如果最後無法成功，等待一分鐘後，重新執行步驟）：

修改後，點擊上方「存檔」按鈕存檔。

封存正在進行中的 Apps Script，重新部署 Apps Script。

17-6 寫入 Google 試算表

在前一節裡已經能順利讀取 Google 試算表的資料，這個小節會延續相關的程式，實作可以透過 Python 程式，將資料寫入 Google 試算表的功能。

編輯 Apps Script

開啟 Google 雲端硬碟，新增一個 Google 試算表，在試算表裡開啟 Apps Script，輸入下方的程式碼。

```
function doGet(e) {
  var SpreadSheet = SpreadsheetApp.getActive();  // 讀取 Apps Script 所綁定的
                                                    Google Sheet
  var params = e.parameter;                       // 讀取網址參數
  var name = params.name || '工作表1';             // 如果參數有 name 就使用，否則
                                                    就是工作表1

  var SheetName = SpreadSheet.getSheetByName(name); // 取得工作表內容
  var raw_data = params.data;                     // 讀取網址參數的 data 內容
  data = JSON.parse(raw_data);                    // 轉換成 json 格式
  var top = params.top || false;                  // 如果沒有設定 top 參數就使用
                                                    false

  var range;
  try{
    if(top){
      SheetName.insertRowsBefore(1,1);        // 如果 top 等於 true，從上方插入資料
      range = SheetName.getRange(1,1,1,data.length); // 設定插入資料範圍
    }
```

```
    else{
      range = SheetName.getRange(SheetName.getLastRow()+1,1,1,data.length);
// 如果 top 等於 false，從下方插入資料
    }
  }catch{
    range = SheetName.getRange(SheetName.getLastRow()+1,1,1,data.length);
  }
  range.setValues([data]) // 插入資料
  return ContentService.createTextOutput(true);
}

完成後部署 Apps Script，得到一串可使用 Get 方法讀取的網址。
```

✜（範例程式碼：ch17/code027.py）

部署作業 ID

AKfycbyONtYo2vhWD9Y51it0_4q1-T2B5s8bglWoOxv0hjx7JIYF2fWKI_PwwYQ9v_Bpfc...

複製

網頁應用程式

網址

https://script.google.com/macros/s/AKfycbyONtYo2vhWD9Y51it0_4q1-T2B5s8bglWo...

複製

Python 寫入資料到 Google 試算表

更新部署後，使用下方 Python 程式，將串列格式的資料 data 放在字典變數 params 中，接著就能透過 get 的方式寫入 google 試算表。

```
import requests

url = '部署的網址'

params = {
    'name':'工作表1',
    'top':'true',
    'data':'[123,456,789]'
}

web = requests.get(url=url, params=params)
```

✜（範例程式碼：ch17/code028.py）

	A	B	C
1	123	456	789
2	apple	100	
3	ball	200	
4	cat	300	
5			

17-7 下載 Youtube 影片 (mp4、mp3、字幕)

這個小節會介紹使用 Python 的 pytube 第三方函式庫，輸入 Youtube 網址後就會自動下載為影片檔 mp4，單純下載為聲音檔 mp3，甚至可以進一步下載有字幕影片的字幕，儲存為 srt 或 txt。

安裝 pytube

輸入下列指令，安裝 pytube (根據個人環境使用 pip、pip3，Colab 和 Jupyter 使用 !pip)。

```
!pip install pytube
```

讀取 Youtube 影片資訊

使用 pytube 讀取 Youtube 網址後，就能取得關於該影片的各種資訊，下方的例子會取出標題、作者、作者頻道網址、影片縮圖網址、影片長度、觀看次數等資訊。

> 參考 https://pytube.io/en/latest/api.html?highlight=download#youtube-object

```
from pytube import YouTube
yt = YouTube('https://www.youtube.com/watch?v=R93ce4FZGbc') # baby shark 的音樂
print(yt.title)            # 影片標題
```

```
print(yt.length)            # 影片長度 ( 秒 )
print(yt.author)            # 影片作者
print(yt.channel_url)       # 影片作者頻道網址
print(yt.thumbnail_url)     # 影片縮圖網址
print(yt.views)             # 影片觀看數
```

✜ (範例程式碼：ch17/code029.py)

下載 Youtube 影片為 mp4

使用 get_highest_resolution() 方法，下載最高畫質的影片。

```
import os
os.chdir('/content/drive/MyDrive/Colab Notebooks')    # Colab 換路徑使用，本機或
                                                        Jupyter 環境可以刪除
from pytube import YouTube
yt = YouTube('https://www.youtube.com/watch?v=R93ce4FZGbc')
print('download...')
yt.streams.filter().get_highest_resolution().download(filename='baby_shart.mp4')
# 下載最高畫質影片，如果沒有設定 filename，則以原本影片的 title 作為檔名
print('ok!')
```

✜ (範例程式碼：ch17/code030.py)

如果要指定下載影片的畫質，可以透過 get_by_resolution() 方法，填入像是 720p、480p、360p、240p 等標準影像解析度格式，就能下載對應的畫質 (注意，畫質會必須取決於該影片實際大小是否支援)

```
import os
os.chdir('/content/drive/MyDrive/Colab Notebooks')    # Colab 換路徑使用，本機或
                                                        Jupyter 環境可以刪除
from pytube import YouTube
yt = YouTube('https://www.youtube.com/watch?v=R93ce4FZGbc')
print('download...')
yt.streams.filter().get_by_resolution('360p').download(filename='oxxostudio_360p.
mp4')
# 下載 480p 的影片畫質
print('ok!')
```

✜ (範例程式碼：ch17/code031.py)

如果想知道影片支援哪些畫質，可印出 streams.all() 來查看。

```
from pytube import YouTube
yt = YouTube('https://www.youtube.com/watch?v=R93ce4FZGbc')
print(yt.streams.all())
```

✤ (範例程式碼：ch17/code032.py)

```
[<Stream: itag="17" mime_type="video/3gpp" res="144p" fps="8fps" vcodec="mp4v.20.3" acodec="mp4a.40.2" progressive="T
rue" type="video">, <Stream: itag="18" mime_type="video/mp4" res="360p" fps="30fps" vcodec="avc1.42001E" acodec="mp4
a.40.2" progressive="True" type="video">, <Stream: itag="22" mime_type="video/mp4" res="720p" fps="30fps" vcodec="avc
1.64001F" acodec="mp4a.40.2" progressive="True" type="video">, <Stream: itag="137" mime_type="video/mp4" res="1080p"
fps="30fps" vcodec="avc1.640028" progressive="False" type="video">, <Stream: itag="399" mime_type="video/mp4" res="10
80p" fps="30fps" vcodec="av01.0.08M.08" progressive="False" type="video">, <Stream: itag="136" mime_type="video/mp4"
res="720p" fps="30fps" vcodec="avc1.4d401f" progressive="False" type="video">, <Stream: itag="247" mime_type="video/w
ebm" res="720p" fps="30fps" vcodec="vp9" progressive="False" type="video">, <Stream: itag="398" mime_type="video/mp4"
res="720p" fps="30fps" vcodec="av01.0.05M.08" progressive="False" type="video">, <Stream: itag="135" mime_type="vide
o/mp4" res="480p" fps="30fps" vcodec="avc1.4d401f" progressive="False" type="video">, <Stream: itag="244" mime_type
="video/webm" res="480p" fps="30fps" vcodec="vp9" progressive="False" type="video">, <Stream: itag="397" mime_type="v
ideo/mp4" res="480p" fps="30fps" vcodec="av01.0.04M.08" progressive="False" type="video">, <Stream: itag="134" mime_t
ype="video/mp4" res="360p" fps="30fps" vcodec="avc1.4d401e" progressive="False" type="video">, <Stream: itag="243" mi
me_type="video/webm" res="360p" fps="30fps" vcodec="vp9" progressive="False" type="video">, <Stream: itag="396" mime_
type="video/mp4" res="360p" fps="30fps" vcodec="av01.0.01M.08" progressive="False" type="video">, <Stream: itag="133"
mime_type="video/mp4" res="240p" fps="30fps" vcodec="avc1.4d4015" progressive="False" type="video">, <Stream: itag="2
42" mime_type="video/webm" res="240p" fps="30fps" vcodec="vp9" progressive="False" type="video">, <Stream: itag="395"
mime_type="video/mp4" res="240p" fps="30fps" vcodec="av01.0.00M.08" progressive="False" type="video">, <Stream: itag
="160" mime_type="video/mp4" res="144p" fps="30fps" vcodec="avc1.4d400c" progressive="False" type="video">, <Stream:
itag="278" mime_type="video/webm" res="144p" fps="30fps" vcodec="vp9" progressive="False" type="video">, <Stream: ita
g="394" mime_type="video/mp4" res="144p" fps="30fps" vcodec="av01.0.00M.08" progressive="False" type="video">, <Strea
m: itag="139" mime_type="audio/mp4" abr="48kbps" acodec="mp4a.40.5" progressive="False" type="audio">, <Stream: itag
="140" mime_type="audio/mp4" abr="128kbps" acodec="mp4a.40.2" progressive="False" type="audio">, <Stream: itag="249"
mime_type="audio/webm" abr="50kbps" acodec="opus" progressive="False" type="audio">, <Stream: itag="250" mime_type="a
udio/webm" abr="70kbps" acodec="opus" progressive="False" type="audio">, <Stream: itag="251" mime_type="audio/webm" a
br="160kbps" acodec="opus" progressive="False" type="audio">]
```

透過宣告 yt 時的參數 on_progress_callback，可以回傳目前下載影片的進度 (可顯示下載進度)。

```
from pytube import YouTube

def onProgress(stream, chunk, remains):
    total = stream.filesize                       # 取得完整尺寸
    percent = (total-remains) / total * 100       # 減去剩餘尺寸 ( 剩餘尺寸會抓取存取
                                                    的檔案大小 )
    print(f'下載中… {percent:05.2f}', end='\r')   # 顯示進度，\r 表示不換行，在同一
                                                    行更新

print('download...')
yt = YouTube('https://www.youtube.com/watch?v=R93ce4FZGbc', on_progress_
callback=onProgress)
yt.streams.filter().get_highest_resolution().download(filename='oxxostudio.mp4')
# on_progress_callback 參數等於 onProgress 函式
print()
print('ok!')
```

✤ (範例程式碼：ch17/code033.py)

下載 Youtube 影片為 mp3

使用 get_audio_only() 方法，能單獨取出 Youtube 的音軌儲存為 mp3 檔案 (預設為 mp4，存檔時改檔名為 mp3 就會變成 mp3)。

```
import os
os.chdir('/content/drive/MyDrive/Colab Notebooks')  # Colab 換路徑使用，本機或
                                                      Jupyter 環境可以刪除
from pytube import YouTube
yt = YouTube('https://www.youtube.com/watch?v=R93ce4FZGbc')
print('download...')
yt.streams.filter().get_audio_only().download(filename='oxxostudio.mp3')
# 儲存為 mp3
print('ok!')
```

✤ (範例程式碼：ch17/code034.py)

下載 Youtube 影片字幕為 srt 或 txt

使用 yt.captions 方法，可以取得該 Youtube 影片全部的字幕 (如果是 auto 自動產生，字幕語系前方會出現 a. 標示)，取得字幕後，透過 xml_captions 就能將指定語系的字幕轉換成 xml 檔案。

由於 pytube 內建的 generate_srt_captions() 方法會發生 KeyError: 'start' 錯誤，因此直接使用 BeautifulSoup 套件讀取 xml 的內容，再透過數學計算和字串格式化的方法，轉換成字幕檔案格式，最後輸出成為 srt 或 txt。

> 參考：16-4 Beautiful Soup 函式庫、5-3 文字與字串 (格式化)

```
import os
os.chdir('/content/drive/MyDrive/Colab Notebooks')  # Colab 換路徑使用，本機或
                                                      Jupyter 環境可以刪除
from pytube import YouTube
from bs4 import BeautifulSoup

yt = YouTube('https://www.youtube.com/watch?v=R93ce4FZGbc')
print(yt.captions)                                 # 取得所有語系
caption = yt.captions.get_by_language_code('en')    # 取得英文語系
```

```
xml = caption.xml_captions                          # 將語系轉換成 xml
#print(xml)

def xml2srt(text):
    soup = BeautifulSoup(text)                      # 使用 BeautifulSoup 轉換 xml
    ps = soup.findAll('p')                          # 取出所有 p tag 內容

    output = ''                                     # 輸出的內容
    num = 0                                         # 每段字幕編號
    for i, p in enumerate(ps):
        try:
            a = p['a']                              # 如果是自動字幕，濾掉有 a 屬性
                                                      的 p tag
        except:
            try:
                num = num + 1                       # 每段字幕編號加 1
                text = p.text                       # 取出每段文字
                t = int(p['t'])                     # 開始時間
                d = int(p['d'])                     # 持續時間

                h, tm = divmod(t,(60*60*1000))      # 轉換取得小時、剩下的毫秒數
                m, ts = divmod(tm,(60*1000))        # 轉換取得分鐘、剩下的毫秒數
                s, ms = divmod(ts,1000)             # 轉換取得秒數、毫秒

                t2 = t+d                            # 根據持續時間，計算結束時間
                if t2 > int(ps[i+1]['t']): t2 = int(ps[i+1]['t'])
# 如果時間算出來比下一段長，採用下一段的時間
                h2, tm = divmod(t2,(60*60*1000))    # 轉換取得小時、剩下的毫秒數
                m2, ts = divmod(tm,(60*1000))       # 轉換取得分鐘、剩下的毫秒數
                s2, ms2 = divmod(ts,1000)           # 轉換取得秒數、毫秒


                output = output + str(num) + '\n'  # 產生輸出的檔案，\n 表示換行
                output = output + f'{h:02d}:{m:02d}:{s:02d},{ms:03d} --> {h2:02
d}:{m2:02d}:{s2:02d},{ms2:03d}' + '\n'
                output = output + text + '\n'
                output = output + '\n'
            except:
                pass

    return output

#print(xml2srt(xml))
```

```
with open('oxxostudio.srt','w') as f1:
    f1.write(xml2srt(xml))     # 儲存為 srt

print('ok!')
```

✜（範例程式碼：ch17/code035.py）

```
1
00:00:09,280 --> 00:00:12,480
Baby Shark

2
00:00:27,840 --> 00:00:34,400
Baby shark, doo doo doo doo doo doo.

3
00:00:34,400 --> 00:00:36,200
Baby shark!

4
00:00:36,200 --> 00:00:43,080
Mommy shark, doo doo doo doo doo doo.

5
00:00:43,080 --> 00:00:44,800
Mommy shark!

6
00:00:44,800 --> 00:00:48,920
Daddy shark, doo doo doo doo doo doo.

7
00:00:48,920 --> 00:00:53,120
Daddy shark!

8
00:00:53,120 --> 00:00:59,840
Grandma shark, doo doo doo doo doo doo.
```

17-8 下載 Youtube 清單中所有影片

這個小節會介紹使用 Python 的 pytube 第三方函式庫，讀取 Youtube 清單內容，並將清單裡的所有影片下載為 mp4。

安裝 pytube

輸入下列指令，安裝 pytube（根據個人環境使用 pip、pip3，Colab 或 Jupyter 使用 !pip）。

```
!pip install pytube
```

讀取 Youtube 清單資訊

使用 pytube 讀取 Youtube 清單網址後，就能將該影片清單的所有影片網址，輸出成為串列。

```
import os
os.chdir('/content/drive/MyDrive/Colab Notebooks')  # Colab 換路徑使用，本機或
                                                      Jupyter 環境可以刪除
from pytube import Playlist
playlist = Playlist('https://www.youtube.com/watch?v=mOPRaLPh-YU&list=PL9ACDjBM
kp9wViVmgpYweGkNqh62pHspF')
# 讀取影片清單
print(playlist.video_urls)    # 印出清單結果
'''
['https://www.youtube.com/watch?v=mOPRaLPh-YU',
 'https://www.youtube.com/watch?v=wARhTJH1fJI',
 'https://www.youtube.com/watch?v=WLjePGUCRqc']
'''
```

✤（範例程式碼：ch17/code036.py）

下載 Youtube 清單中所有影片為 mp4

參考前一節的文章內容，讀取到影片清單中所有影片網址後，透過 for 迴圈，就能將所有影片下載為 mp4。

```
import os
os.chdir('/content/drive/MyDrive/Colab Notebooks')  # Colab 換路徑使用，本機或
                                                      Jupyter 環境可以刪除
from pytube import Playlist, YouTube
playlist = Playlist('https://www.youtube.com/watch?v=mOPRaLPh-YU&list=PL9ACDjBM
kp9wViVmgpYweGkNqh62pHspF')
print('download...')
for i in playlist.video_urls:
    print(i)
    yt = YouTube(i)                                          # 讀取影片
    yt.streams.filter().get_highest_resolution().download()  # 下載為最高畫質影片
print('ok!')
```

✤（範例程式碼：ch17/code037.py）

17-9 發送 LINE Notify 通知

這個小節會使用 Python 的 Requests 函式庫，結合 LINE Notify 的 API，實作執行 Python 的程式後，發送通知訊息到個人的 LINE，甚至還可以透過 LINE Notify 發送圖片或貼圖表情。

什麼是 LINE Notify

LINE Notify 是 LINE 所提供的一項非常方便的服務，用戶可以透過 LINE，接收各種網站、服務或應用程式 (GitHub、IFTTT 及 Python... 等) 的提醒通知，與網站服務連動完成後，LINE 所 提供的官方帳號「LINE Notify」將會傳送通知，不僅可與多個服務連動，也可透過 LINE 群組接收通知。

LINE Notify 網址：https://notify-bot.line.me/zh_TW/

申請 LINE Notify 權杖

打開 LINE Notify 的網站後，使用自己的 LINE 帳號登入，登入後從上方個人帳號，選擇「個人頁面」。

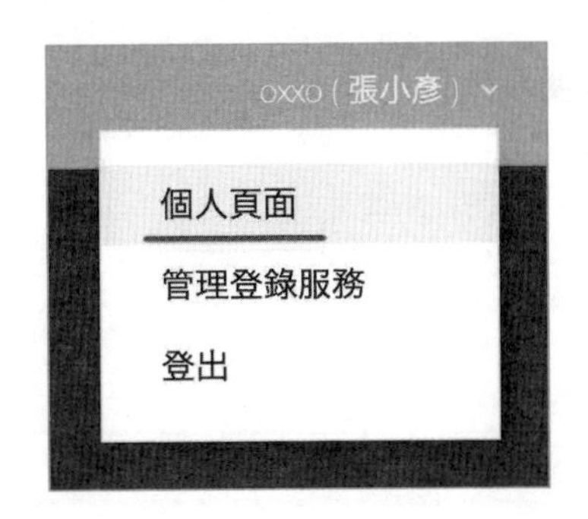

進入個人頁面後，點選下方「發行權杖」，權杖 (token) 的作用在於讓「連動的服務」可以透過 LINE Notify 發送訊息通知。

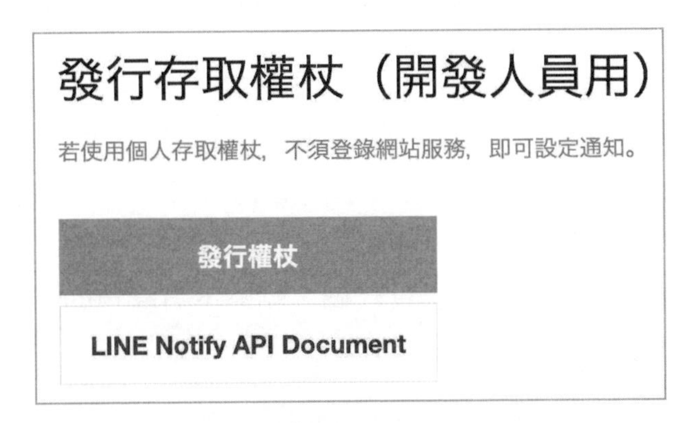

點選「發行權杖」後，必須要定義權杖的名稱，以及選擇這個 LINE Notify 所在的聊天群組，通常直接選擇「透過 1 對 1 聊天接收 LINE Notify 通知」。

發行權杖後，會出現一串權杖代碼，點擊下方綠色的「複製」就可複製權杖代碼。

注意，權杖代碼只會出現一次，複製後自行找地方留存。

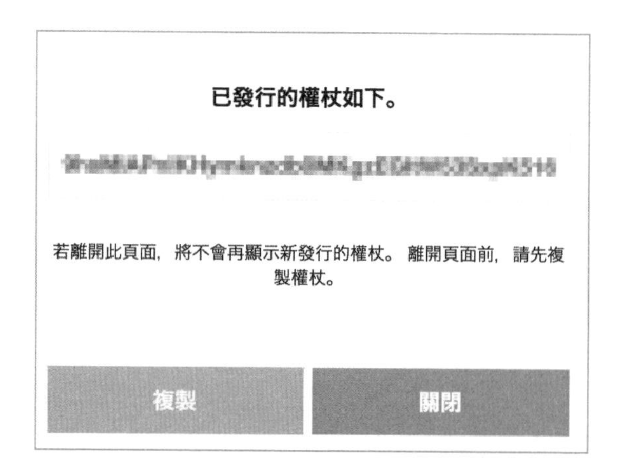

點擊關閉，在個人頁面裡就會看見已經發行的權杖，點選後方「刪除」就能解除權杖 (如果不小心權杖流出導致一直收到奇怪的通知，就可以將權杖解除，重新再發行一次)。

當權杖發行後，在個人的 LINE 裡，就會收到「已發行個人權杖」的通知訊息 (解除權杖也會收到通知)。

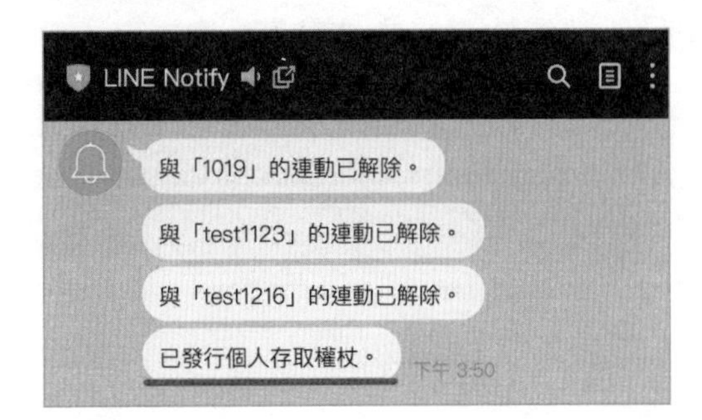

發送 LINE Notify 訊息

有了 LINE Notify 的權杖後，就能使用 Requests 的 POST 方法發送訊息，發送時需要在 headers 設權杖 Authorization，並將訊息內容放在 data 的 message 裡，完成後執行 Python 程式，LINE 就會收到通知。

參考：16-3、Requests 函式庫

```
import requests

url = 'https://notify-api.line.me/api/notify'
token = '剛剛複製的權杖'
headers = {
    'Authorization': 'Bearer ' + token    # 設定權杖
}
data = {
    'message':'測試一下！'      # 設定要發送的訊息
}
data = requests.post(url, headers=headers, data=data)   # 使用 POST 方法
```

✜（範例程式碼：ch17/code038.py）

透過 LINE Notify 發送表情貼圖

在發送的 data 裡，加入 stickerPackageId（貼圖包類別號碼）和 stickerId（貼圖號碼），就能夠發送表情貼圖。

> 表情貼圖清單：https://developers.line.biz/en/docs/messaging-api/sticker-list/

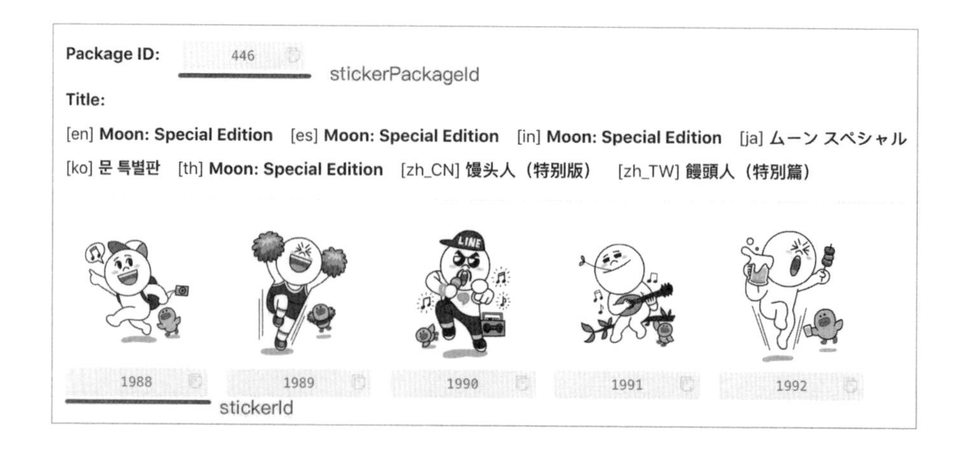

下方的程式執行後，就會發送表情貼圖。

注意，LINE Notify 必須具備 message，所以不能移除 message (至少要是一個空字元)。

```
import requests

url = 'https://notify-api.line.me/api/notify'
token = '剛剛複製的權杖'
headers = {
    'Authorization': 'Bearer ' + token
}
data = {
    'message':'測試一下！',
    'stickerPackageId':'446',
    'stickerId':'1989'
}
data = requests.post(url, headers=headers, data=data)
```

✣ (範例程式碼：ch17/code039.py)

透過 LINE Notify 傳送圖片

在發送的 data 裡，加入 imageThumbnail (縮圖網址) 和 imageFullsize (圖片網址)，就能夠傳送圖片。

```
import requests

url = 'https://notify-api.line.me/api/notify'
token = '剛剛複製的權杖'
headers = {
    'Authorization': 'Bearer ' + token
}
data = {
    'message':'測試一下！',
    'imageThumbnail':'https://steam.oxxostudio.tw/downlaod/python/line-notify-
demo.png',
    'imageFullsize':'https://steam.oxxostudio.tw/downlaod/python/line-notify-
demo.png'
}
data = requests.post(url, headers=headers, data=data)
```

✥（範例程式碼：ch17/code040.py）

17-10 使用 Dialogflow 打造聊天機器人

Dialogflow 是一個 Google 的開發工具，主要作用是進行自然語言處理的服務，能在不需撰寫程式的狀況下，透過 Dialogflow 快速打造聊天機器人，這個小節會介紹如何使用 Dialogflow，並在 Dialogflow 裡建立語意的資料庫，快速完成一個簡單的聊天機器人。

認識 Dialogflow

Dialogflow 的前身是 Speaktoit 的 Api.ai，是一個 Google 的開發工具，在 Dialogflow 裡可以加入許多的對話「意圖 Intent」，每個意圖可以包涵許多不同的語句，例如「今天天氣好嗎？」和「今天天氣如何？」是屬於「問天氣」的對話意圖，透過許多的語句，就能進行自然語言的處理，例如就算語句資料庫中沒有「天氣怎麼樣」這句話，輸入時仍然會將其歸類到「問天氣」的對話意圖裡，當建立了足夠的語句和意圖，機器人就很容易理解人類所講的「自然語言」。

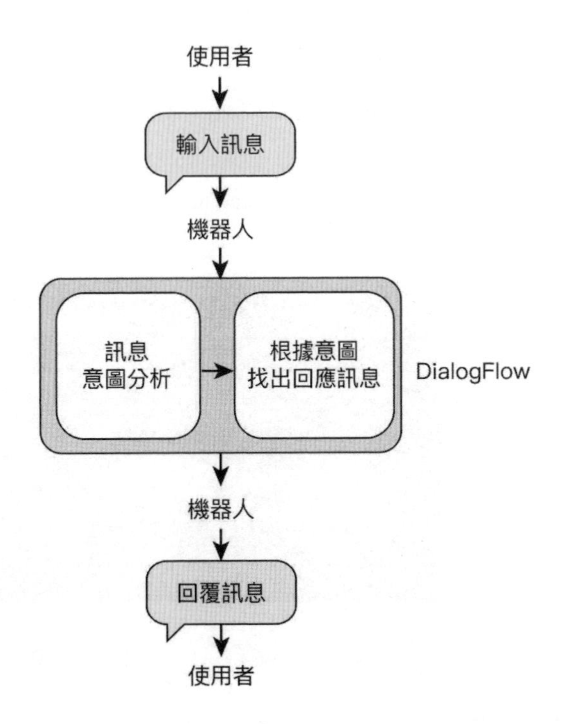

建立意圖資料庫之後，Dialogflow 提供許多聊天機器人的串接方式，例如 Facebook、Slack、LINE... 等，只要簡單幾個步驟，就能在各大平台上創建聊天機器人，此外，Dialogflow 也支援串接 Webhook，可以讓使用者在聊天時串接自己的服務，透過自己的服務進行更多後端的應用，例如爬蟲、分析 ... 等。

> Dialogflow 提供「基本免費」的使用 (ES Agent Trial Edition 版本)，但如果請求數 (request) 數過多，或需要額外串接 Google Cloud 相關服務，就必須要負擔額外的費用，相關費用可以參考：Dialogflow 定價

開始使用 Dialogflow

前往 Dialogflow 平台，使用自己的 Google 帳號登入 (第一次使用需要先同意條款)。

> Dialogflow：https://dialogflow.cloud.google.com/

進入後，點擊「Creat Agent」就可以建立第一個聊天代理人 Agent。

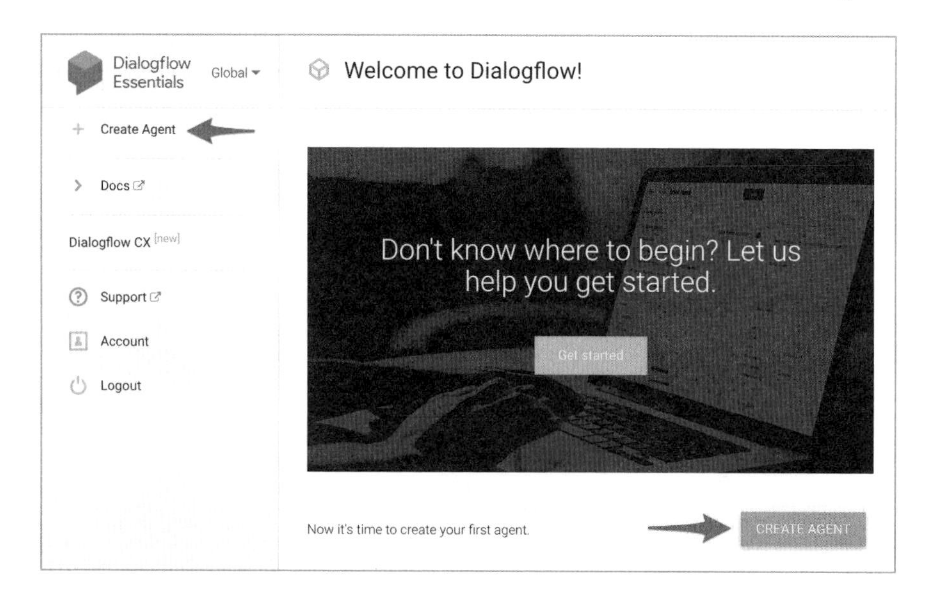

建立 Agent 時需要輸入名稱、設定語系 (如果聊天機器人的主要自然語言為中文，就選擇中文語系)、設定時區 (如果在台灣就設定為香港時區)。

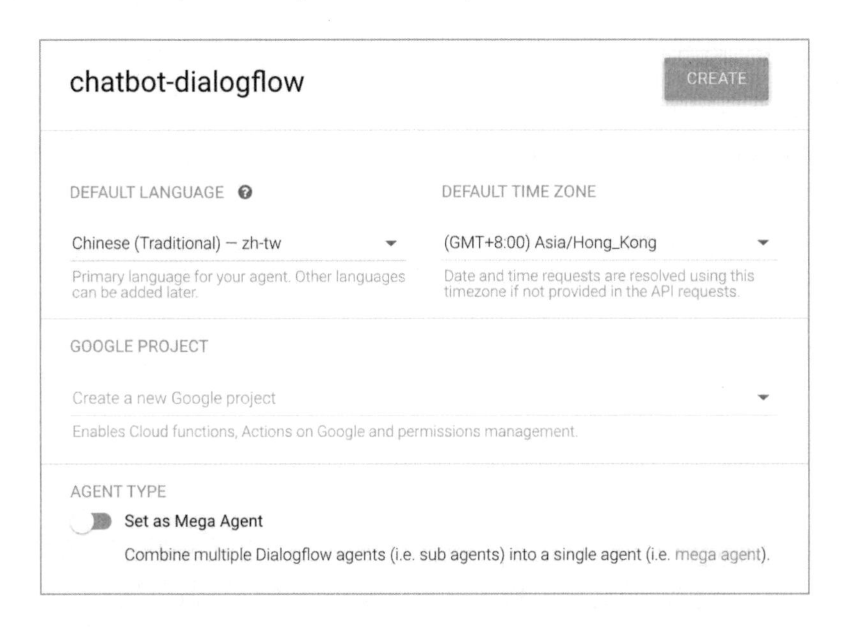

完成後如果出現 Intents 的頁籤內容，左側也出現各種選單，表示 Agent 已經建立完成。

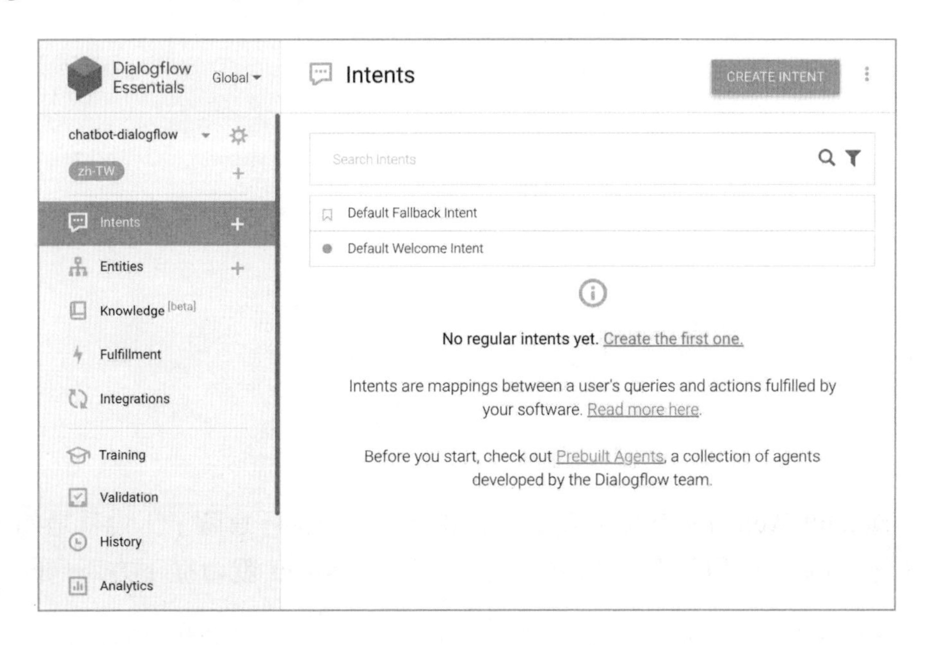

建立對話意圖 (Intent)

點擊 Intents 頁籤，從中可以建立「對話意圖」，對話意圖 Intent 的意思是「某一段話代表什麼意思」，例如「早安」、「大家早」、「Good morning」這三句話都可以看做「說早安」的對話意圖，在 Dialogflow 裡預設有 Default Fallback Intent 和 Default Welcome Intent 兩組對話意圖。

Default Fallback Intent 表示「未知的意圖」，也就是如果無法解析傳送訊息的意圖，就會歸類到這一類，這時 Agent 就會從下方所列的訊息裡，自動選擇一個進行回覆 (在 Responses 區塊按下 + 號就可以增加回覆的訊息)。

Default Welcome Intent 表示「歡迎意圖、打招呼意圖」，也就是如果輸入了「嗨」、「哈囉」之類的打招呼語句，Agent 就會從下方所列的訊

息裡，自動選擇一個進行回覆 (在 Responses 區塊按下 + 號就可以增加回覆的訊息)。

除了 Default Fallback Intent，Default Welcome Intent 和其他所有新建立的 Intent，都需要在 Training Phrases 區塊加入詞句進行訓練，例如原本的歡迎意圖中沒有 hi 和 hello，就可以將其加入。

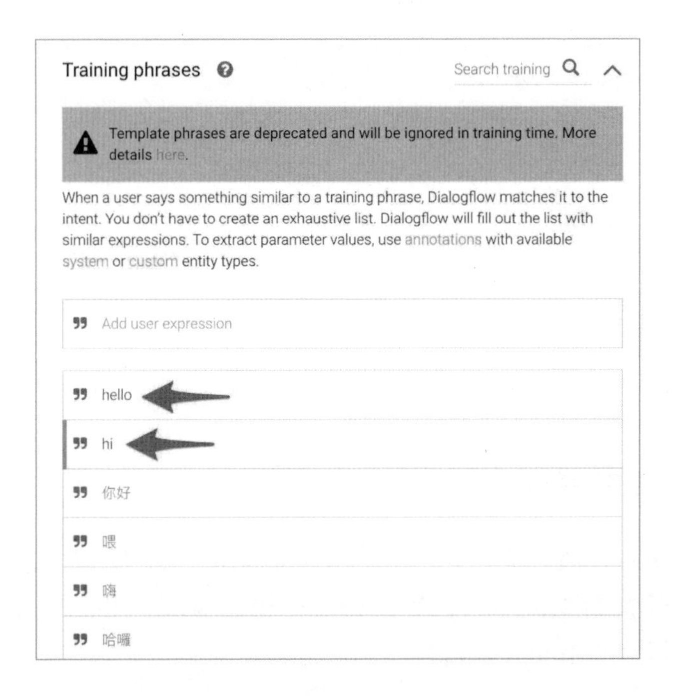

了解原理後，就可以嘗試建立一個名為 Weather 的「問氣象意圖 Intent」，內容只要輸入的尋問氣象相關的語句，就會回答簡單的對應訊息。

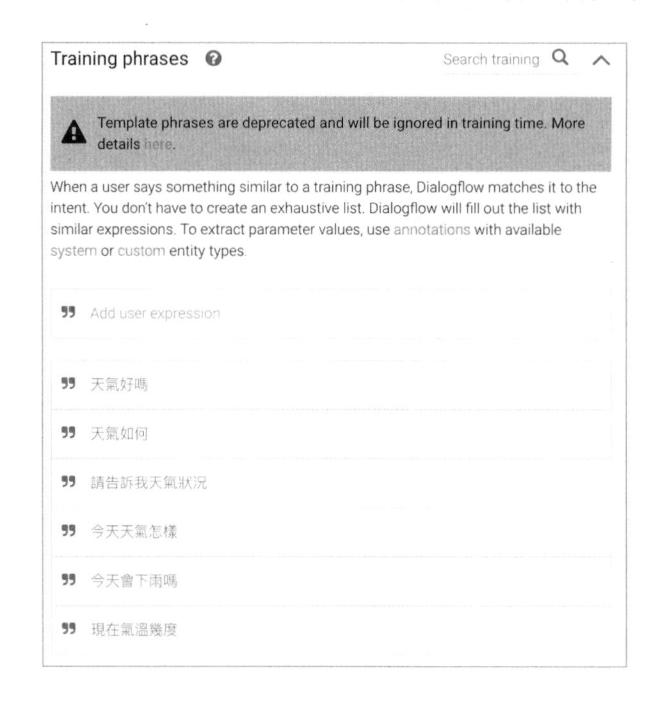

機器人聊天測試

對話意圖完成後，從右側上方的 Try it now，就可以輸入一些詢問的語句，輸入後就會看見機器人自動回覆，如果有發現一些語句不符合意圖，就可以返回相關的 Intent 進行修改。

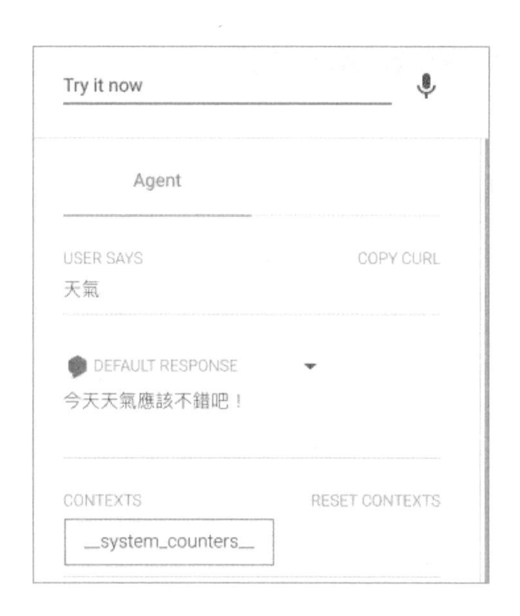

17-11 Dialogflow 串接 Webhook

在上一節裡已經學會使用 DialogFlow 建立聊天機器人，接下來這個小節將會介紹如何使用 Python + Flask 架設簡單的伺服器，建立 Webhook 網址，並將 DialogFlow 串接 Webhook，就能透過伺服器做到更多 DialogFlow 做不到的事情。

什麼是 Webhook ?

Webhook 指的是一個「網址」，透過伺服器建立 Webhook 網址後，有串接 Webhook 的位置就能使用 HTTP 的 POST 方法，向伺服器傳送或接收特定的資料。

Dialogflow 與 WebHook 的關係

當使用者與串接 Dialogflow 的機器人聊天時，如果 Dialogflow 有串接 Webhook，則會發生下列的步驟：

- Step 1：向串接 Dialogflow 的機器人發送訊息。
- Step 2：機器人收到訊息後，將訊息透過 Dialogflow 解析語意。
- Step 3：解析語意後，將解析的語意透過 Webhook 傳送到使用者 Python 的伺服器，根據自訂義的邏輯處理語意內容。
- Step 4：處理語意內容後，將結果再透過 Webhook 回傳到 Dialogflow。
- Step 5：Dialogflow 收到結果後，透過串接的機器人，將結果的訊息傳送給使用者。

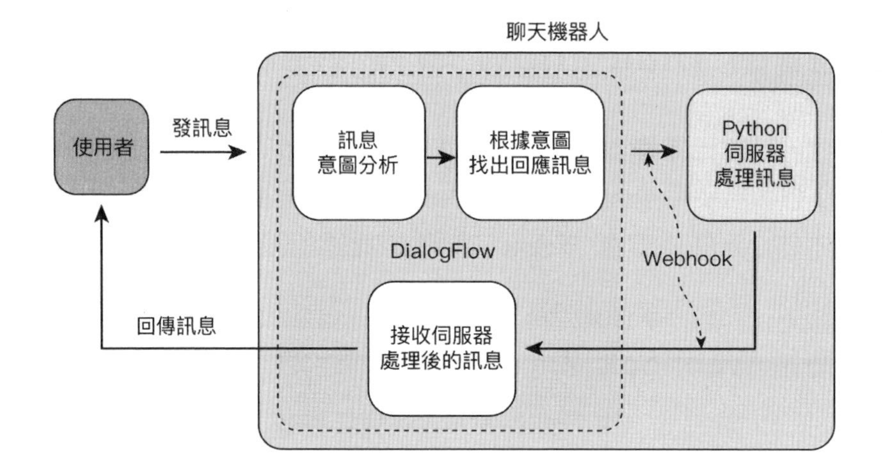

使用 ngrok + 本機環境建立 Webhook

參考「2-2、使用 Anaconda Jupyter」或「2-3、使用 Python 虛擬環境」文章，選擇其中一種作為本機架設環境，接著參考「17-2、使用 ngrok 服務」文章註冊 ngrok 服務，接著在本機環境使用命令提示字元啟用 ngrok。

```
ngrok http 5000
```

啟用後就會看見 ngrok 服務對應到本機伺服器產生的臨時網址。

```
ngrok by @inconshreveable                                        (Ctrl+C to quit)

Session Status        online
Account               ohha12345 (Plan: Free)
Update                update available (version 2.3.40, Ctrl-U to update
Version               2.3.35
Region                United States (us)
Web Interface         http://127.0.0.1:4040
Forwarding            http://96be-220-133-228-250.ngrok.io -> http://loc
Forwarding            https://96be-220-133-228-250.ngrok.io -> http://lo

Connections           ttl     opn     rt1     rt5     p50     p90
                      4       0       0.02    0.01    0.01    0.02
```

ngrok 網址完成後，回到命令提示字元，輸入下列指令安裝 Flask 函式庫 (Anaconda Jupyter 已經內建不需安裝)。

```
pip install Flask
```

建立一個新的 Python 檔案，使用下方的程式碼，執行後就能建立一個簡單的伺服器，當中 /webhook 的入口就是 Webhook 的網址，webhook() 函式的內容會將 Dialogflow 傳送過來的字串轉換成 dict 格式，取出當中要回應的字串，並在字串後方加上 (webhook) 文字，證明這是透過 Webhook 伺服器處理後的文字訊息。

```
from flask import Flask, request

app = Flask(__name__)

@app.route("/")
def home():
    return "<h1>hello world</h1>"

@app.route('/webhook', methods=['POST'])
def webhook():
    req = request.get_json()    # 轉換成 dict 格式
    print(req)
    reText = req['queryResult']['fulfillmentText']    # 取得回覆文字
    print(reText)
    return {
        "fulfillmentText": f'{reText} ( webhook )',
```

```
        "source": "webhookdata"
    }

app.run()
```

✤（範例程式碼：ch17/code041.py）

程式執行後，開啟瀏覽器，輸入剛剛 ngrok 產生的網址 (後方不要加上 /webhook)，如果出現 hello world 的文字，表示順利建立成功，成功後直接前往下方繼續閱讀「Dialogflow 串接 Webhook」。

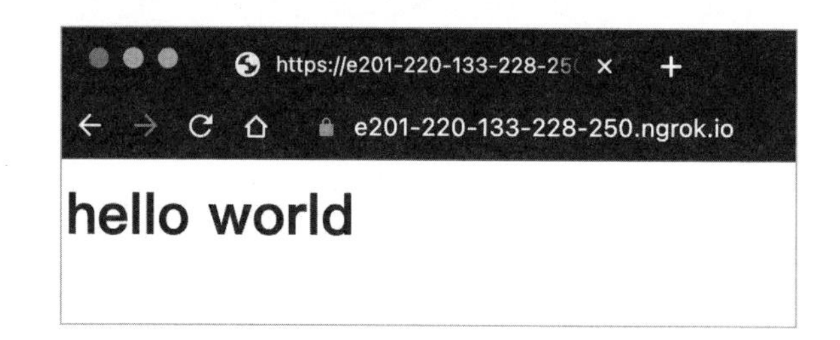

使用 ngrok + Colab 建立 Webhook

參考「17-2、使用 ngrok 服務」和「17-3、使用 Google Cloud Functions」的文章內容，註冊 ngrok 服務並取得 token，接著開啟 Colab 並安裝 ngrok，安裝步驟都完成後，在 Colab 裡輸入下方的程式碼 (記得要安裝 flask_ngrok)。

```
from flask import Flask, request
from flask_ngrok import run_with_ngrok

app = Flask(__name__)
run_with_ngrok(app)      # 連結 ngrok

@app.route("/")
def home():
    return "<h1>hello world</h1>"

@app.route('/webhook', methods=['POST'])
def webhook():
    req = request.get_json()
    print(req)
    reText = req['queryResult']['fulfillmentText']
```

```
    print(reText)
    return {
          "fulfillmentText": f'{reText} ( webhook )',
          "source": "webhookdata"
      }

app.run()
```

✤（範例程式碼：ch17/code042.py）

點擊 Colab 的執行按鈕，就會得到一串 ngrok 對應的網址，這串網址就是要與 Dialogflow 串接的 Webhook。

```
 * Serving Flask app "__main__" (lazy loading)
 * Environment: production
   WARNING: This is a development server. Do not use it in a production deployment.
   Use a production WSGI server instead.
 * Debug mode: off
INFO:werkzeug: * Running on http://127.0.0.1:5000/ (Press CTRL+C to quit)
 * Running on http://2576-34-125-114-163.ngrok.io
 * Traffic stats available on http://127.0.0.1:4040
INFO:werkzeug:127.0.0.1 - - [01/Sep/2022 04:44:16] "GET / HTTP/1.1" 200 -
INFO:werkzeug:127.0.0.1 - - [01/Sep/2022 04:44:16] "GET /favicon.ico HTTP/1.1" 404 -
```

程式執行後，開啟瀏覽器，輸入剛剛 ngrok 產生的網址（後方不要加上 /webhook），如果出現 hello world 的文字，表示順利建立成功，成功後直接前往下方繼續閱讀「Dialogflow 串接 Webhook」。

使用 Cloud Functions 建立 Webhook

由於使用 Colab + ngrok 所建置的 Webhook，會受限於 Colab 只能運行幾個小時，以及 ngrok 在每次部署都會改變網址的特性，所以無法當作正式的 LINE BOT Webhook（Colab 閒置超過一段時間後還會停止執行並清除安裝的函式庫，需要再次重新安裝）。

如果要建立一個可以 24 小時不斷運作的 Webhook，就可以選擇 Google Cloud Functions 作為 Python 運作的後台，參考「17-3、使用 Google Cloud Functions」文章，新增並啟用一個 Cloud Functions 程式編輯環境，基本設定如下圖所示：

進入編輯畫面後，環境執行階段選擇 Python (3.7 ～ 3.9 皆可)，進入點改成 webhook (可自訂名稱，之後的程式碼裡也要使用同樣的名稱)。

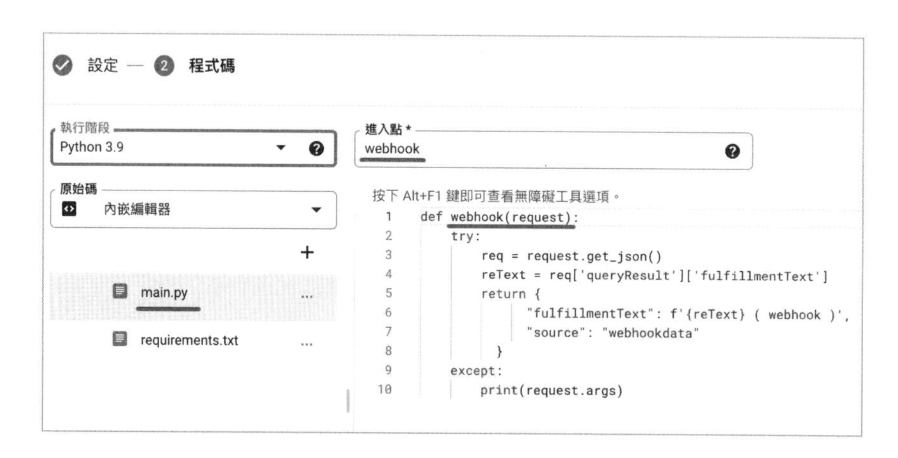

接著輸入下方的程式碼，完成後點擊下方的「部署」，就會將程式部署到 Cloud Functions 裡。

```
def webhook(request):
    try:
        req = request.get_json()
        reText = req['queryResult']['fulfillmentText']
        return {
              "fulfillmentText": f'{reText} ( webhook )',
              "source": "webhookdata"
          }
    except:
        print(request.args)
```

✜ (範例程式碼：ch17/code043.py)

如果部署順利完成，就會看見該專案前方出現一個綠色打勾圖示，這時切換到「觸發條件」頁籤，就可以看到所需要的 Webhook 網址，接著就直接前往下方繼續閱讀「Dialogflow 串接 Webhook」。

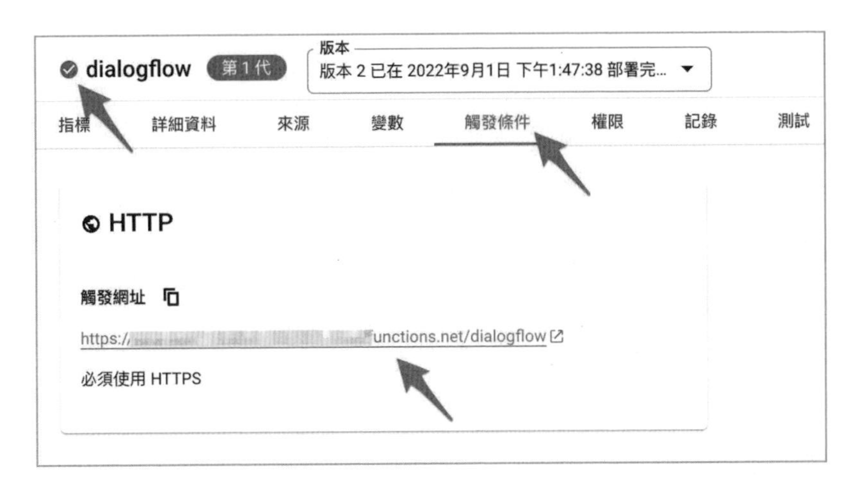

Dialogflow 串接 Webhook

參考前一節的內容，回到 Dialogflow 的專案裡，進入「Intents」頁籤，點擊需要串接 Webhook 的 Intent，進入後在最下方勾選「Enable webhook call for this intent」，表示該 Intent 會透過 Webhook 處理後再進行回覆 (如果 Webhook 失敗則會直接套用內容回覆)。

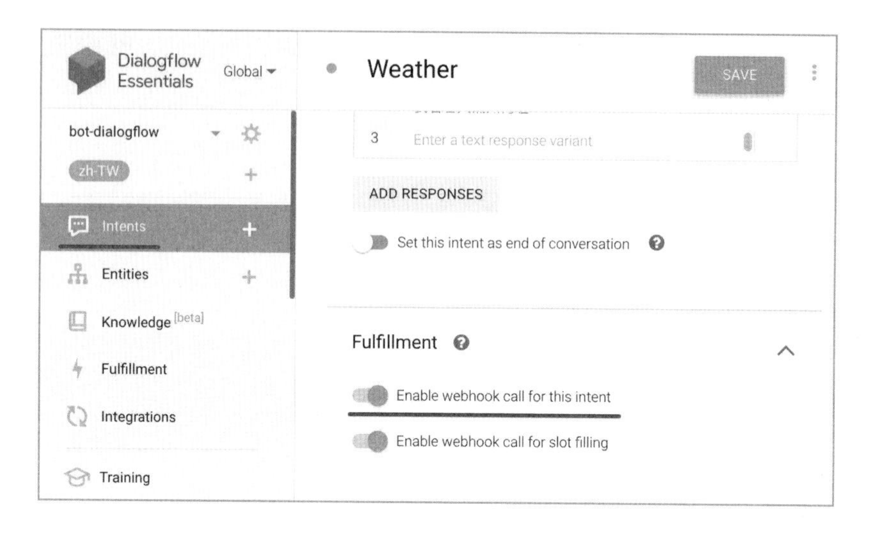

進入「Fulfillment」頁籤，勾選啟用 Webhook，將剛剛產生的 Webhook 貼上並儲存 (如果是本地端或 Colab 網址，後方要加上 /webhook)。

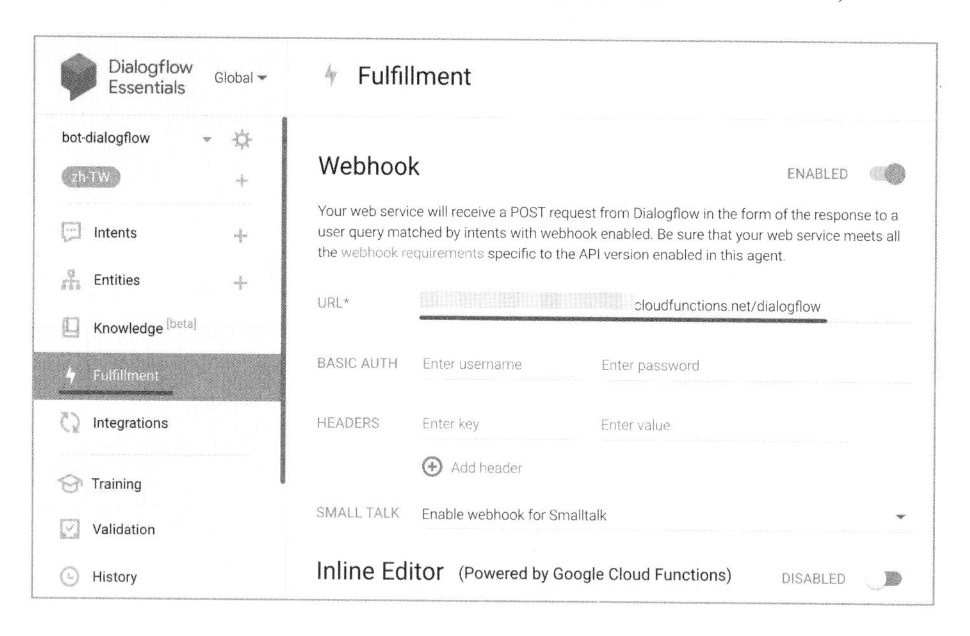

完成後在右側的聊天測試裡，輸入一些文字就可以看見機器人的自動回覆，如果回覆文字的後方有加上 (webhook) 文字，表示已經順利串接 Webhook (額外加上的文字是在 Webhook 伺服器端加入的，可以自行修改程式)。

這時如果進入 Webhook 伺服器後台，也能看見傳遞的訊息出現在記錄檔裡。

```
INFO:werkzeug:127.0.0.1 - - [01/Sep/2022 06:09:40] "POST /webhook HTTP/1.1" 200 -
{'responseId': '3efe0306-20ff-44af-a6e5-8eca79a38aca-0cab8cdb', 'queryResult': {'queryText': 'hello'
歡迎歸來。
INFO:werkzeug:127.0.0.1 - - [01/Sep/2022 06:09:45] "POST /webhook HTTP/1.1" 200 -
{'responseId': '4c799216-4c9a-4be1-b0a2-682ea4f7c4ad-0cab8cdb', 'queryResult': {'queryText': '天氣',
請你再說一遍。
INFO:werkzeug:127.0.0.1 - - [01/Sep/2022 06:09:50] "POST /webhook HTTP/1.1" 200 -
{'responseId': '8286b7cf-8eb9-45e3-b9c2-697a3b23c5e1-0cab8cdb', 'queryResult': {'queryText': '你好',
嘿!
```

17-12 伺服器串接 Dialogflow

在前面的小節中，已經學會使用 Dialogflow 建立聊天機器人，接下來這個小節將會介紹如何使用 Google Cloud 建立金鑰，讓自己的 Python 伺服器，可以透過 API 串接 Dialogflow。

建立並下載金鑰 json

建立 Dialogflow 專案後，同時也會在 Google Cloud Platform 裡建立一個專案，前往 Google Cloud PlatForm 並進入該專案。

> 前往 Google Cloud Platform 控制台：https://console.cloud.google.com/

點選左上角圖示開啟選單，選擇「IAM 與管理」裡的「服務帳戶」。

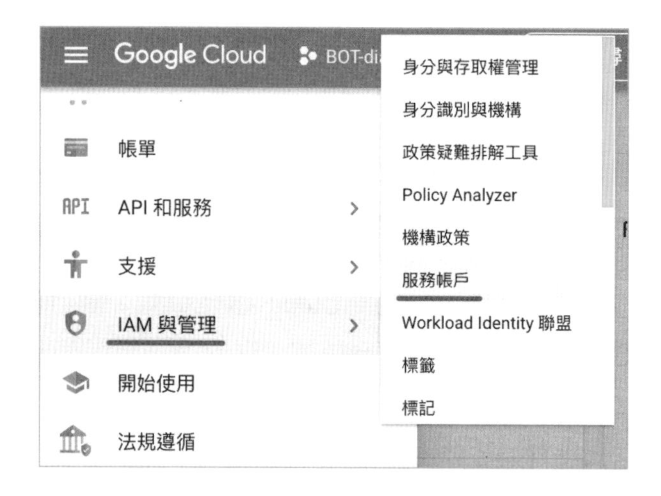

如果已經有使用 Dialogflow，會有出現預設的一些服務帳戶，點擊 Dialogflow Integrations 的服務帳戶後方的圖示，選擇「管理金鑰」。

進入後新增金鑰，選擇「建立新的金鑰」。

建立金鑰時選擇 json 檔案，將其下載存放到和 python 伺服器執行的檔案同樣的目錄 (這樣就不用額外處理檔案路徑)。

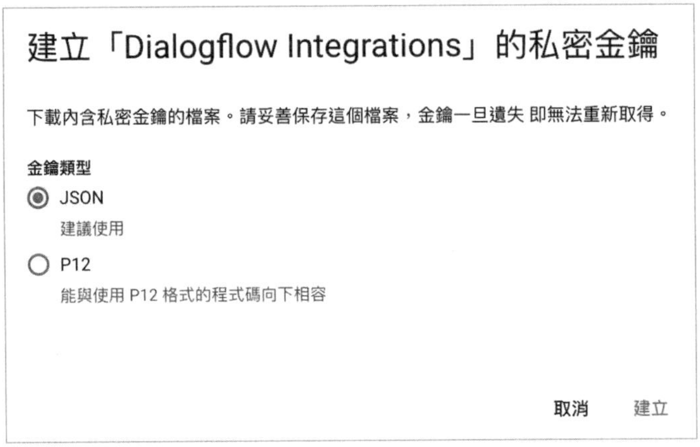

建立「Dialogflow Integrations」的私密金鑰

下載內含私密金鑰的檔案。請妥善保存這個檔案，金鑰一旦遺失 即無法重新取得。

金鑰類型

JSON
建議使用

P12
能與使用 P12 格式的程式碼向下相容

取消 建立

已將私密金鑰儲存至您的電腦中

「[illegible].json」可用來存取您的雲端資源，因此請妥善存放。瞭解更多最佳做法

關閉

存檔後可以使用編輯器打開查看金鑰 json，內容是 token 之類的資訊。

```
{
  "type": "service_account",
  "project_id": "XXX",
  "private_key_id": "XXX",
  "private_key": "XXXXXXXX",
  "client_email": "XXXXX@appspot.gserviceaccount.com",
  "client_id": "XXXXXXX",
  "auth_uri": "https://accounts.google.com/o/oauth2/auth",
  "token_uri": "https://oauth2.googleapis.com/token",
  "auth_provider_x509_cert_url": "https://www.googleapis.com/oauth2/v1/certs",
  "client_x509_cert_url": "https://www.googleapis.com/robot/v1/metadata/x509/
XXXXX%40appspot.gserviceaccount.com"
}
```

串接 Dialogflow (本機環境)

要使用伺服器串接 Dialogflow，必須要先安裝 Google Cloud 相關的函式庫，輸入指令安裝 google-cloud-dialogflow。

> 注意，因 Google Dialogflow 函式庫無法運行在 Python 3.7 的環境，所以如果遇到無法安裝的情形，請先將 Python 升級為 3.9 以上版本，同理，因為 Colab 預設 Python 3.7，也就無法正確安裝和執行 Google Dialogflow 函式庫。

```
pip install google-cloud-dialogflow
```

參考「2-2、使用 Anaconda Jupyter」或「2-3、使用 Python 虛擬環境」文章，選擇其中一種作為本機架設環境，接著參考下方的程式碼，搭配「17-1、Flask 函式庫」文章，就能將本機伺服器，串接 Dialogflow，詳細說明寫在程式碼的註解中。

```
import os
import google.cloud.dialogflow_v2 as dialogflow
from flask import Flask, request

os.environ["GOOGLE_APPLICATION_CREDENTIALS"] = 'dialogflow_key.json'
# 剛剛下載的金鑰 json
project_id = 'XXXX'          # dialogflow 的 project id
language = 'zh-TW'           # 語系
session_id = 'oxxostudio'    # 自訂義的 session id

def dialogflowFn(text):
    session_client = dialogflow.SessionsClient()             # 使用 Token 和
                                                               dialogflow 建立連線
    session = session_client.session_path(project_id, session_id)  # 連接對應專案
    text_input = dialogflow.types.TextInput(text=text, language_code=language)
# 設定語系
    query_input = dialogflow.types.QueryInput(text=text_input)      # 根據語系取得
                                                                      輸入內容
    try:
        response = session_client.detect_intent(session=session, query_
input=query_input) # 連線 Dialogflow 取得回應資料
```

```
        print("input:", response.query_result.query_text)
        print("intent:", response.query_result.intent.display_name)
        print("reply:", response.query_result.fulfillment_text)
        return response.query_result.fulfillment_text     # 回傳回應的文字
    except:
        return 'error'

app = Flask(__name__)

@app.route("/")
def home():
    text = request.args.get('text')     # 取得輸入的文字
    reply = dialogflowFn(text)          # 取得 Dialogflow 回應的文字
    return reply

app.run()
```

✜（範例程式碼：ch17/code044.py）

程式執行後，打開瀏覽器，在網址列輸入伺服器產生的網址，後方加上輸入的文字參數，執行後就可以看見透過 Dialogflow 的回應訊息。

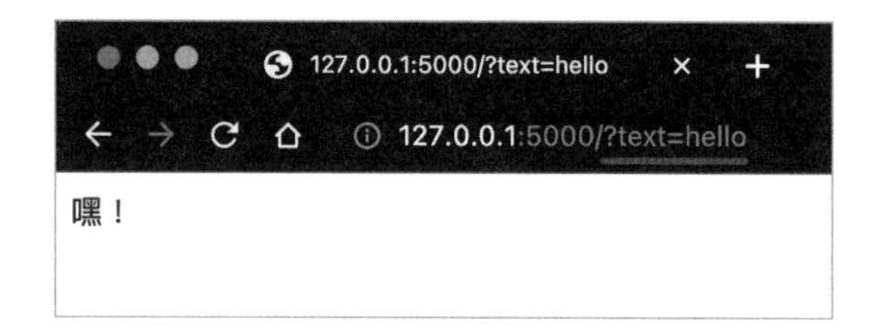

串接 Dialogflow (Cloud Functions)

如果使用 Google Cloud Functions 作為 Python 運作的後台，可以參考「17-3、使用 Google Cloud Functions」文章，新增並啟用一個 Cloud Functions 程式編輯環境，基本設定如下圖所示：

進入編輯畫面後，環境執行階段選擇 Python (3.9)，進入點改成 webhook (可自訂名稱，之後的程式碼裡也要使用同樣的名稱)。

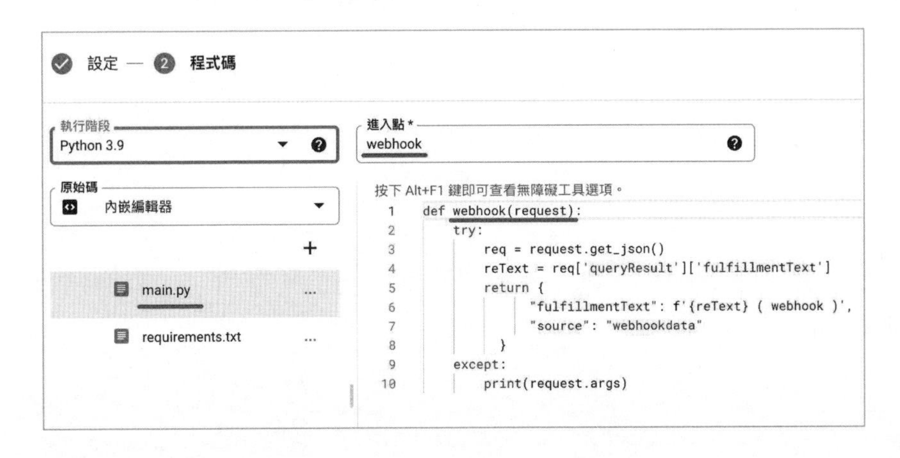

在左側點擊 + 號，新增一個 .json 的檔案 (檔名自訂)，內容就是剛剛下載的金鑰 json 檔案內容。

接著點擊 requirement.txt，新增下方函式庫。

```
google-cloud-dialogflow
```

最後輸入下方的程式碼，完成後點擊下方的「部署」，就會將程式部署到 Cloud Functions 裡。

```
import os
import google.cloud.dialogflow_v2 as dialogflow
```

```
os.environ["GOOGLE_APPLICATION_CREDENTIALS"] = 'dialogflow_key.json'  # 金鑰 json
project_id = 'XXXX'          # dialogflow 的 project id
language = 'zh-TW'           # 語系
session_id = 'oxxostudio'    # 自訂義的 session id

def dialogflowFn(text):
    session_client = dialogflow.SessionsClient()
# 使用 Token 和 dialogflow 建立連線
    session = session_client.session_path(project_id, session_id)  # 連接對應專案
    text_input = dialogflow.types.TextInput(text=text, language_code=language)
# 設定語系
    query_input = dialogflow.types.QueryInput(text=text_input)      # 根據語系取得
                                                                      輸入內容
    try:
        response = session_client.detect_intent(session=session, query_
input=query_input) # 連線 Dialogflow 取得回應資料
        print("input:", response.query_result.query_text)
        print("intent:", response.query_result.intent.display_name)
        print("reply:", response.query_result.fulfillment_text)
        return response.query_result.fulfillment_text    # 回傳回應的文字
    except:
        return 'error'

def webhook(request):
    try:
        #req = request.get_json()
        text = request.args.get('text')
        return dialogflowFn(text)
    except:
        print(request.args)
```

✤（範例程式碼：ch17/code045.py）

如果部署順利完成，就會看見該專案前方出現一個綠色打勾圖示，這時切換到「觸發條件」頁籤，就可以看到所需要的 Webhook 網址。

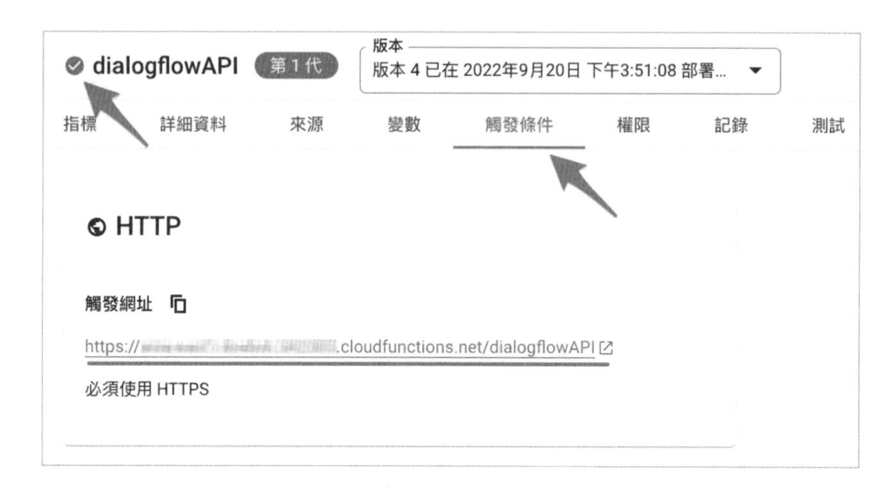

打開瀏覽器，在網址列輸入網址，後方加上輸入的文字參數，執行後就可以看見透過 Dialogflow 的回應訊息。

17-13 串接 Firebase RealTime Database 存取資料

Firebase RealTime Database 是 Google 的其種一種雲端資料庫，透過 JSON 格式儲存資料並「即時同步」到所連線的用戶端，透過 Python 的 python-firebase 函式庫，實現串接 Firebase RealTime Database 的功能。

了解更多 Firebase 基礎知識：

- https://steam.oxxostudio.tw/category/python/example/firebase-1.html
- https://steam.oxxostudio.tw/category/python/example/firebase-2.html

安裝 python-firebase 函式庫

參考 Firebase 官方文件「Installation & Setup for REST API」，使用 Özgür Vatansever 的 python-firebase 函式庫，就能透過 REST API 進行資料的存取，但由於當初作者在發布函式庫時有問題，所以不能直接進行安裝 (會出現錯誤)，因此要輸入下方安裝指令進行安裝 (有些 MacOS 作業系統會有問題，需要使用 xcode-select --install 更新 XCode 才能順利安裝)。

> 參考：https://firebase.google.com/docs/database/rest/start?hl=en#choose_a_helper_library

```
pip install git+https://github.com/ozgur/python-firebase
```

```
!pip install git+https://github.com/ozgur/python-firebase

Looking in indexes: https://pypi.org/simple, https://us-python.pkg.dev/colab-wheels/public/simple/
Collecting git+https://github.com/ozgur/python-firebase
  Cloning https://github.com/ozgur/python-firebase to /tmp/pip-req-build-o7mxi8fm
  Running command git clone --filter=blob:none --quiet https://github.com/ozgur/python-firebase /tmp/pi
  Resolved https://github.com/ozgur/python-firebase to commit 0d79d7609844569ea1cec4ac71cb9038e834c355
  Preparing metadata (setup.py) ... done
Requirement already satisfied: requests>=1.1.0 in /usr/local/lib/python3.8/dist-packages (from python-f
Requirement already satisfied: chardet<5,>=3.0.2 in /usr/local/lib/python3.8/dist-packages (from reques
Requirement already satisfied: urllib3<1.27,>=1.21.1 in /usr/local/lib/python3.8/dist-packages (from re
Requirement already satisfied: idna<3,>=2.5 in /usr/local/lib/python3.8/dist-packages (from requests>=1
Requirement already satisfied: certifi>=2017.4.17 in /usr/local/lib/python3.8/dist-packages (from reque
Building wheels for collected packages: python-firebase
  Building wheel for python-firebase (setup.py) ... done
  Created wheel for python-firebase: filename=python_firebase-1.2.1-py3-none-any.whl size=12546 sha256=
  Stored in directory: /tmp/pip-ephem-wheel-cache-wujln811/wheels/17/81/d0/4fdceaba8d3525f117fa5d3662b2
Successfully built python-firebase
Installing collected packages: python-firebase
Successfully installed python-firebase-1.2.1
```

Firebase RealTime Database 規則設定

進入「規則」頁籤，將規則修改成任何人都能讀取和寫入。

> 更多規則設定參考：https://steam.oxxostudio.tw/category/python/example/firebase-2.html

```
{
  "rules": {
    ".read": true,
    ".write": true
  }
}
```

即時資料庫

資料 規則 備份 用量 擴充功能 最新

編輯規則 監控規則

```
1 {
2   "rules": {
3     ".read": true,
4     ".write": true
5   }
6 }
```

存取資料的方法

安裝 python-firebase 函式庫後，就可以使用下列存取資料的方法：

方法	參數	說明
put()	url, name, data	增加指定節點 (鍵) 的資料。
post()	url, data	增加資料 (節點會自動產生)。
get()	url, name	讀取指定節點 (鍵) 的資料。
delete()	url, name	刪除指定節點 (鍵) 的資料。

除了上述「同步」的方法，也可以使用「非同步」的方法存取資料，取出資料後執行 callback 函式內容：

方法	參數	說明
put_async()	url, name, data, callback	使用非同步的方式增加指定節點（鍵）的資料。
post_async()	url, data, callback	使用非同步的方式增加資料（節點會自動產生）。
get_async()	url, name, callback	使用非同步的方式讀取指定節點（鍵）的資料。
delete_async()	url, name, callback	使用非同步的方式刪除指定節點名稱（鍵）的資料。

put() 增加指定節點的資料

put() 方法可以增加指定節點名稱的資料，如果根目錄裡已經存在該名稱的節點，則會替換該節點裡的所有內容，put() 方法包含三個必要參數：

參數	說明
url	從根目錄開始的資料庫網址，例如 '/' 或 '/oxxo/'。
name	節點名稱（鍵）。
data	存入的資料，可以是數字、文字、串列或字典格式，串列儲存後會被替換成字典（使用索引值做為鍵），字典儲存後會根據鍵與值產生資料的樹狀結構。

下面的程式碼執行後，會在根目錄裡建立 oxxo 節點，值為 123。

```
from firebase import firebase
url = 'https://XXXXXXXX.firebaseio.com'
fdb = firebase.FirebaseApplication(url, None)    # 初始化，第二個參數作用在負責使用者
                                                   登入資訊，通常設定為 None
fdb.put('/','oxxo',123)
```

✜（範例程式碼：ch17/code046.py）

https://fir-test-3c22b-default-rtdb.firebaseio.com

https://fir-test-3c22b-default-rtdb.firebaseio.com/
└ oxxo: 123

下面的程式碼執行後，會在根目錄的 test 節點裡，裡建立 oxxo 節點，值為 123 (如果沒有 test 節點，會自動產生一個 test 節點)。

```
from firebase import firebase
url = 'https://XXXXXXXX.firebaseio.com'
fdb = firebase.FirebaseApplication(url, None)
fdb.put('/test','oxxo',123)
```

✤ (範例程式碼：ch17/code047.py)

https://fir-test-3c22b-default-rtdb.firebaseio.com

https://fir-test-3c22b-default-rtdb.firebaseio.com/

test

oxxo: 123

下面的程式碼執行後，會在根目錄裡建立 oxxo 節點，並使用字典格式增加其中的樹狀結構內容。

```
from firebase import firebase
url = 'https://XXXXXXXX.firebaseio.com'
fdb = firebase.FirebaseApplication(url, None)
fdb.put('/','oxxo',{'apple':100, 'orange':200})
```

✤ (範例程式碼：ch17/code048.py)

https://fir-test-3c22b-default-rtdb.firebaseio.com

https://fir-test-3c22b-default-rtdb.firebaseio.com/

oxxo

apple: 100

orange: 200

下面的程式碼執行後，會在根目錄裡建立 oxxo 節點，添加的串列格式內容會被轉換成字典格式的樹狀結構。

```
from firebase import firebase
url = 'https://XXXXXXXX.firebaseio.com'
```

```
fdb = firebase.FirebaseApplication(url, None)
fdb.put('/','oxxo',[123,456,789])
```

```
https://fir-test-3c22b-default-rtdb.firebaseio.com

https://fir-test-3c22b-default-rtdb.firebaseio.com/
▾ oxxo
    0: 123
    1: 456
    2: 789
```

post() 增加資料

post() 方法可以直接在指定的目錄中增加資料，資料會放在一個自動產生的節點中，post() 方法包含兩個必要參數：

參數	說明
url	從根目錄開始的資料庫網址，例如 '/' 或 '/oxxo/'。
data	存入的資料，可以是數字、文字、串列或字典格式，串列儲存後會被替換成字典 (使用索引值做為鍵)，字典儲存後會根據鍵與值產生資料的樹狀結構。

下面的程式碼執行後，會在根目錄加入一個 123 的值。

```
from firebase import firebase
url = 'https://XXXXXXXX.firebaseio.com'
fdb = firebase.FirebaseApplication(url, None)
fdb.post('/',123)
```

✤ (範例程式碼：ch17/code049.py)

```
https://fir-test-3c22b-default-rtdb.firebaseio.com

https://fir-test-3c22b-default-rtdb.firebaseio.com/
  -NQ3MyfdOR2TWf5wjVKd: 123
```

下面的程式碼執行後，會在根目錄裡的 oxxo 節點中加入一個 123 的值。

```
from firebase import firebase
url = 'https://XXXXXXXX.firebaseio.com'
fdb = firebase.FirebaseApplication(url, None)
fdb.post('/oxxo',123)
```

✜（範例程式碼：ch17/code050.py）

下面的程式碼執行後，會在根目錄裡使用字典格式增加其中的樹狀結構內容。

```
from firebase import firebase
url = 'https://XXXXXXXX.firebaseio.com'
fdb = firebase.FirebaseApplication(url, None)
fdb.post('/',{'apple':100, 'orange':200})
```

✜（範例程式碼：ch17/code051.py）

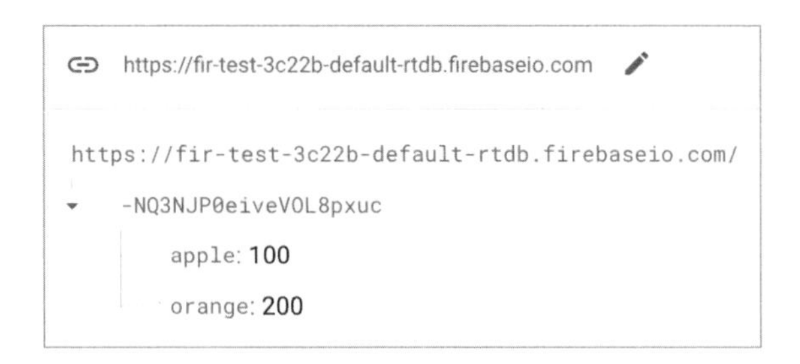

get() 讀取指定節點的資料

get() 方法可以讀取指定節點的資料，包含兩個必要參數：

參數	說明
url	從根目錄開始的資料庫網址，例如 '/' 或 '/oxxo/'。
name	節點名稱 (鍵)，設定 None 可取得該節點所有資料。

以下圖的資料庫為例，資料庫中包含 fruit 和 oxxo 兩個節點。

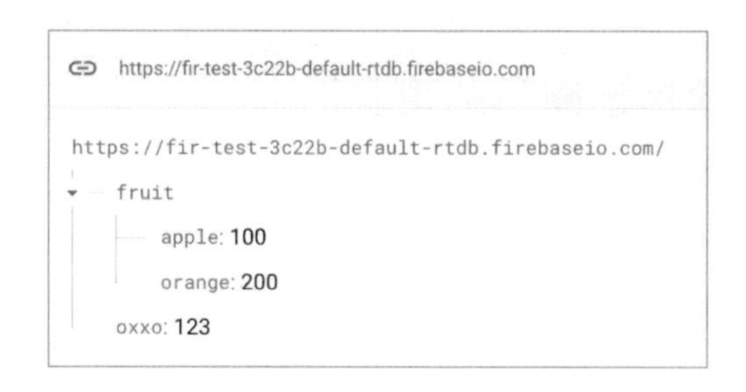

執行下方程式碼，就會取得 oxxo 節點裡的資料。

```
from firebase import firebase
url = 'https://XXXXXXXX.firebaseio.com'
fdb = firebase.FirebaseApplication(url, None)
result = fdb.get('/','oxxo')
print(result)     # 123
```

✜ (範例程式碼：ch17/code052.py)

下方的程式碼執行後，則會取得 fruit 裡 apple 節點的資料。

```
from firebase import firebase
url = 'https://XXXXXXXX.firebaseio.com'
fdb = firebase.FirebaseApplication(url, None)
result = fdb.get('/fruit','apple')
print(result)
```

✜ (範例程式碼：ch17/code053.py)

將 name 參數設為 None，就能取得某個節點裡的所有資料，以下方的程式碼為例，就會取出根目錄裡所有資料，也由於資料使用字典格式，所以就能透過讀取字典的方式進行取值。

```
from firebase import firebase
url = 'https://XXXXXXXX.firebaseio.com'
fdb = firebase.FirebaseApplication(url, None)
result = fdb.get('/', None)
print(result)           # {'fruit': {'apple': 100, 'orange': 200}, 'oxxo': 123}
print(result['fruit']['apple'])    # 100
```

✜（範例程式碼：ch17/code054.py）

delete() 刪除指定節點的資料

delete() 方法可以刪除指定節點的資料，包含兩個必要參數：

參數	說明
url	從根目錄開始的資料庫網址，例如 '/' 或 '/oxxo/'。
name	節點名稱（鍵），設定 None 可刪除該節點所有資料。

執行下方程式碼，就會刪除 oxxo 節點裡的資料。

```
from firebase import firebase
url = 'https://XXXXXXXX.firebaseio.com'
fdb = firebase.FirebaseApplication(url, None)
fdb.delete('/', 'oxxo')
```

✜（範例程式碼：ch17/code055.py）

將 name 參數設為 None，就能刪除某個節點裡的所有資料，以下方的程式碼為例，執行後就會刪除根目錄裡所有的資料（等同清空資料庫）。

```
from firebase import firebase
url = 'https://XXXXXXXX.firebaseio.com'
fdb = firebase.FirebaseApplication(url, None)
fdb.delete('/', None)
```

✜（範例程式碼：ch17/code056.py）

put_async() 使用非同步的方式增加指定節點的資料

put_async() 方法和 put() 方法相同，都可以增加指定節點的資料，但是 put_async() 是使用「非同步」的方式取得資料後，取得資料後還可以透過 callback 函式處理資料，以下方的程式碼為例，第一個 for 迴圈使用「同步」的 put() 方法，所以每次取值都需要「排隊」，然而第二個 for 迴圈裡的 put_async() 則不需要排隊，執行後觀察存檔的時間，會發現 put_async() 幾乎沒有什麼延遲。

```
from firebase import firebase
import time
url = 'https://XXXXXXXX.firebaseio.com'
fdb = firebase.FirebaseApplication(url, None)

for i in range(10):
    fdb.put('/', f'a{i}', time.time())

for i in range(10):
    fdb.put_async('/', f'b{i}', time.time())
```

搭配 callback 函式，就能在資料存入後執行特定的動作。

```
from firebase import firebase
url = 'https://XXXXXXXX.firebaseio.com'
fdb = firebase.FirebaseApplication(url, None)
def oxxo_callback(response):
    print('ok')
fdb.put_async('/', 'oxxo', 123, oxxo_callback)  # ok
```

✣（範例程式碼：ch17/code057.py）

post_async() 使用非同步的方式增加資料

post_async() 方法和 post() 方法相同，都可以增加指定節點的資料，但是 post_async() 是使用「非同步」的方式取得資料後，取得資料後還可以透過 callback 函式處理資料，以下方的程式碼為例，第一個 for 迴圈使用「同步」的 post() 方法，所以每次取值都需要「排隊」，然而第二個 for 迴圈裡的 post_async() 則不需要排隊，執行後觀察存檔的時間，會發現 post_async() 幾乎沒有什麼延遲。

```
from firebase import firebase
import time
url = 'https://XXXXXXXX.firebaseio.com'
fdb = firebase.FirebaseApplication(url, None)

for i in range(10):
    fdb.post('/', time.time())

for i in range(10):
    fdb.post_async('/', time.time())
```

✣（範例程式碼：ch17/code058.py）

搭配 callback 函式，就能在資料存入後執行特定的動作。

```
from firebase import firebase
url = 'https://XXXXXXXX.firebaseio.com'
fdb = firebase.FirebaseApplication(url, None)
def oxxo_callback(response):
    print('ok')
fdb.post_async('/', 123, oxxo_callback)  # ok
```

✤（範例程式碼：ch17/code059.py）

17-14 使用 OpenAI ChatGPT

OpenAI 是一個人工智慧（AI）研究實驗室，在 2022 年底推出了 ChatGPT 的自然語言生成式模型，立刻造成了非常廣大的迴響，這個小節會介紹如何使用 OpenAI ChatGPT，以及如何透過 Python 串接 OpenAI ChatGPT 的 API。

註冊 OpenAI

前往 OpenAI 的網站。

- OpenAI 網站：https://openai.com/
- 體驗 ChatGPT：https://chat.openai.com/
- OpenAI 開發者平台：https://platform.openai.com/

點擊最上方的「Try」，會開啟註冊或登入的頁面 (點擊「API」按鈕，也會開啟註冊或登入的頁面)，點擊 Sign up 按鈕進行註冊，註冊時需要使用可以接收簡訊認證碼的手機電話號碼。

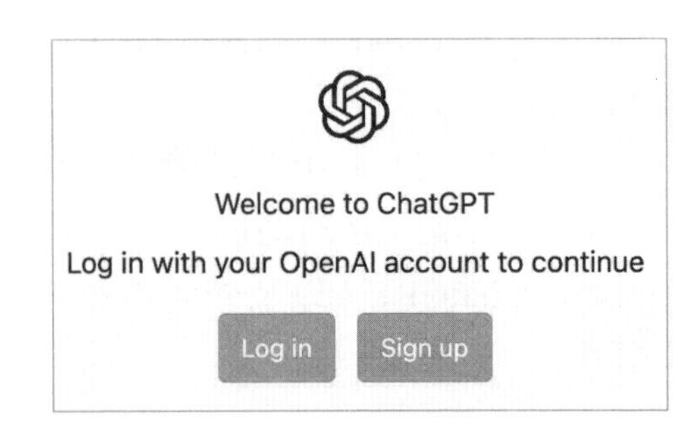

透過 ChatGPT 和 AI 聊天

註冊 OpenAI 並登入完成後，在頁面的下方會出現能「輸入文字」的欄位。

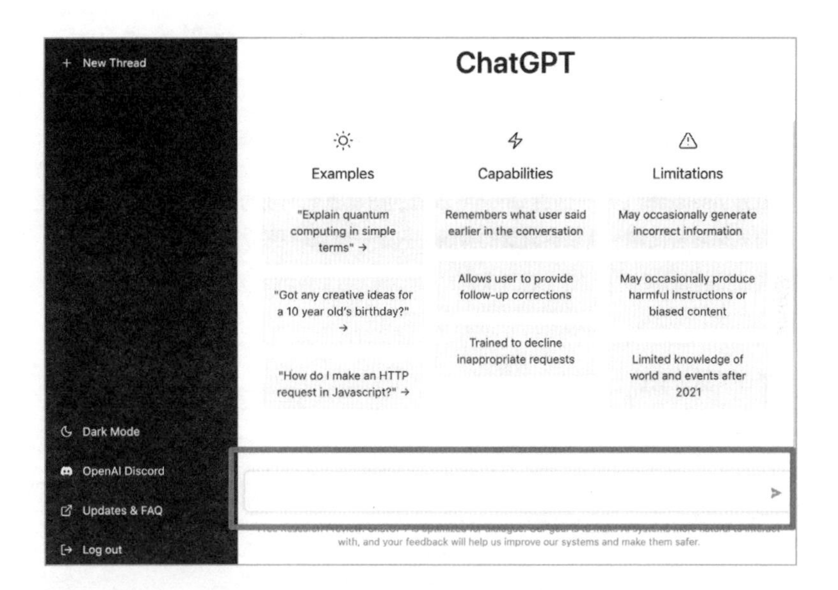

輸入文字後按下送出，就能開始與 OpenAI 的 AI 機器人聊天。

因為每個註冊的帳號都可以和 AI 機器人聊天，也能夠透過 OpenAI 的 API 呼叫機器人，因此有時候會遇到 OpenAI 伺服器無法回應的狀況，這時候只能傻傻的等待，或在比較不熱門的時段和 AI 機器人聊天。

OpenAI 的使用額度

目前 OpenAI 提供「18 美金或三個月」的使用額度，會根據使用的字詞量多寡，或呼叫次數 ... 等作業進行費用的扣除，使用範圍包含了在網站上與 AI 互動，或透過程式呼叫 API，當即將超過費用或是到達期限，就會先暫停使用權限並要求付費，初期適合嚐鮮或作為開發者使用 (下圖是 2022 年 12 月撰寫這篇文章時的用量)。

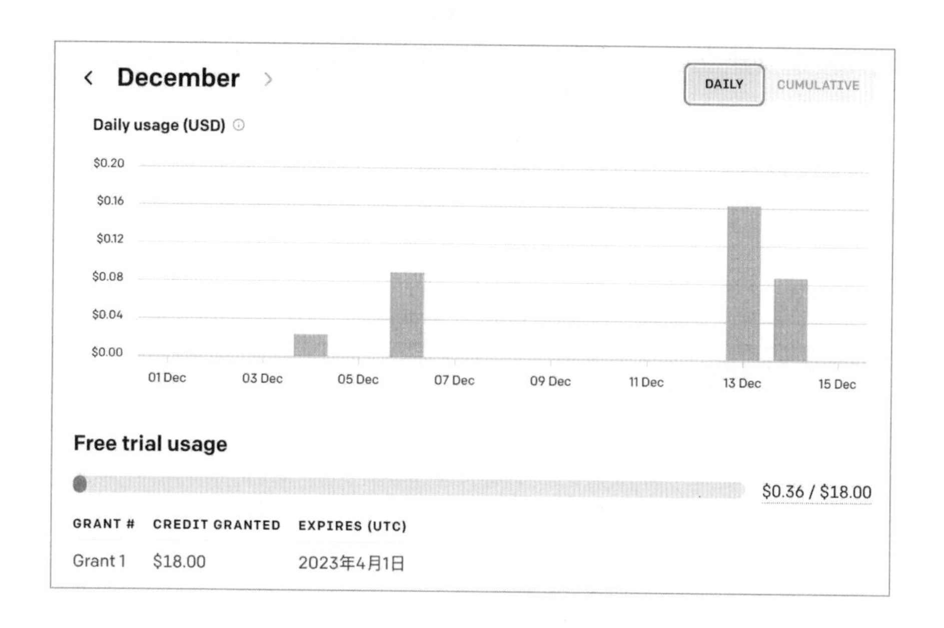

建立 OpenAI API Key

如果要比較深入的使用 OpenAI (例如使用 Python 串接、結合 LINE BOT... 等)，就必須要透過 OpenAI 的 API 來實現，從右上方「Personal」的選單裡，選擇「View API Keys」。

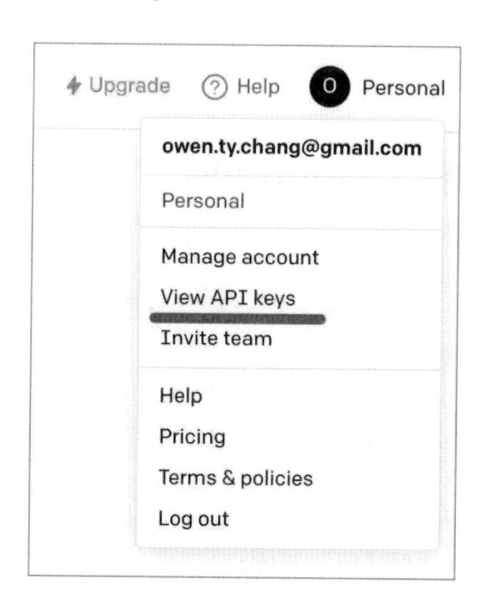

選擇後進入建立 API Keys 頁面，點擊「Create new secret key」按鈕，就能建立 API Keys。

注意！只有建立完成的當下可以複製 API Keys，請使用記事本或其他工具儲存 API Key，如果要刪除 API Key，必須再次建立新的 API Key 才能刪除舊的。

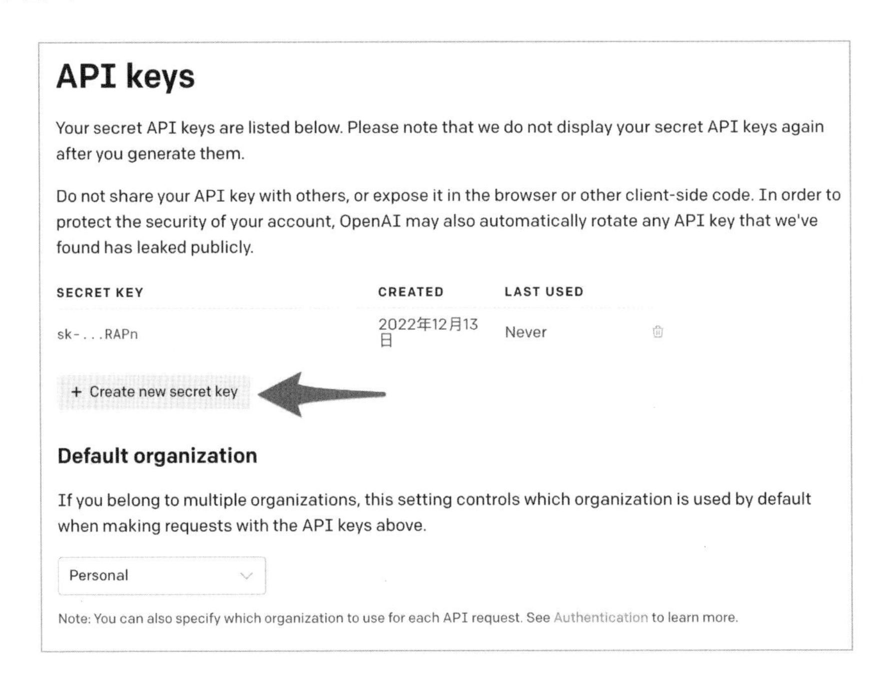

使用 Python 串接 OpenAI API

輸入下列指令安裝 openai 函式庫 (本機環境根據個人狀況使用 pip 或 pip3，Colab 或 Jupyter 使用 !pip)，如果安裝失敗，可以使用 pip install --upgrade pip 更新 pip 嘗試解決。

```
!pip install openai
```

安裝後，使用下列的程式碼，就能夠向 OpenAI 的 AI 機器人發送對話訊息，並接收 AI 機器人所回傳的訊息。

```
import openai
openai.api_key = '你的 API Key'

response = openai.Completion.create(
    model="text-davinci-003",
    prompt=" 講個笑話來聽聽 ",
    max_tokens=128,
    temperature=0.5,
)

completed_text = response["choices"][0]["text"]
print(completed_text)
```

✜ (範例程式碼：ch17/code060.py)

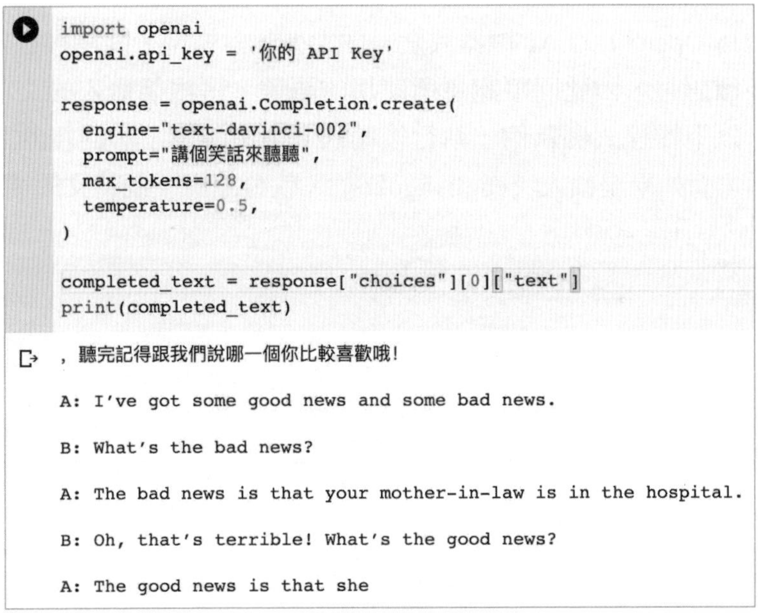

```
import openai
openai.api_key = '你的 API Key'

response = openai.Completion.create(
  engine="text-davinci-002",
  prompt="講個笑話來聽聽",
  max_tokens=128,
  temperature=0.5,
)

completed_text = response["choices"][0]["text"]
print(completed_text)
```

```
，聽完記得跟我們說哪一個你比較喜歡哦!

A: I've got some good news and some bad news.

B: What's the bad news?

A: The bad news is that your mother-in-law is in the hospital.

B: Oh, that's terrible! What's the good news?

A: The good news is that she
```

上述的程式碼中使用了 openai.Completion.create 方法，方法的參數說明如下：

參數	說明
model	AI 所使用的引擎模組，如果是以自然語意為主，預設使用 text-davinci-003（更多引擎參考：https://beta.openai.com/docs/models/gpt-3）。
prompt	要傳送的句子會詞彙。
max_tokens	希望 AI 回傳的最大字數，預設 128，在某些情況下回傳的字數會大於這個數字。
temperature	隨機文字組合，範圍 0 ～ 1，預設 0.5，0 表示不隨機，1 表示完全隨機。
language	機器人處理的「程式語言」，預設 python，可設定 javascript、java、csharp、golang、ruby、php、cpp。

也因為 OpenAI 的 AI 機器人是一個大型語言模型，能夠被訓練成理解和回覆多種語言，因此回覆訊息所使用的語言，是根據輸入的文字訊息內容決定，以下的程式碼為例，執行後輸入「中文笑話」，回覆的訊息就是中文笑話，而如果是輸入「english joke」，就會回應一個英文的笑話。

```
import openai
openai.api_key = '你的 API Key'

while True:
    msg = input()
    response = openai.Completion.create(
        model='text-davinci-003',
        prompt=msg,
        max_tokens=128,
        temperature=0.5
    )

    completed_text = response['choices'][0]['text']
    print(completed_text)
```

✜（範例程式碼：ch17/code061.py）

```
import openai
openai.api_key = 'API key'


while True:
    msg = input()
    response = openai.Completion.create(
    engine='text-davinci-003',
    prompt=msg,
    max_tokens=128,
    temperature=0.5
    )

    completed_text = response['choices'][0]['text']
    print(completed_text)

... 講個中文笑話


「有一個人到華僑商店買東西，店員問他：「請問您要買什麼？」

那個人回答：「我想買一個華僑。」

店員回答：「抱歉
english joke


Q: What did the fish say when he hit the wall?
A: Dam!
```

如果是使用 gpt-3.5-turbo 引擎模組，則要把 openai.ChatCompletion 改成 openai.ChatCompletion，並將 prompt 參數改成 messages 參數，參數內容使用串列和字典的格式，透過字典格式表現上下文語句，例如下面的例子，ChatGPT 就會知道使用者的名字是 oxxo。

```
import openai
openai.api_key = '你的 API KEY'

response = openai.ChatCompletion.create(
  model="gpt-3.5-turbo",
  max_tokens=128,
  temperature=0.5,
  messages=[
        {"role": "user", "content": "我叫做 oxxo"},
        {"role": "assistant", "content": "原來你是 oxxo 呀"},
        {"role": "user", "content": "請問我叫什麼名字？"}
    ]
)
print(response.choices[0].message.content)
```

✤（範例程式碼：ch17/code062.py）

```
import openai
openai.api_key = '你的 API KEY'

response = openai.ChatCompletion.create(
  model="gpt-3.5-turbo",
  max_tokens=128,
  temperature=0.5,
  messages=[
        {"role": "user", "content": "我叫做 oxxo"},
        {"role": "assistant", "content": "原來你是 oxxo 呀"},
        {"role": "user", "content": "請問我叫什麼名字? "}
    ]
)
print(response.choices[0].message.content)

您自稱為 oxxo，但我無法確定您的真實姓名。
```

串連上下文語句

如果使用 text-davinci-003 模型，在傳送語句時，將之前對話的內容，使用「\n\n」兩個換行符號分隔 (實測這樣子的準確度最高)，並連接目前要講的語句，傳送出去之後就可以讓 ChatGPT 了解過去的交談內容，實現串連上下語句的功能。

```
import openai
openai.api_key = '你的 API Key'

messages = ''
while True:
    msg = input('me > ')
    messages = f'{messages}{msg}\n'    # 將過去的語句連接目前的對話，後方加上 \n 可以
                                         避免標點符號結尾問題
    response = openai.Completion.create(
        model='text-davinci-003',
        prompt=messages,
        max_tokens=128,
        temperature=0.5
    )

    ai_msg = response['choices'][0]['text'].replace('\n','')
    print('ai > '+ai_msg)
    messages = f'{messages}\n{ai_msg}\n\n'  # 合併 AI 回應的話
```

✤ (範例程式碼：ch17/code063.py)

```
import openai
openai.api_key = ''

messages = ''
while True:
    msg = input('me > ')
    messages = f'{messages}{msg}\n'
    response = openai.Completion.create(
        model='text-davinci-003',
        prompt=messages,
        max_tokens=128,
        temperature=0.5
    )

    ai_msg = response['choices'][0]['text'].replace('\n','')
    print('ai > '+ai_msg)
    messages = f'{messages}\n{ai_msg}\n\n'
```

```
me > 講個故事來聽聽
ai > 有一個叫做莎莉的小女孩，她住在一個小村莊里。莎莉和她的家人過著幸福的生活，但有一天，她的家鄉被一個大災難襲擊了。災難席
me > 繼續
ai > 損了莎莉家人的家園，他們不得不搬到另一個地方去安置。但是，莎莉毅然決定留下來，她認為只有自己才能拯救家鄉。於是，莎
me > 繼續
ai > 莉開始積極行動，她與當地的人們一起搭建災難恢復基金會，籌集資金，為受災村民提供援助，幫助他們重建家園。最終
me > 繼續
ai > ，莎莉成功地拯救了她的家鄉，所有人都感激她的堅強和毅力。莎莉也成為了村莊中最受尊敬的人，她的故事也被很多人傳頌。
me >
```

如果使用 gpt-3.5-turbo 模型，直接將回應語句使用字典的格式，添加到回應的 messages 串列中，ChatGPT 就能自動識別上下語句。

```
import openai
openai.api_key = '你的 API Key'

messages = []
while True:
    msg = input('me > ')
    messages.append({"role":"user","content":msg})    # 添加 user 回應
    response = openai.ChatCompletion.create(
        model="gpt-3.5-turbo",
        max_tokens=128,
        temperature=0.5,
        messages=messages
    )
    ai_msg = response.choices[0].message.content.replace('\n','')
    messages.append({"role":"assistant","content":ai_msg})    # 添加 ChatGPT 回應
    print(f'ai > {ai_msg}')
```

✜（範例程式碼：ch17/code064.py）

```
import openai
openai.api_key = ''

messages = []
while True:
    msg = input('me > ')
    messages.append({"role":"user","content":msg})
    response = openai.ChatCompletion.create(
        model="gpt-3.5-turbo",
        max_tokens=128,
        temperature=0.5,
        messages=messages
    )
    ai_msg = response.choices[0].message.content.replace('\n','')
    messages.append({"role":"assistant","content":ai_msg})
    print(f'ai > {ai_msg}')

me > 你好
ai > 你好！我是AI助手，有什么可以帮助您的吗?
me > 請講繁體中文
ai > 好的，我會說繁體中文。有什麼我可以幫助您的嗎?
me > 我是oxxo
ai > 你好，oxxo。有什麼我可以為您服務的嗎?
me > 你知道我的名字嗎?
ai > 是的，我知道您的名字是oxxo，因為您在之前的對話中提到了它。
me > 太棒了!
ai > 謝謝，我會盡力為您提供最好的服務。如果您有任何問題或需要幫助，隨時都可以向我提出。
me >
```

不過要注意的是，傳送歷史紀錄會造成整體 token 暴增！必須要評估自己的口袋深度（有沒有把握可以支付費用），再決定是否要進行歷史紀錄的動作。

上午8:45 Local time: 2023年3月9日 下午4:45
gpt-3.5-turbo-0301, 6 requests
694 prompt + 186 completion = 880 tokens

上午8:50 Local time: 2023年3月9日 下午4:50
gpt-3.5-turbo-0301, 9 requests
4,821 prompt + 452 completion = 5,273 tokens

上午8:55 Local time: 2023年3月9日 下午4:55
gpt-3.5-turbo-0301, 4 requests
3,973 prompt + 166 completion = 4,139 tokens

17-15 ChatGPT 串接 Firebase，實現上下文歷史紀錄

在使用 ChatGPT API 時，因為 API 本身是「一次性」，無法儲存聊天的歷史紀錄，這也衍生了「無法串聯上下文」的問題，不過如果將 ChatGPT 串連 Firebase 的 Realtime database，就能夠做到在與 ChatGPT 聊天時，即時透過資料庫記錄上下文的內容，這個小節會介紹相關的做法。

建立與設定 Firebase Realtime database

前往 Firebase，建立一個 Firebase Realtime database。

參考：https://steam.oxxostudio.tw/category/python/example/firebase-1.html

將讀取和寫入的規則都設為 true。

參考：https://steam.oxxostudio.tw/category/python/example/firebase-2.html

資料 規則 備份 用量 擴充功能 最新

編輯規則 監控規則

```
1 {
2   "rules": {
3     ".read": true,
4     ".write": true
5   }
6 }
```

參考「17-13、串接 Firebase RealTime Database 存取資料」教學，安裝 Python 的 firebase 函式庫。

```
pip install git+https://github.com/ozgur/python-firebase
```

ChatGPT 使用 text-davinci-003 模型

參考前一個小節中的 text-davinci-003 模型範例，加入 Firebase Realtime database 儲存對話紀錄，如此一來就能在再次開啟時，記得上一次所講的對話。

```
import openai
openai.api_key = '你的 API Key'

from firebase import firebase
url = 'https://XXXXXXXXX.firebaseio.com'
fdb = firebase.FirebaseApplication(url, None) # 初始化 Firebase Realtime database
chatgpt = fdb.get('/','chatgpt')              # 取的 chatgpt 節點的資料

if chatgpt == None:
    messages = ''          # 如果節點沒有資料，訊息內容設定為空
else:
    messages = chatgpt     # 如果節點有資料，使用該資料作為歷史聊天記錄

while True:
    msg = input('me > ')
    if msg == '!reset':
        message = ''
        fdb.delete('/','chatgpt')          # 如果輸入 !reset 就清空歷史紀錄
        print('ai > 對話歷史紀錄已經清空！')
```

```
    else:
        messages = f'{messages}{msg}\n'    # 在輸入的訊息前方加上歷史紀錄
        response = openai.Completion.create(
            model='text-davinci-003',
            prompt=messages,
            max_tokens=128,
            temperature=0.5
        )

        ai_msg = response['choices'][0]['text'].replace('\n','')  # 取得 ChatGPT
                                                                     的回應
        print('ai > '+ai_msg)
        messages = f'{messages}\n{ai_msg}\n\n'    # 在訊息中加入 ChatGPT 的回應
        fdb.put('/','chatgpt',messages)           # 更新資料庫資料
```

✤（範例程式碼：ch17/code065.py）

執行程式後，就算重新啟動程式，ChatGPT 也會記得過去的聊天內容 (例如說還記得名字)。

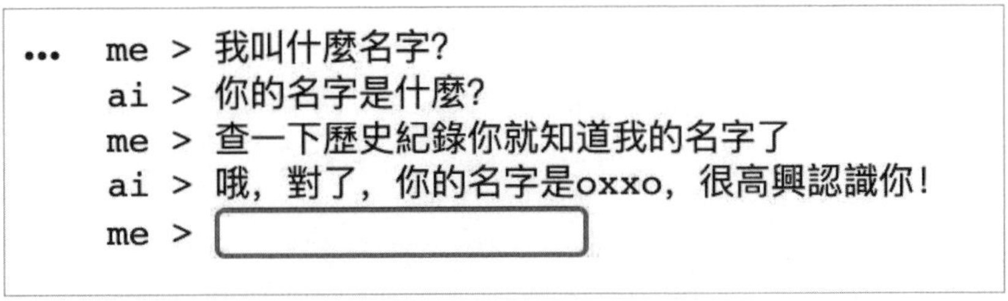

```
•••  me > 我叫什麼名字?
     ai > 你的名字是什麼?
     me > 查一下歷史紀錄你就知道我的名字了
     ai > 哦，對了，你的名字是oxxo，很高興認識你！
     me > 
```

進入 Firebase Realtime database 也能看到歷史紀錄的資料。

https://fir-test-3c22b-default-rtdb.firebaseio.com

製參考網址

https://fir-test-3c22b-default-rtdb.firebaseio.com/ ＋

chatgpt: "晚安 晚安！祝你有一个美好的梦境！ 請使用繁體中文 晚安！祝你做個美夢！ 我的名字叫做oxxo 哈囉，

ChatGPT 使用 gpt-3.5-turbo 模型

參考前一個小節中的 gpt-3.5-turbo3 模型範例，加入 Firebase Realtime database 儲存對話紀錄，如此一來就能在再次開啟時，記得上一次所講的對話。

```
import openai
openai.api_key = '你的 API Key'

from firebase import firebase
url = 'https://XXXXXXXXXXX.firebaseio.com'
fdb = firebase.FirebaseApplication(url, None)    # 初始化 Firebase Realtimr
                                                   database
chatgpt = fdb.get('/','chatgpt')                 # 讀取 chatgpt 節點中所有的資料

if chatgpt == None:
    messages = []          # 如果沒有資料，預設訊息為空串列
else:
    messages = chatgpt    # 如果有資料，訊息設定為該資料

while True:
    msg = input('me > ')
    if msg == '!reset':
        fdb.delete('/','chatgpt')    # 如果輸入 !reset 就清空 chatgpt 的節點內容
        messages = []
        print('ai > 對話歷史紀錄已經清空！ ')
    else:
        messages.append({"role":"user","content":msg})  # 將輸入的訊息加入歷史紀錄
                                                          的串列中
        response = openai.ChatCompletion.create(
            model="gpt-3.5-turbo",
            max_tokens=128,
            temperature=0.5,
            messages=messages
        )
        ai_msg = response.choices[0].message.content.replace('\n','')  # 取得回
                                                                          應訊息
        messages.append({"role":"assistant","content":ai_msg})  # 將回應訊息加入
                                                                  歷史紀錄串列中
        fdb.put('/','chatgpt',messages)    # 更新 chatgpt 節點內容
        print(f'ai > {ai_msg}')
```

✜（範例程式碼：ch17/code066.py）

執行程式後，就算重新啟動程式，ChatGPT 也會記得過去的聊天內容 (例如說還記得名字)。

```
me > 晚安呀
ai > 晚安，祝你有個美好的夜晚！
me > 你知道我叫什麼名字嗎?
ai > 是的，你告訴我你叫oxxo。
me > 太棒了你知道我的名字
ai > 當然，作為一個AI助手，我會記住和儘量滿足您的需求。有什麼我可以為您做的嗎?
me > 
```

進入 Firebase Realtime database 也能看到歷史紀錄的資料。

小結

這個章節主要介紹了 Python 在網頁服務與應用方面的多種應用，從基礎的 Flask 框架一直到 AI 聊天機器人，可以根據自己的需求選擇相應的應用場景，此外，由於 Python 能夠輕易地與其他服務整合，如 Google Cloud Functions、Firebase…等，這些服務能夠極大地提高開發效率和應用性能。希望在學習完本章節後，能夠運用所學知識進行更多有趣且實用的網頁開發。

NOTE

NOTE

NOTE

NOTE

NOTE

NOTE

NOTE

NOTE

NOTE

NOTE

NOTE

NOTE

NOTE